새로운 출제기준 반영!!

천장크레인

GoldenBell

Preface

책을 다시 엮으면서

한국산업인력공단은 2020년 1월 1일부터 천장크레인운전기능사의 출제기준이 변경되었다.

따라서 폐사에서는 실무 현장에서 천장크레인 교육을 실제로 강의하고, 심지어는 시험에 응시하기까지 하여 이 시험의 동향을 면밀히 분석하여 다음과 같이 편성하였다.

- 과년도문제를 총괄적으로 분석하여 그와 관련된 요점정리를 명쾌하게 집필하였다.
- '85년도부터 최근까지 출제되었던 문제들을 분석하여 당해 과목별로 구분 짓는 것과 동시에 그것을 다시 계단식 예상문제들로 나열하였다.
- 와이어 로프의 구성기호, 각 장치의 명칭, 규정값 및 문제를 부분개정하고 과년도 문제를 보완하였다.
- 수검자에게 어떤 문제이든 쉽게 접근시키고자 문제마다 일일이 풀이를 추록하였다.

바쁜 시간에 이 책을 엮어주신 분들께 (주)골든벨을 대표하여 진심으로 고마움을 표한다.

끝으로 독자들의 날카로운 질문을 지은이에게 항상 들려준다면 더 좋은 책이 될 것이다.

2019년
지은이

천장크레인운전기능사 출제기준

1. 필기시험 출제기준

자격종목	천장크레인운전기능사	적용기간	2026.1.1.~2028.12.31.
○ 직무내용 : 천장크레인을 이용하여 중량물의 인양작업과 이동작업을 수행하기 위한 가동준비를 하고, 작업안전에 유의하여 운전하며, 유지보수 및 관리를 수행하는 직무이다.			
필기검정방법	객관식	문제수	60	시험시간	1시간

필기 과목명	주요항목	세부항목	세세항목
천장크레인운전 안전관리 및 점검	1. 작업 전 장비점검	1. 줄걸이 용구 점검	1. 작업계획서(작업지시서) 이해 2. 줄걸이 작업안전수칙 3. 중량물의 종류 및 형태 4. 줄걸이 용구의 종류와 사용법 5. 줄걸이 용구의 점검 및 폐기기준 6. 기타 줄걸이 용구에 관한 사항
		2. 작업 관련장치 점검	1. 제작사지침서 및 크레인 규격 2. 와이어로프의 종류 및 특징 3. 훅의 구조 및 역할 4. 거더(Girder)의 기계적 손상여부 판단 능력 5. 새들 6. 그래브프레임(트롤리프레임) 7. 보도
		3. 조종실 점검	1. 천장크레인 조종실의 구조 2. 천장크레인 전기 제어시스템의 이해 3. 조작반의 램프 점등상태에 따른 조치 4. 조종레버 작동상태 확인
		4. 장비 작동상태 점검	1. 인양, 횡행 및 주행장치의 작동점검 2. 안전장치의 기능 및 작동점검 3. 천장크레인의 제원 및 성능 4. 천장크레인 일상점검
		5. 작업장 안전 및 산업안전	1. 풍속 2. 안전작업 3. 산업안전 일반 4. 기계·기기 및 공구에 관한 사항

필기과목명	주요항목	세부항목	세세항목
	2. 중량물 체결 확인	1. 줄걸이 용구 이동	1. 줄걸이 용구 취급방법
		2. 중량물 체결상태 확인	1. 줄걸이 용구 종류에 따른 체결 상태 2. 줄걸이 방법 3. 중량, 무게중심, 비중
	3. 중량물 권상작업	1. 작업안전상태 확인	1. 권상 작업안전수칙 2. 중량물 상태 3. 인양 와이어로프 점검
		2. 중량물 들어올리기	1. 중량물의 종류에 따른 작업방법 2. 로드 게이지(Load Gauge) 확인
	4. 중량물 권하작업	1. 작업 안전거리 확인	1. 중량물 권하작업 시 작업안전수칙 2. 중량물 고임대의 종류 및 특성
		2. 중량물 내려놓기	1. 중량물 흔들림 제어방법 2. 인양장치의 하강속도 제어
	5. 주행작업	1. 장애요인 확인	1. 주행 시 작업안전수칙 2. 장애요인의 종류
		2. 좌·우 이동	1. 중량물 이동 시의 수평상태 유지 2. 중량물 이동 시 제어시스템
		3. 주행 시 중량물 제어	1. 천장크레인의 주행 작동원리
	6. 횡행작업	1. 장애요인 확인	1. 횡행작업 시 작업안전수칙 2. 장애요인의 종류
		2. 전·후 이동	1. 중량물 이동 시 특성
		3. 횡행 시 중량물 제어	1. 천장크레인 횡행 작동원리
	7. 병행작업	1. 인양과 주행, 횡행 동시 조작	1. 중량물의 인양과 주행, 횡행 동시작업 시 특성 2. 병행작업 시 작업안전수칙 3. 장애요인의 종류
		2. 병행작업 시 중량물 제어	1. 병행작업 시 중량물 이동 수평상태 유지 2. 병행작업 시 중량물 이동 제어시스템
	8. 작업 후 장비점검	1. 장비 작동상태 점검	1. 비상정지스위치의 작동 및 점검 2. 인양상지의 삭농 및 점검 3. 횡행장치 작동 및 점검 4. 주행장치 작동 및 점검
		2. 조종실 점검	1. 작업종료 후 조치사항
		3. 작업 관련장치 점검	1. 작업종료 후 관련장치 점검

필기 과목명	주요항목	세부항목	세세항목
		4. 기계장치 점검	1. 기계장치 구성요소 2. 동력전달장치 3. 감속기 4. 훅·블록 및 섀클 5. 드럼 6. 줄걸이 용구 7. 브레이크 8. 횡·주행 스토퍼 9. 훅 해지장치 등 10. 정비·점검(마모한도 등)에 관한 지식 11. 유지관리에 관한 지식
		5. 전기장치 점검	1. 전기장치 구성요소 2. 제어기(유, 무선콘트롤러) 3. 전동기 4. 제어반, 배전반 5. 집전, 급전, 배선 등 6. 전기·전자 기초 원리 7. 리미트 스위치 8. 충돌방지시스템 9. 과부하방지장치 10. 권과방지장치 11. 비상정지장치
	9. 신호체계 확인	1. 수신호 확인	1. 신호체계 확인 2. 크레인작업 표준신호지침
		2. 무선음성신호 확인	1. 무전기 사용지침 2. 무전기 송수신 채널설정 방법
		3. 신호수 안전 확인	1. 신호체계 작업안전 수칙
		4. 기타신호 확인	1. 기타 신호에 관한 사항

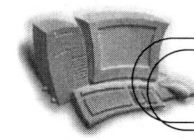

천장크레인 조종작업(실기코스)

| 자격종목 | 천장크레인운전기능사 | 과제명 | 크레인 조종작업 |

※ 시험시간 : 7분

1. 요구사항

가. 천장크레인의 운전 전 장비 점검을 하시오.
   (단, 점검시간은 시험시간에 포함되지 않음)
나. 천장크레인을 운전하여 아래 작업 방법과 도면에 따라 출발지점의 중량물을 권상한 후 코스를 주행(Ⓑ장애물을 통과하고 반환점인 드럼통을 회전하여 Ⓒ, Ⓑ 순으로 장애물을 통과)하여 도착지점에 중량물을 권하하시오.

▶ 작업방법

1) 권상 : 시험위원(신호수)이 출발신호를 하면 필히 경보를 울리고, 중량물을 지면에서 약 30cm 권상시켜 일단 정지한 후 이상 유무를 확인하고 작업하도록 합니다.
2) 주행 : 코스를 주행할 때에는 중량물을 지면에서 약 30cm 높이로 유지해야 하며, 반환점(드럼통)을 회전할 때에는 충돌이 없어야 합니다.
   넘기 장애물을 통과할 때 장애물 전·후방 1m 이내에서는 주행을 하면서 권상·권하하여도 무방합니다.
   (단, 주행 중 권상, 권하는 넘기 장애물 전·후방 1m 이내에서만 해야 합니다.)
3) 권하 : 줄걸이 로프가 장력을 유지한 상태에서 원 중심에 맞추어 지면에 내려놓습니다.

※ 장애물
 - Ⓑ : 넘기 장애물
 - Ⓒ : 벽 장애물
 - 드럼통 : 반환점

2. 수험자 유의사항

※ 다음 유의사항을 고려하여 요구사항을 수행하시오.
※ 항목별 배점은 "**전진이동작업 50점, 후진이동작업 50점**"입니다.

1) 시험시간은 수험자가 준비 된 상태에서 시험위원의 호각신호에 의해 시작하고, 작업이 끝난 후 중량물(운반물)을 지면에 완전히 내려놓을 때까지로 합니다.
2) 시험장소 내에서는 항상 안전통로로 통행하고 시험감독위원의 지시에 따라 시험장소에 출입 및 조종을 하여야 합니다.
3) 휴대폰 및 시계류(손목시계, 스톱워치 등)는 시험시작 전 시험감독위원에게 제출합니다.
4) 코스의 진행방향 및 장애물의 설치위치, 장애물의 형태 등을 확인하고 조종작업에 임합니다.
5) 트롤리선에는 일체 접근해서는 안 됩니다.
6) 시험위원의 지시에 따라 시험 장소에 출입 및 장비운전을 하여야 합니다.
7) 음주상태 측정은 시험 시작 전에 실시하며, 음주상태이거나 음주 측정을 거부하는 경우 실기시험에 응시할 수 없습니다.(음주상태 : 혈중 알코올 농도 0.03% 이상 적용)
8) 장비조작 및 운전 중 이상 소음이 발생되거나 위험사항이 발생되면 즉시 운전을 중지하고, 시험위원에게 알려야 합니다.
9) 장비조작 및 운전 중 안전수칙을 준수하여 안전사고가 발생되지 않도록 유의합니다.
10) 다음 사항은 실격에 해당하여 채점 대상에서 제외됩니다.
    가) 기권
       (1) 수험자 본인이 수험 도중 기권 의사를 표시하는 경우
    나) 실격
       (1) 운전조작이 미숙하여 안전사고 발생 및 장비손상이 우려되는 경우
       (2) 시험시간을 초과하는 경우
       (3) 요구사항 및 도면대로 운전하지 않은 경우
       (4) 도착지점의 외측라인을 벗어난 경우
       (5) 중량물이 작업 중 지면에 닿는 경우(단, 출발 및 도착 지점은 제외)
       (6) 운반물이 코스의 중심선을 기준으로 이탈이나 흔들림이 2.5 m를 초과한 경우
       (7) 넘기 장애물 및 벽 장애물의 외측 또는 상단을 통과할 경우
       (8) 주행 중 폴(pole)을 5개 이상 쓰러뜨리는 경우(폴의 외측통과 개수 포함)
          (단, 넘기 장애물 및 벽 장애물은 1개로 처리하고, 폴이 쓰러지면서 다른 폴을 쳐서 넘어지는 것은 무효로 처리합니다.)
       (9) 반환점(드럼통)을 돌아오지 않을 경우
       (10) 드럼통 위를 통과하거나 드럼통을 넘어뜨렸을 경우와 외곽선까지 밀어냈을 경우
       (11) 넘기 장애물(Ⓑ) 전·후방 1m를 초과하여 권상, 권하를 하는 경우

3. 도면 - 가. 코스

| 자격종목 | 천장크레인운전기능사 | 과제명 | 크레인 조종작업 | 척도 | NS |

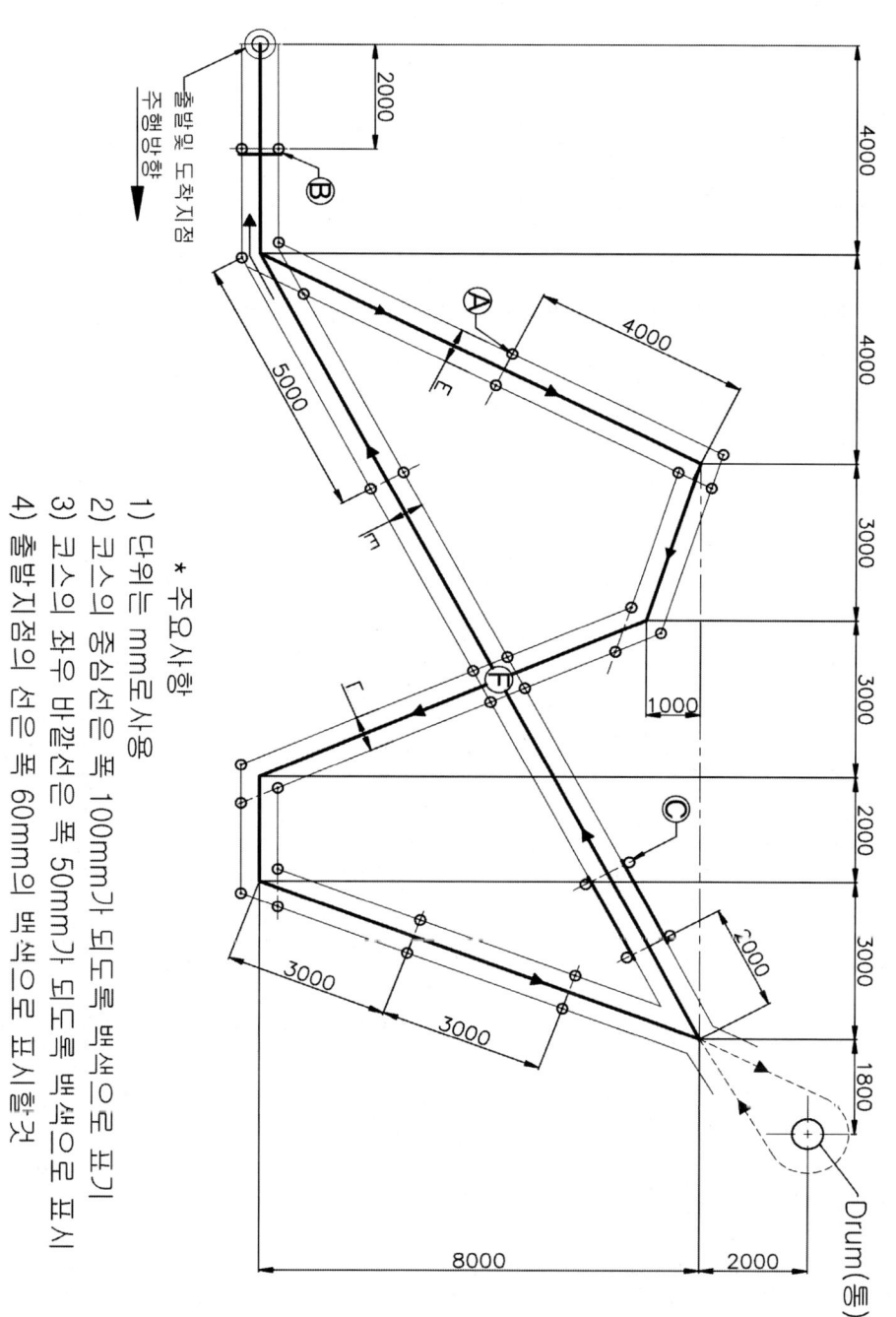

* 주요사항
1) 단위는 mm로 사용
2) 코스의 중심선은 폭 100mm가 되도록 백색으로 표기
3) 코스의 좌우 바깥선은 폭 50mm가 되도록 백색으로 표시
4) 출발지점의 선은 폭 60mm의 백색으로 표시할것

3. 도면 - 나. 상세도

자격종목	천장크레인운전기능사	과제명	크레인 조종작업	척도	NS

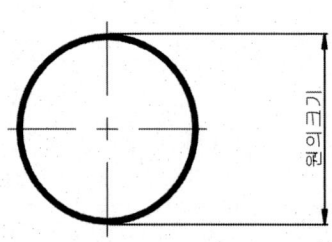

원 직경 내측으로 30cm(±1cm) 황색 도색
(천장크레인 높이에 따른 원의 크기 참조)

출발 및 도착지점 상세도

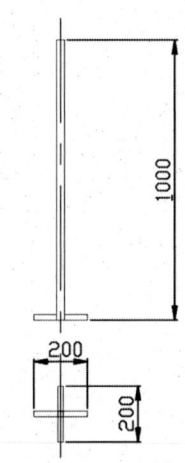

Ⓐ 폴(pole) 27개

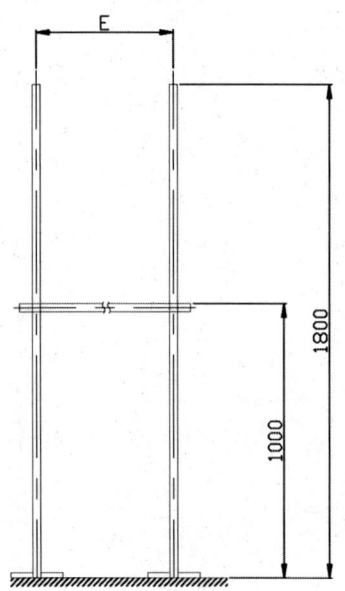

Ⓑ 넘기 장애물

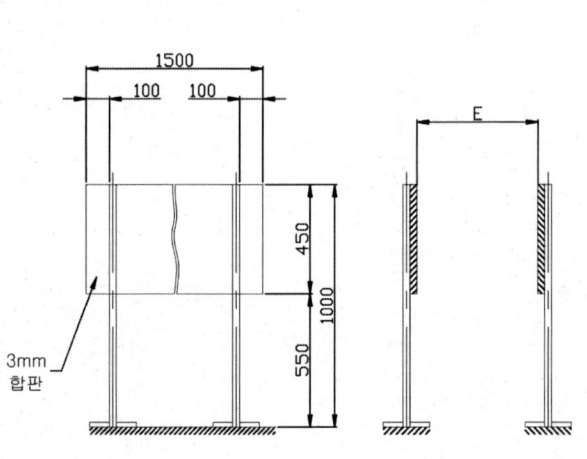

Ⓒ 벽 장애물 1개소

1) 장애물 제작에 필요한 폴(pole)은 30mm 강 파이프로 제작
2) 폴(pole) 하단은 30cm까지 검정색, 상단은 황색으로 도색
3) 벽장애물, 드럼통은 20cm(45° 사선) 간격으로 검정색과 황색으로 도색
4) E(c치수) : 5-5페이지 참조
5) 단위가 없는 것은 mm단위

| 자격종목 | 천장크레인운전기능사 | 과제명 | 크레인 조종작업 | 척도 | NS |

다. 천장크레인의 양정(높이)에 따른 원의 직경

양정(m)	원의 직경(mm)
7	588
8	672
9	756
10	840
11	924
12	1008
13	1092
14	1176
15	1260

※ 양정의 경우 반올림 처리하여 적용
※ 원(출발 및 도착 지점)의 직경은 외측 치수임
※ 도면에 E의 치수는 외측 치수임(E : 원의 직경 + 560mm)

Contents 차례

PART 01 천장크레인의 개요

1. 천장크레인의 정의 ———— 13
2. 기중기의 종류 ———— 13
   1. 천장크레인의 종류 ············ 13
   2. 붐형(boom type) 기중기의 종류 ··· 15
   3. 언로더(unloader) 기중기 ········· 16
   4. 케이블(cable) 기중기 ············ 16
3. 천장크레인의 호칭방법 ———— 17

PART 02 천장크레인의 기계장치 구조

1. 권상(호이스트 : hoist) 장치 ———— 22
   1. 훅(hook) ····························· 22
   2. 리프팅 마그네트 ·················· 24
   3. 와이어로프와 체인 ················ 25
   4. 권상드럼과 시브 ·················· 41
2. 주행 및 횡행장치 ———— 45
   1. 주행장치 ····························· 45
   2. 횡행장치 ····························· 48
3. 거어더(girder) ———— 49
   1. 거어더의 분류 ······················ 50
   2. 거어더의 형상 채용 ··············· 51
4. 크라브 또는 트롤리 ———— 51
5. 새 들 ———— 52
6. 운전실 ———— 53
7. 천장크레인의 도장(페인팅 작업) ———— 53
   ● 출제예상문제 ———— 54

PART 03 천장크레인에 관련된 기계요소

1. 기 어(gear) ———— 81
   1. 기어의 분류 ························ 81
   2. 이의 크기 표시 ····················· 83
   3. 기어의 교환 ························ 84
   4. 기어의 소음원인 ·················· 84
2. 축과 축 커플링 ———— 84

| 1. 축(shaft) ·· 84
| 2. 축 커플링(shaft coupling) ············ 84
3. 베어링(bearing) ─────────────── 86
| 1. 접촉방법에 따른 분류(마찰방법) ···· 86
| 2. 하중작용 방향에 따른 분류 ········· 89
4. 키(key) ───────────────────── 89
5. 나사(screw) ──────────────── 91
| 1. 나사의 원리 ································ 91
| 2. 나사의 리드(lead)와 피치(pitch) ··· 92
| 3. 나사의 분류 ································ 92
| 4. 볼트와 너트 ································ 95
6. 핀(pin) ───────────────────── 97
● 출제예상문제 ──────────────── 98

PART 04 천장크레인의 전기장치

1. 전기장치 ─────────────── 111
| 1. 전기기초 ···································· 111
| 2. 전기회로 ···································· 113
| 3. 전력과 전력량 ···························· 115
| 4. 전기와 자기(磁氣) ······················ 117
2. 집전장치 ─────────────── 120
| 1. 트롤리 선(trolly cable) ············ 120
| 2. 집전장치 ···································· 121
3. 배전판(전원 패널) ──────────── 123
| 1. 보호 패널 ·································· 123
4. 제어기(컨트롤러 : controler) ──── 124
| 1. 제어기의 개요 ···························· 124
| 2. 접촉기(콘덕터 : conductor) ········ 126
| 3. 인터록(연동장치 : inter lock) ····· 127
5. 전동기(motor) ─────────────── 129
| 1. 전동기의 개요 ···························· 129
| 2. 전동기의 종류 ···························· 131
6. 저항기 ─────────────────── 136
7. 전동기 브레이크 ──────────── 138
| 1. 제동용 브레이크 ······················· 138
| 2. 권상장치 속도 제어용 브레이크 ·· 141
| 3. 브레이크의 정비 ······················· 141
8. 리미트 스위치(제한 개폐기) ───── 142
| 1. 스크루식(screw type) ················ 142
| 2. 캠식(cam type) ························ 143
| 3. 중추식(weight operated type) ··· 143
● 출제예상문제 ──────────────── 144

PART 05 천장크레인의 점검 및 정비

1. 천장크레인의 점검정비 ──────── 167
| 1. 일상점검 ···································· 167
| 2. 월간 점검 ·································· 170
| 3. 연간 점검 ·································· 174
2. 천장크레인의 관리와 보수 ─────── 177
| 1. 전기 부분 보수시 주의사항 ········ 178
| 2. 급유법 ······································ 179

PART 06 운전 및 수신호방법

1. 천장크레인 운전 ──────── 185
   (1) 운전시 주의사항 ············· 185
   (2) 운전 중 주의사항 ············ 185
   (3) 일반적인 주의사항 ··········· 186
   (4) 작업방법 ······················· 187

2. 수신호 방법 ──────── 188
   (1) 크레인의 손에 의한 공통적인
       표준신호방법 ················· 188
   (2) 데릭을 이용한 작업시의 신호방법 190
   (3) Magnetic크레인 사용작업시의
       신호방법 ······················· 190

PART 07 줄걸이 역학

1. 힘의 작용 ──────── 193
   (1) 힘(power) ······················ 193
   (2) 힘의 합성과 분해 ············ 193
   (3) 힘의 균형 ······················· 194

2. 중량과 중심 ──────── 196
   (1) 중량(重量) ······················ 196
   (2) 화물의 중심 ··················· 198
   (3) 물체의 중심판정 ·············· 198
   (4) 물체의 안정 판정 ············· 199
   (5) 줄걸이용 로프에 매다는 각도와 장력
       ······································· 199

3. 줄걸이 방법 ──────── 201
   (1) 줄걸이 용구와 줄걸이 방법 ····· 201
   (2) 짐을 매는 방법 ················ 202
   (3) 짐을 매는 위치 ················ 202
   (4) 운반 경로와 신호의 유도 ······ 203
   (5) 짐을 푸는 방법과 쌓는 방법 ···· 203
   (6) 줄걸이 방법 ···················· 204

● 출제예상문제 ──────── 207

PART 08 과년도기출문제

1. 과년도기출문제(2013~2016년 시행) ── 2
2. 과년도복원문제(2017~2019년 시행) · 103

천장크레인의 개요

PART 1

개 요

1. 천장크레인의 정의

천장크레인(over head crane)이란 공장, 창고 또는 야외 저장소 등에서 천장에 일정한 간격을 두고 평행하게 설치한 주행로상(走行路上, 궤도 또는 레일)에 설치되어 주행 및 횡행하면서 화물의 권상·권하작업을 수행할 수 있는 기중기를 말한다.

천장크레인 이란 동력을 이용하여 중량물을 권상(권하)하여 주행과 횡행을 움직여 원하는 위치로 안전하게 이동시키는 작업을 연속적 반복적으로 수행하는 장비이다.

2. 기중기의 종류

❶ 천장크레인의 종류

※ 본 교재의 내용은 제철소 작업 위주로 설명 되어 있음을 알립니다.

천장크레인은 설치장소 및 방식, 용도에 따라서 그 명칭이 달라지며 원료 기중기, 레이들 기중기, 장입 기중기, 마그네트 기중기, 단조 기중기, 담금질 기중기 등이 있다.

※ 권하 속도가 빠를수록 좋은 기중기는? 담금질 기중기이다.

(1) 장입(裝入) 기중기

이것은 용광로 등에 원료를 공급하는 작업을 목적으로 하는 기중기이며 원료 기중기로 운반된 컨테이너를 한 개씩 램의 앞 끝으로 받아서 용광로에 장입 후 램을 경사시켜서 원료를 공급한다.

(2) 레이들(ladle) 기중기

이것은 용광로로부터 선철을 채운 레이들을 받아서 평로에 넣어주거나, 전로로부터의 용강을 레이들에 받아 주형에 공급하는 기중기이다.

(3) 마그네트(magnet) 기중기

이것은 훅 대신에 마그네트를 부착하고 철판을 흡인하여 운반하는 기중기이다.

(4) 단조(鍛造) 기중기

적열(赤熱)된 강괴를 단조할 때 강괴를 넣어주거나 빼내고 또는 단조하는 면을 바꿀 때 사용되는 기중기이다.

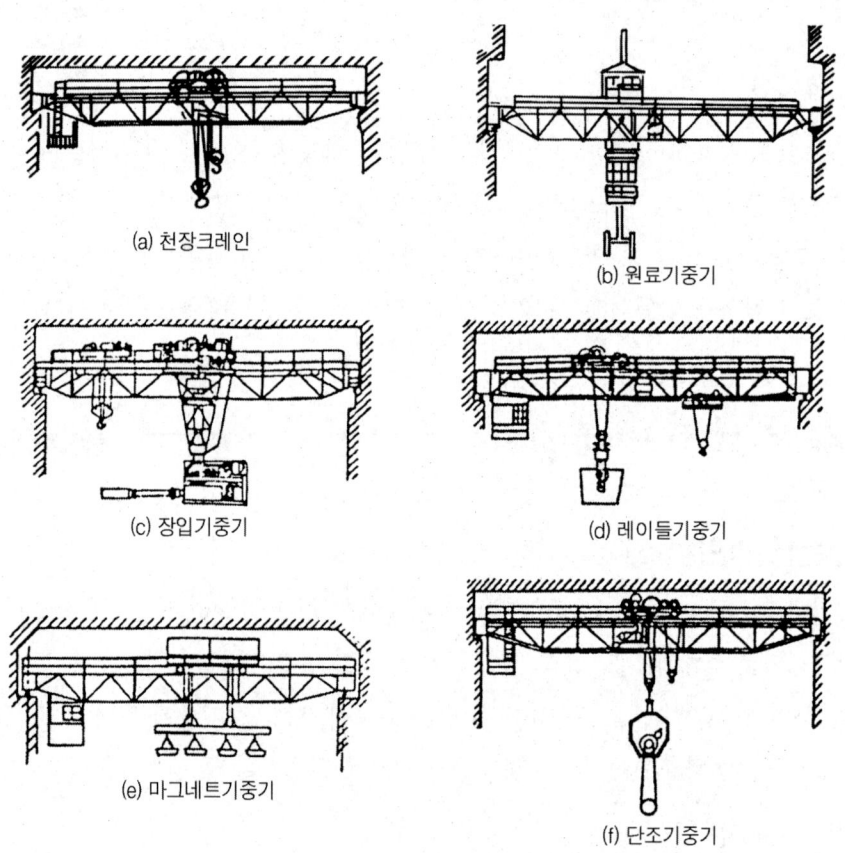

(a) 천장크레인
(b) 원료기중기
(c) 장입기중기
(d) 레이들기중기
(e) 마그네트기중기
(f) 단조기중기

그림 1-1 천장크레인의 종류

❷ 붐형(boom type) 기중기의 종류

이것은 공장, 창고, 부두, 건설공사현장 등에서 사용되는 기중기이며 화물을 붐에 매달고 권상·권하작업을 하거나 선회할 수 있다. 일명 '지브(jib) 기중기'라고도 하며 벽 기중기, 타워 기중기, 트럭탑재형 기중기, 무한궤도식 기중기, 타이어식 기중기, 해상 기중기 등이 있다.

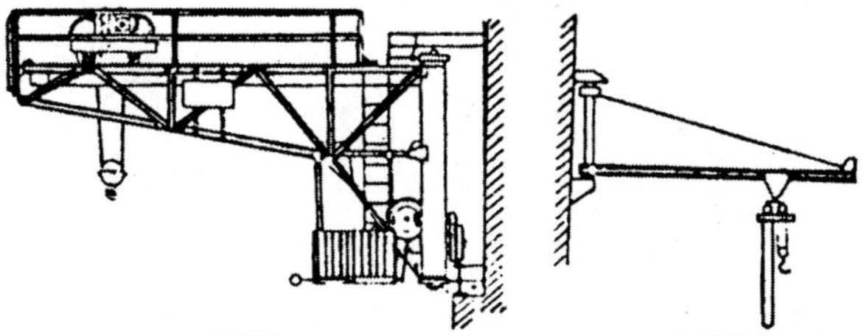

주행형   고정형

(a) 벽 기중기

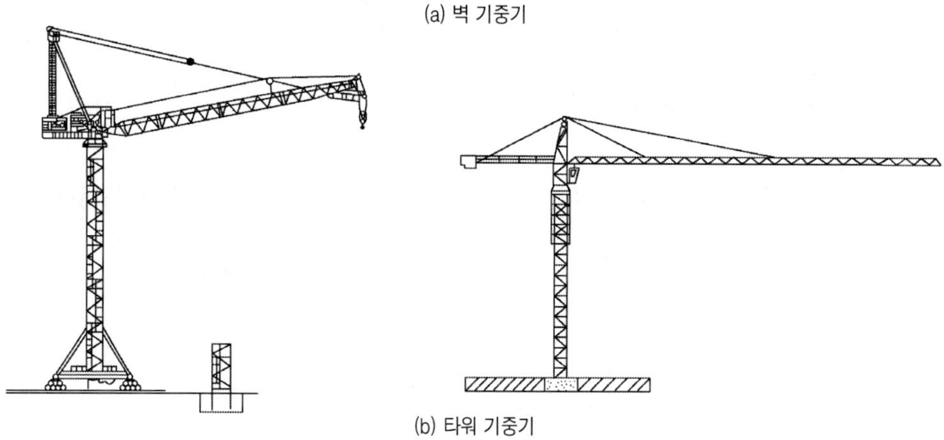

(b) 타워 기중기

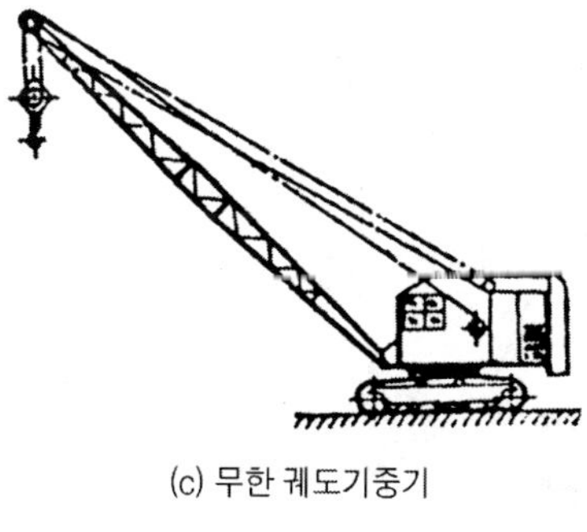

(c) 무한 궤도기중기

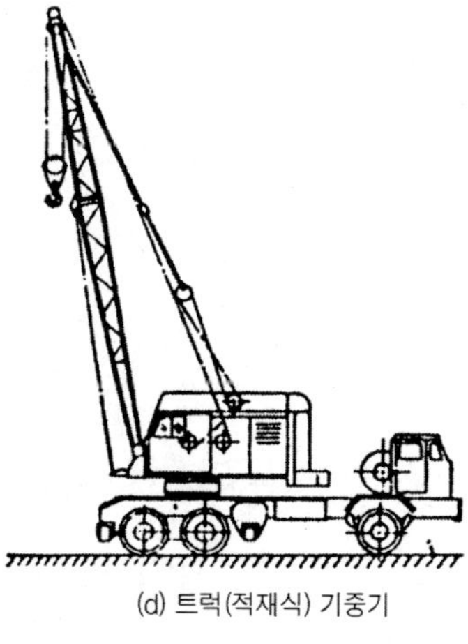

(d) 트럭(적재식) 기중기

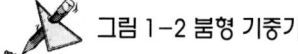
그림 1-2 붐형 기중기

③ 언로더(unloader) 기중기

이것은 제철소, 화력발전소, 가스회사 등 대규모의 원료 접안 부두에 설치하여 양륙(揚陸) 하는데 사용되는 기중기이며, 로프 트롤리식, 맨트롤리식, 선회 맨트롤리식, 인입 기중기 부착식 등이 있다.

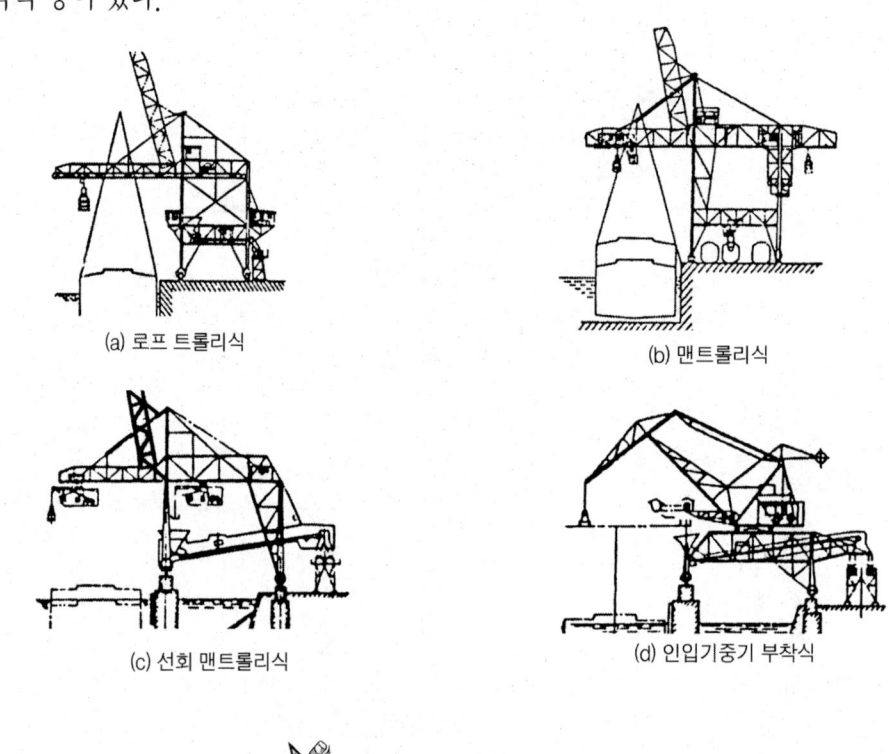

(a) 로프 트롤리식　　　(b) 맨트롤리식
(c) 선회 맨트롤리식　　(d) 인입기중기 부착식

그림 1-3 언로더의 종류

④ 케이블(cable) 기중기

이것은 서로 마주보는 철탑 사이에 와이어로프를 설치하여 그 위를 크라브가 횡행하여 화물을 운반하는 기중기이다. 주 로프의 안전계수는 2.7 이상으로 한다.

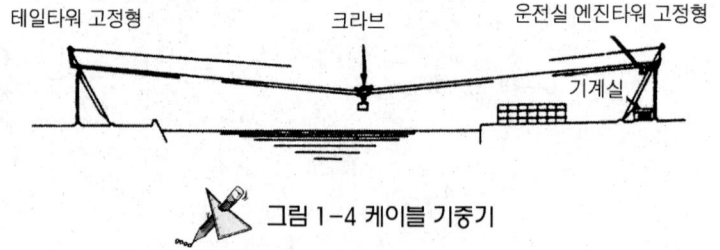

그림 1-4 케이블 기중기

3. 천장크레인의 호칭방법

천장크레인의 성능을 표시할 때에는 용도, 정격하중, 스팬, 양정, 사용동력 순으로 하며 규격은 주권의 권상능력/보권의 권상능력×스팬으로 나타낸다. 예를 들어 천장크레인의 규격이 60/40×20m라면 주권의 권상능력이 60ton, 보권의 권상능력이 40ton 그리고 스팬이 20m임을 의미한다.

천장크레인은 사용 장소 및 용도에 따라서 대별하며 작업능력을 나타내는 데는 권상톤수(1회의 작업량)로 표시하는 방법과 1시간의 작업횟수의 합산량(1회의 용량×횟수×시간)으로 표시하는 방법이 있으나 일반적으로 훅(hook) 장착 천장크레인에서는 권상톤수로 작업능력을 표시한다.

> **(주)**
> ① 정격하중 : 훅, 와이어로프, 버킷, 달아 올림기구 등의 무게를 제외한 순수 취급 하중을 말한다.
> ② 스팬(span) : 좌우 주행 레일(rail)의 중심사이의 거리를 말한다.
> ③ 양정(lift) : 훅이 움직일 수 있는 수직거리를 말한다.(상한 리미트 스위치에서 하한 리미트 스위치)
> ④ 용량 : 정격하중×스팬(span)

02

기계장치 구조

PART 2 기계장치 구조

 천장크레인은 화물을 들어올리거나 내리는 권상·권하장치, 가로이동을 위한 횡행장치 및 주행을 위한 주행장치 등의 3주요부와 각 부분을 체결하여 지지해 주는 거어더(girder)와 크라브(crab), 그리고 운전실이 마련되어 있다.

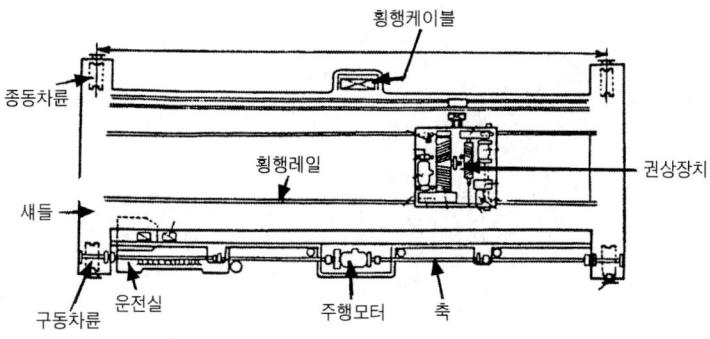

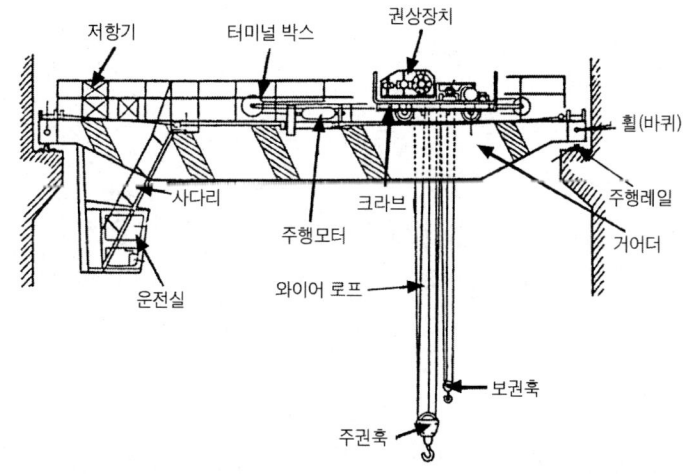

 그림 2-1 천장크레인의 구조

1. 권상(호이스트 : hoist) 장치

권상장치는 크라브에 설치되며 전동기, 전동기 브레이크 커플링, 감속기어 등으로 구성되어 있으며 전동기로 권상 드럼을 구동하여 훅의 시브(활차 : sheeve)와 와이어로프에 두 끝을 드럼에 감아 붙여서 크라브 바로 아래에서 수직으로 권상 및 권하작용을 하는 것이다. 그리고 과다한 권상을 방지하기 위하여 끝부분에는 리미트 스위치(limit switch)를 두고 있다.

전동기, 전동기 브레이크 및 리미트 스위치 등은 전기 장치편에서 설명하기로 하고 이 장에서는 훅, 리프팅 마그네트, 와이어로프, 체인, 권상드럼과 시브에 대해서만 설명한다.

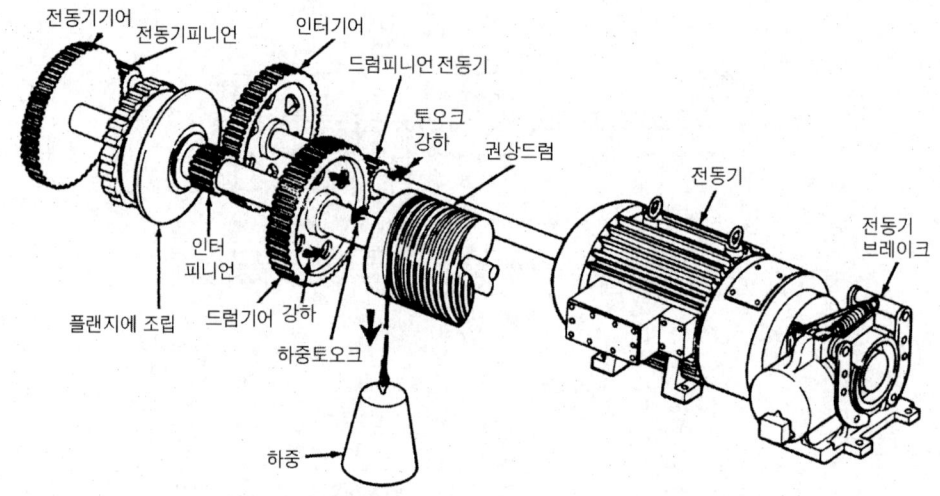

① 훅(hook)

훅은 매다는 하중이 50ton 이하인 경우에는 한쪽 현수 훅을 사용하고, 50ton 초과인 경우에는 양쪽 현수 훅을 사용해야 하며 훅은 하중을 걸었을 때 임의의 방향으로 회전할 수 있는 구조여야 한다.

(1) 훅의 재질

훅의 재질은 탄소강 단강품(KSD 3710)이나 기계 구조용 탄소강(KSD 3517)이며 강도와 연성(延性)이 큰 것이 바람직하다. 이것은 훅을 사용할 때 절손되는 것 보다는 변형되어 늘어나는 편이 안전상 유리하기 때문이며 안전율은 5 이상으로 한다.

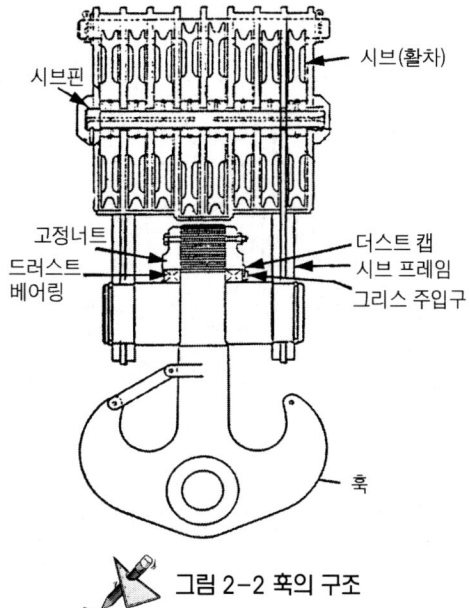

그림 2-2 훅의 구조

(2) 훅의 강도

훅은 화물을 매다는 가장 중요한 부분이며, 하중을 가하면 구부린 부분이 펴지려고 하기 때문에 이 부분에 굽힘 응력이 발생한다. 훅에서 가장 위험한 부분은 그림 2-3의 빗금으로 표시한 부분이다.

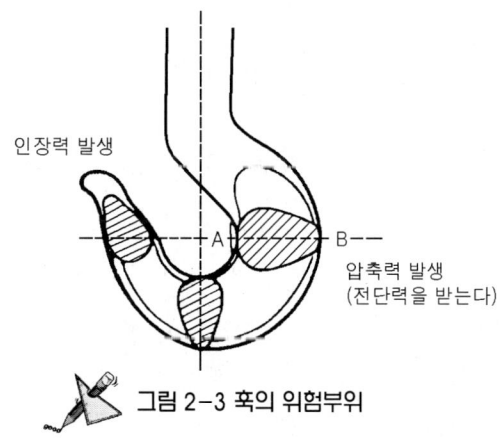

그림 2-3 훅의 위험부위

훅의 응력 분포는 구부린 안쪽은 인장력이 걸리고, 바깥쪽은 압축력이 발생한다. 그리고 훅의 절단 하중을 그 훅에 걸리는 하중의 최대값으로 나눈값을 안전계수라고 하며, 안전계수는 5 이상으로 되어 있다. 이것은 훅에 정격하중의 5배의 하중을 가하여 파괴 시험하는 것을 의미한다. 또한 훅에 정격하중의 2배에 해당되는 정적하중(靜的荷重)을 작용시켰을 때 훅의 입이 벌어지는 영구 변형량은 0.25% 이하이어야 한다.

(3) 훅의 점검과 관리방법

훅은 마모, 균열 및 변형 등을 자주 점검하여야 한다. 훅의 마모는 와이어로프가 걸리는 부분에 홈이 생기며 이 홈의 깊이가 2mm 이상되면 연삭숫돌(그라인더)로 평편하게 다듬질하여야 하며 마모가 원래 치수의 5% 이상되면 교환하여야 한다.

훅의 균열은 그림 2-4의 A와 B부분에서 주로 발생하므로 년 1회 균열검사를 하여야 한다. 그리고 오랫동안 사용하면 응력의 반복으로 가공경화가 일어나므로 1년에 1회 정도 소둔(燒鈍 : 풀림 열처리)하여야 한다. 또한 점검 후 균열이 발생하거나 입구의 벌어짐이 원래치수의 5% 이상되면 폐기한다.

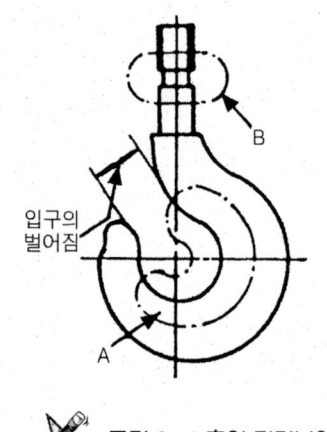

그림 2-4 훅의 점검부위

② 리프팅 마그네트(lifting magnet)

이것은 훅 대신에 마그네트를 부착하고 철판을 흡인하여 운반하는 것이다. 리프팅 마그네트의 보호판은 비자성강으로 제작하며, 철판이 흡착될 때의 충격에 대하여 코일을 보호한다.

코일은 모두 피복 절연되어 있어 열방산이 불량하므로 마그네트 요크를 방열판으로 하여 열을 방산시킨다. 온도가 상승하면 코일의 저항이 증가하여 전류 흐름이 감소하고 흡입력이 약해져 절연물의 소손 원인이 된다. 리프팅 마그네트의 용량은 소비전력(kw)로 기준하며 정전에 대비하여 예비 축전지가 설치되어 있으며 정전시에는 인버터가 작동하여 예비 축전지의 비상전원을 공급하며 주행과 횡행을 움직여 안전한 장소에 빨리 마그네트 및 부착물을 땅바닥에 내려놓아야 한다. 그리고 정전 보전 시간은 10분 이상이어야 한다.

③ 와이어로프(wire rop)와 체인(chaine)

(1) 와이어로프

와이어로프는 소선(素扇)을 여러 개 꼬아서 스트랜드(strand : 자승)를 만들고, 가운데에 심강을 넣고 스트랜드를 다시 꼬아서 합친 것이다.

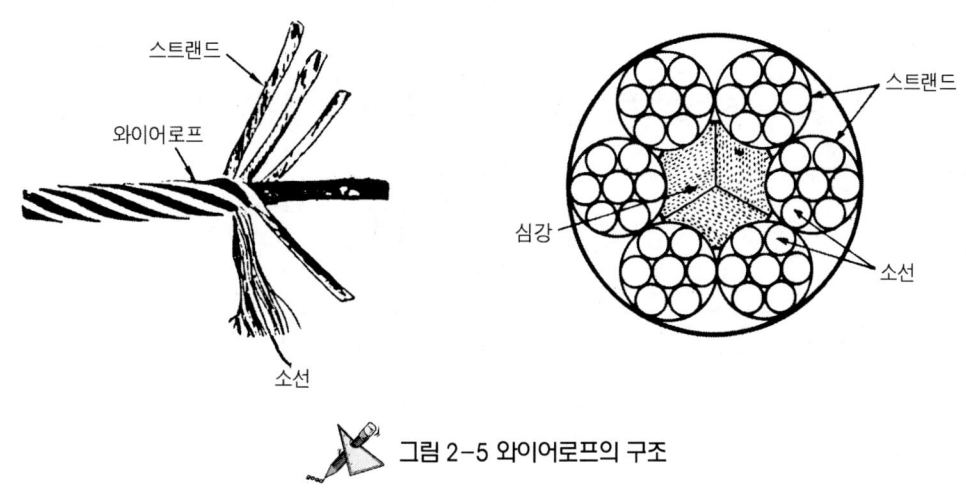

그림 2-5 와이어로프의 구조

1) 와이어로프의 구성

① 소 선

소선은 KSD 3514에 규정된 탄소강에 특수 열처리를 하여 사용하며 표준 인장강도는 135~180kg/mm²이다. 스트랜드를 구성하고 있는 소선의 결합에는 점(点), 선(線), 면(面) 접촉구조의 3가지가 있다

※ 같은 굵기의 와이어로프 일지라도 소선이 가늘고 수가 많으면 유연성이 좋고 더 강하다.

㉮ 점 접촉구조

가장 일반적으로 사용되는 와이어로프이며 KSD 3514에 규정된 1~7호까지의 것이며 이것은 스트랜드의 내·외층이 꼬이는 각도가 다르므로 내·외층의 소선이 교차되어 점접촉을 하고 있다.

내·외층을 별도로 제작할 수 있어 값이 싸고, 구성이 간단하나 점 접촉부에 소선면압이 증가하며 눌린 자국이 생기기 쉽다.

㉯ 선 접촉구조

내·외층을 한 조각으로 동시에 합쳐서 제작하여 소선이 서로 교차하지 않도록 한다. 각 소선이 선모양으로 길게 접촉되어 있으므로 눌린 자국이 생기지 않으며 굴곡 및 내부 마모에 대해 유효단면적이 커 절단하중이 크며 소선이 긴밀하게 꼬여 있어 형상파괴가 발생하지 않는다.

이 구조의 종류에는 필러형, 실형, 와링톤형 등이 있다.

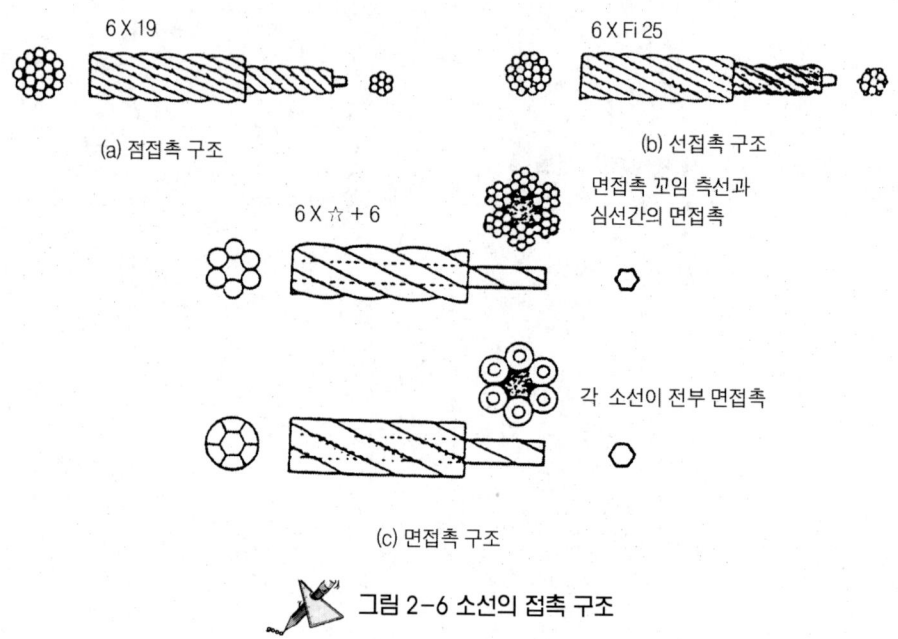

그림 2-6 소선의 접촉 구조

㉠ 필러형(filler, 기호 Fi) : 이것은 외층 소선부가 내층 소선부의 2배이며 내·외층 소선 사이의 틈새를 필러 와이어(filler wire)로 메운 구조이다. 내마모성은 적으나 굽힘 피로에 대해서는 우수하다.

㉡ 실형(seal, 기호 S) : 이것은 내·외층 소선수는 같으나 외층 소선이 굵어 내마모성은 크지만 굽힘 피로 저항이 적다.

㉢ 와링톤형(warrington, 기호 W) : 이것은 외층 소선수가 내층 소선수의 2배이지만 필러 와이어가 없으며 내층 소선의 오목한 곳에 굵은 외층소선을 배치하고, 볼록한 부분에는 가는 외층 소선을 두어 스트랜드의 외접원에 외층 소선 모두가 접하게 되어 있다.

㉰ 면 접촉구조

이것은 각 소선이 면으로 접촉되어 있는 것이며 마모, 부식 및 변형에 대한 저항이 크고 무게에 비해 절단 하중이 크며 단선이 쉽게 되지 않는다.

(소선의 마모원인)
① 외부의 소선은 다른 물체와 접촉이 심하므로 마모가 크다.
② 내부의 소선은 과다한 하중, 무리한 굽힘, 주유 부족시 마모가 일어난다.
③ 시브(활차)의 지름이 적을 때
④ 와이어로프와 시브의 접촉면이 불량할 때

② 스트랜드

이것은 소선을 꼬아서 합친 것이며 스트랜드의 수는 3줄에서 18줄까지 있으나 일반적으로 사용되는 것은 6줄이다.

③ 심강(또는 중심선)

심강에는 섬유심, 공심, 와이어심의 3가지가 있으며 사용목적으로는 충격하중의 흡수, 부식방지, 소선끼리의 마찰에 의한 마모방지, 스트랜드의 위치를 올바르게 하는데 있다.

㉮ 섬유심

이것은 와이어로프의 심강으로 가장 많이 사용되며 재료는 마(麻)또는 뉴 화학섬유이며 부식을 방지하기 위해 사용된다.

㉯ 공심(또는 강심)

이것은 섬유심 대신에 스트랜드 한 줄을 심강으로 사용한 것이며 가소성이 부족해 굽힘 하중이 반복되는 곳에서는 부적당하다. 공심은 다음과 같은 곳에서 사용한다.

㉠ 큰 절단 하중을 필요로 하는 경우
㉡ 신율을 적게 할 필요가 있는 경우
㉢ 고온에 사용되어지는 경우

㉰ 와이어 심

이것은 심강으로 와이어로프를 사용하는 것이며 IWRC와 CFRC의 2종류가 있다.

㉠ IWRC(Independent Wire Rope Core) : 고열에서 사용되는 것이며 절단하중이 크고 찌그러짐 저항도 크다.
㉡ CFRC(Center Filler Rope Core) : 심강인 와이어로프를 외측 와이어로프의 스트랜드

의 오목한 부분까지 들어가도록 꼬아 합친 것이다. 절단 하중은 대단히 크지만 와이어로프와 심강의 꼬임 방향이 같아서 와이어로프의 꼬임이 풀리게 회전하는 성질이 크다. 최고 사용 온도는 200~300℃ 이다.

2) 와이어로프의 종류

와이어로프의 표시방법에는 명칭, 구성, 기호, 꼬임방법, 종류, 로프의 직경 등이 있으며 그 종류는 그림 2-7과 같다.

> **(주)** 와이어로프의 구성기호 중 "6×19" 로 표시된 것은 6은 스트랜수이고, 19는 소선수를 의미한다.

호 별	1호	2호	3호
단 면			
구 성	7조선 6연 중심섬유	12조선 6연 중심 및 각 날 조선 중심섬유	19조선 6연 중심섬유
구성기호	6×7	6×12	6×19
호 별	4호	5호	6호
단 면			
구 성	24조선 6연 중심 및 각 날 조선 중심섬유	30조선 6연 중심 및 각 날 조선 중심섬유	37조선 6연 중심섬유
구성기호	6×24	6×30	6×37

호 별	7호	8호	9호
단 면		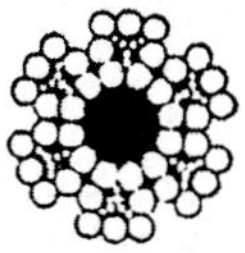	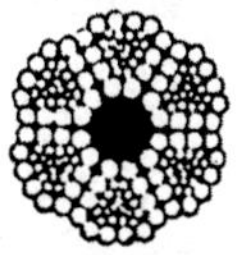
구 성	61조선 6연 중심섬유	플랫형 삼각 7조선 6연 중심섬유	플랫형 삼각심 24조선 6연 중심섬유
구성기호	6×61	6×F(△+7)	6×F(△+12+12)
호 별	10호	11호	12호
단 면			
구 성	실형 19조선 6연 중심섬유	와링톤형 19조선 6연 중심섬유	필러형 25조선 6연 중심섬유
구성기호	6×S(19)	6×W(19)	6×Fi(19+6)
호 별	13호	14호	15호
단 면		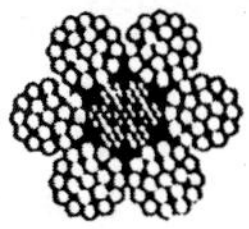	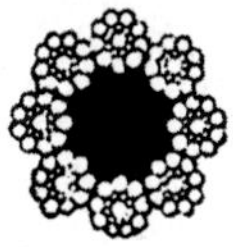
구 성	필러형 29조선 6연 중심섬유	필러형 25조선 6연 중심 7조선 6연 공심	실형 19조선 8연 중심섬유
구성기호	6×Fi(22+7)	7×7+6×Fi(19+6)	8×S(19)
호 별	16호	17호	
단 면			
구 성	워링톤형 19조선 8연 중심 섬유	필러형 25조선 8연 중심섬유	
구성기호	8×W(19+6)	8×Fi(19+6)	

 그림 2-7 와이어로프의 종류

3) 와이어로프의 꼬임 방법

로프의 꼬임모양에는 보통 꼬임과 랭꼬임이 있으며 꼬임 방향에는 보통 Z꼬임과 S꼬임, 랭 Z꼬임과 S꼬임이 있다.

① 우측 랭 꼬임	② 좌측 랭 꼬임	③ 우측 보통 꼬임	④ 좌측 보통 꼬임
스트랜드를 오른쪽으로 소선은 같은 방향으로 꼬임한 것(랭 S 꼬임)	스트랜드를 왼쪽으로 소선은 같은 방향으로 꼬임한 것(랭 Z 꼬임)	스트랜드는 오른쪽으로 소선은 반대방향으로 꼬임한 것(보통 S 꼬임)	스트랜드는 왼쪽으로 소선은 반대로 꼬임한 것(보통 Z 꼬임)

 그림 2-8 로프의 꼬임방향

① 보통 꼬임(ordinary lay) : 스트랜드와 와이어로프의 꼬임 방향이 서로 반대인 것이며, 로프의 바깥쪽 소선이 로프의 축과 평행이다. 이 꼬임의 특징은 소선 꼬임의 경사가 급하므로 외부와의 접촉 면적이 작아서 마모는 크지만 킹크(kink : 비틀림) 발생이 적고 취급이 쉽다.

② 랭 꼬임(lang's lay 또는 랑그 꼬임) : 스트랜드와 와이어로프의 꼬임방향이 같은 것이며 소선과 외부 접촉 면적이 길어서 마모에 의한 손상이 적고 유연하며 수명이 길다. 그러나 이 꼬임은 풀리기 쉽고 킹크발생이 쉬워 사용에 신중을 가하지 않으면 안된다.

4) 와이어로프의 직경 측정방법

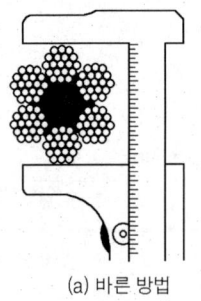 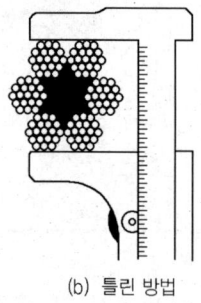

(a) 바른 방법   (b) 틀린 방법   그림 2-9 와이어로프의 직경 측정방법

와이어로프의 직경 측정은 로프의 끝으로부터 약 1.5m정도 떨어진 곳에서 버니어캘리퍼스(일명 노기스)로 임의의 점 2개소 이상을 측정하여 측정 평균값으로 한다. 이 때 측정하는 직경은 와이어로프 외접원의 가장 큰 부분의 직경으로 한다.

5) 와이어로프의 관리 및 사용방법

① 와이어로프의 보관시 주의사항

㉮ 통풍이 잘 되는 건물 내에 보관한다.

㉯ 직사광선, 열 등을 피한다.

㉰ 산, 아황산가스 등에 침식되지 않도록 한다.

㉱ 지면에 직접 닿지 않게 한다.

> **(주)**
> 와이어로프 선정시에는 사용빈도, 하중의 종류, 작업환경 조건 등을 고려하여야 한다.

② 와이어로프의 가공

㉮ 시징(seizing) : 와이어로프를 절단하였을 때 와이어의 꼬인 절단면이 되풀리는 것을 방지하기 위하여 절단부분의 양끝을 철사 등으로 묶은 것을 말하며, 시징의 길이는 와이어로프 직경의 3배 정도가 좋다.

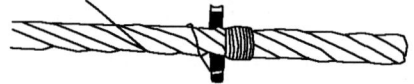 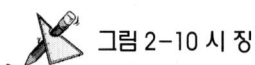 그림 2-10 시 징

㉯ 클립 고정법 : 이 방법은 공작이 간단하여 널리 사용되는 방법이며 와이어로프의 한쪽 끝을 구부려 딤블(thimble)을 넣고 구부린 부분을 원줄과 합쳐서 클립으로 조여 붙이는 방법이다.

이 방법은 술결이용 로프에서는 거의 사용하지 않으며 클립의 사용 갯수는 로프 지름이 16mm이하는 4EA, 16mm초과 28mm 이하는 5EA, 28mm 초과는 6EA 이상이다. 클립의 조임 유지력은 로프의 절단 하중의 80~85%이나 불완전한 것은 50% 이하이다.

〔클립 고정법 사용시 주의사항〕

① 클립의 간격은 로프 지름의 6배 이상으로 한다.
② 클립과 클립 사이에서 로프 사이에 틈새가 생기지 않도록 한다.
③ 클립의 새들은 로프의 힘이 걸리는 쪽으로 둔다.
④ 반드시 딤블을 사용한다.
⑤ 클립 고정시 로프의 절단하중은 15~20%정도 감소한다.
 ※ U볼트 너트는 KS상 FC20 또는 동등 이상의 것을 사용한다.(FC25)

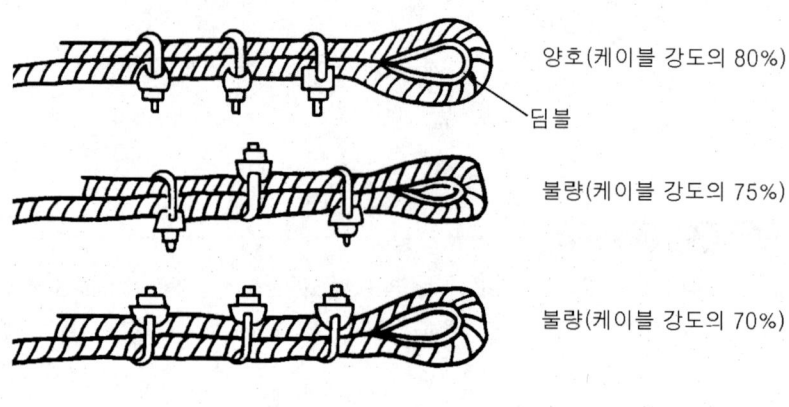

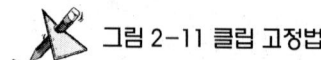
그림 2-11 클립 고정법

㉰ 엮어 넣기(스플라이스 : splice) : 엮어 넣기에는 벌려 끼우기와 감아 끼우기의 2가지 방법이 있으며 한 줄로 매달 경우에는 꼬임이 되풀리는데 주의한다. 엮어 넣는 길이는 로프 지름의 30~40배가 되어야 하며 강도는 가는 로프의 경우에는 100%, 굵은 로프는 70~80%가 된다. 딤블 붙이 엮어 넣기의 경우는 강도가 75~90%이다.

㉱ 합금 고정법 : 와이어의 한 끝을 풀어서 소켓에 끼우고 소켓 내부를 납땜이나 아연으로 융착시키는 방법이며 합금 고정에 필요한 로프의 길이는 로프 지름의 5~6배 이상되어야 한다. 줄걸이용으로는 사용하지 않는다. 그리고 소켓의 재질은 단조한 강을 사용한다. 잔류강도는 100%이다.

㉲ 쐐기 고정법 : 끝을 시징한 로프를 소켓속에서 접고 그 속에 쐐기를 넣어 고정시키는 방법이며 작업은 간단하지만 절단 하중이 65~70%정도이므로 클립 고정법과 병행하여 사용한다.

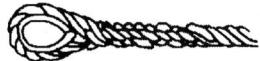  

(a) 엮어 넣기 고정법   (b) 합금 고정법   (c) 쐐기 고정법

 그림 2-12 와이어로프의 고정법

※ 그외 새로 개발된 가공법으로는 파워로크법, 3:3 splice파워로크법 등

③ **와이어로프의 킹크 발생**

킹크에는 와이어로프의 꼬임방향으로 비틀림이 생겨 꼬임이 강해지는 쪽으로 꼬인 것을 (+)킹크라 하고, 와이어로프의 꼬임반대방향으로 비틀림이 생겨 꼬임이 풀리는 것을 (-)킹크라고 한다. 로프에 파단하중을 가장 크게 감소시키는 것이 킹크이며 새 로프 사용시 일어나기 쉽다. 킹크는 수정을 하더라도 이 부분에는 불균일한 인장응력과 변형이 생기며 손상된 부분에 또다시 추가 마모가 생기게 된다.

 그림 2-13 킹크의 발생과정

(주)
(+) 킹크 된 로프는 절단하중이 20~40% 정도 저하되고, (-) 킹크 된 로프는 절단하중 저하율이 50~80%

④ **와이어로프의 안전계수**

와이어로프는 하중이 증가할수록 어느 정도 늘어나지만 탄성한계 이상의 하중이 걸리면 절단 된다. 따라서 로프에 걸리는 하중은 시브의 방법, 굽힘 정도, 마찰, 충격 등을 고려하여 혹, 와이어로프, 줄걸이 용구 등이 파괴될 때 보다 훨씬 적은 하중을 목표를 정해 사용한계가 되는 것을 안전하중이라고 하고, 파괴될 때의 하중을 절단하중이라고 한다.

즉, 안전계수란 절단하중과 안전하중과의 비(比)를 말하며 천장크레인에 사용되는 줄걸이용 로프의 안전계수는 5이상이다.

$$안전계수 = \frac{절단하중(극한강도)}{안전하중(허용응력)}$$

(예 제)

절단하중이 7ton이고 안전하중이 1000kg인 줄걸이용 와이어로프의 안전계수는 얼마인가?

(풀 이) 안전계수 $= \frac{절단하중(극한강도)}{안전하중(허용응력)} = \frac{7000kg}{1000kg} = 7$ 답 : 7

⑤ 와이어로프와 드럼 및 시브와의 관계

㉮ 드럼 및 시브의 지름 : 로프의 굽힘 각도가 클 때에는 드럼 및 시브의 지름이 큰 것을 사용하거나 시브수를 증가시켜 서서히 구부려야 한다. 따라서 드럼 및 시브의 지름 D와 와이어 지름 d와의 관계는 다음과 같다. (30㎜ 와이어로프기준임)

　㉠ D/d < 200mm : 영구 늘어남이 생겨 빨리 피로하게 된다.

　㉡ D/d = 300mm : 필요한 최소한도

　㉢ D/d = 600mm : 최적값

드럼과 시브의 지름은 로프지름의 20배 이상을 크게 하는 것이 로프의 수명을 연장시킬 수 있다.

㉯ 드럼 및 시브의 홈 형상과 피치

　㉠ 홈 형상 : 드럼 및 시브의 홈 모양에는 U형, V형, 편평형 등이 있는데 로프의 손상은 U형이 가장 적다. U형 홈의 형상은 로프 둘레의 접촉각은 일반적으로 135°, 통상 120~150° 이내이며, 홈의 각도는 30~60°가 알맞다. 그리고 홈의 지름은 로프의 공칭지름 보다 10% 정도 크게 하는 것이 적당하다.

　㉡ 홈 피치 : 한 홈의 중심에서부터 옆 홈 중심까지의 거리를 피치라고 하며, 알맞지 않으면 감긴 로프의 뒤에 감기는 로프가 겹치거나 서로 스치게 된다.

⑥ 와이어로프의 손상, 교환

㉮ 로프의 손상상태

　㉠ 단선 : 로프 사용 중 피로, 마모, 충격 등에 의해서 단선되며 전체 소선수의 10% 이상 단선되면 교환하여야 한다.

ⓒ 마모 : 로프의 마모는 드럼, 시브 등에 의한 접촉으로 생기는 외부마모와 소선과 소선의 접촉에 의한 내부 마모가 있으며 원래 치수의 7% 이상 마모되면 교환한다.
ⓒ 열의 영향에 의한 재질 변화 : 소선이 고온이 되면 로프의 강도가 저하되고, 급격한 충격에 대해서 약해진다.
ⓔ 피로 : 과하중이 걸리거나, 급하게 화물을 들면 로프의 내·외층의 소선이 맞부딪혀 피로(늘어남)를 일으키며, 로프가 피로를 일으키면 작업시 충격이 오므로 위험하다.
ⓜ 부식 : 부식은 로프가 드럼에 감겨진 채 장시간 있게 되면 심강의 오일이 없어져, 산화가 촉진되어 일어나며, 굴곡 된 중앙부에서 부식이 가장 심하다.

㉯ 와이어로프의 손상원인
 ㉠ 마모 및 부식에 의한 로프의 단면적 감소
 ㉡ 경화 및 부식에 의한 로프의 질적 변화
 ㉢ 로프의 변형
 ㉣ 충격, 과하중이 걸릴 때

㉰ 와이어로프의 손상 방지방법
 ㉠ 마모 방지방법
  a. 드럼, 시브의 형상, 직경, 재질 및 표면상태를 점검하여 필요시 수리할 것.
  b. 드럼쪽 로프의 고정 및 감는 방법을 올바르게 할 것.
  c. 플리트 각을 허용값(2° 정도) 이내로 할 것.
  d. 오일을 충분히 발라줄 것.
  e. 로프를 두드리거나 비비지 말 것.
 ㉡ 부식 방지방법
  a. 오일을 충분히 발라줄 것.
  b. 산, 염류가 많은 장소에서는 아연 도금한 로프를 사용할 것.
 ㉢ 굽음에 의한 피로, 단선 방지방법
  a. 드럼, 시브의 직경을 크게 한 것.
  b. 과하중 및 충격을 주지 말 것.
  c. 선접촉 구조의 로프를 사용할 것.
  d. S꼬임은 가능한 사용하지 말 것.

② 소선 표면의 변질, 약화 방지방법
　a. 로프를 시브에서 미끄럼 시키지 말 것.
　b. 과하중 및 충격을 피할 것.
　c. 로프를 두들기거나 비비지 말 것
⑩ 꼬임의 흐트러짐 방지방법
　a. 로프의 취급을 올바르게 할 것.
　b. 드럼에 로프의 고정 및 감기를 올바르게 할 것.
　c. 시브의 형상과 직경이 알맞을 것.
⑪ 와이어로프 사용상 주의사항
　a. 새로운 로프로 교체한 후 초기 운전시에는 사용정격하중의 1/2정도를 걸고 저속으로 여러 번 운전을 행한 후 사용한다.
　b. 로프가 시브에서 벗겨지지 않도록 한다.
　c. 드럼에 로프를 감을 때에는 가능한 당겨서 감아 상층로프가 하층로프 사이에 끼지 않도록 한다.
　d. 로프의 수명을 연장시키려면 과하중으로 횟수를 줄이는 것보다 적정하중으로 운전횟수를 늘리는 편이 유리하다.
　e. 운전 중 급격한 속도의 변화, 급제동, 급격한 시동을 피한다.
　f. 로프의 부식방지를 위해 그리스(grease)를 항상 발라주도록 한다.
　g. 짐을 매다는 경우에는 4줄걸이 이상으로 하며, 조각도는 60° 이내일 것
⑫ 로프의 교환기준
　a. 로프의 한 꼬임 사이에서 소선수(필러 와이어는 제외)의 10% 이상 소선이 절단된 경우
　b. 마모로 직경의 감소가 공칭직경의 7% 이상인 경우
　c. 킹크가 발생한 경우
　d. 심한 부식 또는 변형이 발생된 경우

> **(주)**
> 1. 로프의 직경 허용오차는 +7~-0%이다.
> 2. 로프의 손상방지책
>   ① 짐을 올바른 각도(60° 이내)로 매달아 과하중이 되지 않게 한다.
>   ② 권상·권하시 적당한 받침을 둔다.
>   ③ 불에 탄 짐은 가급적 피한다.
>   ④ 하중을 매달 때에는 한 줄로 매다는 것은 피한다.

(2) 체 인(chaine)

1) 개 요

체인은 고열물이나 수중 작업시에 사용하며 종류에는 롤러(roller)체인과 링크(link)체인이 있으며 떨어진 두 축 사이의 전동(리미트 스위치의 전동 등)에는 롤러체인을 사용한다. 그리고 롤러체인의 내구성은 핀과 부싱의 마모에 따라 정해지며 마모, 균열, 변형 등에 대하여 면밀히 점검을 하여야 한다. 체인의 안전계수는 5 이상이어야 한다.

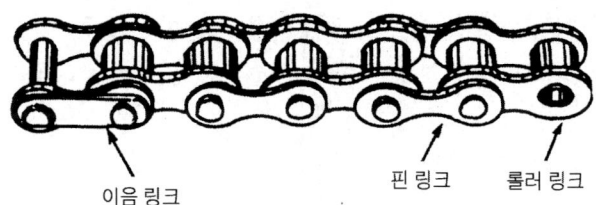

(a) 롤러 체인

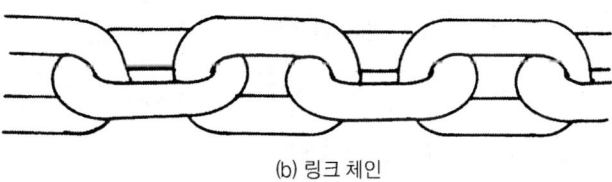

(b) 링크 체인

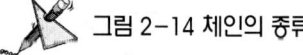

그림 2-14 체인의 종류

2) 체인의 호칭방법

줄걸이용 체인 봉재의 지름을 mm로 표시하며 체인블록용은 장경×단경×봉재의 지름으로 나타낸다.

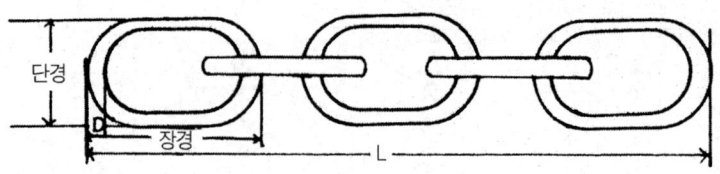

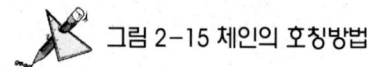

그림 2-15 체인의 호칭방법

3) 체인 사용상 주의사항

① 마모를 감소시키기 위해 자주 오일을 발라준다.
② 6개월~1년에 1번씩 담금질을 해준다.
③ 비틀리지 않게 한다.
④ 체인을 동여맬 때에는 단접 및 용접을 하거나 새클을 사용한다.
※ 높은곳에서 떨어뜨리지 말 것. 영하의 날씨에 사용할때는 깨어지기 쉬우므로 충격이 가해지지 않도록 할 것.

4) 체인의 교환기준

① 균열이 있는 것
② 늘어남이 제조시보다 5%를 초과한 것
③ 링(ring) 단면의 지름 감소가 10%를 초과한 것

5) 체인의 특징

① 미끄럼이 없이 일정한 속도비를 얻을 수 있다.
② 유지 및 수리가 쉽다.
③ 대동력을 전달할 수 있고 효율이 95% 이상이다.
④ 내유, 내열, 내습성이 크다.
⑤ 어느 정도의 충격을 흡수할 수 있다.

(3) 줄걸이 용구

1) 섀 클(shackle)

섀클은 체인 또는 로프와 훅, 고리 등과의 접속용으로 사용되며 줄걸이용이나 체인에는 핀의 발이 짧은 것이 유리하며, 여러 개의 로프를 모으는 경우에는 만곡형이 편리하다. 규격은 고리를 만드는 봉강의 직경으로 표시하며, 섀클 자체의 파괴는 거의 없으나 핀이 파괴되거나 이탈에 의해 재해가 일어나는 경우가 있다. 링의 구멍은 훅이나 섀클의 규격에 정해져 있으며, 링 직경은 그 재료의 4~5배 직경으로 되어 있다.

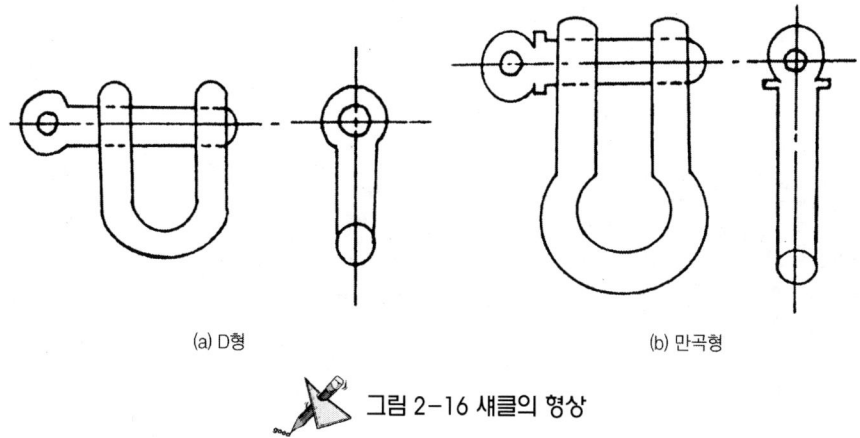

(a) D형   (b) 만곡형

그림 2-16 섀클의 형상

2) 아이 볼트(eye bolt)

① 아이 볼트는 수직을 외줄로 작업하는 것이 원칙이지만, 부득이 한 경우에는 볼트 중심선의 45° 이내에서 사용한다.
② 아이 볼트의 직경 및 피치가 권상하는 짐의 볼트구멍과 같지 않으면 사용하지 않는다.
③ 아이 볼트의 암나사에 볼트 위 머리면까지 끼워서 사용하여야 한다.
④ 균열된 것, 변형된 아이 볼트는 사용하지 않는다.
⑤ 2개 이상으로 권상시에는 아이 볼트와 고리 부위의 방향을 동일 로프가 왕래하고 있는 고리는 같은 평면에 있어야 한다.
⑥ 볼트의 머리부분에 호칭지름을 타각하지 않은 것은 사용하지 않는다.

3) 슬 링(sling)

슬링은 레일, 파이프, 빔(beam) 등과 같은 무겁고 긴 화물을 대량으로 운반시 사용되며 파레트, 스프레더, 그물 등을 보조기구로 사용한다.

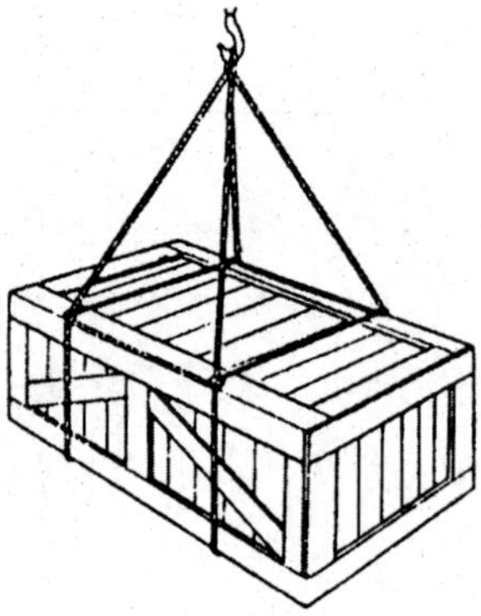

40 천장크레인

(d) 스프레더 바의 사용

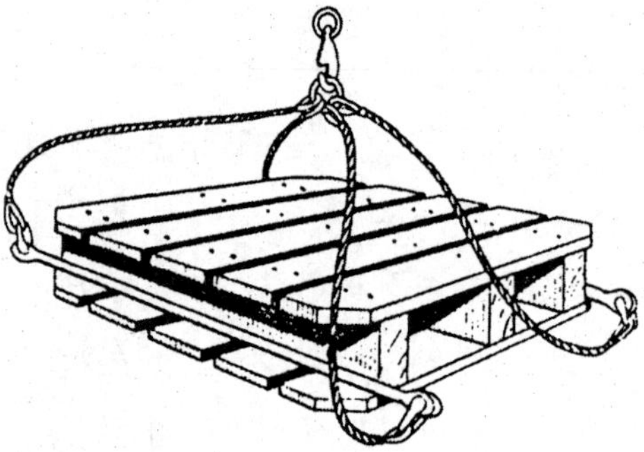

(e) 파레트의 사용

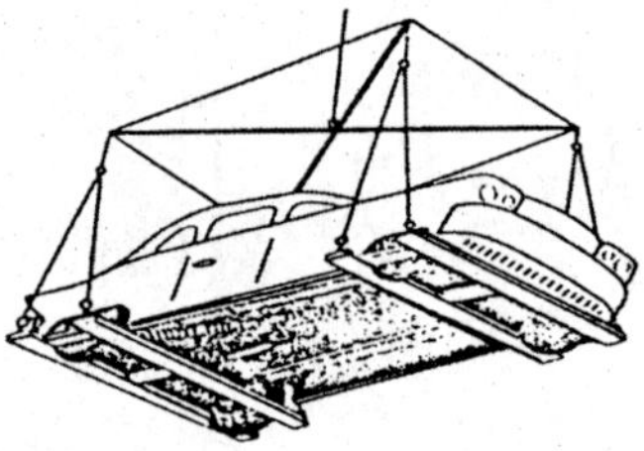

(a) 자동차의 슬링

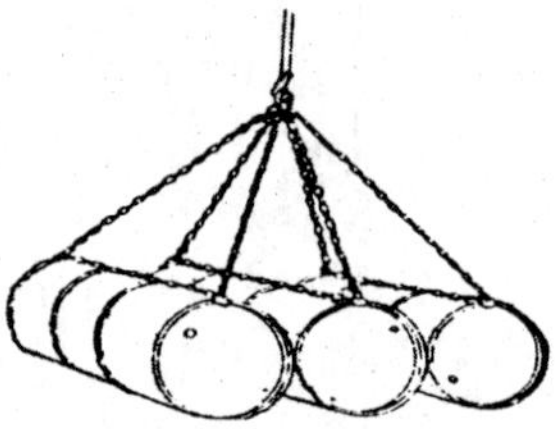

(b) 드럼설치 체인슬링

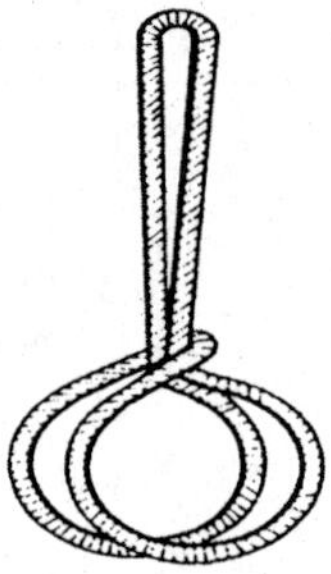

(c) 엔드레스 슬링을
사용하는 방법

 그림 2-17 여러 가지 슬립방법

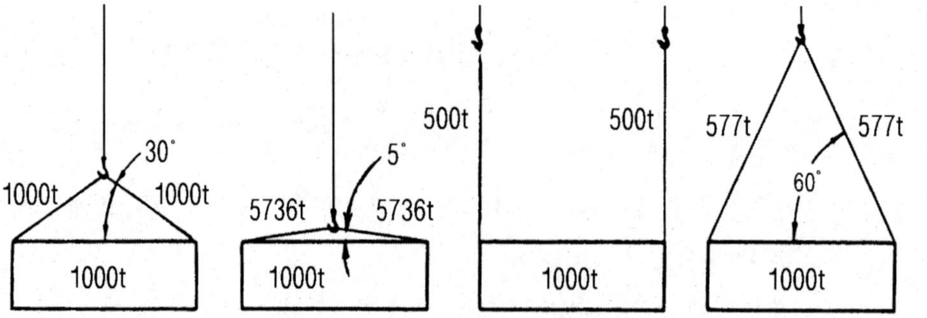

 그림 2-18 슬링에 작용하는 수직각과 응력

그리고 슬링을 사용할 때의 주의사항은 다음과 같다.

① 각이 예리한 부분이나 손상되기 쉬운 부분에는 받침대를 대서 로프의 손상을 방지한다.
② 슬링시에는 반드시 4줄 걸이를 한다.
③ 매다는 기구는 화물의 중심에 위치시킨다.
④ 매다는 각도(조각도)는 60° 이내로 한다.
⑤ 급격한 충격을 피할 것.

또한 슬링 작업시 로프는 다음과 같은 것을 선택하여야 한다.

① 마모되기 쉬운 부분에는 외층 소선이 굵은 것이 좋다.
② 굴곡 피로가 발생하기 쉬운 부분에는 6×Fi(22+7)나, 6×Fi(19+6)인 선접촉 구조의 로프를 사용한다.
③ 습기로 내부 부식이 발생하기 쉬운 곳에서는 선접촉이나 면접촉 구조의 로프를 사용한다.
④ 녹이 발생하기 쉬운 곳에서는 도금한 로프를 사용한다.
⑤ 고열이 있는 곳에서는 강심 로프를 사용한다.
⑥ 로프의 자전에 의한 사고의 위험이 있는 곳에서는 비자전성, 내마모성, 내피로성, 형상 파괴 등에 강한 싱글 로프를 사용한다.

④ 권상드럼과 시브

(1) 권상드럼(hoist drum)

천장크레인용 권상드럼은 로프의 홈이 나선형으로 파진 것을 사용하며 이 홈의 직경은 와이어로프의 공칭직경보다 10%정도 커야 한다. 그리고 권상드럼의 직경 D(드럼에 감긴 로프의 중심)와 와이어로프 직경 d와의 비(比)는 D/d=20배 이상되어야 한다.

로프를 드럼에 설치하는 방법은 키(key)로 로프가 벗겨지지 않게 누르고 볼트로 키를 조이는 방법을 주로 사용하며 이 부분에 직접 장력이 가해지지 않도록 하기 위해 로프를 드럼에서 최대로 풀었을 때 드럼에 남는 로프의 최소한도는 2가닥, 일반적으로 3가닥이어야 한다. 또한 드럼에 로프가 감겨질 때 로프의 방향과 홈 방향과의 각도는 4° 이내, 플리트 각(fleet angle)은 2° 이내여야 한다.

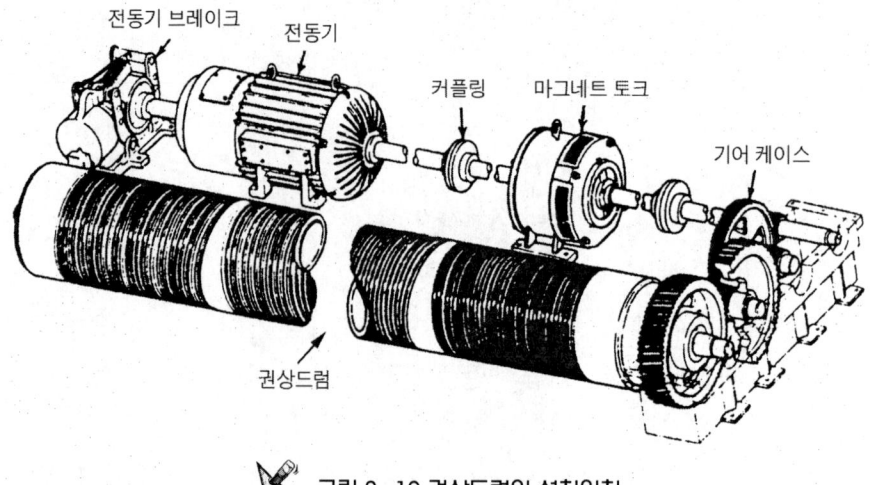

그림 2-19 권상드럼의 설치위치

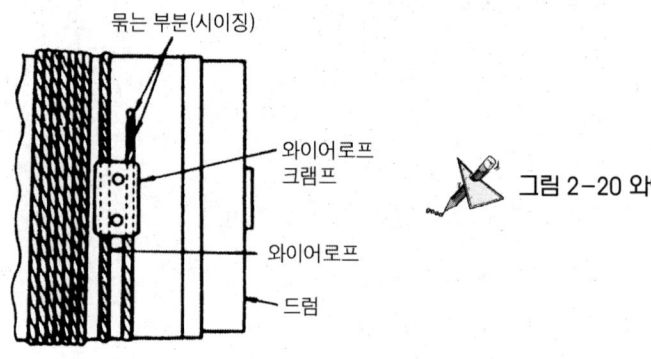

그림 2-20 와이어로프 고정법

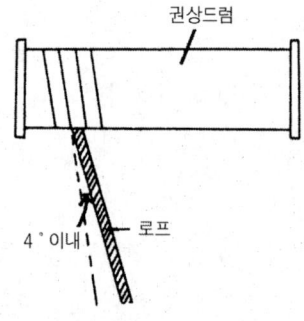

(a) 로프방향과 홈방향과의 각도

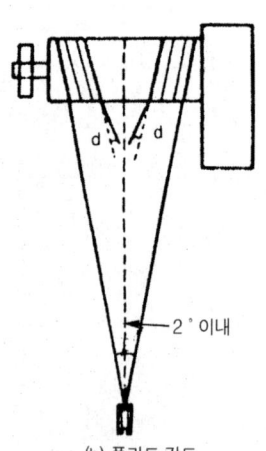

(b) 플리트 각도

그림 2-21 홈방향과 플리트 각도

> (주)
> 플리트 각도 : 로프가 드럼의 가장자리에 왔을 때 로프가 헤드 시브의 중심선이나 가이드 시브의 홈을 통해 드럼 축에 수직으로 그은선과 이루는 각도

(2) 시브(활차 : sheeve)

시브는 로프의 방향 전환 및 역률을 증대시키기 위해 사용되며 재질은 주철이나 강판을 사용한다. 그리고 홈 바퀴의 직경 D는 로프 직경 d에 대하여 D ≧ 20d이며 평형 홈 바퀴나 풀리는 D ≧ 10d를 사용한다.

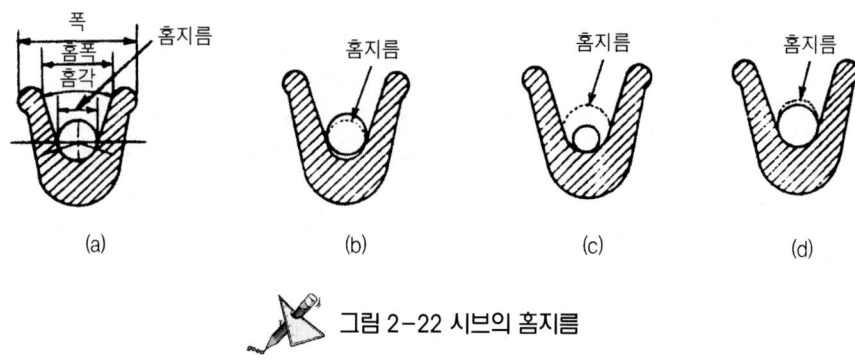

그림 2-22 시브의 홈지름

1) 시브의 종류

① 정활차

이것은 힘의 방향만 바뀔 뿐이며 동력이 절약되지는 않는다. 예를 들어 화물을 1m 올리는데 로프를 1m당겨야 한다.

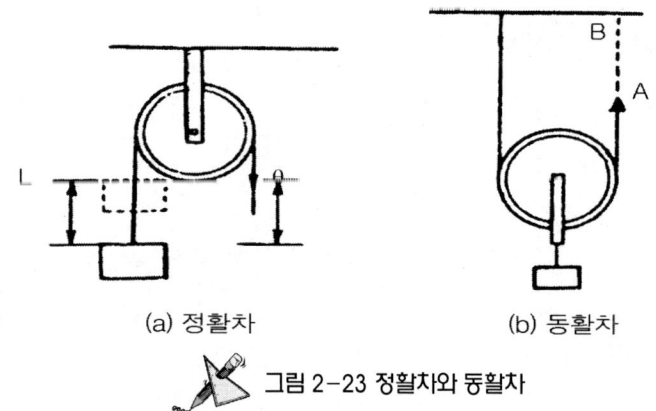

(a) 정활차   (b) 동활차

그림 2-23 정활차와 동활차

② **동활차**

 이것은 활차에 건 로프의 한쪽 B를 고정시키고 다른 한쪽 끝 A를 상하로 작동시키는 것이며, 활차가 상하로 이동되며 하중은 활차에 부착된다. 이것은 하중을 올리는데 하중의 1/2의 힘으로 되어(활차의 마찰을 없는 것으로 할 때) 힘을 절약할 수 있으나 로프를 1m 당겨도 50cm 밖에는 올릴 수 없다.

③ **결합활차**

 이것은 여러 개의 정활차와 동활차를 조합하여 구성한 것이며 적은 힘으로 상당히 무거운 것을 권상할 수 있다. 즉, 무거운 짐을 매달려면 활차를 많이 설치할수록 당기는 힘은 절약되나 짐이 이동하는 거리가 적어진다. 예를 들면 정활차 3개, 동활차 3개를 조합하였을 경우 활차의 마찰이 없다고 하면 화물 무게의 1/6의 힘으로 올릴 수 있으며, 로프를 1m 당겨도 화물은 1/6m 밖에 올릴 수 없다.

W : 하중(kg), S : 로프를 당긴 거리(m)

힘·거리 줄걸이	당기는 힘(P)	움직이는 거리(L)
4줄걸이	$P = \dfrac{W}{4}$	$L = \dfrac{S}{2}$
6줄걸이	$P = \dfrac{W}{6}$	$L = \dfrac{S}{3}$
8줄걸이	$P = \dfrac{W}{8}$	$L = \dfrac{S}{4}$

 권상장치에서는 균형활차(이퀄라이저 시브)를 두며, 이것은 권상하는 로프의 중앙부를 지지해주는 역할을 하는 것이다.

(주)

1. 특징
   ① 로프가 고정(회전 안함)되는 부분으로 마모가 없다.
   ② 로프에 장력이 있으므로 점검시 주의해야 한다.
2. 점검
   ① 로프홈의 마모   ② 회전상태   ③ 로프와의 접촉각도
3. 균형 활차의 최소직경은 로프 제작 및 안전기준 = 10d 이상 최소값이다.

※ 과부하 방지 장치용의 시브 피치원 직경과 해당 시브를 통과하는 와이어로프 지름과의 비는 5 이상으로 할 수 있음.

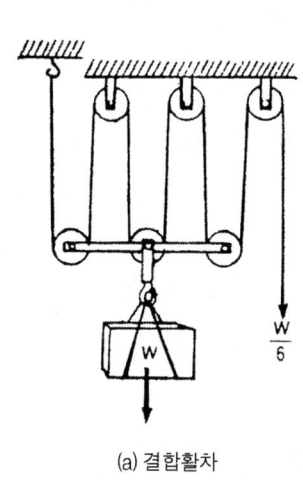
(a) 결합활차

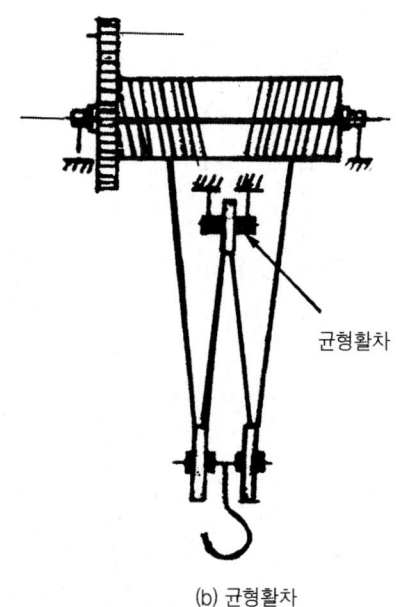
(b) 균형활차

그림 2-24 결합활차와 균형활차

2. 주행 및 횡행장치

① 주행장치

주행장치는 거어더의 중앙부에 주행용 전동기가 설치되며, 감속기어를 거쳐서 주행차륜을 레일위에서 회전시키는 구조로 되어 있다.

주행장치의 구동방식에는 중앙기어 케이스 구동식, 중앙 전동기 구동식, 이중기어 케이스 구동식, 독립륜 구동식이 있으며 브레이크(오일디스크 브레이크)를 페달로 조작하게 되어 있다.

46 천장크레인

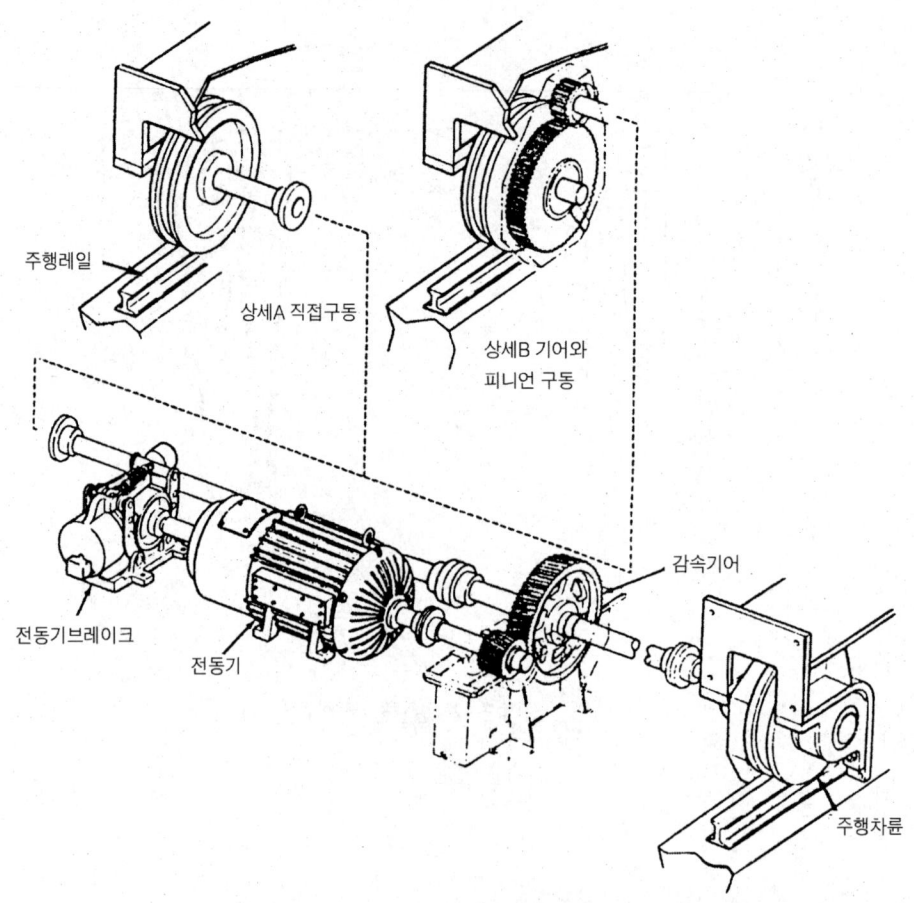

그림 2-25 중앙 기어 케이스 주행장치의 구조

(주)
1. 감속기어의 오일은 일반적으로 2,000시간마다 교환한다.
2. 천장크레인의 주행속도(m/min) $\dfrac{3.14 \times 차륜지름 \times 전동기회전수}{감속비}$

(예 제)

주행차륜의 직경이 400mm이고 주행전동기의 회전수가 3,000rpm이고, 이때 감속비가 1/100이면 이 천장크레인의 주행속도(m/min)인가?

(풀 이) $\dfrac{3.14 \times 차륜직경 \times 전동기회전수}{감속비 \times 1000}$

* 1000을 더 나누어주는 이유는 m(차륜직경)를 mm로 고치기 위함이다.

$\dfrac{3.14 \times 400 \times 3000}{100 \times 1000} = 37.68 m/min$

답 : 37.68m/min

1) 주행차륜(wheel) - 바퀴

주행차륜은 구동륜과 종동륜으로 구분하며 구동륜은 전동기에 의해 구동된다. 차륜의 재질은 주철, 주강, 특수 주강이며, 차륜의 마모한계는 다음과 같다.

① 차륜직경의 마모 : 원치수의 3%

② 좌우차륜의 직경차 : 구동륜은 원치수의 0.2%, 종동륜은 원치수의 0.5%

③ 플랜지의 두께 : 원치수의 50%

④ 플랜지의 변형도 : 수직에서 20°

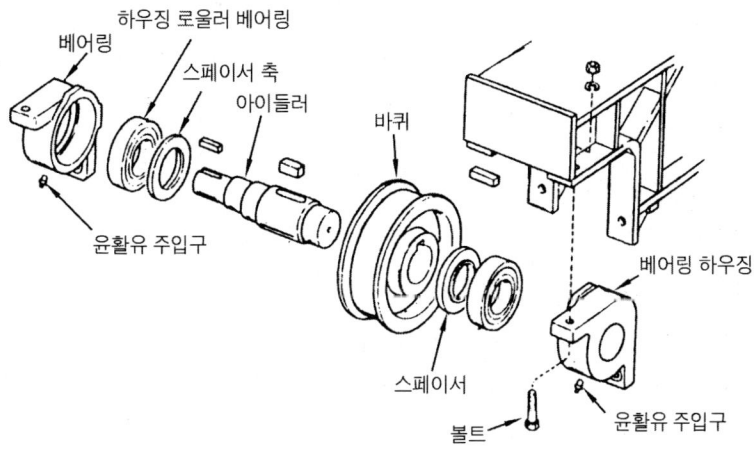

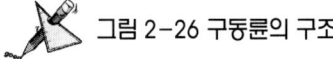
그림 2-26 구동륜의 구조

> **(주)**
> 1. 차륜 플랜지(flange)의 한쪽만 계속 레일과 접촉 마모되는 원인
>   ① 레일과 차륜의 직각도 불량시   ② 좌우 주행레일의 높이가 틀릴 때
>   ③ 좌우 구동차륜의 직경 차이가 클 때
> 2. 차륜을 교환하거나 재생 수리를 할 때에는 전체 차륜을 동시에 수리함을 원칙으로 한다.

2) 레일(rail)

레일은 양쪽이 수평 및 평행하여야 한다. 그리고 좌우 주행레일 중심간의 거리를 스팬(span)이라고 하며 스팬은 천장크레인의 올바른 주행을 위해 매우 중요한 요소이다. 레일은 최대 차륜압력을 기준으로 한다.

> **(주) 레일의 점검**
> ① 좌우 레일의 고·저 차 : 스팬×1/3000
> ② 레일의 직선도(경사도) : 1/2000(2m당 1mm 이하, 전 주행길이에 걸쳐 10㎜이내)
> ③ 레일 이음부(joint)의 어긋남 : 상, 하, 좌, 우, 0.5mm
> ④ 레일 이음부 간극 : 3mm 이하
> ⑤ 주행레일은 1년에 2회 정밀 측정을 하여야 한다.
> ⑥ 레일 헤드부 및 측면마모 : 원치수의 10%이내
> ⑦ 주행레일의 허용오차 단, 최대 15mm를 초과해서는 아니된다.
>   ㉮ 스팬 25m 미만 : ±10mm   ㉯ 스팬 25~40m 미만 : ±15mm
> ⑧ 횡행 레일의 허용오차
>   ㉮ 레일 표준치수 : ±10mm   ㉯ 좌우 레일 고저차 : 레일 표준치수의 1/500

② 횡행장치

횡행장치는 권상장치와 함께 크라브 내에 설치되며 횡행 전동기에서 감속기어를 거쳐서 차축에 부착된 횡행 차륜을 구동시켜서 크라브를 거어더 방향으로 이동이 가능하게 한다.

횡행장치에는 일반적으로 드러스트 브레이크를 부착하고 횡행레일 양 끝에 횡행차륜 정지용 스톱퍼(stopper)를 설치한다.

> **(주)**
> 버퍼 스톱퍼(buffer stopper) : 경질 고무나 스프링 또는 유압을 이용하여 충돌시 완충시켜 주는 것이다. 그리고 횡행차륜정지용 스톱퍼의 높이는 차륜지름의 1/4 이상되어야 한다.

3. 거어더(girder)

거어더는 천장크레인의 자중 및 권상하중에 견디기 위해 설치하는 대들보이며 두 개의 새들(saddle) 위에 얹혀 있고 크라브(crab)를 받쳐주는 주요 구조물로서 주행장치가 마련되어 있어 주행레일을 따라서 주행한다.

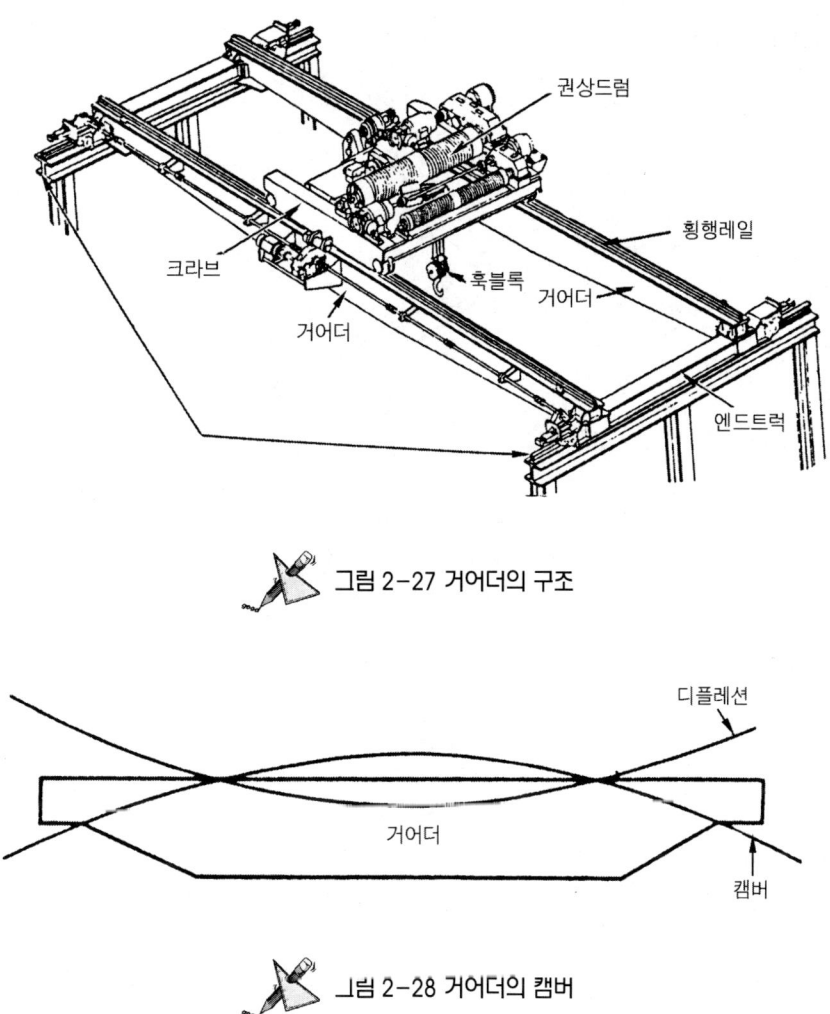

그림 2-27 거어더의 구조

그림 2-28 거어더의 캠버

거어더는 하중을 안전하게 권상하기 위하여 수평선으로부터 중앙부분을 위쪽으로 휘어지게 제작하는데 이것을 거어더의 캠버(camber)라고 한다. 캠버값은 일반적으로 스팬의

1/1000~1/1200정도이며 이 값은 용도, 형식, 거어더의 처짐 등을 고려하여 산정하며 정격 하중을 부하 했을 때 1/800을 넘지 않는 것이 좋다.

그리고 고속형의 경우는 반드시 캠버를 두어야 하지만 보통형과 특수형은 스팬이 20m 이하일 경우 캠버를 고려하지 않아도 된다.(주행 : 90m/min, 횡행 : 80m/min)

※ 캠버는 크레인 수명에 큰 영향을 미친다.

❶ 거어더의 분류

① 트라스(truss) 또는 레티스(lattice) 거어더

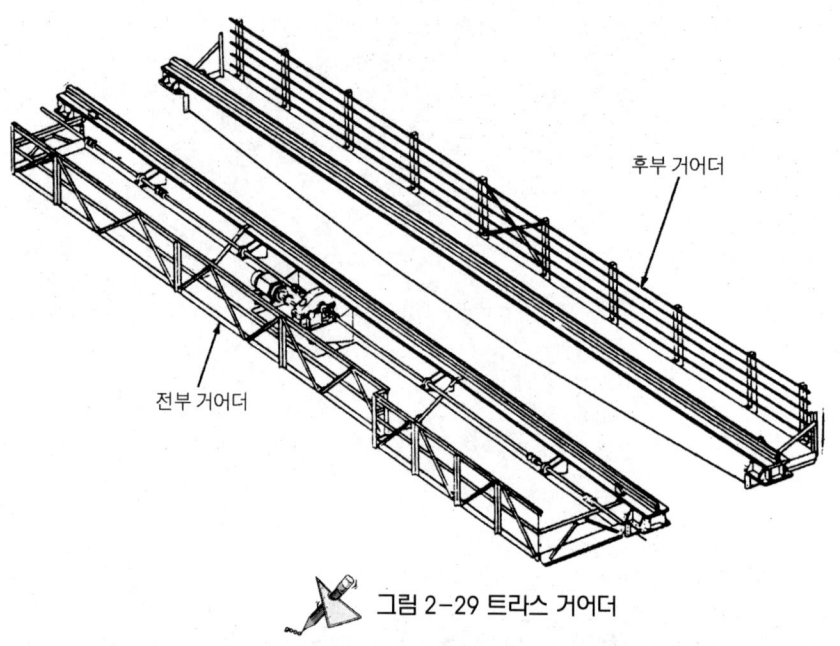

그림 2-29 트라스 거어더

앵글, 판넬 등의 형강을 격자모양으로 제작하여 메인바의 결합부에 보강용 강판으로 체결한 형식이다.

② 박스(box) 거어더

거어더의 전면(全面)을 강판으로 둘러싸 박스 모양으로 제작한 것이며 특징은 공간의 이용이 용이하고, 부식에 강하며, 기기류 설치가 편하여 중형 이상의 용량(20~50ton)인 천장크레인에서 주로 사용된다.

③ I형 빔 거어더, 강판 거어더, 강관 거어더 등이 있으며 강관거어더는 무게를 경감 시킬 수 있으나 휨이 가장 큰 것이 단점이다.

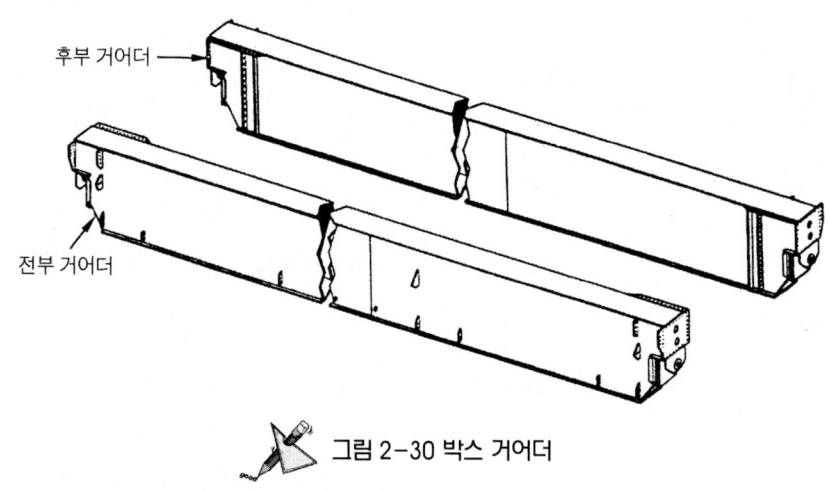

그림 2-30 박스 거어더

② 거어더의 형상 채용

스팬의 길이가 길 때에는 레티스 거어더가 유리하며, 스팬이 짧고 대용량인 경우에는 강판 거어더나 박스 거어더가 좋다.

4. 크라브(crab) 또는 트롤리(trolly)

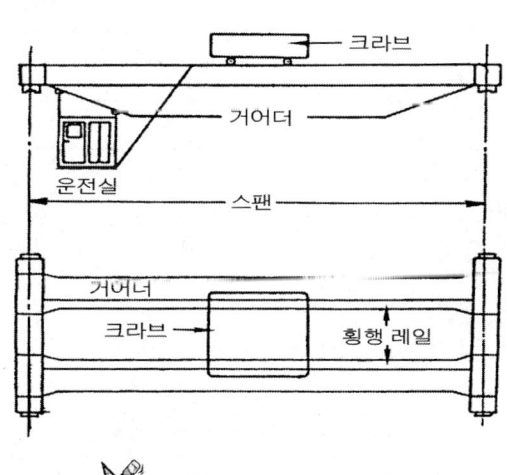

그림 2-31 크라브의 설치 위치

크라브란 권상장치와 횡행장치가 실려 운행하는 대차를 말하며 크라브 프레임은 형강으로 조립되어 있으며 거어더에 고정된 레일(횡행레일)을 따라서 이동한다.

> **(주) 크라브를 급정지 시키면**
> ① 와이어로프에 영향을 주고
> ② 크라브 자체에 영향을 주며
> ③ 횡행차륜에 영향을 준다.

5. 새 들(saddle)

새들은 2개의 거어더를 받쳐주는 부분이며, 주행레일을 따라서 이동하며 주행차륜이 설치된다. 새들의 양 끝에는 버퍼(완충기)가 장치되어 있다. 그리고 새들 바깥 바퀴의 중심거리를 휠 베이스(또는 새들 베이스)라고 하며 스팬과의 관계는 다음과 같아야 한다.

사행(斜行)하지 않으려면

$$\frac{스팬}{휠\ 베이스} \leq 8$$

즉, 휠 베이스는 스팬 길이의 $\frac{1}{8}$ 이하이어야 한다.

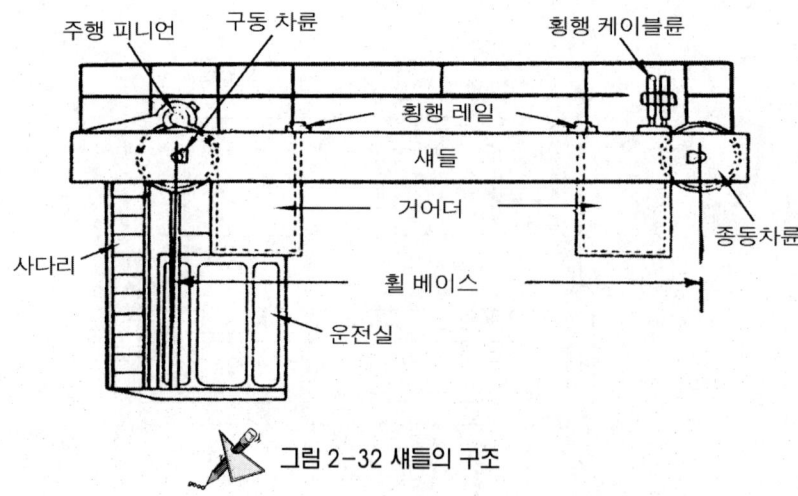

그림 2-32 새들의 구조

6. 운전실

운전실은 거어더의 한쪽 끝 아랫부분에 설치되며 내부에는 배전반, 제어기(레버), 브레이크 페달 등이 배치되어 있으며 일반적으로 유리창을 끼운 밀폐형이다.

운전실의 종류에는 개방형, 밀폐형, 밀폐단열형이 있다.

7. 천장크레인의 도장(페인팅 작업)

도장은 일반적으로 녹 방지 도장 2회, 마무리 도장을 1회 하는 것이 좋으며 재도장이 필요한 시기는 도장 면적의 10% 정도의 녹이나 도막이 파손되고 벗겨짐 등이 생겼을 때 한다.

※ 규격은 300㎜×600㎜ 탑승구에 게시

관계자외 탑승금지		흰색바탕에 글씨와 그림은 적색의 고딕체
신호요령		
－ 승차시: ― ― ―	1초씩 3회취명 (탑승자)	흰색바탕에 글씨체는 흑색의 고딕체
－ 승하차 허락: ―	2초 이상 1회취명 (운전자)	
－ 하차완료: ― ―	1초, 2초 2회취명 (탑승자)	

천장크레인의 개요 및 기계장치의 구조

Question 01

다음은 천장크레인에 대하여 설명한 것이다. 가장 올바른 것을 고르시오.

① 상당량의 짐을 동력으로 달아 올려 이것을 공간으로 운반할 수 있게 된 장비이다.
② 공장이나 창고에 일정한 간격의 궤도 내에 설치되어 물건을 매달아 운반하는 장비이다.
③ 상당량의 짐을 인력을 달아 올리기 및 이동시키는데 사용되는 공구의 일종이다.
④ 천정기중기란 엔진의 힘으로 무거운 짐을 간편하게 옮길 수 있는 장비이다.

해설▶ 천장크레인이란 공장, 창고 또는 야외 저장소 등에서 일정한 간격을 두고 평행하게 설치한 주행로(궤도) 위에 설치되어 물건을 매달아 운반하는 장비를 말한다.

Question 02

천장크레인의 규격 200/40 스팬(span) 60M에 대한 다음 설명 중 틀린 것은?

① 200은 주권의 권상능력을 말한다.
② 40은 보권의 권상능력을 말한다.
③ 60은 스팬의 길이를 말한다.
④ 200과 60은 최대 및 최소 시험하중을 말한다.

해설▶ 200/40스팬 60M이란 200은 주권의 권상능력, 40은 보권의 권상능력이고 60은 스팬의 길이를 말한다.

Question 03

천장크레인에서 60/20×42m의 가리키는 의미는?

① 주권 60ton, 보권 20ton, span 42m
② 보권 60ton, 주권 20ton, 양정 42m
③ 주권 60ton, 보권 20ton, 양정 42m
④ 보권 60ton, 주권 20ton, span 42m

Question 04

천장크레인 호칭이 "KSB6228 저속형 20/5ton× 10m" 일 때 호칭의 숫자기호와 와이어로프 선정과의 관계 중 가장 알맞은 것은?

① 20호 또는 5호의 로프의 사용을 규정한 것이다.
② 20톤의 하중에서 10m 길이 이내의 로프를 사용하라는 표지이다.
③ 20 또는 5톤의 하중에서 10m 길이 이내의 로프를 사용하라는 표시이다.
④ 문제의 호칭기호는 로프의 사용 또는 선정을 규정한 것이 아니다.

해설▶ 20은 주권, 5는 보권의 권상능력이며 스팬이 10m 임을 표시하는 호칭이다.

Question 05

천장크레인의 종류는 다음 중 어느 것에 따라서 대별할 수 있는가?

① 권상정격하중에 따라서
② 사용 장소 및 용도에 따라서

1.② 2.④ 3.① 4.④ 5.②

③ 권상정격 속도에 따라서
④ 자체중량에 따라서

Question 06
천장크레인의 작업능력을 표시하는 방법은?
① 권상톤수　② 권상체적
③ 작업시간　④ 작업속도

Question 07
국내에서 크레인의 공칭 용량단위는 다음 중 어느 것인가?
① 톤　② 파운드
③ 킬로그램　④ 1000파운드 단위

Question 08
기중기의 정격하중의 정의로 알맞은 것은?
① 기중기가 취급할 수 있는 최대하중
② 훅크, 와이어로프 중량을 포함한 취급하중
③ 훅크, 와이어로프 중량을 제외한 순수 취급하중
④ 기중기에서 가장 안전하게 취급하고 사용빈도가 가장 알맞은 취급하중

해설▶ 정격하중이란 훅, 크래브버컷, 달아 올림기구, 와이어로프 등의 중량을 제외한 순수 취급 하중을 말한다.

Question 09
기중기의 용량을 표시하는 용어 중 훅, 크래브버킷, 달아 올림 기구의 무게에 상당하는 하중을 뺀 용어는?
① 안전한계 총하중　② 정격 총하중
③ 정격 하중　④ 최대정격 총하중

Question 10
기중기의 양정에 대한 의미로서 가장 알맞은 것은?
① 로프(rope)가 드럼에 감기는 거리
② 훅(hook)이 움직일 수 있는 수직거리
③ 기중기의 트롤리(trolley)가 수평으로 움직일 수 있는 최대거리
④ 운전을 하면서 훅을 최저로 내렸을 때와의 거리

해설▶ 양정이란 훅이 움직일 수 있는 수직거리를 말한다.

Question 11
천장크레인의 3대 주요 구성장치가 아닌 것은?
① 권상장치　② 횡행장치
③ 주행장치　④ 신호장치

Question 12
천장크레인의 구조 및 기능에 대하여 설명한 것이다. 맞지 않는 것은?
① 크라브(crab)는 권상장치와 횡행장치를 지니고 있으며 와이어로프를 통하여 훅을 가지고 있다.
② 권상장치는 물건을 수직으로 들어올리거나, 내리는 역할을 하며 주요부품은 모터, 브레이크, 감속기, 드럼 등을 가지고 있다.
③ 횡행장치는 크라브를 이동시키는 역할을 하며 모터, 브레이크, 감속기를 통하여 차륜을 구동한다.
④ 주행장치는 횡행장치와 비슷한 구조로 되어 있으며 항상 횡행장치와 동시에 움직인다.

6.① 7.① 8.③ 9.③ 10.② 11.④ 12.④

Question 13
다음 중 천장크레인 권상장치와 주요 구성 요소가 아닌 것은 어느 것인가?
① 전동기   ② 감속기
③ 브레이크   ④ 경보장치

해설▶ 천장크레인 권상장치의 주요 구성요소는 전동기, 감속기어, 권상드럼, 전동기 브레이크 등으로 되어 있다.

Question 14
정격하중이 주권 50ton, 보권 20ton인 천장크레인에서 하중을 매달 경우의 다음 설명 중 틀린 것은?
① 운반물의 하중이 40ton이면 주권을 이용한다.
② 운반물의 하중이 70ton이면 주권과 보권을 동시에 이용한다.
③ 운반물의 하중이 20ton이내 이면 보권을 이용하여도 충분하다.
④ 주권, 보권을 동시에 사용하여 하중을 달 때는 하중의 합계가 50ton이내일 경우만 가능하다.

해설▶ 운반물의 하중이 70ton일 때 주권과 보권을 동시에 사용해서는 절대로 안되며 주권을 사용할 경우에는 50ton 이하, 보권은 20ton 이하인 운반물의 경우에만 사용할 수 있기 때문이다.

Question 15
다음은 천장크레인용 훅(hook)에 관한 설명이다. 이중 가장 올바른 것 한 가지를 고르시오
① 매다는 하중이 50톤 이하는 한쪽 현수훅을 사용하고 50톤 초과인 것은 양쪽 현수훅을 사용한다.
② 훅은 하중을 걸었을 때 임의의 방향으로 회전할 수 있게 고정되어 있어야 한다.
③ 훅의 재료는 직접 중량물을 매달기 때문에 연성보다는 아주 단단할수록 좋다.
④ 훅의 안전계수는 7이다.

해설▶ 훅은 하중을 걸었을 때 임의의 방향으로 회전할 수 있는 구조여야 하며, 재질은 연성과 강성이 커야 좋으며 안전계수는 5 이상이어야 한다.

Question 16
다음은 훅에 대하여 기술한 것이다. 이중 옳지 않은 것은 어느 것인가?
① 훅의 입구는 안쪽크기와 같게 될 경우 훅을 교환하여야 한다.
② 훅은 로프가 닿는 부분이 마모되므로 면밀히 점검하여야 한다.
③ 단면이 급변한 부분은 균열이 발생할 염려가 있으므로 면밀히 점검하여야 한다.
④ 장시간 사용하면 재료가 연해질 우려가 있다.

해설▶ 훅은 장시간 사용하면 재료가 응력의 반복으로 가공경화가 발생되어 단단해지는 경향이 있다. 그리고 훅의 입구는 안쪽크기와 같게 되면 교환해야 한다.

Question 17
다음은 천장크레인용 훅(hook)에 대한 설명이다. 이중 틀리는 것 한 가지를 고르시오
① 훅의 재로는 기계 구조용 탄소강을 사용하는 것을 원칙으로 한다.
② 보통 50T 이하일 때는 한쪽 현수훅을 사용하고 그 이상일 때 양쪽 현수훅을 사용한다.
③ 훅의 재료는 강도와 함께 연성이 커야 한다.
④ 훅은 하중을 걸어 시험할 때 정격하중의 125%를 검사 테스트 해 본다.

13.④ 14.② 15.① 16.④ 17.④

해설▶ 훅은 하중을 걸어 시험할 때 정격하중의 2배에 상당하는 정하중을 작용시켜 훅의 입이 벌어지는 영구 변형량이 0.25% 이하이어야 한다.

Question 18
다음은 훅(hook)에 대한 설명이다. 이중 틀리게 설명한 것 한 가지를 고르시오
① 훅에 사용하는 재료는 기계 구조용 탄소강을 쓴다.
② 매다는 하중이 50톤 이상인 것에서는 양쪽 현수훅이 많다.
③ 훅의 안전계수는 5 이상이다.
④ 훅의 와이어로프가 걸리는 부분의 마모자국 깊이가 2mm가 되면 교환하여야 한다.

해설▶ 로프가 닿는 부분에 홈이 생기게 되며 홈(마모자국)의 깊이가 2mm정도 되면 그라인더로 평편하게 다듬어야 한다.

Question 19
훅의 안전계수는 얼마가 가장 적당한가?
① 3 이상   ② 7 이상
③ 5 이상   ④ 9 이상

해설▶ 훅의 안전계수는 5 이상 되어야 한다.

Question 20
훅에 대한 설명이다. 틀린 것은?
① 목 부분이 10% 이상 벌어진 것은 사용금지
② 목 부분이 10도 이상 비틀어진 것은 사용금지
③ 홈자국 깊이가 2mm가 되면 평활하게 다듬어야 한다.
④ 균열된 훅은 용접해서 사용할 수 없다.

해설▶ 입구(목)의 벌어짐이 원래 치수의 5% 이상 벌어진 것은 즉시 폐기, 교환해야 한다.

Question 21
다음은 천정기중기용 훅의 입구가 벌어지는 변형량을 시험하는 방법이다. 이중 가장 올바른 것을 한 가지 고르시오
① 훅에 정격하중을 동하중으로 작용시켜 입구의 벌어짐이 0.5% 이하이어야 한다.
② 훅에 정격하중의 2배를 정하중으로 작용시켜 입구의 벌어짐이 0.25% 이하이어야 한다.
③ 훅에 시험하중을 동하중으로 작용시켜 입구의 벌어짐이 0.5% 이하이어야 한다.
④ 훅에 시험하중을 정하중으로 작용시켜 입구의 벌어짐이 0.25% 이하이어야 한다.

해설▶ 해설 17번 문제 해설 참조

Question 22
크레인 훅의 마모는 원래 규격 치수의 몇 %가 마모되면 교체하여야 하는가?
① 5%   ② 7%
③ 10%   ④ 20%

해설▶ 훅의 마모는 원래치수의 5%가 되면 교환한다.

Question 23
크레인용 권양훅의 마모는 중앙단면에서 원래치수의 몇 % 이상되면 재생 또는 교체하여야 하는가?
① 5%   ② 7%
③ 20%   ④ 15%

Question 24
다음 사항 중 훅을 사용할 수 있는 상태는?
① 와이어가 닿는 부분의 마모 깊이가 1mm가 되었을 때
② 훅(hook) 입구의 벌어짐이 원치수의 10%가 변형되었을 때

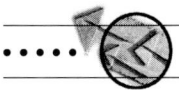
18.④ 19.③ 20.① 21.② 22.① 23.① 24.①

③ 훅(hook) 입구의 벌어짐이 원치수의 20%가 변형되었을 때
④ 훅(hook) 입구의 마모가 원치수의 5%에 도달했을 때

해설▶ 20번 문제해설 참조

Question 25
훅과 같이 장시간 사용시 반복 응력으로 인한 경화를 막기 위한 열처리 방법은?
① 오일 담금질 ② 구상화 처리
③ 고용화 처리 ④ 소둔(풀림)

해설▶ 경화를 막기 위해서는 소둔(풀림)을 1년에 1번 정도씩 한다.

Question 26
그림과 같이 물건을 잘못 들어 올리려고 했을 때 권상을 한 후에는 어떤 현상으로 되는지 다음 중에서 고르시오

① 수평상태가 유지된다.
② A쪽이 밑으로 기울어진다.
③ B쪽이 밑으로 기울어진다.
④ 무게중심과 훅 중심이 수직으로 만난다.

해설▶ 무게 중심이 A쪽으로 가 있으므로 A쪽이 밑으로 기울어진다.

Question 27
와이어로프 규격은 한국공업규격 어디에 있는 것인가?
① KSD 3514 ② KSH 3514
③ KSW 3514 ④ KSK 3514

해설▶ 와이어로프 규격은 KSD이다.

Question 28
와이어로프 소선의 재질로서 가장 적합한 것은?
① 주철 ② 동
③ 합금공구강 ④ 탄소강

해설▶ 와이어로프 소선의 재질은 탄소강이다.

Question 29
천장크레인용 일반 와이어로프 소선의 인장강도는 보통 어느 것을 사용하는가?
① $135\sim180\text{kg/mm}^2$ ② $40\sim50\text{kg/mm}^2$
③ $10\sim20\text{kg/mm}^2$ ④ $85\sim150\text{kg/mm}^2$

해설▶ 와이어로프 소선의 인장강도는 일반적으로 $135\sim180\text{kg/mm}^2$ 이다.

Question 30
다음의 설명 중 틀린 것은?
① 와이어로프에 강심을 쓰는 이유는 큰 절단하중을 얻기 위해서이다.
② 와이어로프의 재질은 구리가 주로 사용되며 강도는 $50\sim60\text{kg/mm}^2$ 정도이다.
③ 와이어로프의 부식을 방지하기 위해 섬유심을 사용한다.
④ 고정활차(equlizer)의 와이어로프는 로프에 걸리는 응력이 크게 작용한다.

Question 31
와이어로프의 내부소선이 마모되는 원인을 열거한 것이다. 옳지 않은 것은?
① 과하중에 의한 경우

25.④ 26.② 27.① 28.④ 29.① 30.② 31.④

② 무리한 굽힘인 경우
③ 주유불량인 경우
④ 로프가 다른 물체와 접촉한 경우

해설▶ 1. 내부소선의 마모원인
① 과하중시   ② 무리한 굽힘인 경우
③ 주유 불량시
2. 외부소선의 마모원인
① 다른 물체와의 접촉시
② 활차 지름이 적을 때
③ 활차와 로프의 접촉 불량

Question 32
와이어로프 소선의 마모에 대한 설명이다. 이중 옳지 않은 것은?
① 외부의 소선은 다른 물체와 접촉이 심하므로 마모가 쉽게 일어난다.
② 내부의 소선은 다른 물체와 접촉하지 않으므로 마모가 없다.
③ 활차의 지름이 적은 경우에도 마모가 일어난다.
④ 로프와 활차의 접촉면이 적당히 접촉 안 될 경우에는 마모가 일어난다.

Question 33
와이어로프의 구조 중 소선을 꼬아 합친 것을 무엇이라고 하는가?
① 심강   ② 스트랜드
③ 소선   ④ 공심

Question 34
와이어로프의 심강 종류 중 틀린 것을 아래에서 고르시오
① 섬유심   ② 공심
③ 와이어심   ④ 편심

Question 35
와이어로프의 심강(또는 중심선)을 3가지 종류로 대별한 것으로 맞는 것은?
① 섬유심, 공심, 와이어심
② 철심, 동심, 아연심
③ 섬유심, 철심, 동심
④ 와이어심, 아연심, 동심

Question 36
와이어로프에 심강을 사용하는 목적을 나열한 것이다. 이중 틀린 것은?
① 충격 하중의 흡수
② 부식방지
③ 소선끼리의 마찰에 의한 마모방지
④ 와이어 소선의 절약

해설▶ 심강을 사용하는 목적
① 충격흡수   ② 부식방지
③ 소선끼리의 마찰에 의한 마모방지
④ 스트랜드의 위치를 올바르게 유지

Question 37
강심 로프의 선정에 관하여 기술한 것이다. 이중 적합지 않은 것은?
① 큰 절단하중을 필요로 하는 경우
② 신율을 적게 할 필요가 있을 경우
③ 고온에서 사용되어지는 경우
④ 부식을 적게 하여야 할 경우

해설▶ 강심 로프의 선정
① 큰 절단하중이 적용하는 곳
② 신율(늘어남)을 적게 할 필요가 있는 곳
③ 고온에서 사용하는 경우
※ 부식을 감소시키기 위해서는 섬유심을 사용한다.

32.② 33.② 34.④ 35.① 36.④ 37.④

Question 38
와이어구조를 대별하면 2가지로 나눌 수 있다. 다음 중 맞는 것은 어느 것인가?
① 스트랜드와 심강
② 소선과 스트랜드
③ 소선과 심강
④ 스트랜드와 철강

해설▶ 와이어로프는 스트랜드와 심감으로 대별한다.

Question 39
고온에서 사용되어지는 와이어로프는?
① 철심로프   ② 마심로프
③ 철심 또는 마심 ④ 마심에 도금한 로프

Question 40
와이어로프의 표시방법 중 올바른 것은 어느 것인가?
① 명칭, 기호, 꼬임방법, 구성, 종류, 로프지름
② 명칭, 로프지름, 종류, 구성, 기호, 꼬임방법
③ 구성, 기호, 꼬임방법, 종류, 로프지름, 명칭
④ 명칭, 구성기호, 꼬임방법, 종류, 로프지름

Question 41
19본선 6꼬임 중심섬유로 구성되고 구성기호가 "6×19"로 표시된 와이어로프는 한국공업규격 분류에 의하면 몇 호에 해당되는가?
① 6호   ② 19호
③ 196호   ④ 3호

해설▶ ① 6호=6×37로 표시 ②3호= 6×19로 표시

Question 42
와이어로프의 구성기호 중 6×24라는 것은 무엇을 뜻하는 것은?
① 6은 스트랜드수, 24는 소선수
② 6은 소선수, 24는 스트랜드수
③ 6은 안전계수, 24는 와이어 직경
④ 6은 와이어직경, 24는 안전계수

해설▶ 6×24(4호)에서 6은 스트랜드 수 24는 소선수이다.

Question 43
와이어로프 구성기호 6×19에서 다음 중 맞는 것은 어느 것인가?
① 6은 소선수 19는 스트랜드수
② 6은 안전계수 19는 절단하중
③ 6은 스트랜드 수 19는 절단하중
④ 6은 스트랜드 수 19는 소선수

Question 44
와이어로프의 보통 꼬임에 대하여 기술한 것이다. 틀린 것은?
① 스트랜드의 꼬임방향과 로프의 꼬임방향이 반대인 것
② 취급용이
③ 소선의 외부 접촉 길이가 짧으므로 랑그꼬임보다 마모가 적다.
④ 킹크가 생기는 것이 적다.

Question 45
와이어로프의 꼬임방법이 아닌 것은?
① 보통 Z꼬임   ② 보통 S꼬임
③ 보통 Y꼬임   ④ 랑그 꼬임

해설▶ 와이어로프의 꼬임방법에는 보통 Z꼬임, 보통 S꼬임, 랭 Z꼬임, 랭 S꼬임이 있다.

38.① 39.① 40.④ 41.④ 42.① 43.④ 44.③ 45.③

Question 46
다음은 천장크레인용 와이어로프에 대한 설명이다. 이중 틀린 것 한 가지를 고르시오
① 와이어로프의 재질은 탄소강이며 소선의 강도는 135~180kg/mm² 정도이다.
② 고열 작업용으로 스트랜드 한 줄의 심으로 하여 만든 로프도 있다.
③ 와이어로프의 꼬기와 스트랜드의 꼬기의 방향이 반대인 것을 랑그꼬임이라 한다.
④ 랑그꼬임이 보통꼬임보다 손상률이 적으며 장시간 사용에도 잘 견딘다.

Question 47
와이어로프의 소선의 지름을 측정하는데 쓰이는 것 중 가장 알맞은 측정기구는?
① 마이크로 미터   ② 다이얼 게이지
③ 실린더 게이지   ④ 피치 게이지

해설▶ 와이어로프의 소선의 지름은 마이크로미터로 측정한다.(외경측정은 버니어캘리퍼스로 측정)

Question 48
와이어로프의 굵기는 무엇으로 나타내는가?
① 외접원의 직경이다.
② 원둘레이다.
③ 스트랜드 직경이다.
④ 내접원의 직경이다.

해설▶ 와이어로프의 굵기는 외접원의 직경으로 표시한다.

Question 49
아래의 그림에서 와이어로프의 직경을 측정하는 방법 중 맞는 것은?

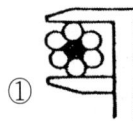 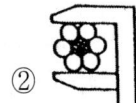
① ②
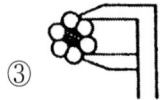 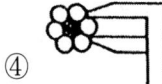
③ ④

Question 50
다음은 와이어로프의 직경을 측정한 것이다. 가장 올바르게 측정한 값은 어느 것인가?
① A
② B
③ $\dfrac{A+B}{2}$
④ A나 B 모두 같다

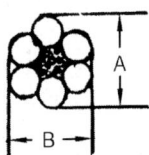

Question 51
와이어로프의 지름을 측정하는 방법에 관한 다음 사항 중 맞는 것은?
① 로프의 끝에서 1.5m 이상 떨어진 임의의 점 2개소 이상의 측정 평균치
② 로프의 끝엣 1m, 5m 두 곳의 측정 평균치
③ 로프의 전장에 걸쳐서 임의로 3개소 이상의 측정 평균치
④ 로프의 중간 길이 전후 2m지점의 측정 평균치

Question 52
와이어로프 선정에 있어서 관계가 없는 것은?
① 사용빈도   ② 작업환경 조건
③ 하중의 종류   ④ 사용상의 마모

해설▶ 와이어로프 선정은 사용빈도, 하중의 종류, 작업 환경조건 등을 고려해야 한다.

46.③ 47.① 48.① 49.① 50.① 51.① 52.④

Question 53
와이어로프 선정에 있어서 고려하지 않아도 되는 사항은 아래 중 어느 것인가?
① 계절　　② 환경조건
③ 사용빈도　④ 하중상태

Question 54
다음은 와이어로프 선정시 주의하여야 할 사항이다. 이중 옳지 않는 것은?
① 용도에 따라 손상이 적게 생기는 것을 선정한다.
② 하중의 중량이 고려된 강도를 갖는 로프를 선정한다.
③ 심은 사용용도에 따라 결정한다.
④ 높은 온도에서 사용할 경우 도금한 로프를 선정한다.

해설▶ 고온에서 사용할 경우에는 강심(또는 철심) 로프를 선정하며, 도금한 로프는 부식되기 쉬운 곳에서 사용한다.

Question 55
다음은 와이어로프의 수명에 관해 설명한 것이다. 이중 틀리게 표시한 것은?
① 제조업체는 와이어로프의 수명을 보증하는 표시를 명시하여야 한다.
② 와이어로프 수명은 사용자의 사용법과 사용조건에 달려있다.
③ 제조업체가 와이어로프의 성능을 명시할 수 있는 것은 판단력뿐이다.
④ 와이어로프를 많이 굽히면 수명이 약해진다.

Question 56
예비용 와이어로프의 저장에 대하여 기술한 것이다. 이중 옳지 않은 것은 어느 것인가?
① 통풍이 좋은 건조한 건물 내에 보관한다.
② 로프를 건조하게 유지하기 위하여 햇볕에 있는 양지가 좋다.
③ 보일러 등 열원에 가까운 곳은 가능한 피한다.
④ 산 또는 황가스가 침식되지 않게 충분히 보호하여야 한다.

해설▶ 로프 저장소는 ①, ③, ④항 이외에 로프가 직접 지면에 닿아 있어서는 안된다.

Question 57
와이어로프의 보관 요령 중 틀린 것은?
① 건조하고 지붕이 있는 곳에 보관해야 한다.
② 한 번 사용한 로프를 보관할 때는 오물 등을 제거하고 그리스를 바르고 잘 감아서 보관해야 한다.
③ 로프가 직접 지면에 닿도록 보관해야 한다.
④ 직사광선이나 열기 등에 의한 그리스의 변질이 없도록 보관해야 한다.

Question 58
다음은 와이어로프의 주유에 대하여 논한 것이다. 가장 적당한 것은?
① 그리스를 와이어로프의 전체길이에 충분히 칠한다.
② 그리스를 와이어로프에 칠할 필요가 없다.
③ 기계류를 로프의 심까지 충분히 적신다.
④ 그리스를 로프의 마모가 우려되는 부분만 칠하는 것이 좋다.

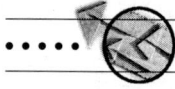

53.① 54.④ 55.③ 56.② 57.③ 58.①

Question 59
새로운 로프로 교체하여 사용할 경우 초기 운전 시의 주의사항으로 맞는 사항은?
① 시험하중을 걸고, 저속으로 여러 번 운전을 행한 후 사용
② 사용정격하중을 걸고, 저속을 여러 번 운전을 행한 후 사용
③ 사용정격하중을 1/2정도를 걸고, 저속으로 여러 번 운전을 행한 후 사용
④ 시험하중을 걸고, 고속으로 여러 번 운전을 행한 후 사용

Question 60
절단부분에서 와이어의 꼬인데가 되풀리는 것을 방지하기 위해 절단부분의 양끝을 묶는 것을 무엇이라고 하는가?
① 시징   ② 킹크
③ 스트랜드   ④ 파워토크

해설▶ 절단한 와이어의 꼬임이 되풀리는 것을 방지하기 위해 절단부분의 양끝을 묶는 것을 시징이라고 하며 시징의 폭은 로프 지름의 3배 정도로 한다.

Question 61
와이어로프의 끝을 절단하여 드럼에 장착시키고자 한다. 이때 와이어 끝의 절단한 부분에 시징(seizing)을 한다. 시징하는 폭이 가장 알맞은 것을 고르시오
① 와이어로프 직경의 3배
② 와이어로프 직경으로 동일하게
③ 와이어로프 직경의 20배
④ 드럼 직경의 1.5배

Question 62
와이어 끝을 묶는 것을 시징이라고 한다. 이 시징은 와이어 지름의 몇 배인가?
① 1   ② 3
③ 5   ④ 7

Question 63
와이어로프용 와이어 클립에 사용하는 U볼트·너트는 한국공업규격상 아래의 규격 중 어느 재질 또는 동등 이상의 것으로 하였는가?(예 : FC20 또는 이와 동등 이상의 것?)
① SS84   ② MBC32
③ SS41   ④ FC25

해설▶ FC20의 U볼트·너트는 동등 이상인 것인 FC25를 사용하면 된다.

Question 64
천장크레인의 와이어로프를 클립(clip)으로 조여 줄이려고 한다. 이때 클립 간격은 얼마가 가장 적당한가?
① 와이어로프 직경의 3배
② 와이어로프 직경의 5배
③ 와이어로프 직경의 6배
④ 와이어로프 직경의 10배

해설▶ 클립간극은 로프 직경의 6배 이상으로 한다.

Question 65
줄걸이 와이어의 코 만들기에서 클립을 사용하여 고정할 때 절단하중은 몇 % 감소되는가?
① 15~20%   ② 20~25%
③ 30~35%   ④ 35~40%

해설▶ 클립 고정시 와이어의 절단하중은 15~20% 정도 감소된다.

Question 66
로프의 엮어 넣기를 할 때 엮어 넣는 길이는 로프 지름의 몇 배 되어야 하는가?
① 10배　　② 10~20배
③ 20~30배　④ 30~40배

해설▶ 엮어 넣기시 엮어 넣기의 길이는 로프 지름의 30~40배가 되어야 한다.

Question 67
줄걸이용 와이어로프를 엮어 넣기로 고리를 만들려고 한다. 이때 엮은 폭은 얼마가 좋은가?
① 와이어로프 지름의 5~10배
② 와이어로프 지름의 10~20배
③ 와이어로프 지름의 20~30배
④ 와이어로프 지름의 30~40배

Question 68
와이어로프의 킹크(kink)에는 몇 가지가 있는가?
① "+" 킹크　　② "-" 킹크
③ "+" "-" 킹크　④ "+" 알파킹크

Question 69
정규와이어의 절단하중 100%로 하였을 때 비틀려 꺾임(kink) 와이어는 절단하중 몇 %감소하는가?
① 20%　　② 30%
③ 40%　　④ 50%

Question 70
안전계수를 구하는 공식은 어떤 것인가?
① 안전하중/절단하중
② 시험하중/정격하중
③ 시험하중/안전하중
④ 절단하중/안전하중

Question 71
무게가 W인 물건을 아래 그림과 같이 로프로 걸어 올리려 한다. 로프의 안전계수를 구하라.(단, W=5000kg, 로프 파단하중 P=16000kg이다.)?

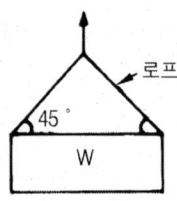

① 3.2　　② 6.4
③ 4.5　　④ 9

해설▶ 안전계수 = 파단하중(P)/안전하중(W)
$= \dfrac{16000kg}{5000kg} = 3.2$

Question 72
극한강도 4,500kg/cm² 의 봉을 허용응력 900kg/cm² 사용할 경우 안전계수는 얼마인가?
① 4　　② 5
③ 6　　④ 7

해설▶ 안전계수 = $\dfrac{극한강도}{허용응력} = \dfrac{4500}{900} = 5$

Question 73
와이어로프의 안전계수가 5이고 절단하중이 20톤일 때 안전하중은 몇 톤인가?
① 6　　② 5
③ 4　　④ 2

해설▶ 안전하중 = $\dfrac{절단하중}{안전계수} = \dfrac{20톤}{5} = 4톤$

66.④　67.④　68.③　69.③　70.④　71.①　72.②　73.③

2. 기계장치 구조

Question 74

와이어로프의 안전계수는 얼마인가?
① 5   ② 7
③ 8   ④ 10

해설▶ 로프의 안전계수는 5이다.

Question 75

40톤 부하물이 있다. 이 부하물을 들어올리기 위해서는 20mm 직경의 와이어로프를 몇 가닥으로 해야 하는가?(단, 20mm 와이어의 절단하중은 20톤이며 안전계수는 7로 하고 와이어 자체의 무게는 0으로 한다.)
① 2가닥(2줄걸이)   ② 8가닥(8줄걸이)
③ 14가닥(14줄걸이) ④ 20가닥(20줄걸이)

해설▶ ① 먼저 로프의 안전 하중을 구한다.

안전하중 $= \dfrac{20}{7} = 2.857$

② 로프의 가닥수 $= \dfrac{\text{부하물의 하중}}{\text{안전하중}}$ 이므로

$= \dfrac{40}{2.857} = 14$가닥(14줄걸이)

Question 76

4.8톤의 부하물을 4줄걸이로 하여 조각도 60° 매달았을 때 한쪽 줄에 걸리는 하중은 얼마인가?
① 0.69톤   ② 1.32톤
③ 1.39톤   ④ 1.46톤

해설▶ 1줄에 걸리는 하중 =

$\dfrac{\text{부하물의 하중}}{\text{줄걸이수} \times \text{조각도}}$ 이므로

$= \dfrac{4.8}{4 \times \cos 30°} = \dfrac{4.8}{4 \times 0.866} = 1.39$

Question 77

기중기로서 하중을 취급할 때 아래 그림 중 보조 로프의 장력 'T' 의 값이 가장 큰 것은?

① 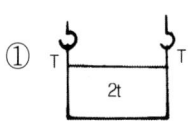   ②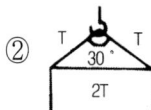

③ 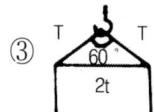   ④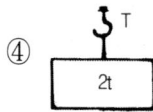

해설▶ 해설 보조 로프이 장력 'T'값이 가장 큰 경우는 ④항이다.

Question 78

그림과 같이 물건을 취급할 때 실제 기중기 훅에 미치는 하중(P)은 얼마인가?
① 4.64톤
② 4.8톤
③ 4톤
④ 5톤

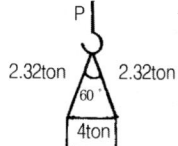

해설▶ 한쪽 로프에 2.32ton 이 걸리지만 실제로 훅에는 4톤이 걸린다.

Question 79

다음 그림과 같이 줄걸이용 와이어로프로 짐을 달아 올릴 때 안전각도(α)는 일반적으로 얼마 이내로 하여야 하는가?

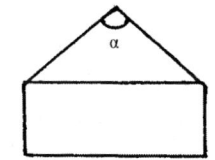

① 30도 이내   ② 45도 이내
③ 60도 이내   ④ 70도 이내

74.① 75.③ 76.③ 77.④ 78.③ 79.③

Question 80
천장크레인의 와이어로프 손상방지를 위해 주의해야 할 사항 중 틀린 것은?
① 올바른 각도로 매달아 과하중이 되지 않도록 할 것.
② 권상, 권하작업시에는 항상 적당한 받침을 둘 것.
③ 하중을 매달 경우에는 가급적 한 줄로 매달 것
④ 불탄 짐을 가급적 피할 것.

해설 ▶ 와이어로프의 손상 방지책
① 매다는 각도를 올바르게 한다.
② 과하중이 걸리지 않게 한다.
③ 권상·권하작업시 적당한 받침대를 둘 것
④ 짐을 매달 경우 4줄걸이 이상으로 한다.
⑤ 불탄짐은 가급적 취급하지 않는다.

Question 81
공심 으로 된 와이어로프의 내열온도는 얼마 정도인가?
① 100~200℃   ② 200~300℃
③ 300~400℃   ④ 700~800℃

해설 ▶ 로프의 내열온도는 200~300℃ 정도이다.

Question 82
와이어로프는 마심이 아니라도 열변형에 의한 재질 변형의 한계는?
① 50℃   ② 100℃
③ 200~300℃   ④ 300~400℃

Question 83
목측으로 와이어의 피로로 위험상태를 느낄 때는 어느 때인가?
① 늘어난다.
② 기름이 베어 나온다.
③ 옆으로 달린다.
④ 충격이 온다.

해설 ▶ 목측으로 로프의 피로로 위험을 느낄 땐 권상시 충격이 온다.

Question 84
로프의 밀림현상이 일어나는 경우를 나타낸 것이다. 이중 옳지 않은 것은?
① 활차가 원활히 회전하지 않을 경우
② 권양통에 중첩되어 감겼을 경우
③ 로프가 활차와 잘 구성되어 있을 경우
④ 로프가 활차 플랜지에 접촉되어 있을 경우

해설 ▶ 로프에 밀림현상 원인
① 활차의 회전상태불량
② 권상 드럼(통)에 중첩되어 감길 때
③ 로프와 활차의 접촉 불량
④ 드럼에 로프가 흐트러저 감길 때

Question 85
와이어로프의 점검사항에서 아래에 기술한 것 중에서 와이어로프를 교환해야 할 상태를 설명한 내용 중 틀린 것은?
① 소선수의 10% 이상 절단된 것.
② 직경감소가 7%를 초과한 것
③ 부식이 현저히 진행된 것.
④ 외관상 지저분한 것.

해설 ▶ 로프의 교체시기
① 소선수의 10% 이상 절단시
② 직경감소가 공칭직경의 7% 이상시
③ 현저한 부식 발생시
④ 킹크가 발생된 로프

80.③ 81.② 82.③ 83.④ 84.③ 85.④

Question 86
일반적으로 와이어로프의 직경 허용오차는 얼마인가?
① +7~-0%   ② +9~1%
③ +10~2%   ④ +12~2.5%

Question 87
천장크레인의 와이어로프에 대한 다음 설명 중 틀린 것은?
① 사용 중 홈 바퀴의 접촉에 의해 마모 및 부식이 발생 수명이 떨어진다.
② 소선수의 10% 이상이 절단된 것은 사용해서는 안된다.
③ 직경의 감소가 공칭경의 15%를 초과할 때까지는 사용할 수 있다.
④ 비반발성인 것은 절단된 소선이 밖으로 나오지 않는 경우가 있으므로 밝은 전구로서 조사해야 한다.

Question 88
와이어로프의 사용한계는 소선수[ ]% 이상 절단된 경우와 직경감소가 공칭경의 [ ]% 이상인 경우이다. 다음 중에서 맞는 것은?
① 10,15   ② 7,10
③ 15,10   ④ 10,7

해설▶ 85번 문제 해설 참조

Question 89
천장크레인용 와이어로프의 지름이 몇 % 이상 감소하면 사용 불가능한가?
① 로프의 공칭지름의 7%
② 로프의 공칭지름의 4%
③ 로프의 공칭지름의 12%
④ 로프의 공칭지름의 15%

Question 90
와이어로프 6×37은 30cm 길이 내에서 다음 중 최대 몇 가닥의 소선이 절단되어도 사용 가능한가?
① 30   ② 15
③ 22   ④ 37

해설▶ 6×37=222(소선수) 이므로 소선수의 10%인 22가닥의 소선이 절단되어도 사용이 가능하다.

Question 91
천장크레인의 와이어로프를 교환하여야 된다고 판단되는 것은?
① 1년간 사용하였을 때
② 소선수의 10% 이상 절단되거나 직경이 공칭경의 7% 이상 감소되었을 때
③ 외관상 매우 지저분할 때
④ 와이어로프에 기름이 많이 묻었을 때

해설▶ 85번 문제 해설 참조

Question 92
와이어로프를 교환할 시기로서 맞는 것은 다음 중 어느 것인가?
① 수선수의 15% 이상 절단이나 공치지름의 7% 이상 감소
② 소선수의 10% 이상 절단이나 공치지름의 7% 이상 감소
③ 소선수의 20% 이상 절단이나 공치지름의 10% 이상 감소
④ 소선수의 15% 이상 절단이나 공치지름의 15% 이상 감소

86.①   87.③   88.④   89.①   90.③   91.②   92.②

Question 93
와이어로프의 교체기준에 맞지 않은 사항은 다음 중 어느 것인가?
① 1회 꼬임의 소선수의 10% 이상이 단선된 경우
② 로프 직경의 감소가 공칭경의 7% 이하인 것
③ 킹크 현상이 발생했던 로프
④ 현저한 형의 변형, 부식이 발생한 경우

Question 94
다음의 설명 중 틀린 것은?
① 쐐기고정과 클립고정은 병용해서 사용하는 것이 좋다.
② 시징은 와이어로프 직경의 3배 정도를 해야 좋다.
③ 킹크에서는 (+)킹크가 절단하중이 훨씬 감소한다.
④ 안전계수= $\frac{절단하중}{안전하중}$ 이다.

Question 95
줄걸이 용구 해당하지 않는 것은?
① 와이어로프   ② 핀
③ 체인   ④ 섀클

Question 96
다음 설명 중 틀린 것을 한 가지 고르면?
① 고열물이나 수중 작업시 와이어로프 대용으로 체인을 사용한다.
② 떨어진 두 축의 전동장치에는 주로 링크 체인을 사용한다.
③ 체인에는 크게 링크 체인과 롤러 체인이 있다.
④ 롤러 체인의 내구성은 핀과 부시(bush)의 마모에 따라 결정된다.

해설▶ 체 인
① 고열물이나 수중 작업시 사용
② 떨어진 두 축의 전동장치에서는 롤러체인을 사용한다.
③ 내구성은 핀과 부싱의 마모 정도로 결정된다.
④ 체인에는 롤러체인, 링크체인, 사일런트체인 등이 있다.

Question 97
떨어진 2축 사이의 전동에 주로 사용하는 체인은 다음 중 어느 것인가?
① 롱 링크 체인(long link chain)
② 쇼트 링크 체인(short link chain)
③ 롤러 체인(roller chain)
④ 스터드 체인(stud chain)

Question 98
천장크레인에서 리미트 스위치의 전동에 쓰이는 체인은?
① 롤러 체인   ② 롱 링크 체인
③ 쇼트 링크 체인   ④ 스타트 체인

Question 99
매다는 체인의 중점 점검사항과 거리가 먼 것은?
① 마모   ② 주유
③ 균열   ④ 변형

해설▶ ※ 주유는 관리사항임

Question 100
기중기 줄걸이 용구로서 사용하여서는 안되는 체인은 다음 중 어느 것인가?
① 늘기가 체인 제조시보다 5%를 넘고, 링(ring) 단면의 지름 감소가 10%가 넘을 때

93.② 94.③ 95.② 96.② 97.③ 98.① 99.② 100.①

② 늘기가 체인 제조시보다 10%를 넘고, 링 (ring) 단면의 지름 감소가 5%가 넘을 때
③ 늘기가 체인 제조시보다 3%를 넘고, 링 (ring) 단면의 지름 감소가 2%가 넘을 때
④ 늘기가 체인 제조시보다 2%를 넘고, 링 (ring) 단면의 지름 감소가 2%가 넘을 때

해설▶ 늘기가 제조시보다 5% 이상이고, 링 단면의 지름 감소가 10% 이상일 때에는 교환해야 한다.

Question 101
줄걸이 체인의 사용 한도에 대하여 기술한 것이다. 틀린 것은?
① 안전계수가 5 이상
② 지름의 감소가 공칭직경의 10% 이상
③ 킹크(kink) 또는 심한 변형 및 부식이 된 것.
④ 연신이 제조당시 길이의 5%을 넘으면 안된다.(임의의 5링의 길이)

Question 102
와이어로프는 수리해서 사용할 수가 없다. 그러면 매다는 체인의 균열시 용접하여 사용할 수 있는가?
① 있다.
② 없다.
③ 체인의 여유가 없는 불가피한 경우 1회에 한하여 용접하여 사용할 수도 있다.
④ 일반적으로 미소한 균열일 경우 용접사용이 가능하다.

해설▶ 체인도 용접하여 사용할 수 없다.

Question 103
체인과 와이어로프에 관하여 비교한 것이다. 옳은 것은?
① 체인은 와이어로프에 비해 수명이 길다.
② 체인은 와이어로프에 비해 굽힘 작용에 대한 저항이 적다.
③ 체인은 와이어로프에 비해 사용시 소음이 적다.
④ 체인은 와이어로프에 비해 단위 길이 당(같은 하중상태) 중량이 적다.

Question 104
드럼 홈의 지름은 와이어로프 공칭지름 보다 몇 % 크게 하는 것이 적당한가?
① 5%   ② 10%
③ 15% ④ 20%

Question 105
천장크레인의 와이어 드럼의 직경과 와이어의 직경의 비는 얼마가 가장 적당한가?(드럼 직경 D/와이어 직경 d)
① D/d=5   ② D/d=10
③ D/d=20   ④ D/d=50

Question 106
드럼 직경 D와 와이어로프의 직경 d의 비(D/d)는?
① 15 이하 ② 20 이상
③ 5 이하   ④ 10 이상

Question 107
와이어로프를 드럼에서 최대로 풀었을 때 드럼에 남는 최소한도는 얼마가 좋은가?
① 최소 1가닥, 보통 3가닥
② 최소 2가닥, 보통 3가닥
③ 최소 3가닥, 보통 4가닥
④ 최소 1가닥, 보통 2가닥

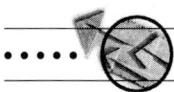

101.③ 102.② 103.① 104.② 105.③ 106.② 107.②

Question 108

다음은 와이어 드럼(drum)에 관한 설명이다. 이 중 틀린 것은?

① 드럼에 와이어로프가 감겨질 때의 와이어 방향과 드럼 홈 방향과의 각도는 2도 이내이다.
② 드럼에 와이어가 감길 때 드럼직경 D와 와이어 직경 d의 비율을 D/d=20 이상이다.
③ 드럼의 홈의 너비는 와이어로프의 직경보다 약간 크다.
④ 천장크레인용 와이어 드럼은 홈 달린 드럼이다.

해설 ▶ 드럼에 와이어로프가 감겨질 때의 와이어 방향과 드럼 홈 방향과의 각도는 4° 이내이다.

Question 109

다음 설명 중에서 틀린 것 한 가지를 고르시오

① 시브(sheave) 플랜지의 마모는 시브홈 바닥에서 플랜지의 30%마모가 한도이다.
② 와이어로프를 드럼(drum)에 장치하는 방법은 와이어가 벗겨지지 않게 고정구를 사용하여 볼트로 조인다.
③ 드럼 직경(D)와 와이어로프 직경(d)과의 양호한 비율은 D/d=20 이상이다.
④ 드럼에 와이어로프가 감길 때 와이어로프 방향과 드럼홈 방향과의 각도는 2도 이내이다.

Question 110

다음 그림에서 로프 시브(rope sheave)의 호칭 지름은 어느 것을 말하는가?

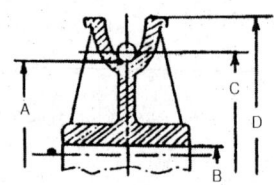

① A ② B
③ C ④ D

Question 111

다음은 시브(활차)의 회전에 대하여 기술한 것이다. 이중 옳은 것은 어느 것인가?

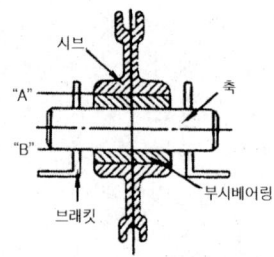

① 시브와 부시 사이에서 회전한다.
② 부시와 축 사이에서 회전한다.
③ 축과 브래킷 사이에서 회전한다.
④ 부시와 브래킷 사이에서 회전한다.

Question 112

그림과 같이 하중 W의 물건을 1개의 이동활차와 1개의 고정활차를 이용하여 들어 올리려 한다. 하중 W와 힘 F와의 비 W : F는 얼마인가?(단, 활차와 와이어의 자체무게는 무시한다.)

① 1 : 1
② 2 : 1
③ 1 : 2
④ 3 : 1

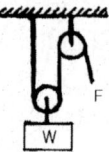

108.① 109.④ 110.③ 111.② 112.②

Question 113

천장크레인에서 그림과 같이 240 ton의 부하물을 들어 올리려할 때 당기는 힘은 얼마인가?(단, 마찰저항이나 매다는 기구자체의 무게는 없는 것으로 계산한다.)

① 80 ton
② 60 ton
③ 120 ton
④ 240 ton

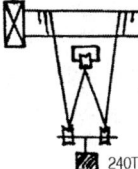

해설▶ $P = \dfrac{W}{n+1} = \dfrac{240}{(3+1)} = 60$

(P : 당기는 힘, W : 하중, n : 활차의 개수)

Question 113-1

4ton의 화물을 2줄걸이로 하여 조각도 60도일 때 한줄에 걸리는 하중은 약 몇 ton인가? 이때 장력계수는 1.16이다

① 1ton   ② 1.5ton
③ 2.32ton   ④ 2.75ton

해설▶ $P = \dfrac{하중}{줄걸이\ 수} \times 장력계수$
$= \dfrac{4}{2} \times 1.16 = 2.32$

Question 114

이퀄라이저의 점검에 대하여 기술한 것이다. 이 중 옳지 않는 것은?

① 로프 홈의 마모
② 이퀄라이저의 회전상태
③ 이퀄라이저의 축 방향 이동
④ 로프와의 접촉각

해설▶ 이퀄라이저(균형 시브)란 권상 와이어의 중앙부를 지지하는 역할을 하는 것이며 로프홈의 마모, 회전상태, 로프와의 접촉각 등에 대해 점검해야 한다.

Question 115

다음은 이퀄라이저에 대하여 기술한 것이다. 이 중 옳지 않은 것은 어느 것인가?

① 로프가 고정(회전안함)되는 부분으로 마모는 없다.
② 로프에 장력이 있는 부분으로 점검시 항시 주의 깊게 보아야 한다.
③ 로프에 주유를 하여야 한다.
④ 활차 크기는 다른 곳의 활차보다 작다.

Question 116

크레인에 있어서 균형시브(equalizer sheave)의 최소 직경은 와이어로프 직경의 몇 배가 일반적으로 최소치인가?

① 5배   ② 8배
③ 12배   ④ 10배

해설▶ 이퀄라이저의 최소직경은 와이어로프 직경의 10배가 최소값이며 다른 활차보다 크다.

Question 117

주행차륜의 직경이 400m/m이고, 주행모터의 회전수가 3000rpm이며 감속비가 1/100일 때 이 천장크레인의 주행속도(m/min)는?

① 약 38m/min   ② 약 63m/min
③ 약 120m/min   ④ 약 80m/min

해설▶ 주행속도(m/min)
$= \dfrac{3.14 \times 차륜직경 \times 모터회전수}{감속비}$
$\dfrac{3.14 \times 400 \times 3000}{100 \times 1000} = 37.68 = 38\text{m/min}$

Question 118

전동기 회전수 1152rpm, 전감속비 1/18, 차륜의 지름이 400mm일 때 이 천장크레인의 주행속도는 약 얼마인가?

① 40m/min ② 60m/min
③ 80m/min ④ 100m/min

해설▶ $\dfrac{3.14 \times 400 \times 1152}{18 \times 1000} = 80\text{m/min}$

Question 119

감속기의 기어에 급유의 목적이 아닌 것은?

① 소음방지
② 냉각작용
③ 치면에 완전한 유막형성
④ 미끄럼 방지

해설▶ 기어에 급유를 하는 목적은 소음방지, 냉각작용, 치면에 유막형성, 미끄럼작용을 원활하게 하기 위함이다.

Question 120

감속기의 오일은 점도검사를 하여 교환하지만 일반적으로 몇 시간 사용 후 교환하는가?

① 1000시간 ② 2000시간
③ 3000시간 ④ 4000시간

Question 121

감속기 내에서 오일의 순환되지 않으면 여러 가지 부작용이 생긴다. 다음 중에서 감속기의 오일 부족과 관계없는 것은?

① 소음이나 진동이 발생한다.
② 베어링의 쉽게 파손된다.
③ 기어의 마모가 매우 심하다.
④ 감속기 케이스이 부식이 심하다.

해설▶ 감속기 내에서 오일이 순환되지 않으면 소음 및 진동발생, 베어링의 조기마모 및 파손, 기어의 마모가 매우 심해진다.

Question 122

정상적으로 작동되던 감속기에서 갑자기 비정상적인 진동이 발생할 경우의 검사 사항 중 맞지 않은 것은?

① 베어링의 파손 혹은 과다마모로 기어가 흔들리는지 여부
② 감속기의 윤활유 적정량 확인
③ 기어를 체결하는 키(key)의 이완으로 기어 중심거리를 벗어난 경우가 있는지 확인
④ 기중기에 과하중이 걸렸는지 긴급확인

해설▶ 감속기에서 비정상적인 진동의 발생원인
① 베어링의 과다한 마모
② 기어의 흔들림
③ 오일 부족
④ 키의 이완으로 기어가 중심을 벗어난 때
⑤ 기어의 치합 불량

Question 123

천장크레인에서 사행운전을 방지키 위해 $\dfrac{스팬}{새들\ 베이스}$을 보통 얼마 이하로 유지해야 하는가?

① 4배 ② 5배
③ 6배 ④ $\dfrac{1}{8}$배

해설▶ 사행(斜行)운전을 방지하기 위해 $\dfrac{스팬}{새들\ 베이스}$은 $\dfrac{1}{8}$ 이하로 유지해야 한다.

118.③ 119.④ 120.② 121.④ 122.④ 123.④

Question 124
다음 설명 중 틀린 것 한 가지를 고르시오
① 휠 베이스(wheel base)는 스팬(span) 길이의 8배 이상이 되어야 좋다.
② 크라브(crab)란 횡행장치를 설치하여 양 거어더 위에 설치된 레일 위를 왕복 운동하는 대차이다.
③ 시징은 와이어 직경의 3배 정도를 해야 한다.
④ 천장크레인의 와이어 고정시에 쐐기 고정과 클립 고정을 병용해서 사용하는 것이 좋다.

Question 125
스팬(span) 설명 중 가장 옳은 것은?
① 좌우 주행 rail 중심간의 거리를 말한다.
② 좌우 주행차륜 중심간의 거리를 말한다.
③ 좌우 횡행 rail 중심간의 거리를 말한다.
④ 좌우 횡행차륜 중심간의 거리를 말한다.

해설▶ 스팬이란 좌우 주행레일 중심간의 거리를 말한다.

Question 126
천장크레인의 용량은 보통 정격하중×스팬으로 표기한다. 다음 중 스팬에 대한 설명으로 옳은 것은?
① 횡행레일 양쪽 중심간의 거리
② 주행레일 양쪽 중심간의 거리
③ 거어더의 양쪽 끝단까지의 거리
④ 거어더 양쪽 중심간의 거리

Question 127
차륜의 재료로 사용되지 않는 것은?
① 주철   ② 주강
③ 특수주강   ④ 구리

해설▶ 차륜의 재료에는 주철, 주강, 특수주강 등을 사용한다.

Question 128
주행레일 스팬(span) 25m 미만의 허용오차는 얼마인가?
① ±10mm   ② ±12mm
③ ±15mm   ④ ±18mm

해설▶ 스팬이 25m 미만의 허용오차는 ±10mm

Question 129
주행레일의 허용오차는?
① ±10mm   ② ±20mm
③ ±25mm   ④ ±30mm

해설▶ 주행레일의 허용오차는 span 25m미만 ±10mm, 25~40 ±15mm 초과해서는 아니된다.

Question 130
천장크레인 주행 레일 좌우방향의 굽힘(직선도)은 10m당 얼마 이내이어야 하는가?
① 2mm 이내   ② 4mm 이내
③ 6mm 이내   ④ 8mm 이내

해설▶ 레일의 굽힘(직선도)은 10m당 4mm이다.

124.① 125.① 126.② 127.④ 128.① 129.① 130.②

Question 131
천장크레인의 레일은 무엇을 기준으로 하여 선정되는가?
① 최대 차륜압
② 바퀴의 크기와 중량
③ 기중기의 정격하중
④ 기중기 스팬의 크기

해설▶ 레일은 최대 차륜압을 기준으로 하여 선정한다.

Question 132
차륜 프랜지(flange)의 한쪽만 계속 레일과 접촉 마모 될 경우의 원인 중 관계가 없는 것은?
① 레일과 차륜의 직각도 불량
② 구동 차륜과 종륜차륜의 직경이 틀림
③ 좌우 주행레일의 높이가 틀림
④ 좌우 구동차륜의 직경차가 큼

Question 133
천장크레인의 주행차륜 직경의 마모는 원치수의 몇 %가 사용한도인가?
① 1%   ② 2%
③ 3%   ④ 5%

Question 134
일반적으로 차륜(wheel)은 원래 지름의 몇 %가 마모되면 재생 또는 교환하는가?
① 1%   ② 2%
③ 3%   ④ 4%

Question 135
다음은 주행차륜의 마모한도를 표시한 것이다. 이중 틀린 것을 고르시오
① 좌우 차륜의 직경차 = 구동륜-원치수의 0.2%
② 차륜 직경의 마모 = 원치수의 5%
③ 차륜 프랜지의 두께 = 원치수의 50%
④ 차륜 플랜지의 변형 = 수직에서 20도

Question 136
좌, 우 구동차륜의 직경차에 대한 마모한도는 다음 중 어느 것인가?
① 원치수의 0.2%   ② 원치수의 0.5%
③ 원치수의 2%   ④ 원치수의 20도

Question 137
차륜 프랜지 두께의 마모한계는 원래치수의 몇 %인가?
① 20%   ② 30%
③ 40%   ④ 50%

Question 138
천장크레인의 주행레일 궤간에서 스팬이 20~50m일 때 허용오차는 얼마인가?
① ±15㎜   ② ±25㎜
③ ±35㎜   ④ ±40㎜

해설▶ 주행레일궤간에서 스팬이 20~50m일 때 허용오차는 ±15㎜이다.

Question 139
주행 레일은 년 몇 회 정밀측정을 실시하는가?
① 년 1회   ② 년 2회
③ 년 3회   ④ 년 4회

해설▶ 주행레일은 년 2회 정밀측정을 실시하여야 한다.

131.① 132.② 133.③ 134.③ 135.② 136.① 137.④ 138.① 139.②

Question 140
천장크레인 설치시 주행레일의 좌 우 고저 차이는 얼마가 좋은가?
① 스팬의 1/500이내
② 스팬의 1/800이내
③ 스팬의 1/3000이내
④ 스팬의 1/1000이내

해설▶ 천장크레인 설치시 주행레일의 좌, 우 고저 차이는 스팬의 1/3000이내가 좋다.

Question 141
다음은 서로 관련되는 것을 짝지어 놓은 것이다. 이중 틀리게 짝지어진 것 한 가지를 고르시오
① 레일(rail)의 직선도 : 10m당 5m/m
② 주행차륜의 좌우 차륜 직경차(종륜) : 원치수의 0.5%
③ 주행레일 조인트부의 어긋남 : 상 하 좌, 우 0.5m/m
④ 주행레이의 좌우 레일 고저차 ; 스팬의 1/3000

Question 142
천장크레인 주행레일은 그 경사가 주행범 위의 얼마 이내이어야 하는가?
① 1/1000이내
② 1/2000이내
③ 1/3000이내
④ 1/4000이내

해설▶ 주행레일의 경사(좌우고저차)는 스팬의 1/3000이내이어야 한다.

Question 143
다음은 주행레일의 허용오차 한계를 말한 것이다. 맞는 것은?
① 좌, 우레일 고저차 : span의 1/3000
② rail의 직선도 : 10m당 2mm
③ rail의 구배 : 10m당 5mm
④ joint부의 벌어짐 : 5mm

Question 144
케이블 레일의 좌, 우 고저차이는 얼마 이하로 하여야 하는가?
① ±20mm 이하
② ±10mm 이하
③ ±2mm 이하
④ ±40mm 이하

Question 145
크레인(crane) 거어더(girder)의 캠버(camber)에 관한 설명 중 틀린 것은?
① 일반적으로 스팬의 $\frac{1}{1000} \sim \frac{1}{1200}$ 이다.
② 보통형과 특수형 크레인에서 스팬이 20m 이하일 경우 캠버를 고려치 않아도 좋다.
③ 캠버는 거어더의 중앙에서 최대치가 된다.
④ 캠버는 하중을 안전하게 들기 위함이며, 크레인 수명에는 관계없다.

해설▶ 거어더란 천장크레인의 대들보 역할을 하는 부분이며 거어너의 캠버는 거어더에 무거운 하중이 걸리더라도 아래로 휘어지는 것을 가능한 한 줄이기 위해 스팬의 $\frac{1}{1000} \sim \frac{1}{1200}$ 정도 두며 기중기의 수명에 큰 영향을 미친다.

140.③ 141.① 142.③ 143.① 144.③ 145.④

Question 146

다음은 거어더의 캠버에 관해 설명한 것이다. 이 중 틀린 것은?

① 일반적으로 천장크레인의 거어더와 캠버는 정격하중을 부하했을 때 1/800을 넘지 않는 것이 좋다.
② 거어더의 캠버는 거어더에 무거운 하중이 걸리더라도 아래로 휘어지는 것을 가능한 줄이기 위함이다.
③ 거어더의 스팬이 20m인 것에는 캠버를 달지 않아도 무방하다.
④ 근래의 천장크레인은 박스 거어더를 가장 많이 채택하여 사용한다.

해설▶ 고속형 천장크레인에는 원칙적으로 캠버를 두어야 하지만 보통형과 저속형의 경우에는 스팬이 20m이하인 것은 캠버를 두지 않아도 된다.

Question 147

천장크레인의 거어더에 대한 설명이다. 이중 맞지 않는 것은?

① 보통 박스(box)형으로 된 구조이며 양쪽 끝부분은 새들(saddle)과 조립된다.
② 천장크레인의 대들보 역할을 하며 매우 중요한 부분이다.
③ 트러스(truss) 구조로도 제작된 것이 있다.
④ 천장크레인의 전기, 기계, 철 구조 장치 중에서 기계장치에 속한다.

Question 148

다음은 천장크레인 거어더에 대한 설명이다. 가장 올바른 것 한 가지를 고르시오

① 정격하중 부하시 거어더의 캠버는 스팬의 1/800을 초과하지 않는 것이 좋다.
② 스팬이 20m 미만이고 하중이 적은 것은 캠버를 달지 않아도 된다.
③ 거어더의 아래로 처지는 휨은 부하시 1/1200을 초과하면 안된다.
④ 천장크레인의 거어더의 캠버는 보통 스팬의 1/500~1/800이 양호하다.

Question 149

거어더의 중앙부에 정격하중을 매달았을 경우 허용 굽힘량은?

① 스팬의 1/500을 초과하지 않을 것
② 스팬의 1/800을 초과하지 않을 것
③ 스팬의 1/1200을 초과하지 않을 것
④ 스팬의 1/1500을 초과하지 않을 것

해설▶ 거어더의 캠버(굽힘량)는 스팬의 1/800을 넘어서는 안된다.

Question 150

스팬이 24m인 공장 작업용 천장크레인에 정격하중을 부여했을때 거어더의 캠버는 약 얼마인가?

① 50m/m   ② 5m/m
③ 10m/m   ④ 30m/m

해설▶ 스팬이 24m이므로 캠버는
$\frac{24,000mm}{800} = 30mm$ 이다.

Question 151

일반적으로 천장크레인의 캠버량은 스팬의 얼마인가?

① $\frac{1}{1200} \sim \frac{1}{1500}$ ② $\frac{1}{1000} \sim \frac{1}{1200}$

146.③ 147.④ 148.① 149.② 150.④ 151.②

③ $\frac{1}{600} \sim \frac{1}{800}$ ④ $\frac{1}{400} \sim \frac{1}{600}$

Question 152
다음 중 앵글, 찬넬 등의 형강을 격자형으로 짜서 만든 거어더는?
① I빔 거어더
② 트라스 거어더
③ 박스 거어더
④ 플레이트 거어더

해설▶ 앵글, 찬넬 등이 형강을 격자형으로 짜서 만든 것을 래티스(lattice) 또는 트러스(truss) 거어더라고 한다.

Question 153
천장크레인 거어더 중에서 공간 이용이 용이하고 부식에 강하며 또 기기류를 설치하기 편리하고 대하중을 받는데 유리한 거어더는?
① 플레이드 거어더(plate girder)
② 강관 구조 거어더
③ 박스 거어더
④ 트라스 거어더(truss girder)

해설▶ 박스 거어더는 거어더의 전면을 강판으로 둘러싸 박스형으로 한 것이며 특징은 내부를 밀봉할 수 있어 부식에 잘 견디고 큰 하중, 비틀림, 편심하중을 받는 곳에 유리해 용량 20~50ton(중형 이상)의 천장크레인에서 많이 사용된다.

Question 154
중형 이상 용량의 천장크레인 거어더 형식 중에서 최근에 가장 많이 사용되는 것은?
① 트라스 거어더
② 플레이트 거어더
③ 박스 거어더
④ 아이빔 거어더

Question 155
용량 20~50ton의 천장크레인인 경우 일반적으로 많이 쓰이고 있는 거어더의 형은 다음 중 어느 것인가?
① I형 거어더
② 박스 거어더
③ 판 거어더
④ 파이프 거어더

Question 156
천장크레인에서 크라브(crab)란 무엇을 뜻하는가?
① 횡행장치이다.
② 각종 전원 판넬이다.
③ 주행장치 및 저항기, 판넬을 장치하는 부분이다.
④ 권상장치 및 횡행장치를 실어 운반하는 대차이다.

Question 157
천장크레인에서 주행, 횡행 동시 작동 중 크라브를 급정지 할 경우의 영향을 기술한 것이다. 이 중 옳지 않는 것은 어느 것인가?
① 로프에 영향을 준다.
② 크라브 자체에 영향을 준다.
③ 주행차륜에 크게 영향을 미친다.
④ 횡행차륜에는 영향을 미치나 주행차륜에는 영향이 없다.

152.② 153.③ 154.③ 155.② 156.④ 157.③

Question 158

다음은 buffer stopper에 대해 설명한 것이다. 이중 가장 올바르게 표현한 것을 고르시오

① 강판으로 접합하여 case를 만들고 충돌부 위는 나무를 사용하여 충격의 부담을 덜어주는 stopper
② saddle의 차륜을 보호하기 위하여 씌운 덮개
③ girder의 비틀림을 방지하기 위해 설치해 놓은 stopper
④ 단단한 고무나 스프링 또는 유압을 이용하여 충돌시 충격을 완화시켜주는 stopper

해설▶ 버퍼 스톱퍼(완충 정지기)는 경질고무 및 스프링, 유압 등을 이용하여 충돌시 완충시켜주는 기구이다.

Question 159

횡행차륜정지용 스토퍼(stopper)의 적당한 높이는 얼마인가?

① 차륜지름의 1/4 이상
② 차륜지름의 1/2 이상
③ 차륜지름의 1배 이상
④ 차륜지름의 1/3 이상

해설▶ 횡행차륜정지용 스토퍼의 높이는 차륜지름의 1/4 이상 되어야 한다.

Question 160

천장크레인 재도장시 유의할 점으로 틀린 것은?

① 쾌청한 날씨를 택하여 오일, 구리스 등을 제거한 후 실시한다.
② 도료는 가능한 한 전과 동일한 것을 사용한다.
③ 겹치기 도장을 할 때는 초벌 도장을 한 후 즉시 실시해야 한다.
④ 녹이 있는 부분은 와이어 브러시 등으로 떨어낸 후 면포로 닦아낸다.

158.④ 159.① 160.③

천장크레인에 관련된 기계요소

PART 3 기계요소

1. 기 어(gear)

기어는 마찰차의 마찰면을 피치면으로 하고 여기에 이(tooth)를 두고 접촉면이 서로 섭동하면서 회전력을 전달하는 섭동 접촉에 의한 전동장치의 일종이며, 기어 전동은 다음과 같은 특징이 있다.

① 운동 전달의 확실성이 있다.
② 낮은 속도에서 전동력이 크다.
③ 베어링에 미치는 압력이 작다.
④ 충격음을 흡수하는 성질이 약해 진동이 발생한다.

❶ 기어의 분류

(1) 두 축이 평행한 경우

① **스퍼 기어(sper gear : 평치차)**
가장 일반적인 기어이며 이가 축에 평행하다.
② **인터널 기어(intenal gear : 내접기어)**
두 축의 회전방향이 같으며 높은 감속비를 요하는 곳에서 사용한다.
③ **헤리컬 기어(helical gear)**
이의 물림을 정숙하게 하고 순조롭게 하기 위해 이를 축에 경사시켜서 제작한 것이며 축방향 힘(드러스트)를 받는다.
④ **더블 헤리컬 기어(double helical gear)**
방향이 서로 반대인 헤리컬 기어를 같은 축에 조합시킨 기어이며 축방향 힘을 받지 않는다.

⑤ 랙과 피니언(rack and pinion)

피니언의 회전운동을 랙이 직선운동으로 바꿀 때 사용되는 기어이며 랙은 기어의 지름이 무한대이다.

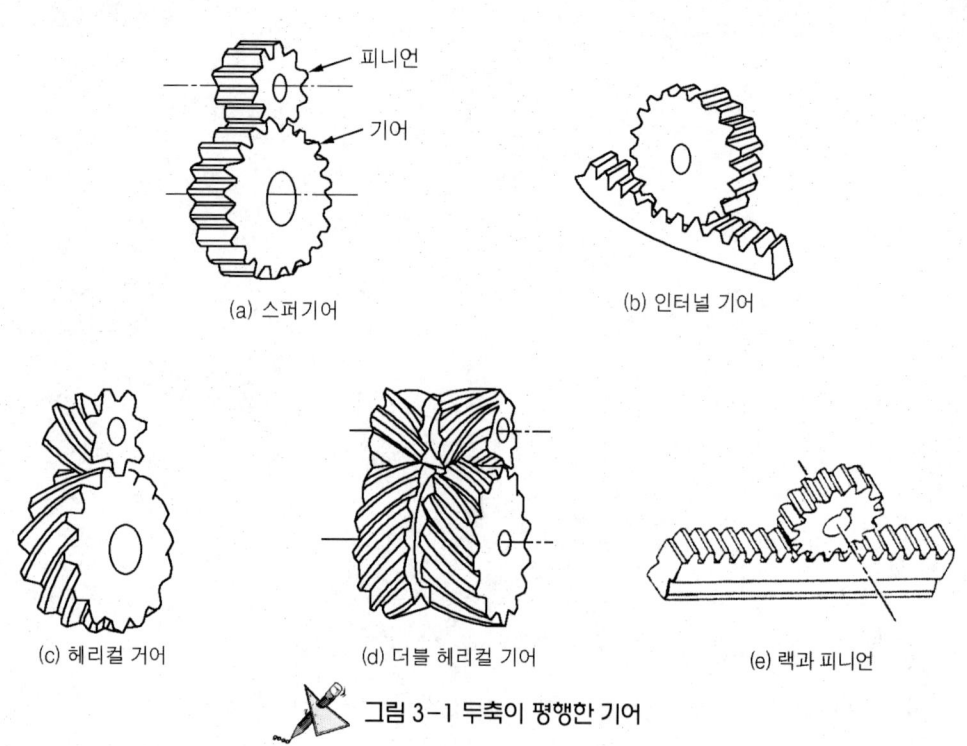

그림 3-1 두축이 평행한 기어

(2) 두 축이 만나는 경우

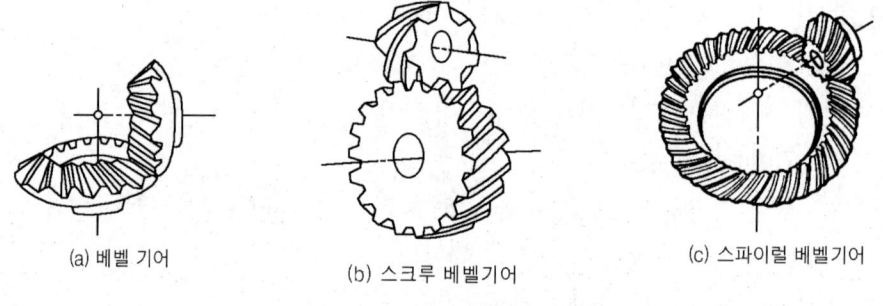

그림 3-2 두축이 만나는 경우

① 베벨기어(bevel gear)

원추면상(圓錐面上)에 방사상의 이를 가진 기어이며 동력을 직각(90°)로 전달할 때 사용한다.

② 스크루 베벨기어

③ 스파이럴 베벨기어

(3) 두 축이 만나지도 평행하지도 않는 경우

① 하이포이드 기어(hypoid gear)

기어의 이가 쌍곡선으로 되어 있고 피니언이 중심선상에서 아래쪽으로 설치된 기어이며 큰 동력을 전달할 수 있다.

② 스크루 기어(screw gear)

헤리컬 기어의 축을 엇갈리게 한 기어이다.

③ 웜 기어(worm gear)

1~2줄 이상의 줄 수를 가진 나사모양의 것을 웜이라고 하며 이것과 물리는 기어를 웜 기어라고 한다. 큰 감속비를 얻을 수 있으나, 역회전에는 사용되지 않으며 전동효율이 낮고 발열 현상이 크다.

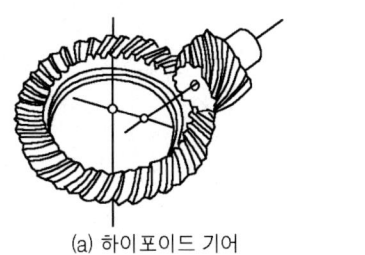
(a) 하이포이드 기어

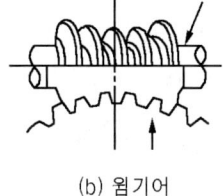
(b) 웜기어

 그림 3-3 두축이 만나지도 평행하지도 않는 경우

❷ 이의 크기 표시

① 모듈(module) : 피치원의 직경을 잇수로 나눈값이다.

즉, $M = \dfrac{D}{Z}$ (M : 모듈, D : 피치원의 직경, Z : 잇수)

② 원주 피치

$P = \dfrac{\pi D}{Z}$ (P : 원주피치, πD : 피치원의 둘레, Z : 잇수)

③ 직경 피치

$DP = \dfrac{25.4Z}{D}$ (DP : 직경피치, Z : 잇수, D : 피치원의 직경)

③ 기어의 교환

이의 마모는 일반적으로 피치원에 있어서 원치수의 40% 감소가 한계이지만 20~30%의 마모에서 교환하는 것이 이상적이다. 그리고 감속기의 제1속기어, 웜기어의 경우는 10% 정도 마모되면 교환하여야 한다.

④ 기어의 소음원인

① 백래시(기어 이 사이의 틈새)가 너무 적으면 소음이 커진다(일반적으로 규격에 맞게 백래쉬가 조정되어 있다.)
② 기어축의 평행도가 나쁠 때
③ 치면에 흠집이 있거나 다듬질 정도가 나쁠 때
④ 급유 부족 및 부적당한 오일을 사용한 때
⑤ 피치 및 치형의 오차가 클 때(특히 피치오차가 클 때 심하다.)
⑥ 기어의 물림이 나쁠 때
⑦ 기어 케이스가 풀린 때

2. 축과 축 커플링

① 축(shaft)

축에는 회전력을 전달하는 회전축과 회전하는 축을 떠 받치는 고정축이 있다.

② 축 커플링(shaft coupling)

전동기의 출력축에서 기어 케이스로, 기어 케이스에서 구동차륜이나 권상드럼으로 연결하는 것이며 조인트(joint)라고도 한다. 축 커플링에는 다음과 같은 것들이 있다.

① 플렉시블 커플링(flexible coupling) (5도 이내 사용가능)

이것은 두 축의 중심선을 정확히 맞추기 어렵고, 기계의 진동 전달방지를 목적으로 사용된다. 또한 축의 평행오차, 각도오차, 거리오차가 있어도 사용이 가능하며 완충제로는 고무나 가죽을 쓰며 주로 전동기 축 커플링으로 사용된다. 그리고 리머 볼트로 체결한 경우에는 충격 흡수용 고무나 가죽부분을 주의 깊게 관찰하여야 한다.

② 플랜지 커플링(flange coupling)

이것은 플랜지를 키로 고정하고 이 플랜지를 여러 개의 볼트로 이음한 것이다. 고속회전하는 곳에서 사용하며 비교적 보수가 쉽고 신뢰성이 있다.

※ 75㎜축 이상인 곳에 사용하면 더욱 좋다

③ 유니버셜 조인트(자재 이음)

이것은 두 축이 30° 이내의 교각으로 연결할 때 사용된다.(보통 12~18°가 적당하다.)

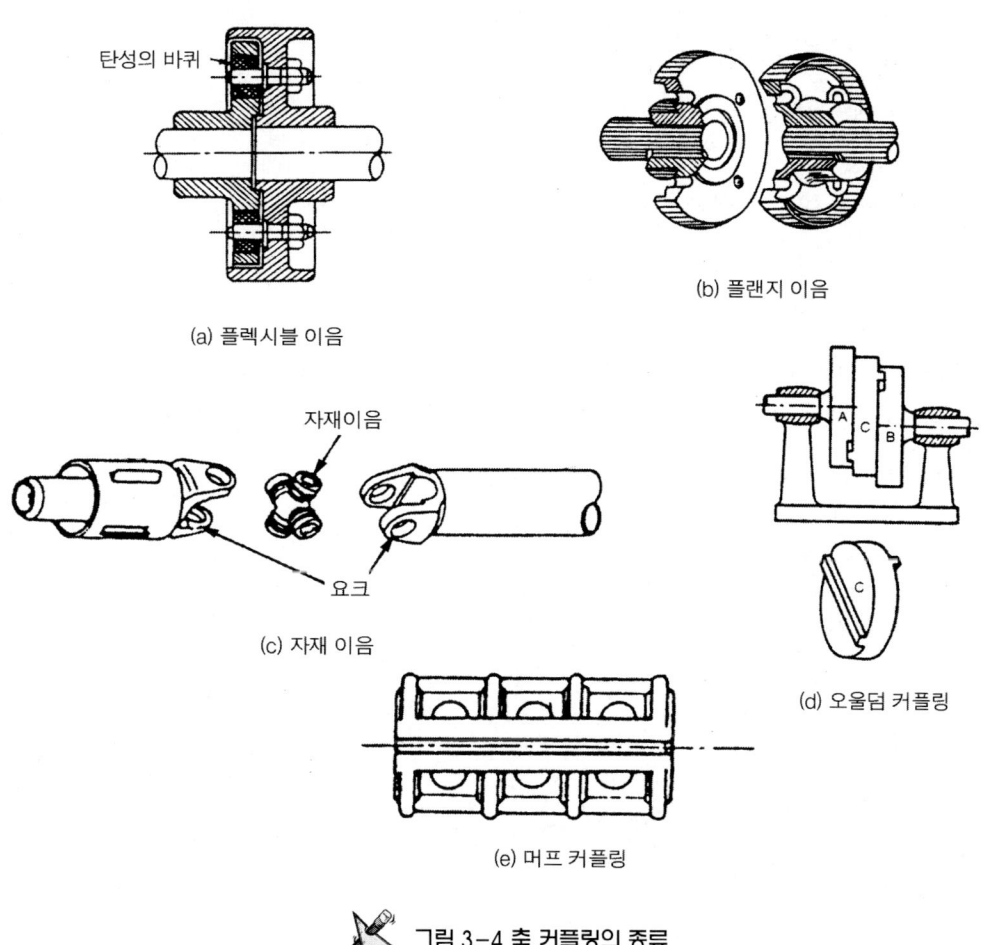

그림 3-4 축 커플링의 종류

④ 오울덤 커플링(oldham coupling)

이것은 서로 평행한 두 축 사이의 회전을 전달할 때 사용한다.

⑤ 머프 커플링(muff coupling)

이것은 주행장치 등 대하중, 저회전용으로 사용된다.

3. 베어링(bearing)

베어링은 회전축에 하중이 가해질 때 마찰저항을 적게하여 회전축을 떠 받치는 부분이다.

① 접촉방법에 따른 분류(마찰방법)

(1) 미끄럼 베어링 (평베어링)

미끄럼 베어링에는 분할형과 부시가 있다.

① 부시(bush)

파이프 모양으로 된 미끄럼 베어링이며 최소 8시간 내에 급유(급유주기가 가장 짧다)해야 하며 마모한도는 61~100㎜는 1.0 ㎜ 기타는 2.0mm이다.

② 분할형

베어링의 조립 및 교환을 간단하게 할 수 있도록 둘로 갈라지게 만들었으며 베어링 이음새는 상하 모두 깎아서 홈으로 만들며 이 홈을 분배홈이라고 한다. 이 홈은 그리스를 축면에 칠하기 위함과 발열을 방지하기 위해서 두고 있다.

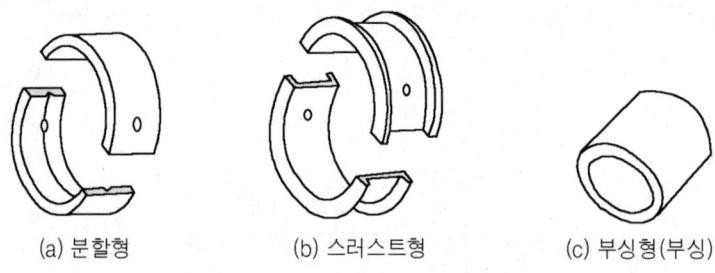

(a) 분할형　　(b) 스러스트형　　(c) 부싱형(부싱)

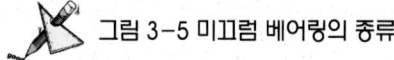

그림 3-5 미끄럼 베어링의 종류

그리고 미끄럼 베어링(평 베어링)의 구비 조건과 재료는 다음과 같다.

㉮ 구비조건
  ㉠ 마모에 견딜 정도로 단단한 반면 축이 상하지 않도록 축 재료보다는 연해야 한다.
  ㉡ 축과의 마찰계수가 적어야 한다.
  ㉢ 열전도성 및 내부식성이 커야 한다.
㉯ 재료
  ㉠ 화이트 메탈
  ㉡ 청동
  ㉢ 켈밋 메탈   참고 : 주철, 청동, 강철 합금으로 쓰기도 한다.
㉰ 특징
  ㉠ 구조가 간단하고 값이 싸다
  ㉡ 베어링 교환이 간단하다.
  ㉢ 충격에 견디는 힘이 크다.
  ㉣ 시동 저항이 크고, 급유에 주의해야 한다.

(2) 구름 베어링(회전베어링)

구름 베어링은 내륜(inner race), 외륜(outer race), 전동체, 리테이너(retainer : 볼을 전 원둘레에 고르게 배치하여 상호간의 접촉을 피하고 마멸, 소음을 방지하는 것)의 4가지로 구성되어 있으며 그 특징은 아래와 같다.

① **장점**
  ㉮ 마찰손실이 적고, 윤활과 수리가 쉽다.
  ㉯ 베어링 교환과 선택이 용이하다.
  ㉰ 베어링 길이가 작아도 되므로 기계의 소형화가 가능하다.
  ㉱ 과열의 위험이 적다.
  ㉲ 마멸이 적으므로 빗나감도 적다.

② **단점**
  ㉮ 충격하중에 약하다.
  ㉯ 값이 비싸다.
  ㉰ 소음, 진동이 생기기 쉽다.
  ※ 천장크레인에 사용하는 회전베어링은 대부분 1000/분 이하의 저속형인 것이 많다.

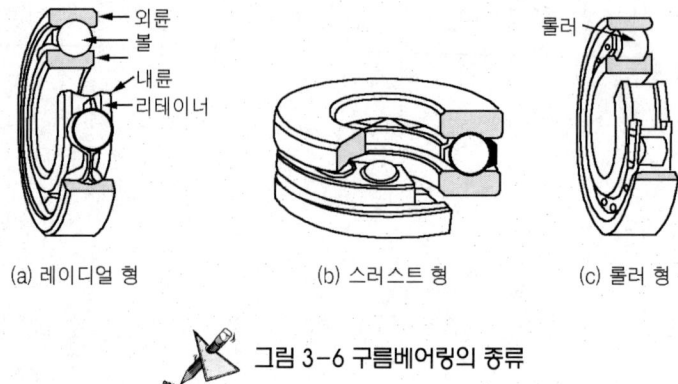

(a) 레이디얼 형   (b) 스러스트 형   (c) 롤러 형

그림 3-6 구름베어링의 종류

그리고 베어링의 급유는 베어링 공간을 모두 채우고 하우징에 1/3정도 주입하면 2000시간 정도는 보충하지 않아도 된다. 그리스를 과다하게 급유하며 발열의 원인이 된다. 베어링의 온도상승 범위는 실온 +20℃ 이하이며 베어링 자체온도가 100℃까지는 사용이 가능하며, 베어링의 온도상승 원인은 다음과 같다.

① 과량의 윤활제 공급
② 과하중 및 속도계수의 초과
③ 고점도의 윤활제 사용
④ 베어링의 유격 과소

또한 베어링을 축에 끼우는 방법으로는 베어링 내륜에 접촉하는 면이 바른 관(파이프)를 대고 두드려 끼우거나, 베어링을 오일 속에서 가열하여 축에 끼운 후 냉각시키는 방법이 있다.(절대로 충격을 주어서는 안된다.)

> **(주) 구름베어링의 호칭**
>
> 1. 안지름이 20mm 미만인 경우
>   ① 00 : 안지름 10mm
>   ② 01 : 안지름 12mm
>   ③ 02 : 안지름 15mm
>   ④ 03 : 안지름 17mm

(주) 구름베어링의 호칭

2. 안지름 20mm 이상 500mm 미만인 경우 안지름 번호 ×5로 한다.

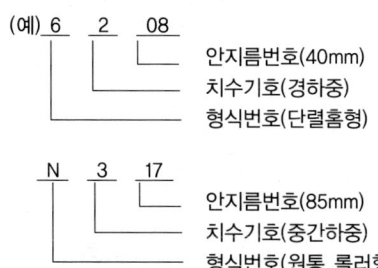

❷ 하중작용 방향에 따른 분류

① 레이디얼 베어링(radial bearing)

하중이 축선에 직각으로 작용하는 부분의 베어링이다.

② 드러스트 베어링(thrust bearing)

하중이 축선 방향으로 작용하는 부분의 베어링이다.

(주)

1. 베어링의 진동원인
   ① 하우징의 취부볼트가 풀리고 샤프트(축)가 벤딩(휨)된 경우
   ② 베어링 내부의 마모에 의해 틈이 커진 경우
2. 구름 베어링에서 금속성 소음이 나는 원인은 윤활제의 불충분한 경우가 대부분이다.
3. 베어링의 세척은 등유(석유), 경유 등을 사용한다.

4. 키(key)

키는 기어, 벨트풀리 등을 회전축에 고정할 때나 회전력을 전달함과 동시에 축방향으로 미끄럼 운동을 할 수 있도록 할 때 사용하는 것이며 주로 전달력을 받으므로 축의 재질보다 강한 강(steel)을 사용한다. 그리고 키에는 때려 박음 키(구배 1/100)와 꽂아놓은 키가 있다. 키의 종류는 다음과 같다.

① 안장 키(saddle key) : 축에는 키 홈을 파지 않고, 보스(boss)에만 키 홈을 파고 키를 꽂아 마찰력에 의하여 회전력을 전달하는 키이다.

② 평 키(flat key) : 키가 닿는 축을 편평하게 깎아내고 보스에 홈을 판 키이다.
③ 묻힘 키(sunk key) : 축과 보스에 모두 키 홈을 판 것이며, 가장 널리 사용된다.
④ 접선 키(tangential key) : 역회전이 가능하도록 하기 위하여 120° 각도를 두고 2개소에 키를 둔 것이다.
⑤ 패더 키(미끄럼 키 : feather key or sliding key) : 패더키는 회전력의 전달과 동시에 보스를 축방향으로 미끄럼 이동시킬 필요가 있을 때 사용한다.

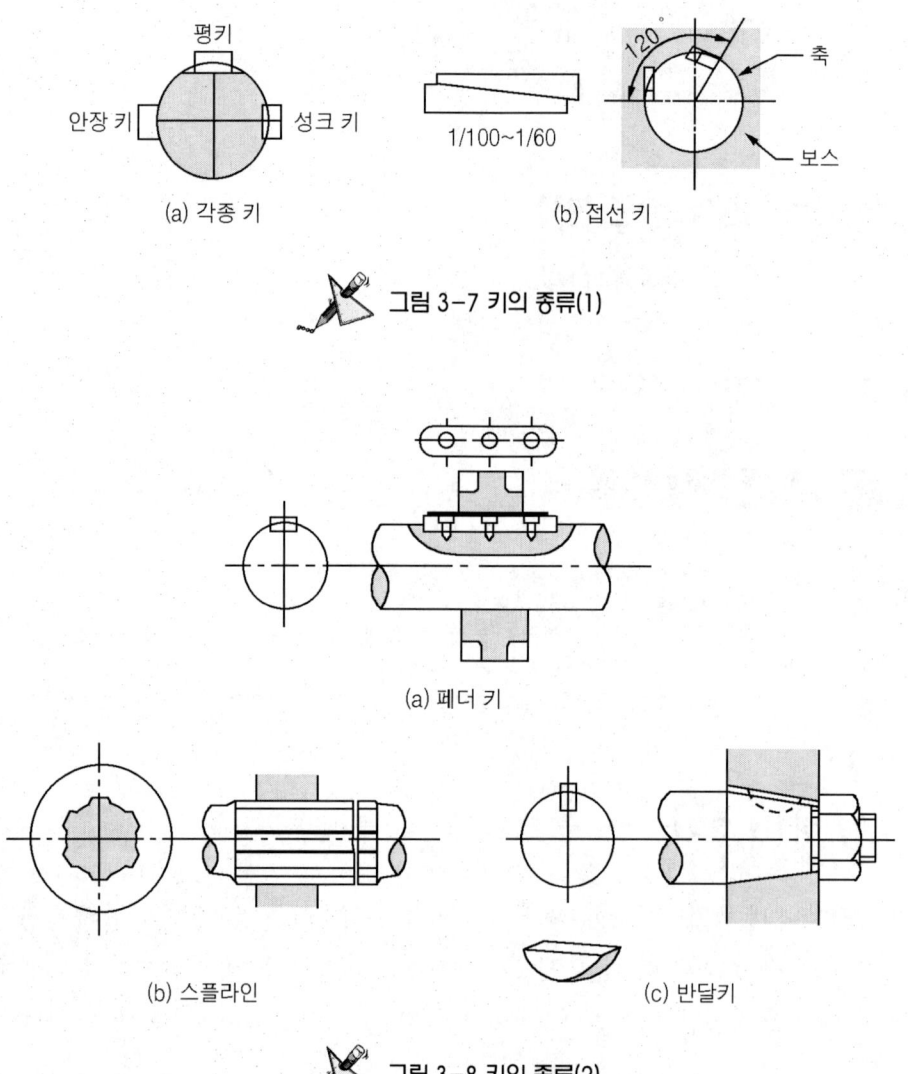

(a) 각종 키 (b) 접선 키

그림 3-7 키의 종류(1)

(a) 페더 키

(b) 스플라인 (c) 반달키

그림 3-8 키의 종류(2)

⑥ 스플라인(spline) : 축과 보스의 원주에 4~20개의 요철(凹凸)을 두고 회전력을 전달함과 동시에 보스를 축방향으로 이동 시키고자할 때 사용한다.

⑦ 세레이션(seration) : 축과 보스에 작은 삼각형의 키와 홈을 판 다음 고정시키는 것이다.

⑧ 반달 키(woodruff key) : 축에 홈을 깊게 파서 강도가 약해지는 결점이 있으나 키와 키홈의 가공이 쉽고, 키가 자동적으로 자리를 쉽게 잡을 수 있어 테이퍼 축에서 주로 사용한다.

⑨ 원뿔 키(cone key) : 축과 보스에 모두 키 홈을 파지 않고 축 구멍을 테이퍼로 하고 속이 빈 원뿔을 박아서 마찰력 만으로 밀착시키는 키이다.

> **(주)**
> 1. 키의 크기는 밑면×높이×길이로 표시한다.
> 2. 키가 전달할 수 있는 토크의 크기는 스플라인 → 성크 키 → 평키 → 새들(안장)키 순이다.

5. 나사(screw)

① 나사의 원리

나사의 원리는 원기둥에 직각삼각형의 종이를 감으면 원기둥면에 나선(helix)이 그려지게 되는데 이 나선을 따라서 홈이나 돌기를 만든 것이며, 돌기를 나사산이라고 한다.

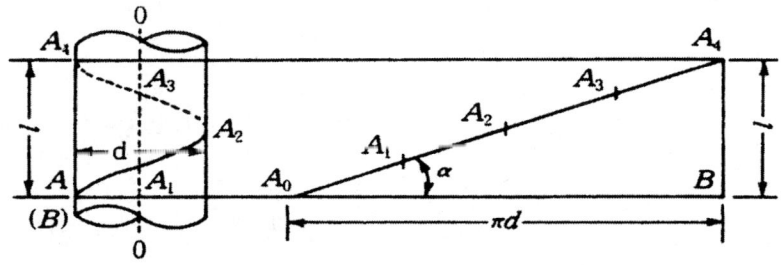

그림 3-9 나사의 원리

❷ 나사의 리드(lead)와 피치(pitch)

나사를 1회전 시켰을 때 나사산의 1점이 축방향으로 진행한 거리를 리드(lead)라고 하며, 서로 인접한 나사산의 축방향 거리를 피치(pitch)라고 한다.

> **(주)**
>
> 리드와 피치, 그리고 줄 수와의 관계
>
> $L = n \cdot P \qquad P = \dfrac{\ell}{n}$ L : 리드, n : 줄수, P : 피치

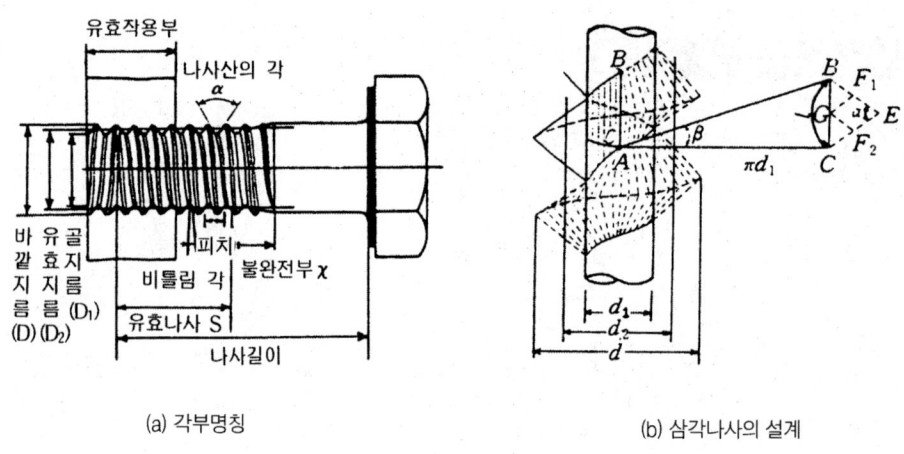

(a) 각부명칭　　　　　　　　　　　(b) 삼각나사의 설계

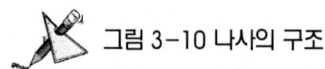

그림 3-10 나사의 구조

❸ 나사의 분류

(1) 체결용 나사

체결용 나사는 삼각나사(나사산의 단면이 정삼각형)이며, 미터보통나사, 미터가는나사, 유니파이보통나사, 유니파이가는나사, 휘트워드나사 등이 있다.

보통나사와 가는나사의 나사산의 각도는 60°이고, 휘트워드나사는 55°이다. 그리고 체결용 나사는 호칭지름이 같을 때 보통나사의 피치가 크다.

1) 체결용 나사의 특징

① **보통나사** : 지름에 대하여 피치가 1종류이므로 볼트, 너트로 많이 사용되며 표시는 M20, U1/2, W3/4 등으로 한다.

② **가는나사** : 축이나 두께가 얇은 부분에 주로 사용되며 표시는 M8×1.5로 표시하며, 여기서 8은 호칭지름(바깥지름) 8mm, 1.5는 피치가 1.5mm이다.

2) 체결용 나사의 종류

① **미터나사(metric thread)** : 나사산의 각도가 60°이며, 피치는 mm로 표시하고 바깥지름으로 호칭치수를 표시한다. 나사산의 정점은 편평하고 골은 둥글다.

> **(주)**
> 나사의 크기는 바깥지름(외경)으로 표시하여 예를 들어 M20볼트는 나사산의 각도가 60°이며 외경이 20mm인 볼트로 말한다.

② **유니파이 나사(unified thread)** : 나사산의 각도가 60°, 바깥지름을 inch로 표시한 값과 1inch 사이의 산 수로 호칭치수를 표시한다. 유니파이 나사는 미국, 영국, 캐나다 3개국에서 공동으로 제작하였다 하여 ABC나사라고도 한다. 표시방법은 UNC는 유니파이 보통나사, UNF는 유니파이 가는나사이며, UNC3/8-16, No8-36UNF 등으로 표시한다.

③ **휘트워드 나사(whitworth thread)** : 나사산의 각도는 55°, 호칭치수는 수나사의 바깥지름으로 표시한 값과 1inch 사이의 산 수로 표시한다.

④ **관용 나사(pipe thread)** : 파이프용 나사이며, 피치가 적고, 나사산의 각도는 55°이며 테이퍼관용 나사(PT, 테이퍼 1/16)과 평행관용 나사(PF)가 있다.

(2) 운동(동력) 전달용 나사

① **사각나사(squared thread)** : 나사프레스, 나사잭, 바이스 등에서 사용되며, 특징은 다음과 같다.

㉮ 힘이 작용하는 방향이 항상 축선과 평행하다.
㉯ 마찰저항이 적고, 나사효율이 좋다.
㉰ 숫나사의 축심이 어긋나기 쉽다.
㉱ 제작과 마모시 조정이 어렵다.

② **사다리꼴 나사(thapezoidal thread)** : 애크미(Acme) 나사라고도 하며, 공작기계의 이송용, 선반의 리드, 나사프레스, 바이스 등에서 사용된다.

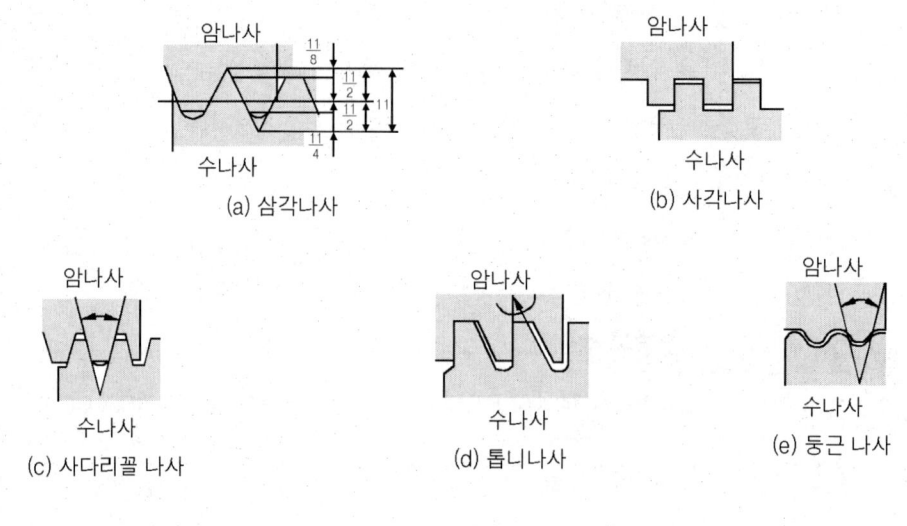

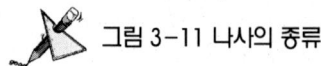
그림 3-11 나사의 종류

※ 특 징

㉮ 사각나사보다 제작이 쉽고 정밀도가 높다.

㉯ 마모에 의한 조정이 쉽다.

㉰ 강도가 크고 동력전달이 정확하다.

㉱ 나사산의 각도는 미터계(TM, 30°)와 인치계(TW, 29°)가 있다.

③ **톱니 나사(butteress thread)** : 힘이 한쪽방향으로만 작용하는 곳에 사용되며 나사산의 각도는 30°, 45°인 것이 있다.

④ **둥근 나사(knuckle thread)** : 나사산과 골부분이 둥글게 되어 있어 먼지나 모래 등이 나사산에 들어갈 염려가 있는 곳이나 격동하는 힘이 작용되는 곳에서 사용한다.

④ 볼트와 너트

(1) 볼트(bolt)

1) 일반 볼트

① **관통 볼트(through bolt)** : 관통 볼트는 연결할 두 부분을 관통으로 구멍을 뚫고 볼트를 끼운 다음 반대쪽을 너트로 조이는 것이다.

② **탭 볼트(tap bolt)** : 탭 볼트는 관통을 할 수 없는 경우 한쪽에만 구멍을 뚫고 다른 한쪽에는 중간 정도까지만 구멍을 뚫은 후 탭(tap)으로 나사를 내고 볼트를 끼우는 것이다.

③ **스터드 볼트(stud bolt)** : 스터드 볼트는 자주 분해, 결합하는 부분에서 사용하며 양끝에 나사산을 내고 나사구멍에 끼우고 연결할 부품을 관통시켜서 합친 후 너트로 조이는 것이다.

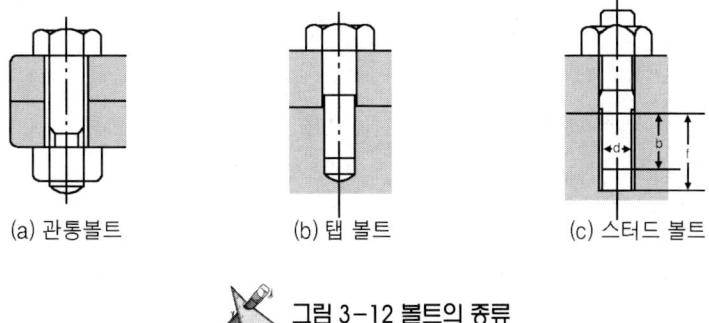

(a) 관통볼트　　　(b) 탭 볼트　　　(c) 스터드 볼트

그림 3-12 볼트의 종류

2) 특수 볼트

① **기초 볼트(foundation bolt)** : 기계나 구조물의 토대 고정용이며, 콘크리트 등의 바닥에 설치할 때 사용하는 볼트이다.

② **스테이 볼트(stay bolt)** : 부품을 일정한 간격으로 두고 고정할 때 사용하는 볼트이다.

③ **아이 볼트(eye bolt)** : 물건을 들어 올릴 때 사용하는 볼트이다.

④ **T볼트(T-bolt)** : T형의 홈에 볼트 머리를 끼우고 위치를 이동하면서 임의의 위치에 물체를 고정할 수 있는 볼트이다.

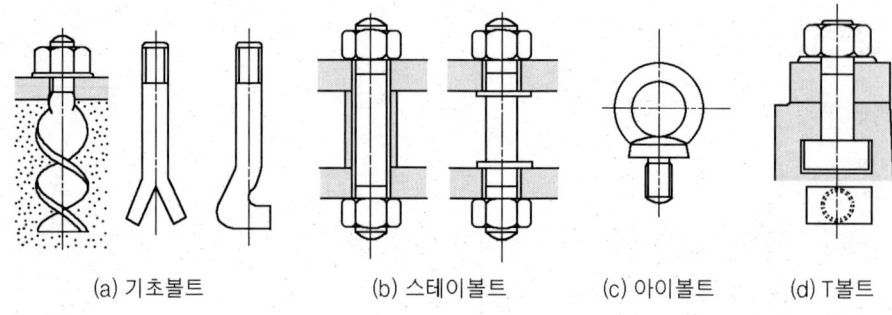

(a) 기초볼트　　(b) 스테이볼트　　(c) 아이볼트　　(d) T볼트

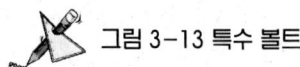

그림 3-13 특수 볼트

(2) 너트(net)

1) 너트의 종류

너트는 볼트와 함께 물체를 고정하는 데 사용하는 것이며 종류는 아래와 같다.

① **6각 너트** : 일반적으로 가장 많이 사용한다.
② **사각 너트** : 건축용, 목공용으로 사용한다.
③ **나비 너트** : 공구가 필요치 않고 손으로 조일 수 있는 너트
④ **둥근 너트** : 6각 너트를 사용하기 곤란한 곳에 사용한다.
⑤ **플랜지 너트** : 너트가 풀어지지 않게 와셔를 댄 모양의 너트
⑥ **캡 너트** : 유체의 누출을 방지하기 위한 너트
⑦ **홈붙이 너트** : 풀림 방지용 핀을 꽂을 수 있는 홈이 있는 너트

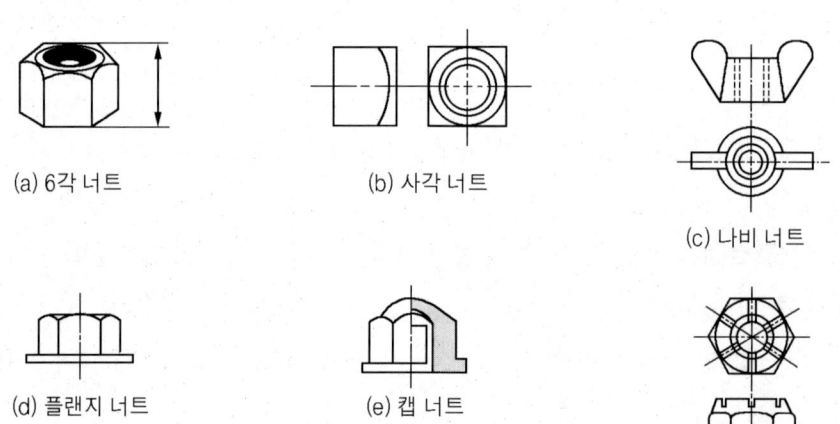

(a) 6각 너트　　(b) 사각 너트　　(c) 나비 너트
(d) 플랜지 너트　　(e) 캡 너트　　(f) 홈붙이 너트

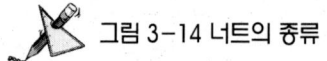

그림 3-14 너트의 종류

2) 나사의 풀림방지 방법

① 로크너트(lock nut)를 사용한다.
② 분할 핀(split pin)을 사용한다.
③ 세트 스크루(set screw)를 사용한다.
④ 특수와셔(스프링 와셔, 혀붙이와셔)를 사용한다.
⑤ 철사를 사용한다.

6. 핀(pin)

핀은 하중의 적은 부분의 간단한 부품 연결이나 부품의 위치를 고정하고자 할 때 사용하며, 2개소 이상의 기계부품의 결합 또는 보조용이다. 그리고 핀의 재질은 연강, 황동, 구리이다.

핀의 종류는 다음과 같다.

① **평행핀(자리맞춤핀 : dowel pin or knock pin)** : 기계부품의 조립 및 고정시, 부품의 위치 결정시 등에 사용하며, 기계부품의 간단한 분해조립용이다. 평행핀의 크기는 호칭직경(d mm)과 길이 (ℓ mm)로 표시한다.

② **테이퍼 핀(taper pin)** : 1/50의 테이퍼를 가진 핀으로 축에 보스를 고정시킬 때 사용하며, 호칭지름은 작은 쪽의 지름이다.

③ **분할 핀(split pin)** : 2가닥을 접어서 만든 핀이며, 너트의 풀림방지나 축에 끼운 곳이 빠지는 것을 방지하기 위하여 끼운 후 앞 끝을 벌린다. 호칭길이는 짧은 쪽에서 둥근 부분의 교점까지의 길이로 한다.

④ **스프링 핀(spring pin)** : 핀이 세로방향으로 쪼개져 있어서 구멍의 크기가 정확하다.

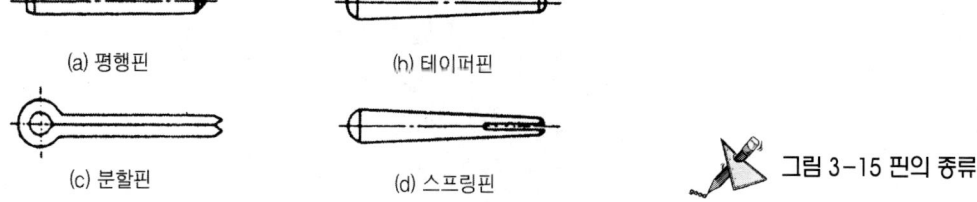

그림 3-15 핀의 종류

천장크레인에 관계되는 기계요소

Question 01

기어의 특성이 아닌 것은?
① 운동전달의 확실성이 있다.
② 낮은 속도에서 전동력이 크다.
③ 베어링에 미치는 압력이 작다.
④ 충격을 흡수하는 성질이 있다.

해설▶ 기어는 ①, ②, ③항의 장점이 있고 충격을 흡수하지 못해 소음을 일으키는 단점이 있다.

Question 02

피치원의 지름 40cm, 잇수 12인 평치차의 모듈은 얼마인가?
① 6 ② 5
③ 4 ④ 3

해설▶ 모듈$(M) = \dfrac{지름(D)}{잇수(Z)} = \dfrac{40}{12} = 3.3$

Question 03

잇수가 20인 작은 기어가 500rpm으로 회전할 때 큰 기어의 잇수는?(단, 큰기어 100rpm)
① 120 ② 100
③ 800 ④ 60

해설▶ 100rpm×χ=500rpm×20이란 공식이 성립되므로
여기서 큰 기어의 잇수(χ)는 $\dfrac{500 \times 20}{100} = 100$

Question 04

스퍼기어에서 피니언이 1000rpm으로 회전하고 있다. 기어는 450rpm으로 회전시키려면 잇수를 몇 개로 하여야 되는가?(단, 피니언의 잇수는 18개임)
① 40 ② 70
③ 150 ④ 250

해설▶ 450rpm × κ = 1000rpm×18에서
$\kappa = \dfrac{1000 \times 18}{450} = 40$

Question 05

다음 중 천장크레인에 가장 많이 사용되는 기어는 어느 것인가?
① 헤리컬 기어 ② 웜 기어
③ 베벨 기어 ④ 스퍼 기어

해설▶ 천장크레인에서 가장 많이 사용되는 기어는 스퍼 기어이다.

Question 06

다음은 헤리컬 기어와 스퍼 기어에 대하여 논한 것이다. 이중 옳지 않은 것은?
① 두 기어 모두 축이 평행으로 되어 있다.
② 헤리컬 기어는 스퍼 기어보다 소음이 적다.
③ 두 기어 모두 같은 치폭에서의 전달할 수 있는 힘의 크기는 동일하다.
④ 헤리컬 기어는 스퍼 기어보다 제작이 어렵다.

1.④ 2.④ 3.② 4.① 5.④ 6.③

Question 07
치차면은 원추형이고 동력을 직각(90°)로 전달할 경우에 사용되는 치차는?
① 베벨기어　　② 랙과 피니언
③ 스퍼기어(평기어)　④ 헬리컬 기어

해설▶ 동력을 90°(직교)로 전달할 경우에 사용되는 치차(기어)는 베벨기어이다.

Question 08
두 축이 서로 직교하여 맞물려 돌아가는 기어는?
① 평기어　　② 내접기어
③ 웜 및 웜기어　④ 베벨기어

Question 09
다음의 치차가 회전력을 전달할 때 축방향 힘이 없는 것은?
① 베벨기어　　② 웜기어
③ 더블 헤리컬 기어 ④ 헤리컬 기어

해설▶ 더블 헤리컬 기어는 회전력을 전달할 때 축방향 힘(드러스트, 측압)을 받지 않는다.

Question 10
회전운동을 직선운동으로 바꿀 때 쓰이는 기어는?
① 헬리컬 기어　② 베벨 기어
③ 랙과 피니언　④ 웜과 웜기어

Question 11
가장 큰 동력을 전달할 수 있는 것은?
① 직선 베벨기어
② 헤리컬 베벨기어
③ 스파이럴 베벨기어
④ 하이 포이드 기어

Question 12
다음의 기어 케이싱 내의 베어링 카바에 대하여 가장 주의하여 점검할 감속기 케이싱은 어느 것인가?
① 평 치차용　　② 웜 기어용
③ 헤리컬 기어용　④ 유성 치차용

Question 13
다음은 기어에 대하여 서로 관계있는 것 끼리 묶어 놓았다. 아래 보기에서 두개의 단어가 서로 틀리게 연결된 것을 고르시오
① 두 축의 평행 : 헬리컬 기어
② 두 축의 교차 : 인터널기어(내치차)
③ 두 축이 평행도 아니고 교차도 아님 : 웜기어
④ 두 축의 평행 : 스퍼기어(평치차)

해설▶ 두 축이 교차하는 경우에는 베벨기어이고, 인터널 기어는 두 축이 평형한 경우에 사용된다.

Question 14
다음 중 기어의 소음발생 원인이 아닌 것은?
① 백래시가 너무 클 경우
② 기어축의 평행도가 나쁠 경우
③ 치면에 흠이 있거나 다듬질의 정도가 나쁠 때
④ 오일을 과다하게 급유했을 때

해설▶ 기어의 소음발생 원인에는 ①, ②, ③항 외에 급유 부족 및 부적당한 오일사용, 피치 및 치형의 오차가 클 때 등이 있다.

7.① 8.④ 9.③ 10.③ 11.④ 12.② 13.② 14.④

Question 15
기어에서 발생하는 소음의 원인이 아닌 것은 다음 중 어느 것인가?
① 이 물림 불량
② 잇면에 흠집이 있는 경우
③ 기어 케이스가 풀린 경우
④ 윤활유의 공급이 과다한 경우

Question 16
치차의 마모한계는 피치원에 있어서 치두께 원치수의 40%가 한계이나 보통 몇 %에서 교환하는 것이 좋은가?
① 5~10%   ② 20~30%
③ 30~40%   ④ 30~50%

해설▶ 기어(치차)의 마모한계는 피치원에 있어서 치두께 원치수의 40%가 한계이지만 일반적으로 천장크레인에서는 20~30%의 마모에서 교환하는 것이 좋다.

Question 17
기어는 일반적으로 피치원에 있어서 치 두께가 원치수의 몇 %정도 마모되면 교환하는 것이 좋은가?
① 10~20%   ② 20~30%
③ 30~40%   ④ 40~50%

Question 18
기어의 손상 중 치면으로부터 일부 금속편이 떨어지는 경우 그 원인은 다음 중 어느 것인가?
① 과하중 또는 중심선의 불일치
② 윤활유의 부적당
③ 윤활유속의 이물질
④ 낮은 치면 강도

해설▶ 치면으로부터 일부 금속편이 떨어지는 경우의 원인으로는 과하중이 걸리거나 중심선이 일치되지 않는 경우이다.

Question 19
다음 설명 중 틀리는 것을 고르시오
① 천장크레인 감속기에서 제1단 기어일 때 10%마모시 교환하는 것이 좋다.
② 케이싱기어일 때 오일 사용시간은 보통 2,000시간이다.
③ 축에는 크게 회전축과 전동축의 두 가지로 구분할 수 있다.
④ 축 이음을 축 조인트 또는 커플링(coupling)이라고 한다.

Question 20
축 이음법 중 키와 볼트를 사용하는 것은?
① 플랜지 이음   ② 마찰 원추형 이음
③ 만능 이음   ④ 탄성 이음

해설▶ 플랜지 이음은 플랜지를 키로 고정하고 이 플랜지를 여러 개의 볼트로 이음한다.

Question 21
주로 모터축에 사용되며 축의 평행오차, 각도오차, 거리오차가 있어도 설치 가능하며 완충재로는 고무나 가죽을 사용하는 커플링은 어떤 것인가?
① 마프 커플링   ② 플렉시블 커플링
③ 유니버셜 커플링 ④ 플랜지 커플링

Question 22
축이음 계수 중 완충을 위해 러버 부위가 조립되는 것은?
① 분할형 커플링   ② 플렉시블 커플링

15.④ 16.② 17.② 18.① 19.③ 20.① 21.② 22.②

③ 기어 커플링 ④ 자재이음

해설▶ 러버(고무, rubber) 부위가 조립되는 것은 플랙시블 커플링이다.

Question 23
홈붙이 너트로 체결된 리머 볼트를 가진 플랙시블 계수(coupling)에 있어서 주로 점검하여야 할 부품은 다음 중 어느 것인가?
① 키   ② 리머볼트
③ 충격 흡수용 고무 ④ 플랜지

해설▶ 플렉시블 계수(커플링)은 충격 흡수용 고무를 주로 점검하여야 한다.

Question 24
횡행 모터 축에 가장 많이 쓰이는 커플링은 어느 것인가?
① 머프 커플링(muff coupling)
② 플렉시블 커플링(flexble coupling)
③ 유니버셜 커플링(universal coupling)
④ 체인 커플링(chain coupling)

해설▶ 모터 축에는 주로 체인 커플링 사용한다.

Question 25
볼트장치부나 연결부에 탄성체(고무, 가죽)을 이용하는 축이음은?
① 플랜지 커플링   ② 플랙시블 커플링
③ 마프 커플링   ④ 유니버셜 커플링

Question 26
다음은 플랜지형 플랙시블 커플링에 대하여 기술한 것이다. 이중 옳지 않은 것은 어느 것인가?
① 기계진동전달의 방지를 목적으로 하는 축이음이다.

② 두 축의 중심선을 정확히 맞추기 힘든 경우 사용된다.
③ 두 축이 30도 이내의 각도로 교차할 경우에 한하여 사용된다.
④ 고무나 가죽 등의 탄성체를 사용, 힘의 급변화를 완화시킨다.

Question 27
두 축이 30도 이내의 교각으로 연결할 때 연결 장치의 이름은?
① 마프 커플링
② 플랜지 커플링
③ 플렉시블 커플링
④ 유니버셜 커플링

Question 28
다음 축이음 중 서로 평행한 두 축 사이의 회전을 전달하는 것은?
① 플랜지 커플링   ② 물림 클러치
③ 오울덤 커플링   ④ 만능 이음

Question 29
다음은 평베어링 메탈재료의 성질에 대해서 기술한 것이다. 이중 틀린 것은?
① 마모에 견디는 정도로 단단한 반면 축을 상하지 않도록 축재료보다 연한 것.
② 축과의 마찰계수가 큰 재료일 것
③ 열전도가 좋을 것
④ 내식성이 클 것

해설▶ 평 베어링의 구비조건
① 내마모성이 클 것 ② 축재료보다 연할 것
③ 축과의 마찰계수가 적을 것
④ 열전도성이 크고, 내식성이 좋을 것

23.③ 24.④ 25.② 26.③ 27.④ 28.③ 29.②

Question 30
평베어링 메탈재료의 성질 중 틀린 것은 어느 것인가?
① 열전도가 좋을 것
② 내식성이 좋을 것
③ 마찰계수가 적을 것
④ 축재료 보다 강한 것

Question 31
다음 재료 중 평 베어링 메탈로서 사용되지 않는 것은 어느 것인가?
① 화이트 메탈   ② 청동
③ 켈멧   ④ 침탄강

해설 ▶ 평 베어링 메탈의 재료에는 화이트 메탈, 배빗 메탈, 켈멧 메탈, 청동, 알루미늄 합금 등이 있다.

Question 32
베어링 메탈은 조립 및 간단하게 교환할 수 있도록 둘로 갈라지게 만들었으며 베어링 이음새는 상, 하 모두 깎아서 홈을 만든다. 이 홈을 분배홈이라 한다. 이상의 설명된 베어링은 어떤 것인가?
① 구름 베어링   ② 분할 베어링
③ 볼 베어링   ④ 드러스트 베어링

해설 ▶ 분할 베어링은 둘로 갈라지게 만들고 분배홈을 두고 있다.

Question 33
다음 급유장소 중 급유주기가 가장 짧은 것은?
① 구름 베어링 하우징
② 개방치차
③ 부시(미끄럼 베어링)
④ 로울러 체인

해설 ▶ 부시(미끄럼 베어링)에는 8~10시간마다 급유를 하여야 한다.

Question 34
다음 급유장소 중 최소 8시간 내에 급유하여야 되는 곳은 어느 것인가?
① 구름 베어링 하우징
② 개방 치차
③ 부시(미끄럼 베어링)
④ 로울러 체인

Question 35
천장크레인용 구름 베어링의 특징이 아닌 것은?
① 과열의 위험이 적다.
② 베어링의 길이가 작아도 되므로 기계의 소형화가 가능하다.
③ 베어링의 교환과 선택이 용이하다.
④ 충격하중에 강하다.

해설 ▶ 구름 베어링의 특징
① 과열위험이 적다.
② 윤활유가 적게 들고 급유 노력이 적다.
③ 기계의 소형화가 가능하다.
④ 교환과 선택이 용이하다.
⑤ 마멸이 적어서 빗나감이 적다.
⑥ 충격이 약하다.

Question 36
다음은 구름 베어링의 장점을 열거한 것이다. 이 중 옳지 않은 것은?
① 과열의 위험이 적다.
② 윤활유가 적게 들고 급유의 노력이 적다.
③ 충격 하중에 강하다.
④ 마멸이 적으므로 빗나감도 적다.

30.④ 31.④ 32.② 33.③ 34.③ 35.④ 36.③

Question 37
하중이 축선에 직각으로 작용하는 부분의 베어링 명칭은?
① 레이디알 베어링(radial bearing)
② 트러스트 베어링(thrust bearing)
③ 평 베어링(plane bearing)
④ 구름 베어링(rolling bearing)

해설▶ 하중이 축선에 직각으로 작용하는 부분의 베어링을 레이디알 베어링, 축선 방향의 하중을 받는 부분의 베어링을 트러스트 베어링이라고 한다.

Question 38
각 베어링의 그리이스(grease) 윤활유 베어링의 전체공간에 충분히 주입하고 하우징(housing)에 ⅓정도 주입하면 약 몇시간 사용이 가능한가?
① 약 500시간 ② 약 1000시간
③ 약 2000시간 ④ 약 5000시간

Question 39
다음은 베어링의 온도 상승원인을 열거한 것이다. 이중 옳지 않은 것은 어느 것인가?
① 속도 계수의 초과 ② 과하중
③ 과량의 윤활제   ④ 낮은 점도

해설▶ 베어링의 온도 상승 원인
① 속도계수의 초과   ② 과하중
③ 과량의 윤활제 공급 ④ 고점도 오일 사용
⑤ 베어링의 유격과소

Question 40
천장크레인 운전 작업 중 베어링의 온도가 이상하게 상승하는 원인이 아닌 것은?
① 윤활제가 너무 많을 때
② 점도가 낮은 오일을 사용할 때
③ 베어링의 유격이 과소할 때
④ 베어링에 과대한 하중이 걸렸을 때

Question 41
베어링의 온도 상승범위로서 가장 적당한 것은?
① 실온 +10℃ 이하
② 실온 +20℃ 이하
③ 실온 +35℃ 이하
④ 실온 +50℃ 이하

Question 42
베어링에 이상이 있을시 온도가 상승한다. 베어링 자체온도는 몇 도까지 사용 가능한가?
① 50℃   ② 100℃
③ 150℃   ④ 200℃

Question 43
구동부 베어링의 진동사항 중 가장 심한 진동의 원인이 되는 것은 어떤 것인가?
① 베어링 내부 마모로 틈이 생긴 경우
② 한축상에 세 개 이상 베어링 유니트를 사용한 경우
③ 하우징 취부 볼트가 풀리고 샤프트(shaft)가 벤딩된 경우
④ 셋트 스크류(set screw)가 풀렸을 경우

해설▶ 하우징 취부 볼트가 풀리고 샤프트(축)가 벤딩(휨)된 경우 심한 진동의 원인이 된다.

37.① 38.③ 39.④ 40.② 41.② 42.② 43.③

Question 44
베어링 유니트(bearing unit)에 진동이 생기는 원인 중 틀린 사항은 다음 중 어느 것인가?
① 1축상에 2개의 베어링 유니트를 사용하는 경우
② 하우징 취부 볼트가 풀린 경우
③ 축이 휜 경우
④ 베어링 내부의 마모에 의해 틈이 커진 경우

Question 45
회전이 빠른 구름 베어링에 있어서 그리스를 과도 충진할 경우 다음 중 어느 것의 원인이 되는가?
① 발열한다.
② 축과의 끼워 맞춤이 헐거워질 염려가 있다.
③ 평균 온도 이하가 된다.
④ 아무런 변화도 없다.

해설▶ 구름 베어링에 그리스를 과도하게 충진하면 발열의 원인이 된다.

Question 46
베어링 압력이 클 때 일어나는 현상은?
① 윤활유의 순환이 자유롭지 못한다.
② 급유를 할 수 없다.
③ 유막의 형성이 이루어지지 않는다.
④ 윤활유의 점성이 낮아진다.

Question 47
구름 베어링이 회전시 맑은 금속음이 날 경우 우선 무엇이 원인이라 판단되는가. 아래에서 옳은 것을 찾아라?
① 베어링 내의 이물질   ② 과량의 윤활제
③ 윤활제의 불충분   ④ 조립불량

Question 48
구동부 베어링에서 높은 금속성 소음이 나는 원인은 다음 중 어떤 것인가?
① 취부 불량으로 전동면에서 발생하는 음
② 베어링, 정지중 진동에 의한 전동면에서 발생하는 음
③ 축허용 간격이 적고 윤활제 부족으로 발생하는 음
④ 전동면상에 홈이 생겨 발생하는 음

Question 49
다음은 베어링을 세정(청소)할 경우의 기름에 대하여 기술한 것이다. 다음 중 가장 효과적인 것은 어느 것인가?
① 휘발유   ② 벤진 또는 광유
③ 등유   ④ 그리이스

Question 50
레디얼-볼 베어링 #6208의 안지름은 얼마인가?
① 24mm   ② 32mm
③ 40mm   ④ 48mm

해설▶ 구름 베어링은 세 번째 네 번째 번호가 안지름 번호이며 안지름 20mm 이상 500mm 미만은 안지름을 5로 나눈 수가 안지름 번호이다.

Question 51
베어링 호칭번호 3124의 안지름은?
① 120mm   ② 240mm
③ 230mm   ④ 150mm

해설▶ 안지름 번호가 24이므로 24×5=120mm이다.

Question 52

베어링을 점검하는 방법 중 틀린 것은?

① 운전 중 이상음이 없는가
② 과도한 발열은 없는가
③ 진동은 없는가
④ 해머로 때려서 이상음은 없는가

해설▶ 베어링 점검 요소에는 이상음, 발열, 진동 등에 대하여 점검한다.

Question 53

다음은 베어링을 강제 끼워 맞춤을 할려고 베어링을 가열시키려고 한다. 가장 양호한 방법은?

① 적당량의 물에 담궈서 가열시킨다.
② 적당량의 오일속에 담궈서 가열시킨다.
③ 화기(불꽃)에 직접 가까이 돌려가며 가열시킨다.
④ 끓는 물에 담궜다 꺼냈다 반복하여 가열시킨다.

Question 54

베어링 조립시 통상 어떤 방법으로 하는가?

① 망치로 베어링 양쪽을 번갈아 두드려 넣는다.
② 베어링 외측을 고무망치로 두드려 넣는다.
③ 베어링 내륜에 접속하는 면이 바른 관을 내고 두드려 넣는다.
④ 나무망치로 두드려 넣는다.

Question 55

다음은 베어링을 구분하여 놓은 것이다. 이중 가장 올바른 것은?

①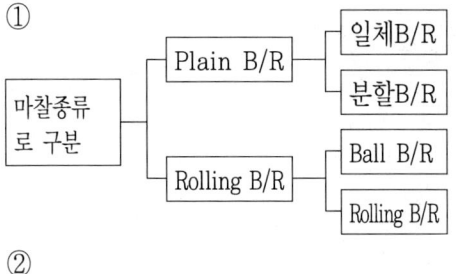

②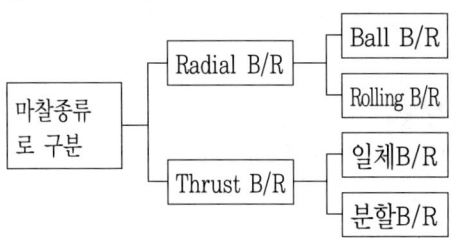

③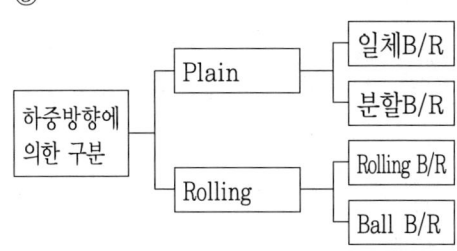

④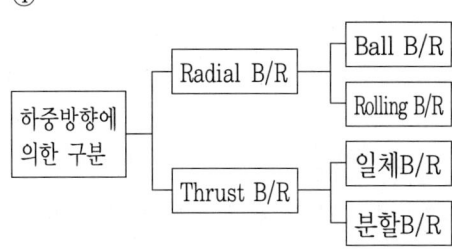

해설▶ 베어링의 종류
1. 하중의 작용 방향에 따라서
   ① 레이디얼 베어링
   ② 트러스트 베어링
2. 마찰(접촉방법) 종류에 따라서
   ① 미끄럼(슬라이딩) 베어링
   ② 구름(롤링) 베어링

52.④ 53.② 54.③ 55.④

Question 56
치차 또는 차륜 등과 같은 회전체를 축에 고정할 때 보통 사용하는 방법은?
① 커플링(Coupling)
② 베어링(Bearing)
③ 브레이크(Brake)
④ 키(Key)

Question 57
키에 대한 설명이다. 이중 틀린 것은 어느 것인가?
① 구배키(Traper Key)는 1/100의 기울기를 준 것이다.
② 키는 축에 회전체를 고정시키는데 사용된다.
③ 키에는 수시로 급유하여 녹을 방지해야 한다.
④ 키는 회전력을 전달하는데 사용된다.

해설▶ 체결키
① 키는 축에 회전체를 고정시키는 데 사용
② 키는 회전력을 전달하는 데 사용
③ 구배키는 1/100의 기울기를 준다.
④ 전달력을 받으며, 축보다 강한 재질을 사용한다.

Question 58
체결 키(Key)에 대한 설명 중 틀린 것은?
① 주로 전달력을 받는다.
② 축보다 약간 강한 재질을 사용한다.
③ 때려 박기 위해서 1/100의 구배를 둔다.
④ 축방향에 직각인 방향으로 사용된다.

Question 59
다음은 키에 대한 설명이다. 이중 옳지 않은 것을 한 가지는?
① 키의 재료는 축보다 약간 단단한 강철재를 사용한다.
② 키의 크기는 평행키 일 때 밑면×높이×길이로 표시한다.
③ boss와 축(shaft)에 다같이 홈을 파는 키를 saddle key라 한다.
④ 스플라인(spline)의 홈의 수는 보통 4~20개 정도이다.

Question 60
보스나 축에 똑같이 요철로 홈을 파는 키는?
① sunk key   ② spline
③ saddle key   ④ pin key

Question 61
보스나 샤프트에 원주를 등분하여 여러 개 똑같은 요철의 홈을 파는 키는 다음 중 어느 것인가?
① 반달 키(wodruff key)
② 성크 키(sunk key)
③ 스플라인과 스플라인 축
④ 평 키(flat key)

Question 62
축(shaft)에는 홈을 가공치 않고 보스(boss)에만 홈의 가공하여 축의 표면과 보스의 홈에 모양이 일치하도록 가공하여 박은 키를 무엇이라 하는가?
① 성크 키   ② 반달 키
③ 안장 키   ④ 접선 키

해설▶ 안장(새들) 키는 축에는 홈을 가공하지 않고 보스에만 홈을 가공하여 끼우는 키이다.

Question 63

접선키에서 120° 각도로 두 곳에 키를 끼우는 이유는?

① 작은 동력을 전달하기 위하여
② 축을 강하게 하기 위하여
③ 역 회전을 할 수 있게 하기 위하여
④ 측압을 막기 위하여

Question 64

다음 설명 중 틀린 것은?

① 키의 재료는 축재료 보다 약간 강하다.
② 키는 축방향으로 이동시킬 수 있다.
③ 키란 축과 회전체를 일체로 하여 회전을 전달시키는 기계요소이다.
④ 키는 축과 회전체를 원주방향으로의 이동이 가능하다.

Question 65

밑면 18mm, 길이 50mm, 높이 12mm 1종 성크 키의 크기 표시 방법은 다음 중 어느 것인가?

① 10×50×12
② 12×18×50
③ 18×12×50
④ 50×18×12

해설 ▶ 성크 키의 크기는 밑면×높이×길이 즉, 18(밑면)×12(높이)×50(길이)로 표시한다.

Question 66

키가 전달할 수 있는 토크의 크기가 큰 순서로 된 것은?

① 성크 키→스플라인→새들 키→평 키
② 평 키→새들 키→성크 키→스플라인
③ 새들 키→성크 키→스플라인→평 키
④ 스플라인→성크 키→평 키→새들 키

Question 67

M20 볼트는 다음 중 어느 것을 나타내는가?

① 미트릭 나사이며 유효경이 20mm이다.
② 나사산의 각도가 60°이며 볼트의 외경이 20mm이다.
③ 나사산의 각도가 60°이며 볼트의 유효경이 20mm이다.
④ 미트릭 나사이며 나사산의 각도가 55°이다.

해설 ▶ M20볼트란 나사산의 각도가 60°이고 볼트의 외경(바깥지름)이 20mm이다.

Question 68

나사의 크기는 다음 중 어느 것으로 나타내는가?

① 바깥지름
② 골지름
③ 안지름
④ 유효지름

Question 69

다음 나사(screw) 중 일반기계의 체결용으로 쓰이는 나사는 어느 것인가?

① 사다리꼴 나사
② 톱니 나사
③ 4각 나사
④ 3각 나사

63.③ 64.④ 65.③ 66.④ 67.② 68.① 69.④

04

천장크레인의 전기장치

PART 4 전기장치

1. 전기장치

① 전기기초

(1) 전 기(electric)

모든 물질은 분자로 되어 있고 분자는 원자의 집합체로 되어 있다. 전자론에 의하며 원자는 양전기를 띤 원자핵과 음전기를 띤 전자(electron)로 구성되어 있다.

일반적으로 물질은 원자핵이 가지는 양전기와 전자가 가지는 음전기의 양이 같기 때문에 상쇄되어 전기적 성질을 나타내지 않고 중성 상태를 나타내지만 이들 사이에 평형이 이루어지지 않으면 전기적 성질을 나타낸다. 이와 같이 물질에 존재하는 전자가 전기의 본질이며 자유전자의 이동을 전류라고 한다. 우리가 사용하는 전기의 종류에는 교류와 직류 그리고 맥류 등이 있다.

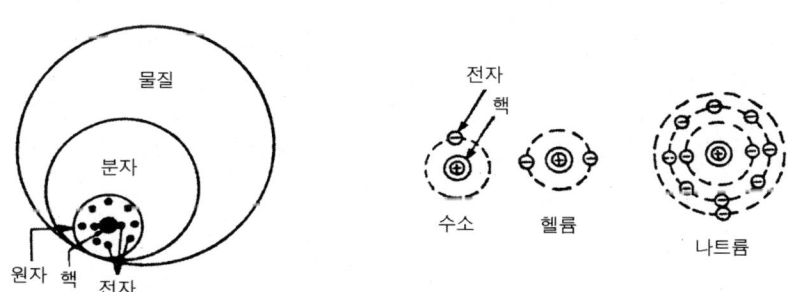

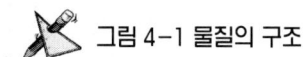

그림 4-1 물질의 구조

(2) 전 류(ampere)

1) 정의
전기(전자)의 이동을 전류라 하며, (+) 전하(electric charge)의 이동방향을 전류의 흐르는 방향으로 정한다. 전류의 단위는 암페어(ampere : A)이다.

2) 전류의 3대작용
① **발열작용** : 전구, 전기다리미, 전기난로 등
② **화학작용** : 축전지(battery), 전기도금 등
③ **자기작용** : 전동기, 발전기, 솔레노이드 기구 등

(3) 전 압(voltage)

전압이란 전류를 흐르게 하는 전기적 압력으로 전위차(potential difference)라고도 한다. 전압의 단위는 볼트(volt : V)이다.

(4) 저 항(resistance)

① **정의** : 물질 속을 전류가 흐르기 쉬운지 어려운지의 정도를 표시하는 것으로 단위는 옴(ohm : Ω)이다.

② **온도와 저항과의 관계**
  ㉮ 도체의 저항은 온도에 따라 변한다.
   ㉠ 온도상승으로 저항이 증가하는 것 : 일반금속
   ㉡ 온도상승으로 저항이 감소하는 것 : 반도체, 절연체, 탄소 등
  ㉯ 온도계수 : 온도 1℃ 상승하였을 때 변화한 저항값의 비

③ **물질 고유의 저항(비저항)** : 물질 자체가 가지고 있는 전기적 저항으로 길이 1m, 단면적 1m²인 도체의 두 면간의 저항값을 비교하여 이것을 그 재료의 고유저항 또는 비저항(比抵抗) 이라고 한다.

④ **도체의 형상에 의한 저항** : 도체의 저항은 그 길이에 비례하고 단면적에 반비례한다.

$$R = \rho \times \frac{\ell}{A}$$

R : 도체의 저항(Ω),   ρ : 단면고유저항(Ωcm),
A : 단면적(cm²), ℓ : 도체의 길이(cm)

⑤ 접촉 저항

㉮ 정의 : 도체와 도체의 접촉면에 생기는 저항으로 접촉 저항이 크면 열이 발생하고 전류의 흐름이 떨어진다. 특히, 전자 접촉기, 전동기와 브러시 사이의 접촉저항은 중요시 된다.

㉯ 접촉저항의 감소 수단 : 접촉저항을 감소시키는 수단은 접촉면적과 압력을 증가시킨다. 이외에도 접촉부분의 납땜, 단자를 설치할 때 와셔를 이용하거나 단자의 도금, 접점의 소제 등도 접촉저항을 감소시키는 수단이다.

(5) 도체, 반도체, 절연체

① **도체(conductor)** : 전기가 잘 통하는 성질을 가진 물체로서 금속류, 탄소, 산이나 염의 용액 등이 도체이다.

② **반도체(semi conductor)** : 상태나 온도 등에 따라 도체와 절연체의 중간 성질을 가지는 것으로 실리콘(Si), 게르마늄(Ge) 등이 반도체이다.

③ **절연체(insulator nonconductor)** : 전기가 잘 통하지 않는 성질을 가진 물체로 유리, 운모, 에보나이트, 비닐, 황 등이 절연체이다.

② 전기회로

(1) 전기회로

전류가 흐르는 통로(옴의 법칙에 따라)를 전기회로라고 하며 회로에서 스위치를 넣어 전류를 흐르게 하는 것을 회로를 닫는다고 하고, 스위치를 떼어 전류의 흐름을 막는 것을 회로를 연다고 한다.

(2) 옴의 법칙(Ohm's Law)

도체를 흐르는 전류는 도체에 가해진 전압에 정비례하고 그 도체의 저항에 반비례한다.

$$I = \frac{E}{R}, \quad E = IR, \quad R = \frac{E}{I}$$

I : 도체를 흐르는 전류(A)
E : 도체에 가해진 전압(V)
R : 도체의 저항(Ω)

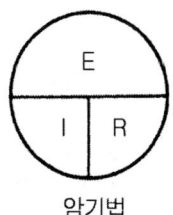

암기법

> (주)
> 옴의 법칙은 1827년 독일의 물리학자 옴(Georg Simon Ohm)에 의해 발견되었으며, 전기공학에서 매우 중요한

(3) 저항의 접속

1) 직렬 접속

그림과 같이 몇 개의 저항을 한 줄로 접속하는 것으로 합성저항(R) = $R_1+R_2+R_3+\cdots+R_n$ 이 된다.

2) 병렬 접속

몇 개의 저항을 나누어 접속한 것으로

합성저항$(R) = \dfrac{1}{\dfrac{1}{R_1}+\dfrac{1}{R_2}+\dfrac{1}{R_3}+\cdots+\dfrac{1}{R_n}}$ 이다.

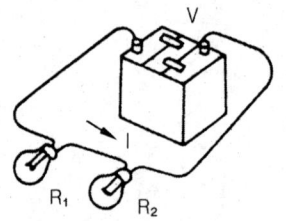 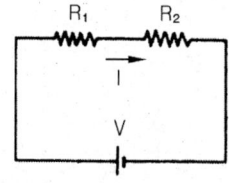

(a) 직렬 접속

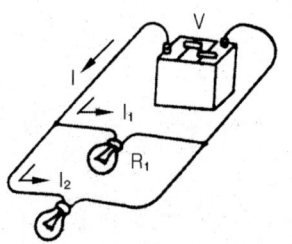 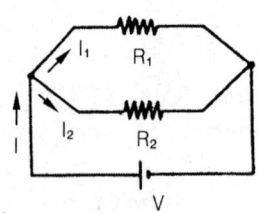

(b) 병렬 접속

 그림 4-2 저항의 접속

(4) 키르히호프의 법칙(Kirchhoff's Law)

1) 키르히호프의 제1법칙
회로 내의 어떤 한 점에 유입한 전류의 총합과 유출한 전류의 총합은 같다.

2) 키르히호프의 제2법칙
임의의 폐회로(閉回路)에 있어서 기전력의 총합과 저항에 의한 전압강하의 총합은 같다.

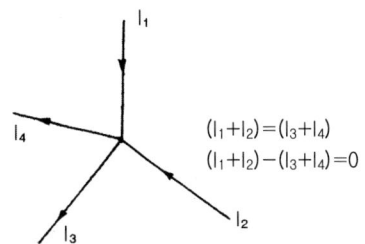

$(I_1+I_2)=(I_3+I_4)$
$(I_1+I_2)-(I_3+I_4)=0$

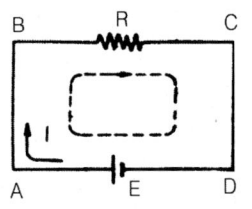

기전력=전압 강하된 전압의 합계가 되는 A→B→C→D의 방향에서 기전력과 전압강하가 같다는 것을 의미한다.

 그림 4-3 키르히호프의 제1법칙    그림 4-4 키르히호프의 제2법칙

❸ 전력과 전력량

(1) 전력(watt : W)

전기가 하는 일의 크기를 전력이라 하며 다음과 같이 표시한다.

$E(V)$의 전압을 가하여 $I(A)$의 전류를 흐르게 할 때 전력 P는

$$P = EI$$
$$P = \frac{E^2}{R} \cdots * I = \frac{E}{R} \text{를 대입}$$
$$P = I^2 R \cdots * E = IR \text{을 대입}$$

P : 전력(W),   E : 전압(V),   I : 전류(A),   R : 저항(Ω)

(2) 전력량

전류가 어떤 단위시간 동안에 한 일의 총량으로 전력과 그 전력을 사용한 시간과의 곱한 값으로 표시한다.

> **(주) 주울의 법칙**
>
> 주울의 법칙 : 전류에 의해 발생된 열은 도체의 저항과 전류의 제곱 및 흐르는 시간에 비례한다.
> 즉, $J = 0.24I^2Rt$
>
> J ; 주울열(cal)   I : 전류(A)   R : 저항(Ω)   t : 시간(sec)

(3) 전선의 안전전류와 퓨즈

1) 안전전류(허용전류)

전선에 안전한 상태로 사용할 수 있는 한도의 전류값.

2) 퓨즈

① **기능** : 단락(short) 때문에 전선이 타거나 과대 전류가 부하에 흐르지 않도록 한다.

② **퓨즈의 연결** : 회로에 직렬로 연결한다.

③ **용융점(MP : melting point)** : 68℃ 정도로 전선의 온도가 올라가면 녹아 끊어져 회로를 차단한다.

④ **퓨즈의 재료** : 납(鉛 25%), 주석(13%), 창연(蒼鉛 50%), 카드뮴(12%)

> **(주)**
>
> ① 단락(短絡)이란 부하를 통하지 않고 전원이 접속되는 것을 뜻한다.
> ② 퓨즈의 접촉이 불량하면 전류의 흐름이 떨어지고 끊어진다.

④ 전기와 자기(磁氣)

(1) 자계와 자력선

① **자계(磁界)** : 자석이 작용하는 범위를 자계(magnetic field) 또는 자장이라 한다.
② **자력선(磁力線)** : 자석의 N자극과 S극 사이에서 자기의 힘, 즉, 자력이 어떤 길을 거쳐 작용하고 있는가를 보이는 선으로 N극에서 S극으로 향하는 방향에 화살표를 넣어 표시한다.

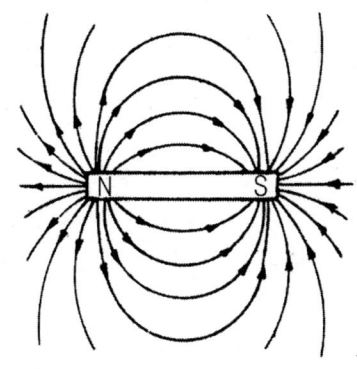

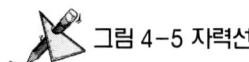
그림 4-5 자력선

(2) 자기유도(magnetic induction)

자계 내에 놓은 물체가 자기를 띠는 현상을 자기유도라 하며 그 물체는 자화(magnetize)되었다고 한다.

(3) 전기와 자기와의 관계

1) 전류와 자계

전선에 전류를 흐르게 하면 그 주위에 전류의 세기에 비례하고 전선의 거리에 반비례하는 자계가 생긴다. 그리고 자력선은 전선을 중심으로 하는 동심원상이 된다.

> **(주)**
> 자력선의 오른나사법칙 : 전류의 방향을 오른나사의 진행방향에 일치시키면 자력선의 방향은 오른나사가 돌려지는 방향과 일치한다는 법칙.

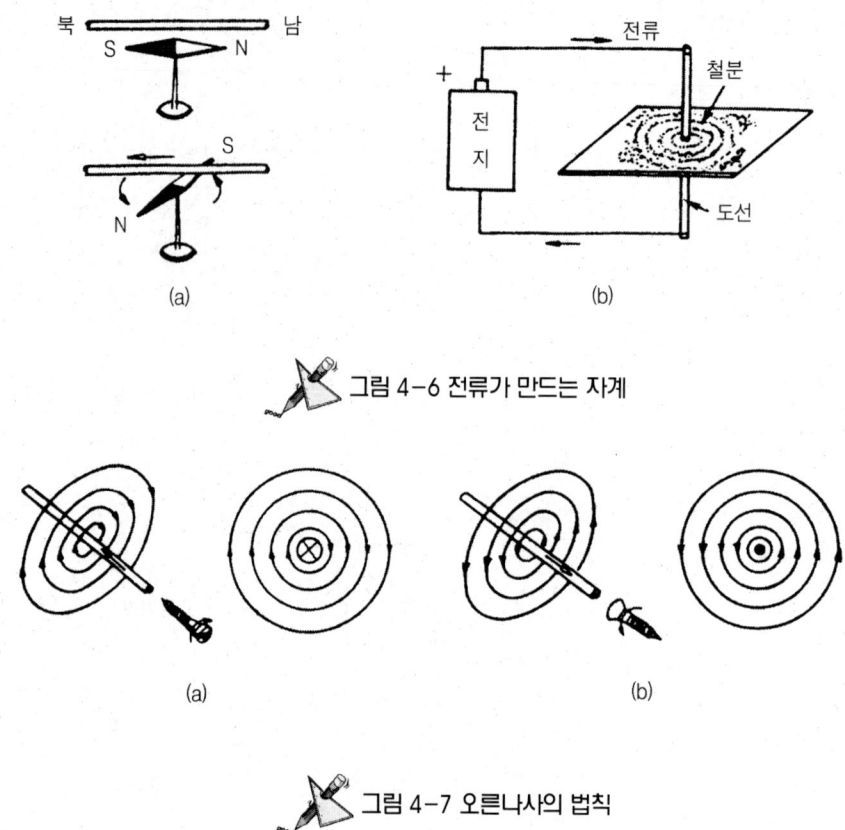

그림 4-6 전류가 만드는 자계

그림 4-7 오른나사의 법칙

2) 코일의 자계

① **솔레노이드(solenoid)** : 코일을 여러 번 감고 전류를 흐르게 하였을 때 자석이 되게 한 것을 솔레노이드라 한다. 이것은 전자석 브레이크 등에 사용한다.

② **오른손 엄지손가락의 법칙** : 솔레노이드 내부에 생기는 자력선의 방향을 알아보기 위한 것으로 오른손 엄지손가락을 다른 네 개의 손가락과 직각이 되게 한 다음 네 손가락을 전류의 방향으로 하여 코일을 잡으면 엄지손가락 방향이 자력선의 방향(N극 방향)이 된다. 이것을 오른손 엄지손가락의 법칙이라고 한다.

3) 전자력(electromagnetic force)

전자력은 자계와 전류와의 사이에 작용하는 힘으로서 전류가 흐르고 있는 도체의 부근에 자극을 놓으면 그 자극에 힘이 작용한다. 만일 자극을 고정하고 도체를 자유로이 움직일 수 있게 하면 그 힘이 도체에 작용하여 도체가 움직인다. 이 힘을 전자력이라 한다.

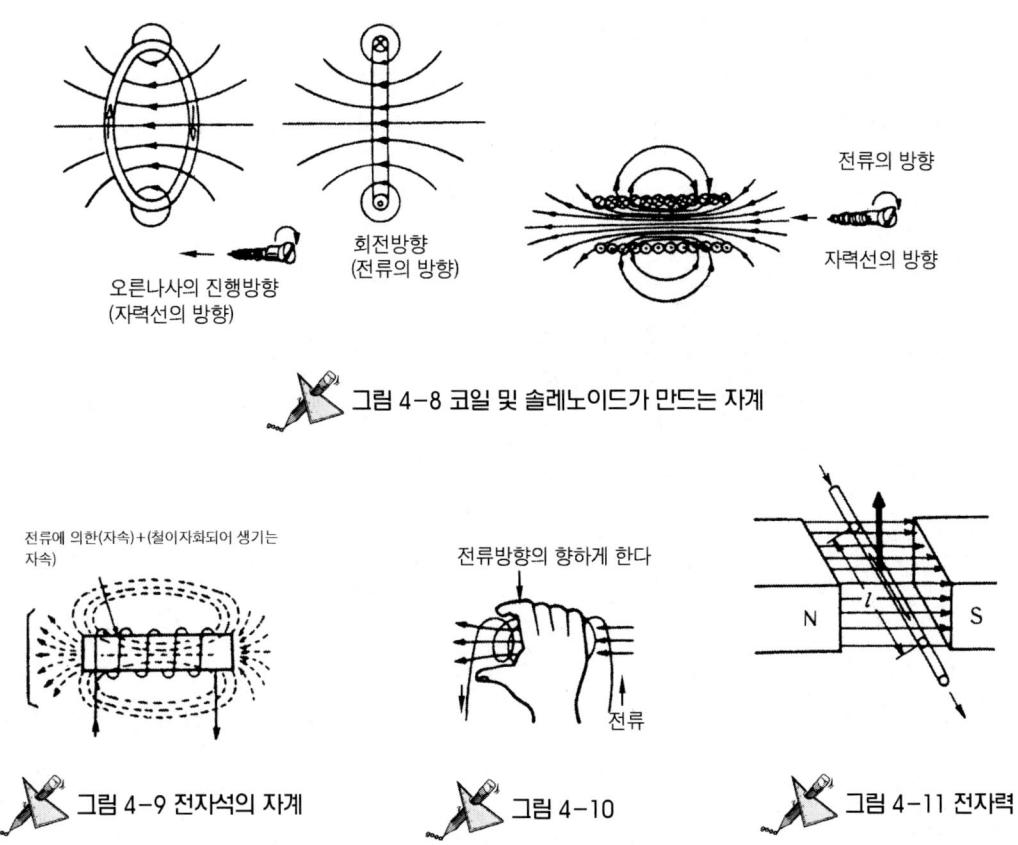

그림 4-8 코일 및 솔레노이드가 만드는 자계

그림 4-9 전자석의 자계

그림 4-10 오른손 엄지손가락의 법칙

그림 4-11 전자력

4) 플레밍의 왼손법칙(Fleming's left hand rule)

왼손엄지, 인지, 중지를 서로 직각이 되게 펴고 인지를 자력선의 방향, 중지를 전류의 방향에 일치시키면 도체에는 엄지손가락 방향으로 전자력이 작용한다는 법칙으로 전동기, 전류계, 전압계 등의 원리이다.

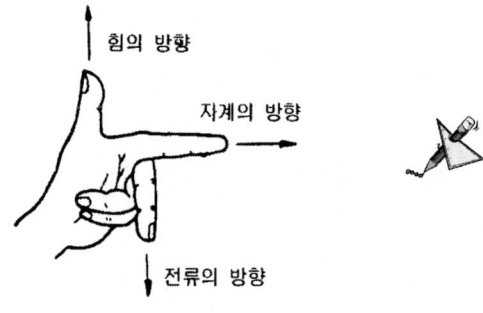

그림 4-12 플레밍의 왼손법칙

5) 플레밍의 오른손법칙(Fleming's right hand rule)

유도기전력의 방향을 구하는 법칙으로 오른손 엄지, 인지, 중지를 서로 직각이 되게 하고 인지를 자력선의 방향에, 엄지를 운동의 방향에 일치시키면 중지가 유도기전력의 방향을 표시한다는 것으로 발전기 등의 원리이다.

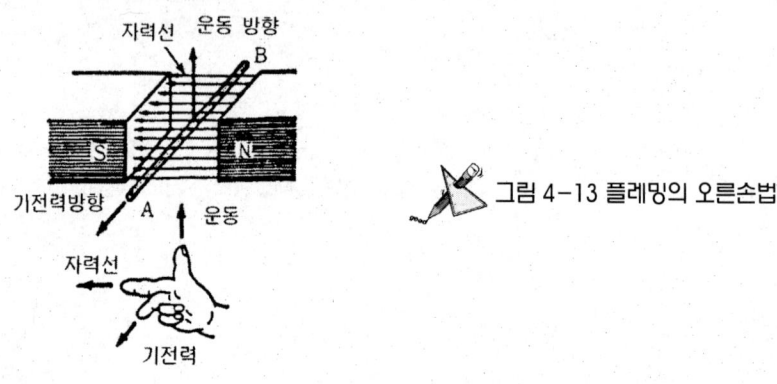

그림 4-13 플레밍의 오른손법칙

2. 집전장치

① 트롤리 선(trolly cable)

천장크레인의 전원공급은 트롤리선으로 하며 선의 배열 방법에는 수평배열과 수직배열이 있고 주행트롤리선은 약 6m간격으로, 경동선은 약 2m마다 애자를 사용하여 지지하고 있다.

트롤리선의 종류에는 경동 트롤리선, 앵글 동 바 트롤리선, 레일 트롤리선 등이 있다.

(1) 경동 트롤리선

이것은 중·소형 천장크레인의 주 트롤리선과 거어더 트롤리선으로 사용된다.

(2) 앵글 동 바 트롤리선

이것은 앵글에 구리판을 부착한 것이며 경제적으로 유리하다.

(3) 레일 트롤리선

이것은 레일에 구리판을 부착하거나 레일을 직접 이용한 것이며 대용량의 천장크레인에 알맞다.

(a) 경동 트롤리선   (b) 앵글동바 트롤리선   (c) 레일 트롤리선

 그림 4-14 트롤리선의 단면도

> **(주)**
> 트롤리선은 4종 고무 절연전선을 사용하며, 배선시 전선의 굵기는 허용전류, 절연저항, 기계적 강도 등을 고려하

❷ 집전장치

집전장치는 트롤리선으로부터의 전력을 천장크레인 내로 도입하는 장치이며, 트롤리선과 접촉하는 슈(shoe)와 휠(wheel)의 고정방법에 따라 팬터그래프형, 포올형, 고정형, 슈형, 센터 포스트 슬립형, 케이블 드럼 슬립형 등이 있다.

그리고 천장크레인에 사용되는 전압으로는 3상 220V, 3상 440V, 3상 3300V 등이 있으며 주로 3상 440V를 많이 사용한다.

집전장치의 절연물로는 애자, 베이클라이트, 목재 등이 사용된다. 그리고 전선은 600V용을 주로 사용한다.

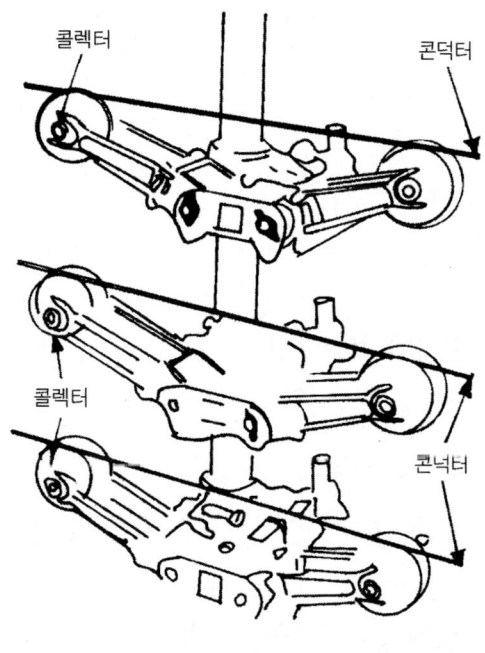

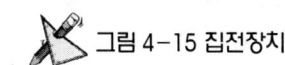 그림 4-15 집전장치

(1) 팬터 그래프형 집전장치

이것은 중간지지를 갖는 수평배열이며 주로 고속형 천장크레인에서 사용된다. 트롤리선의 굴곡등을 고려하여 휠의 폭을 넓게 하거나, 휠 대신 슈를 사용하기도 한다.

(2) 포올형 집전장치

이것은 포올(pole)이 휠의 선단을 떠받쳐 하부에 설치한 스프링의 힘으로 트롤리선과 적당한 압력으로 접촉되게 한 방식이다. 주로 저속형에서 사용한다.

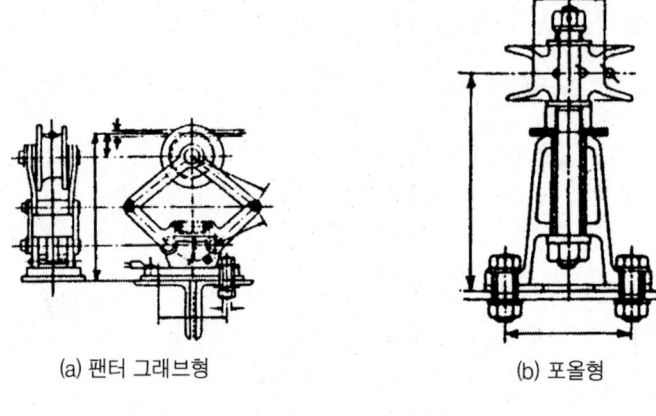

(a) 팬터 그래브형   (b) 포올형

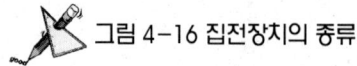

그림 4-16 집전장치의 종류

(3) 고정형 집전장치

이것은 트롤리선의 자체중량을 접촉압력으로 사용하는 것이다.

(4) 슈형 집전장치

이것은 대전류용 또는 고압용이며 레일과 접촉하는 위쪽 접촉편은 마모를 경감시키도록 되어 있다.

> (주)
> 1. 횡행장치의 집전장치 종류에는 케이블 캐리어식(cable carrier type), 패스툰식(fastoon type), 트롤리 와이어(trolley wire)식 등이 있다.
> 2. 콜렉터(collector)와 콘덕터(conductor)는 천장크레인이 주행레일을 따라 이동하거나 크라브가 횡행할 때 동력 공급원과 천장크레인 사이에 연속적으로 전기적 연결을 제공하는 것이다.

3. 배전판(전원 패널)

천장크레인의 전력 공급은 트롤리선을 통하여 전원 스위치로 들어가며, 배전판은 전동기의 보호 및 제어와 전원 개·폐를 목적으로 하는 것이며 운전석에 두는 것은 운전자에게 위험이 미치지 않도록 커버를 해야 한다. 그리고 배전판에는 전원 개폐기, 퓨즈, 전자 접촉기, 과전류 개폐기, 전압계, 단락보호장치 등이 배치되어 있으며 보호 패널과 제어패널로 구분한다.

그림 4-17 배전판

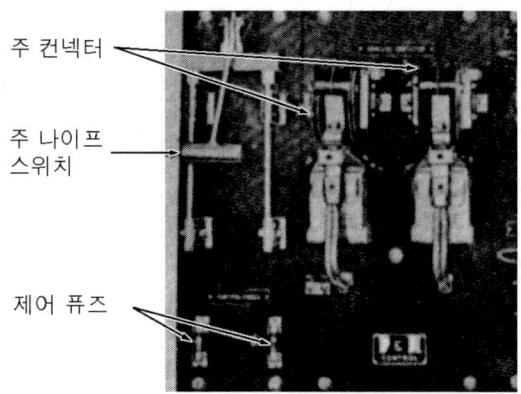

그림 4-18 보호 패널

① 보호 패널

(1) 전원 스위치

이 스위치는 트롤리선을 통하여 천장크레인으로 들어오는 전원을 연결·차단하는 것이며 전기적 고장시 퓨즈가 단락되어 기기의 보호를 할 수 있으며 기중기 점검 및 수리할 때 전원을 차단시키는 것이다.

(2) 보호 패널

이것은 동력메인 스위치, 접촉기, 과부하 계전기 등이 설치되어 있어 사용율이 가장 높은 것이다.

그리고 천장크레인의 과부하 보호장치에는 전동기 과부하 계전기, 과전압 계전기, 열전동 계전기 등이 있으며 과부하 계전기는 전동기 보호를 주 목적으로 하고 과전류 계전기는 선로 및 전기 기기를 보호해 주는 것으로 계전기에서 과대 전류가 흐를 때 자동적으로 선로를 차단시키는 기능을 한다.

> **(주)**
> 주파수가 맞지 않으면 천장크레인 주행시 주행판넬(패널)의 마그네트 릴레이(계전기)가 1분 동안 계속 붙었다가

4. 제어기(컨트롤러 : controler)
part. four

① 제어기의 개요

제어기는 전동기의 회전방향을 결정하거나 속도를 조절하는데 사용하는 레버(lever)이며 전동기의 1차와 2차 제어를 직접하는 직접가역식과 1차의 주 회로를 전자접촉으로 전자코일을 제어하는 마스터 제어식(master controler)가 있다. 그리고 주권과 보권, 주행과 횡행 등 2개의 동작을 1개의 핸들로 동시에 조작하는 유니버셜(universal)식도 있다.

(1) 드럼형 제어기(drum type)

이것은 콘택트 시그먼트(contact segment)와 핑거(finger)가 접촉하여 직접 전동기를 작동시키는 방식이다. 즉, 전동기의 기동, 역회전, 정지 및 속도를 조절하는 것이며 구조가 간단하고 튼튼하지만 대전류용의 경우는 조작이 어렵다.

(2) 캠형 제어기(cam type)

이것은 고정 및 가동의 양 접촉자가 있으며 핸들축에 설치한 캠에 의하여 가동 접촉자를 움직여서 개폐하게 되는 방식으로 캠과 가동접촉자의 접점은 회전축으로 되어 있어 조작이 원활하다.

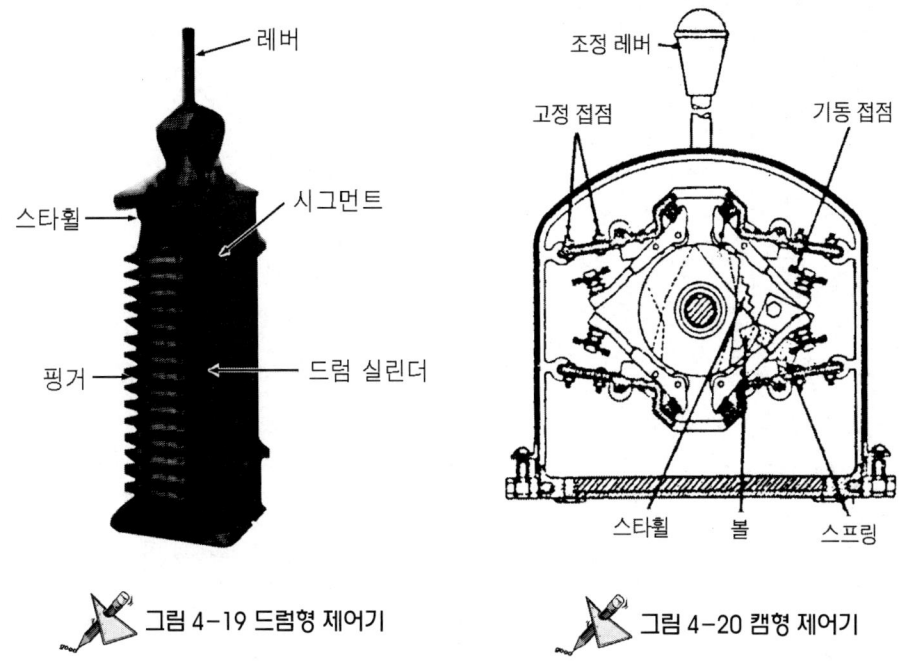

그림 4-19 드럼형 제어기   그림 4-20 캠형 제어기

(3) 유니버셜 제어기 - 만능 주간식 제어기

이것은 1대의 제어기로 마스터 제어기 2대의 기능을 갖는 것이며 주행과 횡행, 주권과 보권을 같이 사용한다. 특징은 설치면적이 절감되고 조작이 편리하다.

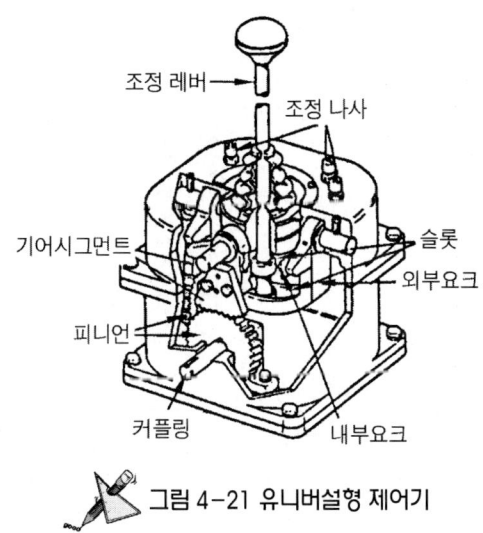

그림 4-21 유니버설형 제어기

(주) 제어기의 고장과 대책

스파크가 심하다	전동기에 과부하가 걸려 있다.	부하를 적정하게 한다.
	핑거 및 접촉판이 거칠다.	사포로 다듬질 한다.
	저항기가 부적당하다	적정한 것으로 교환 또는 저항치를 수정한다.
핸들이 무겁다	베어링에 기름이 없다.	베어링에 급유한다.
	핑거의 조정이 불량하다	재조정한다.(핑거 접촉압력은 1.5kg 정도 적당)
	이물이 혼입되어 있다	점검하여 청소한다.
	내부 기구가 부적당하다.	점검하여 조정한다.

② 접촉기(콘덕터 : conductor)

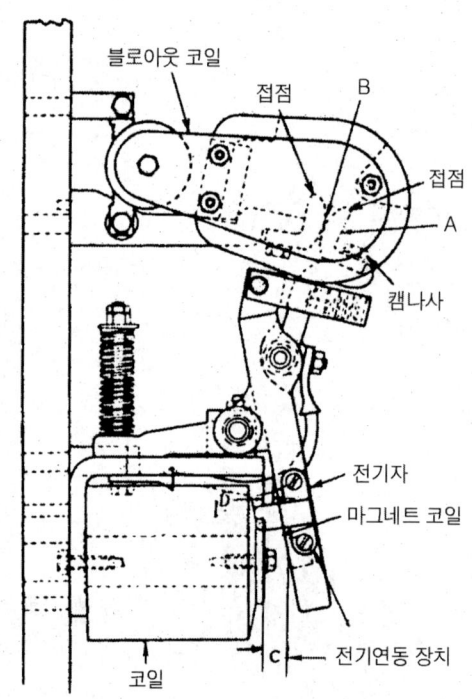

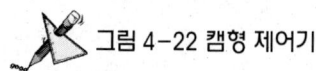
그림 4-22 캠형 제어기

  이것은 마그네트에 통전되므로서 가동철심을 흡인하여 이것과 연동하는 접점을 닫고 회로를 형성하는 것이며 푸시버튼이나 제어기에 의한 제어전류에 의해 조작된다.

접촉기는 단조된 구리와 은의 접점과 블로아웃코일(blow out coil)로 이루어져 있으며 접촉기는 롤링(rolling)과 자체정화작용이 가능하며 상부를 때리면 방전이 없는 접촉기 바닥에서 정지할 때까지 롤링을 한다.

(주) 접촉기의 고장과 대책

고 장	원 인	대 책
전자 접촉기의 개폐작동이 불량하다.	전압강하가 크다.	점검
	보조 접점과 접촉이 불량하다.	조정한다.
	접점이 마모되어 있다.	교환한다.
	코일이 끊어져 있다.	교환하거나 권선만 교환한다.
	인터록이 파손되어 있다.	교환한다.
	조작 회로가 잘못되어 있다.	점검하여 수리한다.
전자 접촉기가 작동되지 않는다.	접점이 융착되어 있다.	손질 또는 교환한다.
	리턴 스프링이 열화되어 있다.	스프링을 교환한다.
	핀 둘레가 부적당하다.	손질하고 급유한다.
	잔류 자기가 있다.	공극(空隙)을 조정한다.
스파크가 심하다.	전동기에 과부하가 걸린다.	부하를 적정하게 한다.
	가속이 너무 빠르다.	가속 계전기를 조정한다.
	접촉자면이 거칠다.	접촉자면이 거칠 때는 가는 줄이나 사포로 매끈하게 다듬질한다. 접촉자의 먼지를 털어낸다.

③ 인터록(연동장치 : inter lock)

인터록은 전자(전원) 접속의 안전을 위하여 설치하는 것이며 전기식과 기계식이 있다.

(1) 전기식

이것은 2개의 분리된 접촉기로 되어 있으며 하우징은 베이클라이트로 되어 있고 고정 접촉기는 하우징에 부착되어 있고, 가동접촉기는 나일론으로 된 푸시로드에 부착되어 있어 2개의 접촉기가 서로 다른 기능을 한다. 그리고 접촉기는 연동 푸시로드를 접촉시키는 접촉기 트립 암(trip arm)에 의해 움직인다.

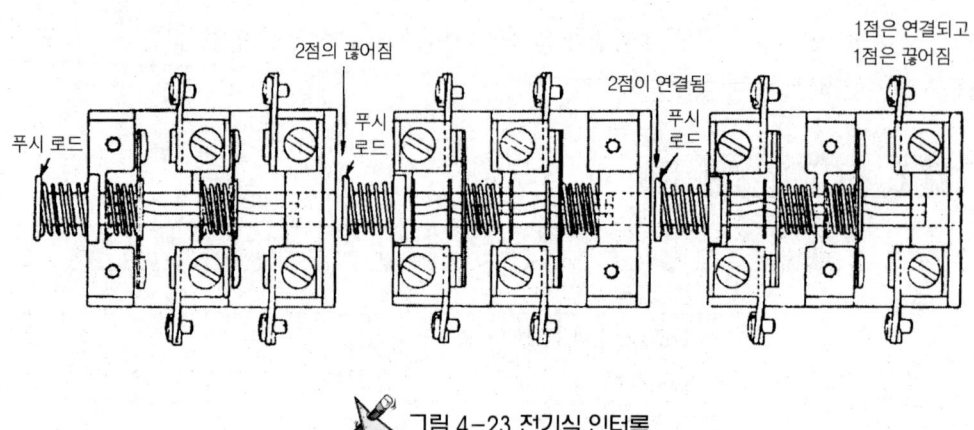

그림 4-23 전기식 인터록

(2) 기계식

이것은 A형과 AA형 역진 접촉기에 사용되는 기계적 연동장치로 접촉기 내에 들어 있고 접촉기판에 직접 설치되어 있다. A형 접촉기의 연동장치는 전기자 끝부분에 의해서 작동되고, AA형은 내부 이동 접촉기 암 조작으로 작동된다.

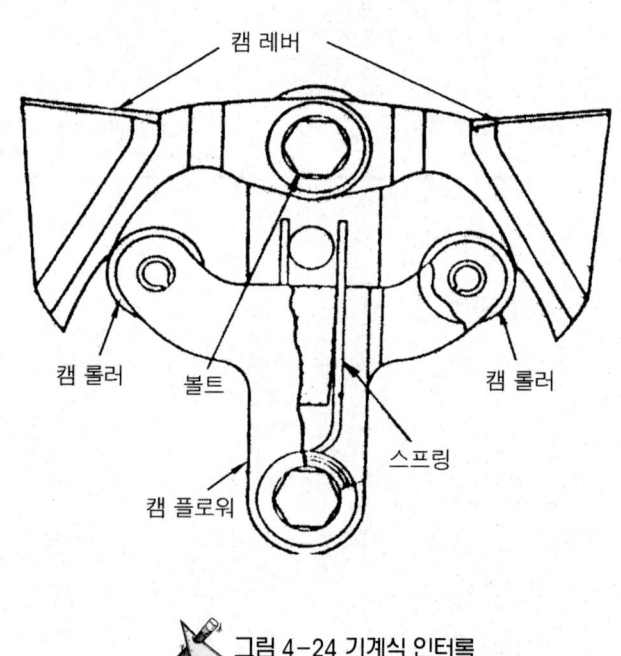

그림 4-24 기계식 인터록

5. 전동기(motor)

① 전동기의 개요

전동기는 전기적 에너지를 기계적 에너지로 바꾸는 장치이며 직류(D.C) 전동기와 교류 (A.C) 전동기가 있다. 그리고 전동기의 회전방향은 플레밍의 왼손 법칙으로 알 수 있다.

(1) 전동기의 필요조건

① 기동 회전력이 클 것.
② 속도 조정 및 역회전 등이 가능할 것.
③ 기동, 정지 및 역회전 등에 대해 충분히 견딜 수 있을 것.
④ 설치 면적이 제한되는 경우가 있으므로 용량에 비해 소형일 것.
⑤ 전원을 얻기 쉬울 것.

(2) 전동기의 회전속도 및 미끄럼

전동기의 회전 자장의 회전속도, 즉, 동기속도는 자극수와 전원의 주파수에 의해 다음 식으로 결정된다.

$$N_s = \frac{120f}{P}$$

N_s : 동기속도(rpm),　f : 주파수(Hz),　P : 극수

그리고 실제의 회전자의 회전속도는 부하가 걸리면 동기속도 보다 느려지는데 이 느린 정도를 미끄럼(slip)이라고 하며 다음 식으로 표시한다.

$$S = \frac{N_s - N}{N_s} \times 100$$

여기서, S : 미끄럼, N : 실제 회전속도(rpm)

따라서, 전동기의 실제 회전수는 다음 식으로 표시한다.

$$N = \frac{120f}{P}(1 - S)$$

> **(예제)**
>
> 3상 유도 전동기의 입력 전압이 440V, 60사이클일 때 전동기의 극수가 4극이다. 이 전동기의 동기속도를 구하시오(단, 동기속도의 단위는 rpm 이다.)
>
> 《풀이》 $N_s = \dfrac{120f}{P}$에 대입하면 $N_s = \dfrac{120 \times 60}{4} = 1800 rpm$ 답 : 1,800rpm

(3) 권상 전동기의 소요용량(출력)

권상작업은 화물을 수직으로 올리기 때문에 하중과 권상속도와의 곱에 비례하는 동력이 필요하다. 즉, 권상 전동기의 소요 용량은

$$\frac{(정격하중 + 훅(hook)의\ 자중) \times 권상속도}{6.12 \times 권상기의\ 효율}$$로 표시한다.

> **(예제)**
>
> 권상하중이 100톤, 권상속도가 12m/min인 천장크레인의 전동기 출력은 몇 kw인가? (단, 권상기의 효율은 85%이다.)
>
> $\dfrac{권상하중 \times 권상속도}{6.12 \times 권상기\ 효율}$
>
> 《풀이》 정격하중+훅의 자중이 권상하중이므로 권상 전동기의 출력은 $\dfrac{100 \times 12}{6.12 \times 85} \times 100 = 230$kw
>
> 답 : 230kw

(4) 전동기의 정격

전동기를 작동시키면 발열하므로 외기온도(표준규격 40℃)에서 50~60℃까지는 허용이 되며 이 온도 이상되면 전동기가 소손된다. 따라서 정격부하로 장시간 연속 운전하여 온도 상승이 허용값에 도달할 때까지의 시간으로 표시한다.

정격의 선정은 연속작업시간, 부하 시간율, 작동 및 정지의 빈도 등에 의해 정해지므로 30분 또는 1시간의 정격부하 연속운전으로 온도 상승이 50~60℃ 이하면 양호하다. 이것을 30분 정격 또는 1시간 정격이라고 하며 특별한 지장이 없는 한 부하 시간율은 40%로 하고 %ED로 표기한다. 그리고 사용율 정격은 다음 식으로 표시한다.

$$\%ED = \frac{운전시간}{운전시간 + 정지시간} \times 100$$

(5) 전동기의 절연저항

절연저항은 수분, 먼지, 절연물에 따라 영향을 받으며 단위는 메거옴(MΩ)을 사용한다. 절연저항은 전압에 따라 달라지며 220V에서는 0.2MΩ, 440V에서는 0.4MΩ, 3300V에서는 3MΩ 이상되어야 한다. 또한 절연저항은 메거(magger) 테스터로 측정한다.

전동기용 절연재료는 KSC 4002~4004에 의해 다음과 같은 것이 있다.

【전기기기의 절연종류와 허용온도】

절연종류	내 용	최고허용 온도(℃)
Y종	목면·견·지류 등의 재료로 구성되고 바니스류를 먹이지 않거나 또는 기름에 적시지 않은 채 절연하는 것	90
A종	목면·견·지류 등의 재료로 구성되었으나 바니스나 기름에 적신 것	105
E종	에나멜선용 폴리우레탄 및 에폭시 수지, 셀룰로즈 트리아세테이트 등의 재료로 구성된 것	120
B종	운모·석면·유리섬유 또는 유사한 무기질 재료를 접착제와 함께 사용한 것	130
F종	운모·석면·유리섬유 등의 재료를 실리콘 알키드수지 등의 접착재료와 함께 사용하여 구성된 것	155
H종	운모·석면·유리섬유 등의 재료를 실리콘수지 또는 같은 성질의 재료로 된 접착재료와 함께 사용한 것	180
C종	운모·석면·자기 등을 단독으로 사용해서 구성된 것. 또는 접착재료와 함께 사용한 것	180 초과

② 전동기의 종류

① **직류 전동기** : 직권식, 분권식, 복권식(가동 복권식, 차동 복권식)
② **교류 전동기** : 권선형, 농형

> **(주)**
> 천장크레인용 전동기는 직류 전동기는 직권식을, 교류 전동기는 권선형을 많이 사용한다. 그리고 직류 전동기는 전원 공급이 불편한 점이 있어 교류 전동기를 주로 사용하고 있다.

(1) 교류 전동기

1) 권선형 유도 전동기

이 전동기는 고정자 및 회전자의 양끝에 권선을 지니고 있으며, 회전자의 권선에 슬립링을 통하여 외부저항을 증감시키면 부하를 걸었을 때 속도를 제어할 수 있고, 특히 기동시에 기계에 충격을 주지 않고 서서히 가속을 할 수 있다. 즉, 2차 저항기를 사용하여 전동기의 전류제한 및 속도를 제어한다.

2차 저항 제어방식의 특징은 다음과 같다.
① 2차 저항값의 가변에 의해 속도가 제어된다.
② 기동시 쿠션 스타트로서도 사용된다.
③ 부하 변동에 의한 속도 변동이 크고, 효율이 제어방식 중 가장 우수하다.
④ 어떤 용량의 전동기에도 제어가 가능하다.

그리고 2차 저항기를 설치할 때에는 다음 사항을 고려하여야 한다.
① 통풍이 좋은 곳에 설치하여야 한다.
② 가연성 물질이 가까이 있어서는 안된다.
③ 비 또는 물기로부터 보호할 수 있어야 한다.

> **(주)**
> 전동기의 속도 제어 방식에는 계자제어, 직렬저항제어, 전압제어 등이 있다. 또한 유도 전동기의 회전력은 단자 전압의 2승에 비례한다.

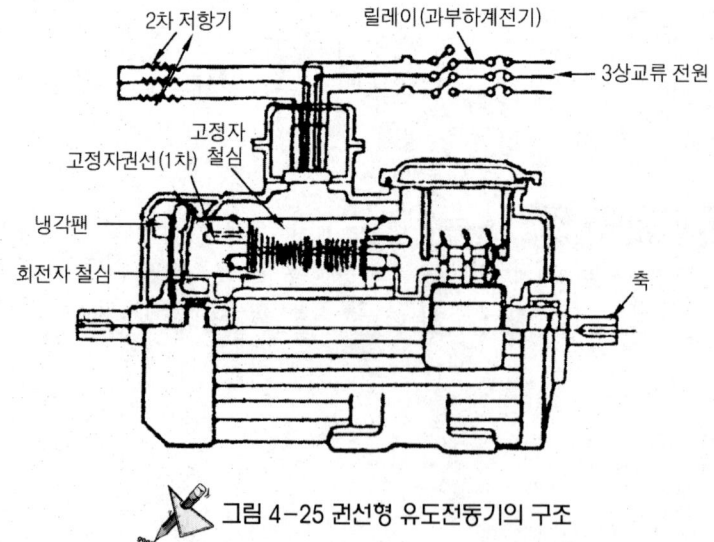

그림 4-25 권선형 유도전동기의 구조

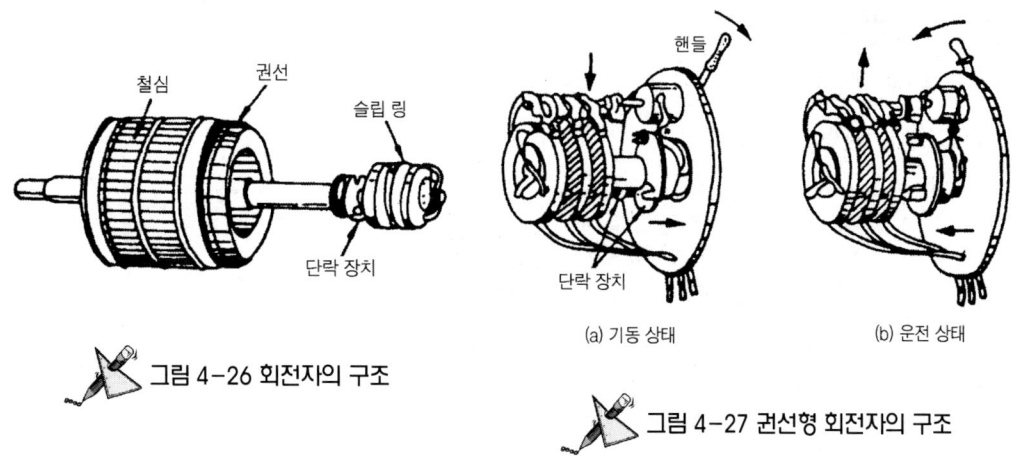

그림 4-26 회전자의 구조

그림 4-27 권선형 회전자의 구조

2) 농형 유도 전동기

이 전동기는 고정자, 회전자, 베어링, 냉각팬 엔드 브래킷으로 구성되어 있으며 고정자는 철심과 철심의 안쪽에 파진 홈에 감겨 있는 권선으로 되어 있다.

회전자는 바깥쪽에 홈이 파져 있는 여러 개의 얇은 철판을 회전축에 포개어 고정시킨다.

농형은 구조가 간단하고 튼튼하며 운전 중 성능은 좋으나 기동시 성능이 좋지 않아 슬로 스타터(slow start : 쿠션 스타트)가 필요하며 브러시를 사용하지 않는다.

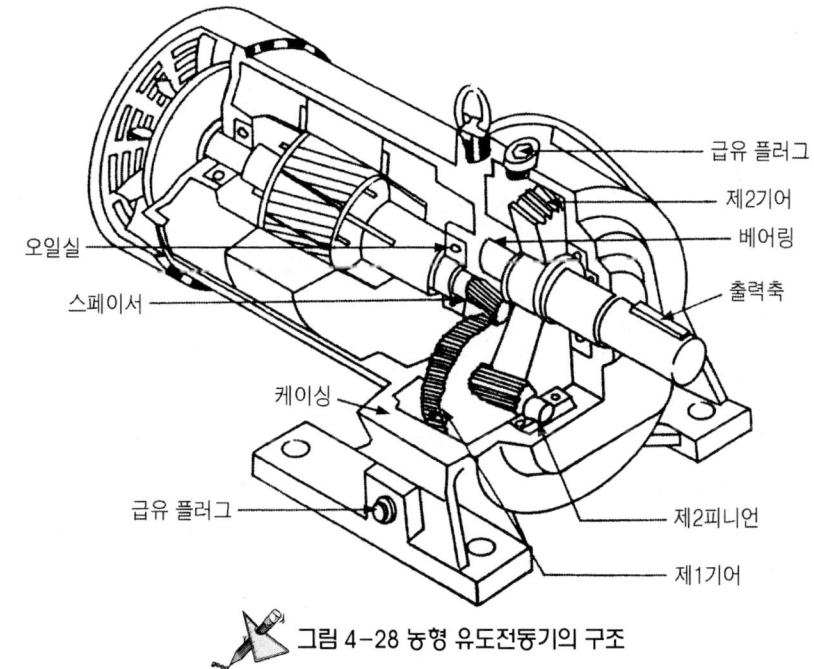

그림 4-28 농형 유도전동기의 구조

(2) 전동기의 고장과 대책

전동기의 고장은 집전부 및 회전자가 대부분이며 그 원인은 절연 불량, 취급 불량에 의한 것이 많다. 일반적으로 유도 전동기와 직류 전동기의 고장과 대책은 다음과 같다.

고 장	원 인	대 책
시동불량이나 시동이 곤란하다.	퓨즈가 끊어지거나 차단기가 동작한다.	차단기를 재조사하여 대체하든가 셋트치를 고친다.
	시동 토크가 적다.	시동방법이나 전류 설정을 고친다.
	회로에 접촉 불량이나 개회로 되어 있는 곳이다.	전동기의 단자, 전류, 전압을 검사하고 회로의 불량개소를 고친다. 퓨즈의 교환과 전류 릴레이의 복귀, 차단기의 투입 망각 및 시동기의 핸들 조작 잘못이 의외로 많다.
시동불능이거나 시동이 어렵다	전기자 권선이나 계자 권선이 단선 또는 단락되어 있다.	각 권선의 저항치, 절연저항을 계측하여 권선의 양부를 판별한다.
	브러시의 접촉불량	직류전동기와 교류전동기의 권선형 등 브러시를 사용하는 전동기에 있어서는 브러시 압력을 적당하게 하고 섭동면을 깨끗이 한다.
	브러시 위치가 부적당하다.	직류전동기, 교류전동기, 무정류자 전동기에 있어서는 브러시의 위치가 나쁘면 시동하지 않는 경우가 있다. 적정위치로 한다.
	접속이 잘못되어 있다.	보조 권선의 접속망각, 접속 불량 계자권선의 접속잘못 등으로 인하여 시동 토크가 감소되는 일이 있다. 특히 직류전동기에 있어서는 복권형에서 직권권선이 거꾸로 될 때라든가 분권계의 저항의 과대 등으로 인하여 이런 경향이 크다.
	부하가 너무 크다.	부하가 너무 클 때는 손으로 돌려 움직이는 것을 확인한다. 또 시동에 시간이 너무 걸릴 때에는 부하를 줄이든가 시동방법을 바꾼다.
	벨트가 벗겨진다.	부하가 클 때는 벨트가 벗겨지는 일이 있다. 적정장력으로 조정한다.
전동기가 과열된다.	과부하	부하를 줄인다.(전압, 전류 체크한 뒤에)
	냉각 통풍 통로가 막혀 있다.	흡기쪽이 벽쪽에 있어 통풍이 나쁠 때는 장착위치를 바꾼다. 냉각 통풍 통로에 먼지나 이물질이 끼면 바람이 잘 통하지 않으므로 청소한다.
	냉각 흡기 온도가 높다.	배기의 뜨거운 공기가 되돌아서 흡기구에 들어가는 일이 있으므로 장착 장소를 바꾼다. 또는 덕트로 외기를 흡수할 수 있도록 한다.

고 장	원 인	대 책
전동기가 과열된다.	3상 전동기에서 1상이 열려 단상 운전되고 있다.	접속에 잘못이 없는가, 접속불량은 없는가 검사하여 고친다.
	전기자 권선이 층간 단락되어 있다.	권선을 검사하여 수리한다.
	권선이 접지되어 있다.	접지된 개소를 찾아 수리한다.
	전원 전압이 너무 높거나 너무 낮다.	전압을 측정하여 조정한다.
	전압이 일정치 않다.	3상교류 전동기 일 때 전압 불평형으로 인한 전류각상 불평형은 매우 크므로 전원 배선을 찾아서 수정한다.
	계자 전류가 너무 흐른다.	직류 전동기일 때 계자전류는 규정의 값으로 한다.
	정류자간이 단락되어 있다.	수리한다.
	고정자와 회전자가 접촉되어 있다.	축의 베어링의 마모로 인하여 회전자와 고정자가 접촉되어 있는 상태이므로 분해하여 베어링을 교환한다.
	시동 스위치가 불량하다.	시동권선이 붙어 있는 모터는 운전중에는 시동코일이 반드시 떨어져 있어야 한다. 시동 스위치를 살펴 수리한다.
진동이 크고 소음과 이상음이 심하다.	고정자와 회전자 간의 틈새에 드릴 가루라든가 너트 등 이물질이 들어 있다.	분해하여 청소한다.
	축과 베어링의 틈새가 불량하다.	축의 베어링의 마모로 인하여 회전자와 고정자가 접촉되어 있는 상태이므로 분해하여 베어링을 교환한다.
	축의 베어링에 유격이 있다.	축의 베어링에 유격이 있을 때 또는 틈새가 클 때 축의 베어링을 교환한다.
	부하 연결이 불량하다.	적정 연결로 보정, 축심 맞추기를 다시 한다.
	연결의 정류자 면이 기칠어진 것과 브러시가 불량하다.	채터링이라 한다. 정류자면을 절삭 보정하고 브러시를 교환한다.
	3상 전동기가 단상 운전되고 있다.	회로를 재검사한다.

고장	원인	대책
축의 베어링이 과열된다.	축이 굽어 있다.	바로 잡거나 축을 교환한다.
	벨트의 장력이 너무 세다	벨트 장력을 적정치로 고친다.
	풀리의 지름이 적어 벨트가 벗겨 진다.	풀리의 지름이 큰 것으로 교환한다.
	그리스의 양이 적거나 많다.	적당량의 그리스로 한다.
	외부로부터의 열로 가열된다.	축의 베어링을 열원으로부터 격리 또는 보호한다.
	그리스가 열화한다.	축의 베어링을 분해하여 그리스를 교환한다.
	스러스트 하중, 레이디얼 하중이 너무 크다.	부하와의 연결법을 재검토하여 그 방법을 개량한다.
	베어링이 파손되어 있다.	신품으로 교환한다.
	오일 홈이 막혀 있다.	분해, 점검을 하고 청소한다.
	오일링이 돌지 않거나 파손되어 있다.	분해 점검하여 오일링을 교환한다.
	오일의 점도가 부적당하다.	축의 베어링에 맞는 오일이나 그리스를 사용한다.
	축의 베어링이 마모되어 있다.	교환한다.

(주)

① 천장크레인 운전 중 전동기(motor)에서 이상한 잡음이 들릴 때는 스피드 컨트롤 브레이크가 풀리지 않았는가를 추정한다.
② 직류 전동기의 분권식은 부하의 변동에 관계없이 거의 일정한 속도로 운전할 수 있으며 직권식의 슬립링은 브러시와의 접촉압력을 1㎠당 150~300g을 유지하도록 해야 한다. 그리고 브러시와 홀더는 예비품으로 준비해 둘 필요가 있다. 카본 브러시의 마모한도는 원래치수의 50%로 되어 있다.

6. 저항기

저항기는 권선형 유도 전동기의 2차 측에 설치되어 저항값의 크기를 제어기로 제어하여 전동기의 속도를 조절하는 기구이며 그리드(grid : 格子)형을 주로 사용한다.

(a) 주철 그리드 판

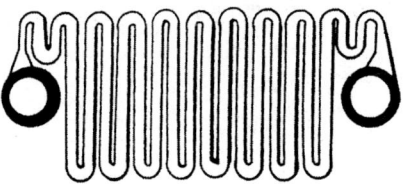
(b) 강판 그리드 판

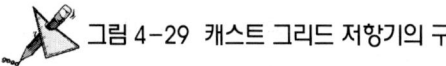
그림 4-29 캐스트 그리드 저항기의 구조

저항기의 종류에는 주철로 된 캐스트그리드(cast grid), 권선형의 철선 저항기(wire wound resistor), 액체나 탄소판 등을 이용한 강판 저항기(stamped steel plate resistor) 등이 있다. 그리고 이 저항기들은 다음과 같은 성질을 가지고 있다.
① 온도 변화에 관계없이 저항값이 일정하다.
② 급속한 냉각을 위해 공기 순환이 양호하다.
③ 각 그리드의 교환이 용이하고 신속하다.
④ 케이스가 진동에 잘 견딘다.
⑤ 외부 배선과의 연결이 용이하다.

그리고 저항체는 작동 중 온도가 상승하며 그 허용값은 350℃ 정도이나 정지된 때에는 상온이다.

(주) 저항기의 고장과 대책

고 장	원 인	대 책
온도상승이 심하다 (규격 350℃)	인칭 운전의 빈도가 많다.	적정 운전을 한다.
	사용빈도가 크다.	적정 운전을 한다
	통풍이 불량하다.	통풍이 잘 되게 한다.
	중간 차단 운전이 길다.	적정 운전을 한다.
전동기 회전이 오르지 않거나, 기동이 원활하지 않거나, 제동기 내의 스파크가 심하다.	터미널 부분이 헐겁다.	꼭 조여 준다.
	저항기의 그리드 판이 절손되어 있다.	그리드 판을 교환 수리한다.
	회로가 단선, 단락되어 있다.	점검하여 수리한다.
	그리드 판의 조임 볼트가 이완되어 있다.	꼭 조여준다.

7. 전동기 브레이크

전동기 브레이크는 권상, 주행, 횡행의 회전을 정지시키는 장치이며 전동기의 반부하측이나 부하측에 브레이크 드럼을 설치하고 이를 브레이크 라이닝으로 밀착시켜 제동한다. 그리고 권상용으로는 와류식 브레이크를 많이 사용하며 주행용은 오일디스크 브레이크, 드러스트 브레이크, 횡행은 드러스트 브레이크를 사용한다.

① 제동용 브레이크

(1) 교류 전자 브레이크(A.C magnetic brake)

이 형식은 제동 토크가 무여자(無勵磁)시의 스프링과 가동 철심의 자체 중량에 의해 발생되는 압력으로 브레이크 드럼을 가압하여 제동하는 방식이다.

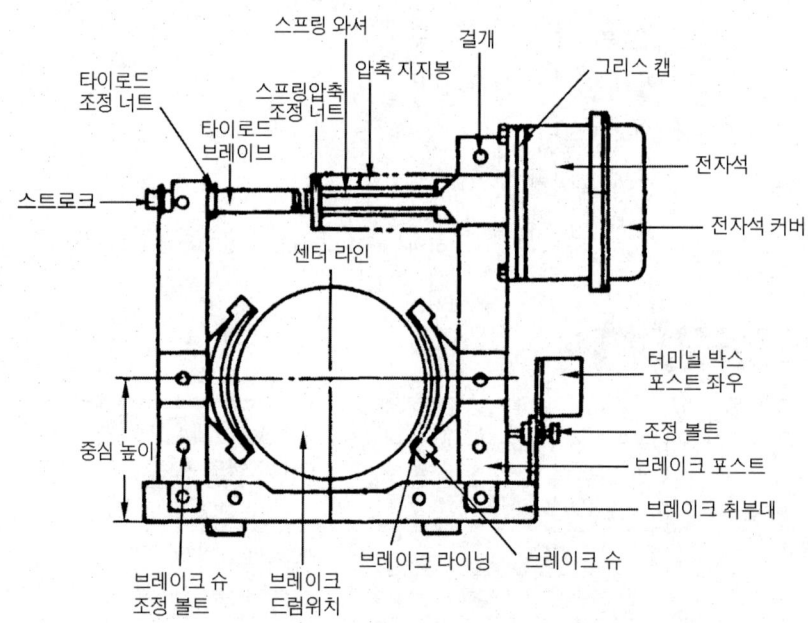

그림 4-30 교류조작·직류전자 브레이크

1) 사용기준

① 수전전압의 상태가 규정전압보다 ±10% 이상 변동이 있으면 운전을 중지해야 한다.
② 정격 전압은 주로 440V의 60Hz이다.

2) 작동

① **제동시** : 이때는 전자석에 흡입력 발생이 없으므로 크랭크 레버에 연결된 타이로드로 전달된 작용력으로 양쪽 포스트가 브레이크 코일 스프링도 같은 방향으로 작용하여 가동 철심부의 자중과 함께 힘이 합쳐져서 양쪽 포스트에 고정된 슈가 드럼을 양쪽에서 압착하여 제동토크가 발생한다.

② **제동 해제시** : 전자석을 여자시키면 흡입력이 발생하여 가동 철심부의 자중과 브레이크 스프링 장력을 이기고 가동 철심과 행거를 위쪽방향으로 흡입한다. 따라서 라이닝은 드럼으로부터 분리되어 제동이 풀린다.

3) 점검

① 모터 브레이크(MB)에서 스트로크의 슈 갭은 타이로드로 조정하며 라이닝 두께가 20~30% 감소되면 스트로크를 조정하여야 한다.

② 전자 브레이크의 전자석부에서 소음, 과열 및 소손이 일어나는 경우 원인 조사사항은 다음과 같다.

㉮ 각 링크의 핀류가 부식 또는 도장으로 굳어 있다.

㉯ 드럼(풀리)과 라이닝의 틈새 부족

㉰ 스트로크의 과다

③ 전자 브레이크에서 전자석 부분의 과열원인

㉮ 가동 철심이 완전히 부착되지 않을 때

㉯ 전원전압 강하시

㉰ 권선의 부분 단락시

④ 전자석 브레이크의 충격원인

㉮ 전압이 과다

㉯ 핀 둘레의 마모

㉰ 대시포트의 조정불량(※ 대시포트 : 급격한 움직임을 완화시키는 장치)

⑤ 브레이크 블록의 구비조건

㉮ 마찰계수가 클 것.

㉯ 내마모성이 클 것

㉰ 내열성이 클 것.

㉱ 제동 효과가 양호할 것.

(2) 드러스트 브레이크(유압 압상기 브레이크 : thrust brake)

이 형식은 전기를 투입하여 유압으로 작동되는 방식이며, 주행과 횡행에서 사용된다. 그리고 드러스트 오일의 점검주기는 매일하여야 하며, 6개월에 1번씩 오일을 교환하여야 한다.

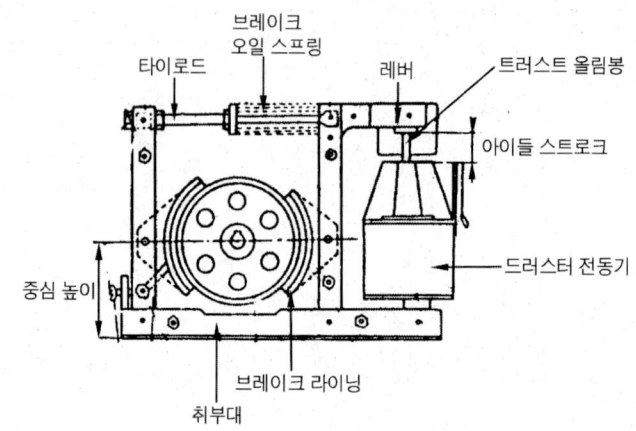

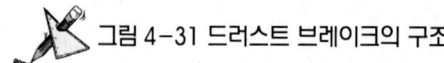

그림 4-31 드러스트 브레이크의 구조

이 형식은 다음과 같이 작동된다.
① **제동시** : 드러스트 전동기에 통전되지 않으면 압상력이 0이므로 포스트에 고정된 슈가 드럼을 양쪽에서 가압하여 제동토크가 발생한다.
② **제동 해제시** : 드러스트 전동기에 통전되면 유압에 의해 압상력이 발생하며 드러스트 올림봉이 위로 작동되어 그 힘이 레버를 통하고 타이로드를 거쳐 양쪽 포스트가 위쪽으로 개방되어 제동토크가 해제된다.

(3) 오일 디스크 브레이크(oil disk brake)

이 형식은 전기로는 구동치 아니하고 유압만으로 작동되는 것이며 주행 제동용으로 사용된다.

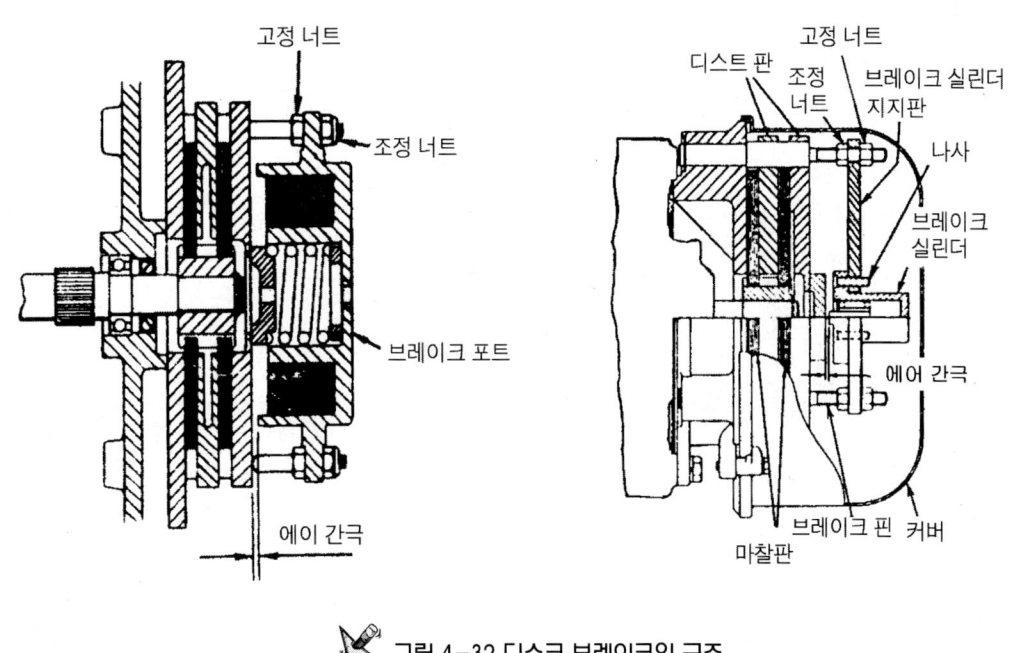

그림 4-32 디스크 브레이크의 구조

② 권상장치 속도 제어용 브레이크

(1) 와류 브레이크(E.C)

이 형식은 권상장치의 속도 제어용 브레이크로 가장 많이 사용되며, 구조가 간단하고 마모부분이 없으며 저속도를 비교적 쉽게 얻을 수 있다. 금속제 원판이 회전하면 이 회전을 멈추고자 하는 쪽으로 제동이 작용하는 성질을 이용한 것이며 에디 커런트 브레이크(eddy cuttrent brake)라고도 한다.

(2) 다이나믹 브레이크(dynamic brake)

이 형식은 운동 에너지를 전기적 에너지로 변화시켜 이 전기적 에너지를 소모시켜서 제어하며 직류 전동기의 속도 제어용으로 사용된다.

③ 브레이크의 정비

① 브레이크 라이닝의 마모 한도는 원치수 두께의 50%이다.
② 브레이크 휠(드럼)과 라이닝의 간격은 편측에서 1.0~1.5mm이며, 브레이크 개방시 휠 직경의 1/150~1/200이다.

③ 브레이크 휠과 라이닝의 제동면 온도는 150℃ 이상되어서는 안된다.
④ 마그네트 제동기, 유압압상 제동기 등은 작동시키지 않은 상태에서 정격 하중의 110%를 걸고 전동시 전류를 차단시켜서 하중을 안전하게 유지할 것
⑤ 브레이크 휠 면의 요철이 2mm 이상되면 평활하게 다듬어야 한다.
⑥ 드럼의 림(rim) 두께는 원치수에 대해 40%가 마모되면 교환한다.
⑦ 브레이크 디스크 허용마모량은 10% 이내이다.

8. 리미트 스위치(제한 개폐기)

리미트 스위치는 권상, 횡행, 주행 등 각 장치의 운동에 대한 과행방지의 필수적인 기구이다. 리미트 스위치가 작용하여 배전판, 제어반의 전자 접촉기를 작동시켜 전동기의 운전을 제어하며 권상용은 훅이 권상 드럼의 일부와 접촉하여 일어나는 위험을 방지하는 장치이다. 즉, 권상용의 경우는 권상드럼에 로프가 과권이 될 때 전류를 차단하여 드럼의 회전을 정지시키는 장치이다. 리미트 스위치는 다음과 같은 종류가 있다.

① 스크루식(screw type)

이 형식은 스크루가 인터록에 의해 회전하면 이것과 물리는 너트가 이동하여 개폐기의 레버를 움직여 접점을 여는 것이다. 즉, 권상드럼에 의해서 작동되며 예정된 드럼의 회전수에 따라 작동된다. 그리고 훅의 상한 및 하한은 정밀 조정되어 있다.

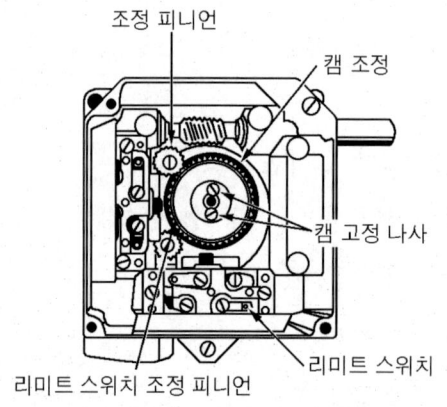

그림 4-33 스크류식 리미트 스위치

② 캠식(cam type)

이 형식은 드럼으로부터 회전을 받아 원판상의 캠판에 배치된 스위치 축에 붙어 움직여 접점에 개폐를 행하는 것이며 혹이 지면으로부터 최고점(권상한계)에 이를 때 캠은 1회전한다.(와이어로프를 교환시 반드시 조정이 필요하다.)

③ 중추식(weight operated type)

이 형식은 혹(hook)의 접촉으로 인하여 작동되는 비상용 리미트 스위치이며 혹의 과상승 방지용으로 사용된다. 그리고 중추식은 주로 권상장치에서 사용되나 주행 및 횡행장치에도 사용할 수 있다. 결점으로는 과다한 권하를 방지하지 못한다.

중추식 리미트 작동시 혹과 프레임 간 거리는 0.05m 이상이어야 한다.

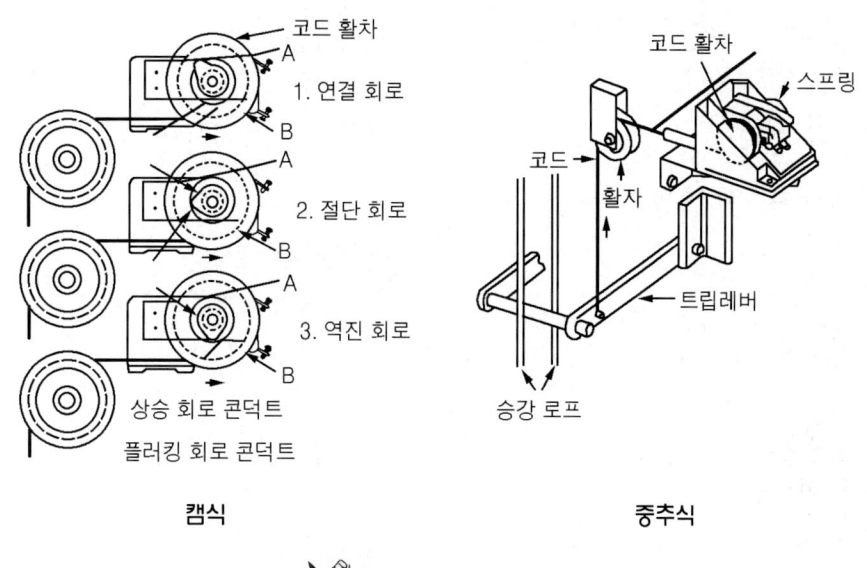

그림 4-34 리미트 스위치

천장크레인의 전기장치

Question 01
전류의 3대 작용이 아닌 것은?
① 발열작용 ② 화학작용
③ 자기작용 ④ 전기작용

Question 02
다음 중 전압의 단위로서 맞는 것은?
① V ② A ③ Ω ④ W
〖해설〗 ① 전압 : V ② 전류 : A
③ 저항 : Ω ④ 전력 : W

Question 03
반도체인 물질은 다음 중 어느 것인가?
① 게르마늄 ② 수은
③ 몰리브덴 ④ 나트륨
〖해설〗 반도체란 도체와 절연체의 중간성질을 갖고 있는 것이며 게르마늄과 실리콘이 있다.

Question 04
옴(ohm)의 법칙은?
① $I = Ω/T$ ② $I = E/R$
③ $E = W/Ω$ ④ $P = I^2Ω$
〖해설〗 옴의 법칙은 도체에 흐르는 전류는 전압에 비례하고 저항에 반비례한다는 법칙이다.
$I = E/R$ (I : 전류, E : 전압, R : 저항),
$E = IR$, $R = E/I$

Question 05
10Ω의 저항에 100V의 전압을 가할 때 흐르는 전류는?
① 100A ② 1,000A ③ 0.1A ④ 10A
〖해설〗 $I = E/R$에서 $E = 100V$, $R = 10Ω$이므로
전류$(I) = \dfrac{100V}{10Ω} = 10A$

Question 06
일량의 단위 중 1마력은 미터식으로 어느 것을 의미하는가?(단, m : 미터, kg : 킬로그램, cm : 센티미터, s : 초)
① 70kg·m ② 85kg·m
③ 100kg ④ 75kg·m/s
〖해설〗 ① 1HP : 0.746kw : 영국식 ② 1PS : 735.5w : 프랑스 식 ③ BHP : 735w : 독일, 미국식

Question 07
5마력(HP)은 몇 kw인가?
① 5,000kw ② 3,730kw
③ 3.73kw ④ 5,00kw
〖해설〗 1마력(HP)은 0.746kw이므로
5마력×0.746 = 3.73kw

Question 08
200V로 150A를 흐르게 하였을 때의 마력은?
① 40.2 ② 300
③ 30 ④ 746(200×150÷75)
〖해설〗 1. 전력 = 전압×전류이므로 전력
= 200V×150A = 30,000W = 30kw
2. 마력 = $\dfrac{30kw}{0.746kw}$ = 40.2마력

1.④ 2.① 3.① 4.② 5.④ 6.④ 7.③ 8.①

Question 09

변압기의 1차권수 80회, 2차권수 320회인 경우 1차 측에 25V의 전압을 인가하면 2차 전압은 얼마인가?

① 50V ② 75V
③ 100V ④ 125V

해설▶ 2차 전압 $\dfrac{2차권수 \times 1차전압}{1차권수}$ 이므로

$= \dfrac{320 \times 25}{80} = 100\text{V}$

Question 10

비교적 대용량의 기중기에 사용하는 트로리(trolly)선의 종류는?

① 경동 트로리선 ② 앵글 트로리선
③ 레일 트로리선 ④ 황경동 트로리선

해설▶ 트로리선의 종류
① 경동 트로리선 : 소형 천장크레인에서 사용
② 앵글 트로리선
③ 레일 트로리선 : 대용량의 천장크레인에 사용

Question 11

천장크레인 트로리 케이블은 무엇으로 사용하는가?

① 1종 고무절연전선 ② 2종 고무절연전선
③ 3종 고무절연전선 ④ 4종 고무절연전선

해설▶ 트로리 케이블은 4종 고무절연전선을 사용한다.

Question 12

배선할 때 전선의 굵기는 무엇에 의해 결정되는가. 상관없는 것은?

① 허용전류 ② 절연저항
③ 전압강하 ④ 기계적 강도

해설▶ 전선의 굵기는 허용전류, 절연저항, 기계적 강도 등에 의해 결정된다.

Question 13

천장크레인의 케이블 중에서 트로리용(횡행집전용) 전선은 유연성이 많은 것을 사용한다. 다음 중에서 횡행집전용으로 가장 적합한 케이블은 어떤 것인가?

① VV ② EV
③ RNCT ④ CVV

해설▶ 횡행집전용 케이블은 RNCT이다.

Question 14

천장크레인에서 집전장치라 함은 외부로부터 전력을 기중기내에 도입하는 장치를 말한다. 아래 집전장치 중에서 틀린 것 한 가지는?

① 포울형 집전장치
② 팬터 그래프형 집전장치
③ 슈우형 집전장치
④ 크랭크형 집전장치

해설▶ 집전장치에는 포울형, 팬터그래프형, 슈우형, 고정형, 센터포스트슬립형, 케이블드럼슬립형 등이 있다.

Question 15

기중기 속도가 고속인 것에 사용하는 집전장치의 종류는 어느 것인가?

① 포울형 집전장치
② 고정형 집전장치
③ 팬터 그래프형 집전장치
④ 슈우형 집전장치

해설▶ ① 포울형 : 저속형에서 사용
② 팬터 그래프형 : 고속형에서 사용
③ 슈우형 : 대전류용 또는 고압용

Question 16
천장크레인 사용전압이 아닌 것은?
① 3상 440V ② 3상 220V
③ 단상 100V ④ 3상 3,300V

> 해설▶ 천장크레인의 사용전압으로는 3상 440V, 3상 220V, 3상 3300V 등이 있으며 3상 440V를 가장 많이 사용한다.

Question 17
실제현장에서 천장크레인에 가장 많이 사용되고 있는 전압(VOLT)는 몇 볼트인가?
① 110V ② 220V
③ 440V ④ 550V

Question 18
전압의 종류에는 저압, 고압, 특별고압 3가지 종류가 있다. 특별고압은 교류, 직류 공히 몇 볼트 이상인가?
① 2000 ② 3000
③ 154000 ④ 7000

Question 19
다음 항목 중에서 천장크레인에 사용되는 전선의 사양으로 가장 알맞은 것은?
① 3.3KV용 전선 ② 6.6KV용 전선
③ 600V용 전선 ④ 22KV용 전선

Question 20
국내 전원공급 조건에서 공칭 주파수는 얼마인가?
① 60사이클 ② 50사이클
③ 70사이클 ④ 40사이클

Question 21
횡행장치의 급전방식 중 사용하지 않는 것은 다음 중 어느 것인가?
① 케이블 캐리어(cable carrier)
② 페스툰 방식(festoon)
③ 트롤리 와이어(trolley wire) 방식
④ 케이블 릴(cable reel) 방식

> 해설▶ 횡행장치의 급전방식으로는 케이블 캐리어식, 패스툰 방식, 트롤리 와이어 방식 등이 있다.

Question 22
컨트롤 판넬(control panel) 사용 내부 부품이 아닌 것은?
① 단자대(terminal block)
② 스페이스 히타(space heater)
③ 케이블 닥트(cable duct)
④ 전동기(motor)

> 해설▶ 컨트롤 판넬(제어반)에는 단자대, 스페이스 히터, 케이블 닥트(도관) 등이 내부 부품으로 사용된다.

Question 23
다음 천장크레인의 패널(panel) 중에서 가장 사용율이 높은 것은?
① 권상패널 ② 횡행패널
③ 주행패널 ④ 보호패널

Question 24
배전판 내에 설치된 다음 사항 중 직접적인 안전장치가 아닌 것은 어떤 것인가?
① 과전류 계전기 및 휴즈
② 제어회로용 나이프 스위치 및 휴즈
③ 단락보호 장치

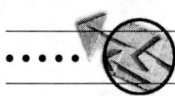

16.③ 17.③ 18.④ 19.③ 20.① 21.④ 22.④ 23.④ 24.④

④ 누름단추

해설▶ 배전판에 설치된 직접적인 안전장치
① 과전류 계전기 ② 과부하 계전기
③ 퓨즈 ④ 제어 회로용 나이프 스위치
⑤ 단락 보호 장치

Question 25
전동기 회로의 보호장치가 아닌 것은?
① 퓨즈 ② 차단기
③ 과전류 릴레이 ④ 변압기

해설▶ 전동기 보호장치
① 퓨즈 ② 차단기
③ 과전류 릴레이 ④ 과전압 계전기
⑤ 열전동 계전기 ⑥ 과부하 계전기

Question 26
다음 중 천장크레인의 과부하 보호장치가 아닌 것은?
① 전동기 과전류 계전기
② 로드 – 셀(load cell)
③ 과전압 계전기
④ 열전동 계전기

Question 27
천장크레인 전동기 보호를 위하여 주로 사용하고 있는 계전기는 어떤 것인가?
① 과부하 계전기 ② 한시 계전기
③ 전력 계전기 ④ 주파수 계전기

Question 28
선로 및 전기 기기를 보호해 주는 계전기(relay)에서 과전류가 흐를 때 자동적으로 선로를 차단시키는 계전기는 다음 중 어느 것인가?
① 과전압 계전기
② 과전류 계전기
③ 부족전압 계전기
④ 부족전류 계전기

Question 29
다음 중 판넬의 고장개소를 파악하기 앞서 제일 먼저 취해야 할 사항은?
① 주 전원 개폐기를 차단한다.
② 터미널 박스를 열어본다.
③ 변압기를 드라이버로 분해한다.
④ 케이블 그랜드를 풀어 놓는다.

Question 30
집전장치에서 기중기 운전시 과대한 스파크가 발생할 때 점검해야 할 사항은?
① 집전자(콜렉타 카본)의 과대 마모에 의한 접촉 불량
② 전동기 회전수
③ 브레이크 라이닝 간격
④ 리미트 스위치

Question 31
기중기의 주행 작업 중 주행 판넬의 마그네트 릴레이가 1분 동안 계속 붙었다 떨어졌다 하면서 떠는 현상은 다음 중 무엇 때문인가?
① 수파수가 맞지 않기 때문에
② 주행리미트 스위치가 작동되고 있기 때문에
③ 제동 브레이크가 계속 붙었다 떨어졌다하기 때문에
④ 주행용 전동기가 너무 과도한 회전을 했기 때문에

25.④ 26.② 27.① 28.② 29.① 30.① 31.①

Question 32
전자접촉기의 개폐불량 중 조정으로 가능한 것은 어떤 것인가?
① 접점의 마모
② 코일 직렬 저항단선
③ 보조접점 접촉불량
④ 인터록(interlock) 파손

Question 33
다음은 전자 접촉기의 개폐 동작불량의 원인을 기술한 것이다. 이중 옳지 않은 것은 어느 것인가?
① 전압 강하가 크다.
② 접점의 마모가 크다.
③ 전동기의 과속도 운전
④ 조작회로 고장

해설 ▶ 전자 접촉기의 개폐작동 불량 원인
① 전압강하가 크다. ② 보조 접점과의 접촉불량
③ 접점의 과다 마모 ④ 코일이 끊어졌다.
⑤ 인터록의 파손 ⑥ 조작회로의 고장

Question 34
전자 접촉기에 잡음이 나는 다음 원인 중 가장 큰 잡음이 나는 사항은?
① 접점에 녹이 슬었을 경우
② 코일에 이상이 있을 경우
③ 주파수가 맞지 않을 경우
④ 전자접촉기의 부착이 반듯하지 못할 경우

Question 35
두 개의 동작을 한 개의 핸들로서 동시에 조작하는 컨트롤러 스위치의 명칭은 무엇인가?
① 유니버설식 ② 크랭크식
③ 수평식 ④ 마그네트식

해설 ▶ 2개의 동작을 1개의 핸들로 동시에 조작하는 컨트롤러 스위치는 유니버설식이다.

Question 36
제어기에 인터록(interlock)을 설치하는 것은 어떤 용도에서인가?
① 전원을 잘 공급하기 위하여
② 전자접속의 안전을 위하여
③ 전기스파크를 방지하기 위하여
④ 전자접속용량 조정을 위하여

해설 ▶ 인터록(연동장치)을 설치하는 용도는 전자(전원) 접속의 안전을 위해 둔다.

Question 37
전동기의 회전방향을 알기위한 법칙은?
① 플레밍의 오른손 법칙
② 플레밍의 왼손 법칙
③ 렌쯔의 법칙
④ 오른 나사의 법칙

Question 38
천장크레인용 전동기의 필요조건이 아닌 것은?
① 기동 회전력이 클 것
② 속도조정 및 역전등에 충분히 견딜 수 있도록 튼튼할 것
③ 기동정비 및 정전 역전등에 대하여 충분히 견딜 수 있을 것
④ 장치면적이 제한되는 경우가 있으므로 용량에 비해 대형일 것

해설 ▶ 전동기 필요조건에는 ①, ②, ③항 이외에 용량에 비해 소형이어야 한다.

32.③ 33.③ 34.④ 35.① 36.② 37.② 38.④

Question 39
전동기 회전수 계산식 중 옳은 것은?

① $N = \dfrac{120f}{P}(1-s)$

② $N = \dfrac{120P}{f}(1-s)$

③ $N = \dfrac{f}{120P}(1-s)$

④ $N = \dfrac{120P}{(1-s) \times f}$

해설▶ 전동기회전수 $N = \dfrac{120f}{P}(1-s)$

Question 40
3상 유도 전동기의 입력전압이 440볼트 60사이클일 때 이 전동기의 극수가 4극이다. 이 전동기의 동기속도를 구하라?(단 동기 속도의 단위는 rpm이다.)

① 1760   ② 1800
③ 1500   ④ 1600

해설▶ $N = \dfrac{120f}{P} = \dfrac{120 \times 60}{4} = 1800 rpm$

Question 41
전원 440V, 60Hz이며 전동기의 극수가 6극인 전동기의 동기 회전속도는?

① 1500rpm   ② 1000rpm
③ 1200rpm   ④ 900rpm

해설▶ 회전속도 $\dfrac{120 \times 주파수(Hz)}{극수}$

$\dfrac{120 \times 60}{6} = 1200 rpm$

Question 42
60Hz 4극인 유도 전동기의 슬립(SLIP)이 4%일때 회전수(rpm)은 얼마인가?

① 1410   ② 1728   ③ 1792   ④ 1800

해설▶ $N = \dfrac{120 \times 60}{4} = 1800 rpm$에서 슬립이 4%이므로 실제 회전수는 $1800 \times 0.96 = 1728$

Question 43
60사이클 50마력인 전동기가 1분간 1740회전(rpm)하고 있다. 이 모터 극수는?

① 2극   ② 8극
③ 4극   ④ 6극

해설▶ 극수 $= \dfrac{120 \times 주파수}{회전속도} = \dfrac{120 \times 60}{1740} = 4$극

Question 44
전동기에서 slip율 구하는 공식은?(단, S : slip, Ns : 동기속도, N : 전동기속도, P : 극수)

① $S = \dfrac{Ns \cdot N}{Ns} \times 100\%$

② $S = \dfrac{N \cdot Ns}{N} \times 100\%$

③ $S = \dfrac{Ns + N}{Ns} \times 100\%$

④ $S = \dfrac{Ns - N}{Ns} \times 100\%$

Question 45
입력전압이 440V, 60Hz인 3상 유도전동기에서 극수 4극, 회전자 속도가 1760rpm일 때 이 전동기의 slip을 구하시오

① 약 2.2%   ② 약 4%
③ 약 13%   ④ 약 20%

해설▶ ① 전동기의 동기속도(Ns)를 구하면
$Ns = \dfrac{120 \times 60}{4} = 1800 rpm$

② 슬립율(S) $= \dfrac{Ns - N}{Ns} \times 100$이므로

$S = \dfrac{1800 - 1760}{1800} \times 100 = 2.2\%$

39.①   40.②   41.③   42.②   43.③   44.④   45.①

Question 46

크레인의 권상 소요전동기 용량을 구하는 식으로 맞는 것은?

① $\dfrac{(정격하중+후크하중) \times 효율}{6.12 \times 속도}$

② $\dfrac{(정격하중+후크하중) \times 속도}{6.12 \times 효율}$

③ $\dfrac{(정격하중+후크하중) \times 속도}{6.12 + 속도}$

④ $\dfrac{(정격하중+후크하중) \times 효율}{6.12 + 효율}$

Question 47

권상하중 50톤, 권상속도 1.5m/min인 천장크레인의 전동기 출력은 얼마인가?(단, 권상기의 효율은 70%이다.)

① 12kw　　② 13kw
③ 17.5kw　④ 50kw

해설▶ (정격하중+후크의 자중)이 권상하중이므로 다음과 같이 계산한다.

전동기 $= \dfrac{권상하중 \times 속도}{6.12 \times 효율}$

$= \dfrac{50 \times 1.5}{6.12 \times 70} \times 100 = 17.5\text{kw}$

Question 48

정격하중 30톤, 기중기에 6m/min 속도도 권양하려면 몇 kw의 전동기가 필요한가?(단, 효율 100% 가정)

① 10kw　② 20kw
③ 30kw　④ 50kw

해설▶ $\dfrac{30 \times 6}{6.12 \times 100} \times 100 = 30\text{kw}$

Question 49

15kw의 전동기로 12m/min의 속도로 권상할 경우 권상하중은?(단 전동기를 포함한 기중기의 효율은 65%이다.)

① 5t　　② 10t
③ 15t　④ 20t

해설▶ 권상하중을 구하려면

권상하중 $= \dfrac{6.12 \times 효율 \times 전동기출력}{속도}$ 이므로

$= \dfrac{6.12 \times 65 \times 15}{12 \times 100} = 5$

Question 50

절연 저항값에 미치는 영향 중 거리가 먼 것은?

① 수분　② 진동
③ 먼지　④ 절연물

Question 51

절연저항 측정단위에서는 매그옴(MΩ)을 사용한다. 440볼트 전압에서 약 몇 매그옴 이상이 나와야 하는가?

① 0.4　② 0.5
③ 0.6　④ 0.7

해설▶ 절연저항은 220V에서는 0.2MΩ 이상, 440V에서는 0.4MΩ, 3300V에서는 3MΩ이다.

Question 52

절연 저항을 측정하는데 사용하는 계기명은?

① 옴메타　　② 오실로스코프
③ 테스타　　④ 메거

해설▶ 절연저항은 메거(magger)로 측정한다.

46.② 47.③ 48.③ 49.① 50.② 51.① 52.④

Question 53
다음 절연 종류 중 가장 높은 온도상승에 견딜 수 있는 것은?
① A종 ② B종
③ E종 ④ F종

해설▶ ① A종 : 105℃ ② B종 : 130℃
③ E종 : 120℃ ④ F종 : 155℃

Question 54
크레인에서 전기기기에서 사용하는 절연에 관한 용어 중 "F"종 절연의 허용 최고온도는 얼마인가?
① 90℃ ② 120℃
③ 130℃ ④ 155℃

Question 55
크레인 모터(crane motor)의 단위시간 정격의 단위는?(단, 권선형 모터이다.)
① %ED ② 30분
③ 1시간 ④ 3시간

해설▶ 모터의 단위시간 정격의 단위는 %ED이다.

Question 56
천장크레인의 전동기는 그 사용빈도에 따라 사용률 정격은(%ED)으로 표시한다. 다음 사용률 정격이 맞는 계산 방식은 어느 것인가?

① $\frac{정지시간}{운전시간} \times 100$

② $\frac{운전시간}{정지시간} \times 100$

③ $\frac{운전시간}{운전시간+정지시간} \times 100$

④ $\frac{정지시간}{운전시간+정지시간} \times 100$

해설▶ 사용률 정격(%ED)
$= \frac{운전시간}{운전시간+정지시간} \times 100$

Question 57
다음은 천장크레인용 전동기를 분류한 것이다. 이중 가장 올바른 것 한 가지를 고르시오
① 직류전동기-직권 동기, 교류전동기-분권전동기
② 직류전동기-복권전동기, 교류전동기-권선형전동기
③ 직류전동기-차동복권전동기, 교류전동기-가동복권전동기
④ 직류전동기-직권전동기, 교류전동기-권선형전동기

Question 58
다음 중 천장크레인에 가장 많이 사용되는 전동기는?
① 권선형유도전동기 ② 동기전동기
③ 교류정류자전동기 ④ 직류분권전동기

Question 59
전동기의 종류에서 다음 설명의 전동기는 어떤 종류인가? ["고정자 및 회전자의 양쪽에 권선을 지니고 있으며 이 회전자의 권선에 슬립링을 통해서 외부저항을 증감하면 부하를 걸었을 때 속도를 가감할 수 있고 특히, 기중기의 기동시에 기계에 충격을 주지 않고 서서히 가속할 수 있다."]
① 권선형유도전동기
② 농형유도전동기
③ 직분권전동기
④ 직류분권전동기

53.④ 54.④ 55.① 56.③ 57.④ 58.① 59.①

Question 60
천장크레인에 사용하는 전동기 중 2차 저항 제어방식을 사용하여 기동 및 속도제어를 행하는 전동기는 다음 중 어느 것인가?
① 직류직권전동기
② 교류권선형전동기
③ 교류농형유도전동기
④ 직류분권전동기

Question 61
3상 권선형 유도 전동기의 전류제한 및 속도 조정 목적으로 사용되는 것은?
① 브러시(brush)   ② 슬립링(slip ring)
③ 회전자(rotor)   ④ 2차 저항기

Question 62
기중기의 전기장치 중 2차 저항기의 역할로서 가장 알맞은 설명은?
① 전동기의 저항을 줄이므로서 전동기의 회전수를 일정하게 하는 역할을 한다.
② 전동기에 과전류가 흐르는 것을 막아 전동기를 보호하는 역할을 한다.
③ 권선형유도전동기의 2차 회로에 부착되어 저항력을 조정하므로 소고변속을 하는 용도
④ 농형전동기에 저항이 크므로 2차 저항기를 부착하여 저항량을 줄임으로서 안전하게 작동할 수 있는 역할을 한다.

Question 63
다음 중 권선형 유도 전동기의 2차 저항제어 방식의 특징 중 거리가 먼 것은?
① 이차 저항치의 가변에 의해 속도가 제어된다.
② 기동시의 쿠숀 스타트로서도 사용된다.
③ 어떤 용량의 전동기에도 제어가 가능하다.
④ 부하변동에 의한 속도변동이 작고, 효율이 제어방식 중 가장 우수하다.

해설 ▶ 2차 제어방식의 특징
① 2차 저항값의 변화에 의해 속도가 조절된다.
② 기동시 쿠션 스타트(슬로 스타트)로서도 사용된다.
③ 용량에 관계없이 전동기의 속도를 제어할 수 있다.
④ 부하 변동에 따른 속도 변동이 크다.
⑤ 효율이 매우 우수하다.

Question 64
천장크레인용 교류권선형 전동기의 2차 저항기 설치시 고려해야 할 사항 중 옳지 않은 것은?
① 통풍이 좋아야 한다.
② 가연성 물질이 가깝게 설치되어서는 안된다.
③ 비 또는 물기로부터 보호되어야 한다.
④ 밀폐된 실내에 설치되어야 한다.

해설 ▶ 2차 저항기 설치시 고려사항
① 작동시 온도가 350℃정도 상승하므로 통풍이 잘되는 곳에 설치한다.
② 가연성 물질이 가까이 설치되어서는 안된다.
③ 비 또는 물기로부터 보호할 수 있는 곳에 설치한다.

Question 65
천장크레인용 전동기에서 속도제어를 할 수 있는 교류전동기는 무슨 전동기인가?
① 직권전동기
② 화동복권전동기
③ 권선형유도전동기
④ 농형유도전동기

60.② 61.④ 62.③ 63.④ 64.④ 65.③

4. 천장크레인의 전기장치

Question 66

다음 항목 중 천장크레인의 교류전동기에 사용되는 속도제어 방법이 맞는 것은?
① 계자제어　② 직렬저항제어
③ 전압제어　④ 2차 저항제어

해설 ▶ ◆ 교류전동기의 속도제어 방식
　① 1차 주파수제어　② 극수변환　③ 1차 전압제어
　④ 2차 저항제어　⑤ 2차 여자제어
◆ 직류전동기의 속도제어 방식
　① 전압제어　② 저항제어　③ 계자제어

Question 67

다음 권선형전동기를 사용한 천장크레인에서 볼 수 없는 기기는?
① 저항기(resistor)
② 콘트롤러(controller)
③ 브레이크(brake)
④ 슬로우 스타터(slow starter)

해설 ▶ 권선형전동기에는 2차 저항기, 콘트롤러(제어기), 브레이크, 전기자, 계자 등이 있으며 슬로스타터는 농형유도전동기의 부품이다.

Question 68

다음은 천장크레인에 사용되는 권선형 모터와 농형 모터의 특성을 설명한 것이다. 바르게 설명한 것은?
① 농형 모터는 2차 저항에 의하여 스피드(speed)를 조정할 수 있다.
② 농형 모터에는 슬로 스타터가 필요없다.
③ 권선형 모터는 슬로 스타터가 필요하다.
④ 권선형 모터에는 2차 권선이 있다.

Question 69

다음 전동기 중 브러시를 사용하지 않는 것은?
① 직류전동기　② 권선형유도전동기
③ 정류자전동기　④ 농형유도전동기

Question 70

천장크레인에서 사용치 않는 모터는?
① 직류직권전동기
② 권선형유도전동기
③ 농형유도전동기
④ 콘덴서기동형전동기

해설 ▶ 천장크레인용 모터의 종류
　① 직류모터 : 직권식, 분권식, 복권식
　② 교류모터 : 권선형, 농형

Question 71

유도전동기의 회전력은 다음 중 어느 것에 해당하는가?
① 단자전압의 2승에 비례한다.
② 단자전압의 3승에 비례한다.
③ 단자전압과 반비례한다.
④ 단자전압의 1/2승에 비례한다.

Question 72

직류전동기의 분권에 대한 특성은 다음 중 어느 것인가?
① 부하의 증가와 더불어 속도가 떨어지는 것
② 부하의 변동에 관계없이 거이 일정한 속도로 운전할 수 있는 것
③ 정격 출력을 사용할 경우에만 일정한 속도를 낼 수 있는 것
④ 무부하 상태에서만 일정한 속도를 낼 수 있는 것

해설 ▶ 직류 분권식은 부하변동에 관계없이 일정한 속도로 운전할 수 있다.

66.④　67.④　68.④　69.④　70.④　71.①　72.②

Question 73
기중기용 전동기로 직류전동기를 채용하는 경우 속도제어방식 설명 중 옳지 않은 것은?
① 계자제어 ② 전압제어
③ 저항제어 ④ 2차 저항제어

Question 74
전기기기의 철심으로 가장 많이 사용하는 것은 다음 중 어느 것인가?
① 탄소강판 ② 규소강판
③ 동판   ④ 주철판

Question 75
다음은 전동기가 기동하지 않는 원인을 기술한 것이다. 이중 관계가 없는 것은 어느 것인가?
① 단선
② 전압강하가 크다.
③ 컬렉터의 접촉 불량
④ 사용빈도가 많다.

해설▶ 전동기가 기동하지 않은 원인
① 전기자나 계자 권선이 단선되거나 단락되었다.
② 브러시의 접촉불량 또는 위치불량
③ 권선의 접속이 잘못되었다.
④ 과부하시 벨트의 벗겨짐
⑤ 전압강하가 클 때
⑥ 컬렉터의 접촉불량

Question 76
전동기가 운전 중 심한 진동이 발생할 경우의 원인으로 옳지 않은 것은?
① 조임 볼트의 이완(풀림)
② 베어링 마모
③ 부하기계부의 부적당
④ 권선절연불량

해설▶ 전동기의 진동발생 원인
① 조임볼트의 풀림
② 베어링 마모
③ 고정자와 회전자 사이에 이물질 혼입
④ 부하 연결의 부적당
⑤ 브러시의 마모
⑥ 3상 전동기의 단상으로 운전되고 있다.

Question 77
기중기 운전 중 갑자기 모터에서 이상한 잡음이 들릴 때 추정되는 원인으로 가장 적합한 것은?
① 마그네트 브레이크(magnet brake)가 풀리지 않았는가
② 스피드 컨트롤 브레이크(speed control brake)가 풀리지 않았는가
③ 모터가 소손되었는가
④ 리미트 스위치가 작동되지 않는가

해설▶ 스피드 컨트롤 브레이크가 풀리면 모터에서 갑자기 이상한 잡음이 난다.

Question 78
다음 중 천장크레인의 모터발열 원인으로서 가장 관계가 없는 것은?
① 연속운전   ② 과부하
③ 잔류자기의 간섭 ④ 통풍상태

해설▶ 전동기의 발열원인
① 과부하로 작동시
② 냉각불량(통풍상태)
③ 연속운전(사용빈도가 많다)
④ 전기자 권선의 층간단락
⑤ 3상 전동기에서 1상으로 작동시
⑥ 권선이 접지 되었다.
⑦ 전압 및 전류의 부적당(전압 강하시)

73.④ 74.② 75.④ 76.④ 77.② 78.③

4. 천장크레인의 전기장치   155

Question 79

천장크레인 운전 작업시 전동기가 발열하는 원인이 아닌 것은?

① 사용빈도가 많을 경우
② 부하가 과대할 경우
③ 전압 강하가 심할 경우
④ 단선되었을 경우

Question 80

직류직권 전동기의 슬립링(slip ring)은 브러시(brush)와의 접촉압력을 1㎠당 얼마를 유지하도록 하는가. 다음 중 가장 적당한 것은?

① 50~150g   ② 150~300g
③ 300~400g   ④ 400~500g

해설▶ 브러시 접촉압력은 1㎠당 150~300g 정도가 적당하다.

Question 81

천장크레인의 모터용 부품 중에서 예비품으로 반드시 준비해 둘 필요가 있는 것은?

① 브러시(brust)와 홀더(holder)
② 회전자(rotor)
③ 고정자(stator)
④ 터미널(terminal)

해설▶ 모터용 부품 중 브러시와 홀더는 반드시 준비해 둘 필요가 있는 예비품이다.

Question 82

전동기의 카본 브러시의 사용한도는 원래 치수의 얼마인가?

① 원칫수의 20%이상 ② 원칫수의 30%이상
③ 원칫수의 40%이상 ④ 원칫수의 50%이상

Question 83

다음 설명 중에서 틀린 것은?

① 천장크레용 전동기는 외형의 형상으로 볼 때 폐쇄통풍형 또는 전폐형을 많이 사용한다.
② 전동기는 운전을 하면 열이 나지만 주위온도 40℃ 이하에서 전동기온도 60~70℃까지 허용된다.
③ 저항기는 사용 중에 온도가 높아져서 약 350℃가 될 때도 있다.
④ 천장크레인용 저항기는 용량이 크고 진동에 강한 그리드형이 적합하다.

해설▶ 천장크레인용 전동기는 폐쇄통풍형이나 전폐형을 사용하므로 운전시 주위의 온도 40℃ 이하에서 50~60℃까지면 양호하다. 그리고 저항기는 작동시 350℃까지 상승하며 그리드(격자형)이 많이 사용된다.

Question 84

다음 보기와 같은 모터의 MB제어기 사용시 가장 적당한 것은?(보기 : 200L, 20kw, 6P)

① MB-10   ② MB-20
③ MB-40   ④ MB-200

해설▶ 200L, 20kw, 6P MB(Magnetic Brake) 제어기의 경우 MB-20을 사용한다.

Question 85

브레이크 블록의 조건으로 적당하지 않은 것은?

① 마찰계수가 작을 것
② 내마멸성이 클 것
③ 내열성이 클 것
④ 제동효과가 양호할 것

해설▶ 브레이크 블록(드럼)의 구비조건
① 마찰계수가 클 것   ② 내마멸성이 클 것
③ 내열설이 클 것   ④ 제동효과가 좋을 것

79.④ 80.② 81.① 82.④ 83.② 84.② 85.①

Question 86

직류전자 브레이크 작동회로에서 R_2저항의 용도는?(단 도면 참조)

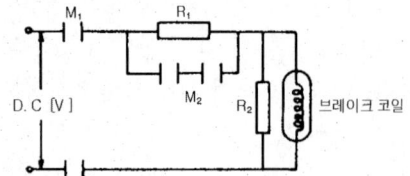

① 충전용   ② 전류절약용
③ 방전용   ④ 전압분배용

Question 87

다음 그림은 MB브레이크의 구조도이다. 이중 스트로크(stroke)와 동시에 슈 갭(shop gap)을 조정할 수 있는 곳은 어디인가?

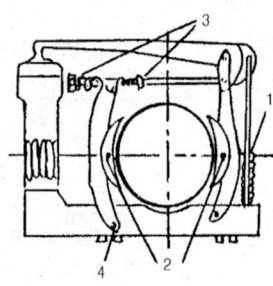

① 1   ② 2
③ 3   ④ 4

해설▶ ①은 여자코일, ②브레이크 슈, ③타이로드, ④포스트이며 스트로크와 슈 갭을 동시에 조정할 수 있는 곳은 ③의 타이로드이다.

Question 88

마그넷 브레이크(magnet brake)의 라이닝 두께가 30%감소됐다. 어떻게 조치해야 하는가?
① 스트로크를 조정한다.
② 라이닝을 교환한다.
③ 브레이크 드럼지름을 크게 한다.
④ 마모 한도에 달할 때까지 계속 사용한다.

해설▶ 라이닝 두께가 20~30%정도 감소되면 스트로크를 조정해야 한다.

Question 89

브레이크용 전자석에 있어서 전압강하가 심하면 어떤 현상이 일어나는가. 다음 중 옳은 것은?
① 과열한다.   ② 충격이 일어난다.
③ 작동시간이 빠르다. ④ 어느 현상도 없다.

해설▶ 전압강하란 전원에서 전기에너지를 소비하는 부하에 전류가 흐를 때에는 도중의 전선 저항 때문에 전압이 소비되며 이 전압은 전원에서 나감에 따라 점차로 낮아지는 현상이며 브레이크용 전자석의 전압강하가 크면 제동력이 감소되어 드럼과 라이닝에서 발열하는 원인이 된다.

Question 90

천장크레인에서 수전전압의 상태가 규정전압보다 몇 % 이상 차이나면 운전을 금지해야 하는가?
① ±20% 이상   ② ±30% 이상
③ ±10% 이상   ④ ±15% 이상

Question 91

전자 브레이크의 전자석이 소리를 내며 과열 소손된 경우 다음의 원인 조사 중 관계가 없는 것은 어느 것인가?
① 브레이크 라이닝이 발열하지 않았는가
② 풀리와 라이닝의 틈새가 너무 적지 않는가
③ 스틀크가 너무 크지 않는가
④ 각 탱크의 판류가 부식 또는 도장으로 굳어 있지 않는가

86.③ 87.③ 88.① 89.① 90.③ 91.①

Question 92
전자석 브레이크의 충격에 대한 원인을 열거한 것이다. 이중 관계가 없는 것은 어느 것인가?
① 전압이 너무 큰 경우
② 핀 둘레가 마모된 경우
③ 대시포트의 조정불량인 경우
④ 잔류 자기가 있는 경우

해설▶ 전자석 브레이크에서 충격원인
① 전압의 과다　　② 핀 둘레의 마모
③ 드럼과 라이닝 간극 과다
④ 대시포트의 조정불량

Question 93
전자브레이크의 전자석 부분과열 원인 중 옳지 않는 것은?
① 철심이 완전히 부착하지 않는다.
② 전원 전압 강하
③ 권선이 부분 단락
④ 브레이크 슈의 마모

해설▶ 전자 브레이크의 전자석부 과열 원인
① 철심이 완전 부착되지 않음
② 전원 전압의 강하
③ 권선의 부분단락
④ 슈와 라이닝 간극 과소

Question 94
다음 천장크레인의 브레이크 중에서 전기를 투입하여 유압으로 작동되는 브레이크는?
① 오일디스크 브레이크
② 마그네스 브레이크
③ 드러스트 브레이크
④ 다이나믹 브레이크

해설▶ 전기를 투입하여 유압으로 작동되는 브레이크는 드러스트(유압압상기) 브레이크이며, 횡행과 주행용으로 사용할 수 있다.

Question 95
다음 중 횡행제동 브레이크에 주로 사용하는 브레이크는?
① 마그네틱 브레이크
② 에디 커렌트 브레이크
③ 드러스트 브레이크
④ 오일 디스크 브레이크

Question 96
횡행과 주행에 주로 사용되는 브레이크는?
① 마그네트 브레이크
② 드러스트 브레이크
③ 에디 커렌트 브레이크
④ 오일 디스크 브레이크

Question 97
천장크레인의 브레이크(마그네트 또는 드러스트)에서 브레이크 휠과 라이닝의 가장 양호한 간격은 얼마인가?
① 약 5m/m
② 약 10m/m
③ 브레이크 개방시 휠직경의 1/50~1/100
④ 브레이크 개방시 휠직경의 1/150~1/200

Question 98
유압 압상형 브레이크의 드러스트 기름의 점검 주기는?
① 매일　　② 매주
③ 매월　　④ 매년

92.④　93.④　94.③　95.③　96.②　97.④　98.①

Question 99
드러스트 브레이크의 드러스트 오일 교환 주기는 몇 개월인가?
① 1개월 ② 3개월
③ 6개월 ④ 1년

Question 100
다음 전동기용 제동기로서 전기로 구동치 아니하고 유압으로만 작동되는 것은?
① 마그네트 브레이크
② 오일 디스크 브레이크
③ 드러스트 브레이크
④ 메카니컬 브레이크

Question 101
다음 중 주행 제동용으로 주로 사용되는 브레이크는?
① 마그네트 브레이크
② 에디 커렌트 브레이크
③ 오일 디스크 브레이크
④ 스피드 컨트롤 브레이크

Question 102
천장크레인에 오일 브레이크가 설치되어 있을 때 다음 중 운전실에 설치해야 하는 부분은?
① 오일 탱크 ② 마스터 실린더
③ 브레이크 ④ 브레이크 페달

Question 103
천장크레인의 권상장치에 사용되는 브레이크에 대하여 기술한 것이다. 옳지 않은 것은?

① 전자브레이크는 운반물을 유지하는 역할을 한다.
② 전자브레이크는 유압 압상브레이크와 병용하여 사용되는 수가 많다.
③ 브레이크의 제동력은 전동기, 회전력의 100% 이상은 되어야 한다.
④ 유압압상 브레이크는 제동시간이 전자브레이크의 제동시간보다 느리다.

Question 104
천장크레인의 속도제어를 위해 사용되는 브레이크 종류 중 구조가 간단하고 마모 부분이 없으면 저속도를 쉽게 얻을 수 있는 브레이크는?
① 직류마그넷 브레이크
② E.C 브레이크
③ 드러스트 브레이크
④ 유압 브레이크

해설▶ E.C(와전류) 브레이크는 구조가 간단하고 마모부가 없으며 주로 권상장치의 속도제어용으로 사용된다.

Question 105
다음 중 천장크레인 권상장치의 속도제어용 브레이크는 어느 것인가?
① 직류 전자 브레이크
② 와류 브레이크(eddy current)
③ 교류 브레이크
④ 디스크 타입 전자 브레이크

Question 106
다음 속도제어용 브레이크는 어느 것인가?
① A.C 마그네틱 브레이크
② D.C 마그네틱 브레이크

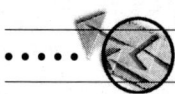

99.③ 100.② 101.③ 102.④ 103.③ 104.② 105.② 106.③

③ 에디 커렌트 브레이크
④ 드러스트 브레이크

해설▶ 에디 커렌트 브레이크란 와전류 브레이크 또는 E.C 브레이크를 말한다.

Question 107
다음은 천장크레인용 브레이크에 대하여 나열한 것이다. 이중 다른 셋과 용도가 틀린 브레이크 한 가지를 고르시오
① eddy current brake
② magnet brake
③ thruster brake
④ oil foot brake

해설▶ magnet brake(마그네트 브레이크), thruster brake (드러스트 브레이크), oil foot brake(오일 풋 브레이크) 등은 주행제동용이고 eddy current brake(에디 커렌트 브레이크)는 권상장치의 속도제어용이다.

Question 108
다음은 천장크레인용 브레이크에 대하여 나열한 것이다. 이중 다른 셋과 용도가 틀린 한 가지를 고르시오
① 마그네트 브레이크(magnet brake)
② 드러스트 브레이크(thruster brake)
③ E.C 브레이크(eddy current brake)
④ 디스크 브레이크(disk brake)

Question 109
다음 브레이크 중에서 권상장치의 제동용으로 적합하지 않는 것은?
① 메카니컬 브레이크
② 압상기 브레이크
③ 직류전자 브레이크
④ 교류전자 브레이크

Question 110
직류전동기에 이용되어지는 속도제어용 브레이크는 다음 중 어느 것인가?
① 다이나믹 브레이크
② 메카니컬 브레이크
③ 마그넥틱 브레이크
④ 유압압상 브레이크

해설▶ 직류전동기용 속도제어 브레이크는 다이나믹 브레이크이다.

Question 111
천장크레인에서 사용되지 않는 브레이크는 다음 중 어느 것인가?
① 직류전자 브레이크
② 교류전자 브레이크
③ 드러스트 브레이크
④ 공압 브레이크

해설▶ 천장크레인의 브레이크 종류
① 직류·교류전자 브레이크(마그넷 브레이크)
② 드러스트(유압 압상기) 브레이크
③ E.C 브레이크
④ 오일 디스크 브레이크
⑤ 다이나믹 브레이크

Question 112
다음은 브레이크 드럼과 라이닝에 대하여 기술한 것이다. 이중 옳지 않은 것은 어느 것인가?
① 드럼의 제동면이 과열하면 마찰계수가 증가한다.
② 드럼과 라이닝의 간격은 드럼 직경의 1/150~1/200이다.
③ 드럼은 열팽창에 의거 직경 변화가 있다.
④ 드럼 제동면의 요철이 2mm에 도달하면 가공 또는 교환하여야 한다.

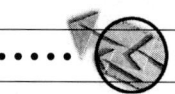

107.① 108.③ 109.② 110.① 111.④ 112.①

Question 113
다음 설명 중 틀린 것은?
① 브레이크 휠(brake wheel)면의 요철이 2mm가 되면 평활하게 다듬어야 한다.
② 주행용 브레이크는 오일 디스크 브레이크 또는 드러스트 브레이크를 사용한다.
③ 권상장치의 브레이크는 오일 압상 브레이크를 사용하여 충격을 완화시켜준다.
④ 횡행장치의 브레이크는 드러스트 브레이크를 사용한다.

Question 114
브레이크 드럼과 라이닝에 있어서 제동면이 과열하면 마찰계수가 [ ]하여 라이닝의 [ ]이 변화한다. 맞는 것은 아래 중 어느 것인가?
① 증가, 두께   ② 증가, 재질
③ 감소, 두께   ④ 감소, 재질

해설▶ 제동면이 과열하면 마찰계수가 "감소"하여 라이닝의 "재질"이 변화한다.

Question 115
천장크레인의 브레이크 드럼(brake drum)은 림(rim)의 두께가 일정시간을 사용했을 때 마모된다. 림의 두께가 원치수에 대하여 몇 %가 마모되면 교환하여야 되는가. 가장 적당한 것은?
① 5%   ② 7.5%
③ 20%   ④ 40%

해설▶ 드럼의 림 두께는 원치수의 40%가 마모되면 교환한다.

Question 116
브레이크 라이닝의 마모한도는 원치수 두께의 몇 %가 되면 교환하는가?
① 30%   ② 40%
③ 50%   ④ 60%

해설▶ 라이닝의 마모한도는 원치수 두께의 50%가 마모되면 교환한다.

Question 117
브레이크 라이닝(brake lining) 중 리벳팅 라이닝의 마모한도는 다음 중 어느 것인가?
① 원치수의 10%   ② 원치수의 25%
③ 원치수의 50%   ④ 원치수의 80%

Question 118
브레이크 휠(brake wheel)과 라이닝(lining) 제동면의 온도는 일반적으로 몇 도를 초과해서는 안되는가?
① 100℃   ② 150℃
③ 250℃   ④ 300℃

해설▶ 휠과 라이너 제동면의 온도는 150~200℃ 이상 되어서는 안된다.

Question 119
브레이크 휠(brake wheel)과 라이너(liner)의 간격은 일반적으로 몇 mm를 표준으로 하는가?
① 편측에서 0~0.5mm
② 편측에서 1~1.5mm
③ 편측에서 3~5mm
④ 편측에서 5~10mm

Question 120
브레이크 휠 면에 요철이 얼마가 되면 삭정 또는 교환하여야 하는가?
① 1mm   ② 2mm
③ 3mm   ④ 4mm

113.③ 114.④ 115.④ 116.③ 117.③ 118.② 119.② 120.②

Question 121

기중기에서 제동시 브레이크의 라이닝(lining)에서 발열이 심하여 연기가 날 때는 어떤 조치를 취해야 하는가?

① 라이닝을 교환한다.
② 라이닝과 브레이크 드럼에 대한 틈을 고르게 조정한다.
③ 브레이크 드럼을 교환한다.
④ 라이닝의 틈을 작게 조인다.

Question 122

Brake spring의 gap이 느슨하면 어떤 현상이 일어나는가?

① 권상의 경우 상, 하 동작시 급작 정지한다.
② 주행의 경우 정지시켜도 밀림현상이 생긴다.
③ 주행의 경우 기동불능 현상이 생긴다.
④ 권상의 경우 기동불능 현상이 생긴다.

해설▶ 브레이크 스프링(brake spring)의 gap(갭 : 틈새) 느슨하면 주행시 정지시켜도 밀림현상이 일어난다.

Question 123

천장크레인에서 윤활유와 같은 오일이 묻어서는 안되는 곳은?

① 브레이크 라이닝(brake lining) 및 브레이크 휠(brake wheel)
② 와이어 로프(wire rope)와 드럼(drum)
③ 기어(gear)와 기어박스(gear box)
④ 시브(sheave)와 시브 축(shaft)

해설▶ 브레이크 라이닝이나 휠에는 오일이이 묻어서는 안된다.

Question 124

다음은 크레인 권상장치용 제한 개폐기에 대하여 기술한 것이다. 이중 옳은 것은 어느 것인가?

① 전기적으로 되어 있으므로 좀처럼 고장이 없다.
② 드럼에 로프가 과권이 될 경우 전류를 차단하여 회전을 정지시키는 장치이다.
③ 드럼의 회전을 조정할 수 있는 장치이다.
④ 조정시는 필히 주전원을 넣고 하여야 한다.

해설▶ 제한 개폐기(리미트 스위치)는 드럼에 로프가 과권이 될 경우 전류를 차단하여 드럼의 회전을 정지 시킨다.

Question 125

크레인의 권상장치에 있어서 드럼(drum)의 과권 방지 장치를 서술한 것이다. 이중 옳지 않는 것은?

① 과권방지장치는 스크루식, 캠식, 중추식이 주로 사용된다.
② 중추식은 훅(hook)의 접촉에 의거 작동되어진다.
③ 캠식은 활차의 회전에 의거 작동된다.
④ 스크루식은 드럼의 회전에 의거 작동된다.

해설▶ 드럼과 과권방지 장치(리미트 스위치)
① 중추식 : 축의 접촉으로 작동(훅의 과상승방지용)
② 캠식 : 캠의 전양정에 대해 회전각에 의해 작동
③ 스크루식 : 드럼의 회전에 의해 작동

Question 126

천장크레인의 리미트 스위치(limit switch)가 하는 역할은?

① 권상, 횡행, 주행 등 각 장치의 운동에 대한 과행방지
② 권상, 횡행, 주행 등 각 장치의 스피드

121.② 122.② 123.① 124.② 125.③ 126.①

(speed) 조절
③ 권상, 횡행, 주행 등 각 장치의 운동 중 급제동 장치
④ 운전 중 비상스위치 역할

해설▶ 리미트 스위치는 권상, 횡행, 주행 등 각 장치의 운동에 대한 과행을 방지하는 장치를 말한다.

Question 127
기중기에서 주권, 보권, 주행장치 등에서 제거할 수 없는 안전장치는 다음 중 어느 것인가?
① 리미트 스위치
② 오일 게이지
③ 집중그리스펌프
④ 와이어 로프

Question 128
천장크레인의 각 장치 중 가속방지용 속도제어 장치를 부착하는 경우 부착하는 부분은?
① 주행장치
② 횡행장치
③ 권상장치
④ 선회장치

Question 129
천장크레인 권상장치의 과권방지 기구는 다음 중 어느 것인가?
① 캠(cam)식 리미트 스위치
② 원심 분리 스위치
③ 족답 스위치(foot S/W)
④ 와류 브레이크

Question 130
천장크레인에서 비상용 리미트 스위치(limit switch)는 다음 중 어떤 방식을 주로 사용하는가?
① 나사형 리미트 스위치
② 캠형 리미트 스위치
③ 중추식 리미트 스위치
④ 앵커형 리미트 스위치

Question 131
다음은 권상장치의 과권방지장치를 열거한 것이다. 이중 훅크의 접촉으로 인하여 작동되어지는 비상 리미트 장치는 어느 것인가?
① 스크루식
② 캠식
③ 중추식
④ 싱크로 디바이스

Question 132
중추식 리미트 스위치(wegiht type S/W)는 다음 중 어느 경우에 사용되는가?
① 훅크의 과 상승방지
② 훅크의 과 하강방지
③ 과 주행방지
④ 과 부하방지

Question 133
다음은 중추식 리미트 스위치(limit S/W)의 사용처를 설명한 것이다. 가장 올바른 것을 고르시오
① 주권에만 사용
② 권상장치의 권상시에만 사용
③ 권상장치에 주로 사용하나 필요에 따라 주, 횡행도 사용 가능
④ 주, 횡행에 공통사용

해설▶ 중추식은 권상장치에 주로 사용되나 필요에 따라 주, 횡행에도 사용이 가능하다.

127.① 128.③ 129.① 130.③ 131.③ 132.① 133.③

Question 134
중추식 리미트 스위치의 역할 중 가장 알맞게 기술한 것을 고르시오
① 권하시 상용 과권 방지
② 권상기 상용 과권 방지
③ 주행 또는 횡행 작동시 양정을 넘게 하는 작업 방지
④ 권상기 비상용 과권 방지

Question 135
제한 개폐기(limit S/W)의 동작점검 주기는?
① 매일(일일점검) ② 매주(주간점검)
③ 매월(월간점검) ④ 매년(년간점검)

해설▶ 제한 개폐기동작 점검 주기는 매일(운전 전)하여야 한다.

Question 136
시브와 크래브 상단이 충돌하였을 때 고장 원인은?
① 리미트 스위치의 고장
② 접촉기의 고장
③ 저항기의 고장
④ 브레이크의 고장

해설▶ 리미트 스위치가 고장나면 시브와 크래브상단이 충돌하는 원인이 된다.

Question 137
연동장치에 의해 피드나사가 회전하면 그것과 맞붙는 너트가 이동하여 개폐기의 레버를 움직여 접점에 개폐를 행하는 리미트 스위치는 어떤 것인가?
① 캠형 리미트 스위치
② 너트형 리미트 스위치
③ 레버형 리미트 스위치
④ 중추형 리미트 스위치

Question 138
천장크레인의 훅이 지면으로부터 최고점(권상한도)에 이를 때 과권방지용 리미트 스위치의 캠은 약 몇 회전하는가?
① 1회전 ② 2회전
③ 3회전 ④ 4회전

134.④ 135.① 136.① 137.② 138.①

05 천장크레인의 점검 및 정비

점검 및 정비

1. 천장크레인의 점검정비

① 일상점검

(1) 운전 전 점검

1) 제어기(컨트롤러)
① 작동상태를 확인하다.
② 마모 부품을 교체한다.
③ 리드선의 결선 상태를 확인한다.

2) 리미트 스위치
① 작동상태를 확인(3회 이상)한다.
② 기어 또는 스크루의 마모 및 물림 상태를 확인한다.
③ 접점의 마모 여부를 확인한다.
④ 리드선의 결선 상태를 확인한다.

3) 각 제동기
① 작동상태를 확인한다.
② 라이닝의 마모상태를 확인하고 교체한다.(마모는 50% 한도임)
③ 브레이크 드럼의 마모 및 발열 여부를 확인한다.
④ 마그네트 코일의 발열 부분을 확인한다.
⑤ 각 연결핀 및 구멍의 마모 여부를 확인한다.
⑥ 드러스트의 유량 및 전동기의 발열 여부를 확인한다.

4) 전동기
① 슬립링의 면이 거칠지 않나를 확인한다.
② 카본 브러시의 마모여부를 확인한다.(마모는 50% 한도임)
③ 베어링 혹은 권선에 열이 나지 않는가를 확인한다.
④ 전동기가 진동이 없는가를 확인한다.

5) 집전장치
① 트롤리 휠의 회전 및 선과의 접촉상태를 확인한다.
② 트롤리와 여자가 닿는 곳이 없는가를 확인한다.
③ 선이 늘어지거나 굽은 곳, 또한 지나치게 팽팽하지 않는가를 확인한다.
④ 트롤리 축의 마모와 터미널의 물림 상태를 확인한다.

6) 저항기
① 그리드 판의 결손, 변형, 리드선의 물림상태를 확인한다.
② 부분적인 발열 유무를 확인한다.(온도는 350℃ 상승한다.)

7) 주행장치 및 횡행장치
① 차륜과 레일과의 접촉상태를 확인한다.
② 각 베어링에 주유는 잘 되며 각부의 키 이완은 없는가를 확인한다.
③ 감속기의 음향과 유량이 적당한가를 확인한다.
④ 치합 상태를 확인한다.
⑤ 볼트류의 이완 여부를 확인한다.

8) 권상장치
① 와이어로프가 드럼에 잘 감기고 있으며 고정은 확실한가를 확인한다.
② 각 베어링에 기름이 잘 순환되는가를 확인한다.
③ 키의 이완 여부, 커플링의 볼트, 패킹 상태를 확인한다.
④ 볼트류의 풀림이 없는가를 확인한다.

9) 훅(hook)
① 훅의 마모 여부를 확인한다.
② 훅의 선단이 펴지지 않는가를 확인한다.
③ 가열로 인하여 경화되지 않은가 확인한다.

④ 회전이 자유로운가를 확인한다.
⑤ 와이어 시브의 마모, 균열이 없는가를 확인한다.

10) 와이어로프
① 마모, 소선의 절손, 변형 등의 유무를 확인한다.

(2) 운전 중 점검

1) 주의사항
① 운전에 있어서 점검 담당자는 점검 입회자, 운전원과 연락하여 재해 방지에 만전을 기할 것.
② 특히 메인 스위치의 개폐는 엄밀히 하며, 필요 이외는 반드시 차단 후 점검을 할 것.
③ 운전 또는 정지신호는 점검 담당자가 할 것. 중계자를 두는 등의 조치를 강구하여 명확한 신호를 운전원과 같이 입회자 전원에게 철저히 할 것.

2) 무부하 신호
① 권상 운전
  ㉠ 훅 블록을 최저 위치까지 내려 드럼에 와이어로프가 2~3회 이상 감을 양이 남을 것.
  ㉡ 훅 블록을 최고 위치까지 올려 드럼 홈에 한 겹으로 감겨져 있을 것.
  ㉢ 권상, 권하조작 등 여러 번 정지시켜 전자식 제동기, 전동유압압상기, 기계식 제동기 등의 작동상태를 조사할 것. 이상한 음이 난다든지 코일에 이상 열이 발열하면 수리할 것.
  ㉣ 전로 차단 후 정지까지의 흐름이 많으면 조정할 것.
  ㉤ 과권방지 장치의 작동시험을 3회 이상 반복하여 확실히 차단될 것.
  ㉥ 권상, 권하의 운전 중 기어의 치합부 및 축, 베어링, 키의 상태를 조사할 것.
  ㉦ 약간의 이상음도 그대로 넘기지 말고 원인을 검사할 것.
  ㉧ 운전 중 전원 전압 및 전동기의 전류를 검사할 것.
  ㉨ 와이어로프의 상호 접촉이나 기타 프레임과의 접촉 유무를 확인할 것.

② 횡행 운전
  ㉠ 저속으로 양단 차륜 멈춤까지를 왕복시켜서 전동기 기어, 축, 베어링, 커플링, 키 등의 상태를 조사할 것.
  ㉡ 차륜 플랜지가 극단으로 레일에 닿지 않은가 조사할 것.

㉰ 각 노치(notch)로 운전하여 이상 유무를 조사할 것.
㉱ 리미트 스위치가 있을 때는 그 작동상태를 조사할 것.
㉲ 운전 중 트롤리가 거어더, 기중, 수습대 등에 접촉하지 않은가 조사할 것.
㉳ 전동기의 전원을 검사할 것.

③ 주행 운전
㉮ 주행 정지할 때 기중기의 사행(蛇行)은 없는가를 조사할 것.
㉯ 전진, 후진할 때 차륜의 단면과 레일의 관계에 이상이 없는가를 조사할 것.
㉰ 주행레일의 휨, 고저를 조사할 것.
㉱ 전동기의 기어, 축, 베어링, 기타 각부의 작동상태를 조사할 것.
㉲ 기어의 치합음은 정상인가를 조사할 것.
㉳ 장축이 흔들리지 않는가를 조사할 것.
㉴ 족답 브레이크의 작동이 정상인가를 조사할 것.

(3) 작업 종료 후의 주의와 확인사항

① 기중기를 소정의 교대 위치로 둔다.
② 각 제어기를 off로 하고 보호판의 각 스위치를 연다.
③ 제어기, 접촉기, 집전장치, 브레이크, 와이어로프 등의 필요한 곳을 점검한다.
④ 정해진 규칙에 따라 확실한 급유를 실시한다.
⑤ 각 부의 청소를 한다. 더러운 오일, 먼지, 물기를 항상 닦아 두어 점검하기 쉽도록 한다.

② 월간 점검

사용자는 기중기에 대해서 1개월을 초과하지 않는 일정한 기간에 다음 사항에 대해서 점검을 해야 한다.

(1) 각종 기어장치

① 이상음, 이상발열, 이상 진동은 없는가, 급유상태는 좋은가, 유량 유질은 적당한가?
② 오일 게이지의 파손은 없는가 또 취부 상태는 좋은가?
③ 기어 케이스의 취부 볼트의 풀림은 없는가?
④ 개방 기어의 경우 기어 커버에 대해서 적절한 커버를 취부하고 있는가?

(2) 베어링
① 베어링 취부 볼트의 풀림은 없는가?
② 급유 상태는 좋은가?
③ 열이 나지 않는가, 이상음이 발생하지 않는가?

(3) 각종 제동기(magnetic brake, thrustor brake 등)
① 작동상태는 양호한가?
② 브레이크 개방시 라이닝이 브레이크 풀리에 접촉하는 일은 없는가?
③ 라이닝과 드럼 면과의 간격은 균등한가?
④ 라이닝의 마모상태는 어떠한가?
⑤ 스트로크가 명판의 지정된 규정치를 초과하지 않는가?
⑥ 각종 편의 급유상태는 좋은가?

(4) 각종 커플링
① 플렉시블 커플링의 볼트의 풀림 또는 탈락은 없는가?
② 커플링 볼트의 패킹의 변형이나 풀림은 없는가?
③ 전동기의 앵커 볼트의 풀림은 없는가?

(5) 드럼
① 드럼의 손상은 없는가?
② 드럼 홈의 이상 마모는 없는가?
③ 드럼 홈이 와이어로프 지름에 적합하게 되어 있는가?
④ 드럼축 용 키 플레이트의 변형 및 풀림은 없는가?

(6) 와이어로프
① 와이어로프는 알맞은 규격을 사용하고 있는가?
② 옆 면의 비벼서 빛이 나는 곳, 가늘어진 곳은 없는가?
③ 킹크진 부분은 없는가?
④ 급유상태는 어떠한가, 와이어 표면에 모래, 수분 등이 붙어 있지 않는가, 기름이 적어서 푸석 푸석하지 않는가?
⑤ 드럼에 감겨져 있는 부분을 관찰하여 소선의 단선은 없는가?

⑥ 끝 처리의 가공이 잘 되어 있는가, 끝 처리가 고정된 부분은 확실한가?

(7) 시브

① 원활히 회전하고 암이나 보스 등에 균열은 없는가?
② 플랜지의 파손, 균열, 이상, 마모는 없는가?
③ 시브 홈의 이상마모는 없는가?
④ 부시의 마모, 키 플레이트와 록 핀의 변형, 풀림, 탈락은 없는가?
⑤ 시브 홈과 와이어 지름이 적합한가?

(8) 훅 블록(hook block)

① 훅의 손상은 없는가?
② 훅의 스크루 부의 헐거워짐은 없는가?
③ 훅 너트의 풀림방지는 확실한가?
④ 키 플레이트와 록 핀의 변형, 풀림, 탈락은 없는가?
⑤ 볼트, 너트, 핀 등의 변형, 풀림, 탈락은 없는가?

(9) 전동기

① 브러시에 이상한 마모는 없는가?
② 브러시의 압력조정기구가 열화 파손되지 않고 정확히 작동하는가?
③ 브러시 홀더의 접촉면이 손상되어 있지 않는가?
④ 브러시의 접촉면에 운전 중 불꽃이 발생하지 않는가?
⑤ 슬립링의 섭동면에 변색, 홈, 거치름 등은 없는가?
⑥ 리드선의 접속 단자의 풀림은 없는가?
⑦ 베어링 부의 급유상태는 좋은가?

(10) 나이프 스위치

① 인형(刃形) 개폐기의 접속부에 뚜렷한 거치름은 없는가?
② 인형 개폐기의 힌지 또는 클립의 접촉 압력이 충분한가?
③ 퓨즈는 적당한 용량의 것이 확실히 취부되어 있는가?

(11) 전자 접촉기(magnet switch)

① 아크 쇼트(arc short)가 소정 위치에 있으며 뚜렷한 소손은 없는가?

② 접촉면에 거친 마모 등의 이상은 없는가?
③ 철심의 흡착면에 이물이 끼어 있지 않는가?

(12) 계전기
① 접촉면에 뚜렷한 거칠음, 마모 등 이상은 없는가?
② 조작 기구를 수동으로 조작하여도 원활한 작동을 하는가?
③ 계전기는 조작 시험시에 있어서 정상적으로 작동하는가?

(13) 내부 배선
① 접촉 단자의 취부 부분에 풀림은 없는가?
② 내부 배선 및 절연물의 손상, 기름 등에 의한 오손은 없는가?
③ 취부 볼트로 조임 부분에 풀림은 없는가?

(14) 제어반 및 조작 개폐기
① 베어링, 기어 및 핑거 롤러는 급유가 되어 있는가?
② 시그먼트의 조임 부분에 풀림은 없는가?
③ 절연 봉에 소손, 균열 등의 이상은 없는가?
④ 단자의 조임 부분에 풀림은 없는가?
⑤ 접촉자의 접촉 길이는 적당한가?
⑥ 동작 방향의 표시의 문자 내용이 명확한가?
⑦ 전선 피복의 손상 등은 없는가?
⑧ 팬던트 스위치의 금속 케이스와 접지선과의 접속 단자의 풀림은 없는가?
⑨ 케이스 커버(case cover)의 풀림은 없는가?

(15) 저항기
① 단자의 조임 부분에 풀림은 없는가?
② 그리드 판에 균열, 절손 등의 이상은 없는가? 그리드가 서로 접촉할 수 있는 변형은 없는가?
③ 그리드 조임 부분에 풀림은 없는가?
④ 그리드의 단자 가까이 부속배선 부분에 대하여 과열에 의한 절연 피복의 열화는 없는가?
⑤ 본체 취부부의 조임은 풀림이 없는가?

(16) 집전장치

① 트롤리선에 이상한 마모는 없는가?
② 각 트롤리선에 긴장 장치에 대해서 조임의 균열이 뚜렷이 나타나지 않는가?
③ 트롤리선의 틀 주위의 등에 감전방지 설비는 적당한가?

(17) 집전기

① 집전자에 이상한 마모는 없는가?
② 기구 부분에 급유는 유량이 적당하며 누유는 없는가?
③ 애자의 오손, 금간 곳 등의 이상 없이 절연은 완전한가?
④ 단자 볼트, 스크루(screw) 등의 조임 부분에 풀림은 없는가?

(18) 급전 케이블

① 절연 피복의 손상은 없는가?
② 케이블이 신축하는 부분에 이상한 굽음, 꼬임 등은 없는가?
③ 단자 볼트, 스크루 등의 조임 부분에 풀림은 없는가?
④ 케이블 안내 기구는 원활하며 적당하게 작동하는가?

(19) 리미트 스위치

① 접촉자의 접점에 뚜렷한 마모, 거칠음 등은 없는가?
② 접촉자의 복귀 스프링의 절손 변형은 없는가?
③ 스프로킷 휠(sprocker wheel)을 수동으로 움직여 보아서 원활한 작동을 하는가?
④ 기어 및 축에 뚜렷한 마모, 변형 및 기름이 떨어져 있지 않는가?
⑤ 취부 볼트의 조임 부분에 풀림은 없는가?
⑥ 작동위치는 적당히 조정되어 있는가?

❸ 연간 점검

사용자는 기중기 설치 후 1년이 넘지 않는 일정한 기간에 해당 천장크레인의 각 부분에 이상 유무에 대해서 점검 및 정격 하중 시험을 해야 한다.

(1) 주행레일

① 주행레일 용접부의 균열, 레일의 변형, 레일 두부(頭部)의 이상 마모는 없는가?

② 좌우 새들, 스토퍼가 주행 레일 끝부분의 좌우 차륜 멈춤에 동시 접촉하는가?
③ 스팬 지정 치수의 허용 한도 내에 있는가?
④ 레일의 굽음은 없는가?
⑤ 좌우 레일이 높고 낮음의 차이가 있는가?
⑥ 레일 조인트(joint)부에 엇갈림이 있는가?
⑦ 레일 조인트부가 간격 한도 내에 있는가?

(2) 운전실 또는 운전대

① 운전실 또는 운전대의 각종 표시는 완전하게 되어 있는가?
② 운전실과 거어더와의 앵커 볼트, 용접부는 확실히 고정되어 있는가?

(3) 주행 거어더 및 새들

① 구조 부재의 이상 변형은 없는가, 또 전체의 비틀림은 없는가?
② 구조 부재의 균열은 없는가?
③ 구조 부재의 깊은 부식은 없는가?
④ 결합부의 볼트 풀림, 절손, 균열, 부식의 발생은 없는가?
⑤ 페인트가 벗겨지거나 얇게 된 곳은 없는가?
⑥ 새들은 주 거어더에 대하여 직각으로 취부되어 있는가?
⑦ 거어더의 캠버(camber)는 한도 내에 안정되어 있는가?

(4) 횡행 레일

① 차륜 멈춤의 손상, 탈락 또는 불안전한 것은 없는가?
② 차륜 멈춤(stopper) 높이는 적당한가?
③ 취부 볼트의 풀림 또는 용접부의 균열은 없는가?
④ 레일 두부의 변형, 마모는 없는가?
⑤ 횡행레일에 휘어짐은 없는가?
⑥ 레일의 좌우 높이는 같은가?(허용한도 : 레일 게이지의 1/500)
⑦ 횡행 레일의 거어더에 편심은 없는가?
⑧ 횡행 레일의 마모가 허용 한도 내에 있는가?

(5) 각종 커플링

① 커플링의 균열 손상은 없는가?

② 축의 중심이 지나는 곳은 좋은가?
③ 키 또는 키 홈에 변형은 없는가?

(6) 각종 제동기

① 브레이크 휠의 표면 라이닝의 이상 마모, 라이닝의 취부, 레벨의 돌출부는 없는가?
② 마스터 실린더, 피스톤 패킹 등 각 부분에 풀림 또는 손상이 없는가?
③ 라이닝의 마모와 라이닝과 풀리의 간격은 허용 한도 내에 있는가?
④ 브레이크 휠 면에 이상 마모, 균열의 발생은 없는가?

(7) 기어장치(주행, 횡행 차륜기어 포함)

① 기어의 치합 상태는 좋은가?
② 기어 이의 마모가 허용 한도 내에 있는가?
③ 키의 풀림, 빠짐은 없는가?
④ 키 또는 키 홈에 변형은 없는가?

(8) 축의 베어링 캡

① 발열 또는 눌어 붙음이 없는가?
② 오일에 마모가루, 먼지가 섞여 있지 않는가?
③ 축의 베어링 본체에 파손 또는 균열이 없는가?
④ 축의 베어링과 부시의 마모는 어떠한가?
⑤ 베어링은 이상이 없는가?
⑥ 오일 실(oil seal), 그리스 실(seal)에 이상은 없는가?
⑦ 급유장치에 이상은 없는가?

(9) 차륜(주행, 횡행)

① 차륜 플랜지에 변형 및 마모가 허용 한도 내에 있는가?
② 차륜 직경의 마모가 허용 한도 내에 있는가?
③ 좌우 차륜 직경차가 사용 한도 내에 있는가?

(10) 무부하 운전(권상권하, 횡행, 주행)

① 각 부에 이상음, 이상발열, 이상 진동이 없는가?
② 각 제동기의 작동상태는 양호한가?
③ 과권 방지의 장치의 작동은 좋은가?

④ 제동을 걸어 정지할 때까지의 거리는 종전과 달라지지 않았는가?

2. 천장크레인의 관리와 보수

① 천장크레인을 관리·보수하는데 있어서 중요 기중기와 일반 기중기로 분리하여 경중에 차이를 두어야 한다. 중요 기중기란 직접 공장의 생산 작업에 투입되는 것이며, 일반 기중기란 고장으로 정지되어도 작업상 큰 영향이 없는 것을 말한다. 그러나 중요 기중기나 일반 기중기나 모두 권상장치의 고장이 없어야 하므로 이점에서는 양자 모두 똑같은 비중으로 보수하는 체계가 필요하다.

② 보전방법에는 예방보전과 사후보전이 있으며 예방보전이란 고장이 일어날 것 같은 부분을 계획적으로 교환 수리하는 방법이다.

사후보전이란 고장이 발생한 후에 교환수리를 하는 보전방법이다. 중요 기중기 및 일반 기중기의 권상장치는 예방보전에 속하며 일반 기중기의 주행·횡행장치는 사후보전으로 수리한다.

③ 천장크레인 부품에 대한 수리한도란 차기 정기검사 때까지 보증할 여유를 두고 정한 한도를 말하며, 구조 부분의 점검은 1개월에 1번 정도의 점검과 1년에 1번 정밀점검을 받아 수리하여야 한다.

④ 임시수리는 다음과 같은 사항이 발생하였을 때 한다.

㉮ 순회검사에서 발견한 것으로 수리를 필요로 하는 사항

㉯ 돌발적으로 발생한 고장에 대하여 곧바로 수리를 해야 하는 사항

㉰ 정기검사까지의 기간이 길 때 사용한도에 따라서 중간에 국부적으로 검사 수리하는 사항

⑤ 천장크레인을 보수하는데 있어서 고장이 발생한 곳, 빈도, 고장상태, 단기간에 열화하는 부분의 열화 상황 등을 잘 알아두는 것이 필요하며 이에 따른 점검방법, 검사방법, 예비품의 구입, 수리계획 등의 정밀한 준비가 체계적으로 되어 업무를 원활하게 수행할 수 있도록 하여야 한다. 그리고 고장발생은 작업량의 변동 등에 관련이 있으므로 운전자와 보수자와 연락을 밀접히 하여야 한다.

> **(주) 예비품으로 준비 두어야하는 부품**
> ① 일정한 사용시간으로 마모하는 부품
> ② 고장이 일어나기 쉬운 부품
> ③ 입수하는데 번거로워 시간이 많이 걸리는 부품
> ④ 정기적인 정비를 위한 스페어 품목(예비품)에는 전동기 및 콜렉터 브러시, 제어기 접점, 퓨즈, 램프, 브레이크 라이닝, 전자접촉기 등이 있다.

⑥ 천장크레인의 고장발생순서는 기계부분에서 기어, 와이어로프, 볼트, 롤러, 베어링, 브래킷, 키, 축, 차륜 순이며, 전기부분의 고장으로는 전동기, 접촉기, 집전장치, 제어기, 브레이크 등의 순이다.

① 전기 부분 보수시 주의사항

(1) 스파크(spark) 발생 비율

① 전로를 닫을 때 보다 열(off)때가 스파크가 많다.
② 그 접촉점을 흐르는 전류가 많을수록 스파크가 많다.
③ 그 접촉점 간에 전압이 클수록 스파크가 많다.
④ 접촉면에 요철이 심하면 스파크가 심하다.
⑤ 교류보다 직류가 스파크가 크다.
⑥ 주파수가 높을수록 스파크가 크다.

(2) 기중기에서 스파크가 나기 쉬운 곳

집전장치의 접촉점, 컨트롤러 접촉 개시점, 전자 접촉기, 나이프 스위치 접점, 전동기 슬립링 등이므로 점검을 철저히 하여야 한다.

(3) 감전 대책

전기 부품의 점검 보수는 감전의 위험이 따르므로 감전 방지 대책을 강구해 놓아야 한다. 경미한 감전이라도 그 자극으로 중심을 잃어 높은 곳에서 떨어져서 사상 등의 사고가 유발되므로 저압이라도 충분히 주의해야 된다. 감전 대책으로는 다음과 같은 것들이 있다.

① 누전되지 않게 기내 배선의 절연을 완전하게 한다. 기내 배선이 낡아지면 기중기 본체에서 누전되어 지상 작업자가 로프나 훅에 닿아 감전하는 수도 있다.
② 수전 설비, 전기기기 등에서 감전될 우려가 있는 곳은 안전 커버를 한다.

③ 정전 또는 운전이 끝났을 때, 점검 및 수리시에는 반드시 전원스위치를 내린다. 특히 보수중에는 다른 사람이 스위치를 넣지 않게 "수리 중" 표시를 한다.
④ 복장은 피부가 노출되지 않게 하고 건조한 옷을 착용하며 절연이 양호한 신발을 착용한다.
⑤ 감전사고 방지를 위한 장치에는 접지, 누전차단기, 메인라인 스위치 등이 있다.

> **(주)**
> 작업장에서 전기설비에 접근제한 및 위험 표지를 붙여야 하는 곳은 직류 250V, 교류 220V 이상의 전압이 흐를 때이다.

② 급유법

① 천장크레인의 감속기어 오일은 여름철에는 점도가 높은 것을, 겨울철에는 점도가 낮은 것을 사용하며 약 2000시간 마다 교환하여야 한다. 또한 감속기어 케이스의 급유법은 유욕식이며 케이스의 1/4정도 오일을 채워 준다. 진동이 심하고 먼지가 많은 개방기어에는 그리스를 발라주는 것이 좋다.
② 고속회전하는 부분은 저점도의 오일을 주유해야 하며 주행·횡행속도가 고속인 것, 스팬이 긴 것 등에서는 차륜 플랜지의 마찰이나 기중기의 사행(蛇行)으로 인한 플랜지나 레일 측면의 마모가 크므로 차륜의 플랜지나 레일(답면) 측면에 소량의 오일을 차륜 도유기로 자동적, 연속적으로 도유하는 것이 효과적이다.
③ 베어링의 오일 교환시는 솔벤트, 경유 등으로 잘 세척, 건조시킨 후 그리스를 주유하며 1회 충진하면 2000시간 정도 사용이 가능하며 베어링 케이스의 1/2~1/3 정도 급유한다.
④ 매일 작업하는 기중기의 그리스 점검은 매일 해야 하며 드럼의 베어링, 주행차륜 베어링, 횡행차륜 베어링은 그리스를 집중 급유장치로 급유한다.
⑤ 브레이크 휠과 라이닝, 레일의 상면, 벨트 등에는 기름이 부착되어서는 안된다.

(1) 주요부의 주유

1) 브리지의 급유

핀, 레버 등 조립되지 않는 곳은 그리스로 주 1회 급유하며 주유부의 급유시간 및 방법은 그림 5-1, 5-2와 같다.

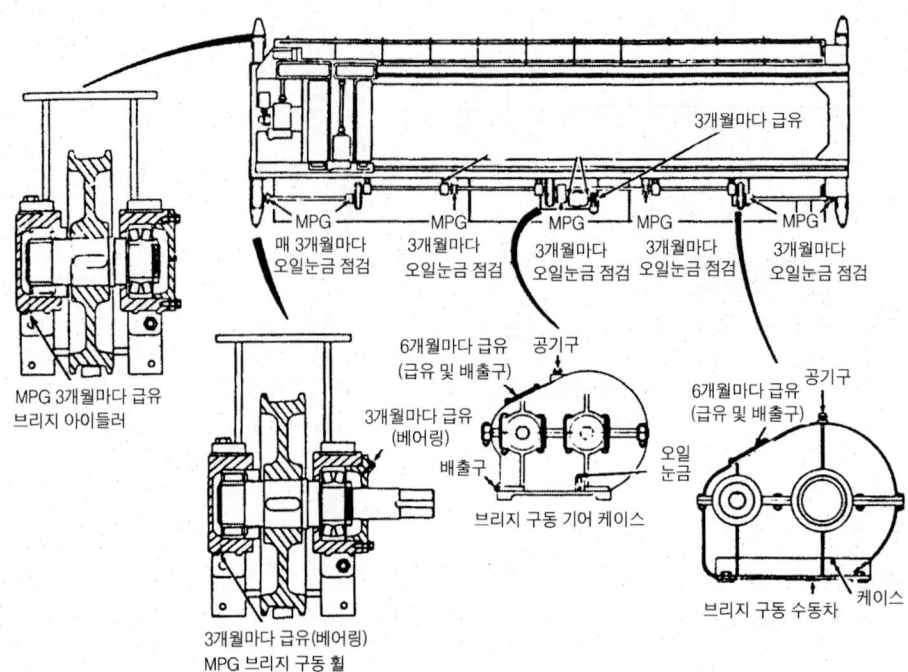

그림 5-1 브리지의 급유

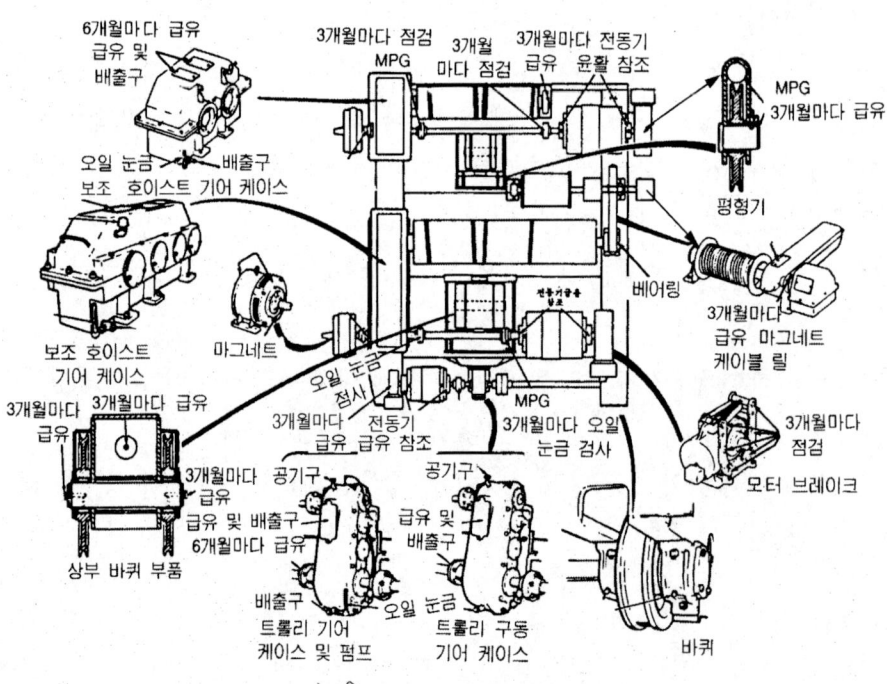

그림 5-2 트롤리의 급유

2) 와이어로프 급유

① 와이어로프를 와이어 브러시, 스크레이퍼, 압축공기로 깨끗이 한다. 이때 가능한 한 이물질과 폐유를 깨끗이 닦아 낸다.
② 윤활유는 와이어로프의 가운데로 스며들 정도로 급유하여야 하며, 너무 많으면 흘러 내리고 너무 많아 화물에 묻으면 안된다.

㉮ **분할통 이용법(split box method)** : 분할통의 출구를 삼베나 걸레 등으로 설치한 깔대기 모양의 통을 이용하는 방법

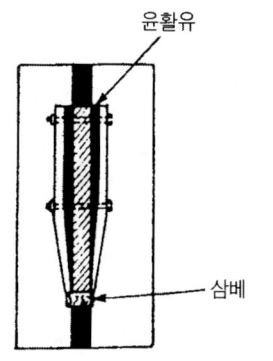
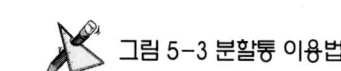
그림 5-3 분할통 이용법

㉯ **유출법(pour on method)** : 윤활유를 부착력이 있도록 가열하여 도르레 뒤에서 헝겊으로 닦아 내는 방법

㉰ **욕탕법(bath method)** : 높은 온도에서 점도가 낮아지는 성질을 이용하는 방법으로 윤활유의 온도를 일정하게 하기 위한 가스 버너나 증기 등이 사용된다. 이때 로프는 천천히 움직인다.

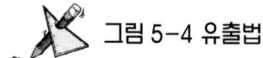
그림 5-4 유출법

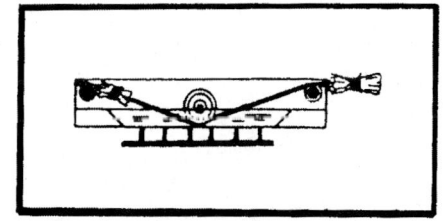
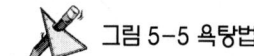
그림 5-5 욕탕법

③ 와이어로프용 윤활유의 구비조건은 다음과 같다.
 ㉮ 산이나 알카리성을 띠지 않아야 한다.
 ㉯ 로프에 잘 부합되도록 부착력이 있어야 한다.
 ㉰ 로프에 잘 스며들도록 침투력이 있어야 한다.
 ㉱ 모든 조건하에서 녹지 않아야 한다.
 ㉲ 유막을 형성하는 힘이 커야 한다.
 ㉳ 내산화성이 커야 한다.

06

운전 및 수신호방법

운전 및 수신호방법

① 천장크레인 운전

(1) 운전시 주의사항

1) 작업개시 때의 주의사항

작업 시작 전에는 반드시 일상점검을 실시하여야 하며 특히 장시간 휴업하였다가 운전을 개시할 때에는 세밀한 점검이 필요하며 다음 사항이 만족되어야 한다.

① **설비 동력** : 일반적으로 천장크레인에서 사용하는 전력은 440V로써 그 위험성이 매우 크므로 특히, 집전장치(컬렉터와 컨덕터) 부분은 지상에서 주전원 안전스위치를 OFF 시키기 전에는 절대로 만져서는 안된다.

② **운전석 계기류** : 입력전압을 표시하는 전압계(볼트 메터)가 입력전압이 규정전압의 ±10% 이상 차이가 나면 전동기가 과열되므로 전압계가 정확히 작동되는지를 확인해야 한다.

(2) 운전 중 주의사항

1) 안전한 운전

① 기중기를 갑자기 출발 또는 정지하면 기중기에 기계적 무리가 가며, 갑자기 과전류가 흘러 전기장치에 무리가 있으며, 취급 화물이 관성으로 심하게 흔들려 매우 위험하게 된다.

② 기중기의 수리 중 작업원과 운전자와의 연락이 원만하지 못하여 불의의 안전사고로 인명 사고를 일으키는 일이 있으므로 시동 및 주행, 횡행 시에는 충분한 주의를 하여 그 연락에 특히 주의해야 한다. 혹을 권상할 때는 리미트 스위치가 있어도 충분히 주

의하여 권상해야 한다.

2) 원활한 운전

① 운전중에는 시동정지의 충격을 가급적 피하고 원활한 운전을 하여 기계의 수명을 연장할 수 있도록 노력해야 한다.
② 갑자기 전하중 전속력으로 운전하거나 필요 이상으로 빈번한 시동, 정지를 반복하는 것을 금한다.
③ 운전자는 운전중에 언제나 기계 각 부의 이상 음, 이상 진동, 이상 발열에 주의하여 어떠한 상태가 발생되면 즉시 운전을 멈추고 필요하면 관계 부서에 연락하여 원인을 조사하고 대책을 세워야 한다.

(3) 일반적인 주의사항

① 운전실에는 2인 이상 탑승을 금한다.
② 기중기의 승강에는 소정의 승강 규칙을 엄수한다.
③ 기중기 근접 공사에는 소정의 허가 제도를 명심하고 적극적으로 감시한다.
④ 소정의 보호구를 착용하고 운전에 적합한 복장을 한다.
⑤ 가동 중에 절대로 뛰어 타거나 뛰어내려서는 안된다.
⑥ 전기활선 작업은 절대 금한다.
⑦ 점검급유 및 청소시에는 소정의 표시를 게시하여야 한다.
⑧ 각종 안전 커버 등을 벗긴 채로 운전은 금한다.
⑨ 특히 지정된 작업(단독) 이외는 소정 신호자의 신호에 따라서 작업을 행한다.
⑩ 권상 작업일 때 매다는 도구가 팽팽한 시점에서 일단 정지를 하고 신호에 따라 짐이 땅에서 떨어졌을 때 다시 확인한다.
⑪ 감아 내릴 때도 바닥에 짐이 닿기 전에 일단 정지시켜 주위를 확인한 다음 실시한다.
⑫ 운전 중에 정전일 때는 신속하게 각 제어기를 OFF로 하고 스위치를 개방하여 송전을 기다린다.
⑬ 다음 상태에서 운전 조작을 해서는 안된다.
　㉮ 신호가 확실하지 않을 때
　㉯ 조구 또는 줄걸이의 불량 및 줄걸이 하는 사람에게 위험성이 있을 때
　㉰ 매단 짐 위에 사람이 탔을 때
　㉱ 차량 등을 밀고 당길 때

(4) 작업방법

① 바른 자세로 조종간의 위치를 확인하고 작업장의 환경을 눈에 익히며, 신호수의 신호에 의하여 작업 내용을 파악한다.

② 권상 조종간 조작으로 혹 블록을 최대로 내려 하한 리미트 스위치 작동여부를 확인한다.

③ 권상 조종간 조작으로 혹 블록을 최대로 올려 상한 리미트 스위치 작동여부를 확인한다.

④ 작업장에 있는 신호수의 신호에 따라서 주행 조종간을 조작하여 작업 위치로 주행한다.

⑤ 작업 위치에 도달하면 횡행 조종간을 조작하여 정확한 작업 위치로 트롤리를 횡행시킨다.

⑥ 횡행이 끝나면 필요한 혹 블록(주권이나 보권 중 무게에 적당한 것)을 신호수의 신호에 따라 하강시킨다.

⑦ 작업자가 로프를 혹 블록에 걸도록 기다린다. 이때 기중기의 규정된 최대 허용량 보다 초과 하중을 달면 안된다.

⑧ 와이어로프를 걸어 하중을 서서히 들어 올려서 와이어로프가 팽팽하게 되면 일단 멈춘다.

⑨ 로프가 빠지거나 이상이 없는가를 조사한다.

⑩ 규정된 높이로 하중을 감아올릴 때는 서서히 1단으로 감아올린다.

⑪ 일단 로프가 팽팽해지면 감아올리는 것을 중단하고 무게의 중심이 잘 맞았는지를 확인한다.

⑫ 무게의 중심이 잡히지 않아 하중이 흔들릴 때에는 재빠른 동작으로 주행 및 횡행 조종간을 조작하여 기중기를 좌우 전후로 이동시켜 흔들림을 잡는다. 이때 기중기를 하중이 흔들리는 방향으로 흔들리는 양만큼 이동시킨다.

⑬ 하중을 2m 이상 감아 올린 후 주행한나.

⑭ 달아 올린 하중을 급격하게 주행하면 하중에 흔들림이 생겨 기중기에 충격이 전달되고, 하중도 떨어질 위험이 있으므로 급격한 주행은 피한다.

⑮ 주행할 때에는 미리 예정주행로를 결정하여 가능한 한 최단거리로 주행하여야 하며, 구조물이나 사람, 기계 위를 통과해서는 안된다.

⑯ 주행 진로 밑에 사람이 있으면 피할 여유를 두고 경종(사이렌)을 울려 사고를 방지한다.

⑰ 목표된 위치에 정확히 정지한 후에 감아올린 속도보다 더욱 천천히 내린다.

⑱ 하중이 목표에 닿기 직전에 일단 정지하였다가 서서히 내린다.

⑲ 하중이 바닥에 내려졌으면 조종간을 빨리 4단으로 넣어 훅을 급속히 내린 후 재빨리 중립위치로 이동시켜 하강 속도를 "0"으로 한다.

⑳ 하중을 내릴 때 급정지를 하면 기중기에 충격이 오므로 주의한다.

❷ 수신호 방법

(1) 크레인의 손에 의한 공통적인 표준신호방법

운전구분	1. 운전자 호출	2. 운전방향지시	3. 주권사용	4. 보권사용
몸짓				
방법	호각 등을 사용하여 운전자와 신호자의 주의를 집중시킨다.	집게 손가락으로 운전방향을 가리킨다.	주먹을 머리에 대고 떼었다 붙였다 한다.	팔꿈치에 손바닥을 떼었다 붙였다 한다.
호각	아주 길게 아주 길게	짧게 길게	짧게 길게	짧게 길게
운전구분	5. 위로 올리기	6. 천천히 조금씩 위로 올리기	7. 아래로 내리기	8. 천천히 조금씩 아래로 내리기
몸짓				
방법	집게손가락을 위로해서 수평원을 크게 그린다.	한 손을 들어올려 손목을 중심으로 작은원을 그린다.	팔을 아래로 뻗고 집게손가락을 아래로 향해서 수평원을 그린다.	한손을 지면과 수평하게 들고 손바닥을 지면쪽으로 하여 2~3회 적게 흔든다.
호각	짧게 길게	짧게 짧게	길게 길게	짧게 짧게

운전구분	9. 수평이동	10. 물건걸기	11. 정지	12. 비상정지
몸 짓				
방 법	손바닥을 움직이고자 하는 방향의 정면으로 하여 움직인다.	양쪽손을 몸 앞에다 대고 두손을 깍지 낀다.	한 손을 들어올려 주먹을 쥔다.	양손을 들어올려 크게 2~3회 좌우로 흔든다.
호 각	강하고 짧게	길게 짧게	아주길게	아주길게 아주길게
운전구분	13. 작업완료	14. 뒤집기	15. 천천히 이동	16. 기다려라
몸 짓				
방 법	거수경례 도는 양손을 머리위에 교차시킨다.	양손을 마주보게 들어서 뒤집으려는 방향으로 2~3회 절도있게 역전시킨다.	방향을 가리키는 손바닥 밑에 집게손가락을 위로해서 원을 그린다.	오른손으로 왼손을 감싸 2~3회 적게 흔든다.
호 각	아주 길게	길게 짧게	짧게 길게	길게
운전구분	17. 신호불명	18. 기중기의 이상발생		
몸 짓				
방 법	운전자는 손바닥을 안으로 하여 얼굴 앞에서 2~3회 흔든다.	운전자는 사이렌을 울리거나 한쪽손의 주먹을 다른손의 손바닥으로 2~3회 두드린다.		
호 각	짧게 짧게	강하고 짧게		

(2) 데릭을 이용한 작업시의 신호방법

운전구분	1. 붐 위로 올리다.	2. 붐 아래로 내리기	3. 붐을 올려서 짐을 아래로 내리기	4. 붐은 내리고 짐은 올리기
몸 짓				
방 법	팔을 펴 엄지손가락을 위로 향하게 한다.	팔을 펴 엄지손가락을 아래로 향하게 한다.	엄지손가락을 위로해서 손바닥을 폈다 오므렸다 한다.	팔을 수평으로 뻗고 엄지손가락을 밑으로해서 손바닥을 폈다 오므렸다 한다.
호 각	짧게 짧게 길게	짧게 짧게	짧게 길게	짧게 길게
운전구분	5. 붐을 늘리기	6. 붐을 줄이기		
몸 짓				
방 법	두 주먹을 몸허리에 놓고 두 엄지손가락을 밖으로 향한다.	두 주먹을 몸허리에 놓고 두 엄지손가락을 서로 안으로 마주 보게 한다.		
호 각	강하게 짧게	길게 길게		

(3) Magnetic크레인 사용작업시의 신호방법

운전구분	1. 마그네트 붙이기	2. 마그네트 떼기
몸 짓		
방 법	양쪽손을 몸 앞에다 대고 꽉 낀다.	양손을 몸 앞에서 측면으로 벌린다. (손바닥은 지면으로 향하도록 한다.)
호 각	길게 짧게	길게

07

줄걸이 역학

줄걸이 역학

① 힘의 작용

(1) 힘(power)

힘이란 물체의 운동 상태를 변화시키고, 물체의 형상을 변화시킬 수 있는 것이며 어떤 물체에 힘을 작용시켰을 때 어떤 크기의 힘을 어떤 방향으로 작용시키는가에 따라서 물체의 이동속도 및 방향 등이 바뀐다. 그러므로 힘을 표시하기 위해서는 힘의 크기, 힘의 작용점 및 힘의 작용방향을 명시할 필요가 있으며 이들을 힘의 3요소라고 한다.

(2) 힘의 합성과 분해

다음 그림과 같이 한점 O에 작용하는 두 개의 힘 F_1, F_2를 두변으로 하는 평형 사변형 OA, OB를 만들고 그 대각선 OC에 상당하는 힘 F는 F_1, F_2가 동시에 작용하였을 때와 같은 작용을 한다. 이 경우 F_1, F_2와의 협력이라고 하는 F를 구하는 것을 힘의 합성이라고 한다.

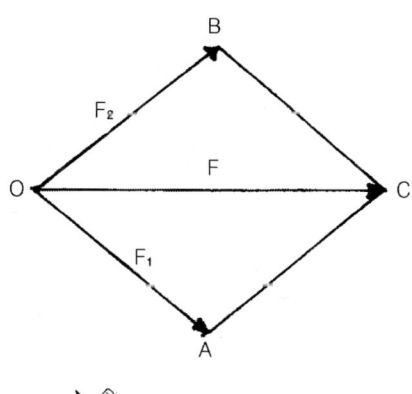

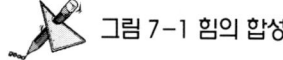
그림 7-1 힘의 합성

또 하나의 힘과 이것과 같이 작용하는 두 개 이상의 힘이 나누어지는 것을 힘의 분해라고 말하며 분해에 의해서 얻어진 힘을 분력이라고 한다.

이때 평형사변형을 만드는 방법은 많이 있으므로 힘이 분해할 때는 두 개의 합력의 방향을 받게 하든가 또는 한 개의 분력 크기와 방향 한쪽을 받게 하도록 한다. 힘의 분해하는 데는 합성의 역으로 하면 된다.

(3) 힘의 균형

많은 힘을 받고 있는 것이 움직이지 않거나 또 움직여도 같은 속도에 있을 때는 이들의 힘은 상호의 관계 때문에 균형이 잡혀 있다.

① 한점 O에 작용하는 두 힘의 크기가 동등하고 방향이 정 반대에 있을 때 두 힘은 균형이 잡혀있다.

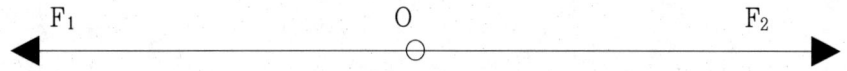

② 3력에 의한 물체의 균형 : 하나의 물건에 작용하는 세 개의 힘 F_1, F_2, F_3가 균형이 잡혀있을 때 다음 그림과 같이 닫혀진 삼각형이 된다. 또 이때 3력의 작용선은 한점 O에서 교차 된다.

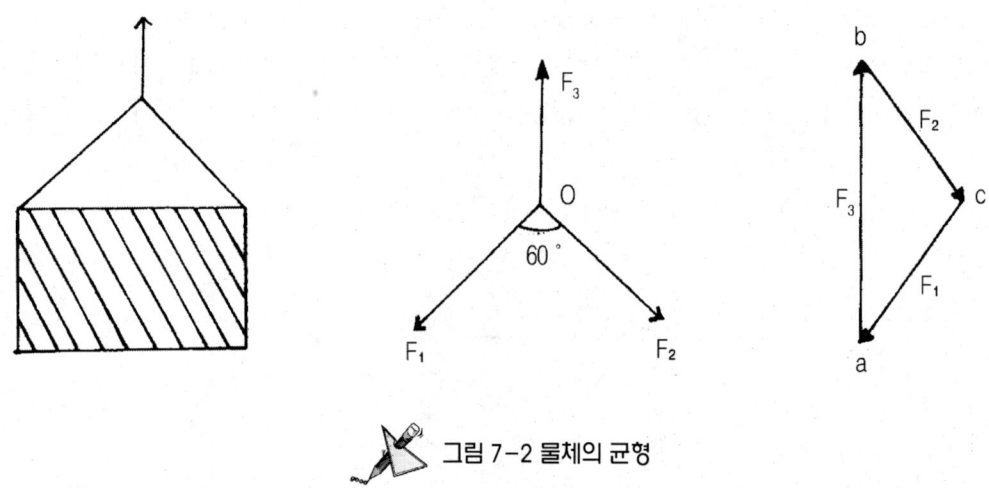

그림 7-2 물체의 균형

③ 물체에 작용하는 평행력의 균형
㉮ 같은 방향의 두 평행력의 균형

같은 방향의 두 평행력 F_1, F_2 에 균형력 F는 F_1, F_2 를 합친 것이며 F의 작용 위치는 F_1, F_2 의 반비례에 내분하는 점에서 그 향한 쪽은 F_1, F_2 의 큰 힘과 반대에 있다. 다음 그림에서 설명하면 다음과 같다.

합력 $F = F_1 + F_2 = 2kg + 3kg = 5kg$

착력점 O는 A점을 중심으로 생각하면 $\dfrac{F_1}{F_2} = \dfrac{2}{3}$ 가 되며 반비례는 $\dfrac{3}{2}$ 이다. 그러므로 A, B간에 A점을 기준하여서 3 : 2로 나누면 된다.

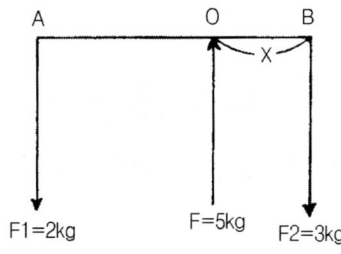

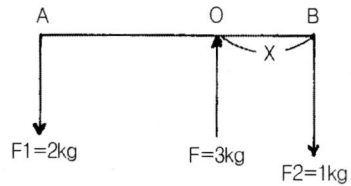

 그림 7-3 같은 방향의 평행력

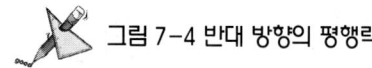 그림 7-4 반대 방향의 평행력

㉯ 반대방향의 두 평해력의 합성

반대방향의 두 평행력 F_1, F_2 에 균형력 F는 F_1, F_2 의 차이에서 F에 작용하는 위치는 F_1, F_2 의 반비례에 외분하는 점에서 그 향한 쪽은 F_1, F_2 중 큰 쪽의 힘에 향한 쪽과 반대이다.

합력 $F = F_1 - F_2 = 2kg - 3kg = 1kg$이 답은 +, -를 고려하지 않음.

착력점 O의 구하는 방법 점 O를 중심으로 생각하면

F_1 : OA = F_2 : OB

F_1 : (X+뮤) = F_2 : X

$X = \dfrac{F_1}{F_1 - F_2} AB$ (답의 +, -는 고려하지 않음)

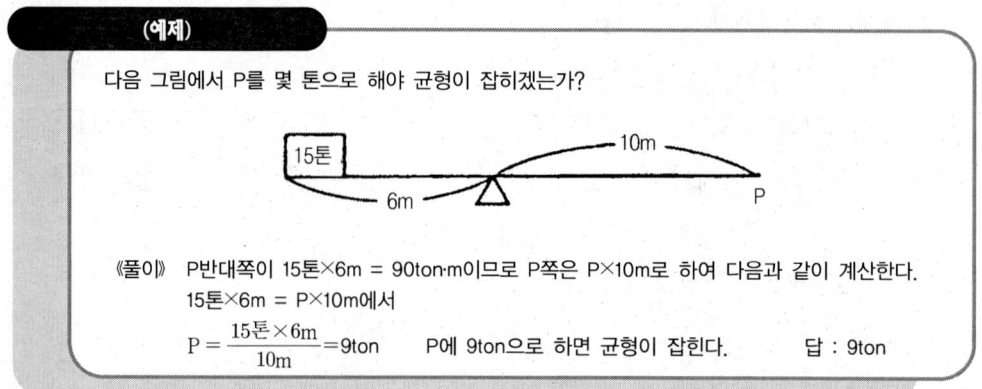

④ 속도와 힘
㉮ 관성력

운동을 하고 있는 물체는 계속 운동을 하려고 하며, 정지되어 있는 물체는 계속 정지하려는(그 상태를 계속 유지하려고 한다.) 성질이 있다. 이 성질을 물체의 관성력이라고 하며 뉴톤(Neton)의 운동 제1법칙이다.

㉯ 충격력

짧은 시간에 운동방향이나 속도를 변화시킬 경우 매우 큰 힘을 필요로 하는데 이것을 충격력이라고 한다. 이 충격력은 속도 변화가 클수록 커진다. 천장크레인의 경우에는 급제동이나 화물을 급히 권상하는 경우 충격력이 작용하며 이 충격력은 경우에 따라서는 5~10배의 힘이 작용하기도 한다.

㉰ 움직이고 있는 물체가 멈춘 경우

운동중인 물체의 에너지는 물체의 중량과 속도의 2승에 비례하므로 천장크레인에서 흔들리고 있는 화물을 바로 세울 경우나 방향 변경시 매달린 화물의 운동에너지가 크기 때문에 넓은 장소에서 하여야 한다.

❷ 중량과 중심

(1) 중량(重量)

천장크레인에서 화물을 권상하고자 할 때 중량의 정확한 추정이 필요하게 되므로 운전자도 평상시 취급하는 화물의 중량을 기억해 두는 것이 바람직하다. 일반적으로 중량은 물건의 체적에 비중(밀도)을 곱하면 된다. 또한 현장에 실제 취급하는 화물의 형태는 일정치 않으므로 각종 화물의 중량 산출법을 소개하면 다음과 같다.

체적이 ㎥(입방미터)인 경우에는 중량 = 체적×비중 = 톤, 체적이 cm³(입방센티미터)인 경우에는 $\frac{체적 \times 비중}{1000}$ = kg이 된다.

① 원기둥(환봉)의 체적

> 3.14×반지름×반지름×높이 또는 0.785×지름×지름×높이

② 원뿔의 체적

> $\frac{3.14 \times 반지름 \times 반지름 \times 높이}{3}$

③ 중공인 물체(파이프)의 체적

> 3.14×길이×두께×(외경-내경)

(예제)

1. 아래 그림과 같은 강괴를 천장크레인으로 들어올리려고 중량을 계산하려고 한다. 비중을 7.85로 하였을 때 이 강괴의 중량은 몇 kg인가?

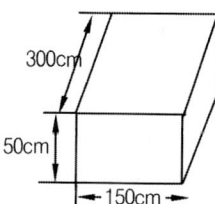

(풀이) 체적이 cm³가 되므로 $\frac{체적 \times 비중}{1000}$ 에 대입한다. 그리고 직사면체의 체적은 가로×세로×높이이다.

∴ $\frac{300 \times 150 \times 50 \times 7.85}{1000}$ = 17662.5kg

답 : 17662.5kg

2. 지름이 2m, 높이가 4m인 원기둥모양의 목재를 천장크레인을 이용 운반하려고 한다. 이 나무의 1㎥당 무게는 150kg으로 할 때 이 목재의 무게는 몇 kg인가?

(풀이) 원기둥이므로 0.785×지름×지름×높이×1㎥당의 무게에 대입하면 0.785×2×2×4×150 = 1884kg

답 : 1884kg

(주)

① 비중(比重)이란 물체의 중량과 그 물체와 같은 체적의 4℃ 순수한 물의 중량과의 비를 그 물체의 비중이라고 한다.
② 일반적으로 취급하는 물체의 1㎤당 중량은 아래표와 같다.

품 명	기준중량(g)	품 명	기준중량(g)	품 명	기준중량(g)
물	1.0	수석	7.3	콘크리트	2.3
구리	8.9	아연	7.1	벽돌	2.0
납	11.4	선철	7.0	자갈	1.7
주물	7.2	알루미늄	2.7	모래	1.6
강철	7.8	점토	2.6	석탄	1.5

(2) 화물의 중심

매다는 화물의 형태는 여러 가지이므로 화물의 중심위치를 정확하게 판단하는 일이 매우 중요하다. 따라서 화물을 매달 경우 다음 사항을 고려하여야 한다.

① 짐 중심의 판단은 정확히 할 것.
② 중심은 가급적 낮추도록 할 것.
③ 중심의 바로 위에 훅을 유도할 것.
④ 중심이 짐의 위쪽에 있는 것이나 전후좌우로 치우친 것은 특히 주의할 것.

(3) 물체의 중심판정

전체의 물체는 많은 부분이 분할하는 것이 되며 분할된 각각의 부분에는 중력이 작용한다. 따라서 물체에는 많은 평행력(중력)이 작용하고 있다. 평행력의 합성 협력을 구하는 것은 물체에 작용하는 중량과 어느 것이나 같이 된다. 이 협력의 중앙점을 중심이라 한다.

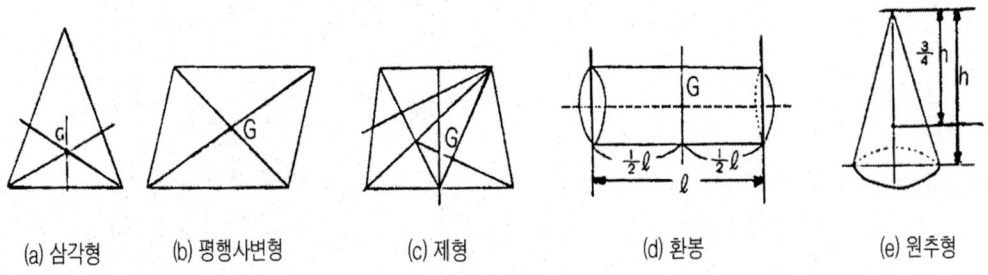

(a) 삼각형　　(b) 평행사변형　　(c) 제형　　(d) 환봉　　(e) 원추형

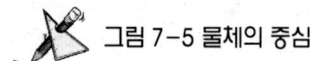

그림 7-5 물체의 중심

중심은 어떤 형태의 물체나 일정한 점에 있으며 물체의 위치나 쌓은 방법이 변하여도 중심은 변하지 않는다. 간단한 두께 및 밀도의 일정한 판의 중심을 구하는 방법은 다음 그림과 같이 한다.

(4) 물체의 안정 판정

물체가 전도되지 않게 하기 위해서는 중심을 지나가는 직선이 그 물체의 기초 또는 지면 안에 있는 것을 요구한다. 중심의 위치가 낮고, 중심을 지나가는 직선이 기저 안에 있으면 안전상태를 취한다. 따라서 물체가 안전하기 위해서는

물체의 밑면적이 넓고,

물체의 중심이 낮아야 한다.

줄걸이를 할 경우 이 두 가지 조건을 만족시켜서 작업하는 것이 중요하다.

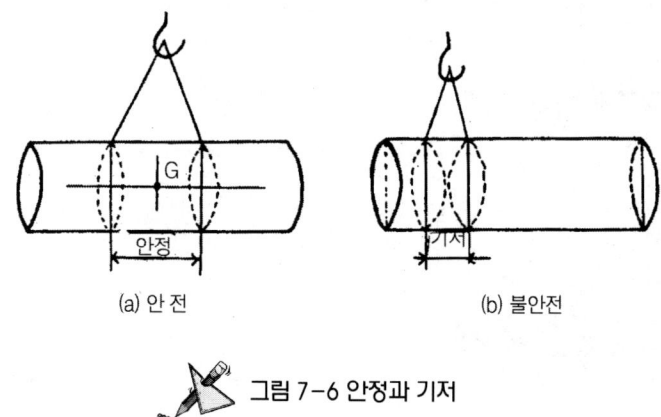

(a) 안전　　　　　　　　(b) 불안전

그림 7-6 안정과 기저

(5) 줄걸이용 로프에 매다는 각도와 장력

줄걸이를 하였을 때 훅에 걸린 와이어로프의 각도 a를 조각도라 한다. 소삭노가 달라지면 같은 중량의 짐을 매달았을 경우라도 로프에 걸리는 힘은 여러 가지로 달라진다.

와이어로프로 줄걸이를 하였을 때 짐의 중량 W를 지탱하는 힘은 양쪽의 와이어로프의 당기는 힘 T_1, T_2의 합력 T이며, T_1, T_2는 각각 1/2W보다 크다. 조각도 a가 커지면 와이어로프가 당기는 힘 T_1, T_2도 커진다. 따라서 짐의 중량이 동일할 때 조각도가 커지면 커질수록 굵은 와이어로프를 사용해야 된다는 것을 알 수 있다.

또한 로프의 당기는 힘 T_1, T_2의 수평 방향의 분력 P는 짐의 입출력으로 작용하며, 매다는 각이 커지면 커질수록 짐에 작용하는 압축력은 커진다.

조각도에 의한 계산방법은 다음과 같다.

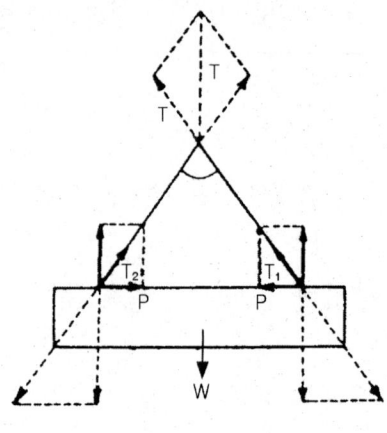

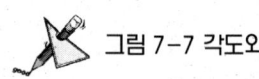
그림 7-7 각도와 장력

① 줄걸이 로프에 걸리는 하중

$$\text{로프에 작용하는 하중} = \frac{\text{부하물의 하중}}{\text{줄걸이 수} \times \text{조각도}}$$

(예제1)

4.8ton의 부하물을 4줄걸이로 하여 조각도 60°로 매달았을 경우 1줄에 걸리는 하중은 몇 ton인가?

(풀이) 로프에 작용하는 하중 = $\frac{\text{부하물의 하중}}{\text{줄걸이 수} \times \text{조각도}}$ 이므로

$$\frac{4.8}{4 \times \cos 30°} = \frac{4.8}{4 \times 0.866} = 1.39 \text{ton}$$

답 : 1.39ton

(예제2)

40ton의 부하물이 있다. 이 부하물을 권상하기 위해서는 20mm직경의 와이어로프를 몇 줄걸이로 하여야 하는가?(단, 20mm 와이어로프의 절단하중은 20ton이며 안전계수는 7이며, 로프의 자체중량은 0으로 한다.)

(풀이) ① 로프의 안전하중을 먼저 구하면 안전하중 = $\frac{\text{절단하중}}{\text{안전계수}} = \frac{20}{7} = 2.857 \text{ton}$

② 로프의 가닥수 = $\frac{\text{부하물의 하중}}{\text{안전하중}}$ 이므로 = $\frac{40}{2.857} = 14$

답 : 14줄걸이

③ 줄걸이 방법

(1) 줄걸이 용구와 줄걸이 방법

매다는 짐의 중량과 중심의 측정이 끝나면 짐의 중량, 모양에 적합한 가장 안전한 줄걸이 용구를 선택해야 한다. 임시 조치인 용구를 사용하거나 잘못된 용구를 사용하였기 때문에 짐이 떨어져서 의외의 사고를 일으킨 예는 실로 많다.

줄걸이 용구로서 와이어로프나 체인을 선정할 경우에는 먼저 매다는 각도를 정하여 짐의 모양이나 중량에 적합한 강도와 길이를 선택해야 한다.

매다는 각도는 60° 이내가 되도록 하고 이에 알맞은 길이의 와이어로프 등을 선택한다. 특수한 형인 것이나 막대모양으로 길이가 긴 짐을 매달 때는 그에 적합한 빔을 매다는 금속 공구로 매달고, 수가 많은 것은 상자모양인 금속공구를 사용하는 편이 안전하며 짐을 상하지 않게 할 수도 있고 능률도 좋다.

로프나 체인을 줄걸이 용구로서 사용할 때, 두 줄로 매다는 것과 네줄로 매다는 것은 그 짐을 안전하고 능률이 높게, 또한 물품을 상하지 않도록 확실히 매달 수 있느냐 없느냐로 결정하여야 한다.

가벼운 짐에 너무 굵은 와이어로프를 사용하면 도리어 위험하니 짐의 중량에 알맞은 와이어로프나 체인 및 보조구를 선정한다.

한 줄로 매다는 것은 절대로 금한다. 짐이 돌거나 기준 위치에서 벗어날 때가 있어 위험하므로 네 줄로 매다는 것을 원칙으로 하며, 매다는 각도는 60° 이내로 한다.

여러 개의 것을 동시에 매달 때는 일부가 떨어지는 일이 없도록 주의하며, 큰 짐 위에 작은 짐을 얹어서 매달면 작은 짐은 떨어지기 쉬우므로 떨어지지 않도록 매어두는 것이 좋다. 또한 작은 짐을 다량으로 매달 때는 적당한 용기에 넣어서 매달면 된다.

① 가급적 주위를 넓게 하여 실시할 것.
② 작업 중 중심이 달라질 때에는 와이어로프 등의 느슨함과 미끄러짐에 주의할 것.
③ 중심이 완전히 이동한 다음에 와이어로프를 서서히 늦추어 줄 것.
④ 밑에 쌓인 것을 들어낼 때는 반드시 위에 있는 것을 먼저 들어내고 나서 들어낼 것.
⑤ 매단 짐 위에는 절대로 타지 말 것.
⑥ 새클로 철판을 세워서 매달지 말 것.
⑦ 핀은 짐의 동요로 빠져 떨어지는 수가 있으므로 가급적 사용하지 말 것. 부득이 사용

할 때는 와이어로프가 느슨하여도 절대로 빠지지 않도록 하여 사용할 것.

(2) 짐을 매는 방법

줄걸이로 짐을 달아 올리려고 할 때에는 조금씩 감아 올려서 로프 등의 팽팽한 정도를 반드시 확인해야 한다. 매단 짐은 어떤 경우에도 수평으로 매달아 로프 등에 평균적으로 힘이 걸리도록 해야 한다. 진동이나 동요 때문에 로프가 미끄러지거나 한쪽으로 짐이 몰려서 짐이 빠져 떨어지는 일이 없도록 주의하여야 한다.

로프나 체인으로 매다는 방법은 원칙적으로 4줄 매달기로 하며 한 줄로 매달아서는 안된다.

한 줄 매달기의 나쁜 이유는 다음과 같다.
① 짐의 올바른 중심을 잡기가 곤란하기 때문에 달아 올린 순간에 짐이 돌거나 이동하여 위험하다.
② 짐이 한쪽을 치우쳤을 때 로프에 이상한 힘이 작용하여 짐을 동여맨 줄이 빠져서 매단 짐이 떨어지는 위험이 있다.
③ 눈 이음부분에서 로프가 끊어질 염려가 있다.

(3) 짐을 매는 위치

짐을 기중기로 매달 때 매는 위치가 좋지 않으면 아무리 중량에 적당한 줄걸이 용구를 사용하고 또한 중심을 정확하게 잡았다고 할지라도 생각지도 않은 재해가 발생하기도 하며 줄걸이 용구나 짐이 손상되기도 한다.

따라서 와이어로프를 거는 아이 볼트, 새클 등의 장치가 있는 곳, 미끄러질 염려가 있는 것 등에는 안전을 충분히 고려하여야 하며 또 필요한 받침을 반드시 사용하여야 한다. 받침은 짐의 날카로운 모서리가 손상되기 쉬운 곳에 와이어로프를 걸 때에 사용하며 다듬질한 면이나 동, 도금체, 절연물 등에 직접 로프를 걸어서는 안된다. 로프가 팽팽해졌을 때에 받침이 벗겨지지 않았나를 반드시 확인해야 한다.

로프를 짐에 거는 위치는 신중히 결정하여야 한다. 짐의 아이 볼트 기타의 부착물이 있는 것은 이것을 이용하도록 한다. 그 때는 받침을 이용하여 줄걸이 공구가 손상하지 않도록 주의한다.

잘 미끄러지는 곳이나 벗겨지기 쉬운 곳에는 걸지 말며, 부득이 걸어야 할 때는 받침 등 적당한 보조구를 사용한다.

(4) 운반 경로와 신호의 유도

짐을 운반할 때에는 미리 그 경로에 대해서 생각해 두어야 한다. 짐을 안전하고 또 확실하게 능률적으로 목적 장소에 운반하기 위해서는 다음과 같은 것을 생각해 둘 필요가 있다.

① **운반 경로의 장애물에 대해서 주의한다.**

매달 높이에서 충돌할 장애물은 없는가, 경로 부근에서 작업 중인 사람과 통행인은 없는가, 만약 짐이 떨어졌을 경우 사람을 부상시킬 만한 위험한 일은 없는가 등에 대해서 주의하여야 하며, 매다는 짐의 높이는 원칙적으로 사람 키 보다 높게 바닥 위에서 2m 이상으로 한다.

② **작업장인 경우는 다른 작업자의 위치에 주의한다.**

어떠한 경우에도 사람 머리 위를 경로로 선택하는 것은 피해야 하며, 또한 매단 짐 밑에는 어떤 사람이라도 들어가지 못하게 하여야 한다.

③ 운반경로는 부근의 기계나 시설 상황을 잘 보아서 정하여야 한다.

④ 유도의 방법은 정해진 신호로 방향을 기중기 운전자에게 전한 다음 반드시 한 사람이 확실하고 명료하게 정해진 방법으로 실시한다.

⑤ 신호자는 기중기 운전자가 가장 잘 볼 수 있는 위치를 선택한다.

(5) 짐을 푸는 방법과 쌓는 방법

매달아서 운반해 온 짐을 바로 놓아두는 것은 줄걸이 작업자로서 중요한 일이다. 잘못 쌓거나 난잡하게 놓아두는 것은 좋지 않으며, 또한 재해의 원인이 될 뿐 아니라 공장의 작업 능률을 현저하게 저하시킨다.

그러므로 매단 짐을 부릴 때는 다음과 같은 주의가 필요하다.

① 다음 작업을 하기 쉽도록 받침을 놓을 것. 경우에 따라서는 맨 로프는 그대로 두는 등 끌어내기 쉽도록 해 둘 것.

② 정리정돈을 항상 안전하게 할 것. 미끄러지거나 경사지지 않도록 주의할 것.

③ 짐을 쌓을 경우에는 진동이나 동요로 인하여 무너지는 일이 없도록 물림을 넣거나 + 자형으로 묶는 것이 좋다.

(6) 줄걸이 방법

① 훅걸이

명 칭	그 림	비 고
눈 걸이		전부 눈걸이를 원칙으로 한다.
반 걸이		미끄러지기 쉬우므로 엄금한다.
어깨걸이		굵은 와이어로프일 때(16m/m 이상)
짝감기 걸이		가는 와이어로프일 때(14m/m 이하)
어깨걸이 나머지 돌림		4가닥 걸이로서의 꺽어 돌림을 할 때 (와이어로프가 굵을 때)
짝감아 걸이		4가닥 걸이로서 와이어로프의 꺽어 돌림을 할 때(와이어로프가 가늘 때)

② 화물의 줄걸이 방법

그 림	설 명
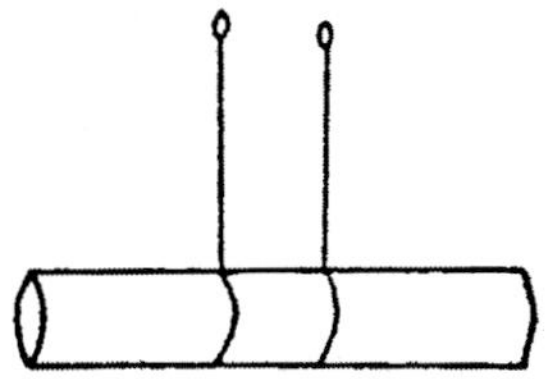	짐에 외줄걸이는 위험하므로 한 가닥의 로프를 반 접어서 동여매는 방법이 물건이 회전하더라도 안전하다.
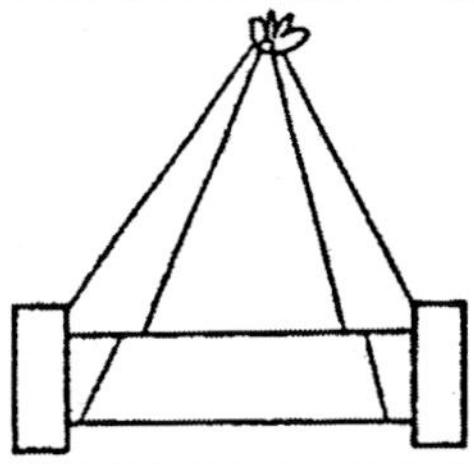	그림과 같이 짐을 매달 경우에는 강구의 닿는 부분에 고무 또는 가마니를 대어서 그 위에 와이어로프를 감아서 미끄러지지 않도록 한다.
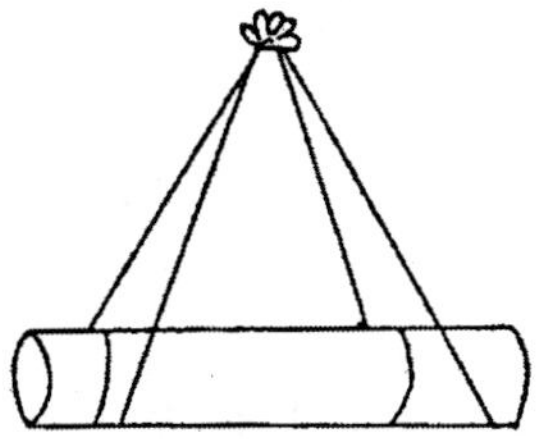	긴 물건을 매달 경우에는 로프를 물건에 한번 감아서 그림과 같이 매면 안전하다.
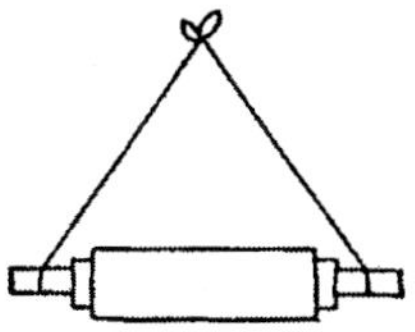	롤(roll)이나 기계 가공 완성품을 걸어 올릴 때에는 긴 와이어로프를 사용한다. 동여매는 방법은 화물에 거적을 감아 화물을 로프의 사구에서 묶어 60°로 단다. 짧은 로프로 물건을 달면 위험하므로 긴 로프를 사용한다.
	반원의 물건을 달 때는 먼저 제품의 중량, 길이, 중심을 보고 걸어 사구에 로프를 통해 잘 조여 단다.
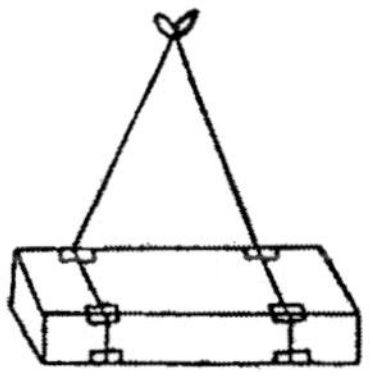	모서리가 있는 물건에는 반드시 덧물을 잘 덴다. 로프를 묶어 달 때는 사구를 잘 조인다. 로프를 거는 각도는 60° 이내로 한다. 각도를 크게 달면 미끄러질 위험이 있다.

그 림	설 명
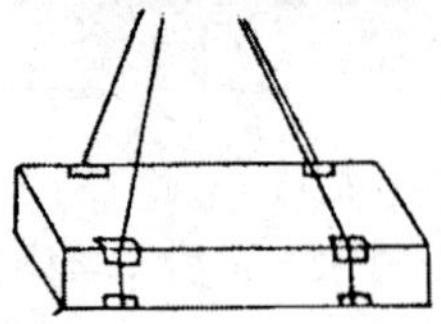	각물을 달 경우 2줄로 4가닥걸이로 하고 반드시 물건에 로프를 한번 감아 붙인다.
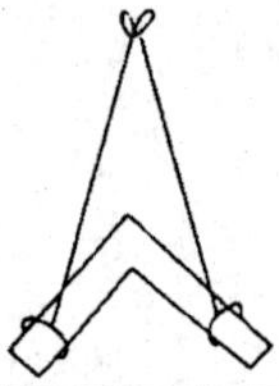	구부러진 것을 달 때는 중심을 잘 확인하여 로프를 묶을 때는 그림의 것과 같이 2에서 1에 로프를 통한다.
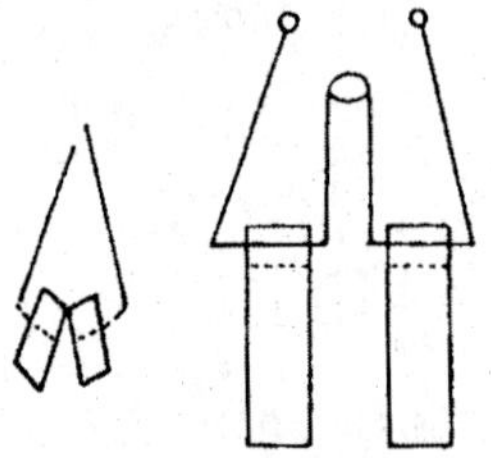	링(ring) 2개를 한 번에 달 때에는 한 가닥의 로프 중심을 훅에 한번 감아서 사구를 링의 안쪽에 내여서 훅에 건다. 좌측 그림과 같이 달면 링의 하측이 벌어져 놓을 때에 위험하다.
	링을 눕히거나 일으킬 때는 로프의 사구를 직접 훅에 걸면 로프가 각이나 주위를 둘러쌓은 것과 같이 삐뚤어지고 끊어질 때도 있다. 로프를 그림과 같이 걸어서 양사구에 핀을 꽂아 단다. 이 경우는 반드시 핀과 사구를 잘 묶어 건다.
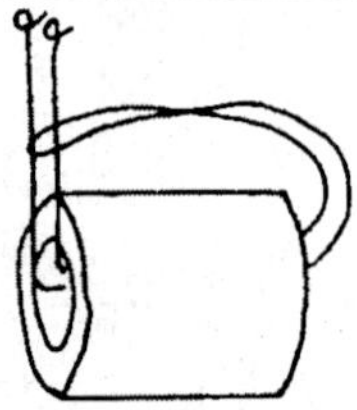	링(ring)을 묶어 달 경우에는 1가닥 길이로서 사구에 로프를 통해서 걸면 물건이 회전하기 쉽고 위험이 있으므로 둘로 갈라서 양사구를 훅에 건다.
	한 가닥의 로프로 물건을 새로 달 때는 사구를 좌와 우에 가지고 우의 사구를 좌의 사구에 통해서 조인다. 조였으면 그때마다 우의 사구에 통해서 조이면 두 개의 륜이 된다. 물건에 걸어서 조여 붙혀 그림과 같이 하여 단다.
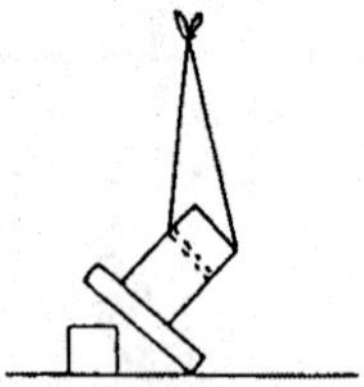	물건을 눕힐 때에 쓰이는 받침은 금속과 금속에서는 미끄러질 위험이 있으므로 받침은 목재를 사용한다. 1개의 받침을 밑에 두고 2가닥은 그 위에 8자형에 놓고 물건을 받침의 위에 7분 3분에 놓으면 간단히 눕히는 것이 되며 물건이 뉘이는 방향이 일정함으로 안전하다.

7. 줄걸이 역학 207

step 4 천장크레인의 작업안전수칙 및 수신호 방법

Question 1

다음 중 철판을 운반하는데 가장 적합한 크레인은?
① 후크 달림 크레인 ② 마그네트 크레인
③ 버켓 크레인   ④ 레이들 크레인

해설▶ 마그네트 크레인은 훅 대신에 마그네트를 부착하고 철판을 운반하는데 가장 적합하다.

Question 2

다음 설명 중에서 틀린 것 한 가지를 고르시오
① 리프팅 마그네트(lifting magnet)의 보호관은 비자성강으로 만든다.
② 리프팅 마그네트의 코일은 전부 씌워져서 공기와의 접촉부분이 없어 열의 방산이 나쁘다.
③ 리프팅 마그네트의 용량을 나타내는 방법은 소비전력에 기준한다.
④ 리프팅 마그네트는 온도가 상승하면 코일의 저항이 감소하여 전류가 감소하고 흡입력도 약해진다.

해설▶ 리프팅 마그네트의 보호관은 비자성강이며 마그네트는 밀봉되어 방열성이 불량하다. 용량은 소비전력을 기준으로 하며 온도가 상승하면 코일의 저항이 증가하므로 전류가 감소되고 흡입력도 약해진다.

Question 3

마그네트 크레인(magnet crane)에 있어서 정전시 맨 먼저 행하여야할 사항은?
① 비상스위치를 작동시켜 전자석 및 피 부착물을 땅바닥에 내려놓는다.
② 정전시 해소될 때까지 그대로 방치한다.
③ 주 스위치를 끈다.
④ 주행 모터용 스위치를 끈다.

해설▶ 마그네트 크레인에서 정전이 되면 맨 먼저 비상스위치를 작동시켜 전자석 및 부착물을 땅바닥에 내려놓아야 한다.

Question 4

마그네트 기중기에 있어서 정전보충 시간은?
① 5~10분   ② 10~15분
③ 15~20분 ④ 20~25분

해설▶ 마그네트 기중기에서 정전보충 시간은 5~10분 이상이 좋다.

Question 5

다음은 크레인 운전 전 점검사항 중 가장 관계가 없는 것은 어느 것인가?
① 각 부의 주유가 적당 한가 확인한다.
② 컨트롤러의 핸들을 조작접촉 관계를 확인한다.
③ 운반물을 들고 조금 권상·권하를 행하여 본다.
④ 크라브가 움직이는가를 확인한다.

해설▶ 운전 전 점검사항
　① 컨트롤러 조작상태 ② 리미트 스위치 작동상태
　③ 브레이크 작동상태 ④ 전동기 작동상태
　⑤ 집전장치 ⑥ 저항기
　⑦ 주행 및 횡행장치 ⑧ 권상장치
　⑨ 훅 및 와이어로프 ⑩ 각 부의 주유상태

1.② 2.④ 3.① 4.① 5.③

Question 6

운반개시 전 점검 중 가장 중요하다고 생각되는 사항은 어떤 것인가?

① 기름은 잘 주어져 있는가
② 운전실 컨트롤 레버는 정 위치에 있는가
③ 브레이크 및 안전장치는 잘 듣고 있는가
④ 주행로 상에 장애물은 없는가

해설▶ 운반 개시 전 점검 중 가장 중요한 사항은 브레이크 및 안전장치의 작동상태이다.

Question 7

다음 중 운전 전 필히 점검해야 할 사항은 어느 것인가?

① 주행 휠의 마모상태
② 브레이크 라이닝의 마모상태
③ 거어더의 처짐 양
④ 리미트 스위치의 기능

해설▶ 운전 전 필히 점검해야 할 사항은 리미트 스위치의 기능이다.

Question 8

기중기 운전시 갑자기 출발, 정지하면 좋지 않다. 다음 중 기중기가 갑자기 출발, 정지하지 않아야 되는 사항으로서 가장 적당하지 않은 것은?

① 기중기에 기계적 무리를 가하지 않도록 하기 위하여
② 갑자기 출발하면 밑에 있는 작업자가 피할 틈이 없어 위험하므로
③ 취급 물건이 관성에 의하여 심하게 흔들려 매우 위험하기 때문
④ 갑자기 과전류가 흘러서 전기장치에 무리가 있으므로

Question 9

천장크레인의 시험하중은 다음 중 어느 것인가?

① 정격하중의 50%
② 정격하중의 110%
③ 정격하중의 125%
④ 정격하중의 150%

해설▶ 정격하중의 110%를 걸어서 전동기의 전류를 차단하여도 하중을 안전하게 유지할 수 있어야 한다.

Question 10

천장크레인 하중시험은 정격용량의 몇 %를 초과시험 하는가?

① 10%   ② 20%
③ 25%   ④ 30%

Question 11

크레인 부품에 대한 수리한도란 다음 중 어느 것을 뜻하는가?

① 차기 정기검사시까지 보증할 여유를 두고 정한 한도
② 사용한도와 같은 뜻이다.
③ 재료 역학적, 기구학적으로 본 한도이다.
④ 최후의 사용한계를 뜻한다.

해설▶ 부품의 수리한도란 차기 검사시까지 보증할 여유를 두고 정한 한도를 말한다.

Question 12

다음 설명 중 가장 옳은 것은?

① 천장크레인 구조 부분의 점검은 1개월에 한번 정도의 점검과 1년에 한번 정밀 점검을 받아 보수하면 된다.
② 구조부분의 점검은 특별히 추돌했다거나 심

6.③ 7.④ 8.② 9.② 10.① 11.① 12.①

한 운전을 했을 때 점검을 하면 충분하다.
③ 구조부분의 점검은 1개월에 한번 정도 점검과 매 3개월마다 정밀점검을 받아야 한다.
④ 천장크레인의 도장(paintiong)은 녹 방지 도장은 1회, 마무리 도장은 2회 하는 것이 좋다.

해설▶ 천장크레인 구조부분의 점검은 1개월에 한번 정도 점검과 1년에 1번 정밀점검을 받아 보수한다.

Question 13
다음은 임시수리에 대해서 기술한 것이다. 맞지 않는 것은?
① 순회검사에서 발견한 것으로 수리를 필요로 하는 사항
② 돌발적으로 생긴 고장에 대하여 바로 수리를 행하는 사항
③ 정기검사까지의 기간이 길 때 사용한도에 따라서 중간에 국부적으로 거사 수리하는 사항
④ 고장이 생기지는 않았으나 운전수가 고장 가능성이 있다고 판단하고 수리하는 사항

해설▶ 임시수리는 ①, ②, ③항의 사항이 발생하였을 때 수리하는 것이다.

Question 14
천장크레인의 보수관리에 대한 설명 중 틀린 것은?
① 중요 기중기를 먼저 수리토록 한다.
② 고장이 일어날 것 같은 부분을 계획적으로 교환 수리하는 것을 예방 보전이라 한다.
③ 일반 기중기의 권상장치의 수리는 사후보전에 속한다.
④ 전 기중기의 전 장치를 예방 보전하는 것이 가장 좋다.

해설▶ 천장크레인의 보수에는 고장이 일어날 것 같은 부분을 계획적으로 교환 수리하는 사후보전이 있다. 권상장치는 예방보전에 속하며 주횡행장치는 사후보전으로 수리를 한다.

Question 15
800mm축에 끼워 있는 부시(미끄럼) 베어링의 마모한도는 다음 중 어느 것인가?
① 6mm   ② 4mm
③ 2mm   ④ 0.5mm

해설▶ 부시는 61~100mm, 1.0mm 기타는 2.0mm 마모한도이다.

Question 16
기중기에서 예비품을 갖추어 두어야 하는 부품이 아닌 것은?
① 일정한 사용시간으로 마모하는 부품
② 고장이 일어나기 쉬운 부품
③ 고장이 일어나기 쉽고 입수하는데 번거로워서 시간이 많이 걸리는 부품
④ 값이 비싸며 운반하기 어려운 부품

해설▶ 예비부품은 일정 사용시간으로 마모되는 부품, 고장발생이 쉬운 부품, 입수하는데 번거롭고 시간이 오래 걸리는 부품 등이다.

Question 17
주기적인 정비를 위한 스페어 품목을 기술한 것이다. 이 중 가장 관계가 없는 것은 ?
① 모터브러시   ② 제어반(판넬)
③ 컬렉터 브러시   ④ 제어기 접점

해설▶ 예비품(스페어 품목)
① 전동기 브러시 ② 컬렉터 브러시
③ 제어기(컨트롤러) 접점 ④ 브레이크 라이닝
⑤ 전자접촉기 팁과 코일 ⑥ 퓨즈, 램프

13.④ 14.③ 15.③ 16.④ 17.②

Question 18
천장크레인 전장부품의 예비품으로 반드시 확보되지 않아도 되는 것은?
① 전자접촉기 팁과 코일
② 브레이크 라이닝과 코일
③ 터미널 박스와 주인입 개폐기
④ 퓨즈와 램프

Question 19
다음은 전기의 스파크가 많을 경우를 기술한 것이다. 이 중 옳지 않은 것은 어느 것인가?
① 전로를 닫을 때보다 열 때가 많다.
② 접촉점을 흐르는 전류가 많을수록 많다.
③ 접촉점간의 전압이 낮을수록 많다.
④ 접촉면의 요철이 심할수록 자주 일어난다.

해설▶ 스파크 발생원인
① 전로를 열 때 ② 전압·전류가 높을 때
③ 접촉면의 요철이 심할 때
④ 직류 사용시 및 주파수가 높을 때

Question 20
다음은 전기기기의 불꽃(spark)이 발생할 경우를 나열한 것이다. 이 중 틀린 것을 한 가지 고르시오
① 접촉점을 흐르는 전류가 정격이상일 때
② 접촉점간의 전압이 낮을 때
③ 접촉면이 거칠 때이며 교류보다 직류에서 많다.
④ 주파수가 높을수록 많다.

Question 21
전동기 브러시에서 과대한 불꽃이 발생할 경우 우선 생각해야 하는 원인은?
① 브러시 과다 마모 및 접촉 압력 부족
② 전원전압 부족
③ 2차 저항 단락
④ 브레이크 라이닝 마모

해설▶ 브러시에서 과대한 불꽃이 생기는 원인은 브러시의 과다 마모 또는 접촉압력 부족인 경우이다.

Question 22
다음 설명 중 가장 올바른 것을 고르시오
① 정격하중이란 사용빈도가 가장 많은 취급 하중을 말한다.
② 각 감속기의 오일 교환시 1회 때는 사용시간을 앞당겨 교환하는 것이 좋다.
③ 전자 접촉기의 접촉자면이 거칠어지면 즉시 교환해야 한다.
④ 스파크는 직류보다 교류에서 많다.

Question 23
전기스파크가 일어났을 때 다음 사항 중 어떤 조치를 제일 먼저 취해야 하는가?
① 퓨즈를 끊는다.
② 나이프 스위치류를 off로 한다.
③ 레버(lever)를 급속히 정위치로 한다.
④ 전동기 스위치를 끈다.

해설▶ 스파크가 일어나면 즉시 나이프 스위치를 off로 한다.

Question 24
작업장에서 전기설비에 접근제한 및 위험표시를 붙여놓은 곳은 어느 정도 전압이 흐를 때인가?
① 직류 250V, 교류 200V
② 직류 250V, 교류 220V

18.③ 19.③ 20.② 21.① 22.② 23.② 24.②

③ 직류 220V, 교류 150V
④ 직류 220V, 교류 220V

해설▶ 직류 250V, 교류 220V 이상인 작업장에는 접근제한 및 위험표시를 붙여놓아야 한다.

Question 25
나이프 스위치의 충전부가 노출되면 어떤 현상이 일어나는가?
① 누전 우려 ② 과열착화 우려
③ 고부하 우려 ④ 감전 우려

해설▶ 나이프 스위치의 충전부가 노출되면 감전우려가 있다.

Question 26
크레인의 감전 사고를 방지하기 위한 장치를 기술한 것이다. 이 중 관계가 없는 것은 어느 것인가?
① 접지
② 누전차단기
③ 메인라인 스위치
④ 3상4선식 주행집권 장치

해설▶ 크레인에서 감전 사고를 방지하기 위해서는 접지(어스)를 시키고, 누전차단기를 두고 메인스위치(나이프 스위치) 등을 두고 있다.

Question 27
퓨즈가 끊어져 다시 끼웠을 때 또 끊어졌다면?
① 다시 한번 끼워본다.
② 좀 더 굵은 것으로 끼운다.
③ 기기의 합선여부를 검사한다.
④ 굵은 동선으로 바꾸어 끼운다.

해설▶ 퓨즈를 다시 끼웠을 때 또 끊어지면 기기의 합선여부를 검사해야 한다.

Question 28
천장크레인의 권상시 갑자기 제동이 걸렸을 때 적합한 원인으로서 맞지 않는 것은?
① 조작반 퓨즈가 끊어졌다.
② 열전동 릴레이가 떨어졌다.
③ 마그네트 브레이크용 회로에 이상이 있다.
④ 모터가 작동되지 않는다.

해설▶ 권상시 갑자기 제동이 걸리면
① 조작반 퓨즈의 단선
② 열전동 릴레이의 떨어짐
③ 리미트 스위치의 작동 등에 원인이 있다.

Question 29
D.C 마그네트 브레이크 동작시 조금 늦게 잡는 이유는?
① 잔류자기
② 기계적 효율
③ 전기적인 역율
④ 전기적 조작이 늦기 때문

해설▶ D.C 마그네트 브레이크 동작시 조금 늦게 잡는 이유는 잔류자기의 영향 때문이다.

Question 30
천장크레인에 사용되어지는 배선 방법 중 옳은 것은?
① 전동기에는 반드시 접지선을 잡아야 한다.
② 리미트 스위치에는 반드시 접지선을 잡아야 한다.
③ 판넬에는 절대로 접지선을 잡아서는 안된다.
④ 판넬에는 절대로 스페이스 히타를 설치해서는 안된다.

25.④ 26.④ 27.③ 28.④ 29.① 30.①

Question 31
기중기 운전실의 볼트 메터기가 멈추었을 때 점검해야 할 사항 중 해당되지 않은 것은?
① 집전자의 이탈여부 조사
② 주인입 개폐기 점검
③ 정전여부
④ 기중기내 변압기 이상여부 점검

해설 ▶ 운전실의 볼트메터기(전압계)가 정지하면
  ① 집전자의 이탈 여부 검사
  ② 주인입 개폐기의 점검
  ③ 정전 여부
  ④ 퓨즈 단선여부
  ⑤ 호로 단선 여부 등을 점검한다.

Question 32
천장크레인 감속기에 사용하는 윤활유로 적합한 것은?
① 고점도의 윤활유
② 고온도의 윤활유
③ 저점도의 윤활유
④ 아무것이나 무방하다.

Question 33
옥외에서 작업하는 천장크레인의 감속기 오일을 여름철에 교환하려고 할 때 가장 적합한 오일은 어떤 것인지 아래에서 고르시오
① 같은 종류의 오일로서 점도가 낮은 것
② 같은 종류의 오일로서 점도가 높은 것
③ 같은 종류의 오일로서 점도가 같은 것
④ 아무것이나 좋다.

해설 ▶ 여름철용 오일은 점도가 높아야 하며, 겨울철용 오일은 점도가 낮아야 한다.

Question 34
옥외용 천장크레인의 감속기어 오일을 여름에서 겨울로 계절이 바뀔 때 가장 적합한 오일 점도는 어느 것이 좋은가?
① 점도가 낮은 것
② 점도가 높은 것
③ 점도가 같은 것
④ 아무것이나 좋다.

Question 35
다음 급유 관계에 대한 설명 중 맞는 것을 고르시오
① 주행 차륜의 답면 및 레일표면에는 마모를 적게 하기 위하여 오일을 자주 발라둔다.
② 브레이크 라이닝은 마모가 심하므로 그 방지책으로 가끔 오일을 발라둔다.
③ 로프의 수명을 좌우하는 마모, 부식등을 방지하기 위하여 항상 오일을 바를 필요 없다.
④ 순회검사 및 오일급유 등은 기중기 운전사와는 관계없다.

해설 ▶ 주행차륜의 답면, 레일표면, 브레이크 라이닝 등에 오일을 발라서는 안되며 순회검사, 오일급유 등은 기중기 운전사가 자주 점검해야 한다.

Question 36
다음의 설명 중 틀린 것 한 가지를 고르시오
① 차륜도유기란 차륜의 플랜지 부분과 답면 사이에 기름을 칠해주는 장치이다.
② 감속기어의 케이스 기어 급유법은 유욕식으로 케이스의 1/4정도 오일을 채운다.
③ 집중 급유장치로 각종 베어링 또는 크레인

31.④ 32.③ 33.② 34.① 35.③ 36.③

의 모든 활차에 그리스(grease)를 보급한다.
④ 진동이 심하고 먼지가 많은 개방기어에는 그리스를 발라주는 것이 좋다.

Question 37
다음은 급유에 대한 기술한 것이다. 옳지 않은 것은?
① 지시된 기름을 주입하나 동절기에는 점도가 높은 것을 사용한다.
② 지시된 주입량을 기준으로 하며 사용빈도에 따라 증감시킨다.
③ 규정된 시간에 맞추어 급유한다.
④ 그리스 컵 급유인 것은 사용빈도 따라 수회 급유한다.

Question 38
매일 작업하는 크레인의 그리스에 대한 그리스 점검은 어느 정도씩 하여야 되는가?
① 주1회   ② 매일
③ 정기검사시   ④ 주일 2회

Question 39
표준형 천장크레인에 집중급유장치로서 그리스를 급유할 수 없는 부분은?
① 드럼 축수
② 주행차륜 축수
③ 횡행차륜 축수
④ 훅(hook) 축수

해설▶ 축수란 베어링 저널을 말하며 훅 축수는 손 급유법을 사용한다.

Question 40
다음은 기름이 부착되어서는 안되는 곳이다. 이 중 옳지 않은 곳은 다음 중 어느 것인가?
① 브레이크 라이닝   ② 레일 상면
③ 시이브(활차)   ④ 벨트

Question 41
주행중인 천장크레인이 있다. 지금 이 크레인에 rum-way에서 탑승코자 한다. 어떤 방법이 가장 양호한가?
① 같은 기중기 운전이므로 승차용 사다리를 이용, 필요시 임의 승차한다.
② 기중기가 정지할 때까지 따라 가다가 정지하면 곧 승차한다.
③ 운전중인 운전수를 큰소리로 불러 기중기를 정지시킨 후 탑승한다.
④ 승차용 부저를 사용하여 크레인이 정지할 후 신호를 보내주면 탑승한다.

해설▶ 런 웨이(run-way)에 탑승코자 할 때는 승차용 부저를 사용하여 크레인을 정지한 후 신호를 보내주면 탑승한다.

Question 42
다음은 천장크레인 운전자 안전수칙을 설명한 것이다. 틀린 것은?
① 운반물이 흔들리거나 회전하는 상태로 운반해서는 안된다.
② 운반물은 작업자 상부로 운반할 수 없으며 직각운전을 원칙으로 한다.
③ 운전석을 이석할 때는 크레인을 정지위치로 이동시킨 후 훅크를 최대한 내려놓는다.
④ 옥외 크레인은 강풍이 불어올 경우 운전 및 옥회점검, 정비를 제한한다.

37. ① 38. ② 39. ④ 40. ③ 41. ④ 42. ③

Question 43
다음 설명 중에서 맞지 않는 것은?
① 가벼운 짐이라도 외줄로 매달아서는 안된다.
② 구멍이 없는 둥근 것을 매달 때는 로프를 +자 무늬로 한다.
③ 두 대의 기중기로 작업을 할 때 지휘자는 절대 한사람이어야 하며 신호자는 기중기 한대에 1명씩 필요하다
④ 운전자는 줄걸이 상태가 좋지 않다고 생각될 때 그 작업을 하지 않아도 무방하다.

Question 44
줄걸이에 짐을 달아 올릴 때 주의사항 중 틀린 것은?
① 매다는 각도는 60도 이내로 한다.
② 큰 짐 위의 작은 짐을 얹어서 짐이 떨어지지 않도록 한다.
③ 짐을 전도시킬 때는 가급적 주위를 넓게 하여 실시한다.
④ 전도 작업 도중 중심이 달라질 때는 와이어 로프 등이 미끄러지지 않도록 주의한다.

Question 45
천장크레인 주행에 대하여 기술한 것이다. 이중 부적합한 것은?
① 급격한 주행을 하지 말 것
② 운반물상에 사람을 태우되 요동이 없도록 잘 운전할 것
③ 목적지에 거의 왔을 때는 서서히 주행할 것
④ 주행과 동시 운반물을 권상하 시키지 말 것

Question 46
다음은 주행운전 방법을 열거한 것이다. 이중 올바르지 못한 운전방법은 어떤 것인지 아래에서 고르시오?
① 진행중인 방향에 위험물의 유무를 확인하며 주행한다.
② 정지위치(장소)에 도달할 때까지 주행을 작동시켰다가 브레이크를 사용 정지한다.
③ 급격한 주행으로 달려 있는 짐이 흔들리지 않도록 운전해야 한다.
④ 주행작동 시작시 필히 경보를 울려야 한다.

Question 47
다음 천장크레인의 운전 작업 중 틀린 것은?
① 매단 짐을 운반시 높이는 2m 이상은 유지해야 한다.
② 운반경로는 부근의 기계나 시설상황을 고려해서 조정한다.
③ 신호는 어떠한 경우에도 한 사람의 신호에만 따른다. 단 비상정지시는 그러하지 아니한다.
④ 부득이한 경우에는 사람의 머리를 지나가도 무방하다.

Question 48
부하물이 위험물이며 대하중이고 작업장 주위에 기계나 시설물이 없이 넓은 곳이며 작업인원도 없는 곳에서 신호수와 줄걸이 수의 유도를 받으며 작업을 할 때 가장 양호한 운전 방법을 아래에서 고르시오
① 최소 높이 2m을 유지하며 서행한다.
② 가능한 지면에서 낮게 올려 서행한다.

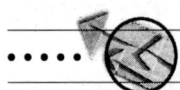
43.③ 44.② 45.② 46.② 47.④ 48.②

③ 작업장이 넓고 위험 개소가 없으니까 높이 2m를 유지하며 빨리 작업한다.
④ 주행을 서행하면서 수시로 브레이크를 사용하여 저지하면서 작업한다.

Question 49
천장크레인 운전시 주의해야 할 사항 중 틀린 것은?
① 하중을 경사하게 당겨서는 안된다.
② 안전장치를 벗기고 작업하여서는 안된다.
③ 정격하중의 1.5배까지는 중량을 초과해서 작업할 수 있다.
④ 작업개시 전에 이상 유무를 점검한 후 작업에 임하여야 한다.

Question 50
아래 사항은 천장크레인 운전 작업 중의 일반 사항이다. 이중 틀리게 설명한 것은?
① 운전 중에는 운전수는 짐이나 작업장소로부터 주의력을 다른 곳으로 돌려서는 안된다.
② 운전 중 전원이 단속되면 즉시 제어기를 off 위치에 놓는다.
③ 천장크레인이 주행 시작시마다 사이렌을 울려 여러 사람에게 주의케 해야 한다.
④ 옆의 기중기가 주행이 드러스트 브레이크일 때 운전자가 없으면 조금씩 밀어나가는 작업은 무방하다.

Question 51
천장크레인 운전에 관한 설명이다. 맞는 것은?
① 운전시 정확보다는 신속을 우선으로 한다.
② 운전시 가능한 한 주행, 횡행을 병행 운전하여 천장크레인의 가동률을 높인다.
③ 매일 반복되는 단순작업은 신호수가 아니라도 그 해당 업무 종사자가 신호를 하면 운전을 응해 줘야 한다.
④ 운전 중에는 잡념을 버리고 잡담을 금한다.

Question 52
다음에 열거한 운전 방법 중 적합지 않은 것을 고르시오
① 주권이 50톤, 보권이 10톤인 크레인에서 안전하게 8톤 짐을 주권으로 들어 올린다.
② 횡행을 2m이동 시킬시에는 먼저 1.5m정도 이동 후 흔들림에 따라 0.5 전진한다.
③ 주행의 처음과 끝은 저속으로 운전하여 브레이크를 서서히 밟아 정지시킨다.
④ 권상시에는 처음에는 저속으로 올리다가 서서히 최고속도로 올린다.

해설▶ 보권의 권상능력이 10톤이므로 8톤의 짐은 보권으로 들어올린다.

Question 53
다음은 원활한 운전 작업을 하기 위한 방법이다. 이중 올바르지 못한 것은?
① 운전 중 운전자는 항상 기계 각부의 이상 음향, 이상 진동에 주의한다.
② 정지 상태에서 출발시 갑자기 전속력으로 운전해서는 안된다.
③ 운전자는 물건을 들고 지나온 경로를 되돌아보며 운전방법이 올바르게 했느냐를 항상 반성하며 운전해야 한다.
④ 작업종료 후에는 꼭 소정의 위치에 정지시킨 후 전원을 off 한다.

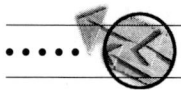

Question 54

천장크레인을 주행시 갑자기 장애물을 발견했을 때 재빨리 취해야 할 동작으로서 제일 먼저 해야 할 것은 무엇인가?

① 운전반 스위치를 전부 끈다.
② 컨트롤러를 전부 제로 노치에 놓는다.
③ emergency S/W를 누른다.
④ 족답 페달을 밟는다.

해설▶ emergency S/W
  ① 돌출형이며, 수동복귀형 이어야 함
  ② 머리부분은 적색, 바탕은 황색이어야 함

Question 55

천장크레인으로 물건을 운반할 때 주의할 점이다. 다음 중 잘못된 것은?

① 경우에 따라서 규정 무게보다 약간 초과할 수 있다.
② 적재물이 떨어지지 않도록 한다.
③ 로프의 안전여부를 점검한다.
④ 운반 중 작업자의 위치에 주의한다.

Question 56

천장크레인으로 짐을 운반코저 한다. 이때 줄걸이가 완료 되었을 때 운전자가 가장 올바르게 권상작업을 한 것은 어떤 것인가?

① 혹은 짐의 중심 위치에 정확히 맞추고 주행과 권상을 동시 작동한다.
② 줄걸이 와이가 완전히 힘을 받아 팽팽해지면 일단 정지한다.
③ 권상작동은 흔들릴 위험이 없으므로 항상 최고 속도로 운전한다.
④ 혹이 짐의 중심위치에 정확히 맞추었으면 권상을 계속하여 2m 이상 높이에서 멈춘다.

해설▶ 올바른 권상작업은 줄걸이 와이어가 완전히 힘을 받아 팽팽해지면 일단 정지하여 짐의 중심위치가 바른가를 점검한다.

Question 57

다음은 천장크레인의 운동속도에 대한 설명이다. 이중 틀린 것은?

① 권상장치에서의 속도는 양정이 짧은 것은 빠르게 긴 것은 느리게 작동되게 한다.
② 권상장치에서의 속도는 하중이 가벼우면 빠르게, 무거우면 느리게 작동되게 한다.
③ 위험물을 운반시는 가능한 저속으로 운전함이 좋다.
④ 주행속도는 가능한 저속으로 운전하는 것이 좋다.

해설▶ 천장크레인의 운동 속도
  ① 권상속도는 양정이 짧은 것은 느리게 긴 것은 빠르게 작동되게 한다.
  ② 권상속도는 하중이 가벼우면 빠르게 무거운 것은 느리게 작동되게 한다.
  ③ 위험물 운반 및 주행속도는 가능한 한 저속으로 한다.
  ④ 횡행장치도 가능한 한 저속으로 한다.

Question 58

다음은 천장크레인의 운동속도에 관한 설명이다. 이중 틀린 것은?

① 권상장치는 양정이 짧은 것은 느리고 긴 것은 빠르다.
② 권상장치는 하중이 가벼우면 빠르고 무거울수록 저속으로 한다.
③ 횡행장치는 스팬의 길이에 관계없이 고속을 채용한다.
④ 주행속도는 작업능력에 큰 관계가 없으므로 가능한 저속으로 한다.

54.③　55.①　56.②　57.①　58.③

Question 59

천장크레인 작업진행 중 갑자기 권상장치의 브레이크가 고장이 나서 브레이크가 작동되지 않는다. 이때 부하물을 매달고 주행 중인 상태에서 어떻게 응급조치를 해야 하는가?

① 주행을 멈추고 빨리 부하물을 내려놓는다.
② 주행을 최고속도로 운전하여 안전한 장소로 빨리 간다.
③ 권상장치 제어기를 계속 권상위치에 놓아 두고 안전한 장소로 빨리 간다.
④ 권상장치의 제어기를 on, off시키면서 높이를 유지해가며 안전한 장소로 빨리 간다.

해설▶ 주행 중 권상장치의 브레이크가 고장이 났으면 주행을 멈추고 빨리 부하물을 내려놓아야 한다.

Question 60

다음은 천장크레인 작업의 안전수칙을 열거한 것이다. 이중 적합하지 않은 것 하나를 고르면?

① 달아 올린 짐 밑에 사람의 통행을 막을 것
② 운전실에는 운전자 외에는 절대 출입시키지 말 것.
③ 지정된 신호수 외에는 신호를 하지 말 것.
④ 임의로 스위치 box에 손대지 말 것.

Question 61

천장크레인에서 운반물을 들어 올릴 경우 다음 사항 중 적당치 않은 것은?

① 운반물 중심상에 훅(hook)을 위치토록 한다.
② 로프가 충분한 장력을 가질 때까지 서서히 감는다.
③ 운반물을 주행경로를 고려 적당한 높이에 있도록 한다.
④ 로프가 장력을 가질 때부터 주행을 시작한다.

Question 62

짐을 권상시킬 때의 운전방법 중 가장 양호한 것은?

① 천장크레인은 정격하중의 125%는 들어올릴 수 있으므로 평소와 같이 권상한다.
② 짐을 조금씩 들어 올리고 그때마다 제어기를 off시켜 브레이크의 지지능력을 확인한다.
③ 지면에서 30cm쯤 위치에서 일단 정지하고 줄걸이의 이상을 확인한 후 계속 들어올린다.
④ 안전을 위하여 작업을 하지 않는다.

해설▶ 권상시에는 지면으로부터 30cm정도 짐을 들고 일단정지 후 계속 들어올린다.

Question 63

천장크레인으로 짐을 운반해 와서 지정한 장소에 내리는 작업 중이다. 이때 올바르지 못한 운전방법을 한 가지 고르시오

① 지면에 닿기 전 약 30cm 정도에서 일단 정지한다.
② 받침대가 놓여 있는 정해진 위치이므로 그대로 권하하여 와이어를 푼다.
③ 정해진 위치라도 꼭 신호수의 신호에 따라 내려야 한다.
④ 지면에 가까워지면 권하속도를 서서히 줄인다.

해설▶ 짐 하역시 받침대가 놓여있는 정해진 위치일지라도 지면에 닿기 전 30cm 정도에서 일단정지 하였다가 짐을 내려야 한다. 그리고 신호수의 신호에 따라야 하며 지면이 가까워지면 권하속도를 줄여야 한다.

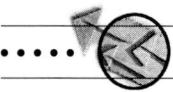

59.①   60.④   61.④   62.③   63.②

Question 64
다음은 운반물을 지상에 내릴 경우를 기술한 것이다. 가장 맞는 것은?
① 운반물의 권하시 속도는 권상시의 속도와 같은 정도를 유지한다.
② 기계를 조립시의 속도는 속도에 관계없이 정확히 조립하면 된다.
③ 일단 적당한 높이까지 내린 다음 일단 정지 후 서서히 내린다.
④ 운반물의 권하시 운반물의 흔들림이 없으면 속도에 관계없이 작업하여도 좋다.

Question 65
다음 설명 중 틀린 것은?
① 운전자가 크레인을 이석코져 할 때는 녹색등을 점등하여야 한다.
② 운전자는 운반물이 흔들리거나 회전하는 상태로 운전을 해서는 안된다.
③ 마그네트 크레인이 운행도중 정전이 되면 최대 5분 이내 조치하여야 한다.
④ 옥외 크레인은 매초 20m 이상의 강풍이 불어올 경우 임의 이동이 되지 않게 안전조치를 해야 한다.

> **해설▶** 옥외 크레인은 매초 30m/sec 이상의 강풍이 불어오면 임의 이동되지 않게 안전조치를 한다.

Question 66
천장크레인 운전자는 순간 풍속(m/s)이 얼마 이상일 때 옥외 설치되어 있는 크레인에 대해 고정장치를 작용시켜야 하는가?
① 10 ② 20
③ 30 ④ 40

Question 67
천장크레인의 리프트가 50m를 넘는 경우 사용하중의 결정에 대한 다음 보기 중 가장 맞는 말은?
① 와이어로프의 절단하중을 정격하중으로 한다.
② 와이어로프의 안전율을 계산할 경우 정격하중에 후크블럭의 무게까지 고려한다.
③ 와이어로프의 안전율을 계산할 경우 정격하중, 후크블럭 및 로프중량까지 고려한다.
④ 와이어로프의 안전율은 2~3으로 하는 것이 적당하다.

> **해설▶** 리프트(양정)가 50m 이상일 때 사용 하중의 결정은 와이어로프의 안전율을 계산시 정격하중에 후크블럭의 무게까지 고려해야 한다.

Question 68
다음은 운전종료 후 조치 사항이다. 이중 틀린 것은?
① 각 제어기를 off를 하고 전원 s/w를 off한다.
② 각부의 청소를 한다.
③ 운전종료 지점에 기중기를 정지시키고 각 s/w를 off한다.
④ 운전 중 조금이라도 이상을 느꼈던 부분을 점검한다.

> **해설▶** 운전 종료 후에는 소정의 교대위치에서 기중기를 정지시킨다.

64.③ 65.④ 66.③ 67.② 68.③

Question 69

다음은 천장크레인 운전 종료 후 점검 및 유의사항이다. 틀린 것은?

① 정위치에 정지하고 각 조작 레버를 "0"점에 놓는다.
② N.F.B를 전원측에서 부하측을 차단시킨다.
③ 운전 중 의심나던 곳을 점검 확인한다.
④ 전원스위치 차단상태를 확인하고 운전실을 잠근다.

해설▶ 운전 종료 후 점검은 ①, ③, ④항과 N.F.B는 부하측에서 전원측으로 차단한다.

Question 70

다음 천장크레인 중 권하속도가 빠를수록 좋은 기중기는 어느 것인가?

① 원료장입 크레인
② 주기 크레인
③ 강괴 크레인
④ 담금질 크레인

해설▶ 담금질 크레인은 권하속도가 빨아야 한다.

Question 71

다음 설명 중 틀린 것은?

① 해안지방의 경우 페인트 내용 년수는 1~2년이다.
② 주행레일은 년 2회 정밀측정을 해야 한다.
③ 저항기의 온도가 350℃가 될 때도 생기므로 통풍을 좋게 해야 한다.
④ 권상브레이그의 작동상대 점검은 정격하중의 2배를 매달아 전원을 끊고 측정한다.

해설▶ 권상브레이크의 작동상태는 정격하중의 110%를 매달고 전원 차단 후 측정한다.

Question 72

3.7kw 권선형 주행모터가 고장이 나서 정비 창고에 가보니 7.5kw 권선형 크레인 모터가 있었다. 가장 적합한 조치 방법은?(단, 극수 및 허용 전압이 같았다.)

① 용량이 더 크므로 즉시 교체한다.
② 용량이 같지 않으면 속도제어가 불가능하여 사용할 수 없다.
③ 용량이 같지 않아 쓸 수 없으므로 시중에서 용량이 같은 일반모터를 구입 교체한다.
④ 용량이 더 크므로 모터 bad를 수정하여 setting한다.

해설▶ 전력의 용량이 같지 않으므로 속도제어가 불가능하여 사용할 수 없다.

Question 73

전체적으로 둥글면서 울퉁불퉁한 부하물의 줄걸이를 마친 후 운전수가 약 10cm 정도를 권상해 보니 부하물이 빙글빙글 돌면서 좌, 우로 약 30cm 정도 간격으로 흔들린다. 이때 가장 쉽고 안전하게 작업할 수 있는 방법은?

① 제자리에 권하시킨 후 줄걸이를 다시 한다.
② 주행 및 횡행을 사용 흔들림을 잡아준다.
③ 흔들림이 별로 크지 않으니까 그대로 운전해도 상관없다.
④ 사이렌을 계속 취명하면서 작업을 진행한다.

Question 74
천장크레인으로 물건 운반시 최소높이로서 몇 m를 유지하는가?
① 0.5m ② 1m
③ 2m   ④ 3m

Question 75
다음 설명 중 가장 올바른 것은?
① 전기에너지를 기계에너지로 바꾸는 장치를 발전기라 하며 직류발전기와 교류발전기가 있다.
② 마그네트 기중기는 철편을 붙였을 때 전기 스위치를 끊어도 잔류자기 때문에 철판이 금방 떨어지지 않는다.
③ 저항체는 전력을 열로 바꾸므로 정지중에도 약 350℃가 될 때가 있으므로 가연물을 가까이 하면 안된다.
④ 천장크레인용 저항기는 용량이 크고 진동에 강한 권선형이 적합하다.

해설 ▶ ① 전기적 에너지를 기계적 에너지로 바꾸는 장치는 전동기이다.
② 저항체는 전력을 열로 바꾸므로 운전 중에 350℃가 될 때도 있다.
③ 저항기는 용량이 크고 진동에 강한 그리드형이 좋다.

Question 76
운전자와 신호자 및 줄걸이 작업자가 운전개시 전에 상호 협의해야 할 사항이 아닌 것은?
① 작업불량   ② 작업방법
③ 정비사항   ④ 작업시간

해설 ▶ 운전자, 신호자 및 줄걸이 작업자가 운전 개시 전에 상호 협의해야 하는 사항은 ①, ②, ④항이다.

Question 77
천장크레인이 작동 중에 위험한 상황이 발생되어 신호수가 아닌 낯 모르는 사람이 정지신호를 보내왔다. 이때 운전수는 어떻게 행동해야 하는가?
① 무조건 정지시키고 난 후 확인한다.
② 신호수가 아니므로 상관없이 작업 진행한다.
③ 신호수에게 물어본다. 가까이에 신호수가 없으면 사이렌을 울린다.
④ 운전사가 주위 확인 후 정지한다.

Question 78
운전 중인 천장크레인에 승차할 때 운전자가 보내야 할 신호는?
① 1회 취명(2초)
② 2회 취명(1초, 2초)
③ 3회 취명(2초, 2초)
④ 3회 취명(1초, 1초, 1초)

해설 ▶ 승차시 탑승부저 1초씩 3회 취명, 승하차 허락(운전자) 1회 길게 취명(2~3초간), 하차완료. 짧게, 길게(1초, 2초)

Question 79
신호자의 신호에 의하지 않고 운전할 수 있는 경우는?
① 공장장이 허락한 경우
② 급정지, 비상시
③ 신호자가 신호를 잘못하였을 때
④ 작업사항이 잘못 되었을 경우

해설 ▶ 급정지, 비상시는 신호자의 신호에 의하지 않고 운전할 수 있다.

74.③ 75.② 76.③ 77.① 78.① 79.②

Question 80

천장크레인의 수신호 방법에서 그림과 같이 한 손으로 안전모를 2, 3회 두드리는 수신호는 무엇을 의미하는가?

① 신호불명
② 기중기 정지
③ 주권사용
④ 보조권사용

Question 81

신호방법 중 주먹을 머리에 대고 떼었다. 붙였다 하며 호각을 "짧게, 길게" 취명하는 신호는 무슨 신호인가?

① 물건걸기   ② 작업완료
③ 정지   ④ 주권사용

해설 ① 물건걸기 : 양쪽 손을 몸 앞에다가 대고 두 손을 깍지 낀다.
② 작업완료 : 거수경례 또는 양손을 머리위에 교차시킨다.
③ 정지 : 한 손을 들어올려 주먹을 쥔다.

Question 82

신호방법 중 오른손 팔꿈치에 손바닥을 떼었다 붙였다 하며 호각을 짧게, 길게 취명하는 것은 무슨 신호인가?

① 보권사용
② 마그네트 떼기
③ 뒤집기
④ 물건걸기

해설 ▶

(1) 보권사용   (2) 뒤집기

(3) 물건걸기

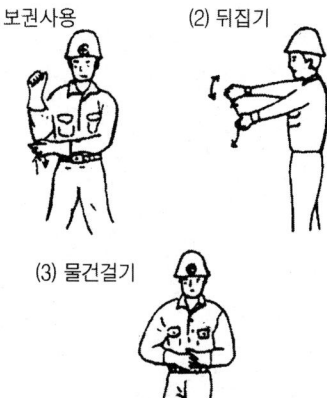

Question 83

다음 기중기 신호수의 수신호 중에서 권상 신호는?

①    ②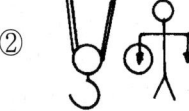

③ 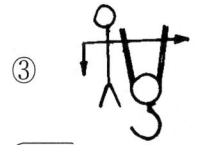   ④

해설 ▶ ①항 : 권상신호, ②항 : 권하신호

Question 84

다음 수신호는 작업자가 천장크레인 운전사에게 보내는 신호이다. 어떻게 운전하라는 것인가?

① 후크를 돌린다.
② 후크를 올린다.
③ 후크를 내린다.
④ 후크를 정지시킨다.

80.③ 81.④ 82.① 83.① 84.②

Question 85
다음 그림의 수신호는(호각 3회) 어떤 경우인가?

① 미동신호 ② 들어올리기
③ 감아올림 ④ 매달기

해설▶ 들어올리기(권상) 신호이다.

Question 86
크레인 수신호 중 다음은 무엇을 의미하는가?

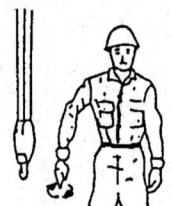

① 후크를 내린다.
② 운전수가 내려온다.
③ 운전수가 밑을 자세히 본다.
④ 후크를 올린다.

해설▶ 후크를 내린다(권하) 신호이다.

Question 87
신호수가 "양쪽손을 몸 앞에 다가 대고 두 손을 깍지 끼는" 신호를 보내고 있다. 이 신호는 무슨 신호인가?

① 물건걸기 ② 비상정지
③ 뒤집기   ④ 수평이동

Question 88
신호방법 중 왼손을 감싸 2~3회 적게 흔드는 신호방법은 무엇을 뜻하는가?(호각 취명은 "길게")

① 물건걸기   ② 정지
③ 마그네트 붙이기 ④ 기다려라

Question 89
"천장크레인의 수신호 방법 중에서 운전자가 경보기를 올리거나 한쪽 손의 주먹을 다른 손의 손바닥으로 2~3회 두드린다." 위 내용은 무슨 뜻인가?

① 신호불명 ② 이상발생
③ 기다려라 ④ 물건걸기

Question 90
천장크레인 운전신호 방법 중 거수경례 또는 양손을 머리위에 교차시키는 것은 무엇을 뜻하는가?

① 수평이동
② 기다려라
③ 기중기의 이상발생
④ 작업완료

Question 91
다음은 신호수의 신호법에 대한 설명이다. 틀린 것은?

① 한손을 들어올려 주먹을 쥐고 호각을 아주 길게 부는 것은 기다리라는 신호이다.
② 집게손가락을 위로해서 수평원을 크게 그리며 호각을 길게 부는 것은 위로 올리라는 신호이다.

85.② 86.① 87.① 88.④ 89.② 90.④ 91.①

③ 주먹을 머리에 대고 떼었다, 붙였다 하며 호각을 짧게, 길게 부는 것은 주권사용이라는 신호이다.
④ 오른손으로 왼손을 감싸 2~3회 적게 흔들며 호각을 길게 부는 것은 기다리라는 신호이다.

해설▶ 한손을 들어올려 주먹을 쥐고, 호각을 아주 길게 부는 것은 "정지" 신호이다.

Question 92
힘의 3요소는 다음 중 어느 것이 맞는가?
① 작용점, 크기, 방향
② 역학, 방향, 크기
③ 작용점, 중심, 크기
④ 방향, 중심, 역학

Question 93
다음 그림에서 P를 몇 톤으로 해야 균형이 잡히겠는가?

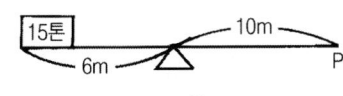

① 9 ② 8
③ 7 ④ 6

해설▶ 15ton×6m = 10m×P에서

Question 94
힘의 모멘트에서 M=P×L이다. 다음 중 맞는 것은 어느 것인가?
① P=힘(힘의 크기), L=길이(거리)
② P=길이(거리), L=힘(힘의 크기)
③ P=무게, L=체적
④ P=부피, L=넓이

Question 95
물체의 중량을 구하는 공식은 다음 중 어느 것인가?
① 비중량×체적
② 비중량×넓이
③ 넓이×체적
④ 무게×체적

해설▶ 물체의 중량 = 비중량×체적이다.

Question 96
"물체의 중량과 그 물체와 같은 체적의 [ ]의 중량과의 비를 그 물체의 비중이라고 한다." 에서 [ ]속에 들어가야 할 말은?
① 물의 중량
② 4℃ 순수한 물의 중량
③ 0℃ 순수한 물의 중량
④ 10℃~15℃의 상온에서의 순수한 물의 중량

해설▶ 비중은 4℃ 순수한 물의 중량과 그 물체와 같은 체적의 중량과의 비이다.

Question 97
다음 공식 중 틀린 것은?
① 안전계수 = $\dfrac{절단하중}{안전하중}$
② 물체의 중량 = 비중×체적
③ 구심력 = $\dfrac{질량×신속도^2}{원운동의\ 반경}$
④ 당기는응력 = $\dfrac{단면적}{압력}$

해설▶ 당기는응력 = $\dfrac{압력(힘)}{단면적}$

92.① 93.① 94.① 95.① 96.② 97.④

Question 98

다음에 열거한 물질은 무거운 것부터 차례로 맞게 기술한 것은?(체적이 같을 때)

① 납-점토-철-동
② 납-동-점토-철
③ 철-동-납-점토
④ 납-동-철-점토

해설▶ 비중 - 납 : 11.6, 동 : 8.92, 철 7.85, 점토 : 2.75~3.2

Question 99

다음 물질 중 비중이 무거운 것부터 차례로 맞게 기술한 것은?

① 납-강-아연-마그네슘
② 납-강-아연-알루미늄
③ 아연-점토-알루미늄-주철
④ 주철-석-강-동

Question 100

가로 3m, 세로 2m, 높이 1m의 동의 무게는 몇 톤(ton)인가?(단, 동의 비중은 9로 한다.)

① 24   ② 34
③ 54   ④ 64

해설▶ 직사면체의 무게는 가로×세로×높이×비중으로 계산한다. 즉, 3×2×1×9=54ton

※ 화재관련
- 일반화재(A급), 백색
- 유류화재(B급), 황색
- 전기화재(C급), 청색
- 금속화재(D급), 무색

※ 미국과 일본은 GAS화재를 E급화재로 별도관리하고 있으나 일반적으로는 유류화재에 포함

※ GAS 색상별 구분
LPG : 회색   산소 : 녹색
수소 : 주황색   아세틸렌 : 황색
암모니아 : 흰색   염소 : 갈색

※ 산업재해관련
1. 경상 : 부상으로 인하여 5일이상 3주 미만의 치료를 요하는 상해정도
2. 중상 : 부상으로 인하여 3주 이상의 치료를 요하는 상해정도
3. 중경상 : 부상으로 인하여 2주이상의 노동상실을 가져온 상해정도

98.④ 99.① 100.③

08

과년도 기출문제

2013~2016 과년도 기출문제
2017~2019 기출복원문제

국가기술자격검정 필기시험문제

2013년도 4월 14일 기능계				수검번호	성 명
자격종목 천장크레인운전기능사	종목코드 7864	시험시간 1시간	문제지형별		

1. 크레인의 훅 해지장치에 대한 설명으로 틀린 것은?
   ① 전용달기기구로서 작업자의 도움 없이 짐걸이가 가능하며, 작업경로에 작업자의 접근이 없는 경우라도 훅 해지장치는 반드시 설치하여야 한다.
   ② 훅에는 와이어로프 등이 이탈되는 것을 방지하기 위하여 해지장치가 부착되어야 한다.
   ③ 훅 해지장치의 종류에는 웨이트식, 스프링식 등이 있다.
   ④ 훅 해지장치는 항상 유효한 상태를 유지하여야 한다.

2. 브레이크 라이닝(마찰면)의 교체시기는 원래 두께의 몇 % 마모시 교체하는 것이 가장 적합한가?
   ① 5% ② 20% ③ 50% ④ 70%

3. 교류전동기의 주요 구조부가 아닌 것은?
   ① 전기자 ② 고정자
   ③ 회전자 ④ 엔드플레이트

4. 천장주행크레인에 사용되는 배선방법으로 가장 옳은 것은?
   ① 리밋 스위치에도 접지선을 연결한다.
   ② 거더에도 반드시 접지선을 연결하여야 한다.
   ③ 배선의 절연 저항값이 적을수록 유리하다.
   ④ 전동기에는 반드시 접지선을 연결해야 한다.

5. 천장크레인 좌우 주행레일의 수평차는 얼마 이내이어야 하는가?
   ① 10mm ② 20mm ③ 30mm ④ 40mm

6. 와이어로프 직경(d)과 드럼 직경(D)의 비(D/d)는?
   ① 10 ② 15
   ③ 20~25 ④ 26~30

7. 과부하 방지장치(안전밸브 제외)를 부착할 위치에 대하여 맞게 설명한 것은?
   ① 접근이 차단된 장소에 설치한다.
   ② 과부하시 운전자가 용이하게 경보를 들을 수 있어야 한다.
   ③ 시험시 풍속 8.3m/s를 초과하는 위치에 설치된다.
   ④ 가급적 운전실과 멀리 떨어진 곳에 설치한다.

8. 앵글, 찬넬 등의 형강을 격자형으로 짜서 만든 거더는?
   ① I-빔 거더 ② 박스 거더
   ③ 레티스 거더 ④ 플레이트 거더

9. 천장크레인의 성능을 표시할 때 용도·하중·스팬·양정에 대한 설명으로 틀린 것은?
   ① 광석운반용으로 용도를 표시하였다.
   ② 주권 최소하중을 25T로 표시하였다.
   ③ 스팬을 22m로 표시하였다.
   ④ 양정을 25m로 표시하였다.

10. 시브에서 와이어로프 마모발생 방지대책 중 틀린 것은?
    ① 시브 직경을 크게 한다.
    ② 시브 홈의 지름을 아주 크게 한다.
    ③ 시브 홈의 가공을 정밀하게 한다.
    ④ 시브는 적정한 경도의 재질을 사용한다.

11. 천장크레인 주행레일의 높이 편차는 기준면으로부터 최대 ± 몇 mm 이내로 하여야 하는가?
   ① 1.0   ② 10.   ③ 20.0   ④ 30.0

12. 천장크레인의 비상정지장치 구조로 틀린 것은?
   ① 모든 크레인에는 비상정지장치를 구비할 것.
   ② 해당 크레인의 비상정지장치를 작동한 경우 작동중인 동력이 차단될 것.
   ③ 스위치의 복귀로 비상정지조작 직전의 작동이 자동으로 될 것.
   ④ 비상정지용 누름 버튼은 적색으로 머리 부분이 돌출 되어 있을 것.

13. 천장크레인의 크래브(Crab)에 대한 설명으로 옳지 않은 것은?
   ① 대용량의 크래브에는 주권과 보권이 설치되어 있다.
   ② 프레임은 형강으로 견고하게 조립되어 있다.
   ③ 크래브는 감속기 등 설치되어 있다.
   ④ 크래브는 권과방지장치가 불필요하다.

14. 기어의 두 축이 교차하면서 가장 큰 감속비로 감속하는 기어는?
   ① 웜과 웜기어   ② 나사기어
   ③ 베벨기어   ④ 랙과 피니언

15. 천장크레인용 훅(hook)에 대한 설명으로 틀린 것은?
   ① 훅의 재료는 탄소강 단강품이나 기계 구조용 탄소강을 사용한다.
   ② 보통 50t 이하일 때는 한쪽 현수 훅을 사용하고 그 이상일 때 양쪽 현수 훅을 사용한다.
   ③ 훅의 재료는 강도와 함께 연성이 커야 한다.
   ④ 훅의 파괴시험은 정격하중의 125%로 한다.

16. 천장크레인의 양정에서 상한을 제한하는 장치는 무엇인가?
   ① 권상 전동기
   ② 마그네트 브레이크
   ③ 권상감속기
   ④ 캠식 권과방지장치

17. 전동기 회전수 1152rpm, 전 감속비 1/18, 차륜의 지름이 400mm 일 때 이 천장크레인의 주행속도는 약 얼마인가?
   ① 25.4m/min   ② 60m/min
   ③ 80m/min   ④ 200m/min

18. 천장주행크레인의 전기장치 의함이 사용되는 접지선으로 적합하지 않은 것은?
   ① 전원 공급용 전선의 단면적이 $6mm^2$ 일 때 단면적이 $6mm^2$인 접지선 사용
   ② 전원 공급용 전선의 단면적이 $10mm^2$ 일 때 단면적이 $10mm^2$인 접지선 사용
   ③ 전원 공급용 전선의 단면적이 $25mm^2$ 일 때 단면적이 $16mm^2$인 접지선 사용
   ④ 전원 공급용 전선의 단면적이 $50mm^2$ 일 때 단면적이 $20mm^2$인 접지선 사용

19. 훅 블록 또는 달기기구에 대한 설명으로 틀린 것은?
   ① 훅 본체는 균열 변형이 없어야하고 국부 마모는 원 치수의 5% 이내 일 것.
   ② 훅 블록 또는 달기기구에는 최소하중이 표기되어 있을 것.
   ③ 볼트, 너트 등은 풀림 또는 탈락이 없을 것.
   ④ 해지장치는 균열, 변형 등이 없을 것.

20. 횡행제동에 주로 사용하는 브레이크는?
   ① 마그네틱   ② 메디 커턴트
   ③ 오일 디스크   ④ 스러스트

21. 서로 평행한 두 축 사이의 회전을 전달할 때 사용하는 커플링은?
   ① 플렉시블   ② 올덤
   ③ 유니버셜   ④ 플랜지

22. 천장크레인으로 화물을 운반할 때의 주의사항 중 가장 옳은 것은?
   ① 규정된 하중 이상은 매달지 않는 것이 원칙이나 전에 매달아서 사고가 없었던 하중이면 매달아도 무방하다.
   ② 보조 와이어로프는 줄걸이 작업자가 선정하는 것이 좋다.
   ③ 와이어로프는 훅의 중심에 걸고 매다는 각도는 안전한 각도를 유지하는 것이 좋다.

④ 신호수에게만 의존하여 운전하며, 운반물을 지상에서 높이 달아 운반하는 것이 좋다.

23. 1마력(PS)은 약 몇 W인가?
① 약 1.3
② 약 3/4
③ 약 735.5
④ 약 0.735

24. 가장 자주 급유해야 되는 기기 또는 부품은?
① 구름 베어링 하우징
② 키(key)
③ 미끄럼 베어링의 부시
④ 롤러 체인

25. 전동기의 시간 정격을 서술한 것 중 틀린 것은?
① 보증 수명 년 수를 뜻한다.
② 정격출력으로 운전할 때 온도상승이 허용치에 달할 때까지의 시간을 뜻한다.
③ 주로 농형 전동기에서는 30분, 60분, 연속 등으로 표시된다.
④ 권선형 전동기에서는 %ED로 표시한다.

26. 마그넷 크레인에 있어서 정전시 가장 먼저 조치해야 할 사항은?
① 비상스위치를 작동시켜 전자석 및 피부착물을 바닥에 내려놓는다.
② 정전이 해소될 때까지 그대로 방치한다.
③ 주 스위치를 끈다.
④ 주행 모터용 스위치를 끈다.

27. 천장크레인용으로 주로 사용되는 전동기는?
① 권선형 전동기
② 농형 전동기
③ 직류 전동기
④ 특수 전동기

28. 방폭구조로 된 전기설비의 구비조건이 아닌 것은?
① 시건장치를 할 것.
② 접지를 할 것.
③ 환기가 잘 되도록 할 것.
④ 퓨즈를 사용할 것.

29. 전류에 의해 발생된 열은 도체의 저항과 전류의 제곱 및 흐르는 시간에 비례한다.(= 0.24 $I^2 RT$)는 법칙은?
① 오옴(ohm)의 법칙
② 프레밍(Fleming)의 법칙
③ 주울(Joule)의 법칙
④ 키르히호프(kirchhoff)의 법칙

30. 천장크레인의 감속기 급유에 관한 설명으로 틀린 것은?
① 사용오일의 점도는 기어의 치(이)면 하중이나 운전온도가 높을수록 고점도유를 사용한다.
② 개방기어는 정기적으로 조금씩 급유한다.
③ 개방식이 아닌 기어박스 내부에 있는 기어 오일은 월 1회 보충하여 사용하는 것이 좋다.
④ 기어에 윤활유를 공급하면 기어의 치(이)가 서로 맞물릴 때 치면에 유각을 형성한다.

31. 베어링은 자체온도 몇 도까지 사용이 가능한가?
① 50℃
② 100℃
③ 150℃
④ 200℃

32. 윤활유 유막보다 더 큰 이물질 입자에 의하여 기어의 접촉면에 긁힌 자국을 무엇이라 하는가?
① 어브레이젼(abrasion)
② 피칭(pitching)
③ 스크래칭(scratching)
④ 스폴링(spalling)

33. 감속기에 대한 설명 중 틀린 것은?
① 감속기의 제1단 기어는 10% 마모시 교환하는 것이 좋다.
② 케이싱 기어일 때의 오일 사용시간은 보통 2000시간이다.
③ 축은 회전축과 전동축으로 구분된다.
④ 커플링은 축이음 장치이다.

34. 천장크레인이 사용되는 전동기의 슬립은 보통 얼마인가?
① 0~0.03%
② 3~5%
③ 8~10%
④ 15~20%

35. 하중이 축선에 직각으로 작용하는 부분에 사용하는 베어링은?
① 레이디얼 베어링(Radial Bearing)
② 트러스트 베어링(Thrust Bearing)
③ 플랜 베어링(Plane Bearing)
④ 롤링 베어링(Rolling Bearing)

36. 운전자가 크레인 탑승시 시행한 간단한 조작 점검과 가장 거리가 먼 것은?
   ① 주행레일 상의 위험물 여부를 확인 후, 약 20~30m 주행하여 본다.
   ② 권상용 제어기를 작동(ON, OFF)시켜 브레이크의지지 능력을 점검한다.
   ③ 횡행장치를 구동시켜 본다.
   ④ 비상용 권상 중추식 리밋 스위치의 작동상태를 점거하기 위해 최대한 권상시켜 본다.

37. 크레인 운전 중의 주의사항에 해당하지 않는 것은?
   ① 걸어 올리는 화물 위에 사물이 있을 때는 운전을 멈춘다.
   ② 운전 중 하중을 걸어둔 채로 운전석을 떠나면 안된다.
   ③ 화물은 최고속도로 올려야 한다.
   ④ 하중을 비스듬히 끌어 올리는 일은 없어야 한다.

38. 권상하중 50톤, 권상속도 1.5m/min인 천장크레인의 권상 전동기 출력은?(단, 권상 전동기의 효율은 70%이다.)
   ① 12.2kW   ② 12kW
   ③ 17.5kW   ④ 18.5kW

39. 직류와 교류의 차이점을 비교한 것 중 틀린 것은?
   ① 직류는 전하의 이동방향과 극성이 항상 일정하므로 안정성이 있다.
   ② 교류는 전압의 크기가 (+)에서 (-)로 변화하므로 증폭이 용이하다.
   ③ 직류는 일정한 출력 전압을 가지고 있으므로 측정이 용이하다.
   ④ 교류의 전류 진행방향은 극성의 변화와 상관없이 일정하다.

40. 천장크레인 운전자가 운전석 이탈시에 해야 할 조치사항으로 틀린 것은?
   ① 제동조치를 한다.
   ② 조종장치를 중립으로 놓는다.
   ③ 훅을 최대로 내린다.
   ④ 운전실의 출입문을 잠근다.

41. 로프 하나를 두 줄 걸이로 하여 1000kgf의 짐을 90°로 걸어 올렸을 때 한 줄에 걸리는 무게(kgf)는?
   ① 250   ② 500   ③ 707   ④ 6930

42. 연결된 5개의 링크의 길이가 20cm인 표준 체인은 이 연결된 5개의 링크의 길이가 최대 몇 cm가 될 때까지 사용이 가능한가?
   ① 21   ② 22   ③ 23   ④ 24

43. 크레인 작업 중 팔꿈치에 손바닥을 붙였다 떼었다 하는 동작은 무슨 신호인가?
   ① 운전자 호출   ② 주권사용
   ③ 보권사용   ④ 기다려라

44. 물체의 중량을 구하는 공식으로 맞는 것은?
   ① 비중 × 넓이   ② 무게 × 길이
   ③ 넓이 × 체적   ④ 비중 × 체적

45. 신호수가 양 쪽 손을 몸 앞에다 대고 두 손을 깍지 끼는 신호를 보내고 있다. 이는 무슨 신호인가?
   ① 물건걸기   ② 비상정지
   ③ 뒤집기   ④ 수평이동

46. 와이어로프의 주요 구성요소만 나열되어 있는 것은?
   ① 스트랜드, 심강, 소선
   ② 소선, 스트랜드, 스플라이스
   ③ 소선, 심강, 스플라이스
   ④ 스트랜드, 철강, 심강

47. 크레인용 와이어로프는 지름이 몇 %이상 감소하면 사용할 수 없는가?
   ① 로프 공칭지름의 2%
   ② 로프 공칭지름의 3%
   ③ 로프 공칭지름의 5%
   ④ 로프 공칭지름의 7%

48. 줄걸이용 와이어로프에 장력이 걸린 후, 일단 정지하고 줄걸이 상태를 점검할 때의 확인사항이 아닌 것은?
   ① 줄걸이용 와이어로프에 장력이 균등하게 작용하는가?
   ② 줄걸이용 와이어로프의 안전율은 4이상 되는가?
   ③ 화물이 붕괴 또는 추락할 우려는 없는가?

④ 줄걸이용 와이어로프가 이탈할 우려는 없는가?

49. 크레인에서 사용하는 권상용 와이어로프의 안전율은 얼마인가?
① 2 이상
② 3 이상
③ 4 이상
④ 5 이상

50. 크레인의 권상(호이스팅)하중에서 훅, 크래브 또는 버킷 등 달기기구의 중량에 상당하는 하중을 뺀 하중을 무엇이라 하는가?
① 임계하중
② 정격하중
③ 최대하중
④ 연속하중

51. 납산 배터리 액체를 취급하는데 가장 좋은 것은?
① 가죽으로 만든 옷
② 무명으로 만든 옷
③ 화학섬유로 만든 옷
④ 고무로 만든 옷

52. 재해의 복합 발생 요인이 아닌 것은?
① 환경의 결함
② 사람의 결함
③ 품질의 결함
④ 시설의 결함

53. 화재 발생 시 소화기를 사용하여 소화 작업을 하고자 할 때 올바른 방법은?
① 바람을 안고 우측에서 좌측을 향해 실시한다.
② 바람을 등지고 좌측에서 우측을 향해 실시한다.
③ 바람을 안고 아래쪽에서 위쪽을 향해 실시한다.
④ 바람을 등지고 위쪽에서 아래쪽을 향해 실시한다.

54. 가스배관 파손 시 긴급조치 요령으로 잘못된 것은?
① 소방서에 연락한다.
② 주변의 차량을 통제한다.
③ 누출되는 가스배관의 라인마크를 확인하여 후단 밸브를 차단한다.
④ 천공기 등으로 도시가스배관을 뚫었을 경우에는 그 상태에서 기계를 정지시킨다.

55. 복스 렌치가 오픈엔드 렌치보다 비교적 많이 사용되는 이유로 옳은 것은?
① 두 개를 한 번에 조일 수 있다.
② 마모율이 적고 가격이 저렴하다.
③ 다양한 볼트 너트의 크기를 사용할 수 있다.
④ 볼트나 너트 주위를 감싸 힘의 균형 때문에 미끄러지지 않는다.

56. 수공구 사용상의 재해의 원인이 아닌 것은?
① 잘못된 공구 선택
② 사용법의 미 숙지
③ 공구의 점검 소홀
④ 규격에 맞는 공구 사용

57. 작업장 내의 안전한 통행을 위하여 지켜야 할 사항이 아닌 것은?
① 주머니에 손을 넣고 보행하지 말 것.
② 좌측 또는 우측통행 규칙을 엄수할 것.
③ 운반차를 이용할 때에는 가능한 빠른 속도로 주행할 것.
④ 물건을 든 사람과 만났을 때는 즉시 길을 양보할 것.

58. 재해율 중 연천인율 계산식으로 옳은 것은?
① (재해자수 / 평균근로자수) × 1000
② (재해율 × 근로자수) / 1000
③ 강도율 × 1000
④ 재해자수 ÷ 연평균근로자수

59. 벨트를 풀리에 걸 때는 어떤 상태에서 하여야 하는가?
① 저속 상태
② 고속 상태
③ 정지 상태
④ 중속 상태

60. 산업안전을 통한 기대 효과로 옳은 것은?
① 기업의 생산성이 저하 된다.
② 근로자의 생명만 보호 된다.
③ 기업의 재산만 보호 된다.
④ 근로자와 기업의 발전이 도모 된다.

정답 및 해설

1. ①
   훅 해지장치는 와이어로프 등이 이탈되는 것을 방지하기 위하여 부착하는 것이며, 종류에는 웨이트식, 스프링식 등이 있고, 항상 유효한 상태를 유지하여야 한다.
2. ③
   브레이크 라이닝(마찰면)은 원래 두께의 50% 이상 마모되면 교체하여야 한다.
3. ①   4. ④
5. ①
   천장크레인 좌우 주행레일의 수평차는 10mm 이내 이어야 한다.
6. ③
   와이어로프 직경(d)과 드럼 직경(D)의 비(D/d)는 20~25 이다.
7. ②
   과부하 방지장치(안전밸브 제외)는 과부하시 운전자가 용이하게 경보를 들을 수 있는 위치에 부착하여야 한다.
8. ③
   레티스 거더는 앵글, 찬넬 등의 형강을 격자형으로 짜서 만든 것이다.
9. ②   10. ②
11. ②
    천장크레인 주행레일의 높이 편차는 기준면으로부터 최대 ±10mm 이내로 하여야 한다.
12. ③   13. ④
14. ①
    웜과 웜기어는 기어의 두 축이 교차하면서 가장 큰 감속비로 감속한다.
15. ④
    훅의 안전계수는 5 이상으로 되어 있으며, 이것은 훅에 정격하중의 5배의 하중을 가하여 파괴시험을 하는 것이다.
16. ④
    천장크레인의 양정에서 상한을 제한하는 장치는 캠식 권과방지장치이다.
17. ③
    주행속도$(m/min) = \dfrac{\pi DN}{rf}$
    [D : 차륜의 지름, N : 전동기 회전수, rf : 전 감속비]
    $\therefore \dfrac{3.14 \times 400 \times 1152}{18 \times 1000} = 80 m/min$
18. ④   19. ②
20. ④
    횡행제동에는 주로 스러스트 브레이크를 사용한다.
21. ②
    올덤 커플링은 서로 평행한 두 축 사이의 회전을 전달할 때 사용한다.
22. ③
    와이어로프는 훅의 중심에 걸고 매다는 각도는 안전한 각도를 유지하는 것이 좋다.
23. ③
    1마력(PS)은 약 735W이다.
24. ③
    가장 자주 급유해야 되는 기기 또는 부품은 미끄럼 베어링의 부시이다.
25. ①
    전동기의 시간정격이란 정격출력으로 운전할 때 온도상승이 허용치에 달할 때까지의 시간을 뜻하며, 농형 전동기에서는 30분, 60분, 연속 등으로 표시하고, 권선형 전동기에서는 %ED로 표시한다.
26. ①
    마그넷 크레인에서 정전시 가장 먼저 비상스위치를 작동시켜 전자석 및 피부착물을 바닥에 내려놓는다.
27. ①
    천장크레인용으로 주로 권선형 전동기를 사용한다.
28. ③
    방폭 구조로 된 전기설비의 구비조건은 시건장치를 할 것, 접지를 할 것, 퓨즈를 사용할 것.
29. ③
    주울의 법칙은 "전류에 의해 발생된 열은 도체의 저항과 전류의 제곱 및 흐르는 시간에 비례한다."는 법칙이다.
30. ③   31. ②
32. ①
    어브레이젼이란 윤활유 유막보다 더 큰 이물질 입자에 의하여 기어의 접촉면에 긁힌 자국을 말한다.
33. ③
    축은 회전력을 전달하는 회전축과 회전축을 떠받치는 고정축으로 구분된다.
34. ②
    천장크레인이 사용되는 전동기의 슬립은 3~5% 정도이다.
35. ①
    레이디얼 베어링은 하중이 축선에 직각으로 작용하는 부분에 사용한다.
36. ④   37. ③
38. ③
    전동기 출력 $= \dfrac{\text{권상하중} \times \text{권상속도}}{6.12 \times \text{전동기의 효율}}$
    $\therefore \dfrac{50 \times 1.5}{6.12 \times 0.7} = 17.5 kW$
39. ④
    ◆ 교류전기의 특징
    ① 시간의 변화에 따라 전류의 변화가 있다.
    ② 시간의 변화에 따라 전류의 방향이 변한다.
    ③ 시간의 변화에 따라 전압의 변화가 있다.
40. ③

41. ③

$$T = \frac{\frac{w}{2}}{\cos\frac{\theta}{2}} = \frac{\frac{1000}{2}}{\cos\frac{90}{2}} = 707$$

42. ①
    연결된 5개의 링크의 길이가 20cm인 표준체인은 이 연결된 5개의 링크의 길이가 최대 21cm가 될 때까지 사용이 가능하다.
43. ③
    크레인 작업 중 팔꿈치에 손바닥을 붙였다 떼었다 하는 동작은 보권사용 신호이다.   44. 물체의 중량=비중 × 체적
44. ④
45. ①
    신호수가 양쪽 손을 몸 앞에다 대고 두 손을 깍지 끼는 신호는 물건걸이 이다.
46. ①
    와이어로프의 주요 구성요소는 스트랜드, 심강, 소선이다.
47. ④
    크레인용 와이어로프는 지름이 7%이상 감소하면 사용할 수 없다.
48. ②
    줄걸이용 와이어로프의 안전계수는 5이상 이어야 한다.
49. ④
50. ②
    정격하중은 크레인의 권상(호이스팅)하중에서 훅, 크래브 도는 버킷 등 달기기구의의 중량에 상당하는 하중을 뺀 하중을 말한다.
51. ④
52. ③
    재해의 복합발생 요인은 환경의 결함, 사람의 결함, 시설의 결함이다.
53. ④
    소화기를 사용하여 소화 작업을 하고자 할 때에는 바람을 등지고 위쪽에서 아래쪽을 향해 실시한다.
54. ③   55. ④   56. ④
57. ③
58. ①
    연천인율 = (재해자수 / 평균근로자수) × 1000
59. ③   60. ④

국가기술자격검정 필기시험문제

2013년도 7월 21일 기능계

자격종목	종목코드	시험시간	문제지형별
천장크레인운전기능사	7864	1시간	

1. 주행차륜에서 전동기에 의해 직접 구동하는 차륜을 무엇이라 하는가?
   ① 종동륜 ② 횡동륜
   ③ 역동륜 ④ 구동륜

2. 접지에 대한 설명으로 옳지 않은 것은?
   ① 제어반은 접지하여야 한다.
   ② 방폭지역의 저전압 전기기계의 접지저항은 10Ω이하로 하여야 한다.
   ③ 프레임은 접지하여야 한다.
   ④ 전동기의 외함접지는 400V 이하일 때 200Ω 이하로 하여야 한다.

3. 전선의 굵기를 결정하는 요인과 가장 거리가 먼 것은?
   ① 절연저항 ② 허용전류
   ③ 사용 주파수 ④ 기계적 강도

4. 비상정지 누름버튼의 설명으로 잘못된 것은?
   ① 적색이어야 한다.
   ② 자동복귀 되는 구조이어야 한다.
   ③ 머리 부분은 돌출형이어야 한다.
   ④ 버튼 주변은 황색으로 표기할 수 있다.

5. 천장크레인의 횡행을 제동하기 위한 브레이크를 설치하여야 하나 옥내에 설치되는 천장크레인의 경우 횡행속도 몇 m/min 이하에는 설치하지 않아도 되는가?
   ① 50m/min ② 40m/min
   ③ 30m/min ④ 20m/min

6. 유니버설식 제어기의 특징은?
   ① 가격이 싸고, 응답성이 빠르다.
   ② 설치면적이 절감되고, 조작이 편리하다.
   ③ 소형·경량이며, 구조가 간단하다.
   ④ 조작자세가 안정되며, 응답이 빠르다.

7. 천장크레인의 스팬에 대한 설명으로 옳은 것은?
   ① 좌우 주행레일 중심간의 거리
   ② 횡행차륜 양쪽 중심간의 거리
   ③ 거더의 양쪽 끝단까지의 거리
   ④ 거더 양쪽 중심간의 거리

8. 시브 홈 지름이 너무 큰 경우에 대한 설명 중 틀린 것은?
   ① 와이어로프의 형태를 납작하게 변형시킨다.
   ② 와이어로프의 마모를 촉진시킨다.
   ③ 시브의 마모를 촉진시킨다.
   ④ 시브의 수명을 연장시킨다.

9. 전자식 과부하 방지장치를 설명한 것으로 옳은 것은?
   ① 내부의 마이크로 스위치를 동작하여 운전 상태를 정지하는 안전장치이다.
   ② 변화되는 중량을 아날로그로 표시, 편의성을 향상시켰으며 가격도 저렴하다.
   ③ 스트레인 게이지의 전자식 저항 값의 변화에 따라 아주 민감하게 동작하는 방호장치이다.
   ④ 감지방법은 하중의 방향에 따라 인장로드셀 방법, 압출로드셀 방법이 있다.

10. 천장크레인의 훅(hook)이 지면에서 최고점(권상한도)에 이를 때 권과방지용 리밋 스위치(cam-type)의 캠은 약 몇 회전하는가?
    ① 1회전 미만
    ② 2회전
    ③ 3회전
    ④ 4회전 이상

11. 천장크레인의 와이어로프는 훅이 최하단(바닥)에 도달되었을 때 와이어 드럼에 최소 얼마의 여유 감김이 있어야 하는가?
    ① 2회전 이상   ② 4회전 이상
    ③ 6회전 이상   ④ 7회전 이상

12. 독립륜 구동식에 대한 설명으로 옳지 않은 것은?
    ① 단일 전동기 기어 케이스 축과 차륜이 브리지 한쪽 끝에서 구동이 이루어지는 방법이다.
    ② 2개의 독립 차륜 구동은 브리지가 주행레일을 따라 주행하는데 사용된다.
    ③ 각각의 전동기는 동력을 기어 케이스에 전달하므로 주행레일 상에 있는 구동륜에 간접적으로 전달된다.
    ④ 2개의 전동기를 하나로 연결해 주는 연결축은 1개의 전동기가 돌아가지 않을 때 감속된 속도로 브리지가 계속 움직일 수 있도록 한다.

13. 브레이크 드럼의 림 두께는 원 치수에 대해 몇 %가 마모되면 교환하는가?
    ① 10   ② 20   ③ 30   ④ 40

14. 다음 중 천장크레인의 권상장치 구성요소가 아닌 것은?
    ① 차륜(wheel)
    ② 권상전동기
    ③ 전자석(magnet)브레이크
    ④ 드럼 및 시브

15. 근로자가 크레인을 이용하여 화물을 권상시킬 때, 위험한 상태에서 작업안전을 위해 급정지시킬 수 있도록 설치되어 있는 일종의 방호장치는?
    ① 충돌방지장치(Anti collision)
    ② 비상정지장치(Emergency stop switch)
    ③ 레일클램프장치(Rail clamp)
    ④ 훅 해지장치(Hook latch)

16. 훅에 대한 설명으로 틀린 것은?
    ① 훅에 사용하는 재료는 기계구조용 탄소강을 쓴다.
    ② 매다는 하중이 50톤 이상인 것에서는 양쪽 현수 훅이 많다.
    ③ 훅의 안전계수는 5이상 이다.
    ④ 훅에 와이어로프가 걸리는 부분의 마모자국 깊이가 2mm가 되면 교환하여야 한다.

17. 천장크레인의 보도(Walk way)에 대하여 잘못 설명한 것은?
    ① 크레인에 설치된 보도는 거더 등의 강 구조부분 점검 및 크레인의 보수유지 및 점검에 필요하다.
    ② 거더 측면에 설치된 보도는 작업자의 추락방지 안전을 위하여 설치한다.
    ③ 보도는 충분한 강도를 갖도록 견고하게 설치되어야 한다.
    ④ 보도의 폭은 가능한 좁은 것이 좋다.

18. 천장크레인 완성검사 시험하중은 정격하중의 최소 몇 배를 초과 시험하여야 하는가?
    ① 1.1   ② 1.25
    ③ 2.5   ④ 3.25

19. 주행레일에서 레일 측면의 마모는 원래 규격 치수의 몇 %이내이어야 하는가?
    ① 3%   ② 5%
    ③ 10%   ④ 20%

20. 천장크레인 운전 중 크랩(crab)을 급정지 시켰을 때, 가장 충격을 받지 않는 구조물은?
    ① 횡행차륜   ② 주행차륜
    ③ 크랩(crab)본체   ④ 권상 와이어로프

21. 크레인의 작업시 안전과 거리가 먼 것은?
    ① 작업 개시전에 안전장치의 기능을 확인한다.
    ② 화물을 권상한 채로 운전석을 떠날 경우에는 콘트롤러 핸들을 정지 위치에 놓는다.
    ③ 정격하중을 초과하는 하중을 권상 시키지 않는다.
    ④ 2대의 크레인으로 1개의 화물을 권상 시키는 것은 가능한 하지 않는다.

22. 전동기의 절연종류 중 적합하지 않은 것은?
    ① E종   ② B종
    ③ F종   ④ C종

23. 커플링의 설명으로 틀린 것은?
   ① 고무 플렉시블 커플링은 타이어형 플렉시블 커플링이라고도 부르며 가장 탄력성이 큰 것으로 많이 사용된다.
   ② 고무 플렉시블 커플링은 전달토크가 크면 모양이 커지는 단점이 있다.
   ③ 기어 커플링은 전달 토크가 적으므로 부하 변동에 대해서도 위험하다.
   ④ 플랜지형 플렉시블 커플링은 플랜지를 이용하되 설치 볼트 고무 부시를 끼워 그 탄성을 이용한 것이다.

24. 동력의 단위 중 1마력(PS)은?
   ① 70kgf · m
   ② 102kggf · s/m
   ③ 102kgf · m/s
   ④ 75kgf · m/s

25. 부하물이 위험물이며 대하중이고, 작업장 주위에 기계나 시설물이 없이 넓은 곳이며, 작업 인원도 없는 곳에서 신호수의 유도를 받으며 작업을 할 때 가장 양호한 운전 방법은?
   ① 최소 높이 2m를 유지하며 서행한다.
   ② 가능한 지면에서 낮게 올려 서행한다.
   ③ 작업장이 넓고 위험 개소가 없으니까 높이 2m를 유지하여 빨리 작업한다.
   ④ 주행을 서행하면서 수시로 브레이크를 사용하여 정지하면서 작업한다.

26. 천장크레인 작업의 안전수칙을 열거한 것 중 적합하지 않은 것은?
   ① 달아 올린 짐 밑에 사람의 통행을 막는다.
   ② 운반물을 작업자 상부로 운반한다.
   ③ 지정된 신호수 외에는 신호를 하지 않는다.
   ④ 임의로 스위치 박스에 손대지 않도록 한다.

27. 다음 크레인 배선에 관한 것 중 틀린 것은?
   ① 배선의 피복 상태는 손상, 파손, 탄화 부분이 없을 것
   ② 배선의 단자 체결 부분은 전용 단자를 사용하고 볼트 및 너트의 풀림 또는 탈락이 없을 것
   ③ 배선의 절연 저항은 대지전압 150V 초과 300V 이하인 경우 0.2MΩ 이상일 것
   ④ 배선은 KSB 3064에 정해진 규격에 적합한 캡타이어 케이블 일 것

28. 감속기 오일은 점도 검사를 하지만 일반적으로 몇 시간 사용 후 교환하는가?
   ① 4000시간
   ② 3000시간
   ③ 2000시간
   ④ 1000시간

29. 차륜도유기에 관해 틀린 것은?
   ① 차륜도유기를 사용하면 차륜베어링, 기어, 주행모터의 수명을 연장시킨다.
   ② 오일탱크는 도유기 몸체보다 상단에 위치하는 것이 올바르다.
   ③ 장기간 운휴할 경우에 오일콕크는 열어두어 녹을 방지한다.
   ④ 레일 측면에도 도유기를 사용할 수 있다.

30. 니크롬선의 저항이 20Ω인 전열기를 100V의 전선에 연결하였을 경우 전류는 몇A인가?
   ① 2000
   ② 5
   ③ 0.2
   ④ 10

31. 풀림 방지용 너트의 종류가 아닌 것은?
   ① 플랜지 너트
   ② 홈붙이너트
   ③ 로크너트
   ④ 캡 너트

32. 천장크레인에서 운전을 하고자 할 때 최초에 하여야 할 사항은?
   ① 권상용 제어기의 노치(notch)만을 "0" 노치에 두고 메인 스위치를 on으로 작동시킨다.
   ② 주행용 제어기의 노치만을 "0" 노치에 두고 메인 스위치를 on으로 작동시킨다.
   ③ 모든 제어기의 노치에 상관없이 메인 스위치를 on으로 작동시킨다.
   ④ 모든 제어기의 노치를 "0" 노치에 두고 메인 스위치를 on으로 작동시킨다.

33. 작업 중에 감속기에서 갑자기 비정상적인 소음이나 진동이 발생할 경우의 검사 사항으로 거리가 먼 것은?
   ① 베어링(bearing)의 파손 혹은 괴디 미모로 기어(gear)가 흔들리는지 여부
   ② 감속기의 윤활유 적정량 여부 확인
   ③ 기어를 체결하는 키(key)의 이완으로 기어 중심거리를 벗어난 경우가 있는지 확인
   ④ 천장크레인의 비상정지장치를 긴급 확인

34. 천장크레인용 전동기(motor)로 주로 사용되는 것은?
   ① 직류전동기-직권전동기, 교류전동기-분권전동기
   ② 직류전동기-복권전동기, 교류전동기-권선전동기
   ③ 직류전동기-차등복권전동기, 교류전동기-가동 복권전동기
   ④ 직류전동기-직권전동기, 교류전동기-권선형 전동기

35. 다음 중 베어링의 수명과 가장 관계 깊은 것은?
   ① 발열 상태   ② 진동
   ③ 그리스 주유상태   ④ 과부하 상태

36. 권상 모터(Motor)의 정비 시 절연저항을 측정하고자 한다. 절연저항을 측정하는 기구로 가장 적합한 것은?
   ① 메거테스터   ② 전압테스터
   ③ 전류테스터   ④ 그로울러 테스터

37. 운반물을 들어 올릴 경우의 요령으로 적당치 않은 것은?
   ① 훅을 운반물 중심 상에 위치하도록 한다.
   ② 로프가 충분한 장력을 가질 때까지 서서히 감는다.
   ③ 운반물을 주행 경로를 고려 적당한 높이에 있도록 한다.
   ④ 로프가 장력을 가질 때부터 주행을 시작한다.

38. 천장크레인이 운전할 때 신호 수단이 아닌 것은?
   ① 슬링 로프   ② 손
   ③ 깃발   ④ 호루라기

39. 베어링(bearing) 호칭번호 23124의 안지름은?
   ① 120mm   ② 155mm
   ③ 60mm   ④ 115mm

40. 다음 전기부품의 점검 중 불꽃(spark) 발생의 대비책이 아닌 것은?
   ① 스위치의 접촉면에 먼지나 이물질이 없도록 한다.
   ② 전원 차단 시에는 반드시 메인(main)측에서 부하측 순서로 행한다.
   ③ 스위치류의 개폐는 급속히 행한다.
   ④ 접촉면을 매끄럽게 유지한다.

41. 와이어로프(Wire rope)의 꼬임 방법이 아닌 것은?
   ① 보통 Z꼬임   ② 보통 S꼬임
   ③ 보통 Y꼬임   ④ 랭(Lang)꼬임

42. 와이어로프용 윤활유의 구비조건이 아닌 것은?
   ① 유막을 형성하는 힘이 적어야 한다.
   ② 로프에 잘 스며들도록 침투력이 있어야 한다.
   ③ 내산화성이 커야 한다.
   ④ 사용 조건하에서 녹지 않아야 한다.

43. 권상장치 등의 드럼에 홈이 있는 경우와 홈이 없는 경우의 후리트(fleet) 각도(와이어로프가 감기는 방향과 로프가 감겨지는 방향과의 각도)를 옳게 설명한 것은?
   ① 홈이 있는 경우 10° 이내, 홈이 없는 경우 5° 이내이다.
   ② 홈이 있는 경우 5° 이내, 홈이 없는 경우 10° 이내이다.
   ③ 홈이 있는 경우 4° 이내, 홈이 없는 경우 2° 이내이다.
   ④ 홈이 있는 경우 2° 이내, 홈이 없는 경우 4° 이내이다.

44. 와이어로프의 심강 종류가 아닌 것은?
   ① 섬유심   ② 공심
   ③ 와이어심   ④ 편심

45. 크레인에서 줄걸이 와이어로프를 이용해 화물을 양중 할 때 줄걸이 로프에 가장 장력이 적게 걸리는 각도는?
   ① 30°   ② 60°   ③ 90°   ④ 120°

46. 가는 와이어로프일 때 짝감기 걸이로 맞는 것은?

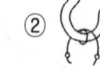

47. 기계 설치용 크레인에서 권상용 와이어로프를 8줄 걸이로 6호(6x37), 20mm 직경, B종을 사용할 때 최대 권상 가능한 하중은 약 얼마인가? (단, 로프의 전단하중은 23톤 안전율은 5일 경우)
   ① 14톤   ② 37톤   ③ 42톤   ④ 48톤

48. 줄걸이 체인의 사용 및 폐기 한도에 대한 설명으로 옳지 않은 것은?
   ① 안전계수가 5 이상인 것을 사용하여야 한다.
   ② 링 지름의 감소가 공칭 직경의 10%를 넘은 것은 교환한다.
   ③ 균열이 있는 것은 폐기한다.
   ④ 늘어남이 제조시보다 10% 이내의 것은 재활용한다.

49. 로프의 엮어 넣기를 할 때 엮어 넣는 길이는 로프 지름의 몇 배가 되어야 하는가?
   ① 10배   ② 10~20배
   ③ 20~30배   ④ 30~40배

50. 크레인으로 중량물을 인양하기 위해 줄걸이 작업을 할 때 주의사항으로 틀린 것은?
   ① 중량물의 중심위치를 고려한다.
   ② 줄걸이 각도를 최대한 크게 해준다.
   ③ 줄걸이 와이어로프가 미끄러지지 않도록 한다.
   ④ 날카로운 모서리가 있는 중량물은 보호대를 사용한다.

51. 불안전한 조명, 불안전한 환경, 방호장치의 결함으로 인하여 오는 산업재해 요인은?
   ① 지적요인   ② 물적 요인
   ③ 신체적 요인   ④ 정신적 요인

52. 이동식 크레인 작업시 일반적인 안전대책으로 틀린 것은?
   ① 붐의 이동범위 내에서는 전선 등의 장애물이 있어도 된다.
   ② 크레인의 정격하중을 표시하여 하중이 초과하지 않도록 하여야 한다.
   ③ 지반이 연약할 때에는 침하방지 대책을 세운 후 작업을 하여야 한다.
   ④ 인양물은 경사지 등 작업바닥의 조건이 불량한 곳에 내려놓아서는 안 된다.

53. 목재, 섬유 등 일반화재에도 사용되며, 가솔린과 같은 유류나 화학약품의 화재에도 적당하나, 전기화재는 부적당한 특징이 있는 소화기는?
   ① ABC 소화기   ② 모래
   ③ 포말소화기   ④ 분말소화기

54. 다음 중 옳은 작업방법이 아닌 것은?
   ① 배터리 전해액을 다룰 때는 고무장갑을 껴야 한다.
   ② 배터리는 그늘진 곳에 보관해야 한다.
   ③ 공구 손잡이가 짧을 때는 파이프를 연결하여 사용한다.
   ④ 무거운 것은 혼자 작업하면 위험하다.

55. 수공구를 사용할 때 주의사항으로 가장 거리가 먼 것은?
   ① 양호한 상태의 공구를 사용할 것
   ② 수공구는 그 목적 이외의 용도에는 사용하지 말 것
   ③ 수공구는 올바르게 사용할 것
   ④ 수공구는 녹 방지를 위해 기름걸레에 싸서 보관할 것

56. 산업재해의 직접원인 중 인적 불안전 행위가 아닌 것은?
   ① 작업복의 부적당
   ② 작업태도 불안전
   ③ 위험한 장소의 출입
   ④ 기계공구의 결함

57. 항타기 또는 항발기에 사용되는 권상용 와이어로프의 안전계수는 최소 얼마이상이어야 하나?
   ① 10   ② 8
   ③ 5   ④ 4

58. 작업장에서 지켜야할 안전수칙이 아닌 것은?
   ① 작업 중 입은 부상은 즉시 응급조치를 하고 보고한다.
   ② 밀폐된 실내에서는 시동을 걸지 않는다.
   ③ 통로나 마룻바닥에 공구나 부품을 방치하지 않는다.
   ④ 기름걸레나 인화물질은 나무 상자에 보관한다.

59. 렌치작업 시 안전사항으로 옳은 것은?
   ① 오픈렌치를 사용 시 몸의 중심을 옆으로 한 후 작업한다.
   ② 오픈렌치의 크기는 너트의 치수보다 약간 큰 것을 선택하여 사용한다.
   ③ 볼트의 크기에 따라 큰 토크가 필요시에는 오픈렌치 2개를 연결하여 사용한다.
   ④ 오픈렌치로 볼트를 조이거나 풀 때 모두 작업자의 앞으로 당긴다.

60. 운전자는 작업 전에 장비의 정비 상태를 학인하고 점검하여야 하는데 적합하지 않은 것은?
   ① 타이어 및 궤도 차륜상태
   ② 브레이크 및 클러치의 작동상태
   ③ 낙석, 낙하물의 위험이 예상되는 작업시 견고한 헤드 가이드 설치상태
   ④ 모터의 최고 회전시 동력상태

정답 및 해설

1. ④
   구동륜이란 주행차륜에서 전동기에 의해 직접 구동되는 차륜을 말한다.
2. ④
   전동기의 절연저항은 220V에서 0.2㏁, 440V에서 0.4㏁, 3300V에서는 3㏁ 이상되어야 한다.
3. ③
   전선의 굵기를 결정하는 요인은 절연저항, 허용전류, 기계적 강도이다.
4. ②
   비상정지 누름버튼은 적색이어야 하며, 머리 부분은 돌형형이고 버튼 주변은 황색으로 표기할 수 있다.
5. ④
   옥내에 설치되는 천장크레인의 경우 횡행속도 20m/min 이하에는 브레이크를 설치하지 않아도 된다.
6. ②
   유니버설식 제어기는 1대의 제어기로 마스터 제어기 2대의 기능을 지닌 것으로 주행과 횡행, 주권과 보권을 같이 사용한다. 특징은 설치면적이 절감되고, 조작이 편리하다.
7. ①
   스팬이란 좌우 주행레일 중심간의 거리를 말한다.
8. ④
   시브 홈의 지름이 너무 크면 와이어로프의 형태를 납작하게 변형시켜 마모를 촉진시키며, 시브의 마모를 촉진시켜 수명을 단축시킨다.
9. ④
10. ①
    훅(hook)이 지면에서 최고점(권상한도)에 이를 때 권과 방지용 리밋 스위치(cam-type)의 캠은 약 1회전 미만으로 회전한다.
11. ①
    와이어로프는 훅이 최하단(바닥)에 도달되었을 때 와이어 드럼에 최소 2회전 이상의 여유 감김이 있어야 한다.
12. ③
    독립륜 구동방식은 단일 전동기 기어 케이스 축과 차륜이 브리지 한쪽 끝에서 구동이 이루어지는 방법으로 2개의 독립 차륜 구동은 브리지가 주행레일을 따라 주행하는데 사용된다. 또 2개의 전동기를 하나로 연결해 주는 연결 축은 1개의 전동기가 돌아가지 않을 때 감속된 속도로 브리지가 계속 움직일 수 있도록 한다.
13. ④
    브레이크 드럼의 림 두께는 원 치수에 대해 40%가 마모되면 교환한다.
14. ①
15. ②
    비상정지장치는 화물을 권상시킬 때, 위험한 상태에서 작업안전을 위해 급정지시킬 수 있도록 설치되어 있는 방호장치이다.
16. ④
    훅에 와이어로프가 걸리는 부분의 마모자국 깊이가 2mm가 되면 그라인더로 평편하게 다듬질 하여야 한다.
17. ④
18. ①
    완성검사 시험하중은 정격하중의 최소 1.1 배를 초과 시험하여야 한다.
19. ③
    주행레일에서 레일 측면의 마모는 원래 규격 치수의 10% 이내이어야 한다.
20. ②   21. ②
22. ④
    절연의 종류에는 Y종, A종, E종, B종, F종, H종 등이 있다.
23. ③   24. ④   25. ②
26. ②
27. ④
    캡타이어 케이블은 광산의 이동기계에 사용하기 위해 영국에서 개발한 것이며, 일반적으로 이동용 전선으로 실외 등에서 거칠게 사용하여도 견딜 수 있도록 만들어져 있다.
28. ③
    감속기 오일은 2000시간 사용 후 교환한다.
29. ③
30. ②
    $$전류 = \frac{전압}{저항} \quad \therefore \quad \frac{100\,V}{20\,\Omega} = 5A$$

31. ④
　　풀림 방지용 너트에는 플랜지 노트, 홈붙이너트, 로크너트 등이 있다.
32. ④
　　천장크레인에서 운전을 하고자 할 때에는 먼저 모든 제어기의 노치를 "0" 노치에 두고 메인 스위치를 on으로 작동시킨다.
33. ④
34. ④
　　천장크레인용 전동기는 주로 직류전동기는 직권전동기를 교류전동기는 권선형 전동기를 사용한다.
35. ③
　　베어링의 수명과 가장 관계 깊은 것은 그리스 주유상태이다.
36. ①
　　절연저항은 메거테스터로 측정한다.
37. ④　　38. ①
39. ①
　　안지름 번호, 안지름 20mm 이상 500mm 미만은 안지름을 5로 나눈 수가 안지름 번호이다. 따라서 24×5=120mm이다.
40. ②
　　전원을 차단할 때에는 반드시 부하 측에서 메인(main)측 순서로 행한다.
41. ③
　　꼬임 방법에는 보통 Z꼬임과 S꼬임, 랭 Z꼬임과 S꼬임이 있다.
42. ①
　　윤활유의 구비조건은 ②, ③, ④항 이외에 유막을 형성하는 힘이 커야 한다.
43. ③
　　후리트(fleet) 각도는 홈이 있는 경우 4°이내, 홈이 없는 경우 2°이내이다.
44. ④
45. ①
　　화물을 양중 할 때 줄걸이 로프에 가장 장력이 적게 걸리는 각도는 30°이다.
46. ②
47. ②
$$권상하중 = \frac{로프의\ 전단하중 \times 줄걸이\ 수}{안전율}$$
$$\therefore \frac{23 \times 8}{5} = 36.8톤$$
48. ④
　　늘어남이 제조 시 보다 5%를 초과한 것은 교환한다.
49. ④
　　로프의 엮어 넣기를 할 때 엮어 넣는 길이는 로프 지름의 30~40배가 되어야 한다.
50. ②
　　줄걸이 각도는 30° 정도로 한다.

51. ②
　　물적 요인이란 불안전한 조명, 불안전한 환경, 방호장치의 결함으로 인하여 오는 산업재해 요인이다.
52. ①
53. ③
　　전기화재의 소화에 포말소화기는 사용해서는 안 된다.
54. ③　　55. ④
56. ④
　　인적 불안전 행위에는 작업태도 불안전, 위험한 장소의 출입, 작업복의 부적당 등이 있다.
57. ③
　　안전계수란 절단하중과 안전하중과의 비율이며, 권상용 와이어로프의 안전계수는 최소 5이상이어야 한다.
58. ④
　　기름걸레나 인화물질은 철제 상자에 보관한다.
59. ④　　60. ④

국가기술자격검정 필기시험문제

2013년도 10월 12일 기능계

자격종목	종목코드	시험시간	문제지형별
천장크레인운전기능사	7864	1시간	

수검번호	성 명

1. 훅의 점검과 관리방법에 대한 설명으로 옳지 않은 것은?
   ① 훅의 마모는 2mm 이상의 홈이 생기면 연삭 숫돌로 평편하게 다듬질하여야 한다.
   ② 마모가 5%이상 되면 교환하여야 한다.
   ③ 훅의 균열은 년 1회 균열검사를 하여야 한다.
   ④ 점검 후 균열이 발견되면 용접하여 사용하고 입구의 벌어짐이 5%이상이면 폐기한다.

2. 천장크레인 권상장치의 권과방지기구로 가장 많이 사용되는 것은?
   ① 원심분리 스위치
   ② 캠식 리미트 스위치
   ③ 족답 스위치(foot S/W)
   ④ 와류 브레이크

3. 천장크레인의 주행 장치를 감속시키는데 사용되는 기계요소는?
   ① 키   ② 기어   ③ 커플링   ④ 스프링

4. 천장크레인의 권상장치에 사용되는 브레이크를 설명한 것으로 틀린 것은?
   ① 전자 브레이크는 운반물을 보호하여 지지하는 역할을 한다.
   ② 전자 브레이크는 유압 압상 브레이크와 병용하여 사용되는 수가 많다.
   ③ 브레이크의 제동력은 전동기 회전력의 100%이상이 되어야 한다.
   ④ 유압압상 브레이크는 전자 브레이크의 제동시간보다 느리다.

5. 권과방지용 리미트 스위치의 종류가 아닌 것은?
   ① 나사형   ② 캠형
   ③ 중추식   ④ 앵커형

6. 권상용 로프와 드럼에 대한 설명 중 잘못된 것은?
   ① 로프를 드럼에서 최대로 풀었을 때, 드럼에는 2가닥이상의 로프가 남아 있어야 한다.
   ② 보통 드럼의 직경은 로프 직경의 20배 이상이어야 한다.
   ③ 드럼의 홈이 마모되어 형상이 변형되었을 경우 재가공하여 사용할 수 있다.
   ④ 로프의 클립은 최소 4개 이상 고정되어 있어야 한다.

7. 천장크레인 크래브 부분의 점검사항으로 틀린 것은?
   ① 크레인 운전 중 크래브에서 발생하는 소음을 점검한다.
   ② 크래브에 설치된 주행 장치의 이상 유무를 점검한다.
   ③ 크래브에 부착된 안전난간의 이상 유무를 점검한다.
   ④ 크래브 프레임의 용접부 균열발생 유무를 점검한다.

8. 천장크레인의 횡행장치에 사용되는 급전방식에 해당하지 않는 것은?
   ① 트롤리 와이어식 방식
   ② 페스튠 방식
   ③ 케이블 캐리어 방식
   ④ 케이블 푸시 방식

9. 천장크레인의 3대 주요 구동장치가 아닌 것은?
   ① 권상장치   ② 횡행장치
   ③ 주행 장치   ④ 신호장치

10. 동일한 천장크레인의 거더 위에 개별 작동이 가능한 정격하중 10톤인 권상기(크래브) 2대를 설치하였을 때의 설명으로 틀린 것은?
   ① 천장크레인의 정격하중은 20톤이다.
   ② 천장크레인의 정격하중의 표시는 20(10+10)TONE으로 한다.
   ③ 두 대의 천장크레인으로 본다.
   ④ 천장크레인 거더의 강도는 20톤 하중에 적합한 구조이어야 한다.

11. 무선 원격제어기 또는 팬던트 스위치를 사용하여 작동하는 2대의 천장크레인에 대한 설명 중 옳은 것은?
   ① 무선 원격제어기는 손을 떼면 자동적으로 정지위치(off)에 복귀되는 구조이어야 한다.
   ② 무선 원격제어기는 정해진 작동위치뿐만 아니라 중간위치에서도 작동하여야 한다.
   ③ 하나의 무선 원격제어기에 선택 스위치를 부착하여 두 대의 천장크레인을 제어할 수 있다.
   ④ 팬던트 스위치와 무선 원격제어기를 동시에 사용하여 천장크레인을 작동할 수 있다.

12. 크레인의 훅에 해지장치를 설치하는 이유는?
   ① 무게중심의 조정
   ② 인양각도의 조정
   ③ 줄걸이 용구의 이탈방지
   ④ 줄걸이 용구의 미끄럼방지

13. 전동기의 일반적인 사항을 설명한 것으로 틀린 것은?
   ① 분권식의 경우 부하변동에 관계없이 일정한 속도로 운전된다.
   ② 브러시아 홀더는 예비부품으로 준비해둘 필요가 있다.
   ③ 카본 브러시의 마모한도는 원래치수의 20%까지이나 10%까지 쓸 수 있다.
   ④ 모터의 전원전압이 너무 낮아도 과열된다.

14. 전자(마그네틱) 브레이크의 드럼이 마모되었을 때 일어나는 현상과 가장 거리가 먼 것은?
   ① 브레이크 드럼과 라이닝의 틈새가 커진다.
   ② 라이닝의 발열할 위험이 있다.
   ③ 브레이크 제동이 약해지며 제동시간이 늦어진다.
   ④ 전자석이 소손될 염려가 있다.

15. 크레인 권상장치의 이퀄라이저 시브 피치원 직경과 당해 이퀄라이저 시브(Sheave)를 통과하는 와이어로프 지름과의 비는 얼마 이상으로 하는가?
   ① 4이상 ② 6이상 ③ 8이상 ④ 10이상

16. 천장크레인에서 사용하는 훅(Hook)에 대한 설명으로 틀린 것은?
   ① 훅(Hook)의 국부마모가 원 치수의 5%를 초과하면 폐기한다.
   ② 훅(Hook) 본체는 균열 또는 변형이 없어야 한다.
   ③ 훅 개구부의 증가는 15% 이내이어야 한다.
   ④ 훅 블록 또는 달기기구에는 정격하중이 표시되어 있어야한다.

17. 천장크레인에서 정격하중의 의미로서 가장 올바른 것은?
   ① 천장크레인이 들어 올릴 수 있는 최대하중
   ② 평상시 주로 많이 취급하는 하중
   ③ 달기기구의 자중을 제외한 순수 권상하중
   ④ 달기기구의 자중을 포함한 취급하중

18. 천장크레인에서 주행레일의 높이 편차는 기준면으로부터 최대 얼마인가?
   ① ±10mm이내   ② ±15mm미만
   ③ ±20mm이내   ④ ±30mm미만

19. 천장크레인의 주행 장치에서 차륜플랜지 두께의 마모한계는 원래치수의 몇 %인가?
   ① 20 ② 30 ③ 40 ④ 50

20. 천장크레인의 비상정지장치에 대한 설명 중 틀린 것은?
   ① 1정지방식은 기계가 정지한 후에 액추에이터 전원이 차단되는 방식이다.
   ② 0정지방식은 액추에이터 전원이 즉시 차단되어 기계가 정지하는 방식이다.
   ③ 천장크레인의 비상정지장치는 1정지방식을 원칙으로 한다.
   ④ 0정지방식은 정지신호가 반드시 전용 정지신호배선에 의한 하드와이어드 방식으로 구성하여야 한다.

21. 절연저항 측정 단위에서는 메가 옴(MΩ)을 사용한다. 400V 전압에서는 몇 메가 옴 이상이 나와야 하는가?
   ① 약 0.4MΩ   ② 약 0.5MΩ
   ③ 약 0.6MΩ   ④ 약 0.7MΩ

22. 천장크레인 운전실의 전압계가 멈추었을 때 점검해야 될 사항이 아닌 것은?
   ① 정전여부 확인
   ② 주 인입개폐기 점검
   ③ 집전자의 이탈여부 검사
   ④ 천장크레인 내 변압기 이상여부 점검

23. 전동기가 기동하지 않는 원인과 거리가 먼 것은?
   ① 단선   ② 전압강하가 크다.
   ③ 커넥터의 접촉 불량 ④ 사용빈도가 많다.

24. 천장크레인으로 짐을 운반해 와서 지정한 장소에 내리는 작업 중이다. 이때 올바르지 못한 운전 방법은?
   ① 지면에 닿기 전 약 30cm 정도에서 일단 정지한다.
   ② 받침대가 놓여 있는 정해진 위치에 일단 정지하지 않고 그대로 권하하여 와이어를 푼다.
   ③ 정해진 위치라도 꼭 신호수의 신호에 따라 내려야 한다.
   ④ 지면에 가까워지면 권하 속도를 서서히 줄인다.

25. 천장크레인 운전을 하면 전동기에서 열이 발생하는데 그 허용온도는 약 얼마 정도인가? (단, 주위의 외기온도는 40℃ 이하)
   ① 40~50℃   ② 50~60℃
   ③ 60~70℃   ④ 70~80℃

26. 다음 그림의 키는?

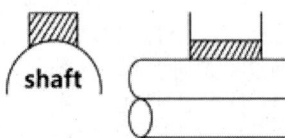

   ① 납작키(평키, flat key)
   ② 안장키(새들키, saddle key)
   ③ 묻힘키(성크키, sunk key)
   ④ 접선키(tangential key)

27. 지름 80mm 축에 끼워 있는 부시(미끄럼) 베어링의 마모한도로 가장 적합한 것은?
   ① 16mm ② 8mm ③ 1mm ④ 0.01mm

28. 천장크레인으로 중량을 운반시 일반적으로 안전한 높이는 지상으로부터 얼마인가?
   ① 0.5m ② 1m ③ 5m ④ 2m

29. 윤활제를 점검했을 때 이상이 없는 상태는?
   ① 고무 상을 나타내고 있을 때
   ② 금속 분말이 혼입하여 심하게 변색하고 있을 때
   ③ 그리스의 경우 광유와 비누가 분리되지 않을 때
   ④ 윤활제가 몹시 부족할 때

30. 구름베어링이 회전시 맑은 금속음이 날 경우 가장 유력시 되는 원인은?
   ① 베어링 내의 이물질 ② 과량의 윤활제
   ③ 윤활 부족   ④ 조립 불량

31. 화물의 흔들림으로 일어나는 재해가 많다. 다음 화물의 흔들림에 대한 설명 중 틀린 것은?
   ① 가속도, 감속도가 클수록 흔들림 각은 크게 된다.
   ② 권상 로프가 길수록 흔들림 폭은 크게 된다.
   ③ 화물이 무거울수록 흔들림 각은 크게 된다.
   ④ 매달린 화물의 무게가 무거울수록 흔들림 주기는 크게 된다.

32. 입력 전압이 440V, 60(Hz)인 3상 유도전동기가 있다. 극수가 4극이고 슬립이 3%일 때 회전자 속도는 약 얼마인가?
   ① 1746rpm   ② 1780rpm
   ③ 1800rpm   ④ 1880rpm

33. 천장크레인 전기부품의 스파크 발생원인 중 틀린 것은?
   ① 직류보다 교류에서 많다.
   ② 주파수가 높을수록 많다.
   ③ 접촉면에 요철이 심할수록 많다.
   ④ 접촉점을 흐르는 전류가 많을수록 많다.

34. 점검항목 중 연간 점검에 해당하는 것은?
   ① 주행, 횡행 레일을 측정기 사용 점검
   ② 훅의 작동 상태
   ③ 전기 배선의 누전 및 오염 상태
   ④ 와이어 드럼의 이상 마모 상태

35. 다음 설명 중에서 가장 옳은 것은?
   ① 플랜지 커플링이란 플랜지 사이를 볼트로 조인 것이며 축의 지름이 75mm이상의 것에 편리하다.
   ② 플렉시블 커플링이란 축심이 정확하게 일치할 때 사용하는 것이다.
   ③ 두개의 축이 일직선상에 있지 않고 경사되는 경우에 사용되는 축이음은 머프 커플링이다.
   ④ 가공비가 적게 들고 큰 하중에 견디며 주로 모터 축에 사용되는 축이음은 스플라인이다.

36. 베어링을 정비 시 세척코자 한다. 가장 적당한 세척제는?
   ① 그리스 ② 붕산수 ③ 등유 ④ 휘발유

37. 저항체의 종류에 따른 저항기 구분으로 맞는 것은?
   ① 분할형, 일체형, 그릿드형 등이 있다.
   ② 권선형, 그릿드형, 리본형 등이 있다.
   ③ A종, B종, 일체형 등이 있다.
   ④ 직권형, 분권형, 권선형 등이 있다.

38. 정격전압이 220V인 전동기를 110V와 440V에 연결한 경우 전기적으로 예상되는 결과가 아닌 것은?
   ① 110V에 연결한 경우, 충분한 전류가 흐르지 못해 작동하지 않는다.
   ② 440V에 연결한 경우, 설계 회전수보다 빠르게 회전한다.
   ③ 110V에 연결한 경우, 전동기가 소손되지 않는다.
   ④ 440V에 연결한 경우, 전류의 과잉으로 전동기가 타 버린다.

39. 스퍼기어에 피니언의 잇수가 18개이고 1000rpm으로 회전할 때 상대편의 기어를 500rpm으로 회전시키려면 기어의 잇수는 몇 개로 하여야 하는가?
   ① 40개 ② 36개 ③ 27개 ④ 9개

40. 관리와 보수에 관련된 사항 중 틀린 것은?
   ① 고장 발생이 많은 부품은 기계부분에는 기어(gear)이고, 전기부분의 고장으로 전동기(motor)이다.
   ② 일반적으로 전기회로를 열 때(off)보다 닫을 때(on)에 스파크(이상전압)가 많으므로 주의한다.
   ③ 보전방법에는 예방보전과 사후보전이 있으며, 예방보전이란 고장이 일어날 것 같은 부분을 계획적으로 교환 수리하는 방법이다.
   ④ 임시수리 중의 한 사항은 정기검사까지의 기간이 길 때 사용한도에 따라서 중간에 국부적으로 검사 수리하는 것이다.

41. 와이어로프의 구조를 대별하면 3가지로 나눌 수 있는데 맞는 것은?
   ① 소선, 스트랜드, 심강
   ② 스트랜드, 심강, 체인
   ③ 심강, 체인, 소선
   ④ 체인, 소선, 스트랜드

42. 화물을 권하 한 후, 줄걸이 용구를 분리하는 방법으로 적절하지 않은 것은?
   ① 훅은 가능한 낮은 위치로 유도하여 분리
   ② 직경이 큰 와이어로프는 비틀림이 작용하여 흔들림이 발생하므로 흔들리는 방향에 주의하면서 분리
   ③ 작업을 빨리 진행하기 위하여 기중기로 줄걸이용 와이어로프를 잡아당겨 분리
   ④ 줄걸이용 와이어로프는 손으로 분리하는 것이 원칙임

43. 와이어로프 보관 시의 주의사항과 거리가 먼 것은?
   ① 직사광선을 피한다.
   ② 통풍이 잘되는 건물 내에 보관한다.
   ③ 지면에 직접 닿게 놓는다.
   ④ 산, 아황산가스 등에 침식되지 않도록 한다.

44. 섬유로프 또는 섬유벨트를 크레인 등에 사용할 수 있는 것은?
   ① 꼬임이 끊어진 것 ② 물기가 있는 것
   ③ 심하게 손상된 것 ④ 심하게 부식된 것

45. 안전한 줄걸이 작업방법이 아닌 것은?
   ① 매다는 각도는 60° 이내로 한다.
   ② 여러 개를 동시에 매달 때는 일부가 떨어지는 일이 없도록 한다.
   ③ 밑에 쌓인 것을 들어낼 때는 반드시 위에 있는 것을 들어내고 나서 들어낸다.
   ④ 가까운 운반거리에서는 매단 짐 위에 안전하게 올라탄 후 신호를 한다.

46. 와이어로프 소선의 마모에 대한 설명으로 틀린 것은?
   ① 외부의 소선은 다른 물체와 많이 접촉하므로 마모가 쉽게 일어난다.
   ② 활차의 지름이 너무 작은 경우에도 마모가 일어난다.
   ③ 내부의 소선은 다른 물체와 접촉하지 않으므로 마모가 전혀 일어나지 않는다.
   ④ 와이어로프가 활차의 접촉면에 원만히 접촉하지 않을 경우에도 마모가 일어난다.

47. 와이어로프의 수명에 관한 설명 중 틀린 것은?
   ① 제조업체는 로프의 수명을 보증하는 표시를 명시하여야 한다.
   ② 수명은 사용자의 사용법과 사용조건에 영향을 받는다.
   ③ 제조업체가 로프의 성능을 명시하는 것은 파단하중이다.
   ④ 로프를 많이 굽히면 수명이 짧아진다.

48. 와이어로프의 가공방법 중 클립을 조일 때의 주의사항으로 틀린 것은?
   ① 클립의 새들(saddle)은 로프의 힘이 걸리는 쪽에 있을 것
   ② 클립의 간격은 로프 직경의 2배 이상일 것
   ③ 로프에 하중을 걸기 전과 건 후에 단단하게 체결할 것
   ④ 안전을 위해 주기적으로 점검하고 죄어줄 것

49. 매다는 체인을 새로 구입하여 연결된 5개의 링크의 길이를 재어 보았더니 200mm이었다. 이 체인의 연결된 5개의 링크의 길이가 몇 mm이상 되면 사용이 불가한가?
   ① 204mm   ② 205mm
   ③ 208mm   ④ 210mm

50. 와이어로프의 교체시기를 판정하는 기준이 잘못된 것은?
   ① 한 꼬임사이에서 소선의 수가 10%이상 절단된 것
   ② 마모로 인하여 지름의 공치지름의 5%이상 감소된 것
   ③ 킹크된 것
   ④ 심한 변형이나 부식이 발생한 것

51. 장비가 습지 등에 빠져 자력으로 탈출 할 수 없을 때 하부 프레임에 로프를 걸고 견인하고자 할 경우 로프는 장비 중량의 최대 몇 % 까지 제한하는가?
   ① 20%   ② 40%
   ③ 60%   ④ 80%

52. 안전관리의 근본 목적으로 가장 적합한 것은?
   ① 생산의 경제적 운용
   ② 근로자의 생명 및 신체보호
   ③ 생산과정의 시스템화
   ④ 생산량 증대

53. 전기화재의 원인과 관련이 없는 것은?
   ① 단락(합선)   ② 과절연
   ③ 전기불꽃   ④ 과전류

54. 운행 중 올바른 안전거리란?
   ① 뒤차가 앞지를 수 있는 거리
   ② 앞차와 평균 10m 이상의 거리
   ③ 앞차가 급정지 했을 때 충돌을 피할 수 있는 거리
   ④ 앞차의 진행방향을 확인할 수 있는 거리

55. 가연성 가스 저장실에 안전사항으로 옳은 것은?
   ① 기름걸레를 가스통 사이에 끼워 충격을 적게 한다.
   ② 휴대용 전등을 사용한다.
   ③ 담뱃불을 가지고 출입한다.
   ④ 조명은 백열등으로 하고 실내에 스위치를 설치한다.

56. 산소용접 시 안전수칙으로 옳은 것은?
   ① 용접작업 시 반드시 투명 안경을 사용한다.
   ② 작업 후 산소밸브를 먼저 닫고 아세틸렌밸브를 닫는다.
   ③ 점화 시에는 산소밸브를 먼저 열고 아세틸렌밸브를 연다.
   ④ 점화하는 성냥불이나 담뱃불로 해도 무관하다.

57. 연삭기의 워크레스트와 숫돌과의 틈새는 몇 mm로 조정하는 것이 적합한가?
   ① 3mm 이내   ② 5mm 이내
   ③ 7mm 이내   ④ 10mm 이내

58. 재해의 원인 중 생리적인 원인에 해당되는 것은?
   ① 작업자의 피로   ② 작업복의 부적당
   ③ 안전장치의 불량 ④ 안전수칙의 미 준수

59. 벨트의 안전사항과 가장 거리가 먼 것은?
   ① 벨트 교환은 정지 상태에서 한다.
   ② 벨트 풀리가 있는 부분은 덮개를 한다.
   ③ 벨트의 이음새는 돌기가 있는 구조로 한다.
   ④ 회전하는 벨트는 스스로 회전이 멈출 때까지 기다린 후 정비한다.

60. 안전·보건표지의 종류별 용도·사용장소·형태 및 색채에서 바탕은 흰색, 기본모형은 빨간색, 관련 부호 및 그림은 검정색으로 된 표지는?
   ① 보조표지   ② 지시표지
   ③ 주의표지   ④ 금지표지

정답 및 해설

1. ④
   훅을 점검 후 균열이 발견되면 교환한다.
2. ②
   권상상지의 권과방지기구로 캠식 리미트 스위치를 주로 사용한다.
3. ②
4. ③
   권상장치에 사용되는 브레이크의 제동력은 전동기 회전력의 150%이상이 되어야 한다.
5. ④
   권과방지용 리미트 스위치의 종류에는 나사, 캠형, 중추식 등이 있다.
6. ③
   드럼의 홈이 마모되어 형상이 변형되었을 경우 교환한다.
7. ②
   크래브 부분의 점검사항은 크레인 운전 중 크래브에서 발생하는 소음, 크래브에 부착된 안전난간의 이상 유무, 크래브 프레임의 용접부 균열발생 유무 등이다.
8. ①, ④
   횡행장치에 사용되는 급전방식에는 케이블 캐리어식 방식, 페스툰 방식, 트롤리와이어식 등이 있다.
9. ④
   천장크레인의 3대 주요 구동장치는 권상장치, 횡행장치, 주행 장치이다.
10. ③   11. ①
12. ③
   훅에 해지장치를 설치하는 이유는 줄걸이 용구의 이탈을 방지하기 위함이다.
13. ③
   카본 브러시의 마모한도는 원래치수의 50%이다.
14. ④
   전자(마그네틱) 브레이크의 드럼이 마모되면 브레이크 드럼과 라이닝의 틈새가 커지고, 라이닝의 발열할 위험이 있으며, 브레이크 제동이 약해지며 제동시간이 늦어진다.
15. ④
   크레인 권상장치의 이퀄라이저 시브 피치원 직경과 당해 이퀄라이저 시브를 통과하는 와이어로프 지름과의 비는 10 이상이어야 한다.
16. ③
   훅 개구부의 증가가 5% 이상 되면 폐기한다.
17. ③
   정격하중이란 달기기구의 자중을 제외한 순수 권상 하중을 말한다.
18. ①
   주행레일의 높이 편차는 기준면으로부터 최대 ±10mm이내 이다.
19. ④
   주행 장치의 차륜플랜지 두께의 마모한계는 원래치수의 50% 이다.
20. ③
21. ①
   220V에서 0.2MΩ, 440V에서는 0.4MΩ, 3300V에서는 3MΩ 이상 되어야 한다.
22. ④
   운전실의 전압계가 멈추면 정전여부, 주 인입개폐기, 집전자의 이탈여부 등을 점검한다.
23. ④   24. ②
25. ②
   전동기의 허용온도는 50~60℃이다.

26. ②
27. ③
    부시는 61~100mm, 1.0mm 기타는 2.0mm 마모한도이다.
28. ④
    천장크레인으로 중량을 운반할 때 일반적으로 안전한 높이는 지상으로부터 2m 이상이다.
29. ③
30. ③
    그리스가 부족하면 구름베어링이 회전할 때 맑은 금속음이 난다.
31. ④
    화물의 흔들림은 ①, ②, ③항 이외에 매달린 화물의 무게가 가벼울수록 흔들림 주기는 크게 된다.
32. ①
    $$회전자\ 속도 = \frac{120 \times 주파수}{극수}$$
    $$\therefore \frac{120 \times 60}{4} = 1800$$
    슬립이 3% 이므로 1800×0.97=1746rpm
33. ①
    전기부품의 스파크 발생은 ②, ③, ④항 이외에 교류보다 직류에서 많다.
34. ①
35. ①
    ◆ 축이음의 종류
    ① 슬리브 커플링(sleeve coupling) : 머프 커플링(muff coupling)이라고 부르며, 주철제 원통 속에 2개의 축을 양쪽에서 각각 밀어 넣고 키로 고정시킨 방식이다.
    ② 플랜지 커플링(flange coupling) : 양쪽 위 축 끝에 주철이나 강으로 만든 플랜지를 고정하고 볼트로 조인 것이다.
    ③ 플렉시블 커플링(flexible coupling) : 2축의 중심선이 어느 정도 어긋났거나 경사가 있을 때 사용하며, 결합부에 합성고무, 가죽, 스프링 등의 탄성 재료를 사용하여 양축 사이의 회전력을 이들을 통하여 전달하도록 한다.
    ④ 올덤 커플링(oldham's coupling) : 두 축이 평행하고 축의 중심이 어긋나 있을 때 사용하며, 양 축 끝에 설치한 플랜지 사이에 90°의 각도로 키 모양의 돌출부가 양쪽에 있는 원판이 있으며, 이 돌출부가 플랜지의 홈에 끼워져 전동할 수 있도록 한다.
    ⑤ 유니버설 조인트(자재이음, universal joint) : 두 축이 비교적 떨어진 위치에 있는 경우나 두 축의 각도(편각)가 큰 경우(30°미만)에 이 두 축을 연결하기 위하여 사용되는 축이음(커플링)이다.
36. ③
    베어링 세척은 등유나 경유로 한다.
37. ②
    저항기의 종류에는 권선형, 그릿드형, 리본형 등이 있다.
38. ②

39. ②
    $500rpm \times x = 1000rpm \times 18$에서
    $x = \dfrac{1000 \times 18}{500} = 36$
40. ②
    일반적으로 전기회로를 닫을 때(on)보다 열 때(off)에 스파크(이상전압)가 많으므로 주의한다.
41. ①
    와이어로프의 구조는 소선, 스트랜드, 심강이다.
42. ③   43. ③   44. ②
45. ④   46. ③   47. ①
48. ②
    클립의 간격은 로프 직경의 6배 이상일 것
49. ④
    체인은 늘어남이 5% 이내여야 하므로
    200mm+(200mm×0.05)=210mm
50. ②
    마모로 인하여 지름의 공치지름의 7%이상 감소된 것.
51. ③
    장비가 습지 등에 빠져 자력으로 탈출 할 수 없을 때 하부 프레임에 로프를 걸고 견인하고자 할 경우 로프는 장비 중량의 최대 60% 까지 제한한다.
52. ②   53. ②   54. ③
55. ②   56. ②   57. ①
58. ①
    생리적인 원인은 작업자의 피로이다.
59. ③
60. ④
    금지표지는 바탕은 흰색, 기본모형은 빨간색, 관련부호 및 그림은 검정색으로 되어 있다.

국가기술자격검정 필기시험문제

2014년도 1월 26일 기능계

자격종목	종목코드	시험시간	문제지형별
천장크레인운전기능사	7864	1시간	

1. 크레인의 레일 정지기구(stopper)를 설명한 것으로 틀린 것은?
   ① 크레인의 횡행레일에는 양끝부분 또는 이에 준하는 장소에 당해 크레인 횡행차륜 직경의 1/4 이상 높이의 정지기구를 설치하여야 한다.
   ② 주행거리를 연장하거나 또는 필요 시 정지기구(stopper)를 철거하여 편리하게 작업할 수 있어야 한다.
   ③ 크레인의 주행레일에는 양끝부분 또는 이에 준하는 장소에 당해 크레인 주행차륜 직경의 1/2 이상 높이의 정지기구를 설치하여야 한다.
   ④ 크레인의 주행레일에는 차륜 정지기구에 도달하기 전의 위치에 리미트 스위치 등 전기적 정지장치가 설치되어야 한다.

2. 천장크레인의 주요장치 중 속도제어장치가 부착되지 않은 것은?
   ① 횡행장치   ② 주행 장치
   ③ 신호장치   ④ 주권장치

3. 크레인 거더의 처짐은 정격하중 및 달기기구 자중을 합한 하중을 가장 불리한 조건으로 권상하였을 때, 스팬의 얼마 이하여야 하는가?
   ① 1/800   ② 1/700   ③ 1/600   ④ 1/500

4. 크레인에 사용되는 각종 시브(sheave)의 주요 점검사항이 아닌 것은?
   ① 시브 홈의 이상 마모는 없는가?
   ② 시브 홈과 와이어로프의 지름이 적정한가?
   ③ 시브 홈의 윤활상태는 적정한가?
   ④ 원활히 회전하고 암이나 보스 등에 균열은 없는가?

5. 천장크레인의 주행 장치에서 감속기의 역할은?
   ① 차륜의 회전속도를 감속시켜 전동기의 회전력을 향상시킨다.
   ② 축의 회전속도를 감속시켜 브레이크의 제동력을 향상시킨다.
   ③ 전동기의 회전속도를 감속시켜 차륜에 전달한다.
   ④ 레일의 마찰력을 감소시켜 원활한 주행이 이루어지도록 한다.

6. 천장크레인에서 와이어로프가 드럼에 감길 때 홈이 없는 경우 플리트(fleet) 각도는 얼마가 좋은가?
   ① 2° 이내   ② 4° 이내
   ③ 15° 이내   ④ 30° 이내

7. 천장크레인 횡행장치의 동력전달순서로 알맞은 것은?
   ① 횡행 전동기-감속기어-횡행차륜
   ② 횡행 전동기-횡행차륜-감속기어
   ③ 감속기어-횡행 전동기-횡행차륜
   ④ 감속기어-횡행차륜-횡행 전동기

8. 횡행 스토퍼를 설명한 것 중 틀린 것은?
   ① 재료는 경질고무나 스프링을 사용한다.
   ② 횡행차륜 정지용 스토퍼의 높이는 차륜 지름의 1/4 이상 되어야 한다.
   ③ 고무 및 유압 등을 이용하여 완충시켜 주는 장치이다.
   ④ 횡행 스토퍼에는 자주 그리스를 도포하여 보호한다.

9. 전기식 과부하방지장치의 설명으로 틀린 것은?
   ① 권상모터의 전류변화를 CT로 감지하여 크레인을 정지시키는 장치이다.

② 가격이 다른 종류의 과부하방지장치에 비해 비싸다.
③ 정지 상태에서는 과부하를 감지하지 못하는 단점이 있다.
④ 호이스트, 천장크레인 등 비교적 소형 크레인에 많이 활용된다.

10. 비상정비스위치에 대한 설명으로 옳은 것은?
① 비상정지용 누름 버튼은 황색으로 한다.
② 비상정지용 누름 버튼은 머리 부분이 돌출되지 않게 한다.
③ 스위치의 복귀로 비상정지 조작 직전의 작동이 자동으로 되어야 한다.
④ 운전 조작을 처음의 시동 상태에서 시작하도록 회로를 구성한다.

11. 천장크레인용 고리걸이 훅의 안전계수는?
① 4이상 ② 5이상 ③ 8이상 ④ 10이상

12. 훅(hook)에 대한 설명으로 옳은 것은?
① 훅 본체는 균열 또는 변형이 없어야 한다.
② 훅의 재질은 탄소강 단강품이나 기계구조용 탄소강이며, 강도와 연성이 적은 것이 바람직하다.
③ 훅은 마모되면서 와이어로프가 걸리는 부분에 홈이 생기며, 이 홈의 깊이가 10mm가 되면 평편하게 다듬질 하여야 한다.
④ 훅 입구의 벌어짐이 신품의 50% 이상 되면 교환하여야 한다.

13. 천장크레인 브레이크 라이닝의 마모량은?
① 원치수의 10% 이내 일 것
② 원치수의 25% 이내 일 것
③ 원치수의 50% 이내 일 것
④ 원치수의 80% 이내 일 것

14. 주행레일 위에 설치된 새들에 직접적으로 지지되는 거더가 있는 크레인을 가장 바르게 나타낸 것은?
① 겐트리 크레인   ② 천장크레인
③ 지브형 크레인   ④ 고정식 크레인

15. 천장크레인 운전실에 대한 설명으로 틀린 것은?
① 운전자가 안전운전을 할 수 있도록 충분한 시야를 확보 할 수 있는 구조이어야 한다.
② 운전실의 제어기는 작동방향표시가 있어야 한다.
③ 운전자가 인양물을 잘 볼 수 있도록 운전실에는 조명장치를 설치하지 아니한다.
④ 운전자가 쉽게 조작할 수 있는 위치에 개폐기, 제어기, 브레이크, 경보장치를 설치하여야 한다.

16. 1대의 제어기로 주간 제어기(master controller) 2대의 기능을 가져, 주행과 횡행 또는 주권과 보권을 같이 사용할 수 있고 설치면적이 절감되는 등의 특징을 가진 제어기는?
① 수동 드럼형 제어기
② 캠 작동식 제어기
③ 푸시버튼 제어기
④ 유니버설 제어기

17. 브레이크 중에서 전기를 투입하여 유압으로 작동되는 것은?
① 오일 디스크 브레이크
② 마그넷 브레이크
③ 스러스트 브레이크
④ 다이나믹 브레이크

18. 천장크레인의 시험하중은 정격하중의 몇 % 인가?
① 110   ② 120   ③ 130   ④ 140

19. 고속형 천장크레인의 접전장치로 중간지지를 갖는 수평배열이며, 휠이나 슈를 사용하는 것은?
① 팬터그라프형 집전장치
② 포올형 집전장치
③ 고정형 집전장치
④ 자유형 집전장치

20. 전동기의 필요조건과 가장 거리가 먼 것은?
① 기동 회전력이 클 것
② 속도조정 및 역회전이 가능할 것
③ 기동속도가 빠르고, 용량에 비해 대형일 것
④ 기동, 정지 및 역회전 등에 대해 충분히 견딜 수 있는 구조일 것

21. 천장크레인의 감속기어오일은 약 몇 시간마다 교환하는 것이 좋은가?
① 2000시간   ② 200시간

③ 20시간   ④ 매일

22. 크레인의 운전종료 후 조치사항으로서 틀린 것은?
   ① 각 제어기를 OFF하고 전원스위치(S/W)를 OFF한다.
   ② 각 부의 기기를 청소한다.
   ③ 크레인 작업종료 지점에 정지하고 메인 스위치(S/W)를 OFF한다.
   ④ 운전 중 이상을 느꼈던 부분을 점검한다.

23. 제어기(controller)에 스파크가 심하게 발생하는 고장과 대책 중 틀린 것은?
   ① 전동기에 부하가 걸려있다. - 부하를 적정하게 한다.
   ② 핑거 및 접촉판이 거칠다. - 사포로 다듬질한다.
   ③ 저항기가 부적당하다. - 적정한 것으로 교환 또는 저항치를 수정한다.
   ④ 핑거의 조정이 불량하다. - 접촉압력이 1.5kgf 정도 되게끔 재조정한다.

24. 천장크레인 점검 보수작업 중 감전사고가 발생하였을 때 조치방법으로 틀린 것은?
   ① 즉시 전원을 차단한다.
   ② 즉시 피해자를 잡아당겨 접촉물로부터 분리시킨다.
   ③ 감전되어 인사불성에 빠지더라도 전원 차단 후 인공호흡을 실시한다.
   ④ 전원을 차단하기 어려운 경우에는 마른 헝겊이나 플라스틱 등 절연물을 이용하여 접촉물을 제거한다.

25. 천장크레인 부품에서 수리한도에 대한 설명으로 맞는 것은?
   ① 차기의 검사까지 보증할 여유를 두고 정해진 한도이다.
   ② 재료역학 관점에서 최후의 한도이다.
   ③ 마모한도라고도 한다.
   ④ 사용한도보다 큰 한도로 되어있다.

26. 천장크레인의 주기적인 정비를 위한 예비품목과 가장 거리가 먼 것은?
   ① 퓨즈   ② 브레이크 라이닝
   ③ 전동기 브러시   ④ 제어반(판넬)

27. 천장크레인 운전시작 전 고려하여야 할 사항으로 틀린 것은?
   ① 작업내용과 작업순서에 대하여 관계자와 충분히 협의한다.
   ② 크레인 이동하는 영역 내에 장애물이 없는지를 사전에 확인한다.
   ③ 방호장치의 이상 유무를 확인한다.
   ④ 이동할 물품 종류 등에 대해서 고려 할 필요가 없으며, 신속한 작업의 고려가 우선이다.

28. 기어의 손상 중 잇면으로부터 일부 금속편이 떨어지는 원인으로 가장 적당한 것은?
   ① 과하중 또는 중심선의 불일치
   ② 윤활유의 부적당
   ③ 윤활유량 과다
   ④ 기어의 속도가 느릴 때

29. 다음 내용 중 ( )에 적당한 것은?(권상에 있어서 새로운 로프로 교환 후 ( )을 걸지 말고 ( ) 정도로 수회 고르기 운전을 행한 후 사용한다.)
   ① 하중, 1/2속도
   ② 전하중, 1/2 하중
   ③ 하중, 규정 속도
   ④ 전하중, 규정 속도

30. 구름베어링에 대한 설명으로 틀린 것은?
   ① 미끄럼 베어링에 비해 마찰손실이 적다.
   ② 미끄럼 베어링보다 소음이나 진동이 생기기 쉽다.
   ③ 미끄럼 베어링보다 충격에 강하다.
   ④ 미끄럼 베어링에 비해 윤활과 보수가 용이하다.

31. 천장크레인의 전자석 브레이크 등에 사용하는 것으로 코일을 여러 번 감고 전류를 흐르게 하였을 때 자석이 되게 한 것은?
   ① 라이닝   ② 솔레노이드
   ③ 디스크   ④ 드럼

32. 크레인 운전 후 전동기 부분의 발열이 심한 것을 발견하였다. 발열 원인으로 가장 거리가 먼 것은?
   ① 사용빈도가 높았다.
   ② 부하가 과대하였다.
   ③ 저항기가 부적정하였다.
   ④ 단선되었다.

33. 천장크레인 운전자가 작업시작 전 점검에 대한 설명으로 적합하지 않은 것은?
   ① 건물과 건물 사이의 거리 상태
   ② 주행로의 상측 및 트롤리가 횡행하는 레일의 상태
   ③ 와이어로프가 통과할 곳의 상태
   ④ 권과방지장치, 브레이크, 클러치 및 운전장치의 기능

34. 크레인에서 주행차륜 베어링의 점검항목이 아닌 것은?
   ① 현저한 마모가 없을 것
   ② 이상 진동 또는 현저한 발열이 없을 것
   ③ 급유가 적정할 것
   ④ 용접부 크랙이 없을 것

35. 천장크레인의 전원공급은 트롤리선으로 하며 선의 배열방법에는 수평배열과 수직배열이 있다. 트롤리선의 종류가 아닌 것은?
   ① 경동 트롤리선
   ② 애자 트롤리선
   ③ 앵글 동 바 트롤리선
   ④ 레일 트롤리선

36. 가을에서 겨울로 계절이 바뀔 때 옥외용 크레인의 감속기어 오일로 가장 적합한 것은?
   ① 점도가 낮은 것
   ② 점도가 높은 것
   ③ 점도가 같은 것
   ④ 옥외는 오일량을 높게 할 것

37. 전기를 전달하기 어려운 물질은?
   ① 전도재료   ② 절연재료
   ③ 도전재료   ④ 자성체

38. 전동기에서 2차 저항기의 역할로 가장 알맞은 것은?
   ① 전동기에 과전류가 흐르는 것을 막아 전동기를 보호하는 역할을 한다.
   ② 전동기의 저항을 줄임으로서 전동기의 회전수를 일정하게 하는 역할을 한다.
   ③ 권선형 유동전동기의 2차 회로에 부착되어 저항량을 조정함으로써 속도를 변속하는 역할을 한다.
   ④ 농형 전동기에 저항이 너무 크므로 2차 저항기를 부착하여 저항량을 줄임으로서 안전하게 작동할 수 있는 역할을 한다.

39. 고정자 및 회전자의 양쪽에 권선을 지니고 있으며 회전자의 권선에 슬립링을 통해서 외부저항을 증감하면 부하를 걸었을 때 속도를 가감할 수 있고, 특히 크레인의 기동 시에 기계에 충격을 주지 않고 서서히 가속할 수 있는 전동기는?
   ① 권선형 유도 전동기
   ② 농형 유도 전동기
   ③ 직류분권 전동기
   ④ 직류직권 전동기

40. 축이음의 종류가 아닌 것은?
   ① 플렉시블 커플링   ② 부시 커플링
   ③ 플랜지 커플링   ④ 유니버설 조인트

41. 와이어로프를 드럼(drum)에 설치할 때, 와이어로프가 벗겨지지 않도록 무엇을 사용하여 볼트로 조이는가?
   ① 너트   ② 클램프(고정구)
   ③ 섀클   ④ 링크

42. 크레인에서 와이어로프를 고정할 때 가장 효율이 높고 양호한 가공법은?
   ① 합금고정   ② 클립고정
   ③ 쐐기고정   ④ 엮어넣기

43. 크레인에서 와이어로프를 교환한 후 작업 개시 전 권상시험을 해 볼 때 가장 양호한 방법은?
   ① 정격하중의 1/2를 매달아 여러 번 권상·하 해본다.
   ② 정격하중을 매달아 여러 번 권상·하 해본다.
   ③ 사용하중을 매달아 여러 번 권상·하 해본다.
   ④ 적당량의 부하하중을 운전자가 선정하여 여러 번 권상·하 해본다.

44. 크레인 신호 중 그림과 같이 한 손을 들어 올려 주먹을 쥐는 수신호는?
   ① 정지
   ② 비상정지
   ③ 작업완료
   ④ 위로 올리기

45. 신호법 중 운전자가 사이렌을 울리거나 한쪽 손 주먹을 다른 손의 손바닥으로 2, 3회 두드리는 신호는?
   ① 기중기의 이상 발생
   ② 기다려라
   ③ 물건 걸기
   ④ 신호 불명

46. 직경이 500mm 이고, 길이가 1m 인 환봉을 크레인으로 운반하고자 할 때, 이 환봉의 무게는?(단, 환봉의 비중은 8.7)
   ① 1.70kgf   ② 17.0kgf
   ③ 170.8kgf ④ 1708kgf

47. 크레인이 작동 중에 위험한 상황이 발생되어 신호수가 아닌 낯모르는 사람이 정지신호를 보내왔다. 이때 운전자는 어떻게 행동해야 하는가?
   ① 무조건 정지시키고 난 후 확인한다.
   ② 신호수가 아니므로 무시하고 작업을 진행한다.
   ③ 신호수에게 물어보거나 가까이에 신호수가 없으면 사이렌을 울린다.
   ④ 운전자가 주위를 확인한 후 정지한다.

48. 크레인에 사용하는 권상용 와이어로프의 안전율은 얼마 이상인가?
   ① 3   ② 5
   ③ 7   ④ 10

49. 천장크레인에서 사용하는 일반 와이어로프 소선의 표준인장강도는?
   ① 135~180kgf/mm²
   ② 85~150kgf/mm²
   ③ 40~50kgf/mm²
   ④ 10~20kgf/mm²

50. 와이어로프에 관한 설명 중 틀린 것은?
   ① 랭 꼬임은 소선의 경사가 완만하여 외부와의 접촉면이 길다.
   ② 보통 꼬임은 스트랜드와 와이어로프의 꼬임 방향이 서로 반대이다.
   ③ 보통 꼬임은 외부와 접촉 면적이 작아서 마모는 크지만 킹크 발생이 적고 취급이 용이하다.
   ④ 랭 꼬임은 보통 꼬임에 비해서 손상도가 심해서 장기간의 사용에 불리하다.

51. 벨트를 풀리에 걸 때는 어떤 상태에서 걸어야 하는가?
   ① 저속으로 회전 상태
   ② 중속으로 회전 상태
   ③ 고속으로 회전 상태
   ④ 회전을 중지한 상태

52. 지렛대 사용 시 주의사항이 아닌 것은?
   ① 손잡이가 미끄럽지 않을 것
   ② 화물 중량과 크기에 적합한 것
   ③ 화물 접촉면을 미끄럽게 할 것
   ④ 둥글고 미끄러지기 쉬운 지렛대는 사용하지 말 것

53. 안전·보건표지의 종류와 형태에서 그림의 표지로 맞는 것은?

   ① 안전복 착용   ② 안전모 착용
   ③ 보안면 착용   ④ 출입금지

54. 마이크로미터를 보관하는 방법으로 틀린 것은?
   ① 습기가 없는 곳에 보관한다.
   ② 직사광선에 노출되지 않도록 한다.
   ③ 앤빌과 스핀들을 밀착시켜 둔다.
   ④ 측정부분이 손상되지 않도록 보관함에 보관한다.

55. 무거운 짐을 이동할 때 설명으로 틀린 것은?
   ① 힘겨우면 기계를 이용한다.
   ② 기름이 묻은 장갑을 끼고 한다.
   ③ 지렛대를 이용한다.
   ④ 2인 이상이 작업할 때는 힘센 사람과 약한 사람과의 균형을 잡는다.

56. 크레인 운전 시 운전자 안전수칙을 설명한 것으로 틀린 것은?
① 운반물을 작업자 머리 위로 운반해서는 안 된다.
② 운전석을 이석할 때는 크레인을 정지위치로 이동시킨 후 훅을 최대한 내려놓는다.
③ 옥외크레인은 강풍이 불어올 경우 운전 및 옥외 점검·정비를 제한한다.
④ 운반물이 흔들리거나 회전하는 상태로 운반해서는 안 된다.

57. 산업재해 부상의 종류별 구분에서 경상해란?
① 부상으로 1일 이상 14일 이하의 노동손실을 가져온 상해정도
② 응급처치 이하의 상처로 작업에 종사하면서 치료를 받는 상해 정도
③ 부상으로 인하여 2주 이상의 노동 손실을 가져온 상해 정도
④ 업무상 목숨을 잃게 되는 경우

58. 드라이버 사용 시 주의할 점으로 틀린 것은?
① 규격에 맞는 드라이버를 사용한다.
② 드라이버는 지렛대 대신으로 사용하지 않는다.
③ 클립(clip)이 있는 드라이버는 옷에 걸고 다녀도 무방하다.
④ 잘 풀리지 않는 나사는 플라이어를 이용하여 강제로 뺀다.

59. 전장품을 안전하게 보호하는 퓨즈의 사용법으로 틀린 것은?
① 퓨즈가 없으면 임시로 철사를 감아서 사용한다.
② 회로에 맞는 전류용량의 퓨즈를 사용한다.
③ 오래되어 산화된 퓨즈는 미리 교환한다.
④ 과열되어 끊어진 퓨즈는 과열된 원인을 먼저 수리한다.

60. 다음 중 전기화재에 대하여 가장 적합하지 않은 소화기는?
① 분말소화기
② 포말소화기
③ CO_2 소화기
④ 할론소화기

정답 및 해설

1. ②
주행거리를 연장하거나 필요에 따라 임의로 정지기구를 철거해서는 안 된다.
2. ③
3. ①
크레인 거더의 처짐은 정격하중 및 달기기구 자중을 합한 하중을 가장 불리한 조건으로 권상하였을 때, 스팬의 1/800 이하여야 한다.
4. ③
시브는 시브 홈의 이상 마모, 시브 홈과 와이어로프 지름과의 관계, 암이나 보스의 균열 유무, 원활하게 회전하는지의 여부 등을 점검한다.
5. ③
주행 장치의 감속기는 전동기의 회전속도를 감속시켜 차륜에 전달한다.
6. ①
플리트 각도는 2°이내 이어야 한다.
7. ①
횡행장치 동력전달 순서는 횡행 전동기-감속기어-횡행차륜이다.
8. ④
횡행 스토퍼는 고무, 스프링 유압 등을 이용하여 완충시켜 주는 장치이며, 횡행차륜 정지용 스토퍼의 높이는 차륜 지름의 1/4 이상 되어야 한다.
9. ②
전기식 과부하방지장치는 호이스트, 천장크레인 등 비교적 소형 크레인에서 많이 활용되며, 권상모터의 전류변화를 CT로 감지하여 크레인을 정지시킨다. 정지 상태에서는 과부하를 감지하지 못하는 단점이 있다.
10. ④
11. ②
훅의 안전계수는 5이상이어야 한다.
12. ①
① 훅은 강도와 연성이 큰 것이 바람직하다.
② 홈의 깊이가 2mm 이상 되면 평편하게 다듬질하여야 한다.
③ 훅 입구의 벌어짐이 신품의 5% 이상 되면 교환하여야 한다.
13. ③
브레이크 라이닝의 마모량은 원치수의 50% 이내 일 것
14. ②   15. ③
16. ④
유니버설 제어기는 1대의 제어기로 주간 제어기(master controller) 2대의 기능을 가져, 주행과 횡행 또는 주권과 보권을 같이 사용할 수 있고 설치면적이 절감되는 등의 특징이 있다.

17. ③
스러스트 브레이크는 전기를 투입하여 유압으로 작동된다.
18. ①
천장크레인의 시험하중은 정격하중의 110% 이다.
19. ①
팬터그라프형 집전장치는 고속형 천장크레인의 접전장치로 중간지지를 갖는 수평배열이며, 휠이나 슈를 사용한다.

20. ③
전동기의 필요조건은 ①, ②, ④항 이외에 기동속도가 빠르고, 용량에 비해 소형일 것
21. ①
천장크레인의 감속기어오일은 약 2000 시간마다 교환하는 것이 좋다.
22. ③   23. ④   24. ②
25. ①
수리한도란 차기의 검사까지 보증할 여유를 두고 정해진 한도를 말한다.
26. ④   27. ④   28. ①
29. ②
와이어로프를 교환한 후에는 전하중을 걸지 말고 1/2하중 정도로 수회 고르기 운전을 실행한 사용하여야 한다.
30. ③
구름베어링의 특징은 ①, ②, ④항 이외에 미끄럼 베어링보다 충격에 약하다.
31. ②   32. ④   33. ①
34. ④   35. ②
36. ①
겨울철에는 오일의 점도가 낮아야 한다.
37. ②
38. ③
2차 저항기는 권선형 유동전동기의 2차 회로에 부착되어 저항량을 조정함으로써 속도를 변속하는 역할을 한다.
39. ①
권선형 유도 전동기는 고정자 및 회전자의 양쪽에 권선을 지니고 있으며 회전자의 권선에 슬립링을 통해서 외부저항을 증감하면 부하를 걸었을 때 속도를 가감할 수 있고, 특히 크레인의 기동 시에 기계에 충격을 주지 않고 서서히 가속할 수 있다.
40. ②
◆ 축이음의 종류
① 슬리브 커플링(sleeve coupling) : 머프 커플링(muff coupling)이라고 부르며, 주철제 원통 속에 2개의 축을 양쪽에서 가가 밀어 넣고 키로 고정시킨 방식이다.
② 플랜지 커플링(flange coupling) : 양쪽 위 축 끝에 주철이나 강으로 만든 플랜지를 고정하고 볼트로 조인 것이다.
③ 플렉시블 커플링(flexible coupling) : 2축의 중심선이 어느 정도 어긋났거나 경사가 있을 때 사용하며, 결합부에 합성고무, 가죽, 스프링 등의 탄성 재료를 사용하여 양축 사이의 회전력을 이들을 통하여 전달하도록 한다.
④ 올덤 커플링(oldham's coupling) : 두 축이 평행하고 축의 중심이 어긋나 있을 때 사용하며, 양 축 끝에 설치한 플랜지 사이에 90°의 각도로 키 모양의 돌출부가 양쪽에 있는 원판이 있으며, 이 돌출부가 플랜지의 홈에 끼워져 전동할 수 있도록 한다.
⑤ 유니버설 조인트(자재이음, universal joint) : 두 축이 비교적 떨어진 위치에 있는 경우나 두 축의 각도(편각)가 큰 경우(30°미만)에 이 두 축을 연결하기 위하여 사용되는 축이음(커플링)이다.

41. ②
와이어로프를 드럼(drum)에 설치할 때, 와이어로프가 벗겨지지 않도록 클램프를 사용하여 볼트로 조인다.
42. ①
와이어로프를 고정할 때 합금고정 방법이 가장 효율이 높고 양호하다.
43. ①
와이어로프를 교환한 후 작업 개시 전 권상시험을 할 경우에는 정격하중의 1/2를 매달아 여러 번 권상하 해본다.
44. ①   45. ①
46. ④
0.785×지름×지름×길이   ∴
0.785×5×5×10×8.7=1707.4kgf
47. ①
48. ②
권상용 와이어로프의 안전율은 5이상일 것
49. ①
와이어로프 소선의 표준인장강도는 135~180kgf/mm²이다.
50. ④
랭 꼬임은 스트랜드와 와이어로프의 꼬임 방향이 같은 것으로 소선과 접촉 면적이 길어 마모에 의한 손상이 적고 유연하며 수명이 긴 장점이 있으나 꼬임이 풀리기 쉽고 킹크 발생이 큰 단점이 있다.
51. ④   52. ②   53. ②
54. ③
마이크로미터를 보관할 때 앤빌과 스피들을 밀착시켜서는 안 된다.
55. ②   56. ②
57. ①
① 경상해 : 부상으로 1일 이상 14일 이하의 노동손실을 가져온 상해정도
② 중상해 : 부상으로 인하여 2주 이상의 노동 손실을 가져온 상해 정도
③ 무상해 : 응급처치 이하의 상처로 작업에 종사하면서 치료를 받는 상해 정도
58. ④   59. ①
60. ②
전기화재의 소화에 포말소화기는 사용해서는 안 된다.

국가기술자격검정 필기시험문제

2014년도 4월 6일 기능계

자격종목	종목코드	시험시간	문제지형별
천장크레인운전기능사	7864	1시간	

1. 전자 브레이크의 라이닝 두께가 20% 감소되었을 때 올바른 방법은?
   ① 라이닝을 갈아 끼운다.
   ② 스트로크를 조정한다.
   ③ 브레이크 드럼의 지름을 키운다.
   ④ 60% 마모될 때까지 계속 사용한다.

2. 천장크레인용 배선의 절연저항 값으로 틀린 것은?
   ① 대지전압 150V 이하인 경우 0.1㏁ 미만일 것
   ② 대지전압 150V 초과 300V 이하인 경우 0.2㏁ 이상일 것
   ③ 사용전압 300V 초과 400V 미만인 경우 0.3㏁ 이상일 것
   ④ 사용전압 400V 이상인 경우 0.4㏁ 이상일 것

3. 크레인에서 권상용으로 사용하는 와이어로프의 안전율은 얼마인가?
   ① 최소 1이상   ② 최소 3이상
   ③ 최소 5이상   ④ 최소 7이상

4. 화물의 운반을 용이하게 하기 위하여 화물과 크레인 본체 간을 와이어로프 혹은 체인 등으로 연결하여 권상작업을 하게 되는데 이때 크레인 등의 훅에 걸린 와이어로프 등의 이탈을 방지하기 위해 설치 사용하는 것은?
   ① 권과 방지장치
   ② 비상 정지장치
   ③ 훅 해지장치
   ④ 훅 딤블장치

5. 신호수의 다음과 같은 신호를 보일 때 운전자가 취해야 할 행동은?

   ① 권상레버를 당겨 화물을 권상한다.
   ② 주행레버를 밀어 빠르게 주행한다.
   ③ 비상정지 버튼을 누른다.
   ④ 아무 문제가 없으므로 작업을 수행한다.

6. 천장크레인의 성능 및 기타사항을 상세하게 표기할 때의 순서로 맞는 것은?
   ① 양정-스팬-정격하중-아웃리치
   ② 정격하중-스팬-양정-사용동력
   ③ 사용동력-스팬-정격속도-양정
   ④ 양정-스팬-차륜간격-정격하중

7. 크래브(crab)에 설치되는 것이 아닌 것은?
   ① 횡행차륜   ② 주권모터
   ③ 보권모터   ④ 주행차륜

8. 원판 마찰차의 원둘레면 위에 이를 깎은 것으로 평행한 두 축 사이에 일정한 속도비로 회전운동을 전달하며, 천장크레인에 가장 많이 사용하는 기어는?
   ① 베벨(bevel)기어
   ② 스퍼(super)기어
   ③ 헬리컬(helical)기어
   ④ 랙 및 피니언(rack and pinion)기어

9. 크레인의 팬턴트 스위치에 대한 설명으로 틀린 것은?
   ① 비상정지스위치가 설치되어야 한다.
   ② 충격을 받으면 자동으로 정지되어야 한다.

③ 크레인의 작동방향이 표기되어야 한다.
④ 주행버튼에서 손을 떼면 자동적으로 정지되어야 한다.

10. 천장크레인 운전실에 대한 내용으로 적당하지 않은 것은?
① 운전자가 쉽게 조작할 수 있는 위치에 개폐기, 제어기, 브레이크, 경보장치 등을 설치하여야 한다.
② 운전자가 안전한 운전을 할 수 있도록 충분한 시야를 확보하여야 한다.
③ 작업바닥 면에서 운전하는 크레인에도 운전실을 설치하여야 한다.
④ 운전실 바닥은 미끄러지지 않는 구조이어야 한다.

11. 천장크레인의 주행레일에서 스팬이 10m 이하인 경우 스팬 편차 한계는?
① ±3mm
② ±6mm
③ ±10mm
④ ±18mm

12. 천장크레인의 권과방지장치의 기능에 대한 설명 중 틀린 것은?
① 전기식 권과방지장치는 접점이 개방되면 권과가 방지되는 구조이어야 한다.
② 직동식 권과방지장치는 훅 등 달기기구의 상부와 드럼의 간격이 0.25미터 이상이어야 한다.
③ 권과방지장치는 용이하게 점검할 수 있는 구조이어야 한다.
④ 권과를 방지하기 위하여 자동적으로 전동기용 동력을 차단하고 작동을 제동하는 기능을 가져야 한다.

13. 천장크레인의 감속기에 관한 설명으로 옳지 않은 것은?
① 감속기어의 오일은 여름철에 점도가 낮은 것을 사용하여야 한다.
② 감속기오일은 약 2000시간마다 교환하는 것이 좋다.
③ 감속기의 오일은 1/4정도 오일을 채워준다.
④ 감속기의 급유법은 유욕식이다.

14. 천정크레인용 와이어 드럼의 지름 D 와 와이어로프의 지름 d 와의 비로 다음 중 가장 적합한 것은?
① D/d = 20
② D/d = 10
③ D/d = 5
④ D/d = 4

15. 크레인에서 시브 홈 바퀴의 지름은 일반적으로 와이어로프 지름의 몇 배 이상이어야 하는가? (단, 평형 홈바퀴나 풀리의 경우는 제외한다.)
① 5
② 10
③ 15
④ 20

16. 천장주행크레인의 권상 모터에 투입되는 전기의 정격전류가 10 암페어(A)이다. 권상 모터의 과전류 보호용 차단기의 차단용량으로 적합한 것은?
① 20A
② 30A
③ 40A
④ 50A

17. 캠(cam)형 리미트 스위치에 대한 설명으로 옳은 것은?
① 드럼에 연동되어 회전하며 나사 봉이 돌려지면서 나사 봉에 들어가 있는 너트는 훅의 권상, 권하되는 거리에 비하여 이동하고 너트의 좌우 극한점에 도달하면 스위치 레버에 의해 회로를 개방하여 전원을 차단하게 되어있다.
② 드럼과 연동되어 회전을 하고, 원판모양으로 주위에 배치된 볼록 및 오목 캠에 의해 스위치의 레버를 작동시키는 구조이다.
③ 훅의 상승에 의해 중추에 닿아 직접 작동되는 방식이다.
④ 작동위치의 오차를 적게 할 수 있으며, 드럼의 회전과 관계없이 와이어로프를 교환한 후 위치의 재조정이 불필요하다.

18. 천장크레인의 횡행운전 중 갑자기 장애물이 나났을 때 가장 먼저 해야 할 일은?
① 조작 스위치를 중립위치에 놓는다.
② 비상정지 스위치를 누른다.
③ 횡행운전을 중지한다.
④ 사이렌을 울린다.

19. 크레인의 주행레일 설명으로 틀린 것은?
① 주행레일은 균열, 두부의 변형이 없을 것
② 레일 연결부의 엇갈림은 상하 및 좌우 모두 0.5mm 이하 일 것
③ 레일 측면의 마모는 원래 규격치수의 20% 이내일 것
④ 레일 연결부의 틈새는 기타 크레인의 경우 5mm 이하일 것

20. 브레이크는 제동용과 속도제어용으로 나눌 수 있는데 속도제어용 브레이크 중 운동에너지를 전기에너지로 변환시키고 이 전기에너지를 소모시켜 제어하는 브레이크 방식은?
① 다이나믹(Dynamic) 브레이크
② 스러스트(Thrust) 브레이크
③ 와류(Eddy Current) 브레이크
④ 전자(Magnet) 브레이크

21. 크레인 운전자가 화물을 권상할 때 위험한 상태에서 작업안전을 위해 급정지시키는 비상정지에 대한 설명으로 가장 적합한 것은?
① 작업종료 시 전원을 차단하기 위한 장치이다.
② 누름 버튼은 적색으로 머리 부분이 돌출되고, 수동복귀 되는 형식이다.
③ 누름 버튼은 황색으로 머리 부분이 돌출되고, 자동복귀 되는 형식이다.
④ 탑승용(운전석) 크레인일 경우 권상레버와 같이 부착된다.

22. 축과 보스에 작은 삼각형의 돌기 홈을 이용하여 고정하는 것은?
① 스플라인   ② 세레이션
③ 유니버설 커플링 ④ 플랜지 커플링

23. 운전종료 후의 조치사항으로 틀린 것은?
① 각 제어기를 OFF하고 전원 S/W를 OFF한다.
② 각 부의 청소를 한다.
③ 운전종료 지점에 크레인을 정지시키고 S/W를 OFF한다.
④ 각 부의 이상 유무를 점검한다.

24. 윤활유가 유입되거나 부착되어서는 안 되는 것은?
① 와이어로프 및 드럼
② 브레이크 라이닝 및 드럼
③ 체인 및 스프로켓
④ 베어링 및 하우징

25. 천장크레인의 주행에 대한 설명으로 틀린 것은?
① 급격한 주행을 하지 말 것
② 주행과 동시에 운반물을 권상 또는 권하시키지 말 것
③ 운반물 위에 사람이 타고 있을 때에는 주행을 서서히 할 것
④ 주행로 상에 장애물이 있을 때에는 주행을 멈출 것

26. 천장크레인에서 교류전류가 널리 사용되는 주된 이유는?
① 발전이 간단하므로
② 직류보다 위험이 적어서
③ 모터를 돌리는데 적당하므로
④ 전압을 자유롭게 변화시키는 것이 가능하므로

27. 전동기에 부하가 크게 걸릴 경우 미치는 영향과 관계없는 것은?
① 발열한다.
② 최대토크가 증가한다.
③ 퓨즈가 끊어질 수 있다.
④ 과부하 계전기가 작동한다.

28. 전동기 회로의 보호 장치가 아닌 것은?
① 퓨즈   ② 차단기
③ 과전류 릴레이 ④ 변압기

29. 전원 440V, 60Hz이며, 전동기의 극수가 6극인 전동기의 동기 회전속도는?
① 1500rpm   ② 1000rpm
③ 1200rpm   ④ 900rpm

30. 제어기에서 전기 접촉자의 면이 거칠 경우, 자주 일어나는 전기적인 현상은?
① 스파크가 일어난다.
② 회전력이 커진다.
③ 핸들이 무거워진다.
④ 기동이 잘된다.

31. 와이어로프용 그리스의 구비조건 중 틀린 것은?
① 산, 알칼리, 수분을 함유하지 않을 것
② 휘발성이 아닐 것
③ 물에 잘 씻어질 것
④ 온도변화에 대한 점도의 변화가 작을 것

32. 키(key)는 다음 어느 경우에 사용하는가?
① 축이 손상되었을 때

② 압연재는 형재를 영구적으로 연결할 때
③ 축에 풀리, 기어 등을 고정시킬 때
④ 와이어로프가 손상되었을 때

33. 크레인의 운전시작 전 점검 중 크레인 본체에 대한 무부하 운전 시의 점검사항이 아닌 것은?
① 권과방지장치의 작동 이상 유무를 점검한다.
② 과부하 방지장치의 정상 작동 유무를 확인한다.
③ 브레이크 작동 및 이상 유무를 점검한다.
④ 전동기, 베어링, 감속기 등의 이상음, 진동 및 과열 등을 점검한다.

34. 전기 기기의 철심으로 가장 많이 사용하는 것은?
① 탄소강판 ② 규소강판
③ 동판 ④ 주철판

35. 90도로 교차하고 있는 2개의 축을 연결할 때 사용하는 기어는?
① 스퍼기어 ② 헬리컬기어
③ 인터널기어 ④ 베벨기어

36. 권선형 유도 전동기의 2차 저항 제어방식의 특징 중 거리가 먼 것은?
① 2차 저항치의 가변에 의해 속도가 제어된다.
② 기동 시 쿠션 스타트로서도 사용된다.
③ 어떤 용량의 전동기에도 제어가 가능하다.
④ 부하변동에 의한 속도변동이 작고, 효율이 제어방식 중 가장 우수하다.

37. 천장크레인의 안전한 운전방법으로 틀린 것은?
① 항상 짐의 중량과 크기를 염두에 두고, 장애물 대처 방안과 충분한 여유를 가지고 운전한다.
② 안전커버를 벗긴 채로 운전하는 것을 금한다.
③ 리밋 스위치가 있으면 리밋 스위치에 의존하는 운전을 한다.
④ 현장작업자와 운전자와의 연락 미비로 인한 사고가 발생할 우려가 있으므로 항상 세심한 주의를 한다.

38. 베어링 유닛에 발생하는 이상음의 원인이 아닌 것은?
① 취부 시 부주의에 의해 회전면에 생긴 흠집
② 베어링 정지 시 진동에 의해 발생한 흠집
③ 윤활유의 과다 공급
④ 세트 스크루가 풀린 경우

39. 퓨즈가 끊어져 다시 끼웠을 때도 끊어졌다면?
① 다시 한 번 끼워본다.
② 좀 더 굵은 선으로 끼운다.
③ 합선 및 이상여부를 점검한다.
④ 좀 더 용량이 큰 퓨즈로 끼운다.

40. 저항기 사용 중 온도가 높아졌을 때 그 허용 값은?
① 약 250℃ ② 약 300℃
③ 약 350℃ ④ 약 400℃

41. 와이어로프의 양 끝을 고정하는 방법으로 틀린 것은?
① 소켓가공이라고도 하는 합금고정법은 양호하게 하면 이음효율을 100%로 할 수 있다.
② 지름이 32mm 이상의 굵은 와이어로프는 합금고정이 양호하다.
③ 합금고정의 소켓 재질은 일반적으로 단조한 강 사용한다.
④ 클립고정법은 이음효율을 100%로 할 수 있다.

42. 동일 조건에서 2줄 걸기 작업의 줄걸이 각도 α 중 로프에 장력이 가장 크게 걸리는 각도는?
① $\alpha=30°$ 일 때
② $\alpha=60°$ 일 때
③ $\alpha=90°$ 일 때
④ $\alpha=120°$ 일 때

43. 안전계수를 구하는 공식은?
① 안전하중÷절단하중
② 시험하중÷정격하중
③ 시험하중÷안전하중
④ 절단하중÷안전하중

44. 그림과 같은 양쪽 손을 몸 앞에 대고 두 손을 깍지 끼는 수신호가 의미하는 것은?

① 정지　　　　　② 보권사용
③ 기다려라　　　④ 물건걸기

45. 와이어로프의 구조 중 소선을 꼬아 합친 것을 무엇이라고 하는가?
① 심강　　　　　② 스트랜드
③ 소선　　　　　④ 공심

46. 아래 그림과 같은 강괴를 들어 올릴 때 중량은? 9단, 비중 7.85)

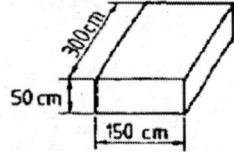

① 약 2250kgf　　② 약 9000kgf
③ 약 17663kgf　 ④ 약 26493kgf

47. 크레인 운전자가 손바닥을 안으로 하여 얼굴 앞에서 2~3회 흔드는 수신호는?
① 미동신호　　　② 들어올리기
③ 감아올림　　　④ 신호불명

48. 와이어로프에 관한 설명으로 틀린 것은?
① 부식은 표면침식이 적은 것 같아도 내부 깊숙이 진행될 수 있다.
② 아연 도금한 것은 절대로 사용하지 않는다.
③ 꼬임은 S형, Z형이 있다.
④ 와이어로프에 도금한 것을 사용할 수도 있다.

49. 와이어로프의 절단하중을 100%로 하였을 때 킹크(kink)가 발생한 와이어로프의 절단하중에 대한 설명 중 옳은 것은?
① 변화가 없다.
② 절단하중은 증가한다. 즉, 더 절단되지 않는다.
③ 절단하중은 감소한다. 즉, 더 쉽게 절단된다.
④ (+)킹크의 경우 절단하중은 크게 증가하고, (-)킹크의 경우에는 절단하중이 감소한다.

50. 정격하중이 40톤인 크레인을 제작할 때, 와이어로프는 몇 가닥 설치해야 하는가? (단, 와이어로프의 절단하중 20톤, 직경 20mm, 안전계수는 5로 한다.)
① 2　　② 4　　③ 5　　④ 10

51. 기계·기구 또는 설비에 설치한 방호장치를 해체하거나 사용을 정지할 수 있는 경우로 틀린 것은?
① 방호장치의 수리 시
② 방호장치의 정기점검 시
③ 방호장치의 교체 시
④ 방호장치의 조정 시

52. 산업안전 보건표지에서 그림이 나타내는 것은?

① 비상구 없음 표지　② 방사선위험 표지
③ 탑승금지 표지　　 ④ 보행금지 표지

53. 정비작업에서 공구의 사용법에 대한 내용으로 틀린 것은?
① 스패너의 자루가 짧다고 느낄 때는 반드시 둥근 파이프로 연결할 것
② 스패너를 사용할 때는 앞으로 당길 것
③ 스패너는 조금씩 돌리며 사용할 것
④ 파이프 렌치는 반드시 둥근 물체에만 사용할 것

54. 연삭작업 시 주의사항으로 틀린 것은?
① 숫돌 측면을 사용하지 않는다.
② 작업은 반드시 보안경을 쓰고 작업한다.
③ 연삭작업은 숫돌차의 정면에 서서 작업한다.
④ 연삭숫돌에 일감을 세게 눌러 작업하지 않는다.

55. 안전·보건표지의 종류와 형태에서 그림과 같은 표지는?

① 인화성물질 경고　② 폭발물 경고
③ 구급용구　　　　④ 낙하물 경고

56. 산업안전에서 근로자가 안전하게 작업을 할 수 있는 세부작업 행동지침을 무엇이라고 하는가?
① 안전수칙　② 안전표지
③ 작업지시　④ 작업수칙

57. 방호장치 및 방호조치에 대한 설명으로 틀린 것은?
① 충전회로 인근에서 차량, 기계장치 등의 작업이 있는 경우 충전부로부터 3m 이상 이격시킨다.
② 지반 붕괴의 위험이 있는 경우 흙막이 지보공 및 방호망을 설치해야 한다.
③ 발파작업 시 피난장소는 좌우측을 견고하게 방호한다.
④ 직접 접촉이 가능한 벨트에는 덮개를 설치해야 한다.

58. 안전사고와 부상의 종류에서 재해의 분류상 중상해는?
① 부상으로 1주 이상의 노동손실을 가져온 상해 정도
② 부상으로 2주 이상의 노동손실을 가져온 상해 정도
③ 부상으로 3주 이상의 노동손실을 가져온 상해 정도
④ 부상으로 4주 이상의 노동손실을 가져온 상해 정도

59. 사고로 인하여 위급한 환자가 발생하였다. 의사의 치료를 받기 전까지 응급처치를 실시할 때 응급처치 실시자의 준수사항으로 가장 거리가 먼 것은?
① 사고현장 조사를 실시한다.
② 원칙적으로 의약품의 사용은 피한다.
③ 의식 확인이 불가능하여도 생사를 임의로 판정하지 않는다.
④ 정확한 방법으로 응급처치를 한 후 반드시 의사의 치료를 받도록 한다.

60. 전기시설과 관련된 화재로 분류되는 것은?
① A급 화재　② B급 화재
③ C급 화재　④ D급 화재

정답 및 해설

1. ②

   전자 브레이크 라이닝 두께가 20% 감소되면 스트로크를 조정한다.

2. ①
3. ③

   권상용으로 사용하는 와이어로프의 안전율은 최소 5이상이어야 한다.

4. ③

   훅 해지장치는 훅에 걸린 와이어로프 등의 이탈을 방지하기 위해 설치 사용한다.

5. ③
6. ②

   천장크레인의 성능표시는 용도−정격하중−스팬−양정−사용동력 순서로 한다.

7. ④

   크래브는 권상장치(주권 및 보권 모터)와 횡행장치가 실려 운행하는 대차를 말한다.

8. ②

   ① 베벨(bevel)기어 : 다른 기어나 축에 어떤 각을 두고 동력을 전달하고자 할 때 사용되는 콘 모양의 기어(cone shaped gear, 원추형 기어)를 말한다.
   ② 스퍼(super)기어 : 평 기어라고도 부르며, 기어 이가 축에 평행하게 만들어진 것으로, 두 축이 평행한 기어이다. 모양이 간단하여 공작하기가 쉬우므로 많이 사용하지만, 소음이 발생되는 단점이 있다.
   ③ 헬리컬(helical)기어 : 톱니 줄기가 비스듬히 경사져 있어서 헬리컬이라고 한다. 톱니 줄이 나선 곡선인 원통기어로서 2축의 상대적 위치는 스퍼기어(spur gear)처럼 평행하나, 스퍼기어보다 접촉선의 길이가 길어서 큰 힘을 전달할 수 있고, 원활하게 회전하므로 소음이 작다.
   ④ 랙 및 피니언(rack and pinion)기어 : 랙과 피니언의 맞물림에 의하여 회전 운동을 직선 운동으로, 또는 그 반대 운동으로 바꾸는데 사용한다.

9. ②
팬턴트 스위치는 주행버튼에서 손을 떼면 자동적으로 정지 되어야 하며, 비상정지스위치가 설치되어야 하고 크레인의 작동방향이 표기되어야 한다.
10. ③
11. ①
주행레일의 스팬이 10m 이하인 경우 스팬 편차 한계는 ±3mm 이다.
12. ②
13. ①
감속기어의 오일은 여름철에 점도가 높은 것을, 겨울철에는 점도가 낮은 것을 사용하여야 한다.
14. ①
와이어 드럼의 지름 D 와 와이어로프의 지름 d 와의 비율은 D/d = 20이다.
15. ④
시브 홈 바퀴의 지름은 와이어로프 지름의 20배 이상이어야 한다.
16. ①
17. ②
캠(cam)형 리미트 스위치는 드럼과 연동되어 회전을 하고, 원판모양으로 주위에 배치된 볼록 및 오목 캠에 의해 스위치의 레버를 작동시키는 구조이다.
18. ②
19. ②
레일 측면의 마모는 원래 규격치수의 10% 이내일 것.
20. ①
다이나믹 브레이크는 운동에너지를 전기에너지로 변환시키고 이 전기에너지를 소모시켜 제어하는 방식이다.
21. ②
비상정지장치는 누름 버튼은 적색으로 머리 부분이 돌출되고, 수동복귀 되는 형식이다.
22. ②　　　　23. ③　　　　24. ②
25. ③
26. ④
천장크레인에서 교류전류가 널리 사용되는 주된 이유는 전압을 자유롭게 변화시키는 것이 가능하기 때문이다.
27. ②　　　　28. ④
29. ③

$$회전자\ 속도 = \frac{120 \times 주파수}{극수}$$

$$\therefore \frac{120 \times 60}{6} = 1200 rpm$$

30. ①　　　　31. ③
32. ③
키는 축에 풀리, 기어 등을 고정시킬 때 사용한다.
33. ②
34. ②
전기 기기의 철심은 규소강판을 주로 사용한다.

35. ④
◆ 기어의 종류
① 스퍼기어(spur gear) : 기어 이빨이 축과 평행한 것이다.
② 내접기어(internal gear) : 회전방향이 같고, 큰 감속비를 필요로 할 때 사용한다.
③ 헬리컬 기어(helical gear) : 이가 축에 경사진 것이며, 여러 개의 이를 물릴 수 있어 충격, 소음, 진동이 적으며 큰 회전력을 전달할 수 있으나 축이 측압을 받는 결점이 있다.
④ 더블 헬리컬 기어(double helical gear) : 방향이 서로 반대인 헬리컬 기어를 같은 축에 일체로 한 것이며 축 방향의 압력을 제거할 수 있다.
⑤ 래크와 피니언(rack & pinion) : 래크는 직선운동을 하고, 피니언은 회전운동을 하는 것이며, 래크는 기어의 지름이 무한대(∞)이다.
⑥ 베벨기어(bevel gear) : 기어 면이 원뿔형이며, 회전력을 직각으로 전달하고자 할 때 사용한다. 즉 두 축이 직각으로 교차하여 맞물려 회전한다.
⑦ 하이포이드 기어(hypoid gear) : 기어의 이가 쌍곡선으로 되어 있으며, 피니언이 중심선 상 아래쪽에 설치된 것이다.
⑧ 웜과 웜 기어(worm & worm gear) : 웜은 1~2줄 이상의 줄 수를 가진 나사 모양의 것이며, 이것과 물리는 것이 웜 기어이다. 특징은 소형이고 큰 감속비를 얻을 수 있으며, 물림이 조용하며, 원활하며, 역회전이 불가능하다. 그러나 전동효율이 낮다.

36. ④
2차 저항 제어방식의 특징은 2차 저항치의 가변에 의해 속도가 제어되며, 기동할 때 쿠션 스타트로서도 사용된다. 또 어떤 용량의 전동기에도 제어가 가능하다.
37. ③　　　38. ③　　　39. ③
40. ③
저항기의 사용온도 허용 값은 약 350℃이다.
41. ④
클립고정법의 이음 효율은 80~85%이다.
42. ④
43. ④
안전계수=절단하중÷안전하중
44. ④
45. ②
① 소선 : 탄소강에 특수 열처리를 하여 사용하며 표준 인장강도는 135~180kgf/mm²이다.
② 스트랜드 : 소선을 꼬아 합친 것이다.
③ 심강 : 섬유심, 공심, 와이어심의 3가지가 있으며 충격하중의 흡수, 부식방지, 소선끼리의 마찰에 의한 마모방지, 스트랜드의 위치를 바르게 유지한다.

46. ③

$$\frac{가로 \times 세로 \times 높이 \times 비중}{1000}$$

$$\therefore \frac{300 \times 150 \times 50 \times 7.85}{1000} = 17662.5 kgf$$

47. ④
48. ②

산, 염류가 많은 장소에서는 아연 도금한 와이어로프를 사용한다.

49. ③

(+)킹크 된 와이어로프는 절단하중이 20~40% 정도 저하하고, (-)킹크 된 와이어로프는 절단하중이 50~80% 저하한다.

50. ④

① 안전하중 $= \dfrac{절단하중}{안전계수}$

$\therefore \dfrac{20}{5} = 4$

② 와이어로프의 가닥수 $= \dfrac{정격하중}{안전하중}$

$\therefore \dfrac{40톤}{4} = 10가닥$

51. ②   52. ④   53. ①
54. ③   55. ①
56. ①

안전수칙이란 근로자가 안전하게 작업을 할 수 있는 세부작업 행동지침이다.

57. ③
58. ③

① 경상해 : 부상으로 3주미만 노동손실을 가져온 상해 정도
② 중상해 : 부상으로 3주이상 노동손실을 가져온 상해 정도
③ 중경상 : 부상으로 2주이상 노동손실을 가져온 상해 정도

59. ①
60. ③

◆ 화재의 분류
① A급 화재 : 나무, 석탄 등 연소 후 재를 남기는 일반적인 화재
② B급 화재 : 휘발유, 벤젠 등 유류화재
③ C급 화재 : 전기화재
④ D급 화재 : 금속화재

국가기술자격검정 필기시험문제

2014년도 7월 20일 기능계

자격종목	종목코드	시험시간	문제지형별	수검번호	성 명
천장크레인운전기능사	7864	1시간			

1. 천장주행크레인 크래브(crab) 프레임 등의 용접부에 대한 비파괴 검사방법이 아닌 것은?
   ① 자분탐상검사(Magnet Particle Testing : MT)
   ② 와전류탐상검사(Edd Current Testing : ECT)
   ③ 초음파탐상검사(Ultrasonic Testing : UT)
   ④ 낙중시험검사(Falling Weight Testing : FWT)

2. 천장크레인의 비상정지스위치를 작동시키면 어떻게 되는가?
   ① 권상중인 화물을 자동으로 지면에 내려놓는다.
   ② 작동중인 동력이 차단된다.
   ③ 권상을 제외한 모든 전동기의 동력을 차단한다.
   ④ 주행 중인 크레인을 서서히 정지시킨다.

3. 크레인의 훅(hook)에 걸린 와이어로프의 이탈을 방지하기 위한 안전장치는?
   ① 충돌방지장치
   ② 해지장치
   ③ 리미트 스위치
   ④ 미끄럼방지장치

4. 제조 시 또는 장기간 반복 사용한 훅에 적합한 열처리 방법은?
   ① 뜨임
   ② 풀림
   ③ 담금질
   ④ 불림

5. 다음 그림에서 유니버설 제어기의 Ⓐ방향이 횡행이고 Ⓑ방향이 주행이라면 Ⓒ방향에 대한 설명 중 옳은 것은?

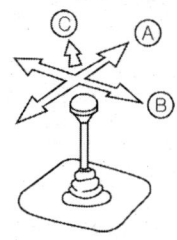

   ① 권상의 방향이다.
   ② 권하의 방향이다.
   ③ 권상과 주행의 동시작업이다.
   ④ 주행과 횡행의 동시작업이다.

6. 정격하중에 상당하는 부하물을 달았을 때 제동용 브레이크에서 제동력은 토크 최댓값의 몇 배 이상이어야 하는가?
   ① 1   ② 1.5   ③ 2   ④ 3

7. 그림에서 지시하는 곳(플리트 각도)의 가장 양호한 각도는?

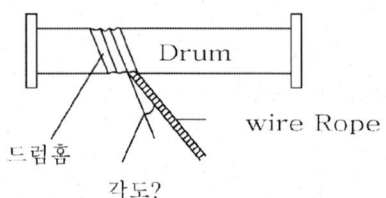

   ① 4° 이내
   ② 8° 이내
   ③ 10° 이내
   ④ 20° 이내

8. 전동기에서 스파크(spark)가 발생하는 원인이 아닌 것은?
   ① 접촉점 간의 전압이 높을 때
   ② 접촉면이 거칠 때

③ 접촉점을 흐르는 전류가 정격 이상일 때
④ 주파수가 낮을수록

9. 다음 중 천장크레인 권상장치의 구성요소가 아닌 것은?
① 전동기
② 감속기
③ 브레이크
④ 캠버

10. 천장크레인의 주행레일 연결부의 틈새는?
① 3mm 이하
② 4mm 이하
③ 5mm 이하
④ 6mm 이하

11. 제한 개폐기(limit switch)의 점검 및 보수에 대하여 설명한 것으로 틀린 것은?
① 개폐의 작용점을 잘 맞추어야 한다.
② 작동부분에 소량의 주유 및 접촉면 등의 청결을 철저히 한다.
③ 최대 부하시와 무부하시 개폐점이 틀리므로 양쪽에 적합하도록 조정한다.
④ 권상높이를 높이고자 할 때는 제한 개폐기(limit switch)를 제거하고 작업한다.

12. 천장크레인 운전 중 전동기에 열이 나는 원인이 아닌 것은?
① 저속으로 운전하는 경우
② 전압강하가 심한 경우
③ 부하가 클 경우
④ 저항기가 부적당한 경우

13. 크래브 트롤리의 권상장치에 사용되는 브레이크는?
① 밴드 브레이크(band brake)
② 중력 브레이크(gravity brake)
③ 스러스터 브레이크(thruster brake)
④ 마그넷 브레이크(magnet brake)

14. 급전(집전)설비에 대한 설명으로 옳지 않은 것은?
① 집전장치는 트롤리선에서 전원을 크레인 내에 도입하는 부분이다.
② 주행전선 가설시 선과 선의 거리는 150~300mm로 한다.
③ 주행전선 가설시 지상 및 기체외부에서 보기 쉬운 장소에 황색 표시등을 설치하여 통전상태를 표시한다.
④ 기내 배선은 지상 전원설비로부터의 집전장치에서 각 전동기 및 전기기구에 이르는 배선을 말한다.

15. 감속기의 부품이 아닌 것은?
① 기어
② 축
③ 베어링
④ 새들

16. 중추형 권과방지장치의 특징과 거리가 먼 것은?
① 매달린 중추의 위치에서 동작하므로 동작위치의 오차가 적다.
② 동작 후 복귀거리가 짧다.
③ 권상드럼의 회전수와 관련이 있어 와이어로프 교환 시 위치를 조정할 필요가 있다.
④ 권상위치 제한은 가능하나 권하위치의 제한은 불가능하다.

17. 천장주행크레인의 주행차륜과 레일에 대한 설명으로 옳지 않은 것은?
① 차륜의 재질은 주철품인 경우 FC25 이상으로 해야 한다.
② 차륜의 재질은 주강품인 경우 SC46 이상으로 해야 한다.
③ 각강 레일은 SS50 이상의 일반압연강재를 사용한다.
④ 차륜을 표면경화 할 경우 Hs=5 이하, 깊이 30mm 이상으로 한다.

18. 천장크레인에서 건물의 양끝이나 천장크레인끼리 서로 충돌시 충격을 완화시켜주며 피해를 감소시켜 주는 장치는?
① 레일 스토퍼(rail stopper)
② 주행 버퍼 스토퍼(buffer stopper)
③ 엔드 스토퍼(end stopper)
④ 크래브 스토퍼(crab stopper)

19. 15kW의 전동기가 12m/min의 속도로 권상할 경우 권상하중은?(단, 전동기를 포함한 크레인의 효율은 65%이다.)
① 5톤
② 10톤
③ 15톤
④ 20톤

20. 크레인의 용량을 표시하는 아래 용어 중 훅, 버킷 등 달아 올림 기구의 무게에 상당하는 하중을 뺀 것은?
① 시험하중
② 선회하중

③ 정격하중 ④ 최대정격총하중

21. 훅의 열처리 방법으로 실온에서 냉각시켜 가단성을 높이고 깨지기 쉬운 성질을 줄이는 것은?
① 담금질 ② 구상화처리
③ 석출경화 ④ 풀림

22. 치차면은 원추형이고 동력을 직각(90°)으로 전달할 경우에 사용되는 치차는?
① 베벨기어 ② 랙과 피니언
③ 스퍼기어(평기어) ④ 헬리컬기어

23. 크레인의 급유에 대하여 설명한 것 중 틀린 것은?
① 윤활유는 점도, 유막의 강도, 변질 가능성 등을 고려하여 선정한다.
② 그리스 니플에 급유시에는 그리스 건을 사용한다.
③ 집중급유장치는 수동 또는 전동으로 급유관 및 분배변을 통하여 각각의 축 베어링에 일정량을 급유하는 방법이다.
④ 그리스컵이나 그리스 건을 사용하면 집중급유장치에 비하여 급유시간이 짧게 걸린다.

24. 축(shaft)에 관한 설명 중 틀린 것은?
① 기계장치의 일부로써 회전에 의한 운동이나 동력을 전달하는 역할을 한다.
② 회전축과 전동축 두 가지로 구분한다.
③ 기계를 돌리기 위하여 동력을 전달하는 축을 전동축이라 한다.
④ 축끼리의 연결은 축 커플링 또는 조인트라 한다.

25. 전동기에서 미끄럼(slip)을 구하는 공식은? (단, S : Slip, Ns : 동기속도, N : 전동기속도, P : 극수)
① $S = Ns - \dfrac{P \times Ns}{Ns} \times 100\%$
② $S = \dfrac{N \times Ns}{P} \times 100\%$
③ $S = \dfrac{Ns + N}{Ns} \times 100\%$
④ $S = \dfrac{Ns - N}{Ns} \times 100$

26. 우리나라에서 사용되고 있는 전력계통의 상용 주파수는?
① 50Hz ② 60Hz ③ 70Hz ④ 80Hz

27. 천장크레인을 작동시킬 때 전원투입 순서는?
① 부하 측에서 전원 측으로
② 전원 측에서 부하 측으로
③ 순서를 가릴 필요가 없다.
④ 운전자 가까이 있는 스위치부터 켠다.

28. 축(shaft)에는 홈을 가공치 않고 보스(boss)에만 홈을 가공하여 축의 표면과 보스의 홈에 모양이 일치하도록 가공하여 박은 키(key)를 무엇이라 하는가?
① 성크키(sunk key)
② 반달키(woodruff key)
③ 안장키(saddle key)
④ 접선키(tangential key)

29. 천장크레인에서 전기스파크가 일어났을 때 운전자가 가장 먼저 취해야할 조치는?
① 퓨즈를 끊는다.
② 메인 전원을 차단(OFF)한다.
③ 레버를 급속히 중립위치로 한다.
④ 전동기 전원을 차단(OFF)한다.

30. 천장크레인의 배전판에 설치되는 기기가 아닌 것은?
① 유니버설 컨트롤러 ② 과전류 개폐기
③ 단락보호장치 ④ 퓨즈

31. 2차 측 저항의 조정 저항 값을 증감함으로써 회전속도를 가감하는 전동기는?
① 직류직권 전동기
② 교류농형 유도전동기
③ 직류분권 전동기
④ 교류 권선형 전동기

32. 너트의 종류별 설명으로 틀린 것은?
① 사각너트 : 건축용, 목공용 너트
② 나비너트 : 공구가 필요치 않고 손으로 조일 수 있는 너트
③ 둥근너트 : 일반적으로 많이 사용되는 너트
④ 캡너트 : 유체의 누출을 방지하기 위한 너트

33. 제어반에서 주전원 차단기나 퓨즈가 자주 차단될 때 점검해야 할 사항과 가장 거리가 먼 것은?
   ① 전선로 상호간의 절연저항 점검
   ② 퓨즈 용량이 맞는지 점검
   ③ 과부하 여부 점검
   ④ 전선로의 길이 점검

34. 측압을 받는 곳에 쓰이는 베어링은?
   ① 트러스트(thrust) 베어링
   ② 레이디얼(radial) 베어링
   ③ 평면(plane)베어링
   ④ 분할 베어링

35. 변압기의 1차 권수 80회, 2차 권수 320회인 경우, 1차 측에 25V의 전압을 가하면 2차 전압(V)은?
   ① 50   ② 72   ③ 100   ④ 125

36. 크레인 운전 전 확인사항으로 틀린 것은?
   ① 운전실의 각 레버, 컨트롤러 핸들, 스위치 등이 정상인가를 확인한다.
   ② 무부하로 운전을 행하여 각 안전장치 및 브레이크 기능을 알아본다.
   ③ 운전개시 시에는 앵커 또는 레일 클램프를 확실히 작동시켜 둔다.
   ④ 전임 사용자로부터 전달받은 사항을 확인하고 그 내용을 파악하여 둔다.

37. 두 개의 동작을 한 개의 핸들(habdle)로서 동시에 조작하는 제어기는?
   ① 유니버설 식   ② 크랭크 식
   ③ 수평 식   ④ 마크네트 식

38. 저항기의 온도상승 요인이 아닌 것은?
   ① 통풍이 불량하다.
   ② 사용빈도가 높다.
   ③ 인칭운전의 빈도가 높다.
   ④ 최종 노치의 운전이 길다.

39. 베어링의 온도상승 원인으로 가장 거리가 먼 것은?
   ① 정격속도를 초과한 경우
   ② 과하중이 작용한 경우
   ③ 베어링의 수명이 초과한 경우
   ④ 베어링의 유격이 과대한 경우

40. 크레인 운전 후 점검 및 조치사항으로 틀린 것은?
   ① 각 브레이크의 제동상태를 확인한다.
   ② 각 동작부위의 이완 및 풀림을 주의 깊게 확인한다.
   ③ 배전반의 스위치는 차단하지 말고 그대로 둔다.
   ④ 운전일지를 기록하여 보관한다.

41. 그림과 같이 양손의 손바닥을 앞으로 하여 머리 위에서 급히 좌우로 2~3회 흔드는 작업신호는?

   ① 호출   ② 신호불명
   ③ 비상정지   ④ 작업 완료

42. 줄걸이용 와이어로프의 안전율은 몇 이상인가?
   ① 2   ② 3
   ③ 4   ④ 5

43. 화물의 중량을 구하는 방법으로 옳은 것은?
   ① 체적×비중   ② 넓이×높이
   ③ 넓이×체적   ④ 넓이×비중

44. 다음 그림과 같이 1500kgf의 짐을 90°로 걸어 올렸을 때, 한 줄에 걸리는 무게는 약 몇 kgf인가?(단, 로프의 수는 2줄임)

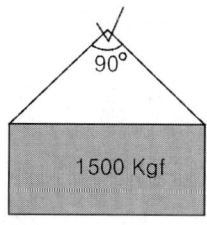

   ① 1050   ② 1060
   ③ 1500   ④ 1750

45. 줄걸이용 체인을 사용해야 되는 곳으로 적합하지 않은 곳은?
   ① 고열물 작업 장소
   ② 수중 작업 장소
   ③ 마그넷 크레인의 마그넷지지
   ④ 천장크레인의 완충장치

46. 「와이어로프의 사용한도는 소선수가 ( )% 이상 절단된 경우와 직경의 감소가 원직경의 ( )% 이상인 경우이다.」에서 ( )에 들어갈 각각의 숫자는?
   ① 7, 10
   ② 10, 7
   ③ 10, 15
   ④ 15, 10

47. 줄걸이 작업시의 안전사항으로 틀린 것은?
   ① 정지시 역 브레이크는 되도록 쓰지 말 것
   ② 가능한 매다는 물체의 중심을 높게 할 것
   ③ 매다는 물체의 중량판정을 정확히 할 것
   ④ 가능하면 한 가닥으로 중량물을 인양하지 말 것

48. 와이어로프 선정시의 고려사항과 가장 거리가 먼 것은?
   ① 사용빈도
   ② 작업환경조건
   ③ 하중의 종류
   ④ 와이어로프의 자체중량

49. 신호수의 준수사항이 아닌 것은?
   ① 신호수는 운전자에게 정확한 신호로 전달한다.
   ② 신호수는 규정된 신호방법에 의거 신호한다.
   ③ 대형화물을 권상할 때는 반드시 2명의 신호수를 배치한다.
   ④ 짐 밑에 들어가거나 짐 위에 타는 사람이 없도록 한다.

50. 와이어로프의 주요 구성요소가 아닌 것은?
   ① 소선
   ② 스트랜드
   ③ 심강
   ④ 클립

51. 분진이 발생하는 작업 장소에서 착용하는 일반적인 보호구는?
   ① 방독마스크
   ② 헬멧
   ③ 귀덮개
   ④ 방진마스크

52. 다음 중 인화성이 가장 큰 물질은?
   ① 산소
   ② 질소
   ③ 황산
   ④ 알코올

53. 산업재해를 예방하기 위한 재해예방 4원칙으로 틀린 것은?
   ① 대량생산의 원칙
   ② 예방가능의 원칙
   ③ 원인계기의 원칙
   ④ 대책선정의 원칙

54. 안전표지 색채 중 대피장소 또는 방향표시의 색채는?
   ① 청색
   ② 녹색
   ③ 빨간색
   ④ 노란색

55. 안전한 해머작업을 위한 해머 상태로 옳은 것은?
   ① 머리가 깨어진 것
   ② 쐐기가 없는 것
   ③ 타격면에 홈이 있는 것
   ④ 타격면이 평탄한 것

56. 화재 시 소화원리에 대한 설명으로 틀린 것은?
   ① 기화소화법은 가연물을 기화시키는 것이다.
   ② 냉각소화법은 열원을 발화온도 이하로 냉각하는 것이다.
   ③ 질식소화법은 가연물에 산소공급을 차단하는 것이다.
   ④ 제거소화법은 가연물을 제거하는 것이다.

57. 벨트를 풀리에 걸 때 가장 올바른 방법은?
   ① 회전을 정지시킨 때
   ② 저속으로 회전할 때
   ③ 중속으로 회전할 때
   ④ 고속으로 회전할 때

58. 안전 관리상 보안경을 사용해야 하는 작업과 가장 거리가 먼 것은?
   ① 장비 밑에서 정비작업을 할 때
   ② 산소결핍 발생이 쉬운 장소에서 작업을 할 때
   ③ 철분 또는 모래 등이 날리는 작업을 할 때
   ④ 전기용접 및 가스용접 작업을 할 때

59. 화상을 입었을 때 응급조치로 옳은 것은?
   ① 된장을 바른다.
   ② 메틸알코올에 담근다.
   ③ 미지근한 물에 담근다.
   ④ 시원한 물에 담근다.

60. 안전표지의 구성요소가 아닌 것은?
   ① 모양   ② 색깔
   ③ 내용   ④ 크기

정답 및 해설

1. ④
   비파괴 검사방법에는 자분탐상검사, 와전류탐상검사, 초음파탐상검사, 침투탐상검사, 방사선 탐상검사 등이 있다.
2. ②
   비상스위치를 작동시키면 작동중인 동력이 차단된다.
3. ②
   훅 해지장치(Hook safety latch)는 줄걸이 용구인 와이어로프 슬링 또는 체인, 섬유벨트 슬링 등을 훅에 걸고 작업할 때 이탈하지 않도록 방지하는 장치이다.
4. ②
   제조할 때 또는 장기간 반복 사용한 훅은 풀림 열처리를 한다.
5. ④
6. ②
   정격하중에 상당하는 부하물을 달았을 때 제동용 브레이크에서 제동력은 토크 최댓값의 1.5배 이상이어야 한다.
7. ①
8. ④
   전동기에서 스파크는 접촉점 간의 전압이 높을 때, 접촉면이 거칠 때, 접촉점을 흐르는 전류가 정격 이상일 때 발생한다.
9. ④   10. ①   11. ④
12. ①
13. ④
   권상장치에서 사용하는 브레이크는 마그넷 브레이크 이다.
14. ③
15. ④
16. ③
   중추형 권과방지장치의 특징은 매달린 중추의 위치에서 동작하므로 동작위치의 오차가 적으며, 동작 후 복귀거리가 짧다. 그러나 권상위치 제한은 가능하나 권하위치의 제한은 불가능하다.
17. ④
   차륜의 재질은 주철품인 경우 FC25 이상, 주강품인 경우 SC46 이상으로 해야 하며, 각강 레일은 SS50 이상의 일반 압연강재를 사용한다.
18. ②
   주행 버퍼 스토퍼는 건물의 양끝이나 천장크레인끼리 서로 충돌시 충격을 완화시켜주며 피해를 감소시켜 주는 장치이다.
19. ①
   $$권상하중 = \frac{6.12 \times 효율 \times 전동기\ 출력}{속도}$$
   $$\therefore \frac{6.12 \times 0.65 \times 15}{12} = 5 ton$$
20. ③
   ① 권상하중(Hoisting Load) : 크레인의 구조와 재료에 따라 들어 올릴 수 있는 최대 하중으로 달기 기구의 중량을 포함
   ② 정격하중(Hoisting Load)(Rated Load) : 크레인의 권상하중에서 훅, 크래브 등 달기기구의 중량을 뺀 하중
21. ④
   ◆ 열처리 방법
   ① 담금질(Quenching) : 담금질은 강을 A_1 변태점 이상으로 가열하여 기름이나 물속에서 급랭시켜 강도와 경도를 증가시킨다.
   ② 풀림(Annealing) : 풀림의 목적은 열처리로 가공된 재료의 연화, 가공경화 된 재료의 연화, 가공 중의 내부응력 제거 등이다.
   ③ 뜨임(Tempering) : 뜨임은 담금질한 강에 인성을 주기 위하여 A_1 변태점 이하의 적당한 온도로 가열한 후 서서히 냉각시킨다.
   ④ 불림(Normalizing) : 불림은 금속을 A_3 변태점 이상에서 30~60°C의 온도로 가열한 후 대기 중에서 서서히 냉각시켜 조직을 미세화하고 내부응력을 제거한다.
22. ①   23. ④
24. ②
   작용하는 힘에 따른 축의 분류에는 차축(axle), 스핀들(spindle), 전동축이 있고 모양에 따른 축의 분류에는 직선축, 크랭크축, 플렉시블 축이 있다.
25. ④   26. ②
27. ②
   전원은 전원 측에서 부하 측으로 투입시킨다.
28. ③
   ① 성크 키 : 축과 보스에 모두 키 홈을 판 것이다.
   ② 반달 키 : 축에 홈을 깊게 파서 강도가 약해지는 결점이 있으나 키와 키 홈의 가공이 쉽고 키가 자동적으로 자리를 쉽게 잡을 수 있어 테이퍼 축에서 많이 사용한다.
   ③ 안장키 : 축에는 키 홈을 파지 않고 보스(boss)에만 키 홈을 판 후 키를 박아 마찰력에 의하여 회전력 전달하는 것이다.
   ④ 접선키 : 역회전이 가능하도록 하기 위해 120°각도를 두고 2개소에 키를 둔 것이다.
29. ②   30. ①

31. ④
    교류 권선형 전동기는 2차 측 저항의 조정 저항 값을 증감함으로써 회전속도를 가감하는 형식이다.
32. ③
    일반적으로 많이 사용되는 너트는 육각 너트이며, 둥근 너트는 외형이 둥근 것이며, 바깥둘레나 윗면에 홈이나 구멍을 뚫고 여기에 죔 공구가 걸리도록 되어 있다.
33. ④   34. ①
35. ③
    $$E_2 = \frac{N_2}{N_1} E_1$$
    E_1 : 1차 전압, E_2 : 2차 전압, N_1 : 1차 권수, N_2 : 2차 권수
    $$\therefore \frac{320}{80} \times 25 = 100 V$$
36. ③   37. ①
38. ④
    저항기의 온도가 상승하는 원인은 통풍이 불량할 때, 사용 빈도가 높을 때, 인칭운전의 빈도가 높은 경우이다.
39. ④   40. ③   41. ③
42. ④
    줄걸이용 와이어로프의 안전율은 5이상 이다.
43. ①
    화물의 중량=체적×비중
44. ②
    1줄에 걸리는 하중 = $\frac{하중}{줄수 \times 각도}$
    $$\therefore \frac{1500}{2 \times \cos 45} = \frac{1500}{2 \times 0.071} = 1060톤$$
45. ④
46. ②
    와이어로프의 사용한도는 소선수가 10% 이상 절단된 경우와 직경의 감소가 원직경의 7% 이상인 경우이다.
47. ②   48. ④
49. ③
    신호수는 1명이어야 한다.
50. ④
51. ④
    방진마스크는 분진(먼지)이 발생하는 작업 장소에서 착용하는 보호구이다.
52. ④
53. ①
    재해예방의 4원칙에는 예방가능의 원칙, 손실우연의 원칙, 원인계기의 원칙, 대책선정의 원칙이 있다.
54. ②
    ① 빨간색 - 방화표시
    ② 노란색 - 충돌추락 주의표시
    ③ 녹색은 대피장소나 방향 및 응급치료소, 응급처치용 장비를 표시
55. ④
56. ①
57. ①
58. ②
59. ④
    화상을 입었을 때에는 가장 먼저 화상을 입은 부위를 시원한 물에 담근다.
60. ④

국가기술자격검정 필기시험문제

2014년도 10월 11일 기능계

자격종목	종목코드	시험시간	문제지형별
천장크레인운전기능사	7864	1시간	

1. 크레인 리미트 스위치의 종류가 아닌 것은?
   ① 크랭크식 ② 스크루식
   ③ 캠식   ④ 중추식

2. 천장크레인의 횡행장치는?
   ① 크레인 전체를 움직이기 위한 장치이다.
   ② 크레인에서 짐을 들어 올리거나 내리기 위한 장치이다.
   ③ 센터포스트를 중심으로 선회하기 위한 장치이다.
   ④ 크래브 또는 트롤리를 크레인의 거더 위에서 수평방향으로 이동시키기 위한 장치이다.

3. 천장주행크레인에서 통로의 설치조건으로 틀린 것은?
   ① 통로 바닥면은 미끄러지거나 넘어지는 등의 위험이 없는 구조여야 한다.
   ② 통로의 폭은 최소 60㎝ 이상이어야 한다.
   ③ 정격하중이 3톤 이상인 천장크레인의 거더에는 통로를 설치하여야 한다.
   ④ 통로에 설치되는 난간의 높이는 90㎝ 이상이어야 한다.

4. 옥내에 설치된 크레인에서 횡행을 제동하기 위한 브레이크를 설치하지 않아도 되는 속도는?
   ① 20m/min 이하 ② 30m/min 이하
   ③ 40m/min 이하 ④ 50m/min 이하

5. 다음 중 크레인에서 사용하는 훅의 일반적인 재질은?
   ① 기계구조용 탄소강
   ② 구조용 고장력 탄소강
   ③ 용접 구조용 압연강
   ④ 리벳용 원형강

6. 횡행레일 양 끝에 설치하는 횡행차륜 정지용 스톱퍼(stopper)의 높이는?
   ① 횡행차륜 지름의 1/2 이상
   ② 횡행차륜 지름의 1/3 이상
   ③ 횡행차륜 지름의 1/4 이상
   ④ 횡행차륜 지름의 1/5 이상

7. 천장크레인의 주요 구조에 해당하지 않는 것은?
   ① 거더(girder)   ② 새들(saddle)
   ③ 크래브(crab)   ④ 훅(hook)

8. 유압 압상 브레이크(Thruster Brake)의 설명 중 틀린 것은?
   ① 전동기, 원심펌프, 실린더, 피스톤으로 구성되어 있다.
   ② 유압을 발생시켜 압상력을 얻어 제동이 일어난다.
   ③ 전자브레이크에 비해 충격이 작아 각부의 파손 및 마모가 적다.
   ④ 동작시간이 빨라 속도제어용으로 사용하는 것이 아니고 오로지 정지의 목적으로만 사용한다.

9. 천장크레인 운전실의 구비조건과 가장 거리가 먼 것은?
   ① 운전실에는 적절한 조명을 갖출 것
   ② 운전실은 달기기구의 흔들림과 연동되도록 트롤리에 설치할 것
   ③ 운전자가 안전한 운전을 할 수 있는 충분한 시야를 확보할 수 있을 것
   ④ 운전자가 용이하게 조작할 수 있는 위치에 개폐기 및 경보장치 등을 설치할 것

10. 버퍼스토퍼(buffer stopper)에 대한 설명으로 맞는 것은?
   ① 경질 고무나 스프링 또는 유압을 이용하여 충돌 시 완충시켜주는 장치이다.
   ② 전기식과 기계식이 있다.
   ③ 권상장치에 부착하는 안전장치이다.
   ④ 차륜에 부착하여 차륜의 마모를 방지해 준다.

11. 천장크레인의 제어반 구조로 틀린 것은?
   ① 내부 배선은 전용의 단자를 사용할 것
   ② 외함의 구조는 충전부가 노출되도록 오픈형일 것
   ③ 제어반에는 과전류 보호용 차단기 또는 퓨즈가 설치되어 있을 것
   ④ 제어반에는 제어반의 명칭, 전원의 정격이 표시된 이름판을 각각 붙일 것

12. 나사형 권과방지장치를 설명한 것으로 틀린 것은?
   ① 권상드럼의 회전수와 관계가 없다.
   ② 상하한 전양정에서 작동하므로 정지 정도가 나쁘다.
   ③ 와이어로프를 교환한 경우에는 권과방지장치를 재조정 하여야 한다.
   ④ 스프로킷을 교환하는 경우에 기어의 치수를 변경시키면 양정 간격을 확보할 수 없다.

13. 권선의 변환수리 시 잘못해서 계자의 회전방향을 거꾸로 결선하면 역전하여 위험하므로 이런 경우 회로를 자동적으로 차단하는 기기는?
   ① 무전압 보호장치   ② 타임 릴레이
   ③ 역상 보호계전기   ④ 역전 연동기

14. 작업 중 와이어로프 등이 훅에서 이탈되는 것을 방지하기 위하여 훅에 설치되는 장치는?
   ① 권과방지장치   ② 감속장치
   ③ 해지장치   ④ 제동장치

15. 크레인의 권상용 와이어로프는 달기기구 및 지브의 위치가 가장 아래쪽에 위치할 때 드럼에 몇 바퀴 이상 감기어 남아 있어야 하는가?
   ① 1바퀴   ② 2바퀴
   ③ 3바퀴   ④ 4바퀴

16. 천장크레인 권상장치의 주요 구성요소에 해당하지 않는 것은?
   ① 전동기   ② 감속기
   ③ 브레이크   ④ 경보장치

17. 천장크레인 주행레일의 연결부 틈새는 몇 mm 이하여야 하는가?
   ① 10   ② 15   ③ 3   ④ 5

18. 전동기의 보호, 제어 및 전원의 개폐를 목적으로 설치된 것은?
   ① 권과 방지장치   ② 배전함
   ③ 집전 장치   ④ 리미트 스위치

19. 천장크레인 주행용 레일(rail)의 구배량은?
   ① 주행길이 2m 당 0.5mm를 초과하지 않을 것
   ② 주행길이 2m 당 2mm를 초과하지 않을 것
   ③ 주행길이 10m 당 1mm를 초과하지 않을 것
   ④ 주행길이 10m 당 2mm를 초과하지 않을 것

20. 감속기의 소음발생 원인에 해당하지 않는 것은?
   ① 윤활유의 공급이 과다한 경우
   ② 감속기 제작 상 축의 평행도가 맞지 않는 경우
   ③ 기어의 치면에 흠집이 있는 경우
   ④ 기어의 백래시(Backlash)가 너무 작은 경우

21. 천장크레인 운전 작업 시 전동기가 발열하는 원인이 아닌 것은?
   ① 사용 빈도가 높을 경우
   ② 부하가 과대할 경우
   ③ 전압 강하가 심할 경우
   ④ 단선되었을 경우

22. 다음 중 급유주기가 가장 짧은 것은?
   ① 구름 베어링 하우징
   ② 개방치차
   ③ 부시(미끄럼 베어링)
   ④ 롤러체인

23. 운전작업 중의 일반 사항으로 틀리게 설명한 것은?
   ① 운전 중에 운전수는 짐이나 작업 장소로부터 주의력을 다른 곳으로 돌려서는 안 된다.
   ② 운전 중 전원이 차단되면 즉시 제어기를 OFF 위치에 놓아야 한다.

③ 주행 시작시마다 사이렌을 울려 여러 사람에게 주의하게해야 한다.
④ 옆 크레인의 스러스트 브레이크가 OFF일 때 운전자가 없으면 조금씩 밀어나가는 작업은 무방하다.

24. 천장크레인 전장품(電裝品)의 예비품으로 반드시 확보되지 않아도 되는 것은?
① 전자접촉기 팁과 코일
② 브레이크 라이닝과 코일
③ 터미널 박스와 주인입 개폐기
④ 퓨즈와 램프

25. 전동기를 접지하는 목적으로 가장 적합한 것은?
① 감전을 방지하기 위해
② 누전을 방지하기 위해
③ 전동기의 과열을 방지하기 위해
④ 전동기에 전기를 공급하기 위해

26. 비교적 대용량의 크레인에 사용하는 트롤리선의 종류는?
① 경동 트롤리선   ② 앵글 트롤리선
③ 레일 트롤리선   ④ 황경동 트롤리선

27. 권선형 유도 전동기의 속도조정 목적으로 사용되는 것은?
① 슬립링   ② 회전자
③ 고정자   ④ 2차 저항기

28. 크레인 운전자가 갖추어야 할 기본 사항이 아닌 것은?
① 크레인을 설계할 수 있는 능력이 있어야 한다.
② 크레인의 올바른 운전방법을 습득하여야 한다.
③ 크레인 관련 법령, 지침을 충분히 이해한다.
④ 크레인의 동작특성을 충분히 이해한다.

29. 슬라이딩 베어링에서 원통모양의 베어링 메탈을 끼워 사용하는데 이것을 무엇이라고 하는가?
① 저널   ② 롤러
③ 부시   ④ 볼

30. 다음 중 산업안전보건법 상 크레인의 최초 검사 후 안전검사 주기는?(단, 건설현장에서 사용하지 아니함을 전제한다.)
① 2년에 1회   ② 1년에 1회
③ 1년에 2회   ④ 1년에 2회

31. 축은 그대로 두고 보스에만 홈을 판 키는?
① 새들 키   ② 평 키
③ 성크 키   ④ 미끄럼 키

32. 다음 절연재료의 종류 중 가장 높은 온도 상승에 견딜 수 있는 것은?
① A종   ② B종
③ E종   ④ F종

33. 퓨즈(Fuse)의 설명으로 가장 거리가 먼 것은?
① 전기회로 보호 장치이다.
② 퓨즈의 재료는 주석과 납 등이 있다.
③ 퓨즈는 회로에 병렬로 연결한다.
④ 과대전류가 흐르면 녹아 끊어져 전류를 차단한다.

34. 플렉시블 커플링 러버(Rubber)의 가장 주된 역할은?
① 유연성 및 쇼크 흡수성을 부여하기 위해서
② 커플링 볼트를 보호하기 위해서
③ 브레이크슈를 보호하기 위해서
④ 브레이크 모터의 센터링을 좋게 하기 위해서

35. 크레인 운전 시의 안전수칙으로 알맞지 않은 것은?
① 정격하중을 초과하는 작업금지
② 매일 작업 개시 전 브레이크, 클러치, 콘트롤러 기능 및 와이어로프의 이상여부 등을 점검
③ 지정된 신호수에 의해 명확한 신호를 받아 작업
④ 화물의 적재장소가 협소한 경우에는 통로확보를 위해 권상한 상태를 유지

36. 두 축이 서로 직접 교차하여 맞물려 돌아가는 기어는?
   ① 평기어
   ② 내접기어
   ③ 베벨기어
   ④ 더블헬리컬 기어

37. 전동기 회전수를 구하는 계산식은?(단, N : 회전수, f : 주파수, P : 극수, s : slip)
   ① $N = 120\dfrac{f}{P}(1-s)$
   ② $N = 120\dfrac{P}{f}(1-s)$
   ③ $N = \dfrac{f}{120}P(1-s)$
   ④ $N = 120\dfrac{P}{(1-s)} \times f$

38. 동력전달용 나사에서 사다리꼴나사의 특징이 아닌 것은?
   ① 사각나사보다 제작이 어렵고 정밀도가 낮다.
   ② 마모에 대한 조정이 쉽다.
   ③ 동력전달이 정확하다.
   ④ 강도가 크다.

39. 구름베어링 하우징에 1/3 정도 그리스를 급유하면 일반적으로 몇 시간 후 재급유를 하여야 하는가?
   ① 약 1000시간
   ② 약 2000시간
   ③ 약 3000시간
   ④ 약 4000시간

40. 배선 및 전기 기기의 점검, 정비를 위하여 측정장비로 널리 활용되는 것은?
   ① 충전기
   ② 변압기
   ③ 멀티테스터
   ④ 청진기

41. 줄걸이 용구에 해당되지 않는 것은?
   ① 와이어로프(wire rope)
   ② 조인트(joint)
   ③ 체인(chain)
   ④ 샤클(shackle)

42. 와이어로프 랭 꼬임에 대한 설명으로 틀린 것은?
   ① 보통 꼬임보다 손상도가 적다.
   ② 보통 꼬임에 비하여 킹크를 잘 일으키지 않는다.
   ③ 로프의 꼬임 방향과 스트랜드의 꼬임 방향이 같다.
   ④ 보통 꼬임보다 사용 수명이 길다.

43. 줄걸이 작업 시 짐을 매달아 올릴 때 주의 사항으로 맞지 않는 것은?
   ① 매다는 각도는 60° 이내로 한다.
   ② 짐을 전도시킬 때는 가급적 주위를 넓게 하여 실시한다.
   ③ 큰 짐 위에 작은 짐을 얹어서 짐이 떨어지지 않도록 한다.
   ④ 전도 작업 도중 중심이 달라질 때는 와이어로프 등이 미끄러지지 않도록 주의한다.

44. 와이어로프 사용 중 (+) 킹크(kink) 현상이 발생했다면 이 로프의 절단하중은 신품 기준으로 몇 % 저하되었는가?
   ① 약 90~95%
   ② 약 50~80%
   ③ 약 20~40%
   ④ 변함없다.

45. 줄걸이 와이어로프의 끝단 처리방법과 그 효율이 옳게 짝지어진 것은?
   ① 소켓 고정 : 100%
   ② 코터(쐐기) 고정 : 100%
   ③ 클립 고정 : 90% ~ 95%
   ④ 아이 스플라이스(Eye splice) 고정 : 65% ~ 70%

46. 다음 그림과 같이 1500kgf의 짐을 90°로 걸어 올렸을 때 한줄에 걸리는 무게는 약 몇 kgf인가?

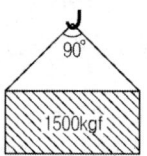

   ① 1500
   ② 1350
   ③ 1060
   ④ 750

47. 와이어로프 지름이 가늘 때 사용하는 짝감아 걸이는?

① 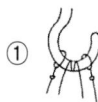 ②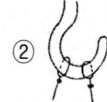

③   ④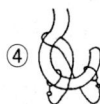

48. 그림과 같이 주먹을 머리에 대고 떼었다 붙였다 하며 호각을 짧게, 길게 부는 신호 방법은?

① 보권사용 ② 주권사용
③ 위로 올리기 ④ 작업 완료

49. 와이어로프 선정에 있어서 고려 할 사항으로 가장 거리가 먼 것은?
① 차륜의 답면 ② 사용상의 마모
③ 사용 빈도 ④ 하중의 종류

50. 안전율을 구하는 공식으로 맞는 것은?
① 안전율 = 이동하중/고정하중
② 안전율 = 시험하중/정격하중
③ 안전율 = 사용하중/절단하중
④ 안전율 = 절단하중/사용하중

51. 크레인으로 중량물을 운반할 때의 주의사항으로 틀린 것은?
① 시선은 반드시 운반물만을 주시한다.
② 운반물이 추락하지 않도록 한다.
③ 규정 무게를 초과하여 들어 올리지 않는다.
④ 운반물이 흔들리지 않도록 한다.

52. 사고의 원인 중 가장 많은 부분을 차지하는 것은?
① 불가항력 ② 불안전한 환경
③ 불안전한 행동 ④ 불안전한 지시

53. 작업환경 개선 방법으로 가장 거리가 먼 것은?
① 채광을 좋게 한다.
② 조명을 밝게 한다.
③ 부품을 신품으로 모두 교환한다.
④ 소음을 줄인다.

54. 가스 용접 시 사용하는 봄베의 안전수칙으로 틀린 것은?
① 봄베를 넘어뜨리지 않는다.
② 봄베를 던지지 않는다.
③ 산소 봄베는 40℃ 이하에서 보관한다.
④ 봄베 몸통에는 녹슬지 않도록 그리스를 바른다.

55. 6각 볼트·너트를 조이고 풀 때 가장 적합한 공구는?
① 바이스 ② 플라이어
③ 드라이버 ④ 복스 렌치

56. 다음 중 장갑을 끼고 작업할 때 가장 위험한 작업은?
① 건설기계운전 작업 ② 타이어 교환 작업
③ 해머 작업 ④ 오일 교환 작업

57. 작업 개시 전에 실시하는 후크(Hook)의 점검 기준이 아닌 것은?
① 균열이 없는 것을 사용할 것
② 개구부가 원래 간격의 5%를 초과하지 않을 것
③ 단면 지름의 감소가 원래 지름의 5%를 초과하지 않을 것
④ 두부 및 만곡의 내측에 홈이 있는 것을 사용할 것

58. 화재 시 연소의 주요 3요소로 틀린 것은?
① 고압 ② 가연물
③ 점화원 ④ 산소

59. 근로자 1000명 당 1년간에 발생하는 재해자 수를 나타낸 것은?
① 도수율 ② 강도율
③ 연천인율 ④ 사고율

60. 작업 시 준수해야 할 안전사항으로 틀린 것은?
① 대형 물건의 기중 작업 시 신호 확인을 철저히 할 것
② 고장 중인 기기에는 표시를 해 둘 것
③ 정전 시에는 반드시 전원을 차단할 것
④ 자리를 비울 때 장비 작동은 자동으로 할 것

정답 및 해설

1 ① 리미트 스위치의 종류에는 스크루식, 캠식, 중추식이 있다.
2 ④ 천장크레인의 횡행장치는 크래브 또는 트롤리를 크레인의 거더 위에서 수평방향으로 이동시키기 위한 장치이다.
3 ② 통로의 폭은 최소 80cm 이상이어야 한다.
4 ① 옥내에 설치된 크레인에서 횡행을 제동하기 위한 브레이크를 설치하지 않아도 되는 속도는 20m/min 이하이다.
5 ① 크레인에서 사용하는 훅의 재질은 기계구조용 탄소강이다.
6 ③ 횡행레일 양 끝에 설치하는 횡행차륜 정지용 스톱퍼(stopper)의 높이는 횡행차륜 지름의 1/4 이상이다.
7 ④ 천장크레인의 주요 구조는 거더(girder), 새들(saddle), 크래브(crab)이다.
8 ④ 유압 압상 브레이크는 전동기, 원심펌프, 실린더, 피스톤으로 구성되어 있으며, 유압을 발생시켜 압상력을 얻어 제동이 일어난다. 전자브레이크에 비해 충격이 작아 각부의 파손 및 마모가 적다.
9 ②
10 ① 버퍼스토퍼(buffer stopper)는 경질 고무나 스프링 또는 유압을 이용하여 충돌 시 완충시켜주는 장치이다.
11 ② 천장크레인의 제어반 구조는 ①, ③, ④항 이외에 외함의 충전부는 밀폐형 일 것
12 ① 나사형 권과방지장치는 ②, ③, ④항 이외에 권상드럼의 회전수와 관계가 있다.
13 ③ 역상 보호계전기는 권선의 변환수리 시 잘못해서 계자의 회전방향을 거꾸로 결선하면 역전하여 위험하므로 이런 경우 회로를 자동적으로 차단하는 기기이다.
14 ③
15 ② 해지장치는 작업 중 와이어로프 등이 훅에서 이탈되는 것을 방지하기 위하여 훅에 설치된다.
16 ④ 크레인의 권상용 와이어로프는 달기기구 및 지브의 위치가 가장 아래쪽에 위치할 때 드럼에 2바퀴 이상 감기어 남아 있어야 한다.
17 ③
18 ② 천장크레인 주행레일의 연결부 틈새는 3mm 이하여야 한다.
19 ② 배전함은 전동기의 보호, 제어 및 전원의 개폐를 목적으로 설치된 것이다.
20 ① 천장크레인 주행용 레일(rail)의 구배량은 주행길이 2m당 2mm를 초과하지 않을 것
21 ④ 감속기의 소음발생 원인은 ②,③,④항 이외에 윤활유가 부족한 경우
22 ③ 천장크레인 운전 작업 시 전동기가 발열하는 원인은 사용 빈도가 높을 경우, 부하가 과대할 경우, 전압 강하가 심할 경우 등이다.
23 ④ 급유주기가 가장 짧은 것은 부시(미끄럼 베어링)이다.
24 ③
25 ① 전동기를 접지하는 목적은 감전을 방지하기 위함이다.
26 ③ 비교적 대용량의 크레인에 사용하는 트롤리선은 레일 트롤리선이다.
27 ④ 권선형 유도 전동기의 속도조정 목적으로 사용되는 것은 2차 저항기이다.
28 ①
29 ③ 부시는 슬라이딩 베어링에서 원통모양의 베어링 메탈을 끼워 사용하는 것이다.
30 ① 산업안전보건법 상 크레인의 최초 검사 후 안전검사 주기는 2년에 1회이다.
31 ① 새들 키(안장키)는 축은 그대로 두고 보스에만 홈을 판 키이다.
32 ④ 절연재료의 종류 중 가장 높은 온도 상승에 견딜 수 있는 것은 F종이다.

33 ③
  퓨즈는 회로에 직렬로 연결한다.
34 ①
  플렉시블 커플링 러버(Rubber)는 유연성 및 쇼크 흡수성을 부여하기 위해 사용한다.
35 ④
36 ③
  베벨기어는 두 축이 서로 직접 교차하여 맞물려 돌아가는 기어이다.
37 ①
38 ①
  사다리꼴나사의 특징은 마모에 대한 조정이 쉽고, 동력전달이 정확하며, 강도가 크다.
39 ②
  구름베어링 하우징에 1/3 정도 그리스를 급유하면 일반적으로 약 2000시간 후 재급유를 하여야 한다.
40 ③
  멀티테스터는 배선 및 전기 기기의 점검, 정비를 위하여 측정 장비로 널리 활용된다.
41 ②
  줄걸이 용구에 는 와이어로프(wire rope), 체인(chain), 섀클(shackle)이 있다.
42 ②
  와이어로프 랭 꼬임에 대한 설명 ①, ③, ④항 이외에 보통 꼬임에 비하여 킹크를 잘 일으킨다.
43 ③
44 ③
  와이어로프 사용 중(+) 킹크(kink) 현상이 발생했다면 이 로프의 절단하중은 신품 기준으로 약 20~40% 저하된다.
45 ①
46 ③

$$1줄에\ 걸리는\ 하중 = \frac{부하물의\ 하중}{줄수 \times 조각도}$$

$$\therefore\ \frac{1500kg}{2 \times \cos 45°} = 1060kg$$

47 ①   48 ②
49 ①
  와이어로프 선정에서 고려할 사항은 사용상의 마모, 사용빈도, 하중의 종류이다.
50 ④   51 ①
52 ③
  사고의 원인 중 가장 많은 부분을 차지하는 것은 불안전한 행동이다.
53 ③
  작업환경 개선 방법은 채광을 좋게 하고, 조명을 밝게 하며, 소음을 줄인다.
54 ④
  봄베 몸통에는 그리스를 발라서는 안 된다.
55 ④   56 ③
57 ④
  두부 및 만곡의 내측에 홈이 없는 것을 사용할 것
58 ①
59 ③
  연천인율은 근로자 1000명 당 1년간에 발생하는 재해자 수를 나타낸 것이다.
60 ④

국가기술자격검정 필기시험문제

2015년도 1월 25일 기능계

자격종목	종목코드	시험시간	문제지형별	수검번호	성 명
천장크레인운전기능사	7864	1시간			

1. 천장크레인의 용량은 정격하중과 스팬으로 표기하는 것이 보통이지만 한 가지를 더 추가한다면?
   ① 양정
   ② 권상속도
   ③ 횡행속도
   ④ 주행속도

2. 다음 중 크레인의 훅 블록 또는 달기구의 구비조건이 아닌 것은?
   ① 훅의 국부마모는 원 치수의 10% 이내 일 것
   ② 훅 블록에는 정격하중이 표기되어 있을 것
   ③ 훅 부의 볼트, 너트 등은 풀림, 탈락이 없을 것
   ④ 훅 해지장치는 균열, 변형 등이 없을 것

3. 크레인 권상 브레이크의 제동토크는 정격하중에 상당하는 하중을 걸고 권상 시 권상토크의 몇 배 이상이어야 하는가?
   ① 1.5배 ② 2배 ③ 2.5배 ④ 3배

4. 크레인의 과부하 방지용 시브 피치원 직경과 통과하는 와이어로프 지름의 비는 얼마이상이어야 하는가?
   ① 2이상 ② 3이상 ③ 4이상 ④ 5이상

5. 천장크레인 구동축의 안전조건과 거리가 먼 것은?
   ① 축은 변형 또는 마모가 없을 것
   ② 축에 가공된 키 홈은 균열 또는 변형이 없을 것
   ③ 축에 사용된 키는 풀림, 빠짐 및 변형이 없을 것
   ④ 축심은 축의 회전속도와 비례하는 진동을 할 것

6. 거더 중 부식에 강하며 대 하중, 편심하중을 받는데 가장 유리한 것은?
   ① 플레이트 거더
   ② 트러스 거더
   ③ 박스 거더
   ④ 강관구조 거더

7. 크레인에 사용되는 훅에 대한 설명 중 틀린 것은?
   ① 훅의 재질은 단조 강을 사용한다.
   ② 양훅은 일반적으로 소형 크레인(소용량)에 사용된다.
   ③ 장기간 사용하면 벤딩, 경화가 일어나므로 일정기간 사용 후 소둔 처리한다.
   ④ 훅은 사용 상태에 따라 편훅과 양훅이 있다.

8. 직류전동기가 아닌 것은?
   ① 분권전동기
   ② 농형 유도전동기
   ③ 복권전동기
   ④ 직권전동기

9. 드럼 홈의 지름은 와이어로프의 공칭지름보다 몇 % 크게 하는 것이 좋은가?
   ① 10 ② 20 ③ 30 ④ 40

10. 천장크레인 운전실에 대한 설명으로 옳지 않은 것은?
    ① 거더의 한쪽 끝 상단부에 설치한다.
    ② 운전실 내부에는 배전반, 제어기, 브레이크 페달 등이 운전에 편리하도록 배치되어 있다.
    ③ 개방형은 단열을 하지 않는다.
    ④ 밀폐형은 매연, 혹서·혹한 시에 대한 대책을 세울 수 있다.

11. 브레이크 드럼과 라이닝에 대하여 기술한 것이다. 틀린 것은?
    ① 드럼의 제동 면이 과열하면 마찰계수가 증가한다.
    ② 드럼과 라이닝의 간격은 드럼직경의 1/150 ~1/2000이다.

③ 드럼은 열팽창에 의하여 직경변화가 있다.
④ 드럼 제동면의 요철이 2mm에 도달하면 가공 또는 교환하여야 한다.

12. 크레인 권상장치용 제한 개폐기(limit switch)에 대한 설명으로 맞는 것은?
① 전기적으로 되어 있으므로 고장이 없다.
② 드럼에 로프가 과권이 될 경우 전류를 차단하여 회전을 정지시키는 장치이다.
③ 드럼의 회전수를 조정하는 장치이다.
④ 필히 주전원을 연결하고 조정 작업을 하여야 한다.

13. 비상정지장치에 대한 설명으로 부적합한 것은?
① 비상 시 조작할 경우에만 작동된다.
② 운전자가 조작 가능한 위치에 설치한다.
③ 작동된 경우에는 동력이 차단되어야 한다.
④ 위험구역에 접근하면 자동으로 작동되어야 한다.

14. 비상정지장치가 작동된 후의 상태가 아닌 것은?
① 주행레버의 작동불능상태
② 횡행레버의 작동불능상태
③ 권상레버의 작동불능상태
④ 모든 조명의 소등상태

15. 천장크레인 좌우 차륜의 직경 차 한도로 알맞은 것은?
① 구동륜 - 원 치수의 0.3%, 종동륜 - 원 치수의 0.5%
② 구동륜 - 원 치수의 0.2%, 종동륜 - 원 치수의 0.5%
③ 구동륜 - 원 치수의 0.3%, 종동륜 - 원 치수의 0.2%
④ 구동륜 - 원 치수의 0.2%, 종동륜 - 원 치수의 0.3%

16. 제어기(controller)의 설명으로 옳지 않은 것은?
① 전동기의 1차와 2차 제어를 실시하는 것을 직접 가역제어기라 한다.
② 1차의 보조회로를 직접 접촉하여 전자코일을 제어하는 것을 마스터 컨트롤러라 한다.
③ 핸들의 외형 구조에 따라 크랭크식과 레버식이 있다.
④ 제어조작기구에 따라 드럼형과 캠형의 두 종류가 있다.

17. 전동기에 대한 설명으로 옳지 않은 것은?
① 교류전동기는 기동회전력이 크고 부하의 변동에 따라 속도가 변화하는 정출력 특성이 있으므로 크레인의 감아올림, 프로펠러, 팬 등에 사용된다.
② 교류 권선형 유도전동기는 고정자 및 회전자의 양쪽에 권선이 있으며, 이 회전자의 권선에 슬립링을 통해서 외부저항을 가감하면 부하를 걸었을 때 속도를 가감할 수 있다.
③ 직류전동기에서 전기자는 회전부분을 가리키며, 코일이 들어가는 슬롯이 있는 성층철심으로 구성된다.
④ 교류전동기 고정자의 슬롯에 넣은 코일은 위상이라는 세 개의 권선을 형성하도록 연결되어 있다.

18. 크레인 용어 중 양정을 옳게 표현한 것은?
① 주행레일과 레일의 간격
② 횡행레일과 레일의 간격
③ 건물바닥이나 지상에서 크레인 상면까지의 거리
④ 상한 리미트 스위치 작동지점부터 하한 리미트 스위치 작동지점까지의 거리

19. 어떤 천장크레인의 시험하중이 110톤 일 때 이 크레인으로 작업할 수 있는 하중의 범위는?
① 100톤 이하 ② 120톤 이하
③ 125톤 이하 ④ 175톤 이하

20. 과부하 방지장치의 구비조건이 아닌 것은?
① 성능검정 합격품일 것
② 정격하중의 1.1배 권상 시 경보와 함께 권상, 횡행, 주행동작이 불가능한 구조일 것
③ 과부하시 운전자가 용이하게 조정할 수 있는 곳에 설치할 것
④ 임의로 조정할 수 없도록 봉인되어 있을 것

21. 저항기에 있어서 중간속도로 장시간 운전할 경우 일어나는 현상 설명으로 가장 적합한 것은?
① 저항기의 온도가 상승한다.
② 전동기의 온도가 내려간다.
③ 다른 속도의 운전과 전동기 온도는 동일하다.
④ 정격속도로 운전하는 것보다 유리하다.

22. 천장크레인의 운동속도에 대한 설명 중 틀린 것은?
    ① 권상장치에서 속도는 양정이 짧은 것과 권상응력이 큰 것은 빠르게 작동하도록 한다.
    ② 권상장치에서 속도는 하중이 가벼운 것보다 무거운 것을 느리게 작동되게 한다.
    ③ 위험물을 운반 시는 가능한 저속으로 운전함이 좋다.
    ④ 주행속도는 가능한 저속으로 운전하는 것이 좋다.

23. 다음 중 크레인의 안전작업과 거리가 먼 것은?
    ① 크레인의 탑승은 지정된 사다리를 이용한다.
    ② 신호수의 사소한 신호에도 주의를 한다.
    ③ 정격하중 이상의 중량물 권상을 금지한다.
    ④ 크레인의 정지 시는 신속한 정지를 위하여 역상제동을 사용한다.

24. 변압기는 어떤 원리를 이용한 전기장치인가?
    ① 전자유도 작용   ② 전류의 화학작용
    ③ 정전유도 작용   ④ 전류의 발열작용

25. 전기 기기의 불꽃(spark) 발생을 막기 위한 방법으로 틀린 것은?
    ① 스위치류의 개폐를 신속히 행한다.
    ② 스위치의 접촉면에 먼지나 이물질이 없도록 한다.
    ③ 접촉면을 매끄럽게 유지시킨다.
    ④ 교류보다 직류를 많이 사용해야 한다.

26. 볼베어링에서 볼을 적당한 간격으로 유지시키는 것은?
    ① 부시(bush)   ② 레이스(race)
    ③ 하우징(housing)   ④ 리테이너(retainer)

27. 다음 구름 베어링에 대한 설명으로 틀린 것은?
    ① 과열의 위험이 적다.
    ② 마찰계수가 적고 동력손실이 적다.
    ③ 윤활유가 적게 들고 급유에 드는 수고가 적다.
    ④ 저널의 길이를 짧게 할 수 없다.

28. 양축이 동일평면 내에 있고 그 축선이 30° 이하의 각도로 교차하는 경우에 사용되는 축 이음으로서 훅 조인트라고도 하며, 양축 단에 각각 요크(yoke)를 부착하고, 이것을 십자형의 핀으로 자유로이 회전할 수 있도록 연결한 축 이음은?
    ① 플렉시블 커플링
    ② 자재이음(유니버설 조인트)
    ③ 올덤 커플링
    ④ 고정축이음

29. 운전 중 컨트롤러(controller) 베어링에 기름이 마르거나 레버(lever) 조정이 불량하였을 때 나타나는 현상으로 가장 적합한 것은?
    ① 스파크가 일어난다.
    ② 핸들(레버)이 무겁다.
    ③ 작동이 안 된다.
    ④ 정지한다.

30. 다음은 전동기 분해순서를 열거한 것이다. 바르게 순서대로 열거한 항목은?

    > ⓐ 외선 커버의 급유용 그리스 니플과 부속 파이프 및 외선 커버를 분해한다.
    > ⓑ 고정자와 회전자를 분리한 후 베어링을 뽑는다.
    > ⓒ 슬립링 측의 측함 커버 취부 볼트를 뽑은 후 슬립링 측의 베어링을 분해한다.
    > ⓓ 외선 팬을 뽑고 브라켓을 분리시킨다.

    ① ⓐ-ⓑ-ⓒ-ⓓ   ② ⓐ-ⓒ-ⓑ-ⓓ
    ③ ⓓ-ⓐ-ⓑ-ⓒ   ④ ⓐ-ⓒ-ⓓ-ⓑ

31. 크레인 작업종료 시의 주의사항으로 틀린 것은?
    ① 크레인은 작업을 종료한 위치에 정지시켜 둔다.
    ② 주 배선용 차단기는 내려놓는다.
    ③ 전용의 줄 걸이 작업용구를 사용하고 있는 경우는 소정의 위치에 내려놓는다.
    ④ 훅 블록은 작업자나 차량의 통행에 지장을 주지 않는 높이까지 권상시켜 둔다.

32. 다음은 기어에 대하여 서로 관계있는 것 끼리 묶어 놓았다. 틀린 것은?
    ① 두 축이 평행 - 헬리컬 기어
    ② 두 축이 교차 - 인터널 기어(내 치차)
    ③ 두 축이 평행도 아니고 교차도 아님 - 웜기어
    ④ 두 축이 평행 - 스퍼기어(평치차)

33. 천장크레인의 자동도유장치는 일반적으로 어느 곳에 도유하는가?
   ① 주행차륜 측   ② 주행차륜 보스
   ③ 주행차륜 플랜지 ④ 주행레일 기어

34. 전기저항의 설명으로 틀린 것은?
   ① 물질 속을 전류가 흐르기 쉬운가 어려운가의 정도를 표시하며, 단위는 옴(Ω)이다.
   ② 온도 1℃ 상승하였을 때 변화한 저항 값의 비가 재료의 고유저항 또는 비저항이다.
   ③ 도체의 저항은 그 길이에 비례하고 단면적에 반비례한다.
   ④ 도체의 접촉면에 생기는 접촉저항이 크면 열이 발생하고 전류의 흐름이 떨어진다.

35. 천장크레인에 사용하는 전원은 주로 몇 볼트를 사용하는가?
   ① 110   ② 440   ③ 540   ④ 640

36. bearing의 식별기호이다. 안지름에 해당하는 번호는?
   [보기]
   62　　05　　·2RSR　　·N　　·C
   ㉠　　 ㉡　　 ㉢　　　㉣
   ① ㉠   ② ㉡   ③ ㉢   ④ ㉣

37. 천장크레인을 급출발, 급정지하면 안 되는 사유와 가장 거리가 먼 것은?
   ① 크레인에 기계적 무리를 가하지 않도록 하기 위하여
   ② 갑자기 출발하면 인양화물의 움직임이 비교적 적으므로
   ③ 취급물건이 관성에 의하여 심하게 흔들리면 매우 위험하므로
   ④ 갑자기 과전류가 흘러 전기장치에 무리가 갈 수 있으므로

38. 다음 중 브러시를 사용하지 않는 전동기는?
   ① 직류전동기   ② 권선형 전동기
   ③ 정류자 전동기   ④ 농형 유도전동기

39. 임시수리에 대해서 기술한 것으로 맞지 않는 것은?
   ① 순회검사에서 발견한 것으로 수리를 필요로 하는 사항
   ② 돌발적으로 생긴 고장에 대하여 바로 수리를 행하는 사항
   ③ 정기검사까지의 기간이 길 때 사용정도에 따라서 중간에 국부적으로 검사 수리하는 사항
   ④ 고장이 생기지는 않았으나 운전자가 고장 가능성이 있다고 판단하고 수리하는 사항

40. 운전 전 배전반의 점검 중 가장 옳은 것은?
   ① 파워(power)램프의 점등을 확인한다.
   ② 제어기를 운전하여 본다.
   ③ 크랩의 움직임을 확인한다.
   ④ 주행, 횡행 시의 요통 또는 속도를 확인한다.

41. 와이어로프의 굵기는 무엇으로 나타내는가?
   ① 외접원의 직경   ② 원둘레
   ③ 스트랜드의 직경 ④ 내접원의 직경

42. 권상용 체인으로 적합하지 않은 것은?
   ① 안전율이 5이상일 것
   ② 연결된 5개의 링크를 측정하여 연신율이 제조당시 길이의 7% 이하일 것
   ③ 링크 단면의 지름감소가 당해 체인의 제조시보다 10% 이하일 것
   ④ 심한 부식이 없을 것

43. 와이어로프의 교체시기가 아닌 것은?
   ① 녹이 생겨 심하게 부식된 것
   ② 소선의 수가 10% 이상 단선된 것
   ③ 공칭지름이 3% 초과 마모된 것
   ④ 킹크가 생긴 것

44. 천장크레인에서 하중이 40톤인 화물을 들어올리기 위해서는 와이어로프를 몇 가닥으로 해야 하는가?(단, 와이어로프의 직경은 20mm, 절단하중은 20톤, 자체무게는 0톤 이며, 안전계수는 7로 한다.)
   ① 2가닥(2줄 걸이)   ② 8가닥(8줄 걸이)
   ③ 14가닥(14줄 걸이) ④ 20가닥(20줄 걸이)

45. 와이어로프 1줄 걸이 방법의 특징으로 틀린 것은?
   ① 짐의 중심 잡기가 용이하다.

② 작업이 용이하고 회전이 쉽다.
③ 달아 올리는 순간 짐이 돌거나 이동하기 쉽다.
④ 짐이 한쪽으로 치우치면 동여 맨 로프에서 짐이 빠져 떨어질 위험이 있다.

46. 가로 3m, 세로 2m, 높이 1m인 구리의 무게는 몇 톤(ton)인가? (단, 구리의 비중은 9로 한다.)
① 0.54 ② 5.4 ③ 54 ④ 540

47. 와이어로프 구성기호 6×19의 설명으로 옳은 것은?
① 6은 소선수, 19는 스트랜드수
② 6은 안전계수, 19는 절단하중
③ 6은 스트랜드수, 19는 절단하중
④ 6은 스트랜드수, 19는 소선수

48. 줄걸이 작업 시의 기본적인 주의사항으로 틀린 것은?
① 줄걸이 작업 중 훅은 운반물체의 중심 위에 위치시킬 것
② 권하 작업 시 급격한 충격을 피할 것
③ 줄걸이 각도는 원칙적으로 60° 이상으로 할 것
④ 권하 작업 시 안전사항을 눈으로 확인할 것

49. 크레인용 와이어로프에 대한 설명으로 틀린 것은?
① 와이어로프의 재질은 탄소강이며, 소선의 강도는 135~180kgf/mm² 정도이다.
② 고열 작업용으로 스트랜드 한 줄을 심으로 하여 만든 로프도 있다.
③ 와이어로프의 꼬기와 스트랜드의 꼬기 방향이 반대인 것을 랭꼬임이라 한다.
④ 랭꼬임이 보통꼬임보다 손상율이 적으며, 장시간 사용에도 잘 견딘다.

50. 와이어로프 작업자가 줄걸이 작업을 실시할 때 짐의 중량에 따른 안전작업 방법이 아닌 것은?
① 짐의 중량을 어림짐작하여 작업한다.
② 정격하중을 넘는 무게의 짐을 매달지 않는다.
③ 상례적으로 정해진 짐의 전문적인 줄걸이 용구를 만들어 작업한다.
④ 짐의 중량 판단에 자신이 없을 때는 상급자에게 문의하여 작업한다.

51. 안전·보건표지 종류와 형태에서 그림의 안전표지판이 나타내는 것은?
① 병원표지
② 비상구 표지
③ 녹십자 표지
④ 안전지대 표지

52. 해머 사용 시의 주의사항이 아닌 것은?
① 쐐기를 박아서 자루가 단단한 것을 사용한다.
② 기름 묻은 손으로 자루를 잡지 않는다.
③ 타격면이 닳아 경사진 것은 사용하지 않는다.
④ 처음에는 크게 휘두르고 차차 작게 휘두른다.

53. 훅(Hook)의 점검과 관리방법을 설명한 것 중 맞는 것은?
① 입구의 벌어짐이 10% 이상 된 것은 교환하여야 한다.
② 훅의 안전계수는 3 이하 이다.
③ 훅은 마모·균열 및 변형 등을 점검하여야 한다.
④ 훅의 마모는 와이어로프가 걸리는 곳에 5mm의 홈이 생기면 그라인딩 한다.

54. 볼트머리나 너트의 크기가 명확하지 않을 때나 가볍게 조이고 풀 때 사용하며 크기는 전체 길이로 표시하는 렌치는?
① 소켓 렌치 ② 조정 렌치
③ 복스 렌치 ④ 파이프 렌치

55. 정비작업 시 안전에 가장 위배되는 것은?
① 깨끗하고 먼지가 없는 작업환경을 조정한다.
② 회전부분에 옷이나 손이 닿지 않도록 한다.
③ 연료를 채운 상태에서 연료통을 용접한다.
④ 가연성 물질을 취급 시 소화기를 준비한다.

56. 다음 중 기계작업 시 안전기를 가장 크게 유지해야 하는 것은?
① 프레스 ② 선반
③ 절단기 ④ 전동 띠톱 기계

57. 구급처치 중에서 환자의 상태를 확인하는 사항과 가장 거리가 먼 것은?
    ① 의식   ② 상처   ③ 출혈   ④ 격리

58. 공장에서 엔진 등 중량물을 이동하려고 한다. 가장 좋은 방법은?
    ① 여러 사람이 들고 조용히 움직인다.
    ② 체인블록이나 호이스트를 사용한다.
    ③ 로프로 묶어 인력으로 당긴다.
    ④ 지렛대를 이용하여 움직인다.

59. 화재의 분류가 옳게 된 것은?
    ① A급 화재 : 일반 가연물 화재
    ② B급 화재 : 금속 화재
    ③ C급 화재 : 유류 화재
    ④ D급 화재 : 전기 화재

60. 중량물을 들어 올리거나 내릴 때 손이나 발이 중량물과 지면 등에 끼어 발생하는 재해는?
    ① 낙하   ② 충돌   ③ 전도   ④ 협착

정답 및 해설

1. ①
    천장크레인의 용량은 정격하중, 스팬, 양정으로 표기한다.
2. ①
    훅의 국부마모는 원 치수의 5% 이내 일 것
3. ①
    크레인 권상 브레이크의 제동토크는 정격하중에 상당하는 하중을 걸고 권상할 때 권상토크의 1.5배 이상이어야 한다.
4. ④
    크레인의 과부하 방지용 시브(활차) 피치원 직경과 통과하는 와이어로프 지름의 비율은 5 이상이어야 한다.
5. ④
    구동축의 구비조건은 ①, ②, ③항 이외에 축심은 축의 회전속도와 비례하는 진동을 일으키지 않을 것
6. ③
    박스 거더는 부식에 강하며 대 하중, 편심하중을 받는데 가장 유리하다.
7. ②
    소형 크레인(소용량)은 일반적으로 편훅을 사용한다.
8. ②
    농형 유도전동기는 교류전동기에 속한다.
9. ①
    드럼 홈의 지름은 와이어로프의 공칭지름보다 10% 정도 크게 하는 것이 좋다.
10. ①   11. ①
12. ②
    제한 개폐기(리미트 스위치)는 드럼에 로프가 과권이 될 경우 전류를 차단하여 회전을 정지시키는 장치이다.
13. ④
    비상정지장치는 운전자가 조작 가능한 위치에 설치되어 있으며 비상상태에서 조작할 경우에만 작동된다. 또 작동된 경우에는 동력이 차단되어야 한다.
14. ④
    비상정지장치가 작동되면 주행레버, 횡행레버, 권상레버의 작동이 불능상태로 된다.
15. ②
    좌우 차륜의 직경차이 한도는 구동륜 – 원 치수의 0.2%, 종동륜 – 원 치수의 0.5%
16. ②
    1차의 주 회로를 직접 접촉하여 전자코일을 제어하는 것을 마스터 컨트롤러라 한다.
17. ①
18. ④
    양정이란 상한 리미트 스위치 작동지점부터 하한 리미트 스위치 작동지점까지의 거리이다.
19. ①
20. ③
    과부하 방지장치는 성능검정에 합격한 제품이어야 하며, 정격하중의 1.1배 이상을 권상하면 경보와 함께 권상, 횡행, 주행동작이 불가능한 구조이고, 임의로 조정할 수 없도록 봉인되어 있어야 한다.
21. ①
    중간속도로 장시간 운전하면 저항기와 전동기의 온도가 상승한다.
22. ①   23. ④
24. ①
    변압기는 전자유도 작용을 이용한다.
25. ④
    전기 기기의 불꽃은 교류보다 직류에서 많이 발생한다.
26. ④
    리테이너는 볼베어링이나 롤러베어링에서 볼이나 롤러를 적당한 간격으로 유지시킨다.
27. ④
    구름 베어링의 특징은 ①, ②, ③항 이외에 저널의 길이를 짧게 할 수 있다.
28. ②
    자재이음(유니버설 조인트)은 양축이 동일평면 내에 있고 그 축선이 30° 이하의 각도로 교차하는 경우에 사용되는 축 이음으로서 훅 조인트라고도 하며, 양축 단에 각각 요크(yoke)를 부착하고, 이것을 십자형의 핀으로 자유로이 회전할 수 있도록 연결한 축 이음이다.

29. ②
   운전 중 컨트롤러 베어링에 기름이 마르거나 레버 조정이 불량하면 핸들(레버)이 무겁다.
30. ④
   전동기는 ⓐ-ⓒ-ⓓ-ⓑ 순서로 분해한다.
31. ①
32. ②
   두 축이 교차 – 베벨기어
33. ③
   자동도유장치는 주행차륜 플랜지를 도유한다.
34. ②
   물질의 저항은 재질·형상 및 온도에 따라서 변화하며 형상과 온도를 일정하게 하면 재질에 따라서 저항 값이 변화한다. 즉, 길이 1m, 단면적 1m² 인 도체의 두 면 사이의 저항 값을 비교하여 이를 그 재료의 고유저항 또는 비저항이라 한다.
35. ②
   천장크레인용 전원은 주로 440V를 사용한다.
36. ②   37. ②
38. ④
   농형 유도전동기는 브러시를 사용하지 않는다.
39. ④   40. ①
41. ①
   와이어로프의 굵기는 외접원의 직경으로 나타낸다.
42. ②
   연결된 5개의 링크를 측정하여 연신율이 제조당시 길이의 5% 이하일 것
43. ③
   마모로 지름의 감소가 공칭지름의 7% 이상인 것
44. ③
   ① 안전하중 = $\dfrac{절단하중}{안전계수} = \dfrac{20}{7} = 2.857 ton$
   ② 와이어로프의 가닥수 = $\dfrac{화물의 무게}{안전하중} = \dfrac{40}{2.857} = 14$
45. ①
   와이어로프 1줄 걸이 방법의 특징은 ②, ③, ④항 이외에 짐의 중심 잡기가 어렵다.
46. ③
   구리의 무게=가로×세로×높이×비중 ∴ 3×2×1×9=54톤
47. ④
   구성기호 6×19에서 6은 스트랜드수, 19는 소선수
48. ③
   줄걸이 각도는 60° 이하로 할 것
49. ③
   와이어로프의 꼬기와 스트랜드의 꼬기 방향이 반대인 것을 보통꼬임이라 한다.
50. ①   51. ③
52. ④

53. ③
   ◆ 훅(Hook)의 점검과 관리방법
   ① 입구의 벌어짐이 5% 이상 된 것은 교환하여야 한다.
   ② 훅의 안전계수(절단하중과 안전하중과의 비율)는 5이상이어야 한다.
   ③ 훅은 마모·균열 및 변형 등을 점검하여야 한다.
   ④ 훅의 마모는 와이어로프가 걸리는 곳에 2mm 이상의 홈이 생기면 그라인딩 한다.
54. ②
   조정 렌치는 볼트머리나 너트의 크기가 명확하지 않을 때나 가볍게 조이고 풀 때 사용하며 크기는 전체 길이로 표시한다.
55. ③   56. ④   57. ④
58. ②
59. ①
   ◆ 화재의 분류
   ① A급 화재 : 나무, 석탄 등 연소 후 재를 남기는 일반적인 화재
   ② B급 화재 : 휘발유, 벤젠 등 유류화재
   ③ C급 화재 : 전기화재
   ④ D급 화재 : 금속화재
60. ④

국가기술자격검정 필기시험문제

2015년도 4월 4일 기능계

자격종목	종목코드	시험시간	문제지형별
천장크레인운전기능사	7864	1시간	

1. 와이어로프 등이 훅으로부터 이탈되는 것을 방지하는 안전장치는?
   ① 훅 고정장치   ② 훅 해지장치
   ③ 로프 고정장치   ④ 로프 해지장치

2. 천장크레인의 비상정지장치에 대한 설명 중 틀린 것은?
   ① 비상정지장치가 작동되어도 권하 동작만은 중지되지 아니한다.
   ② 비상정지장치의 누름버튼은 돌출형이고 적색이어야 한다.
   ③ 비상정지장치는 접근이 용이한 곳에 배치되어야 한다.
   ④ 비상정지장치가 작동된 경우 수동으로 전원을 복귀시키는 구조이어야 한다.

3. 훅(Hook)에 대한 내용 중 틀린 것은?
   ① 50톤 이상의 훅은 고리가 반드시 1쪽만으로 되어 있어야 하중을 집중해서 들어 올릴 수 있다.
   ② 훅에는 와이어로프 슬링, 와이어로프 걸이용 기구 등이 이탈되는 것을 방지하는 해지장치가 부착되어야 한다.
   ③ 훅의 강두는 각 부분에 인장하중, 압축하중, 전단하중이 걸리므로 그 응력을 이겨내는 강도를 필요로 하므로 안전계수 5이상의 것을 사용한다.
   ④ 훅 사용 중에 줄 걸이 부분의 마모는 원래치수의 5% 이하이고 2mm 이하일 때는 다듬어서 사용한다.

4. 일반적으로 차륜의 재료로 사용되지 않는 것은?
   ① 주철   ② 주강
   ③ 특수 주강   ④ 구리

5. 천장주행크레인의 크래브(crab)프레임 위에 설치되는 기계 구성품이 아닌 것은?
   ① 드럼   ② 권상용 전동기
   ③ 횡행용 전동기 ④ 주행용 전동기

6. 와이어로프를 드럼에서 최대로 풀었을 때 드럼에 최소 몇 바퀴 이상 남겨 놓아야 하는가?
   ① 1바퀴   ② 2바퀴
   ③ 4바퀴   ④ 6바퀴

7. 양정이 50m를 넘는 천장크레인의 사용하중 결정법으로 가장 적당한 것은?
   ① 와이어로프의 절단하중을 정격하중으로 한다.
   ② 와이어로프의 안전율은 정격하중에 훅과 블록의 무게만을 고려하여 정한다.
   ③ 와이어로프의 안전율은 정격하중에 훅, 블록 및 로프 중량까지를 고려하여 정한다.
   ④ 와이어로프의 안전율은 와이어로프의 절단하중에 대하여 정격하중을 2~3으로 하는 것이 적당하다.

8. 와이어로프의 지름이 20mm인 경우 한국산업표준에서 정하고 있는 제조 시 지름의 허용오차는 얼마인가?
   ① 0~-7%   ② 0~+7%
   ③ 0~-5%   ④ 0~+5%

9. 마그넷 브레이크 점검결과 라이닝 두께가 30% 감소되었을 때 조치방법으로 가장 적절한 것은?
   ① 스트로크를 조정한다.
   ② 라이닝을 교환한다.
   ③ 브레이크 드럼 직경을 크게 한다.
   ④ 마모 한도에 도달할 때까지 계속 사용한다.

10. 리밋 스위치(limit switch)에 대한 설명 중 틀린 것은?
   ① 보통 권상장치에 사용하나, 필요에 따라 주·횡행에도 설치·사용할 수 있다.
   ② 권하 시 리밋 스위치가 작동하는 지점은 드럼에 와이어로프가 약 3바퀴 정도 남아 있는 지점이다.
   ③ 비상용 리밋 스위치는 상용 리밋 스위치가 고장이 났을 때 작동하는 것이다.
   ④ 횡행 리밋 스위치는 중추식이 이용된다.

11. 크레인에 과부하 방지장치(안전밸브)를 부착 시 해당되는 내용이 아닌 것은?
   ① 법 규정에 의한 안전인증품일 것
   ② 정격하중의 1.1배 권상 시 경보와 함께 권상작동이 정지될 것
   ③ 선회, 횡행 및 주행 작동이 가능한 구조일 것
   ④ 임의로 조정할 수 없도록 봉인되어 있을 것

12. 천장크레인 주행 장치의 동력전달부분에 관한 설명으로 틀린 것은?
   ① 단일전동기로서 단일감속기어 케이스에 출력을 공급하는 구조가 중앙기어 케이스 구동식이라 한다.
   ② 출력축이 전동기 양쪽으로 연결된 2중 전동기를 사용하는 것을 중앙전동기 구동식이라 한다.
   ③ 중앙전동기 구동과 중앙기어 케이스의 복합형태를 이중기어 케이스 구동식이라 한다.
   ④ 독립륜 구동식은 2개의 전동기가 각각 독립적으로 설치되어 있다.

13. 천장크레인 배전반의 설치목적이 아닌 것은?
   ① 전동기 보호 ② 전동기 제어
   ③ 발전기 구동제어 ④ 전원의 개패

14. 사용 중인 천장크레인에서 저항기의 발열온도는 몇 ℃ 까지 허용되는가?
   ① 150 ② 250 ③ 350 ④ 550

15. 전자 브레이크 라이닝 20% 마모 시 상태를 가장 올바르게 표현한 것은?
   ① 전자석이 손상될 염려가 있다.
   ② 브레이크 드럼과 라이닝의 간격이 좁아진다.
   ③ 사용 가능 범위에 있는 상태이므로 정상사용이 가능하다.
   ④ 브레이크 드럼의 면이 손상될 우려가 있다.

16. 전동기 브러시 마모한도는 원 치수의 몇 % 이하인가?
   ① 20 ② 30 ③ 40 ④ 50

17. 크레인에서 횡행속도가 얼마 이상일 경우 횡행레일의 차륜정지 기구에 리밋 스위치 등 전기적 정지장치를 설치하여야 하는가?
   ① 20m/min 이상 ② 32m/min 이상
   ③ 40m/min 이상 ④ 48m/min

18. 천장크레인용 시브 홈의 마모한도는?
   ① 와이어로프 원 직경의 50%
   ② 와이어로프 원 직경의 40%
   ③ 와이어로프 원 직경의 30%
   ④ 와이어로프 원 직경의 20%

19. 천장크레인에서 일반적으로 가장 널리 사용되는 차륜구동방식으로 맞는 것은?
   ① 1륜과 3륜 ② 3륜과 6륜
   ③ 5륜과 7륜 ④ 2륜과 4륜

20. 천장크레인에 설치되어 있는 통로에 관한 설명으로 틀린 것은?
   ① 통로의 바닥면은 미끄러지거나 넘어질 위험이 없어야 한다.
   ② 통로의 폭은 40cm 이하로 해야 한다.
   ③ 통로에는 바닥면으로부터 높이 90cm 이상의 안전난간이 설치되어야 한다.
   ④ 통로에는 바닥면으로부터 높이 10cm 이상의 발끝막이 판이 설치되어야 한다.

21. 천장크레인에서 주권, 보권이 동시에 표시되어 있을 때 천장크레인의 사용방법으로 맞는 것은?
   ① 주감기의 정격하중 이내로 한다.
   ② 보조감기의 정격하중 이내로 한다.
   ③ 주감기 및 보조감기 하중의 합계 이내로 한다.
   ④ 주감기에서 보조감기의 하중을 뺀 값 이내로 한다.

22. 치차의 마모한계는 피치원에 있어서 치두께 원 치수의 40%가 한계이나 보통 몇 %에서 교환하는 것이 좋은가?
   ① 5~10 ② 20~30 ③ 30~40 ④ 30~50

23. 베어링 메탈로 사용하기에 적당하지 않은 것은?
   ① 화이트 메탈 ② 청동
   ③ 켈멧 ④ 침탄강

24. 권선형 유도전동기의 구조에 해당되지 않는 것은?
   ① 단락형 ② 회전자
   ③ 고정자 ④ 슬립링

25. 퓨즈가 끊어지는 원인이 아닌 것은?
   ① 과부하가 걸렸을 때
   ② 회전자의 권선이 단락되었을 때
   ③ 과전류가 흘렀을 때
   ④ 리밋 스위치(limit S/W)가 동작했을 때

26. 천장크레인 운전요령 중 메인(main)스위치를 투입했는데도 운전실의 신호램프가 들어오지 않을 때 가장 옳은 처리 방법은?
   ① 먼저 정비사에게 연락한다.
   ② 제어기 전압이 "0" 상태인가 확인한다.
   ③ 상사에게 보고한다.
   ④ 모터부터 점검한다.

27. 20Ω의 저항에 1.2A의 전류를 흐르게 하려면 몇 V의 전압이 필요한가?
   ① 10 ② 15 ③ 21 ④ 24

28. 크레인 운전 중에 경보음이 울리는 경우로 바람직하지 않은 것은?
   ① 크레인의 운전을 시작할 때
   ② 미끄러지기 쉬운 물건, 기타 위험물을 운반할 때
   ③ 하물을 매달고 이동 중 진행방향에 사람이 있는 경우
   ④ 크레인 운전 중에는 항상 경보를 울린다.

29. 440V용 전동기의 절연저항은 최소 얼마 이상이어야 하는가?
   ① 0.04MΩ ② 0.4MΩ ③ 4MΩ ④ 40MΩ

30. 천장크레인에서 리모컨 크레인의 작업에 대하여 설명한 것으로 틀린 것은?
   ① 걸어가면서 운전하는 경우는 안전통로를 이용한다.
   ② 화장실 용무 등 운전을 일시 정지할 경우는 제어기의 전원스위치를 끈다.
   ③ 리모컨 크레인은 운전시작 전 제어기의 제어방향과 당해 크레인의 작동방향과의 일치 여부는 확인할 필요가 없다.
   ④ 휴식 시나 작업종료 시 크레인 작업을 종료할 때에는 제어기에서 키를 빼어 소정의 장소에 보관한다.

31. 권선형 3상 유동전동기의 회전방향을 변화시키는 방법으로 적합한 것은?
   ① 전압을 낮춘다.
   ② 1차 측 공급전원의 3선 중 2선을 바꾼다.
   ③ 1차 측 공급전원의 3선을 모두 바꾼다.
   ④ 저항기의 저항 값을 변화시킨다.

32. 크레인의 안전운전을 위한 수칙이 아닌 것은?
   ① 크레인의 탑승은 지정된 사다리를 이용한다.
   ② 크레인을 주행할 때 경적을 울리거나 경광 등을 작동한다.
   ③ 크레인을 운전 중에 반드시 운행일지를 기록한다.
   ④ 지정된 신호수에 의해 명확한 신호를 받아 동작한다.

33. 피치원의 지름이 30cm, 잇수 12인 평치차의 모듈은 얼마인가?
   ① 3.6 ② 2.5 ③ 3.3 ④ 2.4

34. 천장크레인 장치별 정비시기에 대한 설명 중 틀린 것은?
   ① 천장크레인의 횡행장치는 사전 보전으로 수리한다.
   ② 천장크레인의 주행 장치는 사후 보전으로 수리해도 무방하다.
   ③ 천장크레인의 권상 장치는 사후 보전으로 수리해도 무방하다.
   ④ 예방 보전이라 함은 고장이 일어날 것 같은 부분을 계획적으로 교환, 수리하는 방법이다.

35. 크레인의 일반적인 기동법으로 맞는 것은?
   ① 2차 저항 기동법
   ② ⊿γ 기동법
   ③ 리액터 기동법
   ④ 소프트 스타터 기동법

36. 운전 중 전동기에 전원이 들어오지 않아 정지되었을 때 가장 먼저 점검하여야 할 것은?
   ① 과부하 계전기 동작유무 확인
   ② 집전기 이탈상태 확인
   ③ 배선상태 확인
   ④ 브레이크 동작상태 확인

37. 화물을 들어 올릴 때의 주의사항으로 거리가 먼 것은?
   ① 매단 화물 위에는 절대로 타지 말 것
   ② 섀클로 철판을 세워서 매달 것
   ③ 줄을 거는 위치는 무게중심보다 낮게 한다.
   ④ 조금씩 감아올려서 로프 등의 팽팽한 정도를 반드시 확인하여야 한다.

38. 축과 보스에 각각 홈을 파서 때려 박는 일반적인 키(key)방식은?
   ① 묻힘 키(성크 키)
   ② 안장 키(새들 키)
   ③ 평 키(플랫 키)
   ④ 원뿔 키(핀 키)

39. 윤활제의 구비조건으로 틀린 것은?
   ① 유성이 좋을 것
   ② 점도가 클 것
   ③ 화학적으로 안정할 것
   ④ 인화점이 높을 것

40. 사용 중인 천장크레인은 산업안전보건법 관련에 따라 주기적인 점검 및 검사를 실시하여야 한다. 다음 중 관계가 없는 것은?
   ① 안전검사
   ② 작업시작 전 점검
   ③ 자율안전 프로그램에 의한 검사
   ④ 완성검사

41. 와이어로프를 절단하였을 때 절단부분에서 로프의 꼬임이 풀리는 것을 방지하기 위해 끝을 철선으로 묶는 방법은?
   ① 시징
   ② 클립
   ③ 엮어 넣기
   ④ 킹크

42. 운전자가 싸이렌을 울리거나 손바닥을 안으로 하여 얼굴 앞에서 2~3회 흔드는 신호는?
   ① 크레인 이상 발생으로 작업 못함
   ② 신호불명
   ③ 줄걸이 작업 미비
   ④ 작업완료

43. 줄걸이 작업 시 섬유벨트의 장점이 아닌 것은?
   ① 취급이 용이하다.
   ② 제작이 간단하며 값이 많이 싸다.
   ③ 하물을 손상시키지 않는다.
   ④ 와이어로프나 체인보다 가볍다.

44. 와이어로프에 심강을 사용하는 목적으로 틀린 것은?
   ① 충격하중의 흡수
   ② 스트랜드의 위치를 올바르게 유지
   ③ 소선끼리의 마찰에 의한 마모방지
   ④ 와이어 소선을 절약

45. 줄걸이 작업자의 안전작업 방법을 설명한 것으로 거리가 먼 것은?
   ① 화물의 하중을 어림짐작하여 작업한다.
   ② 정격하중을 넘는 무게의 화물을 매달지 않는다.
   ③ 상례적으로 정해진 화물은 전문적인 줄걸이 용구를 만들어 작업한다.
   ④ 화물의 하중 판단에 자신이 없을 때는 숙련자에게 문의하여 작업한다.

46. 크레인 작업 시 신호방법으로 바람직하지 않은 것은?
   ① 신호수단으로 손, 깃발, 호각 등을 이용한다.
   ② 신호는 절도 있는 동작으로 간단명료하게 한다.
   ③ 운전자에 대한 신호는 신호의 정확한 전달을 위하여 최소 2인 이상이 한다.
   ④ 신호자는 운전자가 보기 쉽고 안전한 장소에 위치하여야 한다.

47. 와이어로프를 선정할 때 주의해야 할 사항이 아닌 것은?
① 용도에 따라 손상이 적게 생기는 것을 선정한다.
② 하중의 중량이 고려된 강도를 갖는 로프를 선정한다.
③ 심강(core)은 사용요도에 따라 결정한다.
④ 높은 온도에서 사용할 경우 반드시 도금한 로프를 선정한다.

48. 하중 W의 물건을 1개의 이동활차와 1개의 고정활차를 이용하여 들어 올리려 한다. 하중 W와 힘 F와의 비 W : F는?

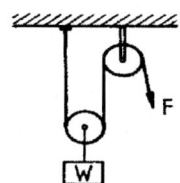

① 1 : 1
② 2 : 1
③ 1 : 2
④ 3 : 1

49. 크레인에 사용되는 와이어로프 규격에서 로프의 1줄 길이는 몇 m 를 표준으로 하는가?
① 50m, 100m, 150m
② 100m, 200m, 300m
③ 150m, 250m, 350
④ 200m, 500m, 1000m

50. 절단하중이 1200kgf인 와이어로프를 2줄 걸이로 해서 600kgf의 화물을 인양할 때 이 와이어로프의 안전율은 얼마인가?
① 3
② 4
③ 5
④ 6

51. 중량물 운반에 대한 설명으로 틀린 것은?
① 흔들리는 중량물은 사람이 붙잡아서 이동한다.
② 무거운 물건을 운반할 경우 주위사람에게 인지하게 한다.
③ 규정용량을 초과하여 운반하지 않는다.
④ 무거운 물건을 상승시킨 채 오랫동안 방치하지 않는다.

52. 안전표지의 색채 중에서 대피장소 또는 비상구의 표지에 사용되는 것으로 맞는 것은?
① 빨간색
② 주황색
③ 녹색
④ 청색

53. 사고의 원인 중 불안전한 행동이 아닌 것은?
① 허가 없이 기계장치 운전
② 사용 중인 공구에 결함 발생
③ 작업 중 안전장치 기능 제거
④ 부적당한 속도로 기계장치 운전

54. 인간공학적 안전설정으로 페일세이프에 관한 설명 중 가장 적절한 것은?
① 안전도 검사방법을 말한다.
② 안전통제의 실패로 인하여 원상복귀가 가장 쉬운 사고의 결과를 말한다.
③ 안전사고 예방을 할 수 없는 물리적 불안전 조건과 불안전 인간의 행동을 말한다.
④ 인간 또는 기계에 과오나 동작상의 실패가 있어도 안전사고를 발생시키지 않도록 하는 통제책을 말한다.

55. 전기용접의 아크 빛으로 인해 눈이 혈안이 되고 눈이 붓는 경우가 있다. 이럴 때 응급조치 사항으로 가장 적절한 것은?
① 안약을 넣고 계속 작업한다.
② 눈을 잠시 감고 안정을 취한다.
③ 소금물로 눈을 세정한 후 작업한다.
④ 냉습포를 눈 위에 올려놓고 안정을 취한다.

56. 화재발생 시 연소조건이 아닌 것은?
① 점화원
② 산소(공기)
③ 발화시기
④ 가연성 물질

57. 작업에 필요한 수공구의 보관방법으로 적합하지 않은 것은?
① 공구함을 준비하여 종류와 크기별로 보관한다.
② 사용한 공구는 파손된 부분 등의 점검 후 보관한다.
③ 사용한 수공구는 녹슬지 않도록 손잡이 부분에 오일을 발라 보관하도록 한다.
④ 날이 있거나 뾰족한 물건은 위험하므로 뚜껑을 씌워둔다.

58. 일반적으로 연삭기에 부착해야 하는 안전방호장치는?
    ① 안전덮개
    ② 급발진장치
    ③ 양수조작식 방호장치
    ④ 광전식 안전방호장치

59. 작업장에서 지켜야 할 준수사항이 아닌 것은?
    ① 불필요한 행동을 삼가 할 것
    ② 작업장에서는 급히 뛰지 말 것
    ③ 대기 중인 차량에는 고임목을 고여 둘 것
    ④ 공구를 전달할 경우 시간절약을 위해 가볍게 던질 것

60. 벨트 전동장치에 내재된 위험적 요소로 의미가 다른 것은?
    ① 트랩(Trap)
    ② 충격(Impact)
    ③ 접촉(Contact)
    ④ 말림(Entanglement)

정답 및 해설

1. ②
   훅 해지장치는 와이어로프 등이 훅으로부터 이탈되는 것을 방지하는 안전장치이다.
2. ①
   비상정지장치가 작동되면 권하 동작도 중지되어야 한다.
3. ①
   훅은 매다는 하중이 50톤 이하일 경우에는 한쪽 현수 훅을 사용하고, 50톤 이상일 때에는 양쪽 현수 훅을 사용한다.
4. ④
5. ④
   크래브는 권상장치와 횡행장치가 실려 운행하는 대차이므로 드럼, 권상용 전동기, 횡행용 전동기 등이 설치된다.
6. ②
   와이어로프를 드럼에서 최대로 풀었을 때 드럼에 최소 2바퀴 이상 남겨 놓아야 한다.
7. ③
   양정이 50m를 넘는 천장크레인의 사용하중은 와이어로프의 안전율은 정격하중에 훅, 블록 및 로프 중량까지를 고려하여 정한다.
8. ②
   와이어로프 지름 허용오차는 0~+7% 이다.
9. ①
   라이닝 두께가 30% 정도 감소된 경우에는 스트로크(stroke)를 조정한다.
10. ④
    중추식 리밋 스위치는 훅의 접촉으로 인해 작동되는 비상용이며, 훅의 과다한 상승을 방지할 때 사용된다.
11. ③   12. ②
13. ③
    배전반의 설치목적은 전원의 개폐, 전동기 보호, 전동기 제어이다.
14. ③
    저항기의 발열온도는 350℃ 까지 허용된다.
15. ③
16. ④
    전동기 브러시 마모한도는 원 치수의 50% 이하이다.
17. ④
18. ④
    천장크레인용 시브 홈의 마모한도는 와이어로프 원 직경의 20%이다.
19. ④   20. ②
21. ①
    주권, 보권이 동시에 표시된 경우에는 주감기의 정격하중 이내로 작업한다.
22. ②
    치차(기어)는 일반적으로 20~30% 정도 마모되면 교환한다.
23. ④
    베어링 메탈의 재료로는 화이트 메탈, 배빗메탈, 켈멧메탈, 청동 등이 있다.
24. ①   25. ④   26. ②
27. ④
    전압=저항×전류   ∴ 20Ω×1.2A=24V
28. ④
29. ②
    전동기의 절연저항은 220V에서는 0.2㏁, 440V에서는 0.4㏁, 3300V에서는 3㏁ 이상 되어야 한다.
30. ③
31. ②
    권선형 3상 유동전동기의 회전방향을 변화시키려면 1차측 공급전원의 3선 중 2선을 바꾼다.
32. ③
33. ②
    모듈 = 지름/잇수   ∴ 30/12 = 2.5
34. ③
    크레인의 권상장치는 사전 보전(예방보전)에 속하며, 주행과 횡행장치는 사후 보전으로 수리한다.
35. ①
    크레인은 일반적으로 2차 저항 기동법을 사용한다.

36. ①
운전 중 전동기에 전원이 들어오지 않아 정지되면 과부하 계전기 동작유무를 확인한다.
37. ②
38. ①
◆ 키의 종류
① 평키(flat key) : 키가 닿는 축을 편평하게 깎아내고 보스에 홈을 판 것이다. 즉 납작한 장방형 단면의 키이며 용도는 보스에만 홈을 파고, 축(shaft)은 키가 닿는 부분을 편평하게 절삭하고, 이곳에 평키를 때려 박는다.
② 안장키(saddle key) : 축에는 키 홈이 없고, 축의 원호에 접할 수 있도록 하고 보스에 만 키 홈을 파는 경하중용으로 사용한다. 즉 보스에만 키 홈을 만들어 고정하므로 마찰에 의해 회전력을 전달한다.
③ 원뿔 키(con key) : 축과 보스에 키 홈을 파지 않고, 보스 구멍을 원뿔 모양으로 만들어 3개로 나눈 원뿔 통형의 키를 때려 넣어 마찰력만으로 회전력을 전달한다.
④ 성크 키(sunk key, 묻힘 키) : 축(shaft)과 보스(boss)양쪽에 키 홈을 파고 여기에 키를 끼운다. 회전력 전달이 확실하므로 큰 힘을 전달하는데 사용된다.
39. ② 40. ④
41. ①
시징이란 와이어로프를 절단하였을 때 절단부분에서 로프의 꼬임이 풀리는 것을 방지하기 위해 끝을 철선으로 묶는 방법이다.
42. ②
운전자가 싸이렌을 울리거나 손바닥을 안으로 하여 얼굴 앞에서 2~3회 흔드는 신호는 신호불명 신호이다.
43. ②
44. ④
심강을 사용하는 목적은 충격하중의 흡수, 스트랜드의 위치를 올바르게 유지, 소선끼리의 마찰에 의한 마모를 방지하기 위함이다.
45. ①
46. ③
운전자에 대한 신호는 정확한 전달을 위하여 신호자는 1인으로 한다.
47. ④ 48. ② 49. ④
50. ②
안전율 = $\dfrac{절단하중}{사용하중}$

∴ $\dfrac{1200 kgf \times 2}{000 kyf} = 4$

51. ①
52. ③
대피장소 또는 비상구의 표지에 사용되는 색은 녹색이다.
53. ②
54. ④
페일세이프란 인간 또는 기계에 과오나 동작상의 실패가 있어도 안전사고를 발생시키지 않도록 하는 통제방책이다.
55. ④ 56. ③ 57. ③
58. ① 59. ④ 60. ②

국가기술자격검정 필기시험문제

2015년도 7월 19일 기능계

자격종목	종목코드	시험시간	문제지형별
천장크레인운전기능사	7864	1시간	

1. 천장크레인 주행 장치 중 다음 그림과 같이 각 차륜마다 전동기를 이용하여 구동하는 방식은?

   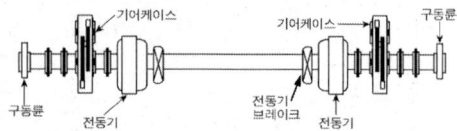

   ① 중앙 전동기 구동법
   ② 이중 기어케이스 구동법
   ③ 중앙 기어케이스 구동법
   ④ 독립륜 구동법

2. 천장크레인에서 크랩(crab)이 거더에 설치되어 있는 레일을 따라 이동하는 것을 무엇이라 하는가?
   ① 스팬(span) ② 기복(luffing)
   ③ 주행(travelling) ④ 횡행(traversing)

3. 권상장치의 제동 제어용으로 사용이 가장 부적당한 브레이크의 형식은?
   ① 교류전자 ② 직류전자
   ③ 유압 압상기 ④ E.C 브레이크

4. 크레인의 양정에 대한 의미로서 가장 알맞은 것은?
   ① 로프(rope)가 드럼에 감기는 거리
   ② 훅(hook)이 상·하한 리밋(limit) 사이를 움직일 수 있는 수직거리
   ③ 기중기의 트롤리(trolley)가 수평으로 움직일 수 있는 최대거리
   ④ 운전실 하면(下面)과 지상과의 거리

5. 천장크레인용 훅(hook)의 입구가 벌어지는 변형량을 시험하는 방법으로 가장 적합한 것은?

① 훅에 정격하중을 동하중으로 작용시켜 입구의 벌어짐이 0.5% 이하이어야 한다.
② 훅에 정격하중의 2배를 정하중으로 작용시켜 입구의 벌어짐이 0.25% 이하이어야 한다.
③ 훅에 최대하중을 동하중으로 작용시켜 입구의 벌어짐이 0.25% 이하이어야 한다.
④ 훅에 정격하중을 정하중으로 작용시켜 입구의 벌어짐이 0.5% 이하이어야 한다.

6. 완충장치에서 버퍼 스토퍼(buffer stopper)에 사용되지 않는 것은?
   ① 경질 고무 ② 스프링
   ③ 유압 ④ 플레이트 강판

7. 천장크레인 레일에 있어서 레일의 측면마모와 좌우레일의 수평차는 얼마 이내인가?
   ① 모두 15mm 이내
   ② 측면마모는 원래규격치수의 10% 이내, 좌우 레일 수평차는 10mm 이내
   ③ 측면마모는 원래규격치수의 25% 이내, 좌우 레일 수평차는 25mm 이내
   ④ 측면마모는 원래규격치수의 30% 이내, 좌우 레일 수평차는 5mm 이내

8. 과권방지 장치인 제한 개폐기(limit switch)의 종류가 아닌 것은?
   ① 기어(gear)형 ② 레버(lever)형
   ③ 로드(road)형 ④ 캠(cam)형

9. 천장크레인에서 전동기의 회전방향을 결정하거나 속도를 조절하는 장치는?
   ① 새들 ② 패널
   ③ 버퍼 ④ 제어기

10. 와이어로프의 구성요소가 아닌 것은?
   ① 소선   ② 스트랜드
   ③ 클립   ④ 심강

11. 그림에서 트롤리프레임에 설치된 (A)에 역할로 맞는 것은?

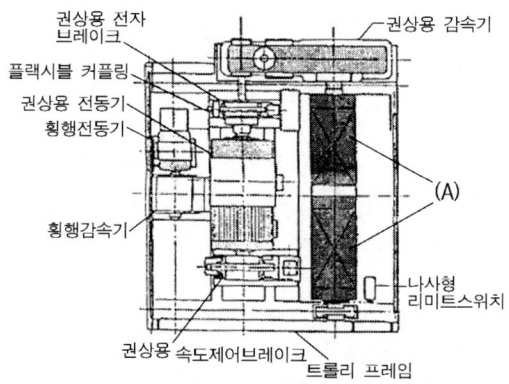

   ① 트롤리 횡행   ② 화물 주행
   ③ 트롤리선 권상권하   ④ 화물 권상권하

12. 도르래 홈의 마모 한도는 와이어로프 지름의 몇 % 이내인가?
   ① 10%   ② 20%   ③ 30%   ④ 40%

13. 구조가 간단하고 마모부분이 없으며 유지가 용이하고 정격속도의 1/5의 안정된 저속도를 쉽게 얻을 수 있는 브레이크는?
   ① 유압 브레이크
   ② E.C 브레이크
   ③ D.C 마그넷 브레이크
   ④ 트러스트 브레이크

14. 천장크레인 좌우레일의 수평 차는 얼마이내 인가?
   ① ±5mm   ② ±10mm
   ③ ±15mm   ④ ±20mm

15. 천장크레인에 사용되는 전선의 색상으로 틀린 것은?
   ① 주황색 - 접지
   ② 흑색 - 교류 및 직류 전원선로
   ③ 적색 - 교류제어회로
   ④ 청색 - 직류제어회로

16. 운전자 팬던트 스위치를 잡고 화물과 함께 이동하는 천장주행크레인에 대한 설명 중 옳은 것은?
   ① 동일한 주행로 상에 2대의 천장크레인에 대해서는 충돌방지장치를 반드시 설치해야 한다.
   ② 천장크레인의 주행속도는 분당 70미터 이하이어야 한다.
   ③ 팬던트 스위치의 전선케이블에는 케이블 보호를 위한 보조와이어로프 등이 설치되어야 한다.
   ④ 팬던트 스위치 조작전압은 교류인 경우 대지전압 300V 이하이어야 한다.

17. 차륜에 대하여 설명한 것 중 틀린 것은?
   ① 차륜의 재질은 주철, 주강, 특수주강이다.
   ② 천장크레인 차륜은 보통 양 플랜지의 것이 사용된다.
   ③ 차륜의 직경은 균일하며 답면 및 플랜지는 열처리가 되어있다.
   ④ 차륜에는 종동륜만 있다.

18. 와이어로프는 달기구 및 지브의 위치가 가장 아래쪽에 위치할 때 드럼에 최소한 몇 회 감겨 있어야 하는가?
   ① 1회   ② 2~3회
   ③ 5~6회   ④ 7회 이상

19. 과부하 방지장치(Overload limiter)에 대한 설명으로 적합한 것은?
   ① 크레인으로 화물을 들어 올릴 때 최대 허용하중(적정하중) 이상이 되면 과적재를 알리면서 자동으로 운반 작업을 중단시켜 과적에 의한 사고를 예방하는 방호장치이다.
   ② 과부하 방지장치는 작동히는 방법에 따라 모터 전자식, 부하식, 기계식으로 구분한다.
   ③ 기계식은 권상모터에 공급되는 전류값의 변화에 따라 과전류를 감지하여 제어하는 방식이다.
   ④ 전기식은 스프링, 방진고무 등의 처짐을 이용하여 마이크로 스위치를 동작시켜 제어하는 방식이다.

20. 천장크레인의 주요 안전장치가 아닌 것은?
   ① 권과방지장치   ② 비상정지장치
   ③ 집전장치   ④ 과부하방지장치

21. 그림의 직류전자 브레이크 작동 회로에서 R₂ 저항의 용도는?

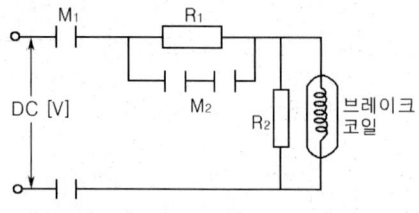

① 충전용 ② 전류 절약용
③ 방전용 ④ 전압 분배용

22. 와이어로프를 새것으로 교체하여 사용할 경우 초기 운전시의 주의사항은?
① 시험하중을 걸고 저속으로 여러 번 운전한 후 사용
② 사용 정격하중을 걸고 저속으로 여러 번 운전한 후 사용
③ 사용 정격하중의 1/2 정도를 걸고 저속으로 여러 번 운전한 후 사용
④ 시험하중을 걸고 고속으로 여러 번 운전한 후 사용

23. 다음 천장크레인 관련 설명 중 가장 올바른 것은?
① 전기에너지를 기계에너지로 바꾸는 장치를 발전기라 하며 직류발전기기와 교류발전기가 있다.
② 마그넷크레인은 철편을 붙였을 때 전기스위치를 끊어도 잔류자기 때문에 철편이 금방 떨어지지 않을 수도 있다.
③ 저항체는 전력을 열로 바꾸므로 정지 중에도 약 650℃가 될 때가 있으므로 가연물을 가까이 하면 안 된다.
④ 천장크레인용 저항기는 용량이 크고 진동에 강한 권선형이 적합하다.

24. 매일 작업하는 크레인의 그리스컵에 대한 점검은?
① 주 1회 ② 매일
③ 정기검사시 ④ 주 2회

25. 천장크레인 전동기(motor)에 대한 설명으로 틀린 것은?
① 전동기 운전 시 온도는 120℃까지 허용된다.
② 전동기 형상에서 개방형, 전폐형 등이 있다.
③ 전동기의 분류는 크게 직류전동기와 교류전동기로 분류 할 수 있다.
④ 전동기 명판에 220V, 100A 정격 1시간 이라는 것은 220V, 100A 조건에서 1시간 연속사용 가능하다는 것이다.

26. ( )안에 알맞은 숫자는?

옥외에 지상( )m 이상 높이로 설치되어 있는 크레인에는 항공법 제41조에 따르는 항공장애 등을 설치하여야 한다.

① 30 ② 40 ③ 50 ④ 60

27. 천장크레인이 운전 중 갑작스런 고장으로 정전되었을 때, 크레인 운전원이 가장 먼저 취해야 할 행동은?
① 각 제어기를 off 시킨다.
② 즉시 상급자에게 연락하러 간다.
③ 상급자에게 보고한 다음 고장 여부를 확인한다.
④ 고장 여부를 확인하기 위해 즉시 크레인 위로 올라가 본다.

28. 전기 판넬에서 고장개소를 파악하기에 앞서 제일 먼저 취해야 할 사항은?
① 주 전원 개폐기를 차단한다.
② 터미널 박스를 열어본다.
③ 변압기를 드라이버로 분해한다.
④ 케이블 묶음을 풀어 놓는다.

29. 다음 중 천장크레인의 교류전동기에 사용되는 속도 제어 방법이 아닌 것은?
① 계자 제어 ② 직렬 저항 제어
③ 전압 제어 ④ 2차 저항제어

30. 크레인 권상전동기의 소요 동력(kW)을 구하는 식으로 맞는 것은?(단, 단위는 권상하중 : 톤, 속도 : m/min)

① $\dfrac{(정격하중+훅의하중)\times 권상전동\ 효율}{6.12\times 속도}$

② $\dfrac{(정격하중+훅의하중)\times 권상전동\ 효율}{6.12}$

③ $\dfrac{(정격하중+훅의하중)\times 권상전동\ 효율}{6.12+속도}$

④ $\dfrac{(정격하중+훅의하중)\times 속도}{6.12\times 권상전동기\ 효율}$

31. 일일점검으로 운전 전 점검사항이 아닌 것은?
   ① Limit S/W의 작동상태
   ② Brake의 작동상태
   ③ 기계식 제동기의 이상발열
   ④ 운전실의 정리 정돈상태

32. 다음 설명 중에서 틀린 것은?
   ① 베어링 발열 여부 측정 시 측정온도가 대기온도와 같을 때 결함이 있다고 본다.
   ② 평 베어링 점검 시 스며 나오는 오일에 이물질이 있는지 이상 유무를 살펴본다.
   ③ 운전 시 베어링 이상음이 발생하면 즉시 점검해야 한다.
   ④ 회전 베어링의 하우징(Housing)에 그리스를 1/3 정도 채우면 약 2000시간 사용 가능하다.

33. 기어 이는 나선형이고 물림이 원활하며 큰 하중과 고속 전동에 주로 쓰이는 기어는?
   ① 스퍼 기어   ② 헬리컬 기어
   ③ 내접 기어   ④ 웜 기어

34. 1마력(PS)은 약 몇 W 인가?
   ① 약 1.3   ② 약 3/4
   ③ 약 735   ④ 약 0.735

35. 감속기 오일은 점도검사를 하여 교환하지만 일반적으로 몇 시간 사용 후 교환하는가?
   ① 1000   ② 2000
   ③ 3000   ④ 4000

36. 천장크레인의 권하 작업 시 E.C.B(에디 커런트 브레이크)가 작동되는 노치는?
   ① 0(중립)   ② 2
   ③ 4   ④ 5

37. 천장크레인의 전동기 보호를 위하여 주로 사용하고 있는 계전기는?
   ① 과부하 계전기   ② 한시 계전기
   ③ 전력 계전기   ④ 주파수 계전기

38. 치차 또는 차륜 등과 같은 회전체를 축에 고정할 때 보통 사용하는 것은?
   ① 나사(Screw)   ② 베어링(Bearing)
   ③ 클러치(Clutch) ④ 키(Key)

39. 구름베어링의 호칭번호 6204의 안지름은 얼마인가?
   ① 20mm   ② 23mm
   ③ 40mm   ④ 104mm

40. 천장크레인의 권상, 권하 시 주의할 사항으로 옳지 않은 것은?
   ① 와이어로프를 풀 때 필요 이상 풀지 말 것
   ② 와이어 규정 하중을 지킬 것
   ③ 와이어로프가 홈에서 벗어나지 않도록 운전할 것
   ④ 와이어로프를 감을 때는 항상 최대속도로 감을 것

41. 와이어로프(wire rope)의 교환 시기를 설명한 것으로 가장 알맞은 것은?
   ① 킹크(kink)가 발생한 경우
   ② 로프에 그리스가 많이 발라진 경우
   ③ 마모로 지름의 감소가 공칭 직경의 3% 이상인 경우
   ④ 로프의 한 꼬임(스트랜드를 의미) 사이에서 소선수의 7% 이상 소선이 절단된 경우

42. 그림의 "한쪽 팔 팔꿈치에 다른 손 손바닥을 떼었다. 붙였다." 하는 신호내용은?

   ① 천천히 조금씩 아래로 내리기
   ② 마그넷붙이기
   ③ 보권사용
   ④ 위로 올리기

43. 지브 크레인의 지브(붐) 길이(수평거리) 20m 지점에서 10톤의 하물을 줄걸이하여 인양하고자 할 때 이 지점에서 모멘트는 얼마인가?
   ① 20ton·m   ② 100ton·m
   ③ 200ton·m   ④ 300ton·m

44. 공칭직경 20mm의 와이어로프 지름을 측정 시 18.5mm 이었을 경우 직경 감소율 및 사용가능 여부는?
   ① 7.0%, 사용 가능   ② 7.5%, 사용 불가
   ③ 7.5%, 사용 가능   ④ 9.3%, 사용 불가

45. 2000kgf의 짐을 두 줄걸이로 하여 줄걸이 로프의 각도를 60°로 매달았을 때 한쪽 줄에 걸리는 하중은 약 몇 kgf 인가?
   ① 2310   ② 2000   ③ 1155   ④ 578

46. [6×37]의 규격을 가진 와이어로프는 한 꼬임에서 최대 몇 가닥의 소선이 절단될 때까지 사용이 가능한가?
   ① 12가닥   ② 22가닥
   ③ 32가닥   ④ 42가닥

47. 줄걸이 작업시의 일반 안전수칙과 가장 거리가 먼 것은?
   ① 인양할 물건의 중량 및 중심위치의 목측을 신중히 행한 후 작업을 실시한다.
   ② 줄걸이 로프의 걸린 상태를 확인할 때는 초기장력을 받지 않은 상태에서 행한다.
   ③ 로프의 직경 및 손상 유무를 확인한다.
   ④ 체인, 샤클 등의 줄걸이 작업용구를 적정성을 확인 후 작업을 실시한다.

48. 와이어로프의 심강을 3가지 종류로 구분한 것은?
   ① 섬유심, 공심, 와이어심
   ② 철심, 동심, 아연심
   ③ 섬유심, 랭심, 동심
   ④ 와이어심, 아연심, 랭심

49. 와이어로프 가공방법 중 엮어 넣기를 할 때 엮어 넣는 길이는 로프 지름의 몇 배가 가장 적당한가?
   ① 5~10배   ② 15~20배
   ③ 20~30배   ④ 30~40배

50. 사다리꼴 형상의 하물을 인양할 때의 줄걸이 방법으로 가장 올바른 것은?
   ① 1줄걸이   ② 2줄걸이
   ③ 3줄걸이   ④ 십자(+)걸이

51. 벨트 취급 시 안전에 대한 주의사항으로 틀린 것은?
   ① 벨트의 기름이 묻지 않도록 한다.
   ② 벨트의 적당한 유격을 유지하도록 한다.
   ③ 벨트 교환 시 회전이 완전히 멈춘 상태에서 한다.
   ④ 벨트의 회전을 정지시킬 때 손으로 잡아 정지시킨다.

52. 가스용기가 발생기와 분리되어 있는 아세틸렌 용접장치의 안전기 설치위치는?
   ① 발생기
   ② 가스용기
   ③ 발생기와 가스용기 사이
   ④ 용접토치와 가스용기 사이

53. 다음 중 가열, 마찰, 충격 또는 다른 화학물질과의 접촉 등으로 인하여 산소나 산화재 등의 공급이 없더라도 폭발 등 격렬한 반응을 일으킬 수 있는 물질이 아닌 것은?
   ① 질산에스테르류   ② 니트로 화합물
   ③ 무기 화합물   ④ 니트로소 화합물

54. 다음 중 보호구를 선택할 때의 유의 사항으로 틀린 것은?
   ① 작업 행동에 방해되지 않을 것
   ② 사용 목적에 구애받지 않을 것
   ③ 보호구 성능기준에 적합하고 보호 성능이 보장될 것
   ④ 착용이 용이하고 크기 등 사용자에게 편리할 것

55. 작업장에서 전기가 별도의 예고 없이 정전되었을 경우 전기로 작동하던 기계·기구의 조치방법으로 가장 적합하지 않은 것은?
   ① 즉시 스위치를 끈다.
   ② 안전을 위해 작업장을 미리 정리해 놓는다.
   ③ 퓨즈의 단선 유·무를 검사한다.
   ④ 전기가 들어오는 것을 알기 위해 스위치를 켜 둔다.

56. 다음 중 산업재해 조사의 목적에 대한 설명으로 가장 적절한 것은?
   ① 적절한 예방대책을 수립하기 위하여

② 작업능률 향상과 근로기강 확립을 위하여
③ 재해 발생에 대한 통계를 작성하기 위하여
④ 재해를 유발한 자의 책임추궁을 위하여

57. 기계설비의 위험성 중 접선물림적(tangential point)과 가장 관련이 적은 것은?
① V벨트 ② 커플링
③ 체인벨트 ④ 기어와 랙

58. ILO(국제노동기구)의 구분에 의한 근로 불능상해의 종류 중 응급조치 상해는 며칠간 치료를 받은 다음부터 정상작업에 임할 수 있는 정도의 상해를 의미하는가?
① 1일 미만 ② 3~5일
③ 10일 미만 ④ 2주 미만

59. 산업안전보건법령상 안전 · 보건표지의 종류 중 다음 그림에 해당하는 것은?

① 산화성물질 경고 ② 인화성물질 경고
③ 폭발성물질 경고 ④ 급성독성물 경고

60. 연삭기의 안전한 사용방법으로 틀린 것은?
① 숫돌 측면 사용제한
② 숫돌덮개 설치 후 작업
③ 보안경과 방진마스크 착용
④ 숫돌과 받침대 간격을 가능한 넓게 유지

정답 및 해설

1. ④
2. ④
   횡행이란 크랩(crab)이 거더에 설치되어 있는 레일을 따라 이동하는 것을 말한다.
3. ③
   유압 압상기는 주로 주행제동용으로 사용한다.
4. ②
   크레인의 양정이란 훅(hook)이 상·하한 리밋(limit) 사이를 움직일 수 있는 수직거리를 말한다.
5. ②
   훅(hook)의 입구가 벌어지는 변형량을 시험하는 방법은 훅에 정격하중의 2배를 정하중으로 작용시켜 입구의 벌어짐이 0.25% 이하이어야 한다.
6. ④
   버퍼 스토퍼는 경질고무, 스프링, 유압 등을 사용한다.
7. ②
   측면마모는 원래규격치수의 10% 이내, 좌우 레일 수평차는 10mm 이내이어야 한다.
8. ③
9. ④
   전동기의 회전방향을 결정하거나 속도조절은 제어기로 한다.
10. ③
    와이어로프는 소선, 스트랜드, 심강으로 구성된다.
11. ④
12. ②
    도르래 홈의 마모 한도는 와이어로프 지름의 20% 이내일 것
13. ②
    E.C(와전류)브레이크는 구조가 간단하고 마모부분이 없으며 유지가 용이하고 정격속도의 1/5의 안정된 저속도를 쉽게 얻을 수 있다.
14. ②
    좌우레일의 수평 차는 ±10mm 이내여야 한다.
15. ①   16. ③
17. ④
    차륜에는 구동륜과 종동륜이 있다.
18. ②
    와이어로프는 달기구 및 지브의 위치가 가장 아래쪽에 위치할 때 드럼에 최소한 2~3회 감겨 있어야 한다.
19. ①
    과부하 방지장치는 크레인으로 화물을 들어 올릴 때 최대 허용하중(적정하중) 이상이 되면 과적재를 알리면서 자동으로 운반 작업을 중단시켜 과적에 의한 사고를 예방하는 방호장치이다.
20. ③   21. ③
22. ③
    와이어로프를 새것으로 교체하여 사용할 경우 초기 운전할 때에는 사용 정격하중의 1/2 정도를 걸고 저속으로 여러 번 운전한 후 사용하여야 한다.
23. ②
    ① 전기에너지를 기계에너지로 바꾸는 장치를 전동기라 한다.
    ② 저항체는 전력을 열로 바꾸므로 정지 중에도 약 350℃가 될 때가 있으므로 가연물을 가까이 하면 안 된다.
    ③ 천장크레인용 저항기는 용량이 크고 진동에 강한 그리드(grid)형이 적합하다.

24. ②
25. ①
　　전동기를 운전할 때 온도는 50~60℃까지 허용된다.

26. ④
　　옥외에 지상 60m 이상 높이로 설치되어 있는 크레인에는 항공법 제41조에 따르는 항공장애 등을 설치하여야 한다.

27. ①　　　　28. ①
29. ◈ 교류전동기의 속도제어 방식
　　① 1차 주파수제어　② 극수변환　③ 1차 전압제어
　　④ 2차 저항제어　⑤ 2차 여자제어
　◈ 직류전동기의 속도제어 방식
　　① 전압제어　② 저항제어　③ 계자제어

30. ④
　　권상전동기의 소요 동력(kW)
　　$= \dfrac{(정격하중 + 혹의하중) \times 속도}{6.12 \times 권상전동기\ 효율}$

31. ③
32. ①
　　베어링의 온도상승 범위는 실온 +20℃ 이하이며, 베어링의 자체온도가 100℃까지는 사용이 가능하다.

33. ②
　　헬리컬 기어는 기어 이가 나선형이고 물림이 원활하며 큰 하중과 고속 전동에 주로 쓰인다.

34. ③
　　1마력은 약 735W이다.

35. ②
　　감속기 오일은 점도검사를 하여 교환하지만 일반적으로 2000시간 사용 후 교환한다.

36. ②
37. ①
　　과부하 계전기는 전동기 보호를 위하여 사용한다.

38. ④
　　키는 치차(기어) 또는 차륜 등과 같은 회전체를 축에 고정할 때 주로 사용한다.

39. ①
　　안지름 20mm 이상 500mm 미만은 안지름을 5로 나눈 수가 안지름 번호이다. 따라서 04×5=20mm이다.

40. ④
41. ①
　◈ 와이어로프 교체시기
　　① 킹크(kink)가 발생한 경우
　　② 마모로 지름의 감소가 공칭 직경의 7% 이상인 경우
　　③ 로프의 한 꼬임(스트랜드를 의미) 사이에서 소선수의 10% 이상 소선이 절단된 경우
　　④ 심한 부식 또는 변형이 발생한 경우

42. ③
43. ③
　　모멘트=10ton×20m=200ton·m

44. ②
　　① 마모로 직경의 감소가 공칭 직경의 7% 이여야 하므로
　　② 20mm−18.5mm=1.5mm
　　③ $\dfrac{1.5mm}{20mm} \times 100 = 7.5\%$

45. ③
　　1줄에 걸리는 하중=$\dfrac{하중}{줄걸이\ 수 \times 각도}$
　　∴ $\dfrac{2000kgf}{2 \times \cos 30°} = \dfrac{2000kgf}{2 \times 0.866} = 1155kgf$

46. ②
　　① 로프의 한 꼬임(스트랜드를 의미) 사이에서 소선수의 10% 이내의 소선이 절단된 경우이므로
　　② 6×27=222가닥　③ 222×0.9=200가닥　∴ 222−200=22가닥

47. ②
48. ①
　　와이어로프의 심강에는 섬유심, 공심, 와이어심이 있다.

49. ④
　　엮어 넣기를 할 때 엮어 넣는 길이는 로프 지름의 30~40배가 가장 적당하다.

50. ④
　　사다리꼴 형상의 하물을 인양할 때 십자(+)걸이 줄걸이 방법이 좋다.

51. ④
52. ③
　　아세틸렌 용접장치의 안전기는 발생기와 가스용기 사이에 설치된다.

53. ③
　　가열, 마찰, 충격 또는 다른 화학물질과의 접촉 등으로 인하여 산소나 산화재 등의 공급이 없더라도 폭발 등 격렬한 반응을 일으킬 수 있는 물질에는 질산에스테르류, 유기과산화물, 니트로화합물, 니트로소화합물, 아조화합물, 디아조화합물, 히드라진 유도체, 히드록실아민, 히드록실아민 염류 등이 있다.

54. ②　　　55. ④　　　56. ①
57. ②
58. ①
　　응급조치 상해란 1일 미만의 치료를 받고 다음부터 정상작업에 임할 수 있는 정도의 상해이다.

59. ②
60. ④
　　연삭기의 워크레스트(숫돌 받침대)와 숫돌과의 틈새는 2~3mm 이내로 조정한다.

국가기술자격검정 필기시험문제

2015년도 10월 10일 기능계

자격종목	종목코드	시험시간	문제지형별
천장크레인운전기능사	7864	1시간	

1. 와이어로프 직경(d)과 드럼 직경(D)의 비(D/d)는?
   ① 10
   ② 15
   ③ 20~25
   ④ 26~30

2. 전자 접촉기의 개폐작동 불량 원인과 가장 거리가 먼 것은?
   ① 전압강하 과다
   ② 코일 단선
   ③ 접점의 과다마모
   ④ 전동기의 초고속 운전

3. 주행차륜 플랜지는 두께의 몇 % 이상 마모와 수직에서 몇 도(°) 이상의 변형이 생기면 교환하는가?
   ① 40%, 20°
   ② 40%, 10°
   ③ 50%, 10°
   ④ 50%, 20°

4. 훅을 교환해야 할 상태를 육안으로 가장 간단하고 쉽게 확인할 수 있는 것은?

   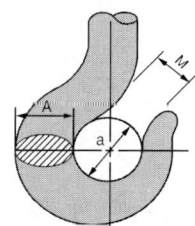

   ① 그림에서 M의 치수가 a의 치수와 같아진 것
   ② A부분의 균열을 확인하기 위하여 비파괴 검사한 것
   ③ 그림에서 훅의 인장응력이 변화된 것
   ④ 훅의 A의 치수가 원 치수의 20% 이상 마모인 것

5. 미끄럼 베어링의 종류가 아닌 것은?
   ① 일체형
   ② 분할형
   ③ 스러스트형
   ④ 부시형

6. 전자식 마그넷 브레이크(magnet brake)의 라이닝 두께가 25% 감소한 경우 가장 적합한 조치 방법은?
   ① 라이닝을 교환한다.
   ② 브레이크 드럼 지름을 크게 한다.
   ③ 스트로크를 조정한다.
   ④ 특별한 조치를 하지 않아도 된다.

7. 천장크레인에서 버퍼 스톱퍼(Buffer Stopper)란?
   ① 주행차륜에 부착하여 과속을 방지하는 장치
   ② 주행이나 횡행 시 충돌할 때 충격을 완화시켜 주는 장치
   ③ 권상장치의 과권방지용 장치
   ④ 권하 시 너무 내리는 것을 방지하기 위하여 드럼에 부착하는 장치

8. 천장크레인에서 주행레일의 진직도는 전 주행길이에 걸쳐 최대 얼마 이내이어야 하는가?
   ① 20mm
   ② 10mm
   ③ 2mm
   ④ 5mm

9. 정전 또는 전압이 비정상적으로 저하되었을 때 스위치가 자동적으로 열리는 것은?
   ① 억상보호계전기
   ② 무전압보호장치
   ③ 타임릴레이
   ④ 나이프스위치

10. 훅의 재질로 적당한 것은?
    ① 주철
    ② 기계구조용 탄소강
    ③ 합금 공구강
    ④ 구상흑연 주철

11. 천장크레인의 비상정지용 누름버튼에 대한 설명 중 틀린 것은?
   ① 누름버튼을 누르면 작동중인 동력이 차단된다.
   ② 누름버튼의 머리 부분은 적색이다.
   ③ 누름버튼의 머리 부분은 돌출되어 있다.
   ④ 누름버튼은 작동 후 10초 후에 원래상태로 복귀한다.

12. 정격하중이 20,000kgf 인 천장크레인의 훅(Hook)은 파괴 하중이 최소한 몇 kgf 이상인 것을 사용해야 하는가?
   ① 40,000kgf   ② 60,000kgf
   ③ 80,000kgf   ④ 100,000kgf

13. 콘택트 시그먼트(contact segment)와 핑거(finger)가 접촉하여 직접 전동기를 작동시키는 방식은?
   ① 유니버설 제어기   ② 캠형 제어기
   ③ 드럼형 제어기   ④ 직렬 제어기

14. 주행용 트롤리선은 늘어남과 하중을 지지하기 위해 몇 m 간격마다 애자로 지지하여야 하는가?
   ① 3m   ② 6m   ③ 9m   ④ 12m

15. 천장크레인 거더의 중량을 경감할 수 있으나 휨이 가장 큰 거더는?
   ① I 빔 거더   ② 강관 거더
   ③ 트러스 거더   ④ 박스 거더

16. 천장크레인의 와이어 드럼의 직경은 어떻게 정하는 것이 가장 좋은가?
   ① 드럼의 직경은 사용할 와이어로프의 직경보다 20배 이상이 적절하다.
   ② 드럼의 직경은 사용할 와이어로프의 소선 직경보다 300배 이상이 적절하다.
   ③ 드럼의 직경은 Crab의 크기에 비례해서 정하는 것이 좋다.
   ④ 드럼의 직경은 Hook의 크기에 비례해서 정하는 것이 좋다.

17. 기계식 과부하 방지장치에 대한 설명으로 옳은 것은?
   ① 구조가 간단하여 보수가 쉽다.
   ② 완전개방형 구조이다.
   ③ 이동형 보호 장치로 취급이 간편하다.
   ④ 별도의 동작 전원이 필요하다.

18. 도유기와 리미트 스위치에 대한 설명 중 틀린 것은?
   ① 차륜 도유기는 차륜 플랜지 또는 레일 측면에 소량의 오일을 계속 자동으로 도유하는 기기이다.
   ② 차륜 도유기의 오일탱크는 도유기 몸체보다 상부에 위치한다.
   ③ 상용 리미트 스위치가 하한선에서 작동했을 때 권상 훅의 위치는 보통 크래브 하단 0.5m 정도이다.
   ④ 중추식 리미트 스위치는 비상용으로 사용한다.

19. 천장크레인의 운동속도에 관한 사항 중 틀린 것은?
   ① 권상장치는 양정이 짧은 것이 느리고 긴 것이 빠르다.
   ② 권상장치는 하중이 가벼우면 빠르고 무거울수록 저속으로 한다.
   ③ 횡행장치는 스팬의 길이에 관계없이 200m/min 정도의 속도로 채용한다.
   ④ 주행속도는 작업능력에 큰 관계가 없으므로 가능한 저속으로 한다.

20. 다음 중 주행 제동용으로 주로 사용되는 브레이크는?
   ① 마그네틱 브레이크(magnetic brake)
   ② 에디 커런트 브레이크(eddy current brake)
   ③ 오일 디스크 브레이크(oil disk brake)
   ④ 스피드 컨트롤 브레이크(speed control brake)

21. 3상 권선형 유도전동기의 전류제한 및 속도조정 목적으로 사용되는 것은?
   ① 브러시(brush)   ② 2차 저항기
   ③ 회전자(rotor)   ④ 슬립링(slip ring)

22. 주기적인 정비를 위한 예비품목 중 가장 거리가 먼 것은?
   ① 모터 브러시   ② 제어반(판넬)
   ③ 콜렉터 브러시   ④ 제어기 접점

23. 궤도륜 사이에 있는 전동체가 굴림운동을 하며 볼, 원통, 테이퍼 롤러 등의 종류로 분류할 수 있는 베어링은?
   ① 스러스트 베어링   ② 점접촉 베어링
   ③ 구름베어링   ④ 미끄럼 베어링

24. 크레인 점검 작업시의 유의사항으로 틀린 것은?
   ① 점검 작업을 할 때는 "점검 중" 등의 위험 표시를 설치한다.
   ② 정지하여 점검 작업을 할 때는 동력원 스위치를 끄고 한다.
   ③ 점검 작업을 할 때는 필요한 안전 보호구를 착용한다.
   ④ 동일 주행로 상에서 다른 크레인의 주행을 제한하면 곤란하다.

25. 권상하중 50톤, 권상속도 1.5m/min인 천장크레인의 권상 전동기 출력은 약 얼마인가?(단, 권상 전동기의 효율은 70% 이다.)
   ① 12.2kW   ② 13.0kW
   ③ 17.5kW   ④ 8.5kW

26. 기어에서 소음발생 원인이 아닌 것은?
   ① 백래시(backlash)가 너무 적을 경우
   ② 기어축의 평행도가 나쁠 경우
   ③ 치면에 흠이 있거나 다듬질의 정도가 나쁠 경우
   ④ 오일을 과다하게 급유했을 경우

27. 베어링이 고착되는 경우와 가장 거리가 먼 것은?
   ① 급유가 불충분한 경우
   ② 급유 오일의 선정이 잘못된 경우
   ③ 과부하로 베어링의 유막이 파괴된 경우
   ④ 저속으로 회전하는 경우

28. 주행 집전장치(pantograph)의 집전자(collector shoe)에 주로 사용되는 브러시로 맞는 것은?
   ① 플라스틱 브러시   ② 카본 브러시
   ③ 은 접점 브러시   ④ 알루미늄 브러시

29. 감속기에 대한 설명 중 틀린 것은?
   ① 감속기의 제1단 기어는 10% 정도 마모되었을 때 교환하는 것이 좋다.
   ② 기어 케이스 내에 공급하는 오일은 보통 2000시간 마다 교환한다.
   ③ 축은 회전축과 전동축으로 구분된다.
   ④ 커플링은 축이음 장치이다.

30. 천장크레인용 전동기에서 직류전동기로 가장 많이 사용되는 것은?
   ① 직권전동기   ② 분권전동기
   ③ 화동복권전동기   ④ 농형 유도전동기

31. 입력전압이 440V, 60Hz인 3상 유도전동기에서 극수가 4극, 회전자 속도가 1760rpm일 때 이 전동기의 슬립율은 약 몇 % 인가?
   ① 2.2%   ② 4.3%
   ③ 13.2%   ④ 20.3%

32. 원활한 운전 작업을 하기 위한 방법 중 틀린 것은?
   ① 운전 중 운전자는 항상 기계 각부의 이상 음향, 이상 진동에 주의한다.
   ② 정지 상태에서 출발 시 갑자기 전속력으로 운전해서는 안 된다.
   ③ 운전자는 물건을 들고 지나온 경로를 되돌아보며 운전을 올바르게 했느냐를 항상 반성하며 운전해야 한다.
   ④ 작업종료 후에는 꼭 소정의 위치에 정지시킨 후 전원을 OFF한다.

33. 그리스를 주입하면 안 되는 곳은?
   ① 베어링
   ② 브레이크 라이닝
   ③ 감속기 기어
   ④ 커플링 취부 시 모터축 사이

34. 트롤리(Trolley) 동선의 좌·우 고저 차는 기준면에서 몇 mm 이하를 유지하여야 하는가?
   ① ±2mm   ② ±4mm
   ③ ±6mm   ④ ±8mm

35. 키(Key)의 재료 성질 중 적당한 것은?
   ① 축 재료보다 연한 강철재
   ② 축 재료보다 강한 강철재
   ③ 마찰계수가 작아 미끄러운 것
   ④ 축 재료보다 강한 주철재

36. 크레인을 이용한 운반 작업에 있어서 고려해야 할 사항으로 알맞지 않은 것은?
   ① 한 번에 많은 하물을 운반하여 운반 횟수를 줄인다.
   ② 이동하는 거리를 짧게 한다.
   ③ 될 수 있는 한 전용의 줄 걸이 용구를 사용한다.
   ④ 위험범위를 명확히 한다.

37. 천장크레인 작업에서 안전담당자의 임무가 아닌 것은?
   ① 작업방법과 근로자의 배치를 결정하고 작업을 지휘
   ② 재료의 결함 유무 또는 기구 및 공구의 기능을 점검하고 불량품을 제거
   ③ 작업 중 안전대와 안전모의 착용상황을 감시
   ④ 작업을 지휘하는 자를 선임하여 그에 의하여 작업 실시하도록 조치

38. 스파크(spark)발생 비율에 대한 사항 중 틀린 것은?
   ① 접촉면에 요철이 심하면 스파크가 심하다.
   ② 전로를 닫을 때보다 열(off)때가 스파크가 많다.
   ③ 접촉점 간에 전압이 클수록 스파크가 많다.
   ④ 교류보다 직류가 스파크가 작다.

39. 방폭 구조로 된 전기설비의 구비조건이 아닌 것은?
   ① 시건 장치를 할 것
   ② 접지를 할 것
   ③ 환기가 잘 될 것
   ④ 퓨즈를 사용할 것

40. 크레인 운전조작의 주의사항에 관한 설명으로 틀린 것은?
   ① 화물이 지면에서 떨어지는 순간의 권상은 빠른 속도로 권상한다.
   ② 줄 걸이 작업 위치까지 훅을 권하 시킬 때에는 필요 이상으로 권하 시키지 않는다.
   ③ 화물의 중심 위에 훅의 중심이 오도록 횡행, 주행조작 등에 의해 위치를 결정한다.
   ④ 화물위치에 크레인을 이동시킬 경우 훅을 지상의 설비 등에 부딪치지 않을 높이까지 권상하여 크레인을 수평 이동시킨다.

41. 지브크레인에서 줄 걸이 작업자의 위치는?(단, 작업 반경 밖임)
   ① 기복, 선회방향의 15°의 위치
   ② 기복, 선회방향의 25°의 위치
   ③ 기복, 선회방향의 35°의 위치
   ④ 기복, 선회방향의 45°의 위치

42. 힘의 3요소는?
   ① 힘의 크기, 힘의 무게, 힘의 단위
   ② 힘의 방향, 힘의 작용점, 힘의 크기
   ③ 힘의 크기, 힘의 방향, 힘의 강도
   ④ 힘의 무게, 힘의 거리, 힘의 작용점

43. 줄 걸이 방법 중 훅 걸이의 종류가 아닌 것은?
   ① 짝감기 걸이   ② 어깨 걸이
   ③ 이중 걸이   ④ 짝감아 걸이

44. 와이어 손상의 분류에 대한 설명으로 틀린 것은?
   ① 와이어는 사용 중 시브 및 드럼 등의 접촉에 의해 마모가 생기는데, 이때 직경감소가 7% 시 교환한다.
   ② 사용 중 소선의 단선이 전체 소선수의 50%가 단선이 되면 교환한다.
   ③ 과하중을 들어 올릴 경우 내·외층의 소선이 맞부딪치게 되어 피로현상을 일으키게 된다.
   ④ 열의 영향으로 강도가 저하되는데 이때 심강이 철심일 경우 300℃까지 사용이 가능하다.

45. 24본선 6꼬임의 와이어로프를 사용할 경우 권상용 드럼과 와이어로프 지름의 비는 최소 얼마 이상으로 해야 하는가?
   ① 20이상   ② 30이상
   ③ 40이상   ④ 50이상

46. 크레인 권상장치에 절단하중 37.7ton이 되는 ϕ 25mm인 와이어로프가 드럼에서 2줄로 내려와 설치되어 있다. 이 로프로 약 몇 톤까지 사용 가능한가?(단, 안전율은 6이다.)

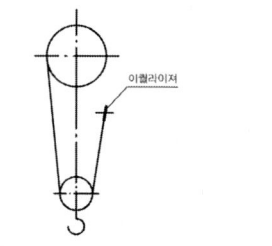

① 6　　② 12　　③ 20　　④ 25

47. 와이어로프의 쐐기 고정법은?

① ②
③ ④

48. 건설현장에서 와이어로프 점검 시 적절한 방법이 아닌 것은?
① 파단상태의 점검
② 제작방법 점검
③ 형상변형 점검
④ 마모 및 부식상태 점검

49. 그림의 작업자가 크레인 운전자에게 어떻게 운전하라는 수신호인가?

① 훅을 돌린다.　② 훅을 올린다.
③ 훅을 내린다.　④ 훅을 정지시킨다.

50. 와이어로프의 안전계수가 5이고, 절단하중이 20000kgf 일 때 안전하중은?
① 6000kgf　② 5000kgf
③ 4000kgf　④ 2000kgf

51. 다음 중 일반적으로 장갑을 끼고 작업할 경우 안전상 가장 적합하지 않은 작업은?
① 전기용접 작업
② 타이어 교체작업
③ 건설기계운전 작업
④ 선반 등의 절삭가공 작업

52. 다음 중 산소 결핍의 우려가 있는 장소에서 착용하여야 하는 마스크의 종류는?
① 방독 마스크　② 방진 마스크
③ 송기 마스크　④ 가스 마스크

53. 다음 중 전기설비 화재 시 가장 적합하지 않은 소화기는?
① 포말소화기
② 이산화탄소 소화기
③ 무상강화액 소화기
④ 할로겐화합물 소화기

54. 크레인 인양작업 시 줄 걸이 안전사항으로 적합하지 않은 것은?
① 신호자는 원칙적으로 1인이다.
② 신호자는 크레인운전자가 잘 볼 수 있는 안전한 위치에서 행한다.
③ 2인 이상의 고리 걸이 작업 시에는 상호 간에는 소리를 내면서 행한다.
④ 권상작업 시 지면에 있는 보조자는 와이어로프를 손으로 꼭 잡아 화물이 흔들리지 않게 하여야 한다.

55. 다음 중 안전·보건표지의 구분에 해당하지 않는 것은?
① 금지표지　② 성능표지
③ 지시표지　④ 안내표지

56. 다음 중 사용구분에 따른 차광보안경의 종류에 해당하지 않는 것은?
① 자외선용　② 적외선용
③ 용접용　　④ 비산방지용

57. 산업안전보건법상 산업재해의 정의로 옳은 것은?
① 고의로 물적 시설을 파손한 것을 말한다.
② 운전 중 본인의 부주의로 교통사고가 발생된 것을 말한다.
③ 일상 활동에서 발생하는 사고로서 인적 피해에 해당하는 부분을 말한다.
④ 근로자가 업무에 관계되는 건설물·설비·원재료·가스·증기·분진 등에 의하거나 작업 또는 그 밖의 업무로 인하여 사망 또는 부상하거나 질병에 걸리게 되는 것을 말한다.

58. 무거운 물건을 들어 올릴 때의 주의사항에 관한 설명으로 가장 적합하지 않은 것은?
① 장갑에 기름을 묻히고 든다.
② 가능한 이동식 크레인을 이용한다.
③ 힘센 사람과 약한 사람과의 균형을 잡는다.
④ 약간씩 이동하는 것은 지렛대를 이용할 수도 있다.

59. 산업재해 원인은 직접원인과 간접원인으로 구분되는데 다음 직접원인 중에서 불안전한 행동에 해당되지 않는 것은?
① 허가 없이 장치를 운전
② 불충분한 경보 시스템
③ 결함 있는 장치를 사용
④ 개인 보호구 미사용

60. 해머사용 시 안전에 주의해야 될 사항으로 틀린 것은?
① 해머사용 전 주위를 살펴본다.
② 담금질한 것은 무리하게 두들기지 않는다.
③ 해머를 사용하여 작업할 때에는 처음부터 강한 힘을 사용한다.
④ 대형해머를 사용할 때는 자기의 힘에 적합한 것으로 한다.

정답 및 해설

1. ③
   와이어로프 직경(d)과 드럼 직경(D)의 비율(D/d은 20~25이다.
2. ④
   전자접촉기의 개폐동작 불량 원인은 전압강하가 클 때, 접점의 마모가 클 때, 조작회로의 고장, 코일 단선 등이다.
3. ④
   주행차륜 플랜지는 두께의 50% 이상 마모와 수직에서 20°이상의 변형이 생기면 교환하여야 한다.
4. ①
   훅의 교환여부를 육안으로 확인할 수 있는 것은 M의 치수가 a의 치수와 같아진 경우이다.
5. ①
   미끄럼 베어링의 종류에는 분할형, 스러스트형, 부시형 등이 있다.
6. ③
   전자식 마그넷 브레이크의 라이닝 두께가 20~30% 정도 감소하면 스트로크를 조정한다.
7. ②
   버퍼 스톱퍼는 주행이나 횡행에서 충돌할 때 충격을 완화시켜 주는 장치이다.
8. ②
   주행레일의 진직도(일정한 구간 즉 시작점과 끝나는 점의 중심을 통과하는 가상의 절대 직선에서 실제적으로 어느 정도 어긋나고 있는지를 나타내는 개념)는 전 주행길이에 걸쳐 최대 10mm 이내이어야 한다.
9. ②
   무전압보호장치는 정전 또는 전압이 비정상적으로 저하되었을 때 스위치가 자동적으로 열리도록 되어 있다.
10. ②
    훅의 일반적인 재질은 기계구조용 탄소강이다.
11. ④
    비상정지 누름버튼을 누르면 작동중인 동력이 차단된다. 머리 부분은 적색이어야 하며, 돌출되어 있고 버튼 주변은 황색으로 표기할 수 있다.
12. ④
    훅의 안전계수는 5이상 이어야 하므로 20,000kgf×5=100,000kgf
13. ③
    드럼형 제어기는 콘택트 시그먼트와 핑거가 접촉하여 직접 전동기를 작동시키는 방식이다.
14. ②
    주행용 트롤리선은 늘어남과 하중을 지지하기 위해 6m 간격마다 애자로 지지하여야 한다.
15. ②
    강관 거더는 거더의 중량을 경감할 수 있으나 휨이 가장 큰 결점이 있다.
16. ①
    와이어 드럼의 직경은 사용하는 와이어로프의 직경보다 20배 이상이 적절하다.
17. ①
    ◆ 기계식 과부하 방지장치의 특성
    ① 구조가 간단하고 보수가 쉽고 반영구적이다.
    ② 완전 밀폐형 구조이며 폭발성 지역에서도 사용이 가능하다.
    ③ 정지형 보호 장치를 취급이 간편하다.
    ④ 별도의 동작전원이 필요 없다.
18. ③
    차륜 도유기는 차륜 플랜지 또는 레일 측면에 소량의 오일을 계속 자동으로 도유하는 기기이며, 차륜 도유기의 오일 탱크는 도유기 몸체보다 상부에 위치한다. 그리고 중추식 리미트 스위치는 비상용으로 사용한다.
19. ③
    ◆ 천장크레인의 운동속도
    ① 권상장치는 양정이 짧은 것이 느리고 긴 것이 빠르다.

② 권상장치는 하중이 가벼우면 빠르고 무거울수록 저속으로 한다.
③ 주행속도는 작업능력에 큰 관계가 없으므로 가능한 저속으로 한다.

20. ③
오일 디스크 브레이크는 주행 제동용으로 주로 사용된다.

21. ②
2차 저항기는 3상 권선형 유도전동기의 전류제한 및 속도조정 목적으로 사용된다.

22. ②

23. ③
구름베어링은 2개의 궤도를 사이에 있는 전동체가 굴림운동을 하며 볼, 원통, 테이퍼 롤러 등의 종류로 분류할 수 있다.

24. ④
크레인 점검 작업을 할 때 유의사항은 점검 작업을 할 때는 "점검 중"등의 위험표시를 설치하여야 하며, 정지하여 점검작업을 할 때는 동력원 스위치를 끄고 한다. 또 점검 작업을 할 때는 필요한 안전 보호구를 착용한다.

25. ③
$$전동기\ 출력(kW) = \frac{권상하중 \times 권상속도}{6.12 \times 권상기구의\ 효율} \times 100$$
$$\therefore \frac{50 \times 1.5}{6.12 \times 70} \times 100 = 17.5kW$$

26. ④
◆ 기어의 소음발생 원인
① 백래시(backlash)가 너무 적을 경우
② 기어축의 평행도가 나쁠 경우
③ 치면에 흠이 있거나 다듬질의 정도가 나쁠 경우
④ 오일이 과다하게 부족할 경우

27. ④
베어링이 고착되는 원인은 급유가 불충분한 경우, 급유오일의 선정이 잘못된 경우, 과부하로 베어링의 유막이 파괴된 경우, 고속으로 회전하는 경우

28. ②
주행 집전장치의 집전자에는 카본 브러시를 사용한다.

29. ③
축은 회전력을 전달하는 회전축과 회전축을 떠받치는 고정축으로 구분된다.

30. ①
천장크레인용 직류전동기는 직권 전동기가 가장 많이 사용된다.

31. ①
① 전동기의 동기 회전속도 : $N_s = \frac{120f}{P}$ [f : 주파수(Hz), P : 극수]
$$\therefore \frac{120 \times 60}{4} = 1800 rpm$$
② 슬립율 : $Sr = \frac{N_s - N}{N_s} \times 100$ [N : 전동기 회전자 속도]

$$\therefore \frac{1800 - 1760}{1800} \times 100 = 2.2\%$$

32. ③
33. ②
34. ①
트롤리 동선의 좌·우 고저차이는 기준면에서 ±2mm 이하를 유지하여야 한다.

35. ②
키(Key)의 재료는 축 재료보다 강한 강철재이다.

36. ◆ 운반 작업에 있어서 고려해야 할 사항
① 한 번에 많은 하물을 운반하지 않도록 한다.
② 이동거리를 짧게 한다.
③ 될 수 있는 한 전용의 줄 걸이 용구를 사용한다.
④ 위험범위를 명확히 한다.

37. ④
◆ 안전담당자의 임무
① 작업방법과 근로자의 배치를 결정하고 작업을 지휘
② 재료의 결함 유무 또는 기구 및 공구의 기능을 점검하고 불량품을 제거
③ 작업 중 안전대와 안전모의 착용상황을 감시

38. ④
◆ 전기의 스파크가 많은 경우
① 전로(電路)를 닫을 때보다 열 때가 많다.
② 접촉점을 흐르는 전류가 많을수록 많다.
③ 접촉점 간의 전압이 높을수록 많다.
④ 접촉면의 요철이 심할수록 자주 일어난다.
⑤ 주파수가 높을수록 때 많다.
⑥ 전기부품의 스파크 발생은 교류보다 직류에서 많다.
⑦ 전류가 정격 이상일 때 많다.

39. ③
방폭 구조로 된 전기설비의 구비조건은 시건 장치를 할 것, 접지를 할 것, 퓨즈를 사용할 것

40. ①
41. ④
줄 걸이 작업자의 위치는 기복, 선회방향의 45°의 위치이다.

42. ②
힘의 3요소는 힘의 방향, 힘의 작용점, 힘의 크기이다.

43. ③
◆ 훅 걸이 방법
① 눈 걸이 : 전부 눈 걸이를 원칙으로 한다.
② 반 걸이 : 미끄러지기 쉬우므로 가장 위험하다.
③ 어깨걸이 : 16mm 이상의 굵은 와이어로프일 때 사용한다.
④ 짝감기 걸이 : 14mm 이하의 가는 와이어로프일 때 사용한다.
⑤ 어깨걸이 나머지 돌림 : 4가닥 줄 걸이로서 꺾어 돌림 할 때(와이어로프가 굵을 때)사용한다.

⑥ 짝감아 걸이 : 4가닥 줄 걸이로서 꺾어 돌림 할 때(와이어 로프가 가늘 때)사용한다.
44. ②
　　사용 중 소선의 단선이 전체 소선수의 10% 이상 단선이 되면 교환한다.
45. ①
46. ②

$$권상하중 = \frac{와이어로프의\ 절단하중 \times 줄걸이\ 수}{안전율}$$

$$\therefore \frac{37.7 \times 2}{6} = 12.6톤$$

47. ②
48. ②
　　와이어로프는 파단상태의 점검, 형상변형 점검, 마모 및 부식상태 점검 등이다.
49. ②
　　집게손가락을 위로하여 수평원을 크게 그리는 수신호는 "훅 올리기"이다.
50. ③

$$안전하중 = \frac{절단하중}{안전계수} \quad \therefore \frac{20000 kgf}{5} = 400 kgf$$

51. ④
52. ③
　　산소가 결핍되어 있는 장소에서는 송기(송풍) 마스크를 착용한다.
53. ①
　　전기화재의 소화에 포말소화기를 사용해서는 안 된다.
54. ④
55. ②
　　안전표지의 종류에는 경고표지, 지시표지, 금지표지, 안내표지가 있다.
56. ④　　　57. ④　　　58. ①
59. ②　　　60. ③

국가기술자격검정 필기시험문제

2016년도 1월 24일 기능계

자격종목	종목코드	시험시간	문제지형별
천장크레인운전기능사	7864	1시간	

1. 천장크레인 크래브 부분의 점검사항으로 틀린 것은?
   ① 크레인 운전 중 크래브에서 발생하는 소음을 점검한다.
   ② 크래브에 설치된 주행 장치의 이상 유무를 점검한다.
   ③ 크래브에 부착된 안전난간의 이상 유무를 점검한다.
   ④ 크래브 프레임의 용접부 균열발생 유무를 점검한다.

2. 크레인에 설치되는 완충장치에 대한 설명으로 옳지 않은 것은?
   ① 완충장치는 레일 양 끝단에 설치된 스토퍼에 크레인이 부딪쳤을 때, 충격을 완화시켜 주는 역할을 한다.
   ② 호이스트나 크래브 트롤리식 스토퍼는 차륜 직경의 1/4 미만의 높이로 레일에 용접하여 사용한다.
   ③ 주행레일의 스토퍼는 차륜 직경의 1/2 이상 높이로 한다.
   ④ 고속크레인에 사용되는 완충장치에는 경질고무 버퍼, 우레탄고무 버퍼, 스프링식 및 유압식이 있다.

3. 드럼직경(D)과 와이어로프의 직경(d)의 비율(D/d)은?
   ① 5 이하 ② 10 이하
   ③ 10 이상 ④ 20 이상

4. 전자식 과부하 방지장치를 설명한 것으로 옳은 것은?
   ① 내부의 마이크로 스위치를 동작하여 운전 상태를 정지하는 안전장치이다.
   ② 변화되는 중량을 아날로그로 표시, 편의성을 향상시켰으며 가격도 저렴하다.
   ③ 스트레인 게이지의 전자식 저항 값의 변화에 따라 아주 민감하게 동작하는 방호장치이다.
   ④ 감지방법은 하중의 방향에 따라 인장로드셀 방법, 압출로드셀 방법이 있다.

5. 홈이 있는 드럼에 와이어로프가 감길 때 와이어로프 방향과 홈 방향과의 각도는 몇 도 이내 인가?
   ① 4 ② 8 ③ 12 ④ 16

6. 권하 속도가 빠를수록 좋은 천장크레인은?
   ① 원료장입 크레인 ② 주기 크레인
   ③ 강괴 크레인 ④ 담금질 크레인

7. 화물을 권상시킬 때, 작업안전을 위해 급정지시킬 수 있도록 설치되어 있는 일종의 방호장치는?
   ① 충돌방지장치(Anti collision)
   ② 비상정지장치(Emergency stop switch)
   ③ 레일 클램프 장치(Rail clamp)
   ④ 훅 해지장치(Hook latch)

8. 기어의 두 축이 교차하면서 가장 큰 감속비로 감속하는 기어는?
   ① 웜과 웜기어 ② 나사기어
   ③ 베벨기어 ④ 랙과 피니언

9. 디스크 브레이크 시스템에서 제동 시 제동압력은 발생하는데 제동이 잘 안 되는 이유와 거리가 먼 것은?
   ① 디스크 브레이크 오일에 공기가 침투된 상태
   ② 디스크 브레이크 라이닝에 물이 묻어있는 상태
   ③ 디스크 브레이크 파이프가 파손 되었을 때
   ④ 디스크 브레이크 라이닝에 기름이 묻어 있는 상태

10. 주행차륜의 직경이 400mm이고, 주행모터의 회전수가 3000rpm이며, 감속비가 1/100일 때, 주행속도는?
    ① 약 38m/min   ② 약 68m/min
    ③ 약120m/min   ④ 약80/min

11. 천장크레인의 완성검사 시 시험하중은?
    ① 정격하중의 100%   ② 정격하중의 110%
    ③ 정격하중의 125%   ④ 정격하중의 150%

12. 천장크레인의 안전장치가 아닌 것은??
    ① 리미트 스위치   ② 전자 브레이크
    ③ 과부하 계전기   ④ 전동기

13. 콘택트 시그먼트(contact segment)와 핑거(finger)가 접촉하여 직접 전동기를 작동시키는 방식은?
    ① 컴비네이션 제어기 ② 유니버설 제어기
    ③ 캠형 제어기   ④ 드럼형 제어기

14. 전자 브레이크의 전자석이 소리를 내며 과열, 소손되는 경우 점검사항과 관계가 없는 것은?
    ① 압출봉 출입구 패킹부에서 물이 침입하여 내부에 녹이 발생하여 있지 않는 가
    ② 풀리와 라이닝의 틈새가 너무 적지 않은가
    ③ 스트로크가 너무 크지 않은가
    ④ 브레이크 라이닝이 과열 하였는가

15. 훅에 대한 설명 중 틀린 것은?
    ① 목 부분이 30%이내 벌어진 것까지만 사용한다.
    ② 균열검사는 적어도 년 1회 실시한다.
    ③ 홈 자국깊이가 2mm가 되면 평활하게 다듬어야 한다.
    ④ 균열된 훅은 용접해서 사용할 수 없다.

16. 와이어로프 사용상 주의사항으로 틀린 것은?
    ① 새로운 로프로 교체 후 초기운전 시에는 사용정격하중의 1/2정도를 걸고 저속으로 여러 번 시운전을 해야 한다.
    ② 드럼에 로프를 감을 때에는 가능한 당기면서 감아야 한다.
    ③ 로프의 수명을 연장시키려면 적정하중으로 운전횟수를 늘리는 편보다 과하중 횟수를 줄이는 것이 유리하다.
    ④ 짐을 매다는 경우에는 4줄걸이 이상으로 한다.

17. 권선형 유도전동기의 2차 저항 제어방식의 특징으로 틀린 것은?
    ① 1차 저항 값의 가변에 의해 속도가 제어된다.
    ② 어떤 용량의 전동기에도 제어가 가능하다.
    ③ 기동 시 쿠션 스타트로서도 사용된다.
    ④ 부하변동에 의한 속도변동이 크다.

18. 국내에서 천장크레인의 공칭 용량단위는?
    ① 톤   ② 파운드   ③ 미터   ④ 온스

19. 전동기의 일반적인 사항을 설명한 것으로 틀린 것은?
    ① 분권식의 경우 부하변동에 관계없이 일정한 속도로 운전된다.
    ② 브러시와 홀더는 예비부품으로 준비해둘 필요가 있다.
    ③ 카본 브러시의 마모한도는 원래치수의 20%까지이다.
    ④ 모터의 전원전압이 너무 낮아도 과열된다.

20. 천장크레인 운전실의 종류가 아닌 것은?
    ① 개방형 운전실   ② 개방 단열형 운전실
    ③ 밀폐형 운전실   ④ 밀폐 단열형 운전실

21. 크레인의 리모트 콘트롤러에는 주파수방식과 적외선방식이 있다. 이 두 가지 방식의 특성 중 틀린 것은?
    ① 주파수 방식은 운전자의 가시거리 내에 있어야 작동이 가능하다.
    ② 적외선 방식은 주변의 정밀기기에 영향을 주지 않는다.
    ③ 주파수 방식은 안테나를 사용하므로 센서가 필요하지 않다.
    ④ 적외선 방식은 불필요한 신호에 의한 사고 위험이 주파수 방식보다 낮다.

22. 급유방법에 대한 설명 중 가장 거리가 먼 것은?
    ① 와이어로프용 윤활유는 산이나 알칼리성을 띠지 않고, 내산화성이 커야 한다.
    ② 진동이 심하고 먼지가 많은 개방기어에는 그리스를 발라주는 것이 좋다.
    ③ 감속기어 오일은 여름철에는 점도가 높은 것을 겨울철에는 점도가 낮은 것을 사용한다.
    ④ 스팬이 긴 경우 사행으로 인한 마모가 크므로 레일 측면에 기름이 부착되어서는 안 된다.

23. 천장크레인으로 부품을 들어 올릴 때 주로 사용하는 볼트는?
   ① 기초볼트   ② 아이볼트
   ③ T볼트   ④ 스테이볼트

24. 기계요소 중 키(key)에 대한 설명으로 틀린 것은?
   ① 축과 회전체를 일체로 하여 회전력을 전달시키는 기계요소이다.
   ② 축과 회전체의 원주방향으로의 이동이 가능하다.
   ③ 재료는 축 재료보다 약간 강하다.
   ④ 급유할 필요가 없다.

25. 옥외크레인을 사용 시 순간풍속이 매초 당 ( )미터를 초과하는 바람이 불어올 우려가 있는 때에는 옥외에 설치되어 있는 주행크레인에 대하여 이탈방지장치를 작동시키는 등 그 이탈을 방지하기 위한 조치를 하여야 한다. ( )에 적합한 풍속은?
   ① 20   ② 30   ③ 45   ④ 60

26. 미끄럼 베어링에 대한 설명 중 틀린 것은?
   ① 구조가 간단하고 값이 싸다.
   ② 충격에 견디는 힘이 작다.
   ③ 베어링 교환이 간단하다.
   ④ 시동저항이 크다.

27. 고정자, 회전자, 베어링, 냉각팬, 엔드 브래킷으로 구성되어 있으며 고정자는 철심과 철심 안쪽에 파진 홈에 감겨있는 권선으로 되어 있는 방식의 전동기는?
   ① 직권식 전동기   ② 농형 유도 전동기
   ③ 권선형 유도 전동기 ④ 분권식 전동기

28. 집중 급유장치로 급유가 불가능한 부분은?
   ① 주행 장축 베어링
   ② 주행 차륜 베어링
   ③ 와이어 드럼 축수 베어링
   ④ 훅 시브 베어링

29. 2개의 축이 일직선상에 있지 않고 어떤 각도를 가진 두 축 사이에 동력을 전달할 때 사용하는 축 이음으로서 경사각이 커지면 전달효율이 저하되므로 보통 30° 이내로 사용하는 축 이음은?
   ① 분할형 축이음   ② 플렉시블 축이음
   ③ 플랜지 축이음   ④ 유니버설 조인트

30. 스퍼기어에서 잇수가 18개인 피니언이 1000rpm으로 회전하고 있다. 기어를 450rpm으로 회전시키려면 기어의 잇수는 몇 개로 하여야 하는가?
   ① 40   ② 70   ③ 150   ④ 250

31. 전기설비의 감전 대책이 아닌 것은?
   ① 정전 또는 점검 수리 시에는 반드시 전원스위치를 내리고 다른 사람이 스위치를 넣지 않게 수리 중 표시를 한다.
   ② 감전사고 방지를 위한 장치에는 접지, 누전차단기 등이 있다.
   ③ 작업장에서 직류와 교류 각각 24V 이상인 전기설비에는 접근제한 및 위험 표지를 붙여야 한다.
   ④ 복장은 피부가 노출되지 않게 하고 건조한 옷을 착용하며 절연이 양호한 신발을 신는다.

32. 천장크레인으로 하물을 권상할 때의 운전방법 중 가장 양호한 것은?
   ① 하물을 조금씩 들어 올리고 그때마다 제어기를 OFF시켜 브레이크 지지능력을 확인한다.
   ② 천장크레인은 정격하중의 110%는 들어 올릴 수 있으므로 평소와 같이 권상한다.
   ③ 지면에서 20cm 쯤 위치에서 일단정지하고, 줄 걸이 이상여부를 확인한다.
   ④ 안전을 위하여 작업을 하지 않는다.

33. 천장크레인 관련 설명 중 틀린 것은?
   ① 저항기는 사용 중 온도가 높아져서 약 350℃가 될 때가 있으므로 통풍을 잘 시켜야 된다.
   ② 리미트 스위치를 구조별로 구분하면 나사형, 레버형, 캠형으로 나눌 수 있다.
   ③ 리미트 스위치의 작용점이 최대부하 때와 무부하 때에는 약간씩 차이가 난다.
   ④ 천장크레인용 저항기는 용량이 크고 진동에 강한 리본형이 적합하다.

34. 집전장치의 종류 중 대전류용 또는 고압용이며 레일과 접촉하는 위쪽 접촉 부위가 마모를 경감시키도록 되어 있는 형식은?
   ① 슈형형식   ② 고정형식
   ③ 포올형식   ④ 팬턴트형식

35. 천장크레인으로 물건을 운반할 때 주의 할 사항 중 거리가 먼 것은?
   ① 적재물이 떨어지지 않도록 한다.
   ② 부하물 위에 사람을 태워서는 안 된다.
   ③ 경우에 따라서는 과부하 하중 이상의 무게를 매달을 수 있다.
   ④ 줄 걸이 와이어로프의 안전여부를 항상 확인한다.

36. 80. 플레밍의 오른손 법칙에서 가운데(중지) 손가락 방향은?
   ① 자력선 방향   ② 자밀도 방향
   ③ 유도기전력 방향   ④ 운동방향

37. 전동기가 기동을 하지 않는 원인이 아닌 것은?
   ① 터미널의 이완   ② 단선
   ③ 커넥션의 접촉 불량   ④ 훅의 마모

38. 권상하중 40톤, 권상속도 1.5m/min인 천장크레인의 전동기의 출력(kW)은?
   ① 58.8kW   ② 588kW
   ③ 13.3kW   ④ 9.8kW

39. 하역작업을 시작하기 전에 점검해야 할 사항 중 가장 거리가 먼 것은?
   ① 주행로상 및 크레인 주위에 장애물 유무여부
   ② 급유상태
   ③ 볼트, 너트 및 엔드 플레이트의 이완여부
   ④ 진동, 소음상태

40. 운전 시 집전장치에서 과대한 스파크가 발생할 때 점검해야 할 사항은?
   ① 집전자의 과대 마모에 의한 접촉 불량
   ② 전동기의 회전수
   ③ 브레이크 라이닝 간격
   ④ 리미트 스위치

41. 줄 걸이 로프에 걸리는 하중에 관한 공식 중 옳은 것은?
   ① 부하물의 하중÷(줄걸이수÷조각도)
   ② 부하물의 하중÷(줄걸이수×조각도)
   ③ 부하물의 하중×(줄걸이수÷조각도)
   ④ 부하물의 하중×(줄걸이수×조각도)

42. 타워크레인에서 일반적인 작업사항으로 틀린 것은?
   ① 작업이 종료된 후 훅(Hook)은 크레인 메인 지브의 하단부 정도까지 올린다.
   ② 물건을 운반하지 않을 때에는 훅에 와이어를 건채로 이동해서는 안 된다.
   ③ 모가 난 짐을 운반 시는 규정보다 약한 와이어를 사용한다.
   ④ 화물의 중량 및 중심의 목측(目測)은 가능한 정확해야 한다.

43. 와이어로프의 지름감소가 공칭지름의 ( )할 경우 사용해서는 아니 된다. 괄호 안에 알맞은 것은?
   ① 7%를 초과   ② 9%를 초과
   ③ 10%를 초과   ④ 12%를 초과

44. 와이어로프의 구부림과 관련 된 사항 중 쉬브 지름 D와 와이어 소선지름 d와의 관계가 아래와 같을 때 의미하는 것은?

   $$D/d<20$$

   ① 영구 늘어남이 생겨 빨리 피로해 진다.
   ② 최적치 이다.
   ③ 필요한 최소한도를 만족한다.
   ④ 탄성변형 내에 존재한다.

45. 체적이 같을 때 무거운 것부터 차례로 나열한 것은?
   ① 동→납→점토→철   ② 점토→납→동→철
   ③ 철→동→납→점토   ④ 납→동→철→점토

46. 100V로 150A의 전류를 흐르게 하였을 경우 마력은 약 얼마인가?
   ① 10.11   ② 20.11   ③ 30.11   ④ 40.11

47. 줄 걸이로 짐을 달아 올릴 때의 주의사항 중 틀린 것은?
   ① 매다는 각도는 60° 이내로 한다.
   ② 큰 짐 위에 작은 짐을 얹어서 짐이 떨어지지 않도록 한다.
   ③ 짐을 전도시킬 때는 가급적 주위를 넓게 하여 실시한다.
   ④ 전도 작업 도중 중심이 달라질 때는 와이어로프 등이 미끄러지지 않도록 주의한다.

48. 와이어로프의 안전율 계산 시 사용하는 절단하중은 우리나라에서는 어떤 규정을 적용하는가?
   ① KS A 3514
   ② KS B 3514
   ③ KS C 3514
   ④ KS D 3514

49. 와이어로프의 보관 방법 중 틀린 것은?
   ① 건조하고 지붕이 있는 곳에 보관해야 한다.
   ② 한번 사용한 로프를 보관할 때는 오물 등을 제거하고 그리스를 바르고 잘 감아서 보관해야 한다.
   ③ 로프는 적당한 습기가 필요하므로 충분한 습기가 올라오는 장소에 놓는다.
   ④ 직사광선이나 열기 등에 의한 그리스의 변질이 없도록 보관해야 한다.

50. 천장크레인의 주행차륜의 마모한계에 대한 설명 중 틀린 것은?
   ① 좌우차륜의 직경차 : 구동륜은 원치수의 0.2%, 종동륜은 원치수의 0.5%
   ② 플랜지의 두께 : 원치수의 50%
   ③ 플랜지의 변형도 : 수선에서 20°
   ④ 차륜직경의 마모 : 원치수의 3%

51. 다음 중 현장에서 작업자가 작업 안전상 꼭 알아두어야 할 사항은?
   ① 장비의 가격
   ② 종업원의 작업환경
   ③ 종업원의 기술정도
   ④ 안전규칙 및 수칙

52. 망치(hammer)작업 시 옳은 것은?
   ① 망치자루의 가운데 부분을 잡아 놓치지 않도록 할 것
   ② 손은 다치지 않게 장갑을 착용할 것
   ③ 타격할 때 처음과 마지막에 힘을 많이 가하지 말 것
   ④ 열처리 된 재료는 반드시 해머작업을 할 것

53. 정비작업 시 안전에 가장 위배되는 것은?
   ① 깨끗하고 먼지가 없는 작업환경을 조정한다.
   ② 회전부분에 옷이나 손이 닿지 않도록 한다.
   ③ 연료를 채운 상태에서 연료통을 용접한다.
   ④ 가연성 물질을 취급 시 소화기를 준비한다.

54. 안전작업 사항으로 잘못된 것은?
   ① 전기장치는 접지를 하고 이동식 전기기구는 방호장치를 설치한다.
   ② 엔진에서 배출되는 일산화탄소에 대비한 통풍장치를 한다.
   ③ 담뱃불은 발화력이 약하므로 제한장소 없이 흡연해도 무방하다.
   ④ 주요장비 등은 조작자를 지정하여 아무나 조작하지 않도록 한다.

55. 전장품을 안전하게 보호하는 퓨즈의 사용법으로 틀린 것은?
   ① 퓨즈가 없으면 임시로 철사를 감아서 사용한다.
   ② 회로에 맞는 전류 용량의 퓨즈를 사용한다.
   ③ 오래되어 산화된 퓨즈는 미리 교환한다.
   ④ 과열되어 끊어진 퓨즈는 과열된 원인을 먼저 수리한다.

56. 작업장에서 공동 작업으로 물건을 들어 이동할 때 잘못된 것은?
   ① 힘을 균형을 유지하여 이동할 것
   ② 불안전한 물건은 드는 방법에 주의할 것
   ③ 보조를 맞추어 들도록 할 것
   ④ 운반도중 상대방에게 무리하게 힘을 가할 것

57. 먼지가 많은 장소에서 착용하여야 하는 마스크는?
   ① 방독마스크
   ② 산소마스크
   ③ 방진마스크
   ④ 일반마스크

58. 아크용접에서 눈을 보호하기 위한 보안경 선택으로 맞는 것은?
   ① 도수 안경
   ② 방진 안경
   ③ 차광용 안경
   ④ 실험실용 안경

59. 산업체에서 안전을 지킴으로서 얻을 수 있는 이점과 가장 거리가 먼 것은?
   ① 직장의 신뢰도를 높여준다.
   ② 직장 상·하 동료 간 인간관계 개선효과도 기대된다.
   ③ 기업의 투자 경비가 늘어난다.
   ④ 사내 안전수칙이 준수되어 질서유지가 실현된다.

60. 유류화재 시 소화용으로 가장 거리가 먼 것은?
   ① 물
   ② 소화기
   ③ 모래
   ④ 흙

정답 및 해설

1. ②
   크래브 부분의 점검사항은 운전 중 크래브에서 발생하는 소음, 크래브에 부착된 안전난간의 이상 유무, 크래브 프레임의 용접부분 균열발생 유무 등이다.
2. ②   3. ④
4. ④
   전자식 과부하 방지장치는 스트레인 게이지의 전자식 저항값의 변화에 따라 아주 민감하게 동작하며, 내부의 마이크로 스위치를 동작하여 운전 상태를 정지하는 안전장치이다. 또 변화되는 중량을 아날로그로 표시, 편의성을 향상시켰으며 가격도 저렴하다.
5. ①
   홈이 있는 드럼에 와이어로프가 감길 때 와이어로프 방향과 홈 방향과의 각도는 4도 이내이다.
6. ④
   담금질 크레인은 권하 속도가 빠를수록 좋다.
7. ②
   비상정지장치는 화물을 권상시킬 때, 위험한 상태에서 작업안전을 위해 급정지시킬 수 있도록 설치되어 있는 방호장치이다.
8. ①
   웜과 웜기어는 기어의 두 축이 교차하면서 가장 큰 감속비로 감속한다.
9. ③
   디스크 브레이크 파이프가 파손되면 제동이 전혀 안 된다.
10. ①
    $V = \dfrac{\pi D N}{rf}$ [V : 주행속도(m/min), D : 차륜의 지름, N : 전동기의 회전속도, rf : 감속비]
    $\therefore \dfrac{3.14 \times 400 \times 3000}{100 \times 1000} = 38 m/min$
11. ②
    완성검사를 할 때 시험하중은 정격하중의 110%로 한다.
12. ④
13. ④
    드럼형 제어기는 콘택트 시그먼트와 핑거가 접촉하여 직접 전동기를 작동시키는 방식이다.
14. ①
    전자 브레이크의 전자석이 소리를 내며 과열, 소손되는 경우에는 풀리와 라이닝의 틈새, 스트로크, 브레이크 라이닝의 과열 여부를 점검한다.
15. ①
    훅은 목 부분이 10% 이내 벌어진 것까지만 사용한다.
16. ③
17. ①
    2차 저항 제어방식의 특징은 2차 저항 값의 가변에 의해 속도가 제어되며, 기동할 때 쿠션 스타트로서도 사용된다. 또 어떤 용량의 전동기에도 제어가 가능하며, 부하 변동에 의한 속도 변동이 크다.
18. ①
    우리나라에서는 천장크레인의 공칭용량 단위는 톤(ton)을 사용한다.
19. ③
    카본 브러시의 마모한도는 원래치수의 50% 이다.
20. ②
    크레인 운전실의 종류에는 개방형 운전실, 밀폐형 운전실, 밀폐 단열형 운전실 등이 있다.
21. ①
    주파수 방식은 운전자의 가시거리를 벗어나더라도 작동이 가능하다.
22. ④
    급유방법은 와이어로프용 윤활유는 산이나 알칼리성을 띠지 않고, 내산화성이 커야 하며, 진동이 심하고 먼지가 많은 개방기어에는 그리스를 발라주는 것이 좋다. 또 감속기어 오일은 여름철에는 점도가 높은 것을 겨울철에는 점도가 낮은 것을 사용한다.
23. ②
    ◆ 볼트의 종류
    ① 관통볼트 : 연결한 두 부품을 꿰뚫는 구멍을 뚫고, 이에 볼트를 관통시켜서 반대쪽에서 너트를 끼워서 결합시킨다.
    ② 스테이 볼트 : 기계의 부품을 일정한 간격을 유지하면서 결합하는데 사용하는 것으로 일정거리 만큼의 파이프를 잘라서 사용하는 경우도 있다.
    ③ 티(T) 볼트 : T형의 홈에 볼트 머리를 끼우고 위치를 이동하면서 임의의 위치에 물체를 고정할 수 있다.
    ④ 아이 볼트 : 물건을 들어 올릴 때 사용한다.
    ⑤ 기초 볼트(foundation bolt) : 기계 구조물의 토대 고정용이다.
24. ②
    키는 기어나 벨트 풀리 등의 회전체를 회전축에 설치하여 고정할 때, 또는 회전을 전달함과 동시에 축 방향으로 이동할 수 있도록 할 때 사용하는 것으로 전단력을 받기 때문에 축보다 약간 강한 재질을 사용하며 급유를 하지 않는다.
25. ②
    옥외크레인을 사용할 때 순간풍속이 매초 당 30m를 초과하는 바람이 불어올 우려가 있을 때에는 옥외에 설치되어 있는 주행크레인에 대하여 이탈방지장치를 작동시키는 등 그 이탈을 방지하기 위한 조치를 하여야 한다.
26. ②
    ◆ 미끄럼 베어링의 특징
    ① 구조가 간단하고, 값이 싸다.
    ② 베어링 수리가 쉽고, 충격에 견디는 힘이 크다.
    ③ 베어링에 작용하는 하중이 클 때 사용한다.
    ④ 유막에 의한 감쇠력이 우수하다.
    ⑤ 시동저항이 크다.

27. ②
   농형 유도 전동기는 고정자, 회전자, 베어링, 냉각팬, 엔드 브래킷으로 구성되어 있으며 고정자는 철심과 철심 안쪽에 파진 홈에 감겨있는 권선으로 되어 있다.
28. ④
29. ④
   유니버설 조인트(자재이음)는 2개의 축이 일직선상에 있지 않고 어떤 각도를 가진 두 축 사이에 동력을 전달할 때 사용하는 축 이음으로서 경사각이 커지면 전달효율이 저하되므로 보통 30° 이내로 사용하는 축 이음이다.
30. ①
   $$기어의\ 잇수 = \frac{피니언의\ 잇수 \times 피니언의\ 회전수}{상대편\ 기어의\ 회전수}$$
   $$\therefore \frac{18 \times 1000}{450} = 40$$
31. ③
   ◆ 전기설비의 감전방지 대책
   ① 정전 또는 점검 수리를 할 때에는 반드시 전원 스위치를 내리고 다른 사람이 스위치를 넣지 않게 "수리 중" 표시를 한다.
   ② 감전사고 방지를 위한 장치에는 접지, 누전차단기 등이 있다.
   ③ 복장은 피부가 노출되지 않게 하고 건조한 옷을 착용하며 절연이 양호한 신발을 신는다.
32. ③
   하물을 권상할 때에는 지면에서 20cm 쯤 위치에서 일단정지하고, 줄 걸이 이상 여부를 확인 후 권상한다.
33. ④
   저항기는 용량이 크고 진동에 강한 그리드(grid)형이 적합하다.
34. ①
   슈형 집전장치는 대전류용 또는 고압용이며 레일과 접촉하는 위쪽 접촉 부위가 마모를 경감시키도록 되어 있다.
35. ③
36. ③
   플레밍의 오른손 법칙은 오른손 엄지, 인지 및 중지를 서로 직각이 되게 펴고, 인지를 자력선의 방향에, 엄지를 도체의 운동방향에 일치시키면 중지에 유도기전력의 방향이 표시된다.
37. ④
   전동기가 기동을 하지 않는 원인은 터미널의 이완, 단선, 커넥션의 접촉 불량 등이다.
38. ④
   $$전동기\ 출력(kW) = \frac{권상하중 \times 권상속도}{6.12}$$
   $$\therefore \frac{40 \times 1.5}{6.12} = 9.8kW$$
39. ④
   하역 작업을 시작하기 전에 점검해야 할 사항은 주행로 상 및 크레인 주위에 장애물 유무여부, 급유상태, 볼트·너트 및 엔드 플레이트의 이완여부 등이다.

40. ①
   집전장치에서 과대한 스파크가 발생할 때 집전자의 과대 마모에 의한 접촉 불량을 점검한다.
41. ②
   로프에 걸리는 하중 = 부하물의 하중÷(줄걸이수×조각도)
42. ③
43. ①
   와이어로프는 공칭지름이 7% 이상 감소하면 사용할 수 없다.
44. ①
45. ④
   체적이 같을 때 무거운 것부터의 차례는 납→동→철→점토이다.
46. ②
   ① 전력=전압×전류 ∴ 100V×150A=15,000W
   ② 1마력(HP)은 746W이므로 $\frac{15,000W}{746} = 20.11HP$
47. ②
48. ④
   와이어로프의 안전을 계산할 때 사용하는 절단하중은 우리나라에서는 KS D 3514 규정을 적용한다.
49. ③
   와이어로프가 직접 지면에 닿지 않도록 하고, 습기가 없는 곳에 보관해야 한다.
50. ③
   주행차륜 플랜지는 두께의 50% 이상 마모나 수직에서 20° 이상의 변형이 생기면 교환하여야 한다.
51. ④   52. ③
53. ③
   연료탱크는 탱크 내의 연료를 완전히 제거하고 물을 채운 후 용접을 한다.
54. ③   55. ①   56. ④
57. ③
   분진(먼지)이 발생하는 장소에서는 방진마스크를 착용하여야 한다.
58. ③   59. ③   60. ①

국가기술자격검정 필기시험문제

2016년도 4월 2일 기능계

자격종목	종목코드	시험시간	문제지형별
천장크레인운전기능사	7864	1시간	

1. 훅이 지상에 도달했을 경우 드럼에는 와이어로프가 최소 몇 회의 감김 여유가 있어야 하는가?
   ① 감겨있지 않아도 된다.
   ② 최소 1회 이상
   ③ 최소 2회 이상
   ④ 최소 4회 이상

2. 감속기에 대한 설명으로 옳지 않은 것은?
   ① 횡행장치에서는 라인 샤프트에 위치한다.
   ② 주행 장치의 감속장치는 기어박스에 넣어 오일로 채운다.
   ③ 기어 감속기란 기어를 이용한 속도변환기를 말한다.
   ④ 감속기에 사용되는 스퍼기어는 회전운동을 직선운동으로 전달한다.

3. 팬던트 또는 무선원격제어기를 사용하여 작업 바닥면에서 조작 시 화물과 운전자가 함께 이동하는 크레인의 주행속도는?
   ① 분당 45m 이하
   ② 분당 65m 이하
   ③ 분당 85m 이하
   ④ 분당 100m 이하

4. 주행레일 높이 편차에 대한 설명으로 알맞은 것은?
   ① 기준면으로부터 최대 ±10mm 이내
   ② 기준면으로부터 최대 ±15mm 이내
   ③ 기준면으로부터 최대 ±20mm 이내
   ④ 기준면으로부터 최대 ±25mm 이내

5. 주행, 횡행, 권상 등에서 과행(안전상 고려한 운전한계선을 초과)을 방지하는 장치는?
   ① 타임 릴레이
   ② 컨트롤러
   ③ 리미트 스위치
   ④ 브레이크

6. 전기기계·기구의 충전전로에 접근하는 장소에서 크레인의 안전사항이 아닌 것은?
   ① 해당 충전전로를 이설할 것
   ② 해당 충전전로에 방호구를 설치할 것
   ③ 감전의 위험을 방지하기 위한 방책을 설치할 것
   ④ 현저히 곤란한 경우라도 작업감시인은 두지 말고 운전자에게 절연용 장갑 및 보호구를 착용시킬 것

7. 크래브(crab)의 급정지 시 영향을 주지 않은 요소는?
   ① 와이어로프
   ② 크래브 자체
   ③ 횡행차륜
   ④ 주행차륜

8. 직류전동기에 이용되는 속도제어용 브레이크는?
   ① 다이나믹 브레이크
   ② 메카니컬 브레이크
   ③ 마그네틱 브레이크
   ④ 유압 압상브레이크

9. 크레인 구조부분의 지진하중은 옥외에 단독으로 설치되는 것에 대하여 크레인 자중(권상하물 제외)의 몇 퍼센트에 상당하는 수평하중을 지진하중으로 고려하여야 하나?
   ① 50%
   ② 25%
   ③ 15%
   ④ 5%

10. 천장크레인에서 완충장치의 종류가 아닌 것은?
    ① 유압 버퍼 스토퍼
    ② 고무 버퍼 스토퍼
    ③ 강철 버퍼 스토퍼
    ④ 스프링 버퍼 스토퍼

11. 전자 브레이크에서 전자석 부분의 과열 원인이 아닌 것은?
    ① 가동 철심이 완전히 부착되지 않을 때
    ② 전원의 규정 전압 초과 시
    ③ 전선의 부분 단락 시
    ④ 드럼(풀리)과 브레이크슈의 틈새과다

12. 천장크레인 전동기의 전압이 440V일 때 절연저항 값은?
    ① 0.1MΩ 이상　② 0.2MΩ 이상
    ③ 0.3MΩ 이상　④ 0.4MΩ 이상

13. 거더의 중앙부에 정격하중을 매달았을 경우의 허용 굽힘량은?
    ① 스팬의 1/500을 초과하지 않을 것
    ② 스팬의 1/600을 초과하지 않을 것
    ③ 스팬의 1/700을 초과하지 않을 것
    ④ 스팬의 1/800을 초과하지 않을 것

14. 하나의 제어기로 주행과 횡행 또는 주권과 보권을 같이 사용할 수 있는 것은?
    ① 수동 드럼형 제어기　② 캠 작동식 제어기
    ③ 푸시버튼 제어기　④ 유니버설 제어기

15. 권상장치의 속도제어용 브레이크로 가장 많이 사용되는 것은?
    ① 와류 브레이크
    ② 직류전자 브레이크
    ③ 교류 전자 브레이크
    ④ 디스크 타입 전자 브레이크

16. 천장크레인에서 권과 방지장치의 형식이 아닌 것은?
    ① 컴비네이션식　② 중추식
    ③ 나사식　④ 캠식

17. 천장크레인과 관련된 설명 중 틀린 것은?
    ① 휠베이스는 스팬길이의 1/8배 이상이 되어야 좋다.
    ② 크라브란 횡행장치를 설치하여 양 거더 위에 설치된 레일 위를 왕복 운동하는 대차이다.
    ③ 와이어 끝단 시징은 와이어 직경의 3배 정도를 해야 한다.
    ④ 와이어 드럼의 와이어 고정방법은 클램프를 사용하는 것이 좋다.

18. 크레인 훅의 개구부 벌어짐의 사용 한도는 원래 치수의 몇 %까지 인가?
    ① 5%　② 10%　③ 15%　④ 50%

19. 차륜 플랜지의 한쪽만 레일과 접촉 및 마모되는 원인으로 틀린 것은?
    ① 레일과 차륜의 직각도 불량
    ② 구동차륜과 종동 차륜의 지름이 틀림
    ③ 좌우 주행레일의 높이가 틀림
    ④ 좌우 구동차륜의 지름 차가 큼

20. 횡행 차륜정지용 스토퍼(Stopper)의 적당한 높이는 차륜 지름의 얼마인가?
    ① 1/2 이상　② 1배 이상
    ③ 1/3 이하　④ 1/4 이상

21. 트롤리선에서 전원을 천장크레인으로 도입하는 부분을 집전장치라 한다. 집전장치의 종류가 아닌 것은?
    ① 캠형　② 팬터그래프형
    ③ 폴형　④ 슈형

22. 천장크레인 운전자가 작업시작 전 점검해야 할 사항으로 적합하지 않은 것은?
    ① 건물과 건물사이의 거리 상태
    ② 주행로의 상측 및 트롤리가 횡행하는 레일의 상태
    ③ 와이어로프의 상태
    ④ 브레이크 장치의 상태

23. 권하 작업속도에 대한 설명 중 가장 옳은 것은?
    ① 올릴 때의 속도와 같이한다.
    ② 가능한 최대속도로 한다..
    ③ 훅의 진동이 없으면 빨리 내려도 된다.
    ④ 적당한 높이까지 내린 후 천천히 내린다.

24. 크레인 운전조작에 관한 주의사항으로 틀린 것은?
    ① 일상점검 및 운전 전 점검이 완료되어 이상 없음이 판명되었을 때 운전에 필요한 조작을 한다.
    ② 훅이 크게 흔들릴 경우는 권상 작업을 해서는 안 된다.
    ③ 권상화물을 다른 작업자의 머리 위로 통과시키기 위해서 경보를 울린다.
    ④ 화물을 권상하는 경우 권상하물이 지면에서 약 20cm 떨어진 후에 일단정지 시켜 권상하물의 중심 및 밸런스를 확인한다.

25. 주파수 60Hz, 출력이 30kW인 전동기 동기속도가 900rpm일 때 이 전동기의 극수는?
    ① 4극　② 6극　③ 8극　④ 10극

26. 천장크레인에서 예비품을 두어야 하는 목적으로 가장 합당한 것은?
    ① 운전 중 고장이 쉽게 발생되는 부품에 대하여 정비시간을 단축시키기 위해
    ② 부품 값이 비싸며 운반할 때 불편하므로
    ③ 형식을 갖추어 둘 필요가 있으므로
    ④ 쉽게 구할 수 있는 부품이며 값이 싸므로

27. 윤활유 유막보다 더 큰 이물질 입자에 의하여 기어의 접촉면에 긁힌 자국을 무엇이라 하는가?
    ① 어브레이젼 ② 피칭
    ③ 스크래칭   ④ 스폴링

28. 스프링 재료의 구비조건이 아닌 것은?
    ① 내식성이 클 것
    ② 크리프 한도가 높을 것
    ③ 탄성한계가 높을 것
    ④ 전연성이 풍부할 것

29. 전동기의 토크(Torque)란?
    ① 전동기의 회전력 ② 전동기의 열
    ③ 전동기의 속도   ④ 전동기 무게

30. 두 축을 30° 이내의 교각으로 연결할 때 사용하는 축 이음으로 적합한 것은?
    ① 머프 커플링   ② 플랜지 커플링
    ③ 스플라인 이음 ④ 유니버설 조인트

31. 너트의 풀림 방지법에 대한 설명으로 틀린 것은?
    ① 와셔에 의한 방법은 주로 스프링 와셔를 사용한다.
    ② 핀, 작은 나사를 쓰는 방법은 볼트, 홈 붙이 너트에 핀이나 작은 나사를 이용한 고정 방법이다.
    ③ 이중 너트를 사용한다.
    ④ 너트의 회전방향에 의한 법은 축의 회전방향과 같은 방향으로 돌릴 때 잠기는 너트를 이용하는 것이다.

32. 천장크레인의 3상 유도 전동기에서 2차 저항기의 역할로 가장 알맞은 것은?
    ① 전동기에 과전류가 흐르는 것을 막아 전동기를 보호하는 역할을 한다.
    ② 전동기의 저항을 줄임으로서 전동기의 회전수를 일정하게 하는 역할을 한다.
    ③ 권선형 유동전동기의 2차 회로에 부착되어 저항량을 조정함으로써 속도를 변속하는 역할을 한다.
    ④ 농형 전동기에 저항이 너무 크므로 2차 저항기를 부착하여 저항량을 줄임으로서 안전하게 작동할 수 있는 역할을 한다.

33. 천장크레인 배선에 관한 것 중 틀린 것은?
    ① 배선의 피복 상태는 손상, 파손, 탄화 부분이 없을 것.
    ② 배선의 단자 체결부분은 전용단자를 사용하고 볼트 및 너트의 풀림 또는 탈락이 없을 것.
    ③ 배선의 절연저항은 대지전압 150V 초과 300V 이하인 경우 0.2MΩ 이상일 것.
    ④ 배선은 KSB 3064에 정해진 규격에 적합한 캡타이어 케이블 일 것.

34. 천장크레인에서 Arc(아크)가 발생하는 위치 중 거리가 가장 먼 것은?
    ① 집전장치의 접촉면 ② 전동기 정류자
    ③ 전자 접촉기   ④ 저항기

35. 전동기의 발열원인으로 옳지 않은 것은?
    ① 부하가 클 때
    ② 전압강하가 없을 때
    ③ 사용빈도가 높을 때
    ④ 저항기가 부적당할 때

36. 퓨즈의 설명 중 틀린 것은?
    ① 회로에 병렬로 연결한다.
    ② 퓨즈의 접촉이 불량하면 전류의 흐름이 원활하지 못하다.
    ③ 전선의 온도가 올라가면 녹아 끊어져 회로를 차단한다.
    ④ 단락 때문에 전선이 타거나 과대전류가 부하에 흐르지 않도록 한다.

37. 구름베어링의 단점은?
    ① 과열의 위험이 적다.
    ② 마멸이 적으므로 빗나감도 적다.
    ③ 길이가 작아도 좋으므로 기계의 소형화가 가능하다.
    ④ 소음 및 진동이 생기기 쉽다.

38. 교류에 있어서 저압은 몇 볼트(V) 이하를 의미하는가?
   ① 400 ② 500 ③ 600 ④ 700

39. 베어링 메탈의 구비조건으로 틀린 것은?
   ① 마찰이나 마멸이 적어야 한다.
   ② 면압 강도가 커야한다.
   ③ 피로강도가 작아야 한다.
   ④ 일정강도를 가져야 한다.

40. 천장크레인의 작업에 대한 설명 중 틀린 것은?
   ① 작업 종료 후 천장크레인을 소정위치에 정지시킨다.
   ② 작업 종료 후 브레이크, 와이어 등의 점검을 한다.
   ③ 전기활선 작업을 금하며 안전커버를 벗긴 채로 운전을 금한다.
   ④ 작업 종료 후 각 제어기를 off로 하고 보호판의 스위치는 on으로 한다.

41. 신호법 중에서 팔을 아래로 뻗고 집게손가락을 아래로 향해서 수평원을 그리는 신호는 무슨 신호인가?
   ① 천천히 조금씩 올리기 ② 아래로 내리기
   ③ 천천히 이동 ④ 운전방향 지시

42. 같은 굵기의 와이어로프 일지라도 소선이 가늘고 수가 많은 것에 대한 설명 중 맞는 것은?
   ① 유연성이 좋으나 더 약하다.
   ② 유연성이 좋고 더 강하다.
   ③ 유연성이 나쁘고 더 약하다.
   ④ 유연성은 나빠도 더 강하다.

43. 크레인용 와이어로프에 심강을 사용하는 목적을 설명한 것 중 거리가 먼 것은?
   ① 충격하중을 흡수한다.
   ② 소선끼리의 마찰에 의한 마모를 방지한다.
   ③ 충격하중을 분산시킨다.
   ④ 부식을 방지한다.

44. 연결된 5개의 링크의 길이가 20cm인 표준체인은 이 연결된 5개의 링크의 길이가 최대 몇 cm가 될 때까지 사용이 가능한가?
   ① 21 ② 22 ③ 23 ④ 24

45. 와이어로프를 드럼에 설치할 때, 와이어로프가 벗겨지지 않도록 볼트를 체결하는데 사용하는 것은?
   ① 너트 ② 클램프(고정구)
   ③ 섀클 ④ 링크

46. 와이어로프(wire rope)의 소선에 대하여 설명한 것으로 맞는 것은?
   ① 스트랜드를 구성하고 있는 소선의 결합에는 점, 선, 면, 정 접촉구조의 4가지가 있다.
   ② 소선의 역할은 충격하중의 흡수, 부식방지, 소선끼리의 마찰에 의한 마모방지, 스트랜드의 위치를 올바르게 하는데 있다.
   ③ 와이어로프(wire rope)의 소선은 KSD 3514에 규정된 탄소강에 특수 열처리를 하여 사용한다.
   ④ 소선의 재질은 탄소강 단강품(KSD 3710)이나 기계구조용 탄소강(KSD 3517)이며, 강도와 연성(延性)이 큰 것이 바람직하다.

47. 화물을 권하 한 후, 줄 걸이 용구를 분리하는 방법으로 적절하지 않은 것은?
   ① 훅은 가능한 낮은 위치로 유도하여 분리한다.
   ② 직경이 큰 와이어로프는 비틀림이 작용하여 흔들림이 발생하므로 흔들리는 방향에 주의하면서 분리한다.
   ③ 작업을 빨리 진행하기 위하여 크레인으로 줄 걸이용 와이어로프를 잡아당겨 분리한다.
   ④ 줄 걸이용 와이어로프는 손으로 분리하는 것이 원칙이다.

48. 와이어로프 구성의 표기방법이 틀린 것은?

   6 × Fi(24) + IWEC B종 20mm

   ① 6 : 스트랜드 수
   ② 24 : 와이어로프 수
   ③ B종 : 소선의 인장강도
   ④ 20mm : 와이어로프의 직경

49. 로프 하나로 두 줄 걸이로 하여 1000kgf의 짐을 90°로 걸어 올렸을 때 한 줄에 걸리는 무게(kgf)는?
   ① 250 ② 500 ③ 707 ④ 6930

50. 운전자가 경보기를 울리거나 한쪽 손의 주먹을 다른 손의 손바닥으로 2~3회 두드릴 경우의 수신호 내용은?
   ① 신호불명   ② 이상발생
   ③ 기다려라   ④ 물건걸기

51. 금속나트륨이나 금속칼륨 화재의 소화재로서 가장 적합한 것은?
   ① 물   ② 포소화기
   ③ 건조사   ④ 이산화탄소 소화기

52. 작업복에 대한 설명으로 적합하지 않은 것은?
   ① 작업복은 몸에 알맞고 동작이 편해야 한다.
   ② 착용자의 연령, 성별 등에 관계없이 일률적인 스타일을 선정해야 한다.
   ③ 작업복은 항상 깨끗한 상태로 입어야 한다.
   ④ 주머니가 너무 많지 않고, 소매가 단정한 것이 좋다.

53. 원목처럼 길이가 긴 화물을 외줄 달기 슬링 용구를 사용하여 크레인으로 물건을 안전하게 달아 올리는 방법으로 가장 거리가 먼 것은?
   ① 화물 화물의 중력이 많이 걸리는 방향을 아래쪽으로 향하게 들어올린다.
   ② 제한용량 이상을 달지 않는다.
   ③ 수평으로 달아 올린다.
   ④ 신호에 따라 움직인다.

54. 산소가스 용기의 도색으로 맞는 것은?
   ① 녹색   ② 노란색   ③ 흰색   ④ 갈색

55. 크레인으로 물건을 운반할 때 주의사항으로 틀린 것은?
   ① 규정 무게보다 약간 초과할 수 있다.
   ② 적재물이 떨어지지 않도록 한다.
   ③ 로프 등의 안전여부를 항상 점검한다.
   ④ 선회작업 시 사람이 다치지 않도록 한다.

56. 산업공장에서 재해의 발생을 줄이기 위한 방법으로 틀린 것은?
   ① 폐기물은 정해진 위치에 모아둔다.
   ② 공구는 소정의 장소에 보관한다.
   ③ 소화기 근처에 물건을 적재한다.
   ④ 통로나 창문 등에 물건을 세워 놓아서는 안 된다.

57. 사고 원인으로서 작업자의 불안전한 행위는?
   ① 안전조치 불이행   ② 작업장의 환경 불량
   ③ 물적 위험상태   ④ 기계의 결함상태

58. 공기(air)기구 사용 작업에서 적당치 않은 것은?
   ① 공기기구의 섭동 부위에 윤활유를 주유하면 안 된다.
   ② 규정에 맞는 토크를 유지하면서 작업한다.
   ③ 공기를 공급하는 고무호스가 꺾이지 않도록 한다.
   ④ 공기기구의 반동으로 생길 수 있는 사고를 미연에 방지한다.

59. 운전자가 작업 전에 장비 점검과 관련된 내용 중 거리가 먼 것은?
   ① 타이어 및 궤도 차륜상태
   ② 브레이크 및 클러치의 작동상태
   ③ 낙석, 낙하물 등의 위험이 예상되는 작업 시 견고한 헤드 가이드 설치상태
   ④ 정격용량보다 높은 회전으로 수차례 모터를 구동시켜 내구성 상태 점검

60. 작업장에 대한 안전관리상 설명으로 틀린 것은?
   ① 항상 청결하게 유지한다.
   ② 작업대 사이 또는 기계사이의 통로는 안전을 위한 일정한 너비가 필요하다.
   ③ 공장바닥은 폐유를 뿌려, 먼지가 일어나지 않도록 한다.
   ④ 전원 콘센트 및 스위치 등에 물을 뿌리지 않는다.

정답 및 해설

1. ③
   권상용 와이어로프는 달기기구 및 지브의 위치가 가장 아래쪽에 위치할 때 드럼에 2바퀴 이상 감기어 남아 있어야 한다.
2. ④
   래크와 피니언에서 피니언의 회전운동을 래크의 직선운동으로 바꾼다.
3. ①
   팬던트 또는 무선원격제어기를 사용하여 작업 바닥면에서 조작할 때 화물과 운전자가 함께 이동하는 크레인의 주행속도는 분당 45m 이하이어야 한다.

4. ①
주행레일의 높이 편차는 기준면으로부터 최대 ±10mm 이내 이다.
5. ③
리미트 스위치는 주행, 횡행, 권상 등에서 과행을 방지하고 연동장치 및 안전장치로 사용된다.
6. ④   7. ④
8. ①
◆ 브레이크의 종류
① 유압 압상브레이크 : 전기를 투입하여 유압으로 작동되는 방식이며, 주행과 횡행에서 사용된다.
② 마그네틱 브레이크 : 제동토크가 무여자 상태에서 스프링과 가동철심의 자체중량에 의해 발생되는 압력으로 브레이크 드럼을 가압하여 제동하는 방식이다.
③ 다이나믹 브레이크 : 운동 에너지를 전기 에너지로 변환시키고, 전자 에너지를 소모시켜 제어하며, 직류전동기의 속도제어용으로 사용된다.
9. ③
크레인 구조부분의 지진하중은 옥외에 단독으로 설치되는 것에 대하여 크레인 자중(권상하물 제외)의 15%에 상당하는 수평하중을 지진하중으로 고려하여야 한다.
10. ③
완충장치(버퍼)의 종류에는 유압버퍼 스토퍼, 고무 버퍼 스토퍼, 스프링 버퍼 스토퍼가 있다.
11. ③
전자 브레이크의 전자석 부분 과열원인은 가동철심이 완전히 부착하지 않을 때, 전원전압의 강하 또는 규정전압 초과, 전선의 부분단락이다.
12. ④
절연저항은 대지전압 150V 초과 300V 이하인 경우에는 0.2MΩ 이상, 사용전압 300V 초과 400V 미만인 경우 0.3MΩ 이상, 400V 이상인 경우는 0.4MΩ 이상, 3300V는 3MΩ 이상이어야 한다.
13. ④
거더의 처짐은 정격하중 및 달기기구 자중을 합한 하중을 가장 불리한 조건으로 권상하였을 때, 스팬의 1/800 이하 여야 한다.
14. ④
유니버설 세어서는 1내의 세어서로 수간 세어서 2대의 기능을 가져, 주행과 횡행 또는 주권과 보권을 같이 사용할 수 있고 설치면적이 절감되는 등의 특징이 있다.
15. ①
권상장치의 속도 제어용 브레이크는 와류 브레이크를 주로 사용한다.
16. ①
권과 방지장치의 종류에는 스크루형(나사형) 리미트 스위치, 캠형 리미트 스위치, 중추형 리미트 스위치 등이 있다.
17. ①
휠베이스는 스팬 길이의 8배 이하이어야 한다.
18. ①
훅의 개구부 벌어짐의 사용한도는 원래치수의 5%까지 이다.
19. ②
차륜 플랜지의 한쪽만 계속 레일과 접촉하여 마모되는 원인은 레일과 차륜의 직각도 불량, 좌우 주행레일의 높이가 틀림, 좌우 구동차륜의 지름 차이가 큰 경우이다.
20. ④
횡행차륜 정지용 스토퍼의 적당한 높이는 차륜 지름의 1/4 이상 이어야한다.
21. ①
집전장치의 종류에는 폴형 집전장치, 팬터그래프형 집전장치, 슈형 집전장치 등이 있다.
22. ①
작업시작 전에 점검할 사항은 주행로의 상측 및 트롤리가 횡행하는 레일의 상태, 와이어로프가 통과할 곳의 상태, 권과 방지장치·브레이크·클러치 및 운전 장치의 기능 등이다.
23. ④
화물을 지상에 내릴 때에는 적당한 높이까지 내린 후 천천히 내린다.
24. ③
25. ③
$N = \dfrac{120 \times Hz}{P}$ [N : 전동기 회전수, Hz : 주파수, P : 극수]에서 $P = \dfrac{120 \times Hz}{N}$ ∴ $\dfrac{120 \times 60}{900} = 8$
26. ①
예비품을 두는 이유는 운전 중 고장이 쉽게 발생되는 부품에 대하여 정비시간을 단축시키기 위함이다.
27. ①
어브레이젼(abrasion)이란 윤활유 유막보다 더 큰 이물질 입자에 의하여 기어의 접촉면에 긁힌 자국이다.
28. ④
스프링 재료의 구비조건은 내식성이 클 것, 크리프 한도가 높을 것, 탄성한계가 높을 것
29. ①
30. ④
자재이음(유니버설 조인트)은 양축이 동일평면 내에 있고, 그 축선이 30°이하의 각노로 교차하는 경우에 사용되는 축 이음으로 훅 조인트라고도 하며, 양축 끝에 각각 요크(yoke)를 부착하고, 이것을 십자형의 핀으로 자유로이 회전할 수 있도록 연결한 축 이음이다.
31. ④
너트의 회전방향에 의한 법은 축의 회전방향과 반대방향으로 돌릴 때 잠기는 너트를 이용한다.
32. ③
2차 저항기는 권선형 유동전동기의 2차 회로에 부착되어 저항량을 조정함으로서 속도를 변속하는 역할을 한다.

33. ④
   캡타이어 케이블은 광산의 이동기계에 사용하기 위해 영국에서 개발한 것이며, 일반적으로 이동용 전선으로 실외 등에서 거칠게 사용하여도 견딜 수 있도록 만들어져 있다.
34. ④
35. ②
   전동기의 발열원인은 사용빈도가 심할 때, 부하가 클 때, 저항기가 부적당 한 때, 전압강하가 심할 때이다.
36. ①
   퓨즈는 전기회로의 보호 장치(과전류가 흐르면 녹아 끊어져 전류를 차단)이며, 전력의 크기에 따라 굵거나 가는 퓨즈를 사용하고 재질은 납과 주석의 합금이다. 퓨즈는 회로에 직렬로 연결한다.
37. ④
   ◆ 구름 베어링의 단점
   ① 값이 비싸고, 충격에 약하다.
   ② 축 사이가 매우 짧은 곳에서는 사용할 수 없다.
   ③ 진동이나 소음이 발생하기 쉽다.
   ④ 정밀도를 유지하기 위하여 조립이나 취급에 주의를 요한다.
   ⑤ 하우징이 크게 되고 설치와 조립이 어렵다.
38. ③
   교류에서 600V 이하를 저압이라고 한다.
39. ③
   ◆ 베어링 메탈의 구비조건
   ① 마찰이나 마멸이 적어야 한다.
   ② 면압 강도가 커야한다.
   ③ 피로강도가 커야 한다.
   ④ 길들임이 좋아야 한다.
   ⑤ 일정강도를 가져야 한다.
40. ④
41. ②
   팔을 아래로 뻗고 집게손가락을 아래로 향해서 수평원을 그리는 신호는 "아래로 내리기"이다.
42. ②
   같은 굵기의 와이어로프 일지라도 소선이 가늘고 수가 많으면 유연성이 좋고 더 강하다.
43. ③
   와이어로프에 심강을 사용하는 목적은 충격하중의 흡수, 스트랜드의 위치를 올바르게 유지, 소선끼리의 마찰에 의한 마모를 방지한다.
44. ①
   연결된 5개의 링크의 길이가 20cm인 표준체인은 (20cm)+(20cm×0.05)=21cm, 따라서 연결된 5개의 링크의 길이가 최대 21cm 될 때까지 사용이 가능하다.
45. ②
   와이어로프를 드럼에 설치할 때, 와이어로프가 벗겨지지 않도록 클램프를 사용하여 볼트로 조인다.

46. ③
   ◆ 와이어로프의 소선
   ① 소선의 접촉에는 점(点), 선(線), 면(面) 접촉 등 3가지가 있다.
   ② 심강의 역할은 충격하중의 흡수, 부식방지, 소선끼리의 마찰에 의한 마모방지, 스트랜드의 위치를 올바르게 하는데 있다.
   ③ 와이어로프(wire rope)의 소선은 KSD 3514에 규정된 탄소강에 특수 열처리를 하여 사용하며 인장강도는 135~180kgf/mm² 이다.
47. ③   48. ②
49. ③
   1줄에 걸리는 하중 = $\dfrac{하중}{줄걸이 수 \times 각도}$
   $\therefore \dfrac{1000 kgf}{2 \times \cos 45°} = \dfrac{1000 kgf}{2 \times 0.707} = 707 kgf$
50. ②
   운전자가 경보기를 울리거나 한쪽 손의 주먹을 다른 손의 손바닥으로 2~3회 두드릴 경우의 수신호는 "이상발생"이다.
51. ③
   D급 화재는 금속나트륨, 금속칼륨 등의 화재로서 일반적으로 건조사를 이용한 질식효과로 소화한다.
52. ②
53. ③
54. ①
   ◆ 충전용기의 도색
   ① 산소용기 : 녹색   ② 수소용기 : 주황색
   ③ 아세틸렌용기 : 노란색   ④ 암모니아 용기 : 백색
   ⑤ 탄산가스 용기 : 청색   ⑥ 염소용기 : 갈색,
   ⑦ 프로판 용기 : 회색   ⑧ 아르곤 용기 : 회색
55. ①   56. ③   57. ①
58. ①   59. ④   60. ③

국가기술자격검정 필기시험문제

2016년도 7월 10일 기능계

자격종목	종목코드	시험시간	문제지형별
천장크레인운전기능사	7864	1시간	

1. 시브 홈 지름이 너무 큰 경우 나타나는 사항에 대한 설명으로 옳지 않은 것은?
   ① 와이어로프의 형태를 납작하게 변형시킨다.
   ② 와이어로프의 마모를 촉진시킨다.
   ③ 시브의 마모를 촉진시킨다.
   ④ 시브의 수명을 연장시킨다.

2. 천장크레인의 비상정지장치에 대한 설명 중 옳은 것은?
   ① 비상정지장치는 작동된 이후 자동으로 복귀되어야 한다.
   ② 비상정지누름버튼은 매립형 이어야 한다.
   ③ 비상정지장치는 접근이 용이한 곳에 설치되어야 한다.
   ④ 비상정지누름버튼의 색상은 녹색이어야 한다.

3. 정격하중에 대한 설명으로 옳은 것은?
   ① 훅의 무게를 제외한 순수 취급 하중
   ② 평상시 주로 사용하는 취급 하중
   ③ 훅의 무게를 포함한 취급 하중
   ④ 주권과 보권이 표시한 권상능력의 합

4. 속도제어 제동기는 어떤 때 속도제어를 하는가?
   ① 권상시　　② 권하시
   ③ 권상과 권하시　④ 횡행과 권상시

5. 제어반의 제작 설치 설명 중 틀린 것은?
   ① 내부 배선은 전용의 단자를 사용해야 한다.
   ② 접촉단자 체결나사의 풀림, 탈락이 없어야 한다.
   ③ 전선 인입구 피복의 손상 또는 열화가 없어야 한다.
   ④ 외함의 구조는 충전부가 개방형으로 적합한 구조이어야 한다.

6. 천장크레인 권상용 훅의 국부마모에 의한 사용한도에 해당하는 마모량은?
   ① 원래 치수의 5%이내일 것
   ② 원래 치수의 10%이내일 것
   ③ 원래 치수의 20%이내일 것
   ④ 원래 치수의 50%이내일 것

7. 안전장치에 사용되는 것으로 횡행, 주행 등의 운동에 대한 과도한 진행을 방지하는 기구는?
   ① 비상등
   ② 경보장치
   ③ 타임 릴레이
   ④ 리미트 스위치

8. 천장크레인의 유압브레이크에서 공기가 유입되면 나타나는 현상은?
   ① 권상의 경우 상·하 동작시 급정지한다.
   ② 주행의 경우 정지시켜도 밀림현상이 생긴다.
   ③ 주행의 경우 기동불능 현상이 생긴다.
   ④ 권상의 경우 기동불능 현상이 생긴다.

9. 고속형 천장크레인의 집전장치로 중간지지를 갖는 수평배열이며 휠이나 슈를 사용하는 것은?
   ① 팬터그래프형 집전장치
   ② 포올형 집전장치
   ③ 고정형 집전장치
   ④ 자유형 집전장치

10. 주행, 횡행, 권상 등의 일상점검 방법은?
    ① 무부하로 실시한다.
    ② 정격 하중을 매달고 실시한다.
    ③ 정격 하중의 1/2을 매달고 실시한다.
    ④ 시험 하중을 매달고 실시한다.

11. 천장크레인의 무선 원격제어기의 구조에 대한 설명 중 틀린 것은?
    ① 무선 원격제어기는 사용 중 충격을 받으면 곧바로 작동이 정지될 것
    ② 무선 원격제어기는 관계자 이외의 자가 취급할 수 없도록 잠금 장치가 되어 있을 것
    ③ 조작 신호 이외의 신호에서 크레인이 작동되지 아니할 것
    ④ 송신기의 최소 보호등급은 옥내용인 경우 IP55, 옥외용인 경우 IP45 이상일 것

12. 크레인 안전기준상 차륜 플랜지의 사용 가능한 최대 마모한도는 원 치수의 몇 % 이내인가?
    ① 10   ② 20
    ③ 30   ④ 50

13. 천장크레인의 보도 설치 기준으로 맞는 것은?
    ① 정격하중이 3톤 이상의 천장크레인 거더에는 폭 20cm이상의 보도를 설치해야 한다.
    ② 보도면으로부터 높이 30cm 이상의 손잡이로 된 난간이 설치되어야 한다.
    ③ 중간대 및 보도면으로부터 높이 1cm이상의 덮판을 설치하여야 한다.
    ④ 보도면은 미끄러지거나 넘어지는 등의 위험이 없는 구조이어야 한다.

14. 훅에 대한 설명 중 틀린 것은?
    ① 재료는 탄소강 단강품을 사용한다.
    ② 훅 해지장치는 균열 및 변형 등이 없어야 한다.
    ③ 마모는 원 치수의 30% 이상이면 교환한다.
    ④ 훅 블록에는 정격하중의 표기 되어야 한다.

15. 천장크레인 운전실에 대한 설명으로 틀린 것은?
    ① 운전자가 안전운전을 할 수 있도록 충분한 시야를 확보할 수 있는 구조이어야 한다.
    ② 운전실의 제어기에는 작동방향 표시가 있어야 한다.
    ③ 운전자가 인양물을 잘 볼 수 있도록 운전실에는 조명장치를 설치하지 아니한다.
    ④ 운전자가 쉽게 조작할 수 있는 위치에 개폐기, 제어기, 브레이크, 경보장치를 설치하여야 한다.

16. 천장크레인에서 주권, 보권 등에서 사용하는 권과방지 장치는?
    ① 리미트(Limit) 스위치
    ② 오일게이지
    ③ 집중그리스펌프
    ④ 와이어로프

17. 천장크레인의 크기 표시 "40/20 ton, Span 28m"에서 Span 28m의 뜻은?
    ① 주행 차륜 사용 허용 평균속도이다.
    ② 주행 차륜 중심 간 수평거리가 28m 이다.
    ③ 주행 레일의 길이가 28m 이다.
    ④ 횡행 차륜 간의 거리가 28m 이다.

18. 2개의 키를 1쌍으로 하여 축과 보스를 조합하는 형태의 키는?
    ① 성크키   ② 접선키
    ③ 플랫키   ④ 페더키

19. 천장크레인의 브레이크 중에서 전기를 투입하여 유압으로 작동되는 브레이크는?
    ① 오일디스크 브레이크
    ② 마그네트 브레이크
    ③ 스러스트 브레이크
    ④ 다이나믹 브레이크

20. 버퍼 스토퍼에 대해 설명한 것 중 옳은 것은?
    ① 강판으로 접합하여 케이스를 만들어 충격의 부담을 덜어주는 스토퍼
    ② 새들의 차륜을 보호하기 위하여 씌운 덮게
    ③ 거더의 비틀림을 방지하기 위해 설치해 놓은 스토퍼
    ④ 단단한 고무나 스프링 또는 유압을 이용하여 충돌시 충격을 완화시켜 주는 스토퍼

21. 천장크레인의 운전 시작 전 점검사항이 아닌 것은?
    ① 천장크레인의 주행로상 혹은 천장크레인이 이동하는 영역안에 장애물 유무 확인
    ② 천장크레인 정지기구 및 레일 클램프와 같은 고정 장치 해제 유무
    ③ 천장크레인 부하 시험 시 과부하방지장치 동작상태 확인
    ④ 운전실내 각종 레버와 스위치의 이상유무

22. 입력 전압이 440V, 60(Hz)인 3상 유도전동기가 있다. 극수가 4극이고 슬립이 3% 일 때 회전자 속도는 약 얼마인가?
   ① 1,746rpm   ② 1,780rpm
   ③ 1,800rpm   ④ 1,880rpm

23. 천장크레인으로 물건을 운반할 때 주의 사항으로 틀린 것은?
   ① 정격하중의 15% 까지는 초과할 수 있다.
   ② 적재물이 떨어지지 않도록 한다.
   ③ 로프 등의 안전 여부를 항상 점검한다.
   ④ 운반 중 사람이 다치지 않도록 한다.

24. 급유해야 할 부위는?
   ① 브레이크 라이닝   ② 감속기어
   ③ 레일의 상면   ④ 고무벨트

25. 전기부품의 점검 중 불꽃(spark) 발생의 대비책이 아닌 것은?
   ① 스위치의 접촉면에 먼지나 이물질이 없도록 한다.
   ② 전원 차단시에는 반드시 메인측에서 부하측 순서로 행한다.
   ③ 스위치류의 개폐는 급속히 행한다.
   ④ 접촉면을 매끄럽게 유지한다.

26. 천장크레인으로 중량물 운반시 일반적으로 안전한 높이는 지상으로부터 얼마인가?
   ① 0.5m   ② 1.0m   ③ 1.5m   ④ 2.0m

27. 천장크레인의 조작방법 중 옳지 않은 것은?
   ① 천장크레인의 컨트롤러의 조작 방향과 작동 방향이 일치하여야 하며 중간 위치에서 작동되도록 한다.
   ② 주행과 횡행은 안전을 확인한 후 작동하여야 한다.
   ③ 권상 및 권하 컨트롤은 중립위치에서는 작동이 정지하여야 한다.
   ④ 운전자는 신호수의 신호에 따라 운전하여야 한다.

28. 플랜지형 플렉시블 커플링에는 무엇으로 체결되어 있는가?
   ① 아이 볼트   ② 핀
   ③ 리머 볼트   ④ 성크키

29. 윤활유의 작용으로 틀린 것은?
   ① 냉각작용   ② 방청작용
   ③ 응력집중작용   ④ 밀봉작용

30. 축 저널의 손상 원인에 대한 설명으로 거리가 가장 먼 것은?
   ① 제작상의 불량   ② 강성 부족
   ③ 과다한 오일 공급   ④ 장치 불량

31. 천장크레인 운전자가 화물을 권상할 때 위험한 상태에서 작업안전을 위해 급정지시키는 비상정지 장치에 대한 설명으로 가장 적합한 것은?
   ① 작업 종료 시 전원을 차단하기 위한 장치이다.
   ② 누름 버튼은 적색으로 머리 부분이 돌출되고, 수동 복귀되는 형식이다.
   ③ 누름 버튼은 황색으로 머리 부분이 돌출되고, 자동 복귀되는 형식이다.
   ④ 탑승용(운전석) 크레인일 경우 권상레버와 같이 부착된다.

32. 천장크레인의 전기기기에서 사용하는 절연에 관한 용어 중 "F종" 절연의 허용 최고온도는?
   ① 90℃   ② 120℃   ③ 130℃   ④ 155℃

33. ( )에 맞는 말을 순서대로 짝지은 것은?

   | 전기의 스파크는 주파수가 ( )수록 심하며, ( )보다 ( )쪽이 스파크가 크다. |

   ① 낮을, 교류, 직류   ② 높을, 교류, 직류
   ③ 높을, 직류, 교류   ④ 낮을, 직류, 교류

34. 유도 및 직류전동기 축의 베어링이 과열되는 원인이 아닌 것은?
   ① 벨트의 장력이 너무 세다.
   ② 시동 토크가 적다.
   ③ 오일의 점도가 부적당하다.
   ④ 축의 베어링이 변형 되어있다.

35. 천장크레인의 시브홈의 마모 한도는 와이어로프 지름에 얼마 이하이어야 하는가?
   ① 20%   ② 30%
   ③ 40%   ④ 50%

36. 구름 베어링의 특징으로 틀린 것은?
   ① 과열의 위험이 적다.
   ② 충격하중에 강하다.
   ③ 값이 비싸다.
   ④ 하우징(housing)이 크고 설치가 어렵다.

37. 천장크레인의 주행시 갑자기 장애물을 발견했을 때 가장 먼저 취해야 할 것은?
   ① 분전반 스위치를 전부 차단한다.
   ② 컨트롤러를 전부 제로 노치에 놓는다.
   ③ 비상스위치를 누른다.
   ④ 조종레버를 최대한 몸쪽으로 당긴다.

38. 접선키에서 120° 각도로 두 곳에 키를 끼우는 이유는?
   ① 작은 동력을 전달하기 위하여
   ② 축을 강하게 하기 위하여
   ③ 역 회전을 할 수 있게 하기 위하여
   ④ 축 압을 막기 위하여

39. 권상 시 갑자기 이상 제동이 걸렸을 때의 원인으로 옳지 않은 것은?
   ① 조작반 퓨즈가 끊어졌다.
   ② 열 전동 릴레이가 떨어졌다.
   ③ 마그네트 브레이크용 회로에 이상이 있다.
   ④ 모터의 이상 소음이 발생한다.

40. 20kW의 전동기가 23ps의 동력을 발생하고 있을 때, 전동기의 효율은 약 얼마인가? (단, 1ps는 735W 이다.)
   ① 64%   ② 85%   ③ 90%   ④ 99%

41. 크레인에 사용되는 와이어로프의 사용 중 점검항목으로 적합하지 않은 것은?
   ① 마모 상태 검사
   ② 부식 상태 검사
   ③ 소선의 인장강도 검사
   ④ 엉킴, 꼬임 및 킹크 상태 검사

42. 크레인의 권상용 와이어로프의 주유에 관한 사항 중 바른 것은?
   ① 그리스를 와이어로프의 전체길이에 충분히 칠한다.
   ② 그리스를 와이어로프에 칠할 필요가 없다.
   ③ 기계유를 로프의 심까지 충분히 적신다.
   ④ 그리스를 로프의 마모가 우려되는 부분만 칠하는 것이 좋다.

43. 크레인의 와이어로프를 클립으로 고정할 때 클립 간격은 얼마가 가장 적당한가?
   ① 와이어로프 직경의 2배
   ② 와이어로프 직경의 4배
   ③ 와이어로프 직경의 6배
   ④ 와이어로프 직경의 8배

44. 힘의 모멘트가 $M = P \times L$일 때 P와 L은?
   ① P=힘, L=길이
   ② P=길이, L=면적
   ③ P=무게, L=체적
   ④ P=부피, L=넓이

45. 2000kgf의 물건을 두 줄걸이로 하여 줄걸이 로프의 각도를 60도로 매달았을 때 한쪽 줄에 걸리는 하중은 약 몇 kgf인가?
   ① 1455   ② 1355   ③ 1255   ④ 1155

46. 줄걸이 작업 시 짐의 무게중심에 대하여 주의할 사항으로 옳지 않은 것은?
   ① 짐의 무게중심 판단은 정확히 할 것
   ② 짐의 무게중심은 가급적 높이도록 할 것
   ③ 무게중심의 바로 위에 훅을 유도할 것
   ④ 무게중심이 전후, 좌우로 치우친 것을 주의할 것

47. 와이어로프에 대한 마모 및 교체기준으로 옳지 않은 것은?
   ① 한 꼬임에서 소선의 수가 10% 이상 절단된 것
   ② 소선 및 스트랜드의 돌출이 확인되는 것
   ③ 외부마모에 의한 공칭지름 감소가 7% 이상인 것
   ④ 킹크나 부식은 없어도 단말고정을 한 것

48. 와이어로프의 '보통꼬임'에 대한 설명으로 옳지 않은 것은?
   ① 소선꼬임과 스트랜드 꼬임의 방향이 반대인 것이다.
   ② 소선의 외부 접촉 길이가 짧으므로 랭꼬임보다 단선과 마모가 적다.

③ 킹크(kink)가 생기는 것이 적다
④ 소선은 로프 축과 평행하다.

49. 신호수가 집게손가락을 위로 올려 동그라미를 그릴 때의 신호는?
① 주행 ② 권하 ③ 권상 ④ 가속

50. 와이어로프 규격에서 "6호품 6×37 B종 보통 S 꼬임"에서 B종의 의미는?
① 소선의 굵기를 표시하는 기호이다.
② 소선의 재료가 황동(Brass)임을 표시한다.
③ 소선의 인장강도의 구분을 의미한다.
④ 소선의 색채가 청색인 것을 의미한다.

51. 작업장에서 작업복을 착용하는 이유로 가장 옳은 것은?
① 작업장의 질서를 확립시키기 위해서
② 작업자의 직책과 직급을 알리기 위해서
③ 재해로부터 작업자의 몸을 보호하기 위해서
④ 작업자의 복장 통일을 위해서

52. 안전모에 대한 설명으로 바르지 못한 것은?
① 알맞은 규격으로 성능시험에 합격품이어야 한다.
② 구멍을 뚫어서 통풍이 잘되게 하여 착용한다.
③ 각종 위험으로부터 보호할 수 있는 종류의 안전모를 선택해야 한다.
④ 가볍고 성능이 우수하며 머리에 꼭 맞고 충격흡수성이 좋아야 한다.

53. 다음 중 재해 발생 원인이 아닌 것은?
① 잘못된 작업방법
② 관리감독 소홀
③ 방호장치의 기능제거
④ 작업 장치 회전반경 내 출입금지

54. 공구 및 장비 사용에 대한 설명으로 틀린 것은?
① 공구는 사용 후 공구상자에 넣어 보관한다.
② 볼트와 너트는 가능한 소켓 렌치로 작업한다.
③ 토크 렌치는 볼트와 너트를 푸는데 사용한다.
④ 마이크로미터를 보관할 때는 직사광선에 노출시키지 않는다.

55. 구동 벨트를 점검할 때 기관의 상태는?
① 공회전 상태 ② 급가속 상태
③ 정지 상태 ④ 급감속 상태

56. 안전하게 공구를 취급하는 방법으로 적합하지 않은 것은?
① 공구를 사용한 후 제자리에 정리하여 둔다.
② 끝 부분이 예리한 공구 등을 주머니에 넣고 작업을 하여서는 안 된다.
③ 공구를 사용 전에 손잡이에 묻은 기름 등은 닦아내어야 한다.
④ 숙달이 되면 옆 작업자에게 공구를 던져서 전달하여 작업능률을 올린다.

57. 작업 시 보안경 착용에 대한 설명으로 틀린 것은?
① 가스 용접 할 때는 보안경을 착용해야 한다.
② 절단하거나 깎는 작업을 할 때는 보안경을 착용해서는 안 된다.
③ 아크 용접할 때는 보안경을 착용해야 한다.
④ 특수 용접할 때는 보안경을 착용해야 한다.

58. 사고를 일으킬 수 있는 직접적인 재해의 원인은?
① 기술적 원인
② 교육적 원인
③ 작업관리의 원인
④ 불안전한 행동의 원인

59. 중량물 운반작업 시 착용하여야 할 안전화로 가장 적절한 것은?
① 중 작업용 ② 보통 작업용
③ 경 작업용 ④ 절연용

60. 안전수칙을 지킴으로 발생할 수 있는 효과로 거리가 가장 먼 것은?
① 기업의 신뢰도를 높여준다.
② 기업의 이직율이 감소된다.
③ 기업의 투자경비가 늘어난다.
④ 상하 동료간의 인간관계가 개선된다.

정답 및 해설

1. ④
   시브 홈 지름이 너무 크면 와이어로프를 납작하게 변형시키고, 와이어로프의 마모를 촉진시키며, 시브의 손상을 촉진 및 시브의 수명을 단축한다.

2. ③
   ◆ 비상정지장치
   ① 비상정지장치가 작동되면 권상 및 권하 동작이 중지되어야 한다.
   ② 비상정지장치의 누름버튼은 돌출형이고 적색이어야 한다.
   ③ 비상정지장치는 접근이 용이한 곳에 배치되어야 한다.
   ④ 비상정지장치가 작동된 경우 수동으로 전원을 복귀시키는 구조이어야 한다.

3. ①
   정격하중이란 권상 하중에서 훅, 크래브 등 달기기구의 중량을 뺀 순수취급 하중을 의미한다.

4. ②
   속도제어 제동기는 권하 시킬 때 속도제어를 한다.

5. ④
   ◆ 제어반의 구조
   ① 내부 배선은 전용의 단자를 사용해야 한다.
   ② 접촉단자 체결나사의 풀림, 탈락이 없어야 한다.
   ③ 전선 인입구 피복의 손상 또는 열화가 없어야 한다.
   ④ 외함의 구조는 충전부가 밀폐형이며 적합한 구조이어야 한다.
   ⑤ 제어반에는 과전류 보호용 차단기 또는 퓨즈가 설치되어 있을 것
   ⑥ 제어반에는 제어반의 명칭, 전원의 정격이 표시된 이름판을 각각 붙일 것

6. ①
   훅의 국부마모는 원래치수의 5% 이상 되면 교환한다.

7. ④
   리미트 스위치는 권상, 횡행, 주행 등 각종장치의 운동에 대한 과행방지 기구이다.

8. ②
   유압 브레이크 계통에 공기가 유입되면 공기가 압축되므로 주행 중 정지시켜도 밀림 현상이 생긴다.

9. ①
   팬터그라프형 집전장치는 고속형 천장크레인의 접전장치로 중간지지를 갖는 수평배열이며, 휠이나 슈를 사용한다.

10. ①
    주행, 횡행, 권상 등의 일상점검은 무부하 상태로 실시한다.

11. ④
    무선 원격제어기는 사용 중 충격을 받으면 곧바로 작동이 정지되어야 하며, 관계자 이외의 자가 취급할 수 없도록 잠금 장치가 되어 있어야 하며, 조작신호 이외의 신호에서 크레인이 작동되지 않아야 한다.

12. ④
    주행 장치의 차륜플랜지 두께의 마모한계는 원래치수의 50% 이다.

13. ④

14. ③
    훅의 마모는 원 치수의 20% 이상 되면 교환한다.

15. ③
    운전실은 안전운전을 할 수 있도록 충분한 시야를 확보할 수 있는 구조이어야 하고, 제어기는 작동방향표시가 있어야 하며, 운전자가 쉽게 조작할 수 있는 위치에 개폐기, 제어기, 브레이크, 경보장치를 설치하여야 한다. 또 운전실에는 조명장치를 설치하여야 한다.

16. ①
    리미트 스위치는 안전장치에 사용되는 것으로 권상, 권하, 횡행, 주행 등의 운동에 대한 과도한 진행을 방지하는 기구이다.

17. ②
    40/20ton× Span 28m란 주권 40톤, 보권 20톤, 스팬(주행 차륜 중심 간 수평거리)이 28m란 의미이다.

18. ②
    ◆ 키의 종류
    ① 성크 키(묻힘 키) : 축과 보스양쪽에 키 홈을 파고 여기에 키를 끼운다. 회전력 전달이 확실하므로 큰 힘을 전달하는데 사용된다.
    ② 반달 키(우드러프 키) : 축에 홈을 깊게 파서 강도가 약해지는 결점이 있으나 키와 키 홈의 가공이 쉽고 키가 자동적으로 자리를 쉽게 잡을 수 있어 테이퍼 축에서 많이 사용한다.
    ③ 안장키(새들키) : 축에는 홈을 가공치 않고 보스에만 홈을 가공하여 축의 표면과 보스의 홈에 모양이 일치하도록 가공하여 박는 형식이다.
    ④ 접선키 : 2개의 키를 1쌍으로 하여 축과 보스를 조합하는 형태이며, 큰 회전력을 전달하거나 양방향으로 회전하는 축에 120° 또는 180° 각도로 두 곳에 키를 설치하여 축의 접선방향으로 높은 압축력을 전달하고, 역회전을 할 수 있게 하기 위함이다.
    ⑤ 평 키 : 키가 닿는 축을 편평하게 깎아내고 보스에 홈을 판 것이다.

19. ③
    ◆ 브레이크의 종류
    ① 유압 압상브레이크(오일디스크 브레이크) : 전기를 투입하여 유압으로 작동되는 방식이며, 주행과 횡행에서 사용된다.
    ② 마그네틱 브레이크 : 제동토크가 무여자 상태에서 스프링과 가동철심의 자체중량에 의해 발생되는 압력으로 브레이크 드럼을 가압하여 제동하는 방식이다.
    ③ 다이나믹 브레이크 : 운동 에너지를 전기 에너지로 변환시키고, 전자 에너지를 소모시켜 제어하며, 직류전동기의 속도제어용으로 사용된다.

④ 스러스트 브레이크 : 전기를 투입하여 유압을 작동시키는 브레이크이다.

20. ④
버퍼 스토퍼란 단단한 고무나 스프링 또는 유압을 이용하여 충돌할 때 충격을 완화시켜 주는 스토퍼이다.

21. ③
운전시작 전 점검사항은 천장크레인의 주행로 상 혹은 크레인이 이동하는 영역 안에 장애물 유무 확인, 천장크레인 정지 기구 및 레일 클램프와 같은 고정 장치 해제 유무, 운전실 내 각종 레버와 스위치의 이상 유무 등이다.

22. ①
$N = \dfrac{120 \times Hz}{P} \times Sr$ [N : 전동기 회전수, Hz : 주파수, P : 극수, Sr : 슬립율]

$\therefore \dfrac{120 \times 60}{4} \times 0.97 = 1746 rpm$

23. ①   24. ②
25. ②
◆ 스파크(불꽃) 방지방법
① 스위치의 개폐는 신속히 행한다.
② 스위치의 접촉면에 먼지나 이물질이 없도록 한다.
③ 접촉면을 매끄럽게 유지시킨다.
④ 가능한 교류를 사용한다.
⑤ 전원을 차단할 때에는 반드시 부하 측에서 메인(main)측 순서로 행한다.

26. ④
천장크레인으로 중량물 운반할 때 안전한 높이는 지상으로부터 2.0m 이상이다.

27. ①
천장크레인의 컨트롤러의 조작방향과 작동방향이 일치하여야 하며 정확한 위치에서 작동되도록 한다.

28. ③
플랜지형 플렉시블 커플링은 플랜지를 이용하되 리머볼트에 고무부시를 끼워 그 탄성을 이용한 것이다.

29. ③
윤활유의 작용에는 냉각작용, 방청 작용, 응력분산작용, 밀봉작용, 마찰감소 및 마멸방지작용 등이 있다.

30. ③
축 저널의 손상 원인은 세작상의 불량, 강성 누축, 오일누족, 장치의 불량 등이다.

31. ②
비상정지장치의 누름 버튼은 적색으로 머리 부분이 돌출되고, 수동복귀 되는 형식이다.

32. ④
절연의 종류에는 Y종(90℃), A종(105℃), E종(120℃), B종(130℃), F종(155℃), H종(180℃) 등이 있다.

33. ②
전기의 스파크는 주파수가 높을수록 심하며 교류보다 직류 쪽의 스파크가 크다.

34. ②
유도 및 직류전동기 축의 베어링이 과열되는 원인은 벨트의 장력이 너무 셀 때, 시동토크가 클 때 오일의 점도가 부적당할 때 축의 베어링이 변형되었을 때 등이다.

35. ①
시브(도르래) 홈의 마모한도는 와이어로프 지름의 20% 이내일 것

36. ②
◆ 구름 베어링의 장점 및 단점

구름베어링의 장점	구름 베어링의 단점
① 마찰손실이 적어 과열의 위험이 적다. ② 베어링의 길이가 작아도 되므로 기계의 소형화가 가능하다. ③ 베어링의 교환과 선택이 용이하다. ④ 윤활과 보수가 용이하다. ⑤ 저널의 길이를 짧게 할 수 있다. ⑥ 마찰계수가 적고 동력손실이 적다.	① 값이 비싸고, 충격에 약하다. ② 축 사이가 매우 짧은 곳에서는 사용할 수 없다. ③ 진동이나 소음이 발생하기 쉽다. ④ 정밀도를 유지하기 위하여 조립이나 취급에 주의를 요한다. ⑤ 하우징이 크게 되고 설치와 조립이 어렵다.

37. ③
주행 중 갑자기 장애물을 발견했을 때에는 가장 먼저 비상 스위치를 누른다.

38. ③
39. ④
권상작업을 할 때 갑자기 이상 제동이 걸리는 원인은 조작반 퓨즈가 끊어졌을 때, 열 전동 릴레이가 떨어졌을 때, 마그네트 브레이크용 회로에 이상이 있을 때이다.

40. ②
① 23PS×0.735=16.9kW
② $\dfrac{16.9 kW}{20 kW} \times 100 = 85\%$

41. ③
와이어로프의 검사항목은 마모상태 검사, 부식상태 검사, 엉킴 및 꼬임 킹크 상태 검사, 끝단처리(단말고정) 상태 검사 등이다.

42. ①
와이어로프에 주유를 할 때에는 그리스를 와이어로프의 전체길이에 충분히 칠한다.

43. ③
와이어로프를 클립으로 고정할 때 클립간격은 와이어로프 직경의 약 6배 이상으로 장착한다.

44. ①
힘의 모멘트가 M=P×L일 때 P는 힘, L은 길이이다.

45. ④

줄에 걸리는 하중 = $\dfrac{\text{하중}}{\text{줄걸이 수} \times \text{각도}}$

∴ $\dfrac{2000 kgf}{2 \times \cos 30°} = \dfrac{2000 kgf}{2 \times 0.866} = 1155 kgf$

46. ②
47. ④
 ◆ 와이어로프의 교환기준
 ① 킹크(kink)가 발생한 경우
 ② 마모로 직경의 감소가 공칭직경의 7% 이상인 경우
 ③ 와이어로프의 한 꼬임(스트랜드를 의미) 사이에서 소선 수의 10% 이상 소선이 절단된 경우
 ④ 심한 부식 또는 변형이 발생한 경우
 ⑤ 소선 및 스트랜드의 돌출이 확인되는 것

48. ②
 ◆ 보통 꼬임의 특징
 ① 스트랜드의 꼬임 방향과 로프의 꼬임 방향이 반대이다.
 ② 소선의 외부접촉 길이가 짧으므로 랭 꼬임보다 마모가 크다.
 ③ 킹크(kink) 발생이 적다.
 ④ 취급이 용이하다.

49. ③

집게손가락을 위로 올려 동그라미를 그릴 때의 수신호는 "권상신호"이다.

50. ③

B종이란 소선의 공칭 인장강도의 구분을 의미한다.

51. ③　　　52. ②　　　53. ④
54. ③　　　55. ③　　　56. ④
57. ②
58. ④

사고를 일으킬 수 있는 직접적인 재해의 원인은 불안전한 행동이다.

59. ①　　　60. ③

국가기술자격검정 필기시험 복원문제

2017년 복원 문제(1)

자격종목 및 등급(선택분야)	종목코드	시험시간	문제지형별	수검번호	성 명
천장크레인운전기능사	7864	1시간			

1. 와이어로프 직경(d)과 드럼 직경(D)의 비(D/d)는?
   ① 10
   ② 15
   ③ 20~25
   ④ 26~30

2. 미끄럼 베어링의 종류가 아닌 것은?
   ① 일체형
   ② 분할형
   ③ 스러스트형
   ④ 부시형

3. 정전 또는 전압이 비정상적으로 저하되었을 때 스위치가 자동적으로 열리는 것은?
   ① 역상 보호 계전기
   ② 무전압 보호장치
   ③ 타임 릴레이
   ④ 나이프 스위치

4. 전자식 과부하 방지장치를 설명한 것으로 옳은 것은?
   ① 내부의 마이크로 스위치를 동작하여 운전 상태를 정지하는 안전장치이다.
   ② 변화되는 중량을 아날로그로 표시, 편의성을 향상시켰으며 가격도 저렴하다.
   ③ 스트레인 게이지의 전자식 저항 값의 변화에 따라 아주 민감하게 동작하는 방호장치이다.
   ④ 감지방법은 하중이 방향에 따라 인장 로드셀 방법, 압출 로드셀 방법이 있다.

5. 화물을 권상시킬 때 작업안전을 위해 급정지시킬 수 있도록 설치되어 있는 일종의 방호장치는?
   ① 충돌 방지장치(Anti collision)
   ② 비상 정지장치(Emergency stop switch)
   ③ 레일 클램프 장치(Rail clamp)
   ④ 훅 해지장치(Hook latch)

6. 훅이 지상에 도달했을 경우 드럼에는 와이어로프가 최소 몇 회의 감김 여유가 있어야 하는가?
   ① 감겨있지 않아도 된다.
   ② 최소 1회 이상
   ③ 최소 2회 이상
   ④ 최소 4회 이상

7. 주행, 횡행, 권상 등에서 과행(안전상 고려한 운전 한계선을 초과)을 방지하는 장치는?
   ① 타임 릴레이
   ② 컨트롤러
   ③ 리미트 스위치
   ④ 브레이크

8. 크레인 구조부분의 지진 하중은 옥외에 단독으로 설치되는 것에 대하여 크레인 자중(권상 하물 제외)의 몇 퍼센트에 상당하는 수평 하중을 지진 하중으로 고려하여야 하나?
   ① 50%
   ② 25%
   ③ 15%
   ④ 5%

9. 정격하중에 대한 설명으로 옳은 것은?
   ① 훅의 무게를 제외한 순수 취급 하중
   ② 평상시 주로 사용하는 취급 하중
   ③ 훅의 무게를 포함한 취급 하중
   ④ 주권과 보권이 표시한 권상능력의 합

10. 안전장치에 사용되는 것으로 횡행, 주행 등의 운동에 대한 과도한 진행을 방지하는 기구는?
    ① 비상등
    ② 경보장치
    ③ 타임 릴레이
    ④ 리미트 스위치

11. 천장 크레인의 비상 정지용 누름버튼에 대한 설명 중 틀린 것은?
    ① 누름버튼을 누르면 작동중인 동력이 차단된다.
    ② 누름버튼의 머리 부분은 적색이다.
    ③ 누름버튼의 머리 부분은 돌출되어 있다.
    ④ 누름버튼은 작동 후 10초 후에 원래상태로 복귀한다.

12. 천장 크레인 거더의 중량을 경감할 수 있으나 힘이 가장 큰 거더는?
    ① I 빔 거더   ② 강관 거더
    ③ 트러스 거더   ④ 박스 거더

13. 천장 크레인의 운동속도에 관한 사항 중 틀린 것은?
    ① 권상장치는 양정이 짧은 것이 느리고 긴 것이 빠르다.
    ② 권상장치는 하중이 가벼우면 빠르고 무거울수록 저속으로 한다.
    ③ 횡행장치는 스팬의 길이에 관계없이 200m/min 정도의 속도로 채용한다.
    ④ 주행속도는 작업능력에 큰 관계가 없으므로 가능한 저속으로 한다.

14. 콘택트 시그먼트(contact segment)와 핑거(finger)가 접촉하여 직접 전동기를 작동시키는 방식은?
    ① 컴비네이션 제어기   ② 유니버설 제어기
    ③ 캠형 제어기   ④ 드럼형 제어기

15. 권선형 유도 전동기의 2차 저항 제어방식의 특징으로 틀린 것은?
    ① 1차 저항 값의 가변에 의해 속도가 제어된다.
    ② 어떤 용량의 전동기에도 제어가 가능하다.
    ③ 기동 시 쿠션 스타트로서도 사용된다.
    ④ 부하 변동에 의한 속도 변동이 크다.

16. 전자 브레이크에서 전자석 부분의 과열 원인이 아닌 것은?
    ① 가동 철심이 완전히 부착되지 않을 때
    ② 전원의 규정 전압 초과 시
    ③ 전선의 부분 단락 시
    ④ 드럼(풀리)과 브레이크슈의 틈새 과다

17. 권상장치의 속도 제어용 브레이크로 가장 많이 사용되는 것은?
    ① 와류 브레이크
    ② 직류 전자 브레이크
    ③ 교류 전자 브레이크
    ④ 디스크 타입 전자 브레이크

18. 차륜 플랜지의 한쪽만 레일과 접촉 및 마모되는 원인으로 틀린 것은?
    ① 레일과 차륜의 직각도 불량
    ② 구동 차륜과 종동 차륜의 지름이 틀림
    ③ 좌우 주행 레일의 높이가 틀림
    ④ 좌우 구동 차륜의 지름 차가 큼

19. 천장 크레인의 보도 설치 기준으로 맞는 것은?
    ① 정격하중이 3톤 이상의 천장 크레인 거더에는 폭 20cm이상의 보도를 설치해야 한다.
    ② 보도 면으로부터 높이 30cm 이상의 손잡이로 된 난간이 설치되어야 한다.
    ③ 중간대 및 보도 면으로부터 높이 1cm이상의 덫판을 설치하여야 한다.
    ④ 보도면은 미끄러지거나 넘어지는 등의 위험이 없는 구조이어야 한다.

20. 천장 크레인의 크기 표시 "40/20 ton, Span 28m"에서 Span 28m의 뜻은?
    ① 주행 차륜 사용 허용 평균속도이다.
    ② 주행 차륜 중심 간 수평거리가 28m 이다.
    ③ 주행 레일의 길이가 28m 이다.
    ④ 횡행 차륜 간의 거리가 28m 이다.

21. 3상 권선형 유도 전동기의 전류 제한 및 속도 조정 목적으로 사용되는 것은?
    ① 브러시(brush)   ② 2차 저항기
    ③ 회전자(rotor)   ④ 슬립링(slip ring)

22. 권상하중 50톤, 권상속도 1.5m/min인 천장 크레인의 권상 전동기 출력은 약 얼마인가?(단, 권상 전동기의 효율은 70% 이다.)
    ① 12.2kW   ② 13.0kW
    ③ 17.5kW   ④ 8.5kW

23. 감속기에 대한 설명 중 틀린 것은?
    ① 감속기의 제1단 기어는 10% 정도 마모되었을 때 교환하는 것이 좋다.
    ② 기어 케이스 내에 공급하는 오일은 보통 2000시간 마다 교환한다.
    ③ 축은 회전축과 전동축으로 구분된다.
    ④ 커플링은 축이음 장치이다.

24. 천장 크레인으로 부품을 들어 올릴 때 주로 사용하는 볼트는?
    ① 기초 볼트   ② 아이 볼트
    ③ T 볼트   ④ 스테이 볼트

25. 고정자, 회전자, 베어링, 냉각팬, 엔드 브래킷으로 구성되어 있으며 고정자는 철심과 철심 안쪽에 파진 홈에 감겨있는 권선으로 되어 있는 방식의 전동기는?
   ① 직권식 전동기
   ② 농형 유도 전동기
   ③ 권선형 유도 전동기
   ④ 분권식 전동기

26. 트롤리선에서 전원을 천장 크레인으로 도입하는 부분을 집전장치라 한다. 집전장치의 종류가 아닌 것은?
   ① 캠형   ② 팬터그래프형
   ③ 폴형   ④ 슈형

27. 주파수 60Hz, 출력이 30kW인 전동기 동기 속도가 900rpm일 때 이 전동기의 극수는?
   ① 4극   ② 6극
   ③ 8극   ④ 10극

28. 전동기의 토크(Torque)란?
   ① 전동기의 회전력   ② 전동기의 열
   ③ 전동기의 속도   ④ 전동기 무게

29. 천장 크레인으로 물건을 운반할 때 주의 사항으로 틀린 것은?
   ① 정격하중의 15% 까지는 초과할 수 있다.
   ② 적재물이 떨어지지 않도록 한다.
   ③ 로프 등의 안전 여부를 항상 점검한다.
   ④ 운반 중 사람이 다치지 않도록 한다.

30. 천장 크레인의 조작 방법 중 옳지 않은 것은?
   ① 천장 크레인의 컨트롤러의 조작 방향과 작동방향이 일치하여야 하며 중간 위치에서 작동되도록 한다.
   ② 주행과 횡행은 안전을 확인한 후 작동하여야 한다.
   ③ 권상 및 권하 컨트롤은 중립위치에서는 작동이 정지하여야 한다.
   ④ 운전자는 신호수의 신호에 따라 운전하여야 한다.

31. 원활한 운전 작업을 하기 위한 방법 중 틀린 것은?

   ① 운전 중 운전자는 항상 기계 각부의 이상 음향, 이상 진동에 주의한다.
   ② 정지 상태에서 출발 시 갑자기 전속력으로 운전해서는 안 된다.
   ③ 운전자는 물건을 들고 지나온 경로를 되돌아보며 운전을 올바르게 했느냐를 항상 반성하며 운전해야 한다.
   ④ 작업종료 후에는 꼭 소정의 위치에 정지시킨 후 전원을 OFF한다.

32. 키(Key)의 재료 성질 중 적당한 것은?
   ① 축 재료보다 연한 강철재
   ② 축 재료보다 강한 강철재
   ③ 마찰계수가 작아 미끄러운 것
   ④ 축 재료보다 강한 주철재

33. 방폭 구조로 된 전기 설비의 구비조건이 아닌 것은?
   ① 시건 장치를 할 것
   ② 접지를 할 것
   ③ 환기가 잘 될 것
   ④ 퓨즈를 사용할 것

34. 천장 크레인 관련 설명 중 틀린 것은?
   ① 저항기는 사용 중 온도가 높아져서 약 350℃가 될 때가 있으므로 통풍을 잘 시켜야 된다.
   ② 리미트 스위치를 구조별로 구분하면 나사형, 레버형, 캠형으로 나눌 수 있다.
   ③ 리미트 스위치의 작용점이 최대부하 때와 무부하 때에는 약간씩 차이가 난다.
   ④ 천장 크레인용 저항기는 용량이 크고 진동에 강한 리본형이 적합하다.

35. 전동기가 기동을 하지 않는 원인이 아닌 것은?
   ① 터미널의 이완
   ② 단선
   ③ 커넥션의 접촉 불량
   ④ 훅의 마모

36. 너트의 풀림 방지법에 대한 설명으로 틀린 것은?
   ① 와셔에 의한 방법은 주로 스프링 와셔를 사용한다.
   ② 핀, 작은 나사를 쓰는 방법은 볼트, 홈 붙이 너트에 핀이나 작은 나사를 이용한 고정 방법이다.

③ 이중 너트를 사용한다.
④ 너트의 회전방향에 의한 법은 축의 회전방향과 같은 방향으로 돌릴 때 잠기는 너트를 이용하는 것이다.

37. 전동기의 발열 원인으로 옳지 않은 것은?
① 부하가 클 때
② 전압 강하가 없을 때
③ 사용 빈도가 높을 때
④ 저항기가 부적당할 때

38. 베어링 메탈의 구비조건으로 틀린 것은?
① 마찰이나 마멸이 적어야 한다.
② 면압 강도가 커야한다.
③ 피로 강도가 작아야 한다.
④ 일정 강도를 가져야 한다.

39. ( )에 맞을 말을 순서대로 짝지은 것은?

> 전기의 스파크는 주파수가 ( )수록 심하며, ( )보다 ( )쪽이 스파크가 크다.

① 낮을, 교류, 직류 ② 높을, 교류, 직류
③ 높을, 직류, 교류 ④ 낮을, 직류, 교류

40. 천장 크레인의 주행시 갑자기 장애물을 발견했을 때 가장 먼저 취해야 할 것은?
① 분전반 스위치를 전부 차단한다.
② 컨트롤러를 전부 제로 노치에 놓는다.
③ 비상 스위치를 누른다.
④ 조종 레버를 최대한 몸쪽으로 당긴다.

41. 지브 크레인에서 줄 걸이 작업자의 위치는?(단, 작업 반경 밖임)
① 기복, 선회방향의 15°의 위치
② 기복, 선회방향의 25°의 위치
③ 기복, 선회방향의 35°의 위치
④ 기복, 선회방향의 45°의 위치

42. 24본선 6꼬임의 와이어로프를 사용할 경우 권상용 드럼과 와이어로프 지름의 비는 최소 얼마 이상으로 해야 하는가?
① 20이상 ② 30이상
③ 40이상 ④ 50이상

43. 그림의 작업자가 크레인 운전자에게 어떻게 운전하라는 수신호인가?

① 훅을 돌린다. ② 훅을 올린다.
③ 훅을 내린다. ④ 훅을 정지시킨다.

44. 와이어로프의 지름 감소가 공칭 지름의 ( )할 경우 사용해서는 아니 된다. 괄호 안에 알맞은 것은?
① 7%를 초과 ② 9%를 초과
③ 10%를 초과 ④ 12%를 초과

45. 줄 걸이로 짐을 달아 올릴 때의 주의사항 중 틀린 것은?
① 매다는 각도는 60°이내로 한다.
② 큰 짐 위에 작은 짐을 얹어서 짐이 떨어지지 않도록 한다.
③ 짐을 전도시킬 때는 가급적 주위를 넓게 하여 실시한다.
④ 전도 작업 도중 중심이 달라질 때는 와이어로프 등이 미끄러지지 않도록 주의한다.

46. 신호법 중에서 팔을 아래로 뻗고 집게손가락을 아래로 향해서 수평원을 그리는 신호는 무슨 신호인가?
① 천천히 조금씩 올리기
② 아래로 내리기
③ 천천히 이동
④ 운전방향 지시

47. 와이어로프를 드럼에 설치할 때, 와이어로프가 벗겨지지 않도록 볼트를 체결하는데 사용하는 것은?
① 너트 ② 클램프(고정구)
③ 섀클 ④ 링크

48. 로프 하나로 두 줄 걸이로 하여 1000kgf의 짐을 90°로 걸어 올렸을 때 한 줄에 걸리는 무게(kgf)는?
① 250 ② 500
③ 707 ④ 6930

49. 크레인의 와이어로프를 클립으로 고정할 때 클립 간격은 얼마가 가장 적당한가?
   ① 와이어로프 직경의 2배
   ② 와이어로프 직경의 4배
   ③ 와이어로프 직경의 6배
   ④ 와이어로프 직경의 8배

50. 와이어로프에 대한 마모 및 교체 기준으로 옳지 않은 것은?
   ① 한 꼬임에서 소선의 수가 10% 이상 절단된 것
   ② 소선 및 스트랜드의 돌출이 확인되는 것
   ③ 외부마모에 의한 공칭지름 감소가 7% 이상인 것
   ④ 킹크나 부식은 없어도 단말고정을 한 것

51. 다음 중 일반적으로 장갑을 끼고 작업할 경우 안전상 가장 적합하지 않은 작업은?
   ① 전기용접 작업
   ② 타이어 교체작업
   ③ 건설기계운전 작업
   ④ 선반 등의 절삭가공 작업

52. 다음 중 안전·보건 표지의 구분에 해당하지 않는 것은?
   ① 금지 표지   ② 성능 표지
   ③ 지시 표지   ④ 안내 표지

53. 산업재해 원인은 직접원인과 간접원인으로 구분되는데 다음 직접원인 중에서 불안전한 행동에 해당되지 않는 것은?
   ① 허가 없이 장치를 운전
   ② 불충분한 경보 시스템
   ③ 결함 있는 장치를 사용
   ④ 개인 보호구 미사용

54. 정비작업 시 안전에 가장 위배되는 것은?
   ① 깨끗하고 먼지가 없는 작업환경을 조정한다.
   ② 회전부분에 옷이나 손이 닿지 않도록 한다.
   ③ 연료를 채운 상태에서 연료통을 용접한다.
   ④ 가연성 물질을 취급 시 소화기를 준비한다.

55. 먼지가 많은 장소에서 착용하여야 하는 마스크는?
   ① 방독 마스크   ② 산소 마스크
   ③ 방진 마스크   ④ 일반 마스크

56. 금속 나트륨이나 금속 칼륨 화재의 소화재로서 가장 적합한 것은?
   ① 물   ② 포소화기
   ③ 건조사   ④ 이산화탄소 소화기

57. 크레인으로 물건을 운반할 때 주의사항으로 틀린 것은?
   ① 규정 무게보다 약간 초과할 수 있다.
   ② 적재물이 떨어지지 않도록 한다.
   ③ 로프 등의 안전여부를 항상 점검한다.
   ④ 선회작업 시 사람이 다치지 않도록 한다.

58. 운전자가 작업 전에 장비 점검과 관련된 내용 중 거리가 먼 것은?
   ① 타이어 및 궤도 차륜상태
   ② 브레이크 및 클러치의 작동상태
   ③ 낙석, 낙하물 등의 위험이 예상되는 작업 시 견고한 헤드 가이드 설치상태
   ④ 정격 용량보다 높은 회전으로 수차례 모터를 구동시켜 내구성 상태 점검

59. 다음 중 재해 발생 원인이 아닌 것은?
   ① 잘못된 작업방법
   ② 관리감독 소홀
   ③ 방호장치의 기능제거
   ④ 작업 장치 회전반경 내 출입금지

60. 작업 시 보안경 착용에 대한 설명으로 틀린 것은?
   ① 가스 용접 할 때는 보안경을 착용해야 한다.
   ② 절단하거나 깎는 작업을 할 때는 보안경을 착용해서는 안 된다.
   ③ 아크 용접할 때는 보안경을 착용해야 한다.
   ④ 특수 용접할 때는 보안경을 착용해야 한다.

정답 및 해설

1. ③
   와이어로프 직경(d)과 드럼 직경(D)의 비율(D/d)은 20~25이다.

2. ①
   미끄럼 베어링의 종류에는 분할형, 스러스트형, 부시형 등이 있다.

3. ②
   무전압 보호장치는 정전 또는 전압이 비정상적으로 저하되었을 때 스위치가 자동적으로 열리도록 되어 있다.

4. ④
   전자식 과부하 방지장치는 스트레인 게이지의 전자식 저항값의 변화에 따라 아주 민감하게 동작하며, 내부의 마이크로 스위치를 동작하여 운전 상태를 정지하는 안전장치이다. 또 변화되는 중량을 아날로그로 표시, 편의성을 향상시켰으며 가격도 저렴하다.

5. ②
   비상 정지장치는 화물을 권상시킬 때, 위험한 상태에서 작업안전을 위해 급정지시킬 수 있도록 설치되어 있는 방호장치이다.

6. ③
   권상용 와이어로프는 달기기구 및 지브의 위치가 가장 아래쪽에 위치할 때 드럼에 2바퀴 이상 감기어 남아 있어야 한다.

7. ③
   리미트 스위치는 주행, 횡행, 권상 등에서 과행을 방지하고 연동장치 및 안전장치로 사용된다.

8. ③
   크레인 구조부분의 지진 하중은 옥외에 단독으로 설치되는 것에 대하여 크레인 자중(권상 하물 제외)의 15%에 상당하는 수평 하중을 지진 하중으로 고려하여야 한다.

9. ①
   정격하중이란 권상 하중에서 훅, 크래브 등 달기기구의 중량을 뺀 순수 취급 하중을 의미한다.

10. ④
    리미트 스위치는 권상, 횡행, 주행 등 각종장치의 운동에 대한 과행 방지 기구이다

11. ④
    비상 정지 누름버튼을 누르면 작동중인 동력이 차단된다. 머리 부분은 적색이어야 하며, 돌출되어 있고 버튼 주변은 황색으로 표기할 수 있다.

12. ②
    강관 거더는 거더의 중량을 경감할 수 있으나 휨이 가장 큰 결점이 있다.

13. ③
    ◆ 천장 크레인의 운동속도
    ① 권상장치는 양정이 짧은 것이 느리고 긴 것이 빠르다.
    ② 권상장치는 하중이 가벼우면 빠르고 무거울수록 저속으로 한다.
    ③ 주행속도는 작업능력에 큰 관계가 없으므로 가능한 저속으로 한다.

14. ④
    드럼형 제어기는 콘택트 시그먼트와 핑거가 접촉하여 직접 전동기를 작동시키는 방식이다.

15. ①
    2차 저항 제어방식의 특징은 2차 저항 값의 가변에 의해 속도가 제어되며, 기동할 때 쿠션 스타트로서도 사용된다. 또 어떤 용량의 전동기에도 제어가 가능하며, 부하 변동에 의한 속도 변동이 크다.

16. ③
    전자 브레이크의 전자석 부분 과열 원인은 가동 철심이 완전히 부착하지 않을 때, 전원 전압의 강하 또는 규정 전압 초과, 전선의 부분 단락이다.

17. ①
    권상장치의 속도 제어용 브레이크는 와류 브레이크를 주로 사용한다.

18. ②
    차륜 플랜지의 한쪽만 계속 레일과 접촉하여 마모되는 원인은 레일과 차륜의 직각도 불량, 좌우 주행 레일의 높이가 틀림, 좌우 구동 차륜의 지름 차이가 큰 경우이다.

19. ④

20. ②
    40/20ton× Span 28m란 주권 40톤, 보권 20톤, 스팬(주행 차륜 중심 간 수평거리)이 28m란 의미이다.

21. ②
    2차 저항기는 3상 권선형 유도 전동기의 전류 제한 및 속도 조정 목적으로 사용된다.

22. ③
    $$전동기\ 출력(kW) = \frac{권상하중 \times 권상속도}{6.12 \times 권상기구의\ 효율} \times 100$$
    $$\therefore \frac{50 \times 1.5}{6.12 \times 70} \times 100 = 17.5 kW$$

23. ③
    축은 회전력을 전달하는 회전축과 회전축을 떠받치는 고정축으로 구분된다.

24. ②
    ◆ 볼트의 종류
    ① 관통 볼트 : 연결한 두 부품을 꿰뚫는 구멍을 뚫고 이에 볼트를 관통시켜서 반대쪽에서 너트를 끼워서 결합시킨다.
    ② 스테이 볼트 : 기계의 부품을 일정한 간격을 유지하면서 결합하는데 사용하는 것으로 일정거리 만큼의 파이프를 잘라서 사용하는 경우도 있다.
    ③ 티(T) 볼트 : T형의 홈에 볼트 머리를 끼우고 위치를 이동하면서 임의의 위치에 물체를 고정할 수 있다.
    ④ 아이 볼트 : 물건을 들어 올릴 때 사용한다.
    ⑤ 기초 볼트(foundation bolt) : 기계 구조물의 토대 고정용이다.

25. ②
농형 유도 전동기는 고정자, 회전자, 베어링, 냉각팬, 엔드 브래킷으로 구성되어 있으며 고정자는 철심과 철심 안쪽에 파진 홈에 감겨있는 권선으로 되어 있다.

26. ①
집전장치의 종류에는 폴형 집전장치, 팬터그래프형 집전장치, 슈형 집전장치 등이 있다.

27. ③
$$N = \frac{120 \times Hz}{P}$$
N : 전동기 회전수, Hz : 주파수, P : 극수
$$P = \frac{120 \times Hz}{N} \quad \therefore \quad \frac{120 \times 60}{900} = 8$$

28. ①   29. ①

30. ①
천장 크레인 컨트롤러의 조작 방향과 작동 방향이 일치하여야 하며 정확한 위치에서 작동되도록 한다.

31. ③
32. ②
키(Key)의 재료는 축 재료보다 강한 강철재이다.

33. ③
방폭 구조로 된 전기 설비의 구비조건은 시건 장치를 할 것, 접지를 할 것, 퓨즈를 사용할 것

34. ④
저항기는 용량이 크고 진동에 강한 그리드(grid)형이 적합하다.

35. ④
전동기가 기동을 하지 않는 원인은 터미널의 이완, 단선, 커넥션의 접촉 불량 등이다.

36. ④
너트의 회전방향에 의한 법은 축의 회전방향과 반대방향으로 돌릴 때 잠기는 너트를 이용한다.

37. ②
전동기의 발열 원인은 사용 빈도가 심할 때, 부하가 클 때, 저항기가 부적당 한 때, 전압 강하가 심할 때이다.

38. ③
◆ 베어링 메탈의 구비조건
① 마찰이나 마멸이 적어야 한다.
② 변압 강도가 커야한다.
③ 피로 강도가 커야 한다.
④ 길들임이 좋아야 한다.
⑤ 일정 강도를 가져야 한다.

39. ②
40. ③
주행 중 갑자기 장애물을 발견했을 때에는 가장 먼저 비상 스위치를 누른다.

41. ④
줄 걸이 작업자의 위치는 기복, 선회방향의 45°의 위치이다.

42. ①

43. ②
집게손가락을 위로하여 수평원을 크게 그리는 수신호는 "훅 올리기"이다.

44. ①
와이어로프는 공칭 지름이 7% 이상 감소하면 사용할 수 없다.

45. ②
46. ②
팔을 아래로 뻗고 집게손가락을 아래로 향해서 수평원을 그리는 신호는 "아래로 내리기"이다.

47. ②
와이어로프를 드럼에 설치할 때 와이어로프가 벗겨지지 않도록 클램프를 사용하여 볼트로 조인다.

48. ③
1줄에 걸리는 하중 = $\dfrac{하중}{줄걸이 수 \times 각도}$
$$\therefore \quad \frac{1000kgf}{2 \times \cos 45°} = \frac{1000kgf}{2 \times 0.707} = 707kgf$$

49. ③
와이어로프를 클립으로 고정할 때 클립 간격은 와이어로프 직경의 약 6배 이상으로 장착한다.

50. ④
◆ 와이어로프의 교환 기준
① 킹크(kink)가 발생한 경우
② 마모로 직경의 감소가 공칭 직경의 7% 이상인 경우
③ 와이어로프의 한 꼬임(스트랜드를 의미) 사이에서 소선 수의 10% 이상 소선이 절단된 경우
④ 심한 부식 또는 변형이 발생한 경우
⑤ 소선 및 스트랜드의 돌출이 확인되는 것

51. ④
52. ②
안전표지의 종류에는 경고 표지, 지시 표지, 금지 표지, 안내 표지가 있다.

53. ②
54. ③
연료 탱크는 탱크 내의 연료를 완전히 제거하고 물을 채운 후 용접을 한다.

55. ③
분진(먼지)이 발생하는 장소에서는 방진 마스크를 착용하여야 한다.

56. ③
D급 화재는 금속 나트륨, 금속 칼륨 등의 화재로서 일반적으로 건조사를 이용한 질식효과로 소화한다.

57. ①   58. ④   59. ④
60. ②

국가기술자격검정 필기시험 복원문제

2017년 복원 문제(2)

자격종목 및 등급(선택분야)	종목코드	시험시간	문제지형별	수검번호	성 명
천장크레인운전기능사	7864	1시간			

1. 전자 접촉기의 개폐 작동 불량 원인과 가장 거리가 먼 것은?
   ① 전압 강하 과다
   ② 코일 단선
   ③ 접점의 과다마모
   ④ 전동기의 초고속 운전

2. 전자식 마그넷 브레이크(magnet brake)의 라이닝 두께가 25% 감소한 경우 가장 적합한 조치 방법은?
   ① 라이닝을 교환한다.
   ② 브레이크 드럼 지름을 크게 한다.
   ③ 스트로크를 조정한다.
   ④ 특별한 조치를 하지 않아도 된다.

3. 훅의 재질로 적당한 것은?
   ① 주철
   ② 기계 구조용 탄소강
   ③ 합금 공구강
   ④ 구상흑연 주철

4. 드럼 직경(D)과 와이어로프의 직경(d)의 비율 (D/d)은?
   ① 5 이하
   ② 10 이하
   ③ 10 이상
   ④ 20 이상

5. 기어의 두 축이 교차하면서 가장 큰 감속비로 감속하는 기어는?
   ① 웜과 웜기어
   ② 나사 기어
   ③ 베벨 기어
   ④ 랙과 피니언

6. 감속기에 대한 설명으로 옳지 않은 것은?
   ① 횡행장치에서는 라인 샤프트에 위치한다.
   ② 주행 장치의 감속장치는 기어박스에 넣어 오일로 채운다.
   ③ 기어 감속기란 기어를 이용한 속도 변환기를 말한다.
   ④ 감속기에 사용되는 스퍼기어는 회전운동을 직선운동으로 전달한다.

7. 전기기계·기구의 충전 전로에 접근하는 장소에서 크레인의 안전사항이 아닌 것은?
   ① 해당 충전 전로를 이설할 것
   ② 해당 충전 전로에 방호구를 설치할 것
   ③ 감전의 위험을 방지하기 위한 방책을 설치할 것
   ④ 현저히 곤란한 경우라도 작업 감시인은 두지 말고 운전자에게 절연용 장갑 및 보호구를 착용시킬 것

8. 천장 크레인에서 완충장치의 종류가 아닌 것은?
   ① 유압 버퍼 스토퍼
   ② 고무 버퍼 스토퍼
   ③ 강철 버퍼 스토퍼
   ④ 스프링 버퍼 스토퍼

9. 속도 제어 제동기는 어떤 때 속도 제어를 하는가?
   ① 권상시
   ② 권하시
   ③ 권상과 권하시
   ④ 횡행과 권상시

10. 천장 크레인의 유압 브레이크에서 공기가 유입되면 나타나는 현상은?
    ① 권상의 경우 상·하 동작시 급정지한다.
    ② 주행의 경우 정지시켜도 밀림 현상이 생긴다.
    ③ 주행의 경우 기동불능 현상이 생긴다.
    ④ 권상의 경우 기동불능 현상이 생긴다.

11. 정격하중이 20,000kgf인 천장 크레인의 훅(Hook)은 파괴 하중이 최소한 몇 kgf 이상인 것을 사용해야 하는가?
    ① 40,000kgf
    ② 60,000kgf
    ③ 80,000kgf
    ④ 100,000kgf

12. 천장 크레인의 와이어 드럼의 직경은 어떻게 정하는 것이 가장 좋은가?
    ① 드럼의 직경은 사용할 와이어로프의 직경보다 20배 이상이 적절하다.
    ② 드럼의 직경은 사용할 와이어로프의 소선 직경보다 300배 이상이 적절하다.
    ③ 드럼의 직경은 Crab의 크기에 비례해서 정하는 것이 좋다.
    ④ 드럼의 직경은 Hook의 크기에 비례해서 정하는 것이 좋다.

13. 다음 중 주행 제동용으로 주로 사용되는 브레이크는?
    ① 마그네틱 브레이크(magnetic brake)
    ② 에디 커런트 브레이크(eddy current brake)
    ③ 오일 디스크 브레이크(oil disk brake)
    ④ 스피드 컨트롤 브레이크(speed control brake)

14. 전자 브레이크의 전자석이 소리를 내며 과열, 소손되는 경우 점검사항과 관계가 없는 것은?
    ① 압출봉 출입구 패킹부에서 물이 침입하여 내부에 녹이 발생하여 있지 않는 가
    ② 풀리와 라이닝의 틈새가 너무 적지 않은가
    ③ 스트로크가 너무 크지 않은가
    ④ 브레이크 라이닝이 과열 하였는가

15. 국내에서 천장 크레인의 공칭 용량 단위는?
    ① 톤   ② 파운드
    ③ 미터   ④ 온스

16. 천장 크레인 전동기의 전압이 440V일 때 절연저항 값은?
    ① 0.1MΩ 이상   ② 0.2MΩ 이상
    ③ 0.3MΩ 이상   ④ 0.4MΩ 이상

17. 천장 크레인에서 권과 방지장치의 형식이 아닌 것은?
    ① 컴비네이션식 ② 중추식
    ③ 나사식   ④ 캠식

18. 횡행 차륜 정지용 스토퍼(Stopper)의 적당한 높이는 차륜 지름의 얼마인가?
    ① 1/2 이상   ② 1배 이상
    ③ 1/3 이하   ④ 1/4 이상

19. 훅에 대한 설명 중 틀린 것은?
    ① 재료는 탄소강 단강품을 사용한다.
    ② 훅 해지장치는 균열 및 변형 등이 없어야 한다.
    ③ 마모는 원 치수의 30% 이상이면 교환한다.
    ④ 훅 블록에는 정격하중의 표기 되어야 한다.

20. 2개의 키를 1쌍으로 하여 축과 보스를 조합하는 형태의 키는?
    ① 성크키   ② 접선키
    ③ 플랫키   ④ 페더키

21. 주기적인 정비를 위한 예비품목 중 가장 거리가 먼 것은?
    ① 모터 브러시   ② 제어반(판넬)
    ③ 콜렉터 브러시 ④ 제어기 접점

22. 기어에서 소음 발생 원인이 아닌 것은?
    ① 백래시(backlash)가 너무 적을 경우
    ② 기어축의 평행도가 나쁠 경우
    ③ 치면에 흠이 있거나 다듬질의 정도가 나쁠 경우
    ④ 오일을 과다하게 급유했을 경우

23. 천장 크레인용 전동기에서 직류 전동기로 가장 많이 사용되는 것은?
    ① 직권 전동기   ② 분권 전동기
    ③ 화동 복권 전동기 ④ 농형 유도 전동기

24. 기계요소 중 키(key)에 대한 설명으로 틀린 것은?
    ① 축과 회전체를 일체로 하여 회전력을 전달시키는 기계요소이다.
    ② 축과 회전체의 원주 방향으로의 이동이 가능하다.
    ③ 재료는 축 재료보다 약간 강하다.
    ④ 급유할 필요가 없다.

25. 집중 급유장치로 급유가 불가능한 부분은?
    ① 주행 장축 베어링
    ② 주행 차륜 베어링
    ③ 와이어 드럼 축수 베어링
    ④ 훅 시브 베어링

26. 천장 크레인 운전자가 작업시작 전 점검해야 할 사항으로 적합하지 않은 것은?
   ① 건물과 건물사이의 거리 상태
   ② 주행로의 상측 및 트롤리가 횡행하는 레일의 상태
   ③ 와이어로프의 상태
   ④ 브레이크 장치의 상태

27. 천장 크레인에서 예비품을 두어야 하는 목적으로 가장 합당한 것은?
   ① 운전 중 고장이 쉽게 발생되는 부품에 대하여 정비시간을 단축시키기 위해
   ② 부품 값이 비싸며 운반할 때 불편하므로
   ③ 형식을 갖추어 둘 필요가 있으므로
   ④ 쉽게 구할 수 있는 부품이며 값이 싸므로

28. 두 축을 30° 이내의 교각으로 연결할 때 사용하는 축 이음으로 적합한 것은?
   ① 머프 커플링   ② 플랜지 커플링
   ③ 스플라인 이음   ④ 유니버설 조인트

29. 급유해야 할 부위는?
   ① 브레이크 라이닝 ② 감속 기어
   ③ 레일의 상면   ④ 고무 벨트

30. 플랜지형 플렉시블 커플링에는 무엇으로 체결되어 있는가?
   ① 아이 볼트   ② 핀
   ③ 리머 볼트   ④ 성크 키

31. 입력전압이 440V, 60Hz인 3상 유도전동기에서 극수가 4극, 회전자 속도가 1760rpm일 때 이 전동기의 슬립율은 약 몇 % 인가?
   ① 2.2%   ② 4.3%
   ③ 13.2%   ④ 20.3%

32. 크레인을 이용한 운반 작업에 있어서 고려해야 할 사항으로 알맞지 않은 것은?
   ① 한 번에 많은 하물을 운반하여 운반 횟수를 줄인다.
   ② 이동하는 거리를 짧게 한다.
   ③ 될 수 있는 한 전용의 줄 걸이 용구를 사용한다.
   ④ 위험 범위를 명확히 한다.

33. 크레인 운전 조작의 주의사항에 관한 설명으로 틀린 것은?
   ① 화물이 지면에서 떨어지는 순간의 권상은 빠른 속도로 권상한다.
   ② 줄 걸이 작업 위치까지 훅을 권하시킬 때에는 필요 이상으로 권하시키지 않는다.
   ③ 화물의 중심 위에 훅의 중심이 오도록 횡행, 주행조작 등에 의해 위치를 결정한다.
   ④ 화물위치에 크레인을 이동시킬 경우 훅을 지상의 설비 등에 부딪치지 않을 높이까지 권상하여 크레인을 수평 이동시킨다.

34. 집전장치의 종류 중 대전류용 또는 고압용이며 레일과 접촉하는 위쪽 접촉 부위가 마모를 경감시키도록 되어 있는 형식은?
   ① 슈 형   ② 고정 형
   ③ 포올 형   ④ 팬턴트 형

35. 권상 하중 40톤, 권상 속도 1.5m/min인 천장 크레인의 전동기의 출력(kW)은?
   ① 58.8kW   ② 588kW
   ③ 13.3kW   ④ 9.8kW

36. 천장 크레인의 3상 유도 전동기에서 2차 저항기의 역할로 가장 알맞은 것은?
   ① 전동기에 과전류가 흐르는 것을 막아 전동기를 보호하는 역할을 한다.
   ② 전동기의 저항을 줄임으로서 전동기의 회전수를 일정하게 하는 역할을 한다.
   ③ 권선형 유도 전동기의 2차 회로에 부착되어 저항량을 조정함으로써 속도를 변속하는 역할을 한다.
   ④ 농형 전동기에 저항이 너무 크므로 2차 저항기를 부착하여 저항량을 줄임으로서 안전하게 작동할 수 있는 역할을 한다.

37. 퓨즈의 설명 중 틀린 것은?
   ① 회로에 병렬로 연결한다.
   ② 퓨즈의 접촉이 불량하면 전류의 흐름이 원활하지 못하다.
   ③ 전선의 온도가 올라가면 녹아 끊어져 회로를 차단한다.
   ④ 단락 때문에 전선이 타거나 과대 전류가 부하에 흐르지 않도록 한다.

38. 천장 크레인의 작업에 대한 설명 중 틀린 것은?
   ① 작업 종료 후 천장 크레인을 소정위치에 정지시킨다.
   ② 작업 종료 후 브레이크, 와이어 등의 점검을 한다.
   ③ 전기 활선 작업을 금하며 안전 커버를 벗긴 채로 운전을 금한다.
   ④ 작업 종료 후 각 제어기를 off로 하고 보호판의 스위치는 on으로 한다.

39. 유도 및 직류 전동기 축의 베어링이 과열되는 원인이 아닌 것은?
   ① 벨트의 장력이 너무 세다.
   ② 시동 토크가 적다.
   ③ 오일의 점도가 부적당하다.
   ④ 축의 베어링이 변형 되어있다.

40. 권상 시 갑자기 이상 제동이 걸렸을 때의 원인으로 옳지 않은 것은?
   ① 조작반 퓨즈가 끊어졌다.
   ② 열 전동 릴레이가 떨어졌다.
   ③ 마그네트 브레이크용 회로에 이상이 있다.
   ④ 모터의 이상 소음이 발생한다.

41. 힘의 3요소는?
   ① 힘의 크기, 힘의 무게, 힘의 단위
   ② 힘의 방향, 힘의 작용점, 힘의 크기
   ③ 힘의 크기, 힘의 방향, 힘의 강도
   ④ 힘의 무게, 힘의 거리, 힘의 작용점

42. 크레인 권상장치에 절단 하중 37.7ton이 되는 φ25mm인 와이어로프가 드럼에서 2줄로 내려와 설치되어 있다. 이 로프로 약 몇 톤까지 사용 가능한가? (단, 안전율은 6이다.)

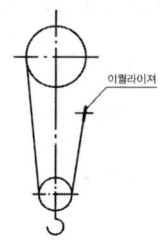

   ① 6   ② 12
   ③ 20 ④ 25

43. 줄 걸이 로프에 걸리는 하중에 관한 공식 중 옳은 것은?
   ① 부하물의 하중÷(줄걸이수÷조각도)
   ② 부하물의 하중÷(줄걸이수×조각도)
   ③ 부하물의 하중×(줄걸이수÷조각도)
   ④ 부하물의 하중×(줄걸이수×조각도)

44. 와이어로프의 구부림과 관련 된 사항 중 시브 지름 D와 와이어 소선 지름 d와의 관계가 아래와 같을 때 의미하는 것은?

   $$D/d < 20$$

   ① 영구 늘어남이 생겨 빨리 피로해 진다.
   ② 최적치 이다.
   ③ 필요한 최소한도를 만족한다.
   ④ 탄성 변형 내에 존재한다.

45. 와이어로프의 안전율 계산 시 사용하는 절단 하중은 우리나라에서는 어떤 규정을 적용하는가?
   ① KS A 3514   ② KS B 3514
   ③ KS C 3514   ④ KS D 3514

46. 같은 굵기의 와이어로프 일지라도 소선이 가늘고 수가 많은 것에 대한 설명 중 맞는 것은?
   ① 유연성이 좋으나 더 약하다.
   ② 유연성이 좋고 더 강하다.
   ③ 유연성이 나쁘고 더 약하다.
   ④ 유연성은 나빠도 더 강하다.

47. 와이어로프(wire rope)의 소선에 대하여 설명한 것으로 맞는 것은?
   ① 스트랜드를 구성하고 있는 소선의 결합에는 점, 선, 면, 정 접촉 구조의 4가지가 있다.
   ② 수선의 역할은 충격 하중의 흡수, 부식방지, 소선끼리의 마찰에 의한 마모방지, 스트랜드의 위치를 올바르게 하는데 있다.
   ③ 와이어로프(wire rope)의 소선은 KSD 3514에 규정된 탄소강에 특수 열처리를 하여 사용한다.
   ④ 소선의 재질은 탄소강 단강품(KSD 3710)이나 기계구조용 탄소강(KSD 3517)이며, 강도와 연성(延性)이 큰 것이 바람직하다.

48. 운전자가 경보기를 울리거나 한쪽 손의 주먹을 다른 손의 손바닥으로 2~3회 두드릴 경우의 수신호 내용은?
   ① 신호 불명   ② 이상 발생
   ③ 기다려라   ④ 물건 걸기

49. 힘의 모멘트가 M = P×L일 때 P와 L은?
   ① P=힘, L=길이   ② P=길이, L=면적
   ③ P=무게, L=체적   ④ P=부피, L=넓이

50. 와이어로프의 '보통 꼬임'에 대한 설명으로 옳지 않은 것은?
   ① 소선 꼬임과 스트랜드 꼬임의 방향이 반대인 것이다.
   ② 소선의 외부 접촉 길이가 짧으므로 랭 꼬임보다 단선과 마모가 적다.
   ③ 킹크(kink)가 생기는 것이 적다
   ④ 소선은 로프 축과 평행하다.

51. 다음 중 산소 결핍의 우려가 있는 장소에서 착용하여야 하는 마스크의 종류는?
   ① 방독 마스크   ② 방진 마스크
   ③ 송기 마스크   ④ 가스 마스크

52. 다음 중 사용 구분에 따른 차광 보안경의 종류에 해당하지 않는 것은?
   ① 자외선용   ② 적외선용
   ③ 용접용   ④ 비산방지용

53. 해머 사용 시 안전에 주의해야 될 사항으로 틀린 것은?
   ① 해머 사용 전 주위를 살펴본다.
   ② 담금질한 것은 무리하게 두들기지 않는다.
   ③ 해머를 사용하여 작업할 때에는 처음부터 강한 힘을 사용한다.
   ④ 대형 해머를 사용할 때는 자기의 힘에 적합한 것으로 한다.

54. 안전작업 사항으로 잘못된 것은?
   ① 전기장치는 접지를 하고 이동식 전기기구는 방호장치를 설치한다.
   ② 엔진에서 배출되는 일산화탄소에 대비한 통풍장치를 한다.
   ③ 담뱃불은 발화력이 약하므로 제한 장소 없이 흡연해도 무방하다.
   ④ 주요 장비 등은 조작자를 지정하여 아무나 조작하지 않도록 한다.

55. 아크 용접에서 눈을 보호하기 위한 보안경 선택으로 맞는 것은?
   ① 도수 안경   ② 방진 안경
   ③ 차광용 안경   ④ 실험실용 안경

56. 작업복에 대한 설명으로 적합하지 않은 것은?
   ① 작업복은 몸에 알맞고 동작이 편해야 한다.
   ② 착용자의 연령, 성별 등에 관계없이 일률적인 스타일을 선정해야 한다.
   ③ 작업복은 항상 깨끗한 상태로 입어야 한다.
   ④ 주머니가 너무 많지 않고, 소매가 단정한 것이 좋다.

57. 산업공장에서 재해의 발생을 줄이기 위한 방법으로 틀린 것은?
   ① 폐기물은 정해진 위치에 모아둔다.
   ② 공구는 소정의 장소에 보관한다.
   ③ 소화기 근처에 물건을 적재한다.
   ④ 통로나 창문 등에 물건을 세워 놓아서는 안 된다.

58. 작업장에 대한 안전관리상 설명으로 틀린 것은?
   ① 항상 청결하게 유지한다.
   ② 작업대 사이 또는 기계사이의 통로는 안전을 위한 일정한 너비가 필요하다.
   ③ 공장 바닥은 폐유를 뿌려, 먼지가 일어나지 않도록 한다.
   ④ 전원 콘센트 및 스위치 등에 물을 뿌리지 않는다.

59. 공구 및 장비 사용에 대한 설명으로 틀린 것은?
   ① 공구는 사용 후 공구상자에 넣어 보관한다.
   ② 볼트와 너트는 가능한 소켓 렌치로 작업한다.
   ③ 토크 렌치는 볼트와 너트를 푸는데 사용한다.
   ④ 마이크로미터를 보관할 때는 직사광선에 노출시키지 않는다.

60. 사고를 일으킬 수 있는 직접적인 재해의 원인은?
   ① 기술적 원인   ② 교육적 원인
   ③ 작업관리의 원인   ④ 불안전한 행동의 원인

정답 및 해설

1. ④
   전자 접촉기의 개폐 동작 불량 원인은 전압 강하가 클 때, 접점의 마모가 클 때, 조작회로의 고장, 코일 단선 등이다.
2. ③
   전자식 마그넷 브레이크의 라이닝 두께가 20~30% 정도 감소하면 스트로크를 조정한다.
3. ②
   훅의 일반적인 재질은 기계구조용 탄소강이다.
4. ④
5. ①
   웜과 웜기어는 기어의 두 축이 교차하면서 가장 큰 감속비로 감속한다.
6. ④
   래크와 피니언에서 피니언의 회전운동을 래크의 직선운동으로 바꾼다.
7. ④
8. ③
   완충장치(버퍼)의 종류에는 유압 버퍼 스토퍼, 고무 버퍼 스토퍼, 스프링 버퍼 스토퍼가 있다.
9. ②
   속도 제어 제동기는 권하 시킬 때 속도 제어를 한다.
10. ②
    유압 브레이크 계통에 공기가 유입되면 공기가 압축되므로 주행 중 정지시켜도 밀림 현상이 생긴다.
11. ④
    훅의 안전계수는 5이상 이어야 하므로 20,000kgf × 5 = 100,000kgf
12. ①
    와이어 드럼의 직경은 사용하는 와이어로프의 직경보다 20배 이상이 적절하다.
13. ③
    오일 디스크 브레이크는 주행 제동용으로 주로 사용된다.
14. ①
    전자 브레이크의 전자석이 소리를 내며 과열, 소손되는 경우에는 풀리와 라이닝의 틈새, 스트로크, 브레이크 라이닝의 과열 여부를 점검한다.
15. ①
    우리나라에서는 천장 크레인의 공칭 용량 단위는 톤(ton)을 사용한다.
16. ④
    절연저항은 내시선압 l50V 초과 300V 이하인 경우에는 0.2MΩ 이상, 사용전압 300V 초과 400V 미만인 경우 0.3MΩ 이상, 400V 이상인 경우는 0.4MΩ 이상, 3300V는 3MΩ 이상이어야 한다.
17. ①
    권과 방지장치의 종류에는 스크루형(나사형) 리미트 스위치, 캠형 리미트 스위치, 중추형 리미트 스위치 등이 있다.
18. ④
    횡행 차륜 정지용 스토퍼의 적당한 높이는 차륜 지름의 1/4 이상 이어야한다.
19. ③
    훅의 마모는 원 치수의 20% 이상 되면 교환한다.
20. ②
    ◆ 키의 종류
    ① 성크 키(묻힘 키) : 축과 보스 양쪽에 키 홈을 파고 여기에 키를 끼운다. 회전력 전달이 확실하므로 큰 힘을 전달하는데 사용된다.
    ② 반달 키(우드러프 키) : 축에 홈을 깊게 파서 강도가 약해지는 결점이 있으나 키와 키 홈의 가공이 쉽고 키가 자동적으로 자리를 쉽게 잡을 수 있어 테이퍼 축에서 많이 사용한다.
    ③ 안장키(새들키) : 축에는 홈을 가공치 않고 보스에만 홈을 가공하여 축의 표면과 보스의 홈에 모양이 일치하도록 가공하여 박는 형식이다.
    ④ 접선키 : 2개의 키를 1쌍으로 하여 축과 보스를 조합하는 형태이며, 큰 회전력을 전달하거나 양방향으로 회전하는 축에 120° 또는 180° 각도로 두 곳에 키를 설치하여 축의 접선 방향으로 높은 압축력을 전달하고, 역회전을 할 수 있게 하기 위함이다.
    ⑤ 평 키 : 키가 닿는 축을 편평하게 깎아내고 보스에 홈을 판 것이다.
21. ②
22. ④
    ◆ 기어의 소음 발생 원인
    ① 백래시(backlash)가 너무 적을 경우
    ② 기어축의 평행도가 나쁠 경우
    ③ 치면에 흠이 있거나 다듬질의 정도가 나쁠 경우
    ④ 오일이 과다하게 부족할 경우
23. ①
    천장 크레인용 직류 전동기는 직권 전동기가 가장 많이 사용된다.
24. ②
    키는 기어나 벨트 풀리 등의 회전체를 회전축에 설치하여 고정할 때 또는 회전을 전달함과 동시에 축 방향으로 이동할 수 있도록 할 때 사용하는 것으로 전단력을 받기 때문에 축보다 약간 강한 재질을 사용하며 급유를 하지 않는다.
25. ④
26. ①
    작업시작 전에 점검할 사항은 주행로의 상측 및 트롤리가 횡행하는 레일의 상태, 와이어로프가 통과할 곳의 상태, 권과 방지장치・브레이크・클러치 및 운전 장치의 기능 등이다.
27. ①
    예비품을 두는 이유는 운전 중 고장이 쉽게 발생되는 부품에 대하여 정비시간을 단축시키기 위함이다.
28. ④
    자재이음(유니버설 조인트)은 양축이 동일 평면 내에 있고 그 축선이 30°이하의 각도로 교차하는 경우에 사용되는 축 이음으로 훅 조인트라고도 하며, 양축 끝에 각각 요크(yoke)를 부착하고 이것을 십자형의 핀으로 자유로이 회전할 수 있도록 연결한 축 이음이다.

29. ②
30. ③

플랜지형 플렉시블 커플링은 플랜지를 이용하되 리머 볼트에 고무 부시를 끼워 그 탄성을 이용한 것이다.

31. ①

① 전동기의 동기 회전속도 : $Ns = \dfrac{120f}{P}$

[f : 주파수(Hz), P : 극수]

∴ $\dfrac{120 \times 60}{4} = 1800 rpm$

② 슬립율 : $Sr = \dfrac{Ns - N}{Ns} \times 100$

[N : 전동기 회전자 속도]

∴ $\dfrac{1800 - 1760}{1800} \times 100 = 2.2\%$

32. ①

◆ 운반 작업에 있어서 고려해야 할 사항
① 한 번에 많은 하물을 운반하지 않도록 한다.
② 이동거리를 짧게 한다.
③ 될 수 있는 한 전용의 줄 걸이 용구를 사용한다.
④ 위험 범위를 명확히 한다.

33. ①
34. ①

슈형 집전장치는 대전류용 또는 고압용이며 레일과 접촉하는 위쪽 접촉 부위가 마모를 경감시키도록 되어 있다.

35. ④

전동기 출력(kW) = $\dfrac{권상하중 \times 권상속도}{6.12}$

∴ $\dfrac{40 \times 1.5}{6.12} = 9.8 kW$

36. ③

2차 저항기는 권선형 유동 전동기의 2차 회로에 부착되어 저항량을 조정함으로서 속도를 변속하는 역할을 한다.

37. ①

퓨즈는 전기회로의 보호 장치(과대 전류가 흐르면 녹아 끊어져 전류를 차단)이며, 전력의 크기에 따라 굵거나 가는 퓨즈를 사용하고 재질은 납과 주석의 합금이다. 퓨즈는 회로에 직렬로 연결한다.

38. ④
39. ②

유도 및 직류 전동기 축의 베어링이 과열되는 원인은 벨트의 장력이 너무 셀 때, 시동 토크가 클 때 오일의 점도가 부적당 할 때 축의 베어링이 변형되었을 때 등이다.

40. ④

권상 작업을 할 때 갑자기 이상 제동이 걸리는 원인은 조작반 퓨즈가 끊어졌을 때, 열 전동 릴레이가 떨어졌을 때, 마그네트 브레이크용 회로에 이상이 있을 때이다.

41. ②

힘의 3요소는 힘의 방향, 힘의 작용점, 힘의 크기이다.

42. ②

권상하중 = $\dfrac{와이어로프의 절단하중 \times 줄걸이 수}{안전율}$

∴ $\dfrac{37.7 \times 2}{6} = 12.6톤$

43. ②

로프에 걸리는 하중 = 부하물의 하중 ÷ (줄걸이수 × 조각도)

44. ①
45. ④

와이어로프의 안전을 계산할 때 사용하는 절단 하중은 우리 나라에서는 KS D 3514 규정을 적용한다.

46. ②

같은 굵기의 와이어로프 일지라도 소선이 가늘고 수가 많으면 유연성이 좋고 더 강하다.

47. ③

◆ 와이어로프의 소선
① 소선의 접촉에는 점(点), 선(線), 면(面) 접촉 등 3가지가 있다.
② 심강의 역할은 충격 하중의 흡수, 부식방지, 소선끼리의 마찰에 의한 마모방지, 스트랜드의 위치를 올바르게 하는데 있다.
③ 와이어로프(wire rope)의 소선은 KSD 3514에 규정된 탄소강에 특수 열처리를 하여 사용하며 인장강도는 135~180kgf/mm² 이다.

48. ②

운전자가 경보기를 울리거나 한쪽 손의 주먹을 다른 손의 손바닥으로 2~3회 두드릴 경우의 수신호는 "이상 발생"이다.

49. ①

힘의 모멘트가 M=P×L일 때 P는 힘, L은 길이이다.

50. ②

◆ 보통 꼬임의 특징
① 스트랜드의 꼬임 방향과 로프의 꼬임 방향이 반대이다.
② 소선의 외부접촉 길이가 짧으므로 랭 꼬임보다 마모가 크다.
③ 킹크(kink) 발생이 적다.
④ 취급이 용이하다.

51. ③

산소가 결핍되어 있는 장소에서는 송기(송풍) 마스크를 착용한다.

52. ④   53. ③   54. ③
55. ③   56. ②   57. ③
58. ③   59. ③
60. ④

사고를 일으킬 수 있는 직접적인 재해의 원인은 불안전한 행동이다.

국가기술자격검정 필기시험 복원문제

2017년 복원 문제(3)

자격종목 및 등급(선택분야)	종목코드	시험시간	문제지형별	수검번호	성 명
천장크레인운전기능사	7864	1시간			

1. 주행 차륜 플랜지는 두께의 몇 % 이상 마모와 수직에서 몇 도(°) 이상의 변형이 생기면 교환하는가?
   ① 40%, 20°
   ② 40%, 10°
   ③ 50%, 10°
   ④ 50%, 20°

2. 천장 크레인에서 버퍼 스톱퍼(Buffer Stopper)란?
   ① 주행 차륜에 부착하여 과속을 방지하는 장치
   ② 주행이나 횡행 시 충돌할 때 충격을 완화시켜 주는 장치
   ③ 권상장치의 과권 방지용 장치
   ④ 권하 시 너무 내리는 것을 방지하기 위하여 드럼에 부착하는 장치

3. 천장 크레인 크래브 부분의 점검사항으로 틀린 것은?
   ① 크레인 운전 중 크래브에서 발생하는 소음을 점검한다.
   ② 크래브에 설치된 주행 장치의 이상 유무를 점검한다.
   ③ 크래브에 부착된 안전 난간의 이상 유무를 점검한다.
   ④ 크래브 프레임의 용접부 균열발생 유무를 점검한다.

4. 홈이 있는 드럼에 와이어로프가 감길 때 와이어로프 방향과 홈 방향과의 각도는 몇 도 이내 인가?
   ① 4
   ② 8
   ③ 12
   ④ 16

5. 디스크 브레이크 시스템에서 제동 시 제동 압력은 발생하는데 제동이 잘 안 되는 이유와 거리가 먼 것은?
   ① 디스크 브레이크 오일에 공기가 침투된 상태
   ② 디스크 브레이크 라이닝에 물이 묻어있는 상태
   ③ 디스크 브레이크 파이프가 파손 되었을 때
   ④ 디스크 브레이크 라이닝에 기름이 묻어 있는 상태

6. 팬던트 또는 무선 원격 제어기를 사용하여 작업 바닥면에서 조작 시 화물과 운전자가 함께 이동하는 크레인의 주행속도는?
   ① 분당 45m 이하
   ② 분당 65m 이하
   ③ 분당 85m 이하
   ④ 분당 100m 이하

7. 크래브(crab)의 급정지 시 영향을 주지 않은 요소는?
   ① 와이어로프
   ② 크래브 자체
   ③ 횡행 차륜
   ④ 주행 차륜

8. 시브 홈 지름이 너무 큰 경우 나타나는 사항에 대한 설명으로 옳지 않은 것은?
   ① 와이어로프의 형태를 납작하게 변형시킨다.
   ② 와이어로프의 마모를 촉진시킨다.
   ③ 시브의 마모를 촉진시킨다.
   ④ 시브의 수명을 연장시킨다.

9. 제어반의 제작 설치 설명 중 틀린 것은?
   ① 내부 배선은 전용의 단자를 사용해야 한다.
   ② 접촉 단자 체결 나사의 풀림, 탈락이 없어야 한다.
   ③ 전선 인입구 피복의 손상 또는 열화가 없어야 한다.
   ④ 외함의 구조는 충전부가 개방형으로 적합한 구조이어야 한다.

10. 고속형 천장 크레인의 집전장치로 중간지지를 갖는 수평 배열이며 휠이나 슈를 사용하는 것은?
    ① 팬터그래프형 집전장치
    ② 포올형 집전장치
    ③ 고정형 집전장치
    ④ 자유형 집전장치

11. 콘택트 시그먼트(contact segment)와 핑거(finger)가 접촉하여 직접 전동기를 작동시키는 방식은?
    ① 유니버설 제어기 ② 캠형 제어기
    ③ 드럼형 제어기   ④ 직렬 제어기

12. 기계식 과부하 방지장치에 대한 설명으로 옳은 것은?
    ① 구조가 간단하여 보수가 쉽다.
    ② 완전 개방형 구조이다.
    ③ 이동형 보호 장치로 취급이 간편하다.
    ④ 별도의 동작 전원이 필요하다.

13. 천장 크레인의 완성검사 시 시험하중은?
    ① 정격하중의 100% ② 정격하중의 110%
    ③ 정격하중의 125% ④ 정격하중의 150%

14. 훅에 대한 설명 중 틀린 것은?
    ① 목 부분이 30%이내 벌어진 것까지만 사용한다.
    ② 균열 검사는 적어도 년 1회 실시한다.
    ③ 홈 자국 깊이가 2mm가 되면 평활하게 다듬어야 한다.
    ④ 균열된 훅은 용접해서 사용할 수 없다.

15. 전동기의 일반적인 사항을 설명한 것으로 틀린 것은?
    ① 분권식의 경우 부하 변동에 관계없이 일정한 속도로 운전된다.
    ② 브러시와 홀더는 예비부품으로 준비해둘 필요가 있다.
    ③ 카본 브러시의 마모한도는 원래치수의 20%까지이다.
    ④ 모터의 전원 전압이 너무 낮아도 과열된다.

16. 거더의 중앙부에 정격하중을 매달았을 경우의 허용 굽힘량은?
    ① 스팬의 1/500을 초과하지 않을 것
    ② 스팬의 1/600을 초과하지 않을 것
    ③ 스팬의 1/700을 초과하지 않을 것
    ④ 스팬의 1/800을 초과하지 않을 것

17. 천장 크레인과 관련된 설명 중 틀린 것은?
    ① 휠베이스는 스팬 길이의 1/8배 이상이 되어야 좋다.
    ② 크라브란 횡행장치를 설치하여 양 거더 위에 설치된 레일 위를 왕복 운동하는 대차이다.
    ③ 와이어 끝단 시징은 와이어 직경의 3배 정도를 해야 한다.
    ④ 와이어 드럼의 와이어 고정방법은 클램프를 사용하는 것이 좋다.

18. 천장 크레인의 무선 원격 제어기의 구조에 대한 설명 중 틀린 것은?
    ① 무선 원격 제어기는 사용 중 충격을 받으면 곧바로 작동이 정지될 것
    ② 무선 원격 제어기는 관계자 이외의 자가 취급할 수 없도록 잠금 장치가 되어 있을 것
    ③ 조작 신호 이외의 신호에서 크레인이 작동되지 아니할 것
    ④ 송신기의 최소 보호 등급은 옥내용인 경우 IP55, 옥외용인 경우 IP45 이상일 것

19. 천장 크레인 운전실에 대한 설명으로 틀린 것은?
    ① 운전자가 안전운전을 할 수 있도록 충분한 시야를 확보할 수 있는 구조이어야 한다.
    ② 운전실의 제어기에는 작동방향 표시가 있어야 한다.
    ③ 운전자가 인양물을 잘 볼 수 있도록 운전실에는 조명장치를 설치하지 아니한다.
    ④ 운전자가 쉽게 조작할 수 있는 위치에 개폐기, 제어기, 브레이크, 경보장치를 설치하여야 한다.

20. 천장 크레인의 브레이크 중에서 전기를 투입하여 유압으로 작동되는 브레이크는?
    ① 오일 디스크 브레이크
    ② 마그네트 브레이크
    ③ 스러스트 브레이크
    ④ 다이나믹 브레이크

21. 궤도륜 사이에 있는 전동체가 굴림 운동을 하며 볼, 원통, 테이퍼 룰러 등의 종류로 분류할 수 있는 베어링은?
    ① 스러스트 베어링   ② 점접촉 베어링
    ③ 구름 베어링   ④ 미끄럼 베어링

22. 베어링이 고착되는 경우와 가장 거리가 먼 것은?
    ① 급유가 불충분한 경우
    ② 급유 오일의 선정이 잘못된 경우
    ③ 과부하로 베어링의 유막이 파괴된 경우
    ④ 저속으로 회전하는 경우

23. 크레인의 리모트 콘트롤러에는 주파수 방식과 적외선 방식이 있다. 이 두 가지 방식의 특성 중 틀린 것은?
    ① 주파수 방식은 운전자의 가시거리 내에 있어야 작동이 가능하다.
    ② 적외선 방식은 주변의 정밀기기에 영향을 주지 않는다.
    ③ 주파수 방식은 안테나를 사용하므로 센서가 필요하지 않다.
    ④ 적외선 방식은 불필요한 신호에 의한 사고 위험이 주파수 방식보다 낮다.

24. 옥외 크레인을 사용 시 순간 풍속이 매초 당 ( )미터를 초과하는 바람이 불어올 우려가 있는 때에는 옥외에 설치되어 있는 주행 크레인에 대하여 이탈 방지장치를 작동시키는 등 그 이탈을 방지하기 위한 조치를 하여야 한다. ( )에 적합한 풍속은?
    ① 20   ② 30
    ③ 45   ④ 60

25. 2개의 축이 일직선상에 있지 않고 어떤 각도를 가진 두 축 사이에 동력을 전달할 때 사용하는 축 이음으로서 경사각이 커지면 전달효율이 저하되므로 보통 30° 이내로 사용하는 축 이음은?
    ① 분할형 축이음   ② 플렉시블 축이음
    ③ 플랜지 축이음   ④ 유니버설 조인트

26. 권하 작업 속도에 대한 설명 중 가장 옳은 것은?
    ① 올릴 때의 속도와 같이한다.
    ② 가능한 최대 속도로 한다.
    ③ 훅의 진동이 없으면 빨리 내려도 된다.
    ④ 적당한 높이까지 내린 후 천천히 내린다.

27. 윤활유 유막보다 더 큰 이물질 입자에 의하여 기어의 접촉면에 긁힌 자국을 무엇이라 하는가?
    ① 어브레이젼   ② 피칭
    ③ 스크래칭   ④ 스폴링

28. 입력 전압이 440V, 60(Hz)인 3상 유도 전동기가 있다. 극수가 4극이고 슬립이 3% 일 때 회전자 속도는 약 얼마인가?
    ① 1,746rpm   ② 1,780rpm
    ③ 1,800rpm   ④ 1,880rpm

29. 전기부품의 점검 중 불꽃(spark) 발생의 대비책이 아닌 것은?
    ① 스위치의 접촉면에 먼지나 이물질이 없도록 한다.
    ② 전원 차단시에는 반드시 메인측에서 부하측 순서로 행한다.
    ③ 스위치류의 개폐는 급속히 행한다.
    ④ 접촉면을 매끄럽게 유지한다.

30. 윤활유의 작용으로 틀린 것은?
    ① 냉각 작용   ② 방청 작용
    ③ 응력 집중 작용   ④ 밀봉 작용

31. 그리스를 주입하면 안 되는 곳은?
    ① 베어링
    ② 브레이크 라이닝
    ③ 감속기 기어
    ④ 커플링 취부 시 모터축 사이

32. 천장크레인 작업에서 안전담당자의 임무가 아닌 것은?
    ① 작업방법과 근로자의 배치를 결정하고 작업을 지휘
    ② 재료의 결함 유무 또는 기구 및 공구의 기능을 점검하고 불량품을 제거
    ③ 작업 중 안전대와 안전모의 착용상황을 감시
    ④ 작업을 지휘하는 자를 선임하여 그에 의하여 작업 실시하도록 조치

33. 전기 설비의 감전 대책이 아닌 것은?
   ① 정전 또는 점검 수리 시에는 반드시 전원 스위치를 내리고 다른 사람이 스위치를 넣지 않게 수리 중 표시를 한다.
   ② 감전사고 방지를 위한 장치에는 접지, 누전 차단기 등이 있다.
   ③ 작업장에서 직류와 교류 각각 24V 이상인 전기 설비에는 접근제한 및 위험 표지를 붙여야 한다.
   ④ 복장은 피부가 노출되지 않게 하고 건조한 옷을 착용하며 절연이 양호한 신발을 신는다.

34. 천장 크레인으로 물건을 운반할 때 주의 할 사항 중 거리가 먼 것은?
   ① 적재물이 떨어지지 않도록 한다.
   ② 부하물 위에 사람을 태워서는 안 된다.
   ③ 경우에 따라서는 과부하 하중 이상의 무게를 매달 수 있다.
   ④ 줄 걸이 와이어로프의 안전여부를 항상 확인한다.

35. 하역 작업을 시작하기 전에 점검해야 할 사항 중 가장 거리가 먼 것은?
   ① 주행로 상 및 크레인 주위에 장애물 유무여부
   ② 급유 상태
   ③ 볼트, 너트 및 엔드 플레이트의 이완여부
   ④ 진동, 소음 상태

36. 천장 크레인 배선에 관한 것 중 틀린 것은?
   ① 배선의 피복 상태는 손상, 파손, 탄화 부분이 없을 것.
   ② 배선의 단자 체결부분은 전용 단자를 사용하고 볼트 및 너트의 풀림 또는 탈락이 없을 것.
   ③ 배선의 절연저항은 대지전압 150V 초과 300V 이하인 경우 0.2MΩ 이상일 것.
   ④ 배선은 KSB 3064에 정해진 규격에 적합한 캡타이어 케이블 일 것.

37. 구름 베어링의 단점은?
   ① 과열의 위험이 적다.
   ② 마멸이 적으므로 빗나감도 적다.
   ③ 길이가 작아도 좋으므로 기계의 소형화가 가능하다.
   ④ 소음 및 진동이 생기기 쉽다.

38. 천장 크레인 운전자가 화물을 권상할 때 위험한 상태에서 작업 안전을 위해 급정지시키는 비상 정지장치에 대한 설명으로 가장 적합한 것은?
   ① 작업 종료 시 전원을 차단하기 위한 장치이다.
   ② 누름 버튼은 적색으로 머리 부분이 돌출되고, 수동 복귀되는 형식이다.
   ③ 누름 버튼은 황색으로 머리 부분이 돌출되고, 자동 복귀되는 형식이다.
   ④ 탑승용(운전석) 크레인일 경우 권상 레버와 같이 부착된다.

39. 천장 크레인의 시브 홈의 마모 한도는 와이어로프 지름에 얼마 이하이어야 하는가?
   ① 20%   ② 30%
   ③ 40%   ④ 50%

40. 20kW의 전동기가 23ps의 동력을 발생하고 있을 때, 전동기의 효율은 약 얼마인가?(단, 1ps는 735W 이다.)
   ① 64%   ② 85%
   ③ 90%   ④ 99%

41. 줄 걸이 방법 중 훅 걸이의 종류가 아닌 것은?
   ① 짝감기 걸이   ② 어깨 걸이
   ③ 이중 걸이   ④ 짝감아 걸이

42. 와이어로프의 쐐기 고정법은?
   ①   ②
   ③   ④

43. 와이어로프의 안전계수가 5이고, 절단하중이 20000kgf 일 때 안전하중은?
   ① 6000kgf   ② 5000kgf
   ③ 4000kgf   ④ 2000kgf

44. 체적이 같을 때 무거운 것부터 차례로 나열한 것은?
   ① 동→납→점토→철   ② 점토→납→동→철
   ③ 철→동→납→점토   ④ 납→동→철→점토

45. 와이어로프의 보관 방법 중 틀린 것은?
① 건조하고 지붕이 있는 곳에 보관해야 한다.
② 한번 사용한 로프를 보관할 때는 오물 등을 제거하고 그리스를 바르고 잘 감아서 보관해야 한다.
③ 로프는 적당한 습기가 필요하므로 충분한 습기가 올라오는 장소에 놓는다.
④ 직사광선이나 열기 등에 의한 그리스의 변질이 없도록 보관해야 한다.

46. 크레인용 와이어로프에 심강을 사용하는 목적을 설명한 것 중 거리가 먼 것은?
① 충격 하중을 흡수한다.
② 소선끼리의 마찰에 의한 마모를 방지한다.
③ 충격 하중을 분산시킨다.
④ 부식을 방지한다.

47. 화물을 권하 한 후, 줄 걸이 용구를 분리하는 방법으로 적절하지 않은 것은?
① 훅은 가능한 낮은 위치로 유도하여 분리한다.
② 직경이 큰 와이어로프는 비틀림이 작용하여 흔들림이 발생하므로 흔들리는 방향에 주의하면서 분리한다.
③ 작업을 빨리 진행하기 위하여 크레인으로 줄 걸이용 와이어로프를 잡아당겨 분리한다.
④ 줄 걸이용 와이어로프는 손으로 분리하는 것이 원칙이다.

48. 크레인에 사용되는 와이어로프의 사용 중 점검 항목으로 적합하지 않는 것은?
① 마모 상태 검사
② 부식 상태 검사
③ 소선의 인장강도 검사
④ 엉킴, 꼬임 및 킹크 상태 검사

49. 2000kgf의 물건을 두 줄 걸이로 하여 줄 걸이 로프의 각도를 60도로 매달았을 때 한쪽 줄에 걸리는 하중은 약 몇 kgf인가?
① 1455 ② 1355
③ 1255 ④ 1155

50. 신호수가 집게손가락을 위로 올려 동그라미를 그릴 때의 신호는?
① 주행 ② 권하
③ 권상 ④ 가속

51. 다음 중 전기 설비 화재 시 가장 적합하지 않은 소화기는?
① 포말 소화기
② 이산화탄소 소화기
③ 무상강화액 소화기
④ 할로겐 화합물 소화기

52. 산업안전보건법상 산업 재해의 정의로 옳은 것은?
① 고의로 물적 시설을 파손한 것을 말한다.
② 운전 중 본인의 부주의로 교통사고가 발생된 것을 말한다.
③ 일상 활동에서 발생하는 사고로서 인적 피해에 해당하는 부분을 말한다.
④ 근로자가 업무에 관계되는 건설물·설비·원재료·가스·증기·분진 등에 의하거나 작업 또는 그 밖의 업무로 인하여 사망 또는 부상하거나 질병에 걸리게 되는 것을 말한다.

53. 다음 중 현장에서 작업자가 작업 안전상 꼭 알아두어야 할 사항은?
① 장비의 가격
② 종업원의 작업환경
③ 종업원의 기술정도
④ 안전규칙 및 수칙

54. 전장품을 안전하게 보호하는 퓨즈의 사용법으로 틀린 것은?
① 퓨즈가 없으면 임시로 철사를 감아서 사용한다.
② 회로에 맞는 전류 용량의 퓨즈를 사용한다.
③ 오래되어 산화된 퓨즈는 미리 교환한다.
④ 과열되어 끊어진 퓨즈는 과열된 원인을 먼저 수리한다.

55. 산업체에서 안전을 지킴으로서 얻을 수 있는 이점과 가장 거리가 먼 것은?
    ① 직장의 신뢰도를 높여준다.
    ② 직장 상·하 동료 간 인간관계 개선 효과도 기대된다.
    ③ 기업의 투자 경비가 늘어난다.
    ④ 사내 안전수칙이 준수되어 질서유지가 실현된다.

56. 원목처럼 길이가 긴 화물을 외줄 달기 슬링 용구를 사용하여 크레인으로 물건을 안전하게 달아 올리는 방법으로 가장 거리가 먼 것은?
    ① 화물의 중량이 많이 걸리는 방향을 아래쪽으로 향하게 들어올린다.
    ② 제한 용량 이상을 달지 않는다.
    ③ 수평으로 달아 올린다.
    ④ 신호에 따라 움직인다.

57. 사고 원인으로서 작업자의 불안전한 행위는?
    ① 안전조치 불이행   ② 작업장의 환경 불량
    ③ 물적 위험상태   ④ 기계의 결함상태

58. 작업장에서 작업복을 착용하는 이유로 가장 옳은 것은?
    ① 작업장의 질서를 확립시키기 위해서
    ② 작업자의 직책과 직급을 알리기 위해서
    ③ 재해로부터 작업자의 몸을 보호하기 위해서
    ④ 작업자의 복장 통일을 위해서

59. 구동 벨트를 점검 할 때 기관의 상태는?
    ① 공회전 상태   ② 급가속 상태
    ③ 정지 상태   ④ 급감속 상태

60. 중량물 운반작업 시 착용하여야 할 안전화로 가장 적절한 것은?
    ① 중 작업용   ② 보통 작업용
    ③ 경 작업용   ④ 절연용

정답 및 해설

1. ④
   주행 차륜 플랜지는 두께의 50% 이상 마모와 수직에서 20° 이상의 변형이 생기면 교환하여야 한다.
2. ②
   버퍼 스톱퍼는 주행이나 횡행에서 충돌할 때 충격을 완화시켜 주는 장치이다.
3. ②
   크래브 부분의 점검사항은 운전 중 크래브에서 발생하는 소음, 크래브에 부착된 안전 난간의 이상 유무, 크래브 프레임의 용접부분 균열발생 유무 등이다.
4. ①
   홈이 있는 드럼에 와이어로프가 감길 때 와이어로프 방향과 홈 방향과의 각도는 4도 이내이다.
5. ③
   디스크 브레이크 파이프가 파손되면 제동이 전혀 안 된다.
6. ①
   팬던트 또는 무선 원격 제어기를 사용하여 작업 바닥면에서 조작할 때 화물과 운전자가 함께 이동하는 크레인의 주행속도는 분당 45m 이하이어야 한다.
7. ④
8. ④
   시브 홈 지름이 너무 크면 와이어로프를 납작하게 변형시키고, 와이어로프의 마모를 촉진시키며, 시브의 손상을 촉진 및 시브의 수명을 단축한다.
9. ④
   ◆ 제어반의 구조
   ① 내부 배선은 전용의 단자를 사용해야 한다.
   ② 접촉 단자 체결 나사의 풀림, 탈락이 없어야 한다.
   ③ 전선 인입구 피복의 손상 또는 열화가 없어야 한다.
   ④ 외함의 구조는 충전부가 밀폐형이며 적합한 구조이어야 한다.
   ⑤ 제어반에는 과전류 보호용 차단기 또는 퓨즈가 설치되어 있을 것
   ⑥ 제어반에는 제어반의 명칭, 전원의 정격이 표시된 이름판을 각각 붙일 것
10. ①
    팬터그래프형 집전장치는 고속형 천장 크레인의 접전장치로 중간지지를 갖는 수평 배열이며, 휠이나 슈를 사용한다.
11. ③
    드럼형 제어기는 콘택트 시그먼트와 핑거가 접촉하여 직접 전동기를 작동시키는 방식이다.
12. ①
    ◆ 기계식 과부하 방지장치의 특성
    ① 구조가 간단하고 보수가 쉽고 반영구적이다.
    ② 완전 밀폐형 구조이며 폭발성 지역에서도 사용이 가능하다.

③ 정지형 보호 장치를 취급이 간편하다.
④ 별도의 동작 전원이 필요 없다.

13. ②

완성검사를 할 때 시험하중은 정격하중의 110%로 한다.

14. ①

훅은 목 부분이 10% 이내 벌어진 것까지만 사용한다.

15. ③

카본 브러시의 마모한도는 원래치수의 50% 이다.

16. ④

거더의 처짐은 정격하중 및 달기기구 자중을 합한 하중을 가장 불리한 조건으로 권상하였을 때 스팬의 1/800 이하여야 한다.

17. ①

휠베이스는 스팬 길이의 8배 이하이어야 한다.

18. ④

무선 원격 제어기는 사용 중 충격을 받으면 곧바로 작동이 정지되어야 하며, 관계자 이외의 자가 취급할 수 없도록 잠금 장치가 되어 있어야 하며, 조작 신호 이외의 신호에서 크레인이 작동되지 않아야 한다.

19. ③

운전실은 안전운전을 할 수 있도록 충분한 시야를 확보할 수 있는 구조이어야 하고, 제어기는 작동방향 표시가 있어야 하며, 운전자가 쉽게 조작할 수 있는 위치에 개폐기, 제어기, 브레이크, 경보장치를 설치하여야 한다. 또 운전실에는 조명장치를 설치하여야 한다.

20. ③
◆ 브레이크의 종류
① 유압 압상 브레이크(오일 디스크 브레이크) : 전기를 투입하여 유압으로 작동되는 방식이며, 주행과 횡행에서 사용된다.
② 마그네틱 브레이크 : 제동 토크가 무여자 상태에서 스프링과 가동 철심의 자체중량에 의해 발생되는 압력으로 브레이크 드럼을 가압하여 제동하는 방식이다.
③ 다이나믹 브레이크 : 운동 에너지를 전기 에너지로 변환시키고, 전자 에너지를 소모시켜 제어하며, 직류 전동기의 속도 제어용으로 사용된다.
④ 스러스트 브레이크 : 전기를 투입하여 유압을 작동시키는 브레이크이다.

21. ③

구름 베어링은 2개의 궤도를 사이에 있는 전동체가 굴림 운동을 하며 볼, 원통, 테이퍼 롤러 등의 종류로 분류할 수 있다.

22. ④

베어링이 고착되는 원인은 급유가 불충분한 경우, 급유 오일의 선정이 잘못된 경우, 과부하로 베어링의 유막이 파괴된 경우, 고속으로 회전하는 경우

23. ①

주파수 방식은 운전자의 가시거리를 벗어나더라도 작동이 가능하다.

24. ②

옥외 크레인을 사용할 때 순간 풍속이 매초 당 30m를 초과하는 바람이 불어올 우려가 있을 때에는 옥외에 설치되어 있는 주행 크레인에 대하여 이탈 방지장치를 작동시키는 등 그 이탈을 방지하기 위한 조치를 하여야 한다.

25. ④

유니버설 조인트(자재이음)는 2개의 축이 일직선상에 있지 않고 어떤 각도를 가진 두 축 사이에 동력을 전달할 때 사용하는 축 이음으로서 경사각이 커지면 전달효율이 저하되므로 보통 30° 이내로 사용하는 축 이음이다.

26. ④

화물을 지상에 내릴 때에는 적당한 높이까지 내린 후 천천히 내린다.

27. ①

어브레이젼(abrasion)이란 윤활유 유막보다 더 큰 이물질 입자에 의하여 기어의 접촉면에 긁힌 자국이다.

28. ①

$$N = \frac{120 \times Hz}{P} \times Sr$$

N : 전동기 회전수, Hz : 주파수, P : 극수, Sr : 슬립율

$$\therefore \frac{120 \times 60}{4} \times 0.97 = 1746 rpm$$

29. ②
◆ 스파크(불꽃) 방지방법
① 스위치의 개폐는 신속히 행한다.
② 스위치의 접촉면에 먼지나 이물질이 없도록 한다.
③ 접촉면을 매끄럽게 유지시킨다.
④ 가능한 교류를 사용한다.
⑤ 전원을 차단할 때에는 반드시 부하 측에서 메인(main)측 순서로 행한다.

30. ③

윤활유의 작용에는 냉각 작용, 방청 작용, 응력 분산 작용, 밀봉 작용, 마찰 감소 및 마멸 방지 작용 등이 있다.

31. ②

32. ④
◆ 안전담당자의 임무
① 작업방법과 근로자의 배치를 결정하고 작업을 지휘
② 재료의 결함 유무 또는 기구 및 공구의 기능을 점검하고 불량품을 제기
③ 작업 중 안전대와 안전모의 착용상황을 감시

33. ③
◆ 전기 설비의 감전 방지 대책
① 정전 또는 점검 수리를 할 때에는 반드시 전원 스위치를 내리고 다른 사람이 스위치를 넣지 않게 "수리 중" 표시를 한다.
② 감전사고 방지를 위한 장치에는 접지, 누전 차단기 등이 있다.
③ 복장은 피부가 노출되지 않게 하고 건조한 옷을 착용하며 절연이 양호한 신발을 신는다.

34. ③

35. ④
하역 작업을 시작하기 전에 점검해야 할 사항은 주행로 상 및 크레인 주위에 장애물 유무여부, 급유 상태, 볼트·너트 및 엔드 플레이트의 이완여부 등이다.

36. ④
캡타이어 케이블은 광산의 이동기계에 사용하기 위해 영국에서 개발한 것이며, 일반적으로 이동용 전선으로 실외 등에서 거칠게 사용하여도 견딜 수 있도록 만들어져 있다.

37. ④
◆ 구름 베어링의 단점
① 값이 비싸고, 충격에 약하다.
② 축 사이가 매우 짧은 곳에서는 사용할 수 없다.
③ 진동이나 소음이 발생하기 쉽다.
④ 정밀도를 유지하기 위하여 조립이나 취급에 주의를 요한다.
⑤ 하우징이 크게 되고 설치와 조립이 어렵다.

38. ②
비상 정지장치의 누름 버튼은 적색으로 머리 부분이 돌출되고, 수동 복귀되는 형식이다.

39. ①
시브(도르래) 홈의 마모 한도는 와이어로프 지름의 20% 이내일 것

40. ②
① 23PS×0.735=16.9kW
② $\dfrac{16.9kW}{20kW} \times 100 = 85\%$

41. ③
◆ 훅 걸이 방법
① 눈 걸이 : 전부 눈 걸이를 원칙으로 한다.
② 반 걸이 : 미끄러지기 쉬우므로 가장 위험하다.
③ 어깨걸이 : 16mm 이상의 굵은 와이어로프일 때 사용한다.
④ 짝감기 걸이 : 14mm 이하의 가는 와이어로프일 때 사용한다.
⑤ 어깨걸이 나머지 돌림 : 4가닥 줄 걸이로서 꺾어 돌림 할 때(와이어로프가 굵을 때)사용한다.
⑥ 짝감아 걸이 : 4가닥 줄 걸이로서 꺾어 돌림 할 때(와이어로프가 가늘 때)사용한다

42. ②
43. ③
안전하중 = $\dfrac{\text{절단하중}}{\text{안전계수}}$ ∴ $\dfrac{20000kgf}{5} = 400kgf$

44. ④
체적이 같을 때 무거운 것부터의 차례는 납→동→철→점토이다.

45. ③
와이어로프가 직접 지면에 닿지 않도록 하고 습기가 없는 곳에 보관해야 한다.

46. ③
와이어로프에 심강을 사용하는 목적은 충격 하중의 흡수, 스트랜드의 위치를 올바르게 유지, 소선끼리의 마찰에 의한 마모를 방지한다.

47. ③
48. ③
와이어로프의 검사 항목은 마모 상태 검사, 부식 상태 검사, 엉킴 및 꼬임 킹크 상태 검사, 끝단 처리(단말고정) 상태 검사 등이다.

49. ④
줄에 걸리는 하중 = $\dfrac{\text{하중}}{\text{줄걸이 수} \times \text{각도}}$
∴ $\dfrac{2000kgf}{2 \times \cos 30°} = \dfrac{2000kgf}{2 \times 0.866} = 1155kgf$

50. ③
집게손가락을 위로 올려 동그라미를 그릴 때의 수신호는 "권상 신호"이다.

51. ①
전기 화재의 소화에 포말 소화기를 사용해서는 안 된다.

52. ④   53. ④   54. ①
55. ③   56. ③   57. ①
58. ③   59. ③   60. ①

국가기술자격검정 필기시험 복원문제

2017년 복원 문제(4)

자격종목 및 등급(선택분야)	종목코드	시험시간	문제지형별	수검번호	성 명
천장크레인운전기능사	7864	1시간			

1. 훅을 교환해야 할 상태를 육안으로 가장 간단하고 쉽게 확인할 수 있는 것은?

   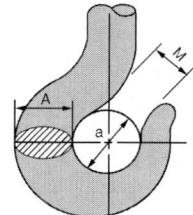

   ① 그림에서 M의 치수가 a의 치수와 같아진 것
   ② A부분의 균열을 확인하기 위하여 비파괴 검사한 것
   ③ 그림에서 훅의 인장응력이 변화된 것
   ④ 훅의 A의 치수가 원 치수의 20% 이상 마모인 것

2. 천장 크레인에서 주행레일의 진직도는 전 주행길이에 걸쳐 최대 얼마 이내이어야 하는가?
   ① 20mm ② 10mm
   ③ 2mm   ④ 5mm

3. 크레인에 설치되는 완충장치에 대한 설명으로 옳지 않은 것은?
   ① 완충장치는 레일 양 끝단에 설치된 스토퍼에 크레인이 부딪쳤을 때 충격을 완화시켜 주는 역할을 한다.
   ② 호이스트나 크래브 트롤리식 스토퍼는 차륜 직경의 1/4 미만의 높이로 레일에 용접하여 사용한다.
   ③ 주행 레일의 스토퍼는 차륜 직경의 1/2 이상 높이로 한다.
   ④ 고속 크레인에 사용되는 완충장치에는 경질 고무 버퍼, 우레탄 고무 버퍼, 스프링식 및 유압식이 있다.

4. 권하 속도가 빠를수록 좋은 천장크레인은?
   ① 원료 장입 크레인 ② 주기 크레인
   ③ 강괴 크레인   ④ 담금질 크레인

5. 주행 차륜의 직경이 400mm이고, 주행 모터의 회전수가 3000rpm이며, 감속비가 1/100일 때, 주행속도는?
   ① 약 38m/min   ② 약 68m/min
   ③ 약120m/min   ④ 약80/min

6. 주행 레일 높이 편차에 대한 설명으로 알맞은 것은?
   ① 기준면으로부터 최대 ±10mm 이내
   ② 기준면으로부터 최대 ±15mm 이내
   ③ 기준면으로부터 최대 ±20mm 이내
   ④ 기준면으로부터 최대 ±25mm 이내

7. 직류 전동기에 이용되는 속도 제어용 브레이크는?
   ① 다이나믹 브레이크
   ② 메카니컬 브레이크
   ③ 마그네틱 브레이크
   ④ 유압 압상 브레이크

8. 천장 크레인의 비상 정지장치에 대한 설명 중 옳은 것은?
   ① 비상 정지장치는 작동된 이후 자동으로 복귀되어야 한다.
   ② 비상 정지 누름버튼은 매립형 이어야 한다.
   ③ 비상 정지장치는 접근이 용이한 곳에 설치되어야 한다.
   ④ 비상 정지 누름버튼의 색상은 녹색이어야 한다.

9. 천장 크레인 권상용 훅의 국부 마모에 의한 사용 한도에 해당하는 마모량은?
   ① 원래 치수의 5%이내일 것
   ② 원래 치수의 10%이내일 것
   ③ 원래 치수의 20%이내일 것
   ④ 원래 치수의 50%이내일 것

10. 주행, 횡행, 권상 등의 일상점검 방법은?
    ① 무부하로 실시한다.
    ② 정격 하중을 매달고 실시한다.
    ③ 정격 하중의 1/2을 매달고 실시한다.
    ④ 시험 하중을 매달고 실시한다.

11. 주행용 트롤리선은 늘어남과 하중을 지지하기 위해 몇 m 간격마다 애자로 지지하여야 하는가?
    ① 3m
    ② 6m
    ③ 9m
    ④ 12m

12. 도유기와 리미트 스위치에 대한 설명 중 틀린 것은?
    ① 차륜 도유기는 차륜 플랜지 또는 레일 측면에 소량의 오일을 계속 자동으로 도유하는 기기이다.
    ② 차륜 도유기의 오일 탱크는 도유기 몸체보다 상부에 위치한다.
    ③ 상용 리미트 스위치가 하한선에서 작동했을 때 권상 훅의 위치는 보통 크래브 하단 0.5m 정도이다.
    ④ 중추식 리미트 스위치는 비상용으로 사용한다.

13. 천장 크레인의 안전장치가 아닌 것은??
    ① 리미트 스위치
    ② 전자 브레이크
    ③ 과부하 계전기
    ④ 전동기

14. 와이어로프 사용상 주의사항으로 틀린 것은?
    ① 새로운 로프로 교체 후 초기 운전 시에는 사용 정격하중의 1/2정도를 걸고 저속으로 여러 번 시운전을 해야 한다.
    ② 드럼에 로프를 감을 때에는 가능한 당기면서 감아야 한다.
    ③ 로프의 수명을 연장시키려면 적정 하중으로 운전횟수를 늘리는 편보다 과하중 횟수를 줄이는 것이 유리하다.
    ④ 짐을 매다는 경우에는 4줄 걸이 이상으로 한다.

15. 천장 크레인 운전실의 종류가 아닌 것은?
    ① 개방형 운전실
    ② 개방 단열형 운전실
    ③ 밀폐형 운전실
    ④ 밀폐 단열형 운전실

16. 하나의 제어기로 주행과 횡행 또는 주권과 보권을 같이 사용할 수 있는 것은?
    ① 수동드럼형 제어기
    ② 캠 작동식 제어기
    ③ 푸시버튼 제어기
    ④ 유니버설 제어기

17. 크레인 훅의 개구부 벌어짐의 사용 한도는 원래 치수의 몇 %까지 인가?
    ① 5%
    ② 10%
    ③ 15%
    ④ 50%

18. 크레인 안전기준상 차륜 플랜지의 사용 가능한 최대 마모 한도는 원 치수의 몇 % 이내인가?
    ① 10
    ② 20
    ③ 30
    ④ 50

19. 천장 크레인에서 주권, 보권 등에서 사용하는 권과 방지 장치는?
    ① 리미트(Limit) 스위치
    ② 오일게이지
    ③ 집중 그리스 펌프
    ④ 와이어로프

20. 버퍼 스토퍼에 대해 설명한 것 중 옳은 것은?
    ① 강판으로 접합하여 케이스를 만들어 충격의 부담을 덜어주는 스토퍼
    ② 새들의 차륜을 보호하기 위하여 씌운 덮게
    ③ 거더의 비틀림을 방지하기 위해 설치해 놓은 스토퍼
    ④ 단단한 고무나 스프링 또는 유압을 이용하여 충돌시 충격을 완화시켜 주는 스토퍼

21. 크레인 점검 작업시의 유의사항으로 틀린 것은?
    ① 점검 작업을 할 때는 "점검 중" 등의 위험 표시를 설치한다.
    ② 정지하여 점검 작업을 할 때는 동력원 스위치를 끄고 한다.
    ③ 점검 작업을 할 때는 필요한 안전 보호구를 착용한다.
    ④ 동일 주행로 상에서 다른 크레인의 주행을 제한하면 곤란하다.

22. 주행 집전장치(pantograph)의 집전자(collector shoe)에 주로 사용되는 브러시로 맞는 것은?
  ① 플라스틱 브러시 ② 카본 브러시
  ③ 은 접점 브러시 ④ 알루미늄 브러시

23. 급유방법에 대한 설명 중 가장 거리가 먼 것은?
  ① 와이어로프용 윤활유는 산이나 알칼리성을 띠지 않고 내산화성이 커야 한다.
  ② 진동이 심하고 먼지가 많은 개방 기어에는 그리스를 발라주는 것이 좋다.
  ③ 감속기어 오일은 여름철에는 점도가 높은 것을 겨울철에는 점도가 낮은 것을 사용한다.
  ④ 스팬이 긴 경우 사행으로 인한 마모가 크므로 레일 측면에 기름이 부착되어서는 안 된다.

24. 미끄럼 베어링에 대한 설명 중 틀린 것은?
  ① 구조가 간단하고 값이 싸다.
  ② 충격에 견디는 힘이 적다.
  ③ 베어링 교환이 간단하다.
  ④ 시동 저항이 크다.

25. 스퍼 기어에서 잇수가 18개인 피니언이 1000rpm으로 회전하고 있다. 기어를 450rpm으로 회전시키려면 기어의 잇수는 몇 개로 하여야 하는가?
  ① 40 ② 70
  ③ 150 ④ 250

26. 크레인 운전 조작에 관한 주의사항으로 틀린 것은?
  ① 일상점검 및 운전 전 점검이 완료되어 이상 없음이 판명되었을 때 운전에 필요한 조작을 한다.
  ② 훅이 크게 흔들릴 경우는 권상 작업을 해서는 안 된다.
  ③ 권상 화물을 다른 작업자의 머리 위로 통과시키기 위해서 경보를 울린다.
  ④ 화물을 권상하는 경우 권상 하물이 지면에서 약 20cm 떨어진 후에 일단정지 시켜 권상 하물의 중심 및 밸런스를 확인한다.

27. 스프링 재료의 구비조건이 아닌 것은?
  ① 내식성이 클 것
  ② 크리프 한도가 높을 것
  ③ 탄성한계가 높을 것
  ④ 전연성이 풍부할 것.

28. 천장 크레인의 운전 시작 전 점검사항이 아닌 것은?
  ① 천장 크레인의 주행로상 혹은 천장 크레인이 이동하는 영역 안에 장애물 유무 확인
  ② 천장 크레인 정지기구 및 레일 클램프와 같은 고정 장치 해제 유무
  ③ 천장 크레인 부하 시험 시 과부하 방지장치 동작상태 확인
  ④ 운전실내 각종 레버와 스위치의 이상 유무

29. 천장 크레인으로 중량물 운반시 일반적으로 안전한 높이는 지상으로부터 얼마인가?
  ① 0.5m ② 1.0m
  ③ 1.5m ④ 2.0m

30. 축 저널의 손상 원인에 대한 설명으로 거리가 가장 먼 것은?
  ① 제작상의 불량
  ② 강성 부족
  ③ 과다한 오일 공급
  ④ 장치 불량

31. 트롤리(Trolley) 동선의 좌·우 고저 차는 기준면에서 몇 mm 이하를 유지하여야 하는가?
  ① ±2mm
  ② ±4mm
  ③ ±6mm
  ④ ±8mm

32. 스파크(spark)발생 비율에 대한 사항 중 틀린 것은?
  ① 접촉면에 요철이 심하면 스파크가 심하다.
  ② 전로를 닫을 때보다 열(off)때가 스파크가 많다.
  ③ 접촉점 간에 전압이 클수록 스파크가 많다.
  ④ 교류보다 직류가 스파크가 작다.

33. 천장 크레인으로 하물을 권상할 때의 운전 방법 중 가장 양호한 것은?
   ① 하물을 조금씩 들어 올리고 그때마다 제어기를 OFF시켜 브레이크 지지능력을 확인한다.
   ② 천장 크레인은 정격하중의 110%는 들어 올릴 수 있으므로 평소와 같이 권상한다.
   ③ 지면에서 20cm 쯤 위치에서 일단 정지하고 줄 걸이 이상여부를 확인한다.
   ④ 안전을 위하여 작업을 하지 않는다.

34. 플레밍의 오른손 법칙에서 가운데(중지) 손가락 방향은?
   ① 자력선 방향   ② 자밀도 방향
   ③ 유도 기전력 방향   ④ 운동방향

35. 운전 시 집전장치에서 과대한 스파크가 발생할 때 점검해야 할 사항은?
   ① 집전자의 과대 마모에 의한 접촉 불량
   ② 전동기의 회전수
   ③ 브레이크 라이닝 간격
   ④ 리미트 스위치

36. 천장 크레인에서 Arc(아크)가 발생하는 위치 중 거리가 가장 먼 것은?
   ① 집전장치의 접촉면   ② 전동기 정류자
   ③ 전자 접촉기   ④ 저항기

37. 교류에 있어서 저압은 몇 볼트(V) 이하를 의미하는가?
   ① 400   ② 500
   ③ 600   ④ 700

38. 천장 크레인의 전기기기에서 사용하는 절연에 관한 용어 중 "F종" 절연의 허용 최고 온도는?
   ① 90℃   ② 120℃
   ③ 130℃   ④ 155℃

39. 구름 베어링의 특징으로 틀린 것은?
   ① 과열의 위험이 적다.
   ② 충격 하중에 강하다.
   ③ 값이 비싸다.
   ④ 하우징(housing)이 크고 설치가 어렵다.

40. 접선 키에서 120° 각도로 두 곳에 키를 끼우는 이유는?
   ① 작은 동력을 전달하기 위하여
   ② 축을 강하게 하기 위하여
   ③ 역 회전을 할 수 있게 하기 위하여
   ④ 축 압을 막기 위하여

41. 와이어 손상의 분류에 대한 설명으로 틀린 것은?
   ① 와이어는 사용 중 시브 및 드럼 등의 접촉에 의해 마모가 생기는데 이때 직경 감소가 7% 시 교환한다.
   ② 사용 중 소선의 단선이 전체 소선수의 50%가 단선이 되면 교환한다.
   ③ 과하중을 들어 올릴 경우 내·외층의 소선이 맞부딪치게 되어 피로 현상을 일으키게 된다.
   ④ 열의 영향으로 강도가 저하되는데 이때 심강이 철심일 경우 300℃까지 사용이 가능하다.

42. 건설 현장에서 와이어로프 점검 시 적절한 방법이 아닌 것은?
   ① 파단 상태의 점검
   ② 제작 방법 점검
   ③ 형상 변형 점검
   ④ 마모 및 부식상태 점검

43. 타워 크레인에서 일반적인 작업 사항으로 틀린 것은?
   ① 작업이 종료된 후 훅(Hook)은 크레인 메인 지브의 하단부 정도까지 올린다.
   ② 물건을 운반하지 않을 때에는 훅에 와이어를 건채로 이동해서는 안 된다.
   ③ 모가 난 짐을 운반 시는 규정보다 약한 와이어를 사용한다.
   ④ 화물의 중량 및 중심의 목측(目測)은 가능한 정확해야 한다.

44. 100V로 150A의 전류를 흐르게 하였을 경우 마력은 약 얼마인가?
   ① 10.11   ② 20.11
   ③ 30.11   ④ 40.11

45. 천장 크레인의 주행 차륜의 마모 한계에 대한 설명 중 틀린 것은?
　① 좌우차륜의 직경차 : 구동륜은 원치수의 0.2%, 종동륜은 원치수의 0.5%
　② 플랜지의 두께 : 원치수의 50%
　③ 플랜지의 변형도 : 수선에서 20°
　④ 차륜직경의 마모 : 원치수의 3%

46. 연결된 5개의 링크의 길이가 20cm인 표준 체인은 이 연결된 5개의 링크의 길이가 최대 몇 cm가 될 때까지 사용이 가능한가?
　① 21　　② 22
　③ 23　　④ 24

47. 와이어로프 구성의 표기 방법이 틀린 것은?

　　6 × Fi(24) + IWEC B종 20mm

　① 6 : 스트랜드 수
　② 24 : 와이어로프 수
　③ B종 : 소선의 인장강도
　④ 20mm : 와이어로프의 직경

48. 크레인의 권상용 와이어로프의 주유에 관한 사항 중 바른 것은?
　① 그리스를 와이어로프의 전체 길이에 충분히 칠한다.
　② 그리스를 와이어로프에 칠할 필요가 없다.
　③ 기계유를 로프의 심까지 충분히 적신다.
　④ 그리스를 로프의 마모가 우려되는 부분만 칠하는 것이 좋다.

49. 줄 걸이 작업 시 짐의 무게중심에 대하여 주의할 사항으로 옳지 않은 것은?
　① 짐의 무게중심 판단은 정확히 할 것
　② 짐의 무게중심은 가급적 높이도록 할 것
　③ 무게중심의 바로 위에 훅을 유도할 것
　④ 무게중심이 전후, 좌우로 치우친 것을 주의할 것

50. 와이어로프 규격에서 "6호품 6×37 B종 보통 S 꼬임"에서 B종의 의미는?
　① 소선의 굵기를 표시하는 기호이다.
　② 소선의 재료가 황동(Brass)임을 표시한다.
　③ 소선의 인장강도의 구분을 의미한다.
　④ 소선의 색채가 청색인 것을 의미한다.

51. 크레인 인양작업 시 줄 걸이 안전사항으로 적합하지 않는 것은?
　① 신호자는 원칙적으로 1인이다.
　② 신호자는 크레인 운전자가 잘 볼 수 있는 안전한 위치에서 행한다.
　③ 2인 이상의 고리 걸이 작업 시에는 상호 간에는 소리를 내면서 행한다.
　④ 권상 작업 시 지면에 있는 보조자는 와이어로프를 손으로 꼭 잡아 화물이 흔들리지 않게 하여야 한다.

52. 무거운 물건을 들어 올릴 때의 주의사항에 관한 설명으로 가장 적합하지 않은 것은?
　① 장갑에 기름을 묻히고 든다.
　② 가능한 이동식 크레인을 이용한다.
　③ 힘센 사람과 약한 사람과의 균형을 잡는다.
　④ 약간씩 이동하는 것은 지렛대를 이용할 수도 있다.

53. 망치(hammer) 작업 시 옳은 것은?
　① 망치 자루의 가운데 부분을 잡아 놓치지 않도록 할 것
　② 손은 다치지 않게 장갑을 착용할 것
　③ 타격할 때 처음과 마지막에 힘을 많이 가하지 말 것
　④ 열처리 된 재료는 반드시 해머작업을 할 것

54. 작업장에서 공동 작업으로 물건을 들어 이동할 때 잘못된 것은?
　① 힘을 균형을 유지하여 이동할 것
　② 불안전한 물건은 드는 방법에 주의할 것
　③ 보조를 맞추어 들도록 할 것
　④ 운반도중 상대방에게 무리하게 힘을 가할 것

55. 유류 화재 시 소화용으로 가장 거리가 먼 것은?
　① 물　　② 소화기
　③ 모래　④ 흙

56. 산소 가스 용기의 도색으로 맞는 것은?
　① 녹색　② 노란색
　③ 흰색　④ 갈색

57. 공기(air)기구 사용 작업에서 적당치 않은 것은?
   ① 공기기구의 섭동 부위에 윤활유를 주유하면 안 된다.
   ② 규정에 맞는 토크를 유지하면서 작업한다.
   ③ 공기를 공급하는 고무호스가 꺾이지 않도록 한다.
   ④ 공기기구의 반동으로 생길 수 있는 사고를 미연에 방지한다.

58. 안전모에 대한 설명으로 바르지 못한 것은?
   ① 알맞은 규격으로 성능시험에 합격품이어야 한다.
   ② 구멍을 뚫어서 통풍이 잘되게 하여 착용한다.
   ③ 각종 위험으로부터 보호할 수 있는 종류의 안전모를 선택해야 한다.
   ④ 가볍고 성능이 우수하며 머리에 꼭 맞고 충격 흡수성이 좋아야 한다.

59. 안전하게 공구를 취급하는 방법으로 적합하지 않은 것은?
   ① 공구를 사용한 후 제자리에 정리하여 둔다.
   ② 끝 부분이 예리한 공구 등을 주머니에 넣고 작업을 하여서는 안 된다.
   ③ 공구를 사용 전에 손잡이에 묻은 기름 등은 닦아내어야 한다.
   ④ 숙달이 되면 옆 작업자에게 공구를 던져서 전달하여 작업능률을 올린다.

60. 안전수칙을 지킴으로 발생할 수 있는 효과로 거리가 가장 먼 것은?
   ① 기업의 신뢰도를 높여준다.
   ② 기업의 이직율이 감소된다.
   ③ 기업의 투자경비가 늘어난다.
   ④ 상하 동료간의 인간관계가 개선된다.

정답 및 해설

1. ①
   훅의 교환 여부를 육안으로 확인할 수 있는 것은 M의 치수가 a의 치수와 같아진 경우이다.
2. ②
   주행 레일의 진직도(일정한 구간 즉 시작점과 끝나는 점의 중심을 통과하는 가상의 절대 직선에서 실제적으로 어느 정도 어긋나고 있는지를 나타내는 개념)는 전 주행 길이에 걸쳐 최대 10mm 이내이어야 한다.
3. ②
4. ④
   담금질 크레인은 권하 속도가 빠를수록 좋다.
5. ①
   $$V = \frac{\pi DN}{rf}$$
   V : 주행속도(m/min), D : 차륜의 지름,
   N : 전동기의 회전속도, rf : 감속비
   $$\therefore \frac{3.14 \times 400 \times 3000}{100 \times 1000} = 38 m/min$$
6. ①
   주행 레일의 높이 편차는 기준면으로부터 최대 ±10mm 이내 이다.
7. ①
   ◆ 브레이크의 종류
   ① 유압 압상 브레이크 : 전기를 투입하여 유압으로 작동되는 방식이며, 주행과 횡행에서 사용된다.
   ② 마그네틱 브레이크 : 제동 토크가 무여자 상태에서 스프링과 가동 철심의 자체중량에 의해 발생되는 압력으로 브레이크 드럼을 가압하여 제동하는 방식이다.
   ③ 다이나믹 브레이크 : 운동 에너지를 전기 에너지로 변환시키고, 전자 에너지를 소모시켜 제어하며, 직류 전동기의 속도 제어용으로 사용된다.
8. ③
   ◆ 비상 정지장치
   ① 비상 정지장치가 작동되면 권상 및 권하 동작이 중지되어야 한다.
   ② 비상 정지장치의 누름버튼은 돌출형이고 적색이어야 한다.
   ③ 비상 정지장치는 접근이 용이한 곳에 배치되어야 한다.
   ④ 비상 정지장치가 작동된 경우 수동으로 전원을 복귀시키는 구조이어야 한다.
9. ①
   훅의 국부 마모는 원래 치수의 5% 이상 되면 교환한다.
10. ①
    주행, 횡행, 권상 등의 일상점검은 무부하 상태로 실시한다.
11. ②
    주행용 트롤리선은 늘어남과 하중을 지지하기 위해 6m 간격마다 애자로 지지하여야 한다.

12. ③
    차륜 도유기는 차륜 플랜지 또는 레일 측면에 소량의 오일을 계속 자동으로 도유하는 기기이며, 차륜 도유기의 오일 탱크는 도유기 몸체보다 상부에 위치한다. 그리고 중추식 리미트 스위치는 비상용으로 사용한다.
13. ④
14. ③
15. ②
    크레인 운전실의 종류에는 개방형 운전실, 밀폐형 운전실, 밀폐 단열형 운전실 등이 있다.
16. ④
    유니버설 제어기는 1대의 제어기로 주간 제어기 2대의 기능을 가져, 주행과 횡행 또는 주권과 보권을 같이 사용할 수 있고 설치 면적이 절감되는 등의 특징이 있다.
17. ①
    훅의 개구부 벌어짐의 사용한도는 원래 치수의 5%까지이다.
18. ④
    주행 장치의 차륜 플랜지 두께의 마모 한계는 원래 치수의 50% 이다
19. ①
    리미트 스위치는 안전장치에 사용되는 것으로 권상, 권하, 횡행, 주행 등의 운동에 대한 과도한 진행을 방지하는 기구이다.
20. ④
    버퍼 스토퍼란 단단한 고무나 스프링 또는 유압을 이용하여 충돌할 때 충격을 완화시켜 주는 스토퍼이다.
21. ④
    크레인 점검 작업을 할 때 유의사항은 점검 작업을 할 때는 "점검 중"등의 위험표시를 설치하여야 하며, 정지하여 점검 작업을 할 때는 동력원 스위치를 끄고 한다. 또 점검 작업을 할 때는 필요한 안전 보호구를 착용한다.
22. ②
    주행 집전장치의 집전자에는 카본 브러시를 사용한다.
23. ④
    급유방법은 와이어로프용 윤활유는 산이나 알칼리성을 띠지 않고 내산화성이 커야 하며, 진동이 심하고 먼지가 많은 개방 기어에는 그리스를 발라주는 것이 좋다. 또 감속기어 오일은 여름철에는 점도가 높은 것을 겨울철에는 점도가 낮은 것을 사용한다.
24. ②
    ◆ 미끄럼 베어링의 특징
    ① 구조가 간단하고, 값이 싸다.
    ② 베어링 수리가 쉽고, 충격에 견디는 힘이 크다.
    ③ 베어링에 작용하는 하중이 클 때 사용한다.
    ④ 유막에 의한 감쇠력이 우수하다.
    ⑤ 시동 저항이 크다.
25. ①
    기어의 잇수 = $\dfrac{\text{피니언의 잇수} \times \text{피니언의 회전수}}{\text{상대편 기어의 회전수}}$

    $\therefore \dfrac{18 \times 1000}{450} = 40$
26. ③
27. ④
    스프링 재료의 구비조건은 내식성이 클 것, 크리프 한도가 높을 것, 탄성한계가 높을 것
28. ③
    운전시작 전 점검사항은 천장 크레인의 주행로 상 혹은 크레인이 이동하는 영역 안에 장애물 유무 확인, 천장 크레인 정지 기구 및 레일 클램프와 같은 고정 장치 해제 유무, 운전실 내 각종 레버와 스위치의 이상 유무 등이다.
29. ④
    천장 크레인으로 중량물 운반할 때 안전한 높이는 지상으로부터 2.0m 이상이다.
30. ③
    축 저널의 손상 원인은 제작상의 불량, 강성 부족, 오일 부족, 장치의 불량 등이다.
31. ①
    트롤리 동선의 좌·우 고저차이는 기준면에서 ±2mm 이하를 유지하여야 한다.
32. ④
    ◆ 전기의 스파크가 많은 경우
    ① 전로(電路)를 닫을 때보다 열 때가 많다.
    ② 접촉점을 흐르는 전류가 많을수록 많다.
    ③ 접촉점 간의 전압이 높을수록 많다.
    ④ 접촉면의 요철이 심할수록 자주 일어난다.
    ⑤ 주파수가 높을수록 때 많다.
    ⑥ 전기부품의 스파크 발생은 교류보다 직류에서 많다.
    ⑦ 전류가 정격 이상일 때 많다.
33. ③
    하물을 권상할 때에는 지면에서 20cm 쯤 위치에서 일단 정지하고 줄 걸이 이상 여부를 확인 후 권상한다.
34. ③
    플레밍의 오른손 법칙은 오른손 엄지, 인지 및 중지를 서로 직각이 되게 펴고 인지를 자력선의 방향에, 엄지를 도체의 운동방향에 일치시키면 중지에 유도 기전력의 방향이 표시된다.
35. ①
    집전장치에서 과대한 스파크가 발생할 때 집진자의 과대 마모에 의한 접촉 불량을 점검한다.
36. ④
37. ③
    교류에서 600V 이하를 저압이라고 한다.
38. ④
    절연의 종류에는 Y종(90℃), A종(105℃), E종(120℃), B종(130℃), F종(155℃), H종(180℃) 등이 있다.

39. ②

◆ 구름베어링의 장점 및 단점

구름베어링의 장점	구름베어링의 단점
① 마찰손실이 적어 과열의 위험이 적다. ② 베어링의 길이가 작아도 되므로 기계의 소형화가 가능하다. ③ 베어링의 교환과 선택이 용이하다. ④ 윤활과 보수가 용이하다. ⑤ 저널의 길이를 짧게 할 수 있다. ⑥ 마찰계수가 적고 동력손실이 적다.	① 값이 비싸고, 충격에 약하다. ② 축 사이가 매우 짧은 곳에서는 사용할 수 없다. ③ 진동이나 소음이 발생하기 쉽다. ④ 정밀도를 유지하기 위하여 조립이나 취급에 주의를 요한다. ⑤ 하우징이 크게 되고 설치와 조립이 어렵다.

40. ③
41. ②

사용 중 소선의 단선이 전체 소선수의 10% 이상 단선이 되면 교환한다.

42. ②

와이어로프는 파단 상태의 점검, 형상 변형 점검, 마모 및 부식상태 점검 등이다.

43. ③
44. ②

① 전력=전압×전류 ∴ 100V×150A=15,000W
② 1마력(HP)은 746W이므로

$$\frac{15,000\,W}{746} = 20.11 HP$$

45. ③

주행 차륜 플랜지는 두께의 50% 이상 마모와 수직에서 20° 이상의 변형이 생기면 교환하여야 한다.

46. ①

연결된 5개의 링크의 길이가 20cm인 표준 체인은 (20cm) + (20cm × 0.05) = 21cm, 따라서 연결된 5개의 링크 길이가 최대 21cm가 될 때까지 사용이 가능하다.

47. ②
48. ①

와이어로프에 주유를 할 때에는 그리스를 와이어로프의 전체 길이에 충분히 칠한다.

49. ②
50. ③

B종이란 소선의 공칭 인장강도의 구분을 의미한다.

51. ④   52. ①   53. ③
54. ④   55. ①

56. ①

◆ 충전 용기의 도색

① 산소 용기 : 녹색   ② 수소 용기 : 주황색
③ 아세틸렌용기 : 노란색   ④ 암모니아 용기 : 백색
⑤ 탄산가스 용기 : 청색   ⑥ 염소 용기 : 갈색
⑦ 프로판 용기 : 회색   ⑧ 아르곤 용기 : 회색

57. ①   58. ②   59. ④
60. ③

국가기술자격검정 필기시험문제

2018년도 복원문제(1)

자격종목 및 등급(선택분야)	종목코드	시험시간	문제지형별	수검번호	성 명
천장크레인운전기능사	7864	1시간			

1. 차륜 플랜지의 한쪽만 계속 레일과 접촉 마모되는 원인과 관계없는 것은?
   ① 레일과 차륜의 직각도 불량
   ② 구동 차륜과 종륜차륜의 직경이 불량
   ③ 좌우 주행레일의 높이가 불량
   ④ 좌우 구동차륜의 직경차가 불량

2. 천장크레인이 권하 동작을 하는 동안 운동에너지를 전기에너지로 변환시켜 이 전기에너지를 소모시켜 제어하므로 안정된 저속도를 얻은 것은?
   ① D.C 마그넷 브레이크(Magnet Brake)
   ② E.C 브레이크(Eddy Current Brake)
   ③ 다이나믹 브레이크(Dynamic Brake)
   ④ 리미트 스위치(Limit Switch)

3. 훅 상면에 설치된 압축 스프링이 본체의 가이드 스프링을 밀어 올려 리미트 스위치를 동작시키는 형식의 권과방지 장치는?
   ① 호이스트형 권과방지 장치
   ② 진동체인 볼록형 권과방지 장치
   ③ 나사형 권과방지 장치
   ④ 중추형 권과방지 장치

4. 천장크레인 완성검사 시험하중은 정격하중의 최소 몇 배를 초과 시험하여야 하는가?
   ① 1.1   ② 1.25   ③ 2.5   ④ 3.25

5. 매다는 기구에서 굽힘 응력, 전단력, 인장 응력의 하중을 받으며, 줄걸이를 통하여 중량율을 직접 현수하는 부분은?
   ① 체인   ② 로프   ③ 모터   ④ 훅

6. 와이어로프를 드럼에서 최대로 풀었을 때 드럼에 남는 최소한도는 얼마가 적당한가?
   ① 최소 1가닥, 보통 3가닥
   ② 최소 2가닥, 보통 3가닥
   ③ 최소 3가닥, 보통 4가닥
   ④ 최소 1가닥, 보통 2가닥

7. 크레인 안전기준상 차륜 플렌지의 사용 가능한 최대 마모한도는 원 치수의 몇 % 이내인가?
   ① 10   ② 20   ③ 30   ④ 50

8. 횡행 차륜정지용 스토퍼(Sropper)의 적당한 높이는 차륜 지름의 얼마인가?
   ① 1/2 이상   ② 1배 이상
   ③ 1/4 이상   ④ 1/4 이하

9. 천장크레인용 훅(hook)에 대한 설명으로 틀린 것은?
   ① 훅의 재료는 기계 구조용 탄소강을 사용하는 것을 원칙으로 한다.
   ② 보통 50t 이하일 때는 한쪽 현수 훅을 사용하고 그 이상일 때 양쪽 현수 훅을 사용한다.
   ③ 훅의 재료는 강도와 함께 연성이 커야 한다.
   ④ 훅의 파괴 사항은 정격하중의 125%로 한다.

10. 브레이크용 전자석에 있어서 철심이 완전히 흡착되지 않을 때 현상으로 가장 적합한 것은?
    ① 과열된다.   ② 충격이 커진다.
    ③ 기동력이 좋아진다.   ④ 제동력이 상승한다.

11. 자주 조정할 필요 없이 구조가 간단하고 정격속도의 1/5의 안정된 저속도를 쉽게 얻을 수 있는 브레이크는 어느 것인가?
    ① C.F(Change Frequency) 브레이크
    ② 다이나믹 브레이크
    ③ 와류(E. C) 브레이크
    ④ 쓰러스트 브레이크

12. 천장크레인 구조에 있어서 기본 4부 명칭이 아닌 것은?
    ① 거더(girder)   ② 새들(saddle)
    ③ 크레브(crab)   ④ 훅(hook)

13. 천장크레인 종류에서 명칭을 분류하는데 다음 항목 중 대별할 수 있는 것은?
    ① 정격하중에 따라서
    ② 시험하중에 따라서
    ③ 주행 속도에 따라서
    ④ 설치장소나 목적 및 용도에 따라서

14. 주행레일에서 레일 측면의 마모는 원래 규격 치수의 몇 % 이내이어야 하는가?
    ① 3%   ② 5%   ③ 10%   ④ 20%

15. 시브에서 와이어로프 마모발생 방지대책 중 틀린 것은?
    ① 시브 직경을 크게 한다.
    ② 시브 홈의 지름을 아주 크게 한다.
    ③ 시브 홈의 가공을 정밀하게 한다.
    ④ 시브는 적정한 경도의 재질을 사용한다.

16. 천장크레인의 3대 주요 구동 장치가 아닌 것은?
    ① 권상 장치   ② 횡행 장치
    ③ 주행 장치   ④ 신호 장치

17. 전동기 회전수 1152rpm, 전 감속비 1/18.1, 차륜의 지름이 400mm일 때 이 천장크레인의 주행 속도는 약 얼마인가?
    ① 25.4m/min   ② 60m/min
    ③ 80m/min   ④ 200m/min

18. 크레인의 작동과 안전장치 등의 조합에 대하여 설명한 것 중 틀린 것은?
    ① 횡행 – 완충장치
    ② 주행 – 두 크레인 간의 충돌방지 장치
    ③ 권상 – 스크류(나사)형 리미트 스위치
    ④ 권하 – 중추형 리미트 스위치

19. 리미트 스위치에 대한 설명 중 틀린 것은?
    ① 보통 권상장치에 사용하나, 필요에 따라 주·횡행에도 설치 사용할 수 있다.
    ② 권하시 리미트 스위치가 작동하는 지점은 드럼에 와이어로프가 약 3바퀴 정도 남아있는 지점이다.
    ③ 비상용 리미트 스위치는 상용 리미트 스위치가 고장이 났을 때 작동하는 것이다.
    ④ 상용 리미트 스위치는 주로 중추식이 이용된다.

20. 크레인 용어 중 양정을 옳게 표현한 것은?
    ① 주행레일과 레일의 간격
    ② 횡행레일과 레일의 간격
    ③ 건물바닥이나 지상에서 크레인 상연까지의 거리
    ④ 상한 리미트 스위치 작동지점부터 하한 리미트 스위치 작동지점까지의 거리

21. 옥외에 지상( )m 이상 높이로 설치되어있는 크레인에는 항공법 제41조에 따르는 항공 장애등을 설치하여야 한다. ( )안에 알맞은 숫자는?
    ① 30   ② 40   ③ 50   ④ 60

22. 기어케이싱 내의 베어링 커버에 대하여 가장 주의하여 점검할 것은?
    ① 평기어용   ② 웜기어용
    ③ 헬리컬기어용   ④ 유성기어용

23. 1마력(PS)은 약 몇 W인가?
    ① 1.3   ② 3/4   ③ 735   ④ 0.735

24. 크레인의 주요 부분이 진동에 의하여 볼트가 풀릴 경우 이를 보완하기 위한 방법 중 옳지 않은 것은?
    ① 토크 너트를 사용토록 한다.
    ② 평와샤를 넣고 더욱 조인다.
    ③ 홈붙이 너트를 사용 분할 핀을 꽂아 놓는다.
    ④ 혀붙이 와샤를 사용 너트가 회전치 못하도록 다른 물체에 고정시킨다.

25. 축(shaft)에 관한 설명 중 틀린 것은?
    ① 축은 기계장치의 일부로서 회전에 의한 운동이나 동력을 전달하는 역할을 한다.
    ② 축은 회전축과 전동축으로 구분한다.
    ③ 기계를 돌리기 위하여 동력을 전달하는 축을 전동축이라 한다.
    ④ 축끼리의 연결은 축 조인트라 한다.

26. 주의를 요하는 곳에 도색하는 표시색은?
   ① 회색   ② 녹색   ③ 노란색   ④ 갈색

27. 다음 사항 중 스파크(spark)가 일어날 수 있는 요소가 제일 작은 것은?
   ① 접속점에 흐르는 전류가 많을 때
   ② 접속점간에 전압이 높을 때
   ③ 전기회로를 ON으로 하였을 때
   ④ 주파수가 높을 때

28. 옥외 크레인을 사용 시 순간풍속이 매초 당 ( )미터로 초과하는 바람이 불어올 우려가 있는 때에는 옥외에 설치되어 있는 주행크레인에 대하여 이탈방지장치를 작동시키는 등 그 이탈을 방지하기 위한 조치를 하여야 한다. ( )에 적합한 풍속은?
   ① 20   ② 30   ③ 45   ④ 60

29. 전동장치에 대한 설명이 올바른 것은?
   ① 회전하는 두 축 사이에서 전동한다.
   ② 반드시 미끄럼 접촉을 해야 한다.
   ③ 반드시 구동 접촉을 해야 한다.
   ④ 연결부에는 핀을 쓴다.

30. 다음 중 자석의 성질을 설명한 것이다. 틀린 것은?
   ① 자성을 지닌 물체를 잡아당긴다.
   ② 같은 극끼리는 서로 끓어 당기고 다른 극끼리는 서로 반발한다.
   ③ 남(S)극과 북(N)극을 가리킨다.
   ④ 자력선은 N극에서 S극 쪽으로 흐른다.

31. 운전자의 일상 점검 사항이 아닌 것은?
   ① 컨트롤러의 작동상태 확인
   ② 각 브레이크 및 리미트 스위치 확인
   ③ 브레이크 라이닝의 마모상태 확인
   ④ 좌우 레일의 높고 낮음의 차이 확인

32. 다음 중 급유시 그리스 기어오일 등이 유입되어도 지장이 없는 곳은?
   ① 브레이크 풀리(pulley) 및 라이닝(lining)
   ② 와이어 드럼(wire drum)
   ③ 차륜의 프랜지 및 레일 상면
   ④ 전동용 벨트(belt)

33. 60Hz 4극인 유동전동기 슬립이 4%일 때 회전수(rpm)는?
   ① 72   ② 240   ③ 1728   ④ 1800

34. 천장크레인에 사용하는 전동기 중 2차 저항제어방식을 사용하여 기동 및 속도제어를 행하는 전동기는?
   ① 직류, 직권 전동기
   ② 교류 권선형 유도전동기
   ③ 교류 농형 전동기
   ④ 직류 분권 전동기

35. 화물을 지상에 내릴 때 정확하게 설명된 것은?
   ① 속도를 올릴 때와 같이 한다.
   ② 기계 조립시에도 일반속도와 같이한다.
   ③ 훅의 진동이 없으면 빨리 내려도 된다.
   ④ 적당한 높이까지 내린 후 천천히 내린다.

36. 변압기의 1차 권수 80회, 2차 권수 320회인 경우 1차 측에 25V의 전압을 가하면 2차 전압(V)은?
   ① 50   ② 72   ③ 100   ④ 125

37. 다음 중 전자 접촉기의 개폐 동작 불량 원인으로 틀린 것은?
   ① 전압 강하기 크다.
   ② 접점의 마모가 크다.
   ③ 전동기의 속도가 너무 빠르다.
   ④ 조작회로가 고장이다.

38. 저항기의 온도상승 요인이 아닌 것은?
   ① 인칭운전의 빈도가 많다.
   ② 사용빈도가 크다.
   ③ 통풍의 불량이다.
   ④ 최종 노치의 운전이 길다.

39. 양변 18mm, 길이 50mm, 높이 12mm인 1종 성크 키의 크기 표시 방법은?
   ① 18×50×12   ② 12×18×50
   ③ 18×12×50   ④ 50×18×12

40. 베어링의 온도상승 원인을 열거한 것으로 틀린 것은?
   ① 속도계수의 초과한 경우
   ② 과하중이 작용한 경우

③ 베어링 수명계수를 초과한 경우
④ 윤활제 주유한 경우

41. 와이어로프의 안전을 계산 시 사용하는 절단하중은 우리나라에서 어떤 규정을 적용하는가?
① KS A 3514
② KS B 3514
③ KS C 3514
④ KS D 3514

42. 샤클에 각인된 SWL의 의미가 맞는 것은?
① 안전작업 하중
② 제작 회사 마크
③ 샤클의 절단 하중
④ 샤클의 재질

43. 와이어로프의 보관 방법 중 틀린 것은?
① 건조하고 지붕이 있는 곳에 보관해야 한다.
② 한번 사용한 로프를 보관할 때는 오물 등을 제거하고 그리스를 바르게 잘 감아서 보관해야 한다.
③ 로프가 직접 지면에 닿도록 보관해야 한다.
④ 직사광선이나 열기 등에 의한 그리스의 변질이 없도록 보관해야 한다.

44. 체인을 사용할 때 주의 사항으로 틀린 것은?
① 비틀린 상태에서는 사용하지 말 것.
② 높은 곳에서 떨어뜨리지 말 것.
③ 화물의 밑에 깔려있는 체인은 강제로 뽑아낼 것.
④ 영하의 온도에서 사용할 때는 충격이 가해지지 않도록 할 것.

45. 4.8ton의 부하물을 4줄 걸이로 하여 각도 60°로 매달았을 때 한쪽 줄에 걸리는 하중은 약 몇 ton인가?
① 0.69ton
② 1.23ton
③ 1.39ton
④ 1.46ton

46. 와이어로프(Wire Rope)의 구성 기호 중 6×24는?
① 6은 스트랜드수, 24는 소선수
② 6은 소선수, 24는 스트랜드수
③ 6은 안전계수, 24는 와이어직경
④ 6은 와이어직경, 24는 안전계수

47. 크레인의 와이어로프를 교환하여야 된다고 판단되는 것은?
① 1년간 사용하였을 때
② 소선수가 10% 이상 절단되거나 직경이 공칭경의 7% 이상 감소되었을 때
③ 외관상 매우 지저분할 때
④ 와이어로프에 기름이 많이 묻었을 때

48. 줄걸이 작업시 기본적 주의사항으로 틀린 것은?
① 훅 등의 매다는 도구는 매다는 짐의 중심위에 위치시킬 것.
② 권상, 권하 작업시 급격한 충격을 피할 것.
③ 매다는 각도는 원칙적으로 60° 이상으로 할 것.
④ 권상, 권하 작업시 안전한 가 눈으로 확인할 것.

49. 신호법 중 오른손으로 왼손을 감싸 2~3회 적게 흔드는 신호수 내용은?
① 신호불명
② 기다려라
③ 천천히 이동
④ 크레인 이상 발생

50. 와이어로프 지름이 가늘 때 하는 짝감기걸이는?

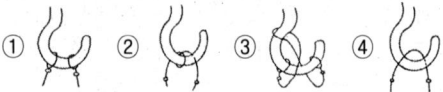

51. 소화 작업시 적합하지 않은 것은?
① 화재가 일어나면 화재 경보를 한다.
② 배선의 부근에 물을 뿌릴 때에는 전기가 통하는 지의 여부를 확인 후에 한다.
③ 가스 밸브를 잠그고 전기 스위치를 끈다.
④ 카바이트 및 유류에는 물을 뿌린다.

52. 벨트 취급에 대한 안전사항 중 틀린 것은?
① 벨트 교환시 회전을 완전히 멈춘 상태에서 한다.
② 벨트의 회전을 정지시킬 때 손으로 잡는다.
③ 벨트에는 적당한 장력을 유지하도록 한다.
④ 고무벨트에는 기름이 묻지 않도록 한다.

53. 재해의 복합 발생 요인이 아닌 것은?
① 환경의 결함
② 사람의 결함
③ 품질의 결함
④ 시설의 결함

54. 작업장에 대한 안전관리상 설명으로 틀린 것은?
① 항상 청결하게 유지한다.
② 작업대 사이, 또는 기계 사이의 통로는 안전을 위한 일정한 너비가 필요하다.

③ 공장바닥은 폐유를 뿌려, 먼지 등이 일어나지 않도록 한다.
④ 전원 콘센트 및 스위치 등에 물을 뿌리지 않는다.

55. 크레인 인양 작업시 줄 걸이 안전사항으로 적합하지 않는 것은?
① 신호자는 크레인운전자가 잘 볼 수 있는 안전한 위치에서 행한다.
② 2인 이상의 고리 걸이 작업 시에는 상호 간에는 소리를 내면서 행한다.
③ 신호자는 원칙적으로 1인이다.
④ 권상 작업 시 지면에 있는 보조자는 와이어 로프를 손으로 꼭 잡아 화물이 흔들리지 않게 하여야 한다.

56. 스패너 또는 렌치 작업 시 주의할 사항이다. 맞지 않는 것은?
① 해머 필요시 대용으로 사용할 것.
② 너트와 꼭 맞게 사용할 것.
③ 조금씩 돌릴 것.
④ 봉 앞으로 잡아당길 것.

57. 반드시 보호 안경을 끼고 작업해야 할 때와 가장 거리가 먼 것은?
① 차체에서 변속기를 뗄 때
② 산소흠집을 할 때
③ 그라인더를 사용할 때
④ 정밀한 조종 작업을 할 때

58. 안전·보건표지의 종류와 형태에서 그림의 표지로 맞는 것은?
① 보행금지
② 몸균형 상실 경고
③ 안전복 착용
④ 방독마스크 착용

59. 수공구 사용상의 재해의 원인이 아닌 것은?
① 잘못된 공구 선택
② 사용법의 미 숙지
③ 공구의 점검 소홀
④ 규격에 맞는 공구 사용

60. 작업복에 대한 설명으로 적합하지 않는 것은?
① 작업복은 몸에 알맞고 동작이 편해야 한다.
② 착용자의 연령, 성별 등에 관계없이 일류적인 스타일을 선정해야 한다.
③ 작업복은 항상 깨끗한 상태로 입어야 한다.
④ 주머니가 너무 많지 않고, 소매가 단정한 것이 좋다.

정답 및 해설

1. ②
   차륜 플랜지의 한쪽만 계속 레일과 접촉 마모되는 원인은 레일과 차륜의 직각도가 불량할 때, 좌우 주행레일의 높이가 불량할 때, 좌우 구동차륜의 직경차가 불량할 때 등이다.

2. ③
   다이나믹 브레이크(Dynamic Brake)는 천장크레인이 권하 동작을 하는 동안 운동에너지를 전기에너지로 변환시켜 이 전기에너지를 소모시켜 제어하므로 안정된 저속도를 얻을 수 있다.

3. ②
   진동체인 볼록형 권과방지 장치는 훅 상면에 설치된 압축 스프링이 본체의 가이드 스프링을 밀어 올려 리미트 스위치를 동작시키는 형식이다.

4. ①
   천장크레인 완성검사 시험하중은 정격하중의 최소 1.1배를 초과 시험하여야 한다.

5. ④
   훅(hook)은 매다는 기구에서 굽힘 응력, 전단력, 인장 응력의 하중을 받으며, 줄걸이를 통하여 중량물을 직접 현수하는 부분이다.

6. ②
   와이어로프를 드럼에서 최대로 풀었을 때 드럼에 남는 최소한도는 최소 2가닥, 보통 3가닥이 적당하다.

7. ④
   크레인 안전기준상 차륜 플랜지의 사용 가능한 최대 마모한도는 원 치수의 50% 이내이다.

8. ③
   횡행 자륜 성시용 스토퍼(stopper)의 석낭한 높이는 차륜지름의 1/4 이상 이어야한다.

9. ④
   훅은 하중을 걸어 시험할 때 정격하중의 2배에 해당하는 정적하중을 작용시켜 훅의 입이 벌어지는 영구변형량이 0.25% 이하일 것

10. ①
    브레이크용 전자석의 철심이 완전히 흡착되지 않으면 미끄러지면서 과열된다.

11. ③
    와류(E.C) 브레이크는 자주 조정할 필요가 없으며, 구조가 간단하고 정격속도의 1/5의 안정된 저속도를 쉽게 얻을

12. ④

천장크레인의 4주요부는 거더(girder), 섀들(saddle), 크레브(crab), 주행 장치이다.

13. ④

천장크레인 종류에서 명칭을 분류하는 경우에는 설치장소나 목적 및 용도에 따라서 대별할 수 있다.

14. ③

주행레일에서 레일 측면의 마모는 원래 규격 치수의 10% 이내이어야 한다.

15. ②

시브에서의 와이어로프 마모 방지대책은 ① 시브 직경을 크게 한다. ② 시브 홈의 가공을 정밀하게 한다. ③ 시브는 적정한 경도의 재질을 사용한다.

16. ④

천장크레인의 3대 주요 구동 장치는 권상 장치, 횡행 장치, 주행 장치이다.

17. ③

$$주행속도 = \frac{\pi D N}{Ri}$$

D : 차륜의 지름*m), N : 전동기 회전수, Ri : 전 감속비

$$\therefore \frac{3.14 \times 0.4m \times 1152rpm}{18.1} = 79.9 m/min$$

18. ④

중추형 리미트 스위치는 권상장치에서 주로 사용하지만 필요에 따라 주행 및 횡행에도 사용이 가능하다.

19. ④
20. ④

크레인의 양정이란 상한 리미트 스위치 작동지점부터 하한 리미트 스위치 작동지점까지의 거리를 말한다.

21. ④

옥외에 지상 60m 이상 높이로 설치되어있는 크레인에는 항공법 제41조에 따르는 항공 장애등을 설치하여야 한다.

22. ②
23. ③

1마력(PS)은 약 735W이다.

24. ②

볼트 풀림 방지법은 ①, ③, ④항 이외에 세트 스크루를 사용한다.

25. ②

축(shaft)에 관한 설명은 ①, ③, ④항 이외에 축에 작용하는 힘에 따라 차축, 스핀들, 전동축으로 분류되며, 모양에 따라 직선축, 크랭크축, 플렉시블 축 등이 있다.

26. ③

주의를 요하는 곳에 도색하는 표시색은 노란색이다.

27. ③
28. ②

옥외 크레인을 사용 시 순간풍속이 매초 당 30미터로 초과하는 바람이 불어올 우려가 있는 때에는 옥외에 설치되어 있는 주행크레인에 대하여 이탈방지장치를 작동시키는 등 그 이탈을 방지하기 위한 조치를 하여야 한다.

29. ①

전동장치는 회전하는 두 축 사이에서 전동한다.

30. ②

자석의 성질은 ①, ③, ④항 이외에 같은 극끼리는 반발하고 다른 극끼리는 서로 끓어 당긴다.

31. ④

운전자의 일상 점검사항은 ① 컨트롤러의 작동상태 확인 ② 각 브레이크 및 리미트 스위치 확인 ③ 브레이크 라이닝의 마모상태 확인

32. ②

급유시 그리스 기어오일 등이 유입되어도 지장이 없는 곳은 와이어 드럼(wire drum)이다

33. ③

$$N = \frac{120 \times 60}{4} = 1800 rpm$$ 에서 슬립이 4%이므로

1800rpm×0.96=1728rpm

34. ②

교류 권선형 유도전동기는 천장크레인에 사용하는 전동기 중 2차 저항제어 방식을 사용하여 기동 및 속도제어를 행한다.

35. ④

화물을 지상에 내릴 때에는 적당한 높이까지 내린 후 천천히 내린다.

36. ③

$$E_2 = \frac{N_2}{N_1} \times E_1$$

E_2 : 2차 전압, N_2 : 2차 권수, N_1 : 1차 권수, E_1 : 1차 전압

$$\therefore \frac{320}{80} \times 25 = 100 V$$

37. ③

전자 접촉기의 개폐동작 불량원인은 전압강하가 클 때, 접점의 마모가 클 때, 조작회로가 고장일 때

38. ④

저항기의 온도상승 요인 인칭운전의 빈도가 많은 경우, 사용빈도가 많은 경우, 통풍 불량인 경우

39. ③

양변 18mm, 길이 50mm, 높이 12mm인 1종 성크 키의 크기는 18×12×50로 표시한다.

40. ④

베어링의 온도상승 원인은 ①, ②, ③항 이외에 윤활제가 부족한 경우

41. ④

와이어로프의 안전을 계산할 때 사용하는 절단하중은 우리나라에서는 KS D 3514 규정을 적용한다.

42. ①

샤클에 각인된 SWL은 안전작업 하중을 의미한다.

43. ③
와이어로프의 보관 방법은 ①, ②, ④항 이외에 로프가 직접 지면에 닿지 않도록 보관해야 한다.
44. ③
체인을 사용할 때 주의사항은 ①, ②, ④항 이외에 화물의 밑에 깔려있는 체인은 강제로 뽑아내서는 안 된다.
45. ③
$$\frac{4.8}{4\times \sin 60°} = \frac{4.8}{4\times 0.866} = 1.39\text{ton}$$
46. ①
와이어로프의 구성기호 중 6×24란 표시에서 6은 스트랜드수, 24는 소선수이다.
47. ②
크레인의 와이어로프는 소선수가 10% 이상 절단되거나 직경이 공칭경의 7% 이상 감소되었을 때 교환하여야 한다.
48. ③
줄걸이 작업시 기본적 주의사항은 ①, ②, ④항 이외에 매다는 각도는 원칙적으로 60°이하로 할 것.
49. ②
신호법 중 오른손으로 왼손을 감싸 2~3회 적게 흔드는 신호수 내용은 "기다려라"이다.
50. ②
51. ④
카바이드 및 유류에는 물을 뿌리면 위험하다.
52. ②
53. ③
재해의 복합 발생요인은 환경의 결함, 사람의 결함, 시설의 결함이다.
54. ③   55. ④   56. ①
57. ④
58. ③
안전·보건표지의 종류와 형태에서 그림의 표지는 안전복 착용의 지시표지이다.
59. ④   60. ②

국가기술자격검정 필기시험문제

2018년 복원문제(2)

자격종목 및 등급(선택분야)	종목코드	시험시간	문제지형별	수검번호	성 명
천장크레인운전기능사	7864	1시간			

1. 훅의 도르래와 크래브 상단이 충돌하였을 때의 원인은?
   ① 리미트 스위치 고장
   ② 저항기 고장
   ③ 전동기 고장
   ④ 브레이크 고장

2. 주행차륜에서 전동기에 의해 직접 구동하는 차륜을 무엇이라 하는가?
   ① 종동륜 ② 횡동륜 ③ 역동륜 ④ 구동륜

3. 철판 운반 시 가장 적합한 기종은?
   ① 마그네트 크레인   ② 훅 크레인
   ③ 버킷 크레인   ④ 단조 크레인

4. 천장크레인의 주행레일에서 스팬이 10m 이하인 경우 스팬편차 한계는?
   ① ±3mm   ② ±6mm
   ③ ±10mm   ④ ±18mm

5. 훅에 대한 설명 중 틀린 것은?
   ① 목 부분이 30% 이내 벌어진 것까지만 사용한다.
   ② 균열 검사는 적어도 년 1회 실시한다.
   ③ 홈 자국 깊이가 2mm가 되면 평활하게 다듬어야 한다.
   ④ 균열된 훅은 용접해서 사용할 수 없다.

6. 천장크레인의 주행차륜은 좌우차륜의 지름차가 생기면 교환하여야 한다. 좌우차륜의 지름차가 원 치수의 몇 %이상이면 교환하는 것이 가장 적당한가?
   ① 구동차륜 0.2%, 종동차륜 0.5%
   ② 구동차륜 0.5%, 종동차륜 1%
   ③ 구동차륜 2%, 종동차륜 5%
   ④ 구동차륜 1%, 종동차륜 2%

7. 천장크레인에 사용하는 다이나믹 브레이크는 어느 때 속도제어를 하는가?
   ① 권상 시에 한다.
   ② 권하 시에 한다.
   ③ 권상, 권하 시에 한다.
   ④ 주행, 횡행 시에 한다.

8. 브레이크 제동면이 과열하면 라이닝의 마찰계수가 감소하므로 일반적으로 내열온도는 몇 ℃를 초과해서는 안되는가?
   ① 30℃   ② 85℃   ③ 150℃   ④ 500℃

9. 크레인의 권상장치에서 드럼의 권과방지 장치를 설명한 것 중 틀린 것은?
   ① 권과방지 장치는 스크류식, 캠식, 중추식이 주로 사용된다.
   ② 중추식은 훅(hook)의 접촉에 의거 작동되어진다.
   ③ 캠식은 도르래의 회전에 의거 작동된다.
   ④ 스크류식은 드럼의 회전에 의거 작동된다.

10. 다음 중 천장크레인의 권상장치 구성요소가 아닌 것은?
    ① 차륜(Wheel)
    ② 권상전동기
    ③ 전자석(Magnet) 브레이크
    ④ 드럼 및 시브

11. 일반적으로 사용되는 권상 제동용 브레이크(Brake)는?
    ① 마그네틱 브레이크(Magnetic Brake)
    ② 스피드 콘트롤 브레이크(Speed Control Brake)

③ 에디 커렌트 브레이크(Eddy Current Brake)
④ 다이나믹 브레이크(Dynamic Brake)

12. 리미트 스위치에 관한 설명 중 틀린 것은?
① 동작이 확실한 것을 사용해야 한다.
② 횡행용 리미트 스위치는 충격에 견딜 수 있는 것이 좋다.
③ 옥외용은 방수가 되는 것이 좋다.
④ 필요에 따라 운전자가 임의로 조종 사용해도 좋다.

13. 거더의 중앙부에 정격하중 및 달기기구 자중을 합산 후 하중을 매달았을 경우 허용 처짐량은 스팬의 얼마를 초과하지 않아야 하는가?
① $\frac{1}{500}$ ② $\frac{1}{800}$ ③ $\frac{1}{1200}$ ④ $\frac{1}{1500}$

14. 천장크레인의 작업능력을 표시하는 방법은?
① 권상 톤수   ② 권상 체적
③ 작업 시간   ④ 작업 속도

15. 천장크레인의 양정에서 상·하한을 제한하는 장치는 무엇인가?
① 권상 전동기   ② 마그네트 브레이크
③ 권상감속기   ④ 캠식 권과 방지장치

16. 크레인의 주행레일 양끝 부분에 완충장치의 레일 정지 기구를 설치하는데, 당해 크레인 주행 차륜 지름의 얼마 이상 높이로 설치하는가?
① 1/2 이상   ② 1 이상
③ 3/2 이상   ④ 2 이상

17. 천장크레인의 성능을 표시할 때 순서로 맞는 것은?
① 양정-스팬-정격하중-사용동력
② 정격하중-스팬-양정-사용동력
③ 사용동력-스팬-정격하중-양정
④ 양정-스팬-사용동력-정격하중

18. 와이어 드럼 직경과 와이어 직경의 비는 얼마가 가장 적당한가? (드럼 직경 = D/와이어 직경 = d)
① D/d = 5 이상   ② D/d = 10 이상
③ D/d = 20 이상   ④ D/d = 50 이상

19. 천장크레인용 훅(Hook)의 입구가 벌어지는 변형량을 시험하는 하중은?
① 훅의 정격하중의 4배에 상당하는 충격하중
② 훅의 정격하중의 3배에 상당하는 동하중
③ 훅의 정격하중의 2배에 상당하는 정하중
④ 훅의 정격하중의 4배에 상당하는 동하중

20. 천장크레인의 브레이크 중에서 전기를 투입하여 유압으로 작동되는 브레이크는?
① 오일디스크 브레이크
② 마그네트 브레이크
③ 스러스트 브레이크
④ 다이나믹 브레이크

21. 작업장에서 전기설비에 접근제한 및 위험표시를 부착하여야 하는 곳은 교류전압이 최소 몇 V 이상 인경우인가?
① 750   ② 440   ③ 220   ④ 110

22. 방폭 구조로 된 전기설비의 구비조건이 아닌 것은?
① 시건장치를 할 것   ② 접지를 할 것
③ 환기가 잘 될 것   ④ 퓨즈를 사용할 것

23. 마그넷 크레인에 있어서 정전시 가장 먼저 행하여야 할 사항은?
① 비상스위치를 작동시켜 전자석 및 피부착물을 바닥에 내려놓는다.
② 정전이 해소될 때까지 그대로 방치한다.
③ 주 스위치를 끈다.
④ 주행 모터용 스위치를 끈다.

24. 크레인 본 작업을 시작하기 전 장비상태를 파악하기 위해 사전 운전점검 사항과 가장 관계가 먼 것은??
① 브레이크 기능
② 클러치 기능
③ 훅 균열 검사
④ 와이어로프 감김 상태

25. 커플링의 설명으로 틀린 것은??
① 고무 플렉시블 커플링은 타이어형 플렉시블 커플링 이라고도 부르며 가장 탄력성이 큰 것으로 많이 사용된다.

② 고무 플렉시블 커플링은 전달토크가 크면 모양이 커지는 단점이 있다.
③ 기어 커플링은 전달 토크가 적으며 부하 변동에 대해서도 위험하다.
④ 플랜지형 플랙시블 커플링은 플랜지를 이용하되 설치 볼트 고무 부시를 끼워 그 탄성을 이용한 것이다.

26. 키(key)에 대한 설명으로 틀린 것은?
① 키의 재료는 축보다 약간 단단한 강철재를 사용한다.
② 평행키의 호칭치수는 폭×높이×길이로 표시한다.
③ 보스와 축에 같이 홈을 파는 키를 새들키라 한다.
④ 스플라인의 홈의 수는 보통 4~20개 정도이다.

27. 재료의 응력 중 가장 작은 값을 나타내는 것은?
① 사용 응력 ② 허용 응력
③ 탄성 한도 ④ 극한 강도

28. 다음 설명 중 틀린 것은?
① 천장크레인 감속기에서 제1단 기어는 10% 마모시 교환하는 것이 좋다.
② 케이싱기어(casing gear)일 때 오일 사용시간은 보통 2000시간이다.
③ 축은 회전축과 전동축으로 구분된다.
④ 커플링은 축이음 장치이다.

29. 구름베어링의 단점은?
① 과열의 위험이 적다.
② 마멸이 적으므로 빗나감도 적다.
③ 길이가 작아도 좋으므로 기계의 소형화가 가능하다.
④ 소음 및 진동이 생기기 쉽다.

30. 권상하중 50톤, 권상속도 1.5m/min인 천장크레인의 전동기 출력은?(단, 권상기의 효율은 70% 이다.)
① 12.2kW ② 13kW ③ 17.5kW ④ 8.5kW

31. 천장크레인의 전력은 트롤리선 - 집전장치 - 배전판의 순서로 공급된다. 배전판에 배치되는 기기가 아닌 것은?

① 유니버설 콘트롤러 ② 과전류 개폐기
③ 단락보호장치 ④ 퓨즈

32. 천장크레인의 운전 작업 중 틀린 것은?
① 매단짐을 운반시 높이는 2m 이상 유지해야 한다.
② 운반경로는 부근의 기계나 시설상황을 고려해서 조정한다.
③ 신호는 한사람의 신호수에 따른다.
④ 부득이한 경우에는 사람 머리를 지나가도 무방하다.

33. 두 개의 동작을 한 개의 핸들(Handle)로서 동시에 조작하는 제어기(controller)는?
① 유니버설 ② 크랭크식
③ 수평식 ④ 마그네트식

34. 천장크레인에서 집전장치라 함은 외부로부터 전력을 크레인 내에 도입하는 장치를 말한다. 그 집전장치로 틀린 것은?
① 폴형 집전장치
② 팬터 그래프형 집전장치
③ 슈형 집전장치
④ 크랭크형 집전장치

35. 그림의 직류전자 브레이크 작동 회로에서 R_2 저항의 용도는?

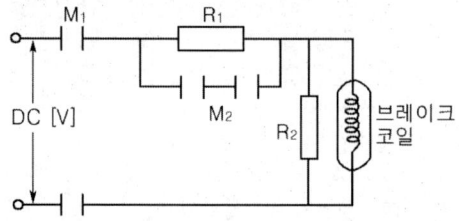

① 충전용 ② 전류절약용
③ 방전용 ④ 전압분배용

36. 급유 작업시 오일이 묻지 않도록 주의해야 할 부분과 관계가 없는 것은?
① 브레이크 휠 또는 라이닝
② 차륜답면 또는 주행 레일
③ 전동용 롤러 체인
④ v 벨트

37. 크레인 작업의 위험성이 아닌 것은?
   ① 줄걸이 작업방법 불량에 의한 화물의 낙하
   ② 감속기 오일 등의 폭발로 인한 화재
   ③ 줄걸이용 와이어로프가 훅에서 이탈되어 추락
   ④ 크레인과 벽체와의 안전통로 미확보로 인한 협착

38. 천장크레인 운전개시 전의 점검 사항으로서 수전전압의 상태가 규정전압보다 몇 % 이상 차이가 나면 운전을 금지해야 하는가?
   ① ±3% 이상   ② ±10% 이상
   ③ ±20% 이상 ④ ±30% 이상

39. 천장크레인으로 하물을 권상할 때의 운전방법 중 가장 양호한 것은?
   ① 하물을 조금씩 들어 올리고 그때마다 제어기를 OFF시켜 브레이크지지 능력을 확인한다.
   ② 천장크레인은 정격하중의 110%는 들어 올릴 수 있으므로 평소와 같이 권상한다.
   ③ 지면에서 20㎝ 쯤 위치에서 일단정지하고, 줄걸이 이상 여부를 확인 후 계속 권상한다.
   ④ 안전을 위하여 작업을 하지 않는다.

40. 크레인 운전 후 전동기 부분의 발열이 심한 것을 발견하였다. 발열의 원인으로서 가장 거리가 먼 것은?
   ① 사용빈도가 높았다.
   ② 부하가 과대하였다.
   ③ 저항기가 부적정하였다.
   ④ 단선이 되었다.

41. 공칭직경 20㎜의 와이어로프 지름을 측정하였더니 18.5mm이었다. 직경 감소율 및 사용가능 여부는?
   ① 7.5%, 사용 가능   ② 7.5%, 사용 불가
   ③ 9.3%, 사용 불가   ④ 7.0% 사용 가능

42. 크레인에서 와이어로프를 교환하였다. 이 때 작업 개시전 권상시험을 해 볼 때 가장 양호한 방법은?
   ① 정격하중의 1/2을 매달아 여러 번 권상·하 해본다.
   ② 정격하중을 매달아 여러 번 권상·하 해본다.
   ③ 시험하중을 매달아서 권상·하 작업을 행해본다.
   ④ 적당량의 부하하중을 운전자가 선정 권상·하 해본다.

43. 크레인 안전 및 검사 기준상 권상용 와이어로프의 안전율은?
   ① 4.0   ② 5.0   ③ 6.0   ④ 7.0

44. 매다는 체인에서 점검해야 할 사항이 아닌 것은?
   ① 마모   ② 변형   ③ 균열   ④ 킹크

45. 와이어로프의 클립 고정법에서 클립 간격은 와이어로프직경의 몇 배 이상으로 장착해야 하는가?
   ① 4   ② 5   ③ 6   ④ 7

46. 그림에서 240톤의 부하물을 들어 올리려 할 때 당기는 힘은 몇 톤인가?(단, 마찰계수 및 각종 효율은 무시한다.)
   ① 80 톤
   ② 60 톤
   ③ 120 톤
   ④ 240 톤

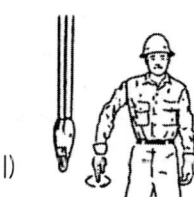

47. 힘의 3요소는?
   ① 힘의 크기, 힘의 무게, 힘의 단위
   ② 힘의 방향, 힘의 작용점, 힘의 크기
   ③ 힘의 크기, 힘의 방향, 힘의 강도
   ④ 힘의 무게, 힘의 거리, 힘의 작용점

48. 보기 그림과 같은 크레인 수신호가 의미하는 것으로 가장 적합한 것은?

   (보기)

   ① 훅을 내린다.
   ② 운전수가 내려온다.
   ③ 운전수가 밑을 자세히 본다.
   ④ 훅을 올린다.

49. 와이어로프에 대해서 틀린 것은?
   ① Wire rope에 강심을 쓰는 이유는 큰 절단하중을 얻기 위해서이다.
   ② Wire rope의 재질은 구리가 주로 사용되며 강도는 50-60kgf/㎠ 정도이다.
   ③ Wire rope의 부식을 방지하기 위해 섬유심을 사용한다.
   ④ 고정활차의 Wire rope는 로프에 걸리는 응력이 크게 작용한다.

50. 크레인에서 일반적인 작업 사항으로 틀린 것은?
   ① 작업이 종료된 후 훅(Hook)의 크레인의 거더(Girder)하단부 정도까지 올려놓는다.
   ② 물건을 운반하지 않을 때는 훅에 와이어를 건채로 이동해서는 안 된다.
   ③ 모가 난 짐을 운반시는 규정보다 굵은 와이어를 사용한다.
   ④ 하중의 중량 및 중심의 목측(目測)은 가능한 정확히 해야 한다.

51. 유류 화재시 소화방법으로 가장 부적절한 것은?
   ① B급 화재 소화기를 사용한다.
   ② 다량의 물을 부어 끈다.
   ③ 모래를 뿌린다.
   ④ ABC소화기를 사용한다.

52. 무거운 물체를 인양하기 위하여 체인블록을 사용할 때 안전상 가장 적절한 것은?
   ① 체인이 느슨한 상태에서 급격히 잡아당기면 재해가 발생할 수 있으므로 안전을 확인할 수 있는 시간적 여유를 가지고 작업한다.
   ② 무조건 굵은 체인을 사용하여야 한다.
   ③ 내릴 때는 하중 부담을 줄이기 위해 최대한 빠른 속도로 실시한다.
   ④ 이동시는 무조건 최단거리 코스로 빠른 시간 내에 이동 시켜야 한다.

53. 안전·보건표지의 종류와 형태에서 그림의 표지로 맞는 것은?
   ① 비상구
   ② 녹십자표지
   ③ 응급구호표지
   ④ 들것이 있다는 표시

54. 현장에서 작업자가 작업 안전상 꼭 알아두어야 할 사항은?
   ① 장비의 제원
   ② 종업원의 작업환경
   ③ 종업원의 기술 정도
   ④ 안전 규칙 및 수칙

55. 아세틸렌가스 용접의 단점 설명으로 옳은 것은?
   ① 이동이 불가능하다.
   ② 불꽃의 온도와 열효율이 낮다.
   ③ 특수 용접에 비해 설비비가 비싸다.
   ④ 유해광선이 아크 용접보다 많이 발생한다.

56. 가스장치의 누출여부 및 위치를 정확하게 확인하는 방법으로 맞는 것은?
   ① 분말 소화기 사용   ② 소리로 감지
   ③ 비눗물 사용   ④ 냄새로 감지

57. 해머작업의 안전 수칙으로 틀린 것은?
   ① 해머를 사용할 대 자루 부분을 확인 할 것
   ② 장갑을 끼고 해머작업을 하지 말 것
   ③ 열처리 된 장비의 부품은 강하므로 힘껏 때릴 것
   ④ 공동으로 해머 작업시는 호흡을 맞출 것

58. 안전장치 선정시의 고려사항에 해당되지 않는 것은?
   ① 위험부분에는 안전 방호 장치가 설치되어 있을 것
   ② 강도나 기능 면에서 신뢰도가 클 것
   ③ 작업하기에 불편하지 않는 구조 일 것
   ④ 안전장치 기능 제거를 용이하게 할 것

59. 스패너 사용시 올바른 것은?
   ① 스패너 입이 너트의 치수보다 큰 것을 사용해야 한다.
   ② 스패너를 해머로 대용하여 사용한다.
   ③ 너트에 스패너를 깊이 물리고 조금씩 앞으로 당기는 식으로 풀고 조인다.
   ④ 너트에 스패너를 깊이 물리고 조금씩 밀면서 풀고 조인다.

60. 사고로 인한 재해가 가장 많이 발생할 수 있는 것은?
   ① 종감속기어   ② 변속기
   ③ 벨트, 풀리   ④ 차동장치

정답 및 해설

1. ①
   리미트 스위치가 고장 나면 훅의 도르래와 크래브 상단이 충돌한다.
2. ④
   구동륜이란 주행차륜에서 전동기에 의해 직접 구동하는 차륜을 말한다.
3. ①
   철판을 운반할 때 마그네트 크레인이 가장 적합하다.
4. ①
   천장크레인 주행레일의 스팬이 10m 이하인 경우 스팬편차 한계는 ±3mm이다.
5. ①
   훅에 대한 설명은 ②, ③, ④항 이외에 입구 벌어짐이 원래치수의 10%이상인 경우에는 교환하여야 한다.
6. ①
   좌우차륜의 지름차가 원 치수의 구동차륜 0.2%, 종동차륜 0.5%이상이면 교환하는 것이 가장 적당하다.
7. ②
   천장크레인에서 사용하는 다이나믹 브레이크는 권하할 때 속도제어를 한다.
8. ③
   브레이크 제동 면이 과열하면 라이닝의 마찰계수가 감소하므로 일반적으로 내열온도는 150℃를 초과해서는 안 된다.
9. ③
   캠식은 캠의 전양정에 대하여 회전각도에 의해 작동된다.
10. ①
11. ①
    일반적으로 사용되는 권상 제동용 브레이크는 마그네틱 브레이크이다.
12. ④
    리미트 스위치에 관한 설명은 ①, ②, ③항 이외에 운전자가 임의로 조종 사용해서는 안 된다.
13. ②
    기디의 중앙부에 정격하중 및 달기기구 자중을 합산 후 하중을 매달았을 경우 허용 처짐량은 스팬의 $\frac{1}{800}$ 을 초과하지 않아야 한다.
14. ①
    천장크레인의 작업능력은 권상 톤수로 표시한다.
15. ④
    캠식 권과 방지장치는 천장크레인의 양정에서 상·하한을 제한하는 장치이다.
16. ①
    크레인의 주행레일 양끝 부분에 완충장치의 레일정지 기구를 설치하는데, 당해 크레인 주행 차륜 지름의 1/2이상 높이로 설치한다.
17. ②
    천장크레인의 성능을 표시할 때에는 정격하중-스팬-양정-사용동력의 순서로 한다.
18. ③
    와이어 드럼 직경과 와이어 직경의 비는 D/d(드럼 직경 = D, 와이어 직경 = d) = 20 이상이 가장 적당하다.
19. ③
    천장크레인용 훅(Hook)의 입구가 벌어지는 변형량을 시험하는 하중은 훅의 정격하중의 2배에 상당하는 정하중이다.
20. ③
    스러스트 브레이크는 천장크레인의 브레이크 중에서 전기를 투입하여 유압으로 작동된다.
21. ③
    작업장에서 전기설비에 접근제한 및 위험표시를 부착하여야 하는 곳은 교류전압이 최소 220V 이상인 경우이다.
22. ③
    방폭 구조로 된 전기설비의 구비조건은 시건장치를 할 것, 접지를 할 것, 퓨즈를 사용할 것
23. ①
    마그넷 크레인에서 정전되면 가장 먼저 비상스위치를 작동시켜 전자석 및 피부착물을 바닥에 내려놓는다.
24. ③
    크레인의 사전 운전점검 사항은 브레이크 기능, 클러치 기능, 와이어로프 감김 상태 등이다.
25. ④
    ① 고무 플렉시블 커플링은 타이어형 플렉시블 커플링이라고도 부르며, 가장 탄력성이 큰 것으로 많이 사용된다. ② 고무 플렉시블 커플링은 전달토크가 크면 모양이 커지는 단점이 있다. ③ 플랜지형 플랙시블 커플링은 플랜지를 이용하되 설치 볼트 고무 부시를 끼워 그 탄성을 이용한 것이다.
26. ③
    새들키(안장키)는 축에는 키 홈을 파지 않고 보스에만 키 홈을 파고 키를 박아 마찰력으로 동력을 전달한다.
27. ①
    재료의 응력 중 가장 작은 값을 나타내는 것은 사용응력이다.
28. ③
29. ④
    구름베어링의 단점은 충격에 약하고, 소음 및 진동이 생기기 쉽다.
30. ③
    $\dfrac{권상하중 \times 권상속도}{6.12 \times 효율} = \dfrac{50 \times 1.5}{6.12 \times 0.7} = 17.5 kW$
31. ①
    배전판에 배치되는 기기에는 과전류 개폐기, 단락보호 장치, 퓨즈이다.
32. ④

33. ①
    유니버설식은 두 개의 동작을 한 개의 핸들(Handle)로서 동시에 조작하는 제어기(controller)이다.
34. ④
    집전장치의 종류에는 폴형 집전장치, 팬터 그래프형 집전장치, 슈형 집전장치가 있다.
35. ③
    그림의 직류전자 브레이크 작동 회로에서 R_2저항의 용도는 방전용이다.
36. ③
    급유 작업을 할 때 전동용 롤러 체인에는 오일이 묻어도 상관없다.
37. ②
    크레인 작업의 위험성은 ① 줄걸이 작업방법 불량에 의한 화물의 낙하 ② 줄걸이용 와이어로프가 훅에서 이탈되어 추락 ③ 크레인과 벽체와의 안전통로 미확보로 인한 협착
38. ②
    천장크레인 운전개시 전의 점검 사항으로서 수전전압의 상태가 규정전압보다 ±10% 이상 차이가 나면 운전을 금지해야 한다.
39. ③
    천장크레인으로 하물을 권상할 때에는 지면에서 20㎝ 쯤 위치에서 일단정지하고, 줄걸이 이상 여부를 확인 후 계속 권상한다.
40. ④   41. ②
42. ①
    크레인에서 와이어로프를 교환 후 작업 개시전 권상시험을 해 볼 때에는 정격하중의 1/2을 매달아 여러 번 권상·하해본다.
43. ②
    크레인 안전 및 검사 기준상 권상용 와이어로프의 안전율은 5.0이다.
44. ④
    체인의 점검사항은 마모, 변형, 균열여부이다.
45. ③
    와이어로프의 클립 고정법에서 클립 간격은 와이어로프 직경의 6배 이상으로 장착해야 한다.
46. ②
    $$P = \frac{W}{n+1}$$
    P : 당기는 힘, W : 부하물의 무게, n : 활차의 수
    $$\therefore \frac{240}{3+1} = 60톤$$
47. ②
    힘의 3요소는 힘의 방향, 힘의 작용점, 힘의 크기이다.
48. ①
49. ②
    Wire rope의 재질은 탄소강을 열처리하여 사용하며, 강도는 135~180kgf/㎟ 정도이다.
50. ③   51. ②
52. ①
    체인블록을 사용할 때 체인이 느슨한 상태에서 급격히 잡아 당기면 재해가 발생할 수 있으므로 안전을 확인할 수 있는 시간적 여유를 가지고 작업한다.
53. ③   54. ④
55. ②
    아세틸렌가스 용접은 전기용접에 비해 불꽃의 온도와 열효율이 낮다.
56. ③   57. ③   58. ④
59. ③   60. ③

국가기술자격검정 필기시험문제

2018년 복원문제(3)

자격종목 및 등급(선택분야)	종목코드	시험시간	문제지형별
천장크레인운전기능사	7864	1시간	

1. 주행, 횡행, 권상 등의 일상점검 방법은?
   ① 무부하로 실시한다.
   ② 정격 하중을 매달고 실시한다.
   ③ 정격 하중의 1/2을 매달고 실시한다.
   ④ 시험 하중을 매달고 실시한다.

2. 천장크레인의 직류전동기에 사용하는 속도제어용 브레이크는?
   ① 유압 압상브레이크
   ② 마그넷트 브레이크
   ③ 다이나믹 브레이크
   ④ 메카니컬 브레이크

3. 안전장치에 사용되는 것으로 횡행, 주행 등의 운동에 대한 과도한 진행을 방지하는 기구는?
   ① 컨트롤러 ② 경보장치
   ③ 타임 릴레이 ④ 리미트 스위치

4. 훅 또는 달기구에 대한 사항으로 틀린 것은?
   ① 훅, 블록 또는 달기구에는 정격하중이 표기되어 있을 것
   ② 볼트, 넛, 등은 풀림 또는 탈락이 없을 것
   ③ 해지장치는 균열 변형 등이 없을 것
   ④ 훅 복제는 균열 또는 변형 등이 없어야 하고 국부마모는 원치수의 10% 이내일 것

5. 주행차륜 직경이 800mm인 신품 크레인을 설치한 후 운전 부주의로 구동륜 1개에 깊이 1mm의 넓은 흠을 생기게 했다. 이때의 조치로 가장 알맞은 것은?
   ① 차륜의 흠을 제거 후 사상 가공하여 사용한다.
   ② 어렵더라도 주행차륜 전부를 사상 가공하여 사용한다.
   ③ 구동륜의 직경 차이를 없애기 위해 양쪽 구동륜을 동시 사상 가공하여 사용한다.
   ④ 그대로 사용하여도 무방하다.

6. 천장크레인 주행차륜의 직경차이에 대해서 설명한 것 중 틀린 것은?
   ① 좌·우 차륜의 직경차는 0인 때가 가장 양호하다.
   ② 좌·우 차륜의 직경차 허용한도는 원직경의 1.0%이다.
   ③ 좌·우 차륜의 직경차 중 구동차륜은 원직경의 0.2%를 넘어서는 안 된다.
   ④ 좌·우 차륜의 직경차 중 종동차륜은 원직경의 0.5%를 넘어서는 안 된다.

7. 천장크레인의 규격이 60/40x20m 일 때, 이에 대한 설명으로 옳은 것은?
   ① 주권의 권상능력이 60t, 보권의 권상 능력이 40t, 스팬이 20m 임을 의미한다.
   ② 주권의 시험하중이 60t, 보권의 권상 능력이 40t, 스팬이 20m 임을 의미한다.
   ③ 보권의 권상능력이 60t, 보권의 권상 능력이 40t, 스팬이 20m 임을 의미한다.
   ④ 보권의 시험하중이 60t, 보권의 권상 능력이 40t, 스팬이 20m 임을 의미한다.

8. 천장크레인에 버퍼 스톱퍼(Buffer Stopper)란?
   ① 주행차륜에 부착하여 과속을 방지하는 장치
   ② 주행이나 횡행시 충돌했을 때 충격을 완화시켜 주는 장치
   ③ 권상장치의 과권방지용 장치
   ④ 권하시 너무 내리는 것을 방지하기 위하여 드럼에 부착하는 장치

9. 천장크레인에서 사행운전을 방지하기 위해서는 휠베이스가 스팬의 몇 배 이하이여야 하는가?
   ① 1/8배 ② 10배 ③ 12배 ④ 15배

10. AC브레이크의 브레이크 블록의 구비조건이 아닌 것은?
    ① 마찰계수가 클 것
    ② 내마모성이 클 것
    ③ 내열성이 작을 것
    ④ 제동효과가 양호할 것

11. 크레인 운전실의 종류 중 맞지 않는 것은?
    ① 개방형 운전실
    ② 개방 단열형 운전실
    ③ 밀폐형 운전실
    ④ 밀폐 단열형 운전실

12. 크레인 안전기준상 훅 본체의 국부 마모는 원 치수의 몇% 이내이어야 사용 가증한가?
    ① 5   ② 10   ③ 20   ④ 30

13. 유압브레이크에서 공기가 차면 어떤 현상이 일어나는가?
    ① 권상의 경우 상·하 동작시 급작 정지한다.
    ② 주행의 경우 정지시켜도 밀림현상이 생긴다.
    ③ 주행의 경우 기동불능 현상이 생긴다.
    ④ 권상의 경우 기동불능 현상이 생긴다.

14. 여름의 최고기온이 섭씨 38°이며 겨울의 최저기온이 섭씨 영하 20°인 지방에서 스팬이 40m인 크레인을 옥외에 설치 하고자 한다. 이때 레일 연결부분의 간격은 얼마로 해야 하는가? (단, 한 개의 레일 길이 20m, 선 팽창 계수 0.000012)
    ① 약 14mm   ② 약 5mm
    ③ 약 116mm   ④ 약 12mm

15. 권상장치 속도제어용 브레이크 휠과 라이닝의 간격은?
    ① 1~1.5mm   ② 2~2.5mm
    ③ 3~3.5mm   ④ 4~4.5mm

16. 천장크레인의 양정에 대한 설명으로 옳은 것은?
    ① 훅이 수직으로 움직일 수 있는 거리
    ② 훅이 새들 중심에서 바닥까지 움직인 거리
    ③ 훅이 상한 리미트 스위치가 작동하는 지점에서 하한 리미트 스위치가 작동하는 지점까지의 거리
    ④ 훅이 좌·우로 움직일 수 있는 거리

17. 리미트 스위치의 설명으로 적합한 것은?
    ① 큰 전류가 흐를 경우 자동적으로 회로를 차단시키는 장치
    ② 로프의 권과를 방지하기 위한 장치
    ③ 운반물의 급강하를 방지하기 위한 장치
    ④ 운반물의 강하를 방지하기 위한 장치

18. 시브 홈 지름이 너무 큰 경우에 대한 설명 중 틀린 것은?
    ① 와이어로프의 형태를 납작하게 변형시킨다.
    ② 와이어로프의 마모를 촉진시킨다.
    ③ 시브의 마모를 촉진시킨다.
    ④ 시브의 수명을 연장시킨다.

19. 와이어로프는 달기구 및 지브의 위치가 가장 아래쪽에 위치할 때 드럼에 최소한 몇 회 감겨있어야 하는가?
    ① 1회   ② 2~3회
    ③ 5~6회   ④ 7회 이상

20. 천장크레인 권상장치의 주요 구성요소가 아닌 것은?
    ① 전동기   ② 감속기
    ③ 브레이크   ④ 경보장치

21. 너트에 대한 종류와 설명으로 틀린 것은?
    ① 사각 너트 : 건축용, 목공용으로 사용한다.
    ② 나비 너트 : 공구가 필요치 않고 손으로 조일 수 있는 너트
    ③ 둥근 너트 : 일반적으로 많이 사용한다.
    ④ 캡 너트 : 유체의 누출을 방지하기 위한 너트

22. 감속기 오일은 점도검사를 하지만 일반적으로 몇 시간 사용 후 교환하는가?
    ① 4000시간   ② 3000시간
    ③ 2000시간   ④ 1000시간

23. 모터의 슬립링은 점검하여 브러시와 접촉불량이 없도록 하여야 한다. 이 때 접촉입력(kg/cm²)은 얼마로 유지하여야 하는거?
    ① 0.15~0.3   ② 0.5~0.75
    ③ 0.07~0.085   ④ 0.75~0.95

24. 작업 중에 감속기에서 갑자기 비정상적인 소음이나 진동이 발생할 경우의 검사 사항으로 거리가 먼 것은?
   ① 베어링(bearing)의 파손 혹은 과다마모로 기어(gear)가 흔들리는지 여부
   ② 감속기의 윤활유 적정량 확인
   ③ 기어를 체결하는 키(key)의 이완으로 기어 중심거리를 벗어난 경우가 있는지 확인
   ④ 천장크레인에 과하중에 걸렸는지 긴급 확인

25. 운반물을 올리는 작업으로 옳지 않는 것은?
   ① 운반물이 지상으로부터 떨어지지 않은 상태에서 로프를 장력이 걸릴 때까지 감고 일단 정지한다.
   ② 운반물이 지상으로부터 떨어짐과 동시에 적당 높이로 올리면서 주행한다.
   ③ 권상과 주행은 동시에 행하지 않는다.
   ④ 훅은 운반물 중심선 상부에 위치하도록 한다.

26. 급유가 필요 없는 곳은?
   ① 구름 베어링 하우징 ② 롤러 체인
   ③ 플렉시블 커플링 ④ 개방치차

27. 전기 기기 사용시 절연불량의 원인으로 틀린 것은?
   ① 습기가 많다. ② 가스가 많다.
   ③ 주위온도가 낮다. ④ 먼지가 많다.

28. 부하물이 위험물이며 대하중이고, 작업장 주위에 기계나 시설물이 없이 넓은 곳이며, 작업 인원도 없는 곳에서 신호수의 유도를 받으며 작업을 할 때 가장 양호한 운전 방법은?
   ① 최소 높이 2m를 유지하며 서행한다.
   ② 가능한 지면에서 낮게 올려 서행한다.
   ③ 작업장이 넓고 위험 개소가 없으니까 높이 2m를 유지하며 빨리 작업한다.
   ④ 주행을 서행하면서 수시로 브레이크를 사용하여 정지하면서 작업한다.

29. 크레인 운전사의 기본적인 주의 사항으로서 틀린 것은?
   ① 화물을 권상한 채로 운전석을 이탈하지 않는다.
   ② 신호자와 공동작업을 할 때는 줄걸이 작업 불량이나 신호불량을 확인한 경우에도 신호에 따라서 운전한다.
   ③ 크레인을 사용하여 작업자를 운반하거나 또는 작업자를 권상한 채 작업해서는 안 된다.
   ④ 크레인 운전사 자신이 권상화물 위에 타거나 권상화물 위에서 작업해서는 안 된다.

30. 동력의 단위 중 1마력(PS)은?
   ① 70kgf · m ② 102kgf · s/m
   ③ 102kgf · m/s ④ 75kgf · m/s

31. 천장크레인의 도장은 도장 면적의 약 몇 %에 녹 또는 부식이 발생하였을 때 재도장을 실시하는 것이 적당한가?
   ① 40 ② 30 ③ 20 ④ 10

32. 미끄럼 베어링과 비교한 구름 베어링의 장점에 해당하는 것은?
   ① 값이 싸다.
   ② 충격에 강하다.
   ③ 과열의 위험이 적다.
   ④ 소음이 생기기 어렵다.

33. 천장크레인에서 운전을 하고자 할 때 최초에 하여야 할 사항은?
   ① 권상용 제어기의 노치(notch)만을 "0" 노치에 두고 메인 스위치를 on으로 작동시킨다.
   ② 주행용 제어기의 노치만을 "0" 노치에 두고 메인 스위치를 on으로 작동시킨다.
   ③ 모든 제어기의 노치에 상관없이 메인 스위치를 on으로 작동시킨다.
   ④ 모든 제어기의 노치를 "0" 노치에 두고 메인 스위치를 on으로 작동시킨다.

34. 절연저항 측정 단위에서는 메가옴(MΩ)을 사용한다. 400V 전압에서 약 몇 메가옴 이상이 나와야 하는가??
   ① 0.4 ② 0.5 ③ 0.6 ④ 0.7

35. 키 턱의 수를 4~20개의 원주로 등분하여 만들어 단독 키보다 훨씬 큰 힘을 전달할 수 있으며 내구력이 큰 키는?
   ① 성큰 키 ② 접선 키
   ③ 스플라인 ④ 안장 키

36. 매일 작업하는 크레인의 그리스컵에 대한 점검은?
    ① 주 1회 ② 매일
    ③ 정기검사시 ④ 일주일 2회

37. 입력전압이 440V, 60Hz인 3상 유도전동기에서 극수가 4극, 회전자 속도가 1760rpm일 때 이 전동기의 슬립율은?
    ① 2.2% ② 4.3% ③ 13.2% ④ 20.3%

38. 횡행장치에서 전원공급방식으로 사용하지 않는 것은?
    ① 케이블 캐리어
    ② 페스툰 방식
    ③ 트롤리 와이어 방식
    ④ 케이블 릴 방식

39. 니크롬선의 저항이 20Ω인 전열기를 100V의 전선에 연결하였을 경우 전류는 몇 A 인가?
    ① 2000 ② 5 ③ 0.2 ④ 10

40. 횡행 모터 축에 가장 많이 쓰이는 커플링은?
    ① 머프 커플링(muff coupling)
    ② 플렉시블 커플링(flexible coupling)
    ③ 유니버셜 커플링(universal coupling)
    ④ 플랜지 커플링(flange coupling)

41. 강심(鋼芯)로프의 선정에 관한 설명 중 적합하지 않은 것은?
    ① 큰 절단하중을 필요로 하는 경우
    ② 신율을 적게 할 필요가 있을 경우
    ③ 고온에서 사용되어지는 경우
    ④ 부식을 적게 하여야 할 경우

42. 그림에서 P점에 몇 톤을 가해야 균형이 잡히겠는가?

    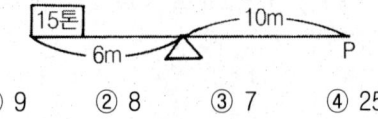

    ① 9 ② 8 ③ 7 ④ 25

43. 크레인이 이퀄라이저 부분의 와이어로프에 대하여 설명한 것으로 맞는 것은?
    ① 와이어로프가 움직이지 않으므로 손상이 없다.
    ② 시브 고정판에 걸리는 응력이 적으므로 피로가 적다.
    ③ 와이어로프는 조금 움직이므로 손상은 그다지 생기지 않는다.
    ④ 와이어로프에 걸리는 응력이 크고 또한 로프 점검시 중요한 곳이다.

44. 체인에 대한 설명으로 틀린 것은?
    ① 고열물이나 수중, 해중 작업에서 사용한다.
    ② 체인의 신장은 신품 구입시보다 5%가 늘어나면 사용이 불가능하다.
    ③ 매다는 체인의 종류에는 스터드 체인, 롱링크 체인, 숏링크 체인 등이 있다.
    ④ 롤러체인을 고리모양으로 연결할 때 링크의 총수가 짝수라야 편리하며, 링크의 수가 짝수일 때 옵셋링크를 사용하여 연결한다.

45. 크레인으로 하중을 취급할 때 아래 그림 중 로프의 장력 "T"의 값이 가장 크게 요구되는 것은?

    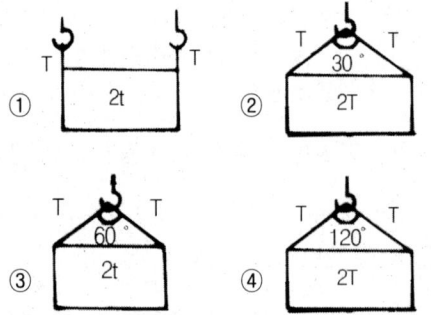

46. 신호수가 집게손가락을 위로 올려 동그라미를 그릴 때의 신호는?
    ① 주행 ② 권하
    ③ 권상 ④ 권상 또는 권하

47. 안전계수가 6이고, 안전하중이 30톤인 기중기 와이어로프의 절단하중은 몇 톤인가?
    ① 5 ② 36 ③ 120 ④ 180

48. 와이어로프를 절단했을 때 끝처리, 즉 시징(Seizing)을 할 때 소둔한 저탄소 강선으로 끈을 묶는 넓이는 와이어로프 지름의 몇 배가 가장 양호한가?
    ① 1배 ② 3배 ③ 4배 ④ 5배

49. 굵은 와이어로프일 때 어깨걸이는?(단, 로프 지름은 16mm 이상)

50. 크레인에 사용되는 와이어로프의 사용 중 점검항목으로 적합하지 않은 것은?
   ① 마모 상태 검사
   ② 부식 상태 검사
   ③ 소선의 인장강도 검사
   ④ 엉킴, 꼬임 및 킹크 상태 검사

51. 토크 렌치의 가장 올바른 사용법은?
   ① 렌치 끝을 한 손으로 잡고 돌리면서 눈은 게이지 눈금을 확인한다.
   ② 렌치 끝을 양손으로 잡고 돌리면서 눈은 게이지 눈금을 확인한다.
   ③ 왼손은 렌치 중간 지점을 잡고 돌리며 오른손은 지지점을 누르고 게이지 눈금을 확인한다.
   ④ 오른손은 렌치 끝을 잡고 돌리며 왼손은 지지점을 누르고 눈은 게이지 눈금을 확인한다.

52. 크레인으로 물건을 운반할 때 주의사항으로 틀린 것은?
   ① 규정 무게보다 약간 초과 할 수 있다.
   ② 적재물이 떨어지지 않도록 한다.
   ③ 로프 등 안전 여부를 항상 점검한다.
   ④ 선회 작업시 사람이 다치지 않도록 한다.

53. 먼지가 많이 발생하는 건설기계 작업장에서 사용하는 마스크로 가장 적합한 것은?
   ① 산소 마스크   ② 가스 마스크
   ③ 방독 마스크   ④ 방진 마스크

54. 작업현장에서 사용되는 안전표지 색으로 잘못 짝지어진 것은?
   ① 빨간색-방화 표시
   ② 노란색-충돌·추락 주의 표시
   ③ 녹색-비상구 표시
   ④ 보라색-안전지도 표시

55. 인화성 물질이 아닌 것은?
   ① 아세틸렌 가스   ② 가솔린
   ③ 프로판 가스   ④ 산소

56. 화재의 분류에서 유류 화재에 해당되는 것은?
   ① A급 화재   ② B급 화재
   ③ C급 화재   ④ D급 화재

57. 가스 용접장치에서 산소 용기의 색은?
   ① 청색 ② 황색 ③ 적색 ④ 녹색

58. 가연성 가스 저장실에 안전사항으로 옳은 것은?
   ① 기름걸레를 이용하여 통과 통 사이에 끼워 충격을 적게 한다.
   ② 휴대용 전등을 사용한다.
   ③ 담배 불을 가지고 출입한다.
   ④ 조명을 백열등으로 하고 실내에 스위치를 설치한다.

59. 일정 규모 이상의 지진이 발생한 후에 크레인을 사용하여 작업을 하는 때에는 미리 크레인의 각 부위의 이상 유무를 점검하여야 하는데, 이 때 일정 규모는?
   ① 약진 이상   ② 중진 이상
   ③ 진도 1 이상   ④ 진도 2 이상

60. 연삭기 사용 작업시 발생할 수 있는 사고와 가장 거리가 먼 것은?
   ① 회전하는 연삭 숫돌의 파손
   ② 비산하는 입자
   ③ 작업자 발이 협착
   ④ 작업자의 손이 말려 들어감

정답 및 해설

1. ①
   주행, 횡행, 권상 등을 일상점검 할 경우에는 무부하 상태에서 실시한다.
2. ③
   ① 유압 압상브레이크 : 전기를 투입하여 유압으로 작동되는 방식이며, 주행과 횡행에서 사용된다.
   ② 마그넷트 브레이크 : 제동토크가 무여자 상태에서 스프링과 가동철심의 자체중량에 의해 발생되는 압력으로 브레이크 드럼을 가압하여 제동하는 방식이다.
   ③ 다이나믹 브레이크 : 운동 에너지를 전기 에너지로 변환시키고, 전자 에너지를 소모시켜 제어하며, 직류전동기의 속도제어용으로 사용된다.
3. ④
   리미트 스위치는 권상, 횡행, 주행 등 각종장치의 운동에 대한 과행방지 기구이다.
4. ④
   훅의 마모는 와이어로프가 걸리는 부분에 홈이 발생하며, 홈의 깊이가 2mm 이상 되면 연삭숫돌로 편평하게 다듬질하여야 하며, 마모가 원래 치수의 20% 이상 되면 교환하여야 한다.
5. ④
   $\frac{1}{800} \times 100 = 0.125\%$
   ∴ 주행차륜 마모한계 = 3% 그냥 사용해도 된다.
6. ②
   좌우 차륜의 직경차 허용한도는 구동륜은 원치수의 0.2%, 종동륜은 원치수의 0.5%이다.
7. ①
   천장크레인의 규격이 60/10x20m 일 때, 주권의 권상능력이 60t, 보권의 권상 능력이 40t, 스팬이 20m 임을 의미한다.
8. ②
   버퍼 스톱퍼(Buffer Stopper)란 경질고무나 스프링 또는 유압을 이용하여 주행이나 횡행시 충돌했을 때 충격을 완화시켜 주는 장치를 말한다.
9. ①
   사행운전을 방지하기 위해서는 휠베이스가 스팬의 1/8배 이하여야 한다.
10. ③
    AC브레이크의 브레이크 블록의 구비조건은 ①, ②, ④항 이외에 내열성이 클 것
11. ②
    크레인 운전실의 종류에는 개방형 운전실, 밀폐형 운전실, 밀폐 단열형 운전실 등이 있다.
12. ①
    훅 본체의 국부 마모는 원 치수의 5% 이내이어야 사용 가능하다.
13. ②
14. ①
    한 개의 레일길이×온도차이×선팽창 계수
    ∴ (20×1000mm)×38-[-20]× 0.000012 ≒14mm
15. ①
16. ③
    천장크레인의 양정이란 훅이 상한 리미트 스위치가 작동하는 지점에서 하한 리미트 스위치가 작동하는 지점까지의 거리를 말한다.
17. ②
18. ④
    시브 홈 지름이 너무 크면 와이어로프가 시브 홈에서 요동을 하므로 ①, ②, ③항의 현상이 발생한다.
19. ②
    와이어로프는 달기구 및 지브의 위치가 가장 아래쪽에 위치할 때 드럼에 최소한 2~3회 감겨있어야 한다.
20. ④
21. ③
    둥근 너트 : 외형이 둥글게 되어 있으며, 바깥둘레나 윗면에 홈이나 구멍을 뚫고 여기에 죔 공구가 걸리게 되어 있다. 너트의 높이가 낮아 좁은 장소에서 사용된다.
22. ③
    감속기 오일은 일반적으로 약 2000시간 사용 후 교환하여야 한다.
23. ①
24. ④
    작업 중에 감속기에서 갑자기 비정상적인 소음이나 진동이 발생할 경우의 검사사항은 ①, ②, ③항이다.
25. ②
26. ③
    플렉시블 커플링은 두 축의 축선을 정확하게 일치시키기 어려운 경우나 충격 및 진동을 방지하는 경우에 사용하는 것으로 가죽이나 고무 등 탄성이 있는 심(shim)을 축 사이에 넣고 연결하는 축 이음이다.
27. ③   28. ②   29. ②
30. ④
    1마력(PS)은 75kgf·m/s
31. ④
    천장크레인의 도장은 녹 방지도장 2회, 마무리 도장을 1회 하는 것이 좋으며, 도장 면적의 약 10%에 녹 또는 부식이 발생하였을 때 재도장을 실시한다.
32. ③
    구름 베어링의 장점
    ① 마찰손실이 적고, 윤활과 수리가 쉽다.
    ② 베어링 교환과 선택이 쉽다.
    ③ 베어링 길이가 작아도 되므로 기계의 소형화가 가능하다.
    ④ 과열의 위험이 적다.
    ⑤ 마멸이 적어 빗나감이 적다.

33. ④
34. ①
　　절연저항은 220V에서는 0.2메가 옴, 440V에서는 0.4메가 옴, 3300V에서는 3메가 옴 이상이어야 한다.
35. ③.
　　① 성크 키 : 축과 보스에 모두 키 홈을 판 것
　　② 접선 키 : 역회전이 가능하도록 하기 위해 120°의 각도를 두고 2군데 키를 둔 것
　　③ 스플라인 : 축과 보스의 원둘레에 키 턱의 수를 4~20개의 원주로 등분하여 만들어 단독 키보다 훨씬 큰 힘을 전달할 수 있으며 내구력이 크다.
　　④ 안장 키 : 축에는 키홈을 파지 않고, 보스에만 키 홈을 파고 키를 박아 마찰력으로 회전력을 전달하는 것
36. ②
37. ①
　　① 전동기의 동기 회전속도 $Ns = \dfrac{120f}{P}$
　　[여기서, f : 주파수(Hz), P : 극수]
　　∴ $Ns = \dfrac{120 \times 60}{4} = 1800 rpm$
　　② 슬립율 $S = \dfrac{Ns - N}{Ns} \times 100$
　　[여기서, N : 회전자 속도]
　　∴ $S = \dfrac{1800 - 1760}{1800} \times 100 = 2.2\%$
38. ④
　　횡행장치에서 전원공급 방식에는 케이블 캐리어, 페스툰 방식, 트롤리 와이어 방식 등이 있다.
39. ②
　　$I = \dfrac{E}{R}$ [여기서, I : 전류, E : 전압, R : 저항]
　　∴ $I = \dfrac{100V}{20\Omega} = 5A$
40. ②
　　횡행 모터 축에는 주로 플렉시블 커플링을 사용한다.
41. ④
　　강심(鋼芯)로프는 섬유심 대신 스트랜드 한 줄을 심강으로 사용하는 것으로, 가요성이 부족해 굽힘 하중이 반복되는 곳에서는 부적당하며, ①, ②, ③항 같은 곳에서 사용한다.
42. ①
　　$P = \dfrac{15톤 \times 6m}{10m} = 9톤$
43. ④
　　크레인의 이퀄라이저 부분은 와이어로프에 걸리는 응력이 크고 또한 로프 점검시 중요한 곳이다.
44. ④　　　45. ④
46. ③
　　신호수가 집게손가락을 위로 올려 동그라미를 그릴 때의 신호는 "권상"이다.
47. ④
　　절단하중=안전계수×안전하중　∴ 6×30톤=180톤

48. ②
　　시징(Seizing)을 할 때 소둔한 저탄소 강선으로 끈을 묶는 넓이는 와이어로프 지름의 3배가 가장 양호하다.
49. ③
50. ③
　　크레인에 사용되는 와이어로프의 사용 중 점검항목에는 마모, 부식, 엉킴, 꼬임 및 킹크 등이 있다.
51. ④
　　토크렌치를 사용할 때에는 오른손은 렌치 끝을 잡고 돌리며 왼손은 지지점을 누르고 눈은 게이지 눈금을 확인한다.
52. ①　　　53. ④
54. ④
　　① 빨간색-방화 표시
　　② 노란색-충돌·추락 주의 표시
　　③ 녹색-비상구 표시
　　④ 보라색-방사능 위험 표시
55. ④
　　산소는 다른 물질이 연소하는 것을 도와주는 조연성 가스이다.
56. ②
　　① A급 화재 : 연소 후 재를 남기는 일반적인 화재
　　② B급 화재 : 유류(기름)화재
　　③ C급 화재 : 전기화재
　　④ D급 화재 : 금속화재
57. ④
　　가스 용접장치의 산소용기 색깔은 녹색, 아세틸렌 용기의 색깔은 황색이다.
58. ②　　　59. ②　　　60. ③

국가기술자격검정 필기시험문제

2018년 복원문제(4)

자격종목 및 등급(선택분야)	종목코드	시험시간	문제지형별
천장크레인운전기능사	7864	1시간	

1. 크레인 리미트 스위치의 종류가 아닌 것은?
   ① 크랭크식 ② 스크루식
   ③ 캠식   ④ 중추식

2. 천장크레인의 3대 주요 구성장치가 아닌 것은?
   ① 권상장치 ② 횡행장치
   ③ 주행장치 ④ 신호장치

3. 천장크레인의 용량은 정격하중과 스팬으로 표기하는 것이 보통이지만 한 가지를 더 추가한다면?
   ① 양정   ② 권상속도
   ③ 횡행속도 ④ 주행속도

4. 훅에 대한 설명으로 틀린 것은?
   ① 훅의 입구가 안쪽 크기와 같게 될 경우 훅을 교환하여야 한다.
   ② 훅에 로프가 닿는 부분은 마모되므로 상세하게 점검 하여야 한다.
   ③ 단면이 급변한 부분은 균열이 발생할 염려가 있으므로 상세하게 점검하여야 한다.
   ④ 장시간 사용하면 재료가 연해질 우려가 있다.

5. 천장크레인의 완성검사시 시험하중은?
   ① 정격하중의 100% ② 정격하중의 110%
   ③ 정격하중의 125% ④ 정격하중의 150%

6. 횡행장치의 정의는?
   ① 크레인 전체를 움직이기 위한 장치이다.
   ② 크레인에서 짐을 들어 올리거나 내리기 위한 장치이다.
   ③ 센터포스트를 중심으로 선회하기 위한 장치이다.
   ④ 하물을 달고 크레인 거더 위를 수평방향으로 이동하는 대차를 크래브 또는 트롤리라 하고, 이 트롤리를 이동시키는 장치를 횡행장치라 한다.

7. 권상장치의 용어 정의는?
   ① 횡행전동기를 구동시켜 크래브를 가로 방향으로 이동시킨다.
   ② 주행차륜을 레일 위에서 회전시키는 구조로 되어 있다.
   ③ 크레인에서 하물을 들어 올리거나 내리기 위한 장치를 말한다.
   ④ 제동장치는 주로 스러스트 브레이크를 사용하여 제동한다.

8. 전자 브레이크의 전자석이 소리를 내며 과열, 소손되는 경우 점검 사항과 관계가 없는 것은?
   ① 압출봉 출입구 패킹부에서 물이 침입하여 내부에 녹이 발생하여 있지 않는가
   ② 풀리와 라이닝의 틈새가 너무 적지 않은가
   ③ 스트로크가 너무 크지 않은가
   ④ 브레이크 라이닝이 과열하지 않았는가

9. 와이어 로프 직경(d)과 드럼 질경(D)의 비는??
   ① D/d=10   ② D/d=15
   ③ D/d=20~25 ④ D/d=25~30

10. 거더의 캠버는 정격하중을 가하였을 때 스팬의 얼마 이하가 적당한가?
    ① 1/800 ② 1/600 ③ 1/500 ④ 1/400

11. 주행 차륜 플랜지는 두께의 몇% 이상 마모와 수직에서 몇 도(°) 이상의 변형이 생기면 교환하는가?
    ① 40%, 20° ② 40%, 10°
    ③ 50%, 10° ④ 50%, 20°

12. 크레인에서 사용하는 각종 시브의 주요 점검사항이 아닌 것은?
   ① 시브 홈의 이상마모는 없는 가
   ② 시브 홈과 와이어로프 지름이 적정한 가
   ③ 시브 홈의 윤활 상태는 적정한 가
   ④ 원활히 회전하고 암이나 보스 등에 균열은 없는 가

13. 훅(hook)의 안전계수는 최소 얼마 이상이어야 하는가?
   ① 3 이상 ② 7 이상 ③ 5 이상 ④ 9 이상

14. 차륜주행 관련 점검사항이 아닌 것은?
   ① 베어링의 마모상태
   ② 레일의 굽음
   ③ 차륜의 중심선 일치 여부
   ④ 차륜의 열전도율

15. 압상형 유압브레이크에서 스러스트의 오일 교환 주기로 적절한 것은?
   ① 500시간   ② 1000시간
   ③ 2000시간   ④ 5000시간

16. 천장크레인의 브레이크 정비에 대해서 틀린 것은?
   ① 브레이크휠과 라이닝 간격은 보통 브레이크휠 직경의 200분의 1 정도 비율로 한다.
   ② 브레이크휠 림(Rim)의 두께 마모한도는 원 치수의 40% 정도이다.
   ③ 브레이크휠 면의 요철이 2mm 정도가 되면 평활하게 다듬어 주어야 한다.
   ④ 라이닝의 내열온도는 보통 650℃ 정도이다.

17. 천장크레인의 크기 표시 "40/20 ton, Span 28mm"에서 Span 28m의 뜻은?
   ① 주행 차륜 사용 허용 평균속도이다.
   ② 주행 차륜 중심 간 거리가 28m 이다.
   ③ 주행 레일의 길이가 28m 이다.
   ④ 횡행 차륜 간의 거리가 28m 이다.

18. 나사형 권과방지 장치에 해당되지 않은 사항은?
   ① 권상드럼의 회전수와 관계가 없다.
   ② 상하한 전양정에서 작동하므로 정지 정도가 나쁘다.
   ③ 와이어로프를 교환한 경우에는 권과방지 장치를 재조정 하여야 한다.
   ④ 스프로킷을 교환하는 경우에 기어의 치수를 변경시키면 양정 간격을 확보할 수 없다.

19. 자극 전면에 놓인 금속제 원판이 회전하면 그 회전을 멈추고자 하는 방향으로 제동이 작용하는 성질을 응용한 브레이크는?
   ① 메카니컬 브레이크
   ② 와류 브레이크
   ③ 페달 브레이크
   ④ 스러스트 브레이크

20. 천장크레인 주행용 레일(rail)의 구배 허용 값은?
   ① 주행길이 2m 당 0.5mm를 초과하지 않을 것
   ② 주행길이 2m 당 2mm를 초과하지 않을 것
   ③ 주행길이 10m 당 1mm를 초과하지 않을 것
   ④ 주행길이 10m 당 2mm를 초과하지 않을 것

21. 수동 조작 자동복귀형 b접점 스위치는?

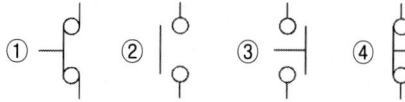

22. 실제 현장에서 크레인에 가장 많이 사용되고 있는 전압은?
   ① 110V ② 220V ③ 440V ④ 550V

23. 변압기는 어떤 원리를 이용한 전기장치인가?
   ① 전자 유도작용   ② 전류의 화학작용
   ③ 정전 유도작용   ④ 전류의 발열작용

24. 주행 중 한쪽 방향으로만 운동이 계속된다. 응급 처리방법으로 알맞은 것은?
   ① 비상 S/W를 작동하여 전원을 차단, 크레인을 정지한 다음 조치를 취한다.
   ② 빠른 동작으로 주행 패널부분의 전자접촉기의 이상 유무를 점검한다.
   ③ 거더 위에 설치되어 있는 메인 S/W를 내린 다음 조치를 취한다.
   ④ 운전실 내부에 있는 제어 부분의 이상 유무를 확인한다.

25. 플랜지 축이음의 설명으로 가장 알맞은 것은?
   ① 축의 지름과 하중이 작으며 저 회전일 때 주로 사용하는 축이음이다.
   ② 양축의 중심선이 정확하게 일치하지 않을 때 주로 사용하는 축이음이다.
   ③ 기계류의 축이음에 널리 사용되고 있으며 축의 직경이 75mm 이상 이면 더욱 좋다.
   ④ 축이음을 할 때 가죽이나 고무 같은 탄성체를 플랜지 중간에 넣어 연결한다.

26. 천장크레인의 주기적인 정비를 위한 예비 품목과 가장 거리가 먼 것은?
   ① 퓨즈
   ② 브레이크 라이닝
   ③ 전동기 브러시
   ④ 제어반(판넬)

27. 천장크레인의 취급에 대한 설명 중 틀린 것은?
   ① 작업 종료 후 크레인을 소정위치에 정지시킨다.
   ② 작업 종료 후 브레이크 와이어 등의 점검을 한다.
   ③ 전기 활선작업을 금하며 안전커버를 벗긴 채로 운전을 금한다.
   ④ 작업 종료 후 각제어기를 off로 하고 보호판의 스위치는 on으로 하여야한다.

28. 천장크레인의 무부하 운전 내용 중 틀린 것은?
   ① 정격하중을 훅에 걸고 권상권하, 주행, 횡행 동작이 되는가?
   ② 각 제동기의 작동 상태는 정상인가?
   ③ 권과 방지 장치는 작동하는가?
   ④ 이상음, 이상발열, 이상 진동은 없는가?

29. 입력 전압이 440V, 60(Hz)인 3상 유도 전동기가 있다. 극수가 4극이고 슬립이 3% 일 때 회전자 속도는 약 얼마인가?
   ① 1746rpm
   ② 1780rpm
   ③ 1800rpm
   ④ 1880rpm

30. 점검항목 중 연간 점검에 해당하는 것은?
   ① 주행, 횡행 레일을 측정기 사용 점검
   ② 훅의 작동 상태
   ③ 전기 배선의 누전 및 오염 상태
   ④ 와이어 드럼의 이상 마모 상태

31. 베어링이 고착되는 경우와 가장 거리가 먼 것은?
   ① 급유가 불충분한 경우
   ② 급유 오일의 선정이 잘못된 경우
   ③ 과부하로 베어링의 유막이 파괴된 경우
   ④ 저속으로 회전하는 경우

32. 크레인을 보수 관리하는데 중요한 부분장치로 예방보전이 가장 필요한 장치는?
   ① 주행 장치
   ② 횡행 장치
   ③ 권상장치
   ④ 크래브 장치

33. 트롤리(Trolley) 동선의 좌·우 고저차는 기준면에서 몇 mm 이하를 유지하여야 하는가?
   ① ±2mm
   ② ±4mm
   ③ ±6mm
   ④ ±8mm

34. 다음 중 틀린 것은?
   ① 저항기는 사용 중 온도가 높아져서 약 350℃가 될 때가 있으므로 통풍을 잘 시켜야 된다.
   ② 리미트스위치를 구조별로 구분하면 나사형, 레버형, 캠형으로 나눌 수 있다.
   ③ 리미트스위치의 작용점이 최대부하때와 무부하때에는 약간씩 차이가 난다.
   ④ 천장크레인용 저항기는 용량이 크고 진동에 강한 리본형이 적합하다.

35. 주행운전 방법으로 틀린 것은?
   ① 주행 시작시 필히 경보를 울려야 한다.
   ② 진행 중인 방향에 위험물의 유무를 확인하며 주행한다.
   ③ 급격한 주행으로 인해 달려있는 짐이 흔들리지 않도록 운전해야 한다.
   ④ 정지위치에 도달할 때까지 주행을 작동시켰다가 브레이크를 사용 정지한다.

36. 기어와 축과의 관계를 연결한 것 중 틀린 것은?
   ① 두 축의 교차 - 베벨 기어
   ② 두 축의 평행 - 스퍼 기어
   ③ 직각 교차 하는 기어 - 웜과 웜기어
   ④ 두 축이 교차 - 하이포이드 기어

37. 동력 전달용 나사 종류 중, 사다리꼴 나사의 특징이 아닌 것은?
   ① 사각나사보다 제작이 쉽고 정밀도가 높다.

② 나사산의 각도는 미터계(TM,30°)와 피트계(TM,29°)가 있다.
③ 마모에 의한 조정이 쉽다.
④ 강도가 크고 동력전달이 정확하다.

38. 천장크레인에서 오일이 묻어서는 안 되는 곳은?
① 브레이크 라이닝 및 브레이크 휠
② 와이어로프와 드럼
③ 기어와 기어박스
④ 시브와 시브 축

39. 키(Key)에 대한 설명 중 틀린 것은?
① 구배키(Taper Key)는 1/100 정도 기울기를 준 것이다.
② 키에는 수시로 급유하여 녹을 방지해야 한다.
③ 키는 회전력을 전달하는데 사용된다.
④ 키는 회전체를 축에 고정 시키는데 사용된다.

40. 고정자 및 회전자의 양쪽에 권선을 지니고 있으며 회전자의 권선에 슬립링을 통해서 외부 저항을 증감하면 부하를 걸었을 때 속도를 가감할 수 있고, 특히 크레인의 기동 시에 기계에 충격을 주지 않고 서서히 가속할 수 있는 전동기는?
① 권선형 유도 전동기
② 농형 유도 전동기
③ 직류 분권 전동기
④ 직류 직권 전동기

41. 줄걸이 방법의 설명 중 틀린 것은?
① 눈걸이 : 모든 줄걸이 작업은 눈걸이를 원칙으로 한다.
② 반걸이 : 미끄러지기 쉬우므로 엄금한다.
③ 짝감기 걸이 : 가는 와이어로프일 때 사용하는 줄걸이 방법이다.
④ 어깨걸이 나머지 돌림 : 2가닥 걸이로서 꺾어 돌림을 할 수 없을 때

42. 정격하중 100톤의 크레인을 제작한다면 6×4 직경이 20mm인 와이어로프를 몇 가닥으로 해야 하는가? (단, 로프의 절단하중은 20톤, 안전계수는 5일 경우)
① 5가닥 ② 10가닥 ③ 20가닥 ④ 26가닥

43. 기계 설치용 크레인에서 권상용 와이어로프를 8줄 걸이로 6호(6×37), 20mm 직경, B종을 사용할 때 최대 권상 가능한 하중은 약 얼마인가?
① 14톤 ② 37톤 ③ 42톤 ④ 48톤

44. 와이어로프(wire rope)의 소선에 대하여 설명한 것이다. 맞는 것은?
① 스트랜드를 구성하고 있는 소선의 결합에는 점(点), 선(線), 면(面), 정(井) 접촉 구조의 4가지가 있다.
② 소선의 역할은 충격하중의 흡수, 부식방지, 소선끼리의 마찰에 의한 마모방지, 스트랜드(strand)의 위치를 올바르게 하는데 있다.
③ 와이어로프(wire rope)의 소선은 KSD 3514에 규정된 탄소강에 특수 열처리를 하여 사용하며 인장강도는 135~180kgf/mm² 이다.
④ 소선의 재질은 탄소강 단강품(KSD 3710)이나 기계구조용 탄소강(KSD 3517)이며, 강도와 연성(延性)이 큰 것이 바람직하다.

45. 신호수가 양쪽 손을 몸 앞에다 대고 두 손을 깍지 끼는 신호를 보내고 있다. 이는 무슨 신호인가?
① 물건걸기 ② 비상정지
③ 뒤집기 ④ 수평이동

46. 힘의 모멘트가 M=P×L일 때 P와 L은?
① P=힘, L=길이 ② P=길이, L=면적
③ P=무게, L=체적 ④ P=부피, L=넓이

47. 줄걸이 와이어의 클립 고정법에서 클립을 사용하여 고정 할 때 와이어의 절단하중은 몇 % 감소되는가?
① 15%~20% ② 20%~25%
③ 30%~35% ④ 80%~85%

48. 크레인의 와이어로프에 대한 설명으로 틀린 것은?
① 도르래 플랜지의 사용 중 접촉에 의해 마모 및 부식이 발생하여 수명이 떨어진다.
② 소선수의 10% 이상이 절단된 것은 사용해서는 안된다.
③ 직경의 감소가 공칭직경의 15%를 초과할 때까지는 사용할 수 있다.
④ 킹크가 심하게 된때는 교체하여 사용한다.

49. 와이어로프 작업자가 줄걸이 작업을 실시할 때 짐의 중량에 따른 안전작업 방법이 아닌 것은?
   ① 짐의 중량을 어림짐작하여 작업한다.
   ② 정격 하중을 넘는 무게의 짐을 매달지 않는다.
   ③ 상례적으로 정해진 짐의 전문적인 줄걸이 용구를 만들어 작업한다.
   ④ 짐의 중량 판단에 자신이 없을 때는 상급자에게 문의하여 작업한다.

50. 매다는 체인에 균열이 발생한 경우 용접하여 사용할 수 있는가?
   ① 사용할 수 있다.
   ② 사용하여서는 안된다.
   ③ 체인의 여유가 없는 불가피한 경우 1회에 한하여 용접하여 사용할 수도 있다.
   ④ 일반적으로 미소한 균열일 경우 용접사용이 가능하다.

51. 다음 중 금속나트륨이나 금속칼륨 화재의 소화재로서 가장 적합한 것은?
   ① 물   ② 건조사
   ③ 분말 소화기   ④ 할론 소화기

52. 아세틸렌 용접장치를 사용하여 용접 또는 절단할 때에는 아세틸렌 발생기로부터 ( )이내, 발생기실로부터 ( )이내의 장소에서는 흡연 등의 불꽃이 발생하는 행위를 금지하여야 한다. ( )안에 차례로 들어갈 거리는?
   ① 3m, 1m   ② 5m, 3m
   ③ 8m, 4m   ④ 10m, 5m

53. 안전관리상 수공구와 관련한 내용으로 가장 적합하지 않은 것은?
   ① 공구를 사용한 후 녹슬지 않도록 반드시 오일을 바른다.
   ② 작업에 적합한 수공구를 이용한다.
   ③ 공구는 목적 이외의 용도로 사용하지 않는다.
   ④ 사용 전에 이상 유무를 반드시 확인한다.

54. 동력 전동장치에서 가장 재해가 많이 발생할 수 있는 것은?
   ① 기어   ② 커플링
   ③ 벨트   ④ 차축

55. 안전관리의 가장 중요한 업무는?
   ① 사고책임자의 직무조사
   ② 사고원인 제공자 파악
   ③ 사고발생 가능성의 제거
   ④ 물품손상의 손해사정

56. 무거운 짐을 이동할 때 적당하지 않은 것은?
   ① 힘겨우면 기계를 이용한다.
   ② 기름이 묻은 장갑을 끼고 한다.
   ③ 지렛대를 이용한다.
   ④ 2인 이상이 작업할 때는 힘센 사람과 약한 사람과의 균형을 잡는다.

57. 스패너 작업 방법으로 옳은 것은?
   ① 몸 쪽으로 당길 때 힘이 걸리도록 한다.
   ② 볼트 머리보다 큰 스패너를 사용하도록 한다.
   ③ 스패너 자루에 조합렌치를 연결해서 사용하여도 된다.
   ④ 스패너 자루에 파이프를 끼워서 사용한다.

58. 안전·보건표지의 종류와 형태에서 그림의 안전 표지판이 나타내는 것은?
   ① 보행금지
   ② 작업금지
   ③ 출입금지
   ④ 사용금지

59. 방화 대책의 구비사항으로 가장 거리가 먼 것은?
   ① 소화기구
   ② 스위치 표시
   ③ 방화벽 및 스프링클러
   ④ 방화사

60. ILO(국제노동기구)의 구분에 의한 근로 불능 상해의 종류 중 응급조치 상해는?
   ① 1일 미만의 치료를 받고 다음부터 정상작업에 임할 수 있는 정도의 상해
   ② 2~3일의 치료를 받고 다음부터 정상작업에 임할 수 있는 정도의 상해
   ③ 1주 미만의 치료를 받고 다음부터 정상작업에 임할 수 있는 정도의 상해
   ④ 2주 미만의 치료를 받고 다음부터 정상작업에 임할 수 있는 정도의 상해

정답 및 해설

1. ①
 크레인 리미트 스위치의 종류에는 스크루식, 캠식, 중추식 등이 있다.
2. ④
 천장크레인의 3대 주요 구성장치는 권상장치, 횡행장치, 주행 장치이다.
3. ①
 천장크레인의 용량은 정격하중과 스팬이외에 양정을 추가할 수 있다.
4. ④
 혹은 장시간 사용하면 응력의 반복으로 가공경화가 발생하므로 1년에 1회 정도 풀림 열처리(소둔)를 하여야 한다.
5. ②
6. ④
 횡행장치는 하물을 달고 크레인 거더 위를 수평방향으로 이동하는 대차를 크래브 또는 트롤리라 하고, 이 트롤리를 이동시키는 장치이다.
7. ③
 권상장치는 크레인에서 하물을 들어 올리거나 내리기 위한 장치를 말한다.
8. ①
 전자 브레이크의 전자석이 소리를 내며 과열, 소손되는 경우에는 ②, ③, ④항을 점검한다.
9. ③
 와이어로프 직경(d)과 드럼 직경(D)의 비는 D/d=20~25가 적당하다.
10. ①
 거더의 캠버는 정격하중을 가하였을 때 스팬의 1/8000이하가 적당하다.
11. ④
 주행 차륜 플랜지는 두께의 50% 이상 마모와 수직에서 20° 이상의 변형이 생기면 교환하여야 한다.
12. ③
 시브의 주요 점검사항은 ①, ②, ④항이다.
13. ③
 혹(hook)의 안전계수는 최소 7이상이어야 한다.
14. ④
15. ③
 압상형 유압브레이크에서 스러스트의 오일교환은 2000시간 마다한다.
16. ④
 브레이크 휠과 라이닝의 제동면 온도는 150~200℃이상 되어서는 안 된다.
17. ②
 천장크레인의 크기 표시 "40/20 ton, Span 28mm"에서 40은 주권의 권상능력 40톤, 20은 보권의 권상능력 20톤, Span 28m는 주행 차륜 중심 간 거리가 28m를 의미한다.
18. ①
 나사형 권과방지 장치에 관한 사항은 ②, ③, ④항 이외에 권상드럼의 회전수와 관계가 있다.
19. ②
 와류 브레이크는 자극 전면에 놓인 금속제 원판이 회전하면 그 회전을 멈추고자 하는 방향으로 제동이 작용하는 성질을 응용한 것이다.
20. ② 21. ④ 22. ③
23. ②
 변압기는 전자유도 작용의 원리를 이용한 전기장치이다.
24. ①
25. ③
 플랜지 축이음은 플랜지를 키로 고정하고 이 플랜지 들을 여러 개의 볼트로 이음 한 것이며, 기계장치의 축 이음으로 많이 사용되며, 축 지름이 75mm 이상인 경우, 고속회전 하는 곳에서 사용하고, 보수가 쉽고, 신뢰성이 크다.
26. ④ 27. ④ 28. ①
29. ①

① 전동기의 동기 회전속도 $Ns = \dfrac{120f}{P}$

[여기서, f : 주파수(Hz), P : 극수]

∴ $Ns = \dfrac{120 \times 60}{4} = 1800 rpm$

② 1800rpm에서 슬립이 3%이므로
 1800rpm×0.97=1746rpm

30. ①
31. ④
 베어링이 고착되는 경우는 ①, ②, ③항 이외에 고속으로 회전하는 경우
32. ③
 예방보전이란 고장이 발생할 것 같은 부분을 계획적으로 교환수리 하는 것을 말하며, 권상장치는 예방보전이 필요하다.
33. ①
 트롤리(Trolley) 동선의 좌·우 고저 차는 기준면에서 ±2mmm 이하를 유지하여야 한다.
34. ④
 천장크레인용 저항기는 용량이 크고 진동에 강한 그리드(grid)형이 적합하다.
35. ④
36. ④

① 두 축의 교차 - 베벨 기어
② 두 축의 평행 - 스퍼 기어, 내접기어, 헤리컬 기어, 래크와 피니언
③ 직각 교차 하는 기어 - 웜과 웜기어
④ 두 축이 교차하지도 평행하지도 않는 기어 - 하이포이드 기어

37. ②
 사다리꼴나사의 특징은 ①, ③, ④항 이외에 나사산의 각도는 미터계(TM,30°)와 인치계(TW,29°)가 있다.

38. ①　　　　39. ②
40. ①
　권선형 유도 전동기는 고정자 및 회전자의 양쪽에 권선을 지니고 있으며 회전자의 권선에 슬립링을 통해서 외부 저항을 증감하면 부하를 걸었을 때 속도를 가감할 수 있고, 특히 크레인의 기동 시에 기계에 충격을 주지 않고 서서히 가속할 수 있다.
41. ④
　① 눈걸이 : 모든 줄걸이 작업은 눈걸이를 원칙으로 한다.
　② 반걸이 : 미끄러지기 쉬우므로 엄금한다.
　③ 짝감기 걸이 : 가는 와이어로프일 때 사용하는 줄걸이 방법이다.
　④ 어깨걸이 나머지 돌림 : 4가닥 걸이로서 꺾어 돌림을 할 때(와이어로프가 굵을 때)
42. ④
　① 안전하중 $= \dfrac{\text{절단하중}}{\text{안전계수}} = \dfrac{20톤}{5} = 4톤$
　② 와이어로프의 가닥수
　$= \dfrac{\text{부하물의 하중}}{\text{안전하중}} = \dfrac{100톤}{4톤} = 25$
43. ②
44. ③
　① 소선의 접촉에는 점(点), 선(線), 면(面) 접촉 등 3가지가 있다.
　② 심강의 역할은 충격하중의 흡수, 부식방지, 소선끼리의 마찰에 의한 마모방지, 스트랜드(strand)의 위치를 올바르게 하는데 있다.
　③ 와이어로프(wire rope)의 소선은 KSD 3514에 규정된 탄소강에 특수 열처리를 하여 사용하며 인장강도는 135~180kgf/mm² 이다.
　④ 훅의 재질은 탄소강 단강품(KSD 3710)이나 기계구조용 탄소강(KSD 3517)이며, 강도와 연성(延性)이 큰 것이 바람직하다.
45. ①
　신호수가 양쪽 손을 몸 앞에다 대고 두 손을 깍지 끼는 신호는 물건걸기 신호이다.
46. ①
47. ①
　클립을 사용하여 고정 할 때 와이어의 절단하중은 15~20% 감소된다.
48. ③
　와이어로프 직경의 감소가 공칭직경의 7%를 초과한 경우에는 교환한다.
49. ①　　　　50. ②
51. ②
　금속나트륨이나 금속칼륨 화재의 소화재는 건조사가 적합하다.
52. ②
　아세틸렌 용접장치를 사용하여 용접 도는 절단할 때에는 아세틸렌 발생기로부터 5m이내, 발생기실로부터 3m)이내의 장소에서는 흡연 등의 불꽃이 발생하는 행위를 금지하여야 한다.
53. ①
54. ③

동력 전동장치에서 가장 재해가 많이 발생할 수 있는 것은 벨트이다.
55. ③　　　56. ②　　　57. ①
58. ④　　　59. ②　　　60. ①

국가기술자격검정 필기시험문제

2019년 복원문제(1)

자격종목 및 등급(선택분야)	종목코드	시험시간	문제지형별
천장크레인운전기능사	7864	1시간	

1. 크레인의 주행레일 설명으로 틀린 것은?
   ① 주행레일은 균열, 두부의 변형이 없을 것
   ② 레일 연결부의 엇갈림은 상하 05mm 이하일 것
   ③ 레일 측면의 마모는 원래 규격 치수의 20% 이내일 것
   ④ 레일 연결부의 틈새는 기타 크레인의 경우 5mm 이하일 것

2. 크레인의 주행 및 횡행 장치의 확인 사항이 아닌 것은?
   ① 차륜과 레일과의 접촉 상태를 확인한다.
   ② 중추식 권과 방지 장치의 작동상태를 확인한다.
   ③ 각 베어링의 주유 및 이상 소음을 확인한다.
   ④ 동력 전달기어의 접촉 및 소음 상태를 확인한다.

3. 크레인 훅의 개구부 벌어짐의 사용 한도는 원래 치수의 몇 %까지 인가?
   ① 5%   ② 10%   ③ 15%   ④ 50%

4. 천장크레인 중 권하 속도가 빠를수록 좋은 기중기는?
   ① 원료장입 크레인   ② 강괴 크레인
   ③ 타이어 크레인   ④ 담금질 크레인

5. 로프의 밀림현상이 일어나는 경우를 나타낸 것이다. 이중 옳지 않은 것은?
   ① 도르래가 원활히 회전하지 않을 경우
   ② 드럼에 중첩되어 감겼을 경우
   ③ 로프가 도르래와 잘 구성되어 있을 경우
   ④ 로프가 도르래 플랜지에 접촉되어 있을 경우

6. 천장크레인용 마그네트 또는 스러스트 브레이크 휠 면의 요철은 몇 mm 이상이 되면 수정 또는 교환하여야 하는가?
   ① 0.5mm ② 1mm   ③ 2mm   ④ 3mm

7. 천장크레인의 브레이크에 관한 설명이다. 틀린 것은?
   ① 브레이크 휠과 라이닝의 수직, 수평폭은 1mm이내라야 한다.
   ② 브레이크 휠 림(Rim)의 두께 마모 한도는 원래 치수의 40%이다.
   ③ 브레이크 휠과 라이닝의 제동면의 온도는 약 300℃까지 이다.
   ④ 브레이크 휠과 라이닝의 간격은 브레이크 개방시 브레이크 휠 직경의 1/150~1/200이 적당하다.

8. 정격하중이 20000kgf 인 천장크레인의 훅(Hook)은 파괴 하중이 최소한 몇 kgf 이상인 것을 사용해야 하는가?
   ① 40000kgf   ② 60000kgf
   ③ 80000kgf   ④ 100000kgf

9. 횡행 스토퍼를 설명한 것 중 틀린 것은?
   ① 재료는 경질고무나 스프링을 사용한다.
   ② 횡행차륜 정지용 스토퍼의 높이는 차륜 지름의 1/4이상 되어야 한다.
   ③ 고무 치 유압 등을 이용하여 완충시켜 주는 장치이다.
   ④ 횡행스토퍼에는 자주 그리스를 도포하여 보호한다.

10. 20~50ton의 용량을 가진 천장크레인에 일반적으로 많이 쓰이고 있는 거더(Girder)는?
    ① I형 거더   ② 박스(Box) 거더

③ 판(Flat) 거더   ④ 트러스(Truss) 거더

11. 천장크레인에 대한 설명 중 틀린 것은?
    ① 안전장치를 해제하고 작업을 해서는 안된다.
    ② 운전자의 시선은 주위를 넓게 바라보며 특히 진행중인 방향의 앞쪽을 잘 살펴야 한다.
    ③ 천장크레인은 수시로 정격하중의 110% 부하를 걸어서 시험하중을 테스트 해 보는 것이 좋다.
    ④ 작업장의 구석진 곳에 있는 부하물을 들어올릴 때는 경사지게 당겨 올리는 작업을 하지 않는 것이 좋다.

12. 권상장치의 권과방지 기구는?
    ① 캠식 리밋 스위치 ② 원심 분리 스위치
    ③ 족답 스위치   ④ 와류 브레이크

13. 시브(활차)의 회전에 대한 그림이다. 옳은 것은?

    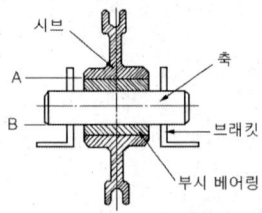

    ① 시브와 부시 사이에서 회전한다.
    ② 부시와 축 사이에서 회전한다.
    ③ 축과 브래킷 사이에서 회전한다.
    ④ 부시와 브래킷 사이에서 회전한다.

14. 천장크레인의 작업능력은 무엇으로 나타내는가?
    ① 작업속도   ② 권상체적
    ③ 작업시간   ④ 권상톤수

15. 구동차륜에 대한 설명 중 틀린 것은?
    ① 차륜직경이 2%이상 마모되면 수리 교환하여야 한다.
    ② 좌우차륜의 직경차는 원치수의 0.2%이내이다.
    ③ 구동륜플랜지의 변형도는 수직에서 20° 이내이다.
    ④ 플랜지의 두께가 20% 이내 마모되었다면 사용 할 수 있다.

16. 운전 중 전자브레이크에 이상 제동이 걸리는 경우 점검해야 할 것은?
    ① 전원 전압   ② 전동기 회전수
    ③ 콘트롤러   ④ 시브

17. 드럼의 크기를 나타낸 것으로 가장 올바른 것은?
    ① 드럼크기는 가능한 한 로프의 전 길이를 1렬에 감을 수 있는 것으로 한다.
    ② 드럼크기는 가능한 한 로프의 전 길이를 2렬에 감을 수 있는 것으로 한다.
    ③ 드럼크기는 로프이 전 길이를 3렬에 감을 수 있는 것으로 한다.
    ④ 드럼크기는 로프의 유효길이를 2회 감을 수 있는 것으로 한다.

18. 천장크레인에 대한 설명으로 적합하지 않는 것은?
    ① 천장크레인의 작업능력은 1회의 작업량 즉, 권상 톤수로 표시한다.
    ② 천장크레인 운전석은 매연, 분진 등에 대비한 밀폐형도 있다.
    ③ 천장크레인 운전석이 바로 아래를 내려다볼 수 있는 바닥쪽에 유리창으로 된 형도 있다.
    ④ 천장크레인의 주행 브레이크는 마그넷브레이크를 사용하여야 안전사고를 방지하기 위한 급제동력을 높인다.

19. 속도제어 제동기는 어떤 때 속도제어를 하는가?
    ① 권상시   ② 권하시
    ③ 권상과 권하시   ④ 횡행과 권상시

20. 천장크레인 차륜의 플랜지 마모한도이다. 맞는 것은?
    ① 원칫수의 50%   ② 원칫수의 30%
    ③ 원칫수의 20%   ④ 원칫수의 10%

21. 크레인으로 화물을 들어 올릴 경우 옳지 않은 것은?
    ① 화물의 중심 위에 훅이 위치하도록 한다.
    ② 로프가 충분한 장력을 가질 때까지 서서히 감아올린다.
    ③ 화물은 주행경로 및 안전을 고려한 높이에서 운반하도록 한다.

④ 로프가 장력을 받을 때부터 주행을 시작한다.

22. 전기를 전달하기 어려운 물질은 어느 것인가?
① 전도재료 ② 절연재료
③ 도전재료 ④ 자성체

23. 천장크레인을 사용하여 작업을 하는 때에 작업시작 전 점검사항 중 매일 점검을 하기에 가장 곤란한 것은?
① 권과방지장치, 브레이크, 클러치 및 운전장치의 기능
② 주행로의 상측 및 트롤리가 횡행하는 레일의 상태
③ 와이어로프가 통하고 있는 곳의 상태
④ 과부하 방지장치의 조정 여부

24. 크레인 권상전동기의 소요 동력(kw)을 구하는 식으로 맞는 것은?(단, 단위는 권상하중 : 톤, 속도 : m/min)
① $\frac{(정격하중+훅(hook)의\ 자중)\times 권상전동기효율}{6.12\times 속도}$
② $\frac{(정격하중+훅(hook)의\ 자중)\times 권상전동기효율}{6.12}$
③ $\frac{(정격하중+훅(hook)의\ 자중)\times 권상전동기효율}{6.12+속도}$
④ $\frac{(정격하중+훅(hook)의\ 자중)\times 속도}{6.12\times 권상전동기\ 효율}$

25. 절연저항을 측정하는데 가장 적합한 것은?
① 옴 미터 ② 오실로스코프
③ 디지털 멀티테스터 ④ 메가 테스터

26. 타워크레인은 풍속이 초당 몇 미터일 때 운전작업을 중지하여야 하는가?
① 40 ② 30 ③ 15 ④ 10

27. 펜던트 스위치 설명으로 틀린 것은
① 펜던트 스위치에서는 크레인의 비상정지용 누름 버튼과 각각의 작동종류에 따른 누름 버튼 등이 비치되어 있고 정상적으로 작동하여야 한다.
② 펜던트 스위치에 접속된 케이블은 꼬임이나 무리한 힘이 가해지지 않도록 보조 와이어로프 등으로 지지 되어야 한다.
③ 조작용 전기회로의 전압은 교류 대지전압 150V 이하 또는 직류 300V 이하 이어야 한다.
④ 펜던트 스위치 외함 구조가 절연제품이 아닐 경우에는 접지선을 생략할 수 있다.

28. 소형 천장크레인의 횡행 모터축에 주로 사용하는 축이음으로 가장 적절한 것은?
① 플렉시블 커플링 ② 체인 커플링
③ 유니버설 조인트 ④ 머프 커플링

29. 베어링의 온도상승 원인과 거리가 가장 먼 것은?
① 속도계수의 초과 ② 과하중
③ 베어링의 유격 과대 ④ 고점도 오일 사용

30. 전기장치에서 2차 저항기의 역할로 가장 알맞은 것은?
① 전동기에 과전류가 흐르는 것을 막아 전동기를 보호하는 역할을 한다.
② 전동기의 저항을 줄임으로서 전동기의 회전수를 일정하게 하는 역할을 한다.
③ 권선형 유도전동기의 2차 회로에 부착되어 저항량을 조정함으로서 속도를 변속하는 역할을 한다.
④ 농형 전동기에 저항이 너무 크므로 2차 저항기를 부착하여 저항량을 줄임으로서 안전하게 작동할 수 있는 역할을 한다.

31. 기계요소 중 키(key)에 대한 설명으로 틀린 것은?
① 축과 회전체를 일체로 하여 회전력을 전달시키는 기계요소이다.
② 축과 회전체의 원주방향으로의 이동이 가능하다.
③ 재료는 축 재료보다 약간 강하다.
④ 급유할 필요가 없다.

32. 가속도의 정의로 맞는 것은?
① 시간에 대한 거리의 변화율
② 속도에 대한 거리의 변화율
③ 속도에 대한 변위의 변화율
④ 시간에 대한 속도의 변화율

33. 전동기의 발열원인으로 옳지 않은 것은?
① 부하가 크다.
② 속도가 빠르다.

③ 사용빈도가 심하다.
④ 저항기가 부적당하다.

34. 트롤리 와이어에는 감전 재해방지를 위해 통전중앙을 알리는 적색의 표시등을 설치하여야 한다. 이때 통전표시등 설치장소로 가장 부적합한 곳은?
    ① 전동기 말단부
    ② 구간 스위치의 양쪽
    ③ 트롤리 와이어의 말단부
    ④ 트롤리 와이어에 전원이 인입되는 곳

35. 기어에서 소음발생의 원인이 아닌 것은?
    ① 급유 과다.   ② 피치오차가 클 때
    ③ 부적당한 오일 ④ 아주 작은 백 래시

36. 천장크레인 운전실의 전압계가 멈추었을 때 점검해야 될 사항이 아닌 것은?
    ① 정전여부 확인
    ② 주 인입개폐기 점검
    ③ 집전자의 이탈여부 검사
    ④ 천장크레인 내 변압기 이상여부 점검

37. 윤활유나 그리스 등이 묻어서는 안 되는 곳은?
    ① 와이어로프 및 드럼
    ② 베어링 및 하우징
    ③ 체인 및 스프로켓
    ④ 브레이크 드럼

38. 전기의 스파크(Spark) 발생 방지대책으로 틀린 것은?
    ① 접촉면을 매끄럽게 유지시킨다.
    ② 스위치류의 개폐는 아주 천천히 행한다.
    ③ 스위치의 접촉면에 먼지나 이물질이 없도록 한다.
    ④ 전원 차단시는 반드시 부하측으로부터 메인(Main)축의 순서로 행한다.

39. 볼트의 종류별 설명으로 옳은 것은?
    ① 관통 볼트 : 자주 분해·결합하는 부분에 사용하며 양끝에 나사산을 내고, 나사구멍에 끼우고 연결할 부품을 관통시켜서 합친 후 너트로 조이는 것이다.
    ② 스테이 볼트 : T 형의 홈에 볼트 머리를 끼우고 위치를 이동하면서 임의의 위치에 물

체를 고정할 수 있는 볼트이다.
    ③ 티(T) 볼트 : 부품을 일정한 간격으로 두고 고정할 때 사용하는 볼트이다.
    ④ 아이 볼트 : 물건을 들어 올릴 때 사용하는 볼트이다.

40. 제어반 내부에 취부되지 않는 부품은?
    ① 누전차단기(NFB)
    ② 전자 접촉기(magnetic s/w)
    ③ 한시 계전기(timer)
    ④ 한계 스위치(Limit S/W)

41. 줄걸이 작업 시 섬유벨트의 장점이 아닌 것은?
    ① 취급이 용이하다.
    ② 제작이 간단하며 값이 많이 싸다.
    ③ 화물을 손상시키지 않는다.
    ④ 와이어로프나 체인보다 가볍다.

42. 와이어로프 소선의 질변화란?
    ① 로프가 킹크되는 경우
    ② 활차의 로프 홈이 나쁜 경우
    ③ 로프가 마모되는 경우
    ④ 물리적 원인으로 로프의 표면경화 또는 피로에 의한 변화

43. 그림과 같은 강괴를 들어 올릴 때 중량은?(단, 비중 7.85)

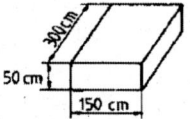

    ① 17663kg   ② 2250kg
    ③ 9000kg   ④ 26493kg

44. 크레인에서 줄걸이 와이어로프를 이용해 화물을 양중 할 때 줄걸이 각도에 따라 와이어로프에 걸리는 하중이 다르다. 줄걸이 로프에 가장 장력이 적게 걸리는 각도는?
    ① 30°   ② 60°   ③ 90°   ④ 120°

45. 크레인용 와이어로프에 심강을 사용하는 목적이 아닌 것은?
    ① 인장하중을 증가시킨다.
    ② 스트랜드의 위치를 올바르게 유지한다.

③ 소선끼리의 마찰에 의한 마모를 방지한다.
④ 부식을 방지한다.

46. 체인의 종류에서 매다는 체인의 종류에 속하지 않는 것은?
   ① 숏링크 체인(short link chain)
   ② 롱링크 체인(long link chain)
   ③ 스터드링크 체인(stud link chain)
   ④ 롤러 체인(roller chain)

47. 신호방법 중 왼손을 오른손으로 감싸 2~3회 적게 흔들면서 호각을 길게 부는 신호 방법은?
   ① 물건걸기   ② 정지
   ③ 마그넷 붙이기 ④ 기다려라

48. 와이어로프의 직경의 허용차 표시로 맞는 것은?
   ① +7%~-7%   ② +7%~0%
   ③ 0%~-7%   ④ 50%

49. 체인의 특징이 아닌 것은?
   ① 미끄럼이 없이 일정한 속도비를 얻을 수 있다.
   ② 내유, 내습성이 크다.
   ③ 내열성이 좋다.
   ④ 충격에는 매우 약하다.

50. 와이어의 절단부분 양끝이 되풀리는 것을 방지하기 위하여 가는 철사로 묶는 것을 무엇이라고 하는가?
   ① 시징   ② 킹크
   ③ 스트랜드   ④ 파워로크

51. 산업 재해의 통상적인 분류 중 통계적 분류를 설명한 것 중 틀린 것은?
   ① 사망 : 업무로 인해서 목숨을 잃게 되는 경우
   ② 중경상 : 부상으로 인하여 30일 이상의 노동 상실을 가져온 상해 정도
   ③ 경상해 : 부상으로 1일 이상 7일 이하의 노동 상실을 가져온 상해 정도
   ④ 무상해 사고 : 응급처치 이하의 상처로 작업에 종사하면서 치료를 받는 상해 정도

52. 기계운전 및 작업시 안전 사항으로 맞는 것은?
   ① 작업의 속도를 높이기 위해 레버 조작을 빨리한다.
   ② 장비의 무게는 무시해도 된다.
   ③ 작업도구나 적재물이 장애물에 걸려도 동력에 무리가 없으므로 그냥 작업한다.
   ④ 장비 승·하차 시에는 장비에 장착된 손잡이 및 발판을 사용한다.

53. 다음 중 보호안경을 끼고 작업해야 하는 사항과 가장 거리가 먼 것은?
   ① 산소용접 작업시
   ② 그라인더 작업시
   ③ 건설기계장비 일상점검 작업시
   ④ 클러치 탈, 부착 작업시

54. 전등 스위치가 옥내에 있으면 안되는 경우는?
   ① 건설기계장비 차고 ② 절삭유 저장소
   ③ 카바이드 저장소   ④ 기계류 저장소

55. 배터리 전해액처럼 강산, 알칼리 등의 액체를 취급할 때 가장 적합한 복장은?
   ① 면장갑 착용
   ② 면직으로 만든 옷
   ③ 나일론으로 만든 옷
   ④ 고무로 만든 옷

56. 해머작업 시 안전수칙 설명으로 틀린 것은?
   ① 열처리 된 재료를 해머로 때리지 않도록 주의한다.
   ② 녹이 있는 재료를 작업할 때는 보호안경을 착용하여야 한다.
   ③ 자루가 불안정한 것(쐐기가 없는 것 등)은 사용하지 않는다.
   ④ 장갑을 끼고 시작은 강하게, 점차 약하게 타격한다.

57. 가연성 액체, 유류 등 연소 후에 재가 거의 없는 화재는 무슨 급별 화재인가?
   ① A급   ② B급   ③ C급   ④ D급

58. 산업안전보건에서 안전표지의 종류가 아닌 것은?
   ① 위험 표지   ② 경고 표지
   ③ 지시 표지   ④ 금지 표지

59. 물품을 운반할 때 주의할 사항으로 틀린 것은?
   ① 가벼운 화물은 규정보다 많이 적재하여도 된다.
   ② 안전사고 예방에 가장 유의한다.
   ③ 정밀한 물품을 쌓을 때는 상자에 넣도록 한다.
   ④ 약하고 가벼운 것을 위해 무거운 것을 밑에 쌓는다.

60. 스패너 작업 시 유의할 사항으로 틀린 것은?
   ① 스패너의 입이 너트의 치수에 맞는 것을 사용해야 한다.
   ② 스패너의 자루에 파이프를 이어서 사용해서는 안 된다.
   ③ 스패너와 너트 사이에는 쐐기를 넣고 사용하는 것이 편리하다.
   ④ 너트에 스패너를 깊이 물리도록 하여 조금씩 앞으로 당기는 식으로 풀고 조인다.

정답 및 해설

1. ③ 레일 측면의 마모는 원래 규격 치수의 10% 이내일 것
2. ② 중추식 권과 방지 장치는 권상장치의 점검사항이다.
3. ① 크레인 훅의 개구부 벌어짐의 사용 한도는 원래 치수의 5%까지 이다.
4. ④ 담금질에 사용되는 크레인은 권하 속도가 빠를수록 좋다.
5. ③ 로프의 밀림현상이 일어나는 경우는 ①, ②, ④항이다.
6. ③ 천장크레인용 마그네트 또는 스러스트 브레이크 휠 면의 요철은 2mm 이상이 되면 수정 또는 교환하여야 한다.
7. ③ 브레이크 휠과 라이닝의 제동면의 온도는 150~200℃이상 되어서는 안 된다..
8. ④ 훅의 안전계수는 5이상이어야 하므로 20000kgf×5=100000kgf
9. ④ 횡행 스토퍼에 관한 설명은 ①, ②, ③항이며, 그리스를 도포하지 않는다.
10. ② 박스(Box) 거더는 20~50ton의 용량을 가진 천장크레인에 일반적으로 많이 사용한다.
11. ③
12. ① 권상장치의 권과방지 기구에는 캠식, 스크루식, 중추식 등이 있다.
13. ② 시브(활차)는 부시와 축 사이에서 회전한다.
14. ④ 천장크레인의 작업능력은 권상톤수로 표시한다.
15. ① 차륜직경이 3%이상 마모되면 수리 교환하여야 한다.
16. ① 운전 중 전자브레이크에 이상 제동이 걸리는 경우 전원 전압을 점검해야 한다.
17. ① 드럼의 크기는 가능한 한 로프의 전 길이를 1렬에 감을 수 있는 것으로 한다.
18. ④ 천장크레인의 주행 브레이크는 스러스트 브레이크(유압 압상기 브레이크)나 오일 디스크 브레이크를 사용한다.
19. ② 속도제어 제동기는 권하시 속도제어를 한다.
20. ① 천장크레인 차륜의 플랜지 마모한도는 원칫수의 50%이다.
21. ④ 22. ②
23. ④ 작업시작 전 점검사항 중 매일 점검을 하기에 가장 곤란한 것은 과부하 방지장치의 조정 여부이다.
24. ④ 권상전동기의 소요 동력(kw)= $\dfrac{(정격하중+훅(hook)의\ 자중)\times 속도}{6.12\times 권상전동기\ 효율}$
25. ④ 절연저항을 측정할 때에는 메가 테스터를 사용한다.
26. ③ 타워크레인은 풍속이 초당 15미터일 때 운전 작업을 중지하여야 한다.
27. ④ 펜던트 스위치에 대한 설명은 ①, ②, ③항이다.
28. ② 소형 천장크레인의 횡행 모터 축에는 체인 커플링 주로 사용한다.
29. ③ 베어링의 유격이 과대하면 소음이 발생한다.
30. ③ 전기장치에서 2차 저항기는 권선형 유도전동기의 2차 회로에 부착되어 저항량을 조정함으로서 속도를 변속하는 역할을 한다.

31. ②
   키(key)는 축과 회전체의 원주방향으로의 이동이 불가능하다.
32. ④   33. ②
34. ①
   통전표시등 설치장소는 ②, ③, ④항이다.
35. ①
   기어에서 소음발생의 원인은 ②, ③, ④항 이외에 급유부족하다.
36. ④
   천장크레인 운전실의 전압계가 멈추었을 때 점검해야 될 사항은 ①, ②, ③항이다.
37. ④
   브레이크 드럼에 윤활유나 그리스 등이 묻으면 브레이크가 미끄러진다.
38. ②
   전기의 스파크(Spark) 발생 방지대책은 ①, ③, ④항이다.
39. ④
   ① 관통볼트 : 연결할 두 부분을 꿰뚫는 구멍을 뚫고, 이에 볼트를 관통시켜 반대쪽에서 너트로 조이는 것이다.
   ② 스테이 볼트 : 부품을 일정한 간격으로 두고 고정할 때 사용하는 볼트이다.
   ③ 티(T) 볼트 : T형의 홈에 볼트 머리를 끼우고 위치를 이동하면서 임의의 위치에 물체를 고정할 수 있는 볼트이다.
   ④ 아이 볼트 : 물건을 들어 올릴 때 사용하는 볼트이다.
40. ④
   제어반 내부에는 누전차단기(NFB), 전자 접촉기(magnetic s/w), 한시 계전기(timer) 등이 설치된다.
41. ②
   ◆ 섬유벨트의 장점
   ① 취급이 용이하다.
   ② 하물을 손상시키지 않는다.
   ③ 와이어로프나 체인보다 가볍다.
42. ④
   와이어로프 소선의 질변화란 물리적 원인으로 로프의 표면 경화 또는 피로에 의한 변화를 말한다.
43. ①
   체적 $\times \dfrac{비중}{1,000}$
   30×50×150×7.85=17662.5 ≒ 17663kg
44. ①
   줄걸이 로프에 가장 장력이 적게 걸리는 각도는 30°이다.
45. ①
   ◆ 심강을 사용하는 목적
   ① 스트랜드의 위치를 올바르게 유지한다.
   ② 소선끼리의 마찰에 의한 마모를 방지한다.
   ③ 부식을 방지한다.

46. ④
   매다는 체인의 종류는 숏링크 체인(short link chain), 롱링크 체인(long link chain), 스터드링크 체인(stud link chain) 등이 있다.
47. ④
   ◆ 신호방법 중 왼손을 오른손으로 감싸 2~3회 적게 흔들면서 호각을 길게 부는 신호 는 기다리라는 신호이다.
   ① 물건걸기
   ② 정지
   ③ 마그넷 붙이기
   ④ 기다려라
48. ②
   와이어로프의 직경의 허용차는 +7%~0%이다.
49. ④
   ◆ 체인의 특징
   ① 미끄럼이 없이 일정한 속도비를 얻을 수 있다.
   ② 내유, 내습성이 크다.
   ③ 내열성이 좋다.
   ④ 충격을 어느 정도 흡수할 수 있다
   ⑤ 유지 및 수리가 쉽다.
50. ①
   시징이란 와이어의 절단부분 양끝이 되풀리는 것을 방지하기 위하여 가는 철사로 묶는 것을 말한다.
51. ②
   ① 5일이상 3주 미만 : 경상
   ② 중경상 : 부상으로 인하여 2주일 이상의 노동 상실을 가져온 상해 정도
   ③ 3주 이상 : 중상
52. ④   53. ③
54. ③
   카바이드에서는 아세틸렌가스가 발생하므로 전등 스위치가 옥내에 있으면 안 된다.
55. ④   56. ④
57. ②
   ① A급-연소 후 재를 남기는 일반적인 화재
   ② B급-가연성 액체, 유류 등의 화재
   ③ C급-전기화재
   ④ D급-금속화재
58. ①
   산업안전보건에서 안전표지의 종류에는 경고표지, 지시표지, 금지표지, 안내표지가 있다.
59. ①   60. ③

국가기술자격검정 필기시험문제

2019년 복원문제(2)

자격종목 및 등급(선택분야)	종목코드	시험시간	문제지형별
천장크레인운전기능사	7864	1시간	

1. 천장크레인에서 스팬(span)의 설명으로 맞는 것은?
   ① 좌우 주행 차륜 중심간의 거리를 말한다.
   ② 좌우 주행 레일 중심간의 거리를 말한다.
   ③ 좌우 횡행 레일 중심간의 거리를 말한다.
   ④ 좌우 횡행 차륜 중심간의 거리를 말한다.

2. 천장크레인의 설명으로 가장 적절한 것은?
   ① 주행 및 횡행으로 선회하며 짐을 운반하는 장치이다.
   ② 평행으로 짐을 운반하는 장치이다.
   ③ 주행, 횡행, 권상의 3운동으로 짐을 운반하는 장치이다.
   ④ 전동기를 사용하여 이동하는 장치이다.

3. 관련 기준상 천장크레인의 레일 스팬이 10m 이하일 때 폭의 오차는 얼마 이내이어야 하는가?
   ① ±2mm ② ±3mm ③ ±4mm ④ ±5mm

4. 훅의 상태가 불량하면 위험한 사고의 원인이 된다. 다음 중 훅을 교환해야 할 상태를 육안으로 가장 간단하고 쉽게 확인할 수 있는 것은?

   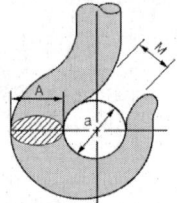

   ① 그림에서 M의 치수가 a의 치수와 같아진 것
   ② A부분의 균열을 확인하기 위하여 비파괴 검사한 것
   ③ 그림에서 훅의 인장응력이 변화된 것
   ④ 훅의 A의 치수가 원 치수의 20% 이상 마모인 것

5. 그림에서 로프 시브의 호칭지름은?

   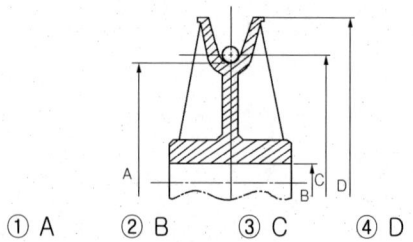

   ① A   ② B   ③ C   ④ D

6. 전자 브레이크의 충격원인에 해당하지 않는 것은?
   ① 전압이 과다한 경우
   ② 핀 둘레가 마모되었을 경우
   ③ 잔류자기가 있는 경우
   ④ 대시포트이 조정이 불량한 경우

7. 주행 차륜의 직경이 400mm이고, 주행 모터의 회전수가 3000rpm이며, 감속비가 1/100 일 때, 주행속도는?
   ① 약 38m/min   ② 약 68m/min
   ③ 약 120m/min ④ 약 80m/min

8. 차륜 플랜지의 한쪽이 계속 레일과 접촉되어 마모되는 원인으로 틀린 것은?
   ① 주행레일의 이음부(joint)의 어긋남이 클 때
   ② 좌우 주행레일의 높이가 틀릴 때
   ③ 레일과 차륜의 직각도 불량 시
   ④ 좌우 구동차륜의 직경차이가 클 때

9. 천장크레인의 와이어 드럼의 크기는 어떻게 정하는 것이 가장 좋은가?
   ① 드럼의 직경은 사용하는 와이어로프의 직경보다 20배 이상이 적절하다.

② 드럼의 직경은 사용할 와이어로프의 소선의 직경보다 300배 이상이 적절하다.
③ 드럼의 직경은 Crab의 크기에 비례해서 정하는 것이 좋다.
④ 드럼의 직경은 Hook의 크기에 비례해서 정하는 것이 좋다.

10. 차륜 플랜지의 한쪽만 계속 레일과 접촉하여 마모되는 원인이 아닌 것은?
① 레일과 차륜의 직각도 불량
② 구동차륜과 종동차륜의 지름이 틀림
③ 좌우 주행레일의 높이가 틀림
④ 좌우 구동차륜의 지름 차가 큼

11. 천장크레인의 브레이크 중 다른 셋과 용도가 다른 브레이크는?
① 디스크 브레이크(disk brake)
② 스러스트 브레이크(thrust brake)
③ 마그넷트 브레이크(magnet brake)
④ E.C 브레이크(eddy current barke)

12. 천장크레인의 주행, 횡행, 권상 등에서 과행을 방지하고 연동장치 및 안전장치로 사용되는 것은?
① 타임 릴레이   ② 컨트롤러
③ 리미트 스위치   ④ 브레이크

13. 전동기용 브레이크로서 전기로 구동하지 아니하고 유압으로만 작동되는 것은?
① 마그네트 브레이크
② 오일 디스크 브레이크
③ 스러스터 브레이크
④ 메카니칼 브레이크

14. 드럼에 홈이 없는 경우 와이어로프가 감길 때의 후리트 각(fleet angle)은 몇 도 이내로 해야 하는가?
① 2   ② 4
③ 6   ④ 8

15. 천장크레인 거더의 중량을 경감할 수 있으나 힘이 가장 큰 거더는?
① I빔 거더   ② 강관 거더
③ 트러스 거더   ④ 박스 거더

16. 천장크레인의 규격 200/40ton × Span 60m에 대한 설명 중 틀린 것은?
① 200은 주권의 권상능력을 말한다.
② 40은 보권의 권상능력을 말한다.
③ 60은 스팬의 길이를 말한다.
④ 200과 40은 최대 및 최소 시험하중을 말한다.

17. 다음은 권상장치의 권과 방지 장치를 열거한 것이다. 다음 중 훅의 접촉으로 인하여 작되어지는 비상 리미트 장치는?
① 스크류식   ② 캠식
③ 중추식   ④ 싱크로 디바이스

18. 크레인에서 훅에 걸린 와이어로프가 이탈하지 못하도록 설치된 안전장치는?
① 해지 장치   ② 권과방지 장치
③ 과부하방지 장치 ④ 충돌방지 장치

19. 하중의 종류 중 동하중이 아닌 것은?
① 되풀이하중   ② 교번하중
③ 사하중   ④ 충격하중

20. 크레인의 훅은 장시간 사용시 반복응력으로 인한 표면 경화가 발생하는데 이를 방지하기 위한 열처리 방법은?
① 풀림   ② 오일담금질
③ 구상화처리   ④ 고용화처리

21. 제어기에 인터록을 설치하는 목적은?
① 전원을 공급하기 위하여
② 전자접촉의 안전을 위하여
③ 전기스파크를 발생시키기 위하여
④ 진자접속 용량조정을 위하여

22. 시퀀스 제어란 정해진 순서에 따라 무엇을 진행하는 제어인가?
① 전원   ② 단계   ③ 상황   ④ 실태

23. 치차 또는 차륜 등과 같은 회전체를 축에 고정할 때 보통 사용하는 것은?
① 나사   ② 베어링
③ 클러치   ④ 키이

24. 컨트롤 패널(Control panel)의 내부 부품이 아닌 것은?
   ① 단자대(Terminal Block)
   ② 스페이스 히터(Space Heater)
   ③ 케이블 덕트(Cable Duct)
   ④ 전동기(Motor)

25. 다음 설명 중에서 틀린 것은?
   ① 시브 플랜지의 마모 한도는 와이어 로프직경의 20%까지 이다.
   ② 와이어로프를 드럼에 장치하는 방법은 와이어가 벗겨지지 않게 고정구를 사용하여 볼트로 조인다.
   ③ 드럼 직경(D)과 와이어로프 직경(d)과의 양호한 비율(D / d)은 20 이상이다.
   ④ 드럼에 와이어로프가 감길 때 와이어로프 방향과 드럼 홈 방향과의 각도는 2° 이내이다.

26. 미터 보통나사의 나사산의 각도는?
   ① 60°   ② 55°   ③ 50°   ④ 30°

27. 입력전압이 440V, 60Hz인 3상 유도전동기에서 극수가 4극, 회전자 속도가 1760rpm일 때 이 전동기의 슬립율은?
   ① 2.2%   ② 4.3%
   ③ 13.2%   ④ 20.3%

28. 2개의 축이 서로 90도 교차하고 있다. 어떤 기어를 연결해야 되는가?
   ① 스퍼기어   ② 헬리컬기어
   ③ 인터널기어   ④ 베벨기어

29. 크레인 작업종료시의 주의사항으로 틀린 것은?
   ① 크레인은 작업을 종료한 위치에 정지시켜둔다.
   ② 주 배선용 차단기는 내려놓는다.
   ③ 전요의 줄 걸이 작업 용구를 사용하고 있는 경우는 소정의 위치에 내려놓는다.
   ④ 훅 블록은 작업자나 차량의 통행에 지장을 주지않는 높이까지 권상시켜 둔다.

30. 권선형 3상 유도전동기의 회전방향을 변화시키는 방법으로 적합한 것은?
   ① 전압을 낮춘다.
   ② 1차 측 공급전원의 3선 중 2선을 바꾼다.
   ③ 1차 측 공급전원의 3선을 모두 바꾼다.
   ④ 저항기의 저항 값을 변화시킨다.

31. 천장크레인의 권하 작업시 E. C. B(에디 커런트 브레이크)가 작동되는 노치는?
   ① 0(중립)   ② 2
   ③ 4   ④ 5

32. 천장크레인의 모터(motor) 부품 중에서 예비품으로 준비해 둘 필요성이 가장 큰 것은?
   ① 브러시(brush)와 홀더(holder)
   ② 회전자(rotor)
   ③ 고정자(stator)
   ④ 터미널(terminal) 단자

33. 슬립링의 표면에 거칠어짐이 생기는 원인과 가장 거리가 먼 것은?
   ① 브러시의 재질이 고르지 않을 때
   ② 링면과의 곡율 불일치
   ③ 과다 진동
   ④ 빈번한 정격 운전

34. 양축의 중심선에 3~5° 편차가 있으며, 고속회전과 충격 등이 있는 곳에 가장 적당한 것은?
   ① 플랜지 커플링(Flange Coupling)
   ② 플렉시블 커플링(Flexible Coupling)
   ③ 기어 커플링(Gear Coupling)
   ④ 머프 커플링(Muff Coupling)

35. 천장크레인에서 예비품을 갖추어 두어야 하는 부품이 아닌 것은?
   ① 일정한 사용시간이 지나면 마모하는 부품
   ② 고장이 일어나기 쉬운 부품
   ③ 고장이 일어나기 쉽고 입수가 번거로워 시간이 많이 걸리는 부품
   ④ 값이 비싸며 운반하기 어려운 부품

36. 퓨즈(Fuse)의 설명으로 틀린 것은?
   ① 전기회로 보호장치이다.
   ② 퓨즈의 재질은 주석과 납의 합금이다.
   ③ 전력의 크기에 따라 굵거나 가는 퓨즈를 사용한다.
   ④ 퓨즈의 재질은 아연과 납의 합금이다.

37. 다음 설명 중 틀린 것은?
    ① 저항기는 사용 중 온도가 높아져서 약 350℃가 될 때가 있으므로 통풍을 잘 시켜야 된다.
    ② 리미트 스위치를 구조별로 구분하면 나사형, 레버형, 캠형으로 나눌 수 있다.
    ③ 리미트 스위치의 작용점이 최대부하 때와 무부하 때에는 약간씩 차이가 난다.
    ④ 천장크레인용 저항기는 용량이 크고 진동에 강한 리본형이 적합하다.

38. 표준형 천장크레인의 집중 급유장치로 그리스를 급유할 수 없는 부분은?
    ① 드럼 베어링
    ② 주행차륜 베어링
    ③ 횡행차륜 베어링
    ④ 훅(Hook) 베어링

39. 운전자의 크레인 일일 점검사항이 아닌 것은?
    ① 컨트롤러의 작동상태 확인
    ② 각 제동기 및 리미트 스위치 확인
    ③ 제동기 라이닝의 마모상태 확인
    ④ 좌우 레일의 높고 낮음의 차이를 정밀측정 확인

40. 다음 설명 중 틀린 것은?
    ① 차륜도유기란 차륜의 플랜지 부분과 답면 사이에 기름을 칠해주는 장치이다.
    ② 감속기어의 케이스 기어 급유법은 유욕식으로 케이스의 1/4정도 오일을 채운다.
    ③ 집중 급유장치로 각종 베어링 또는 크레인의 모든 활차에 그리스를 보급한다.
    ④ 진동이 심하고 먼지가 많은 개방기어에는 그리스를 발라주는 것이 좋다.

41. 체적이 같을 때 무거운 것부터 차례로 나열한 것은?
    ① 동 - 납 - 점토 - 철
    ② 점토 - 납 - 동 - 철
    ③ 철 - 동 - 납 - 점토
    ④ 납 - 동 - 철 - 점토

42. 크레인에서 리미트 스위치의 전동에 쓰이는 일반적인 체인은?
    ① 롤러 체인
    ② 롱 링크 체인
    ③ 숏 링크 체인
    ④ 스터드 체인

43. 와이어로프 랭 꼬임에 대한 설명으로 틀린 것은?
    ① 보통 꼬임보다 손상도가 적다.
    ② 보통 꼬임에 비하여 킹크를 잘 일으키지 않는다.
    ③ 로프의 꼬임 방향과 스트랜드의 꼬임 방향이 같다.
    ④ 보통 꼬임보다 사용 수명이 길다.

44. 같은 직경의 와이어로프 중 소선수가 많아지면 와이어는 어떻게 되는가?
    ① 마모에 강해진다.
    ② 소선수가 많아져도 관계없다.
    ③ 뻣뻣해진다.
    ④ 부드러워진다.

45. 권상용 체인의 점검과 사용상 주의사항이 아닌 것은?
    ① 체인의 길이가 제조시보다 5%이상 늘어나면 교환한다.
    ② 주유는 경유와 휘발유를 도포하여 부식을 방지한다.
    ③ 운전 중 급격한 속도변화와 급제동은 피한다.
    ④ 짐을 매달 때는 섀클이나 아이볼트 등을 이용한다.

46. 줄걸이 작업시 짐을 매달아 올릴 때 주의사항으로 맞지 않는 것은?
    ① 매다는 각도는 60° 이내로 한다.
    ② 짐을 전도시킬 때는 가급적 주위를 넓게 하여 실시한다.
    ③ 큰 짐 위에 작은 짐을 얹어시 짐이 떨어지지 않도록 한다.
    ④ 전도 작업 도중 중심이 달라질 때는 와이어로프 등이 미끄러지지 않도록 주의한다.

47. 마그네틱 크레인 신호에서 양손을 몸 앞에다 대고 꽉끼는 신호는?
    ① 마그네틱 붙이기
    ② 정지
    ③ 기다려라
    ④ 신호불명

48. 취급이 용이하고 킹크발생이 적어 기계, 건설, 선박에 많이 사용되는 로프의 꼬임 모양은?
   ① 랭S 꼬임   ② 보통 꼬임
   ③ 특수 꼬임   ④ 랭Z 꼬임

49. 크레인 운전 신호방법 중 거수경례 또는 양손을 머리위에 교차시키는 것은 무엇을 뜻하는가?
   ① 수평 이동
   ② 기다려라
   ③ 크레인의 이상 발생
   ④ 작업 완료

50. 와이어로프의 클립 고정법에서 클립간격은 로프 직경의 약 몇 배 이상으로 장착하는가?
   ① 3   ② 6   ③ 9   ④ 12

51. 다음 중 재해발생 원인이 아닌 것은?
   ① 작업 장치 회전반경 내 출입금지
   ② 방호장치의 기능제거
   ③ 작업방법 미흡
   ④ 관리감독 소홀

52. 동력전달장치에서 안전수칙으로 잘못된 것은?
   ① 동력전달을 빨리시키기 위해서 벨트를 회전하는 풀리에 걸어 작동시킨다.
   ② 회전하고 있는 벨트나 기어에 불필요한 점검을 하지 않는다.
   ③ 기어가 회전하고 있는 곳을 커버로 잘 덮어 위험을 방지한다.
   ④ 동력압축기나 절단기를 운전할 때 위험을 방지하기 위해서는 안전장치를 한다.

53. 보호구의 구비조건으로 틀린 것은?
   ① 착용이 간편해야 한다.
   ② 작업에 방해가 안되어야 한다.
   ③ 구조와 끝마무리가 양호해야 한다.
   ④ 유해위험요소에 대한 방호성능이 경미해야 한다.

54. 인력으로 운반 작업을 할 때 틀린 것은?
   ① 긴 물건은 앞쪽을 위로 올린다.
   ② 드럼통과 LPG 봄베는 굴려서 운반한다.
   ③ 무리한 몸가짐으로 물건을 들지 않는다.
   ④ 공도운반에서는 서로 협조를 하여 작업한다.

55. 작업자의 안전에 대한 책임 및 업무 내용이 아닌 것은?
   ① 안전 활동의 평가
   ② 안전 작업의 이행
   ③ 작업 전후 안전 점검 실시
   ④ 보고, 신호, 안전수칙 준수

56. 차체에 드릴 작업시 주의 사항으로 틀린 것은?
   ① 작업시 내부의 파이프는 관통시킨다.
   ② 작업시 내부에 배선이 없는지 확인한다.
   ③ 작업 후에는 내부에서 드릴 날 끝으로 인해 손상된 부품이 없는지 확인한다.
   ④ 작업 후에는 반드시 녹의 발생을 방지하기 위해 드릴 구멍에 페인트칠을 해둔다.

57. 산업 재해는 직접 원인과 간접 원인으로 구분되는데 다음 직접 원인 중에서 인적 불안전 행위가 아닌 것은?
   ① 작업태도 불안전   ② 위험한 장소의 출입
   ③ 기계의 결함   ④ 작업자의 실수

58. 안전표지의 종류 중 경고 표지가 아닌 것은?
   ① 인화성물질   ② 방사성물질
   ③ 방독마스크착용   ④ 산화성물질

59. 유류화재의 소화제로 가장 적합하지 않은 것은?
   ① CO_2 소화기   ② 물
   ③ 방화 커튼   ④ 모래

60. 아크 용접 작업상 안전수칙으로 바르지 못한 것은?
   ① 차광 유리는 아크 전류의 크기에 적합한 번호를 선택한다.
   ② 아연 도금 강판 용접 시 발생하는 가스는 무해하지 않으므로 환기할 필요가 없다.
   ③ 타기 쉬운 물건인 기름, 나무 조각, 도료, 헝겊 등은 작업장 주위에 놓지 않는다.
   ④ 용접기의 리드단자와 케이블의 접속은 반드시 절연체로 보호한다.

정답 및 해설

1. ②
   천장크레인에서 스팬(span)이란 좌우 주행 레일 중심간의 거리를 말한다.
2. ③
   천장크레인이란 주행, 횡행, 권상의 3운동으로 짐을 운반하는 장치이다.
3. ②
   관련 기준상 천장크레인의 레일 스팬이 10m 이하일 때 폭의 오차는 ±3mm 이내이어야 한다.
4. ①   5. ③
6. ③
   전자 브레이크의 충격원인은 전압이 과대한 경우, 핀 둘레가 마모되었을 경우, 대시포트가 조정이 불량한 경우이다.
7. ①

$$주행속도 = \frac{3.14 \times 차륜직경 \times 주행모터 회전수}{감속비}$$

$$\frac{3.14 \times 400 \times 3000}{100} ≒ 38m/min$$

8. ①
   차륜 플랜지의 한쪽이 계속 레일과 접촉되어 마모되는 원인은 좌우 주행레일의 높이가 틀릴 때, 레일과 차륜의 직각도 불량, 좌우 구동차륜의 직경차이가 클 때이다.
9. ①
   천장크레인의 와이어 드럼의 직경은 사용하는 와이어로프의 직경보다 20배 이상이 적절하다.
10. ②
11. ④
    디스크 브레이크(disk brake), 스러스트 브레이크(thrust brake), 마그넷 브레이크(magnet brake) 등은 주행용이며, E.C 브레이크(eddy current brake)는 권상장치 속도 제어용이다.
12. ③
    리미트 스위치는 천당크레인의 주행, 횡행, 권상 등에서 과행을 방지하고 연동장치 및 안전장치로 사용된다.
13. ②
    오일 디스크 브레이크는 전기로 구동하지 아니하고 유압으로만 작동된다.
14. ①
    드럼에 홈이 없는 경우 와이어로프가 감길 때의 후리트 각(fleet angle)은 2도 이내로 해야 한다.
15. ②
    강관 거더는 중량을 경감할 수 있으나 휨이 가장 큰 결점이 있다.
16. ④
    ◆ 천장크레인의 규격 200/40ton × Span 60m에 대한 설명
    ① 200은 주권의 권상능력을 말한다.
    ② 40은 보권의 권상능력을 말한다.
    ③ 60은 스팬의 길이를 말한다.
17. ③
    중추식은 훅의 접촉으로 인하여 작되어지는 비상 리미트 장치이다.
18. ①
    해지장치는 크레인에서 훅에 걸린 와이어로프가 이탈하지 못하도록 설치된 안전장치이다.
19. ③
    동하중에는 되풀이하중, 교번하중, 충격하중 등이 있다.
20. ①
    풀림이란 훅을 장시간 사용할 때 반복응력으로 인한 표면 경화가 발생하는데 이를 방지하기 위한 열처리 방법이다.
21. ②
    제어기에 전자접촉의 안전을 위하여 인터록을 설치한다.
22. ②
    시퀀스 제어란 정해진 순서에 따라 단계를 진행하는 제어를 말한다.
23. ④
    키는 치차(기어) 또는 차륜 등과 같은 회전체를 축에 고정할 때 사용한다.
24. ④
25. ④
    드럼에 와이어로프가 감길 때 와이어로프 방향과 드럼 홈 방향과의 각도는 4°이내이다.
26. ①
    미터 보통나사의 나사산의 각도는 60°이다.
27. ①

   ① 전동기 회전수 $= \dfrac{120 \times 주파수}{극수}$

   $= \dfrac{120 \times 60}{4} = 1800 rpm$

   ② 슬립율 $= \dfrac{전동기\ 회전수 - 회전자\ 속도}{전동기\ 회전수} \times 100$

   $= \dfrac{1800 - 1760}{1800} \times 100 = 2.2\%$

28. ④
    베벨기어는 2개의 축이 서로 90도 교차할 때 사용한다.
29. ①
30. ②
    권선형 3상 유도전동기의 회전방향을 변화시키는 방법은 1차 측 공급전원의 3선 중 2선을 바꾼다.
31. ②
32. ①
33. ④
    슬립링의 표면에 거칠어짐이 생기는 원인은 브러시의 재질이 고르지 않을 때, 링 면과의 곡율 불일치, 과다 진동이다.
34. ②
    플렉시블 커플링은 양축의 중심선에 3~5°편차가 있으며, 고속회전과 충격 등이 있는 곳에 적당하다.

35. ④
천장크레인에서 예비품은 일정한 사용시간이 지나면 마모하는 부품, 고장이 일어나기 쉬운 부품, 고장이 일어나기 쉽고 입수가 번거로워 시간이 많이 걸리는 부품 등이다.
36. ④
퓨즈(Fuse)에 관한 설명은 ①, ②, ③항이다.
37. ④
38. ④
훅(Hook) 베어링에는 집중 급유장치로 그리스를 급유하기 어렵다.
39. ④
운전자의 크레인 일일 점검사항은 컨트롤러의 작동상태 확인, 각 제동기 및 리미트 스위치 확인, 제동기 라이닝의 마모상태 확인 등이다.
40. ③
41. ④
체적이 같을 때 무거운 것부터의 차례는 납 – 동 – 철 – 점토 순이다.
42. ①
크레인에서 리미트 스위치의 전동에 쓰이는 일반적인 체인은 롤러 체인이다.
43. ②
와이어로프 랭 꼬임에 대한 설명은 ①, ③, ④항 이외에 보통 꼬임에 비하여 킹크를 잘 일으킨다.
44. ④
같은 직경의 와이어로프 중 소선수가 많아지면 와이어는 부드러워진다.
45. ②
46. ③
큰 짐 위에 작은 짐을 얹어는 안 된다.
47. ①
마그네틱 크레인 신호에서 양손을 몸 앞에다 대고 꽉 끼는 신호는 마그네틱 붙이기이다.
48. ②
보통 꼬임은 취급이 용이하고 킹크발생이 적어 기계, 건설, 선박에 많이 사용된다.
49. ④
작업 완료 신호는 거수경례 또는 양손을 머리위에 교차시킨다.
50. ②
와이어로프의 클립간격은 로프 직경의 약 6배 이상으로 장착한다.
51. ①
재해발생 원인은 ②, ③, ④항 이외에 작업 장치 회전반경 내 출입
52. ①
벨트는 반드시 기계의 회전을 멈춘 상태에서 걸어야 한다.
53. ④
보호구의 구비조건은 ①, ②, ③항 이외에 유해위험요소에 대한 방호성능이 양호하여야 한다.
54. ②
인력으로 운반 작업을 할 때 사항은 ①, ③, ④항 이외에 드럼통과 LPG 봄베는 굴려서 운반해서는 안 된다.
55. ①
작업자의 안전에 대한 책임 및 업무 내용은 안전 작업의 이행, 작업 전후 안전 점검 실시, 보고, 신호, 안전수칙 준수 등이다.
56. ①
57. ③
직접 원인 중에서 인적 불안전 행위는 작업태도 불안전, 위험한 장소의 출입, 작업자의 실수 등이다.
58. ③
안전표지의 종류 중 경고표지에는 인화성물질, 방사성물질, 산화성물질, 폭발물, 독극물, 부식성물질, 고압전기, 매달린 물체, 낙하물, 고온, 저온, 몸균형 상실, 레이저광선, 유해물질, 위험장소 표지등이 있다.
59. ②
유류(기름)화재에는 물을 사용해서는 안 된다.
60. ②
용접장소에는 환기장치가 반드시 필요하다.

국가기술자격검정 필기시험문제

2019년 복원문제(3)

자격종목 및 등급(선택분야)	종목코드	시험시간	문제지형별
천장크레인운전기능사	7864	1시간	

1. 천장크레인의 3운동이 아닌 것은?
   ① 주행
   ② 회전
   ③ 권상
   ④ 횡행

2. 크레인 거더(girder)의 캠버에 관한 설명 중 틀린 것은?
   ① 거더는, 동, 정, 상, 하 수평의 각 하중에 견디도록 리머 볼트로 견고하게 체결되어 있다.
   ② 크레인의 박스 거더는 캠버를 고려하여야 한다.
   ③ 캠버는 거더의 중앙에서 최대치가 된다.
   ④ 캠버는 하중을 안전하게 들기 위함이며 크레인 수명에는 관계없다.

3. 다음 중 권상장치의 동력전달 순서로 맞는 것은?
   ① 전동기→기어감속기→커플링→드럼→와이어로프→훅
   ② 전동기→커플링→드럼→기어감속기→와이어로프→훅
   ③ 전동기→커플링→기어감속기→드럼→와이어로프→훅
   ④ 전동기→기어감속기→드럼→커플링→와이어로프→훅

4. 전자 브레이크의 전자석 부분 과열 원인 중 틀린 것은?
   ① 철심이 완전히 흡착하지 않음
   ② 전원 전압의 강하
   ③ 권선의 부분단락
   ④ 브레이크 슈(shoe)의 마모

5. 드럼에 감기는 로프와 드럼과의 각도에 대하여 설명한 것 중 틀린 것은?
   ① 홈이 있는 드럼에 와이어로프가 감길 때의 방향과 와이어로프의 방향과 각도는 4도 이내가 되어야 한다.
   ② 홈이 없는 드럼에 와이어로프가 감길 때의 각도는 2도 이내가 되어야 한다.
   ③ 와이어로프가 드럼에 감길 때 또는 역회전으로 감기는 경우에 급격히 꺾이거나 예리한 모서리에 마찰되지 않는 구조이어야 한다.
   ④ 드럼에 와이어로프가 감길 때의 각도는 최대한 꺾이도록 높은 각도를 유지하는 것이 좋다.

6. 차륜에 대하여 설명한 것 중 틀린 것은?
   ① 차륜의 재질은 주철, 주강, 특수주강이다.
   ② 천장크레인 차륜은 보통 양 플랜지의 것이 사용된다.
   ③ 차륜의 직경은 균일하며 답면 및 플랜지는 열처리가 되어있다.
   ④ 차륜에는 종동륜만 있다.

7. 천장크레인의 구조에 해당 되지 않는 것은?
   ① 거더
   ② 새들
   ③ 권상장치
   ④ 속도감응 조향장치

8. 천장크레인 운전 중 리미트 스위치가 할 수 있는 역할은?
   ① 운전 중 비상경고등의 역할
   ② 권상장치 등 각 장치의 운전 중 급출발 및 급제동 장치의 역할
   ③ 주행 등 각 장치의 스피드 조절스위치 역할
   ④ 권상, 주행, 횡행 등 각 장치의 운동에 대한 과행을 방지하는 역할

9. 천장크레인에 대한 설명 중 틀린 것은?
   ① 휠베이스(wheel base)는 스팬(span) 길이의 8배 이상이 되어야 좋다.
   ② 차륜은 구동륜과 종동륜으로 구분한다.
   ③ 주행레일 유지 보수시 이물질이 있는지 확인하고 제거한다.
   ④ 새들(saddle) 양끝에는 주행 완충용 스톱퍼를 설치하여 충격을 완화시켜 준다.

10. 정격하중에 대한 설명으로 맞는 것은?
    ① 훅의 무게를 제외한 순수 취급 하중
    ② 평상시 주로 사용하는 취급 하중
    ③ 훅의 무게를 포함한 취급 하중
    ④ 주권과 보권이 표시한 권상능력의 합

11. 산업안전보건법상 크레인 제품심사 시 적용하는 과부하방지장치의 하중시험 값으로 적합한 것은?
    ① 정격하중의 100% 하중
    ② 정격하중의 110% 하중
    ③ 정격하중의 120% 하중
    ④ 정격하중의 125% 하중

12. 권상작업 중 훅이 계속 권상되지 않을 때 우선 점검하여야 할 곳으로 맞는 것은?
    ① 사이렌
    ② 권상 리미트 스위치
    ③ 주행 리미트 스위치
    ④ 횡행 리미트 스위치

13. 완충장치(BUFFER)의 종류로서 알맞지 않은 것은?
    ① 유압 BUFFER   ② 고무 BUFFER
    ③ 강철 BUFFER   ④ 스프링 BUFFER

14. 다음 설명 중 틀린 것은?
    ① 브레이크 휠(Brake Wheel)면의 요철이 2mm가 되면 평활하게 다듬어야 한다.
    ② 주행용 브레이크는 오일 디스크 브레이크 또는 트러스트 브레이크를 사용한다.
    ③ 권상장치의 브레이크는 오일 압상 브레이크를 사용하여 충격을 완화 시켜준다.
    ④ 횡행장치의 브레이크는 스러스트 브레이크를 사용한다.

15. 천장크레인에서 주권, 보권 등에서 사용하는 권과방지 장치는?
    ① 리미트(Limit) 스위치
    ② 오일게이지
    ③ 집중그리스펌프
    ④ 와이어로프

16. 크레인에서 사용하는 훅의 일반적인 재질은?
    ① 기계구조용 탄소강
    ② 구조용 고장력 탄소강
    ③ 용접 구조용 압연강
    ④ 리벳용 원형강

17. 천장크레인에서 주행레일의 진직도는 전 주행길이에 걸쳐 최대 얼마 이내이어야 하는가?
    ① 20mm 이내   ② 10mm 이내
    ③ 2mm 이내   ④ 5mm 이내

18. 크레인의 와이어 드럼 홈 부위의 사용 마모한도는 주철제 드럼의 경우 로프 지름의 몇 % 이내 인가?
    ① 10%   ② 15%
    ③ 18%   ④ 25%

19. 크레인 레일에 있어서 30kgf 레일의 표준길이(m)는?
    ① 15   ② 20
    ③ 25   ④ 30

20. 스러스트 브레이크의 오일 교환주기는 몇 개월인가?
    ① 1개월   ② 3개월
    ③ 6개월   ④ 12개월

21. 하역 작업을 시작하기 전에 점검해야 할 사항과 가장 거리가 먼 것은?
    ① 주행로상 및 크레인 주위에 장애물 유무 여부
    ② 급유 상태
    ③ 볼트, 너트 및 엔드 플레이트의 이완 여부
    ④ 차륜의 마모 및 진동, 소음 상태

22. 감전 또는 감전 예방에 대한 설명으로 가장 거리가 먼 것은?
   ① 감전의 피행정도는 전류의 크기와 통전시간에 따라 다르다.
   ② 정전시나 점검수리시에는 반드시 전원스위치를 올린다.
   ③ 50mA 이상의 전류가 인체에 흐르면 상당히 위험하다.
   ④ 건조한 옷, 고무장갑 등을 착용하면 좋다.

23. 나사(SCREW) 중 일반기계의 체결용으로 쓰이는 나사는?
   ① 사다리꼴 나사   ② 톱니 나사
   ③ 사각 나사   ④ 삼각 나사

24. 회로의 전압을 측정하는데 적합한 계기는?
   ① 전류테스터   ② 저항측정기
   ③ 메가테스터   ④ 멀티테스터

25. 축의 원주를 4~20개로 등분하여 키를 깎아 붙인 것과 같이 만들어 단독 키보다 훨씬 큰 힘을 전달할 수 있으며 내구력이 큰 키는?
   ① 성크 키   ② 접선 키
   ③ 스플라인   ④ 안장 키

26. 오일 교환 시의 주의사항으로 적당치 않은 것은?
   ① 구름 베어링은 경유 또는 백등유로 청소 후 압축 공기로 이물질을 제거한다.
   ② 구름 베어링 하우징의 엔진오일 충진량은 1/2~3/4 정도가 좋다.
   ③ 개방기어에는 경유로 잘 닦은 후 새 기름을 바른다.
   ④ 기어박스인 경우 경유로 잘 닦은 후 건조 시킨 후 새 기름을 주입한다.

27. 전동기 회전수를 구하는 계산식은?(단, N : 회전수, f : 주파수, P : 극수, s : slip)
   ① $N = 120\dfrac{f}{P}(1-s)$
   ② $N = 120\dfrac{P}{f}(1-s)$
   ③ $N = \dfrac{f}{120}P(1-s)$
   ④ $N = 120\dfrac{P}{(1-s)} \times f$

28. 일정시간을 두고 다음 동작으로 이행할 때에 사용하는 것은?
   ① 무전압 보호장치   ② 타임 릴레이
   ③ 역상보호 계전기   ④ 전자 접촉기

29. 베어링의 온도가 상승하는 원인과 관계없는 것은?
   ① 속도계수가 윤활제의 한계는 초과하고 있을 경우
   ② 베어링 기본하중에 비하여 사용하중이 너무 큰 경우
   ③ 윤활제의 점성이 낮은 경우
   ④ 베어링의 조립 또는 베어링하우징 제작 불량인 경우

30. 전동기의 소손 원인 중 옳지 않은 것은?
   ① 과부하   ② 절연불량
   ③ 베어링 불량   ④ 와이어로프 단선

31. 집전장치에서 불꽃(Spark) 발생의 원인이 아닌 것은?
   ① 접촉점에 흐르는 전류가 정격 이상일 때
   ② 접촉점간의 전압이 높을 때
   ③ 접촉면이 거칠 때
   ④ 직류보다 교류에서 많다.

32. 잇수가 20인 작은 기어가 500rpm으로 회전할 대 이와 맞물린 큰 기어의 회전수는 100rpm으로 하려면 큰 기어의 잇수는?
   ① 120   ② 100
   ③ 800   ④ 60

33. 교류 전자 브레이크(A. C magnetic brake)는 제동 토크가 무여자시의 스프링과 가동 철심의 자체중량에 의해 발생되는 압력으로 브레이크 드럼을 가압하여 제동하는 방식이다. 라이닝 두께가 몇 % 감소되면 스트로크를 조정해야 하는가?
   ① 10~20%   ② 20~30%
   ③ 30~40%   ④ 40~50%

34. 메가테스터는 무엇을 측정하는 것인가?
   ① 전기 전도도   ② 전력량
   ③ 전압   ④ 전기 절연저항

35. 천장크레인에서 동력전달시 축의 편차가 있을 때 부적합한 커플링은?
   ① 유니버셜 커플링   ② 플렉시블 커플링
   ③ 플랜지 커플링   ④ 그리드 커플링

36. 천장크레인의 전원공급은 트롤리선으로 한다. 다음 설명 중 틀린 것은?
   ① 주행용 트롤리선은 약 6m 간격마다 애자로 지지한다.
   ② 경동원형의 트롤리선은 10m 간격마다 애자로 지지한다.
   ③ 트롤리선의 재질은 포금, 카본, 철 등이 사용한다.
   ④ 트롤리선의 종류는 경동원형, 앵글, 레일, 홈붙이 트롤리선 등이 있다.

37. 운전자 안전수칙을 설명한 것 중 틀린 것은?
   ① 운반물이 흔들리거나 회전하는 상태로 운반해서는 안된다.
   ② 운반물은 작업자 상부로 운반할 수 없으며 직각운전을 원칙으로 한다.
   ③ 운전석을 이석할 때는 크레인을 정지된 그 자리에 정지시킨 후 훅을 최대한 내려놓는다.
   ④ 옥외 크레인은 강풍이 불어올 경우 운전 및 옥외 점검정비를 제한한다.

38. 권선의 변환수리를 행하였을 때 잘못해서 계자의 회전방향을 반대로 결선하면 역전될 위험이 있다. 이 경우 회로를 자동적으로 차단시키는 장치는?
   ① 칼날형 개폐기
   ② 타임 릴레이
   ③ 역상 보호 계전기
   ④ 무전압 보호장치

39. 천장크레인으로 물건을 운반할 때 주의할 점으로 틀린 것은?
   ① 경우에 따라서 정격하중 무게보다 약간 초과할 수 있다.
   ② 적재물이 떨어지지 않도록 한다.
   ③ 로프의 안전여부를 점검한다.
   ④ 운반 중 작업자의 위치에 주의한다.

40. 크래브를 급정지할 경우의 영향으로 옳지 않은 것은?
   ① 운반물이 횡방향으로 흔들리며 로프에 나쁜 영향을 미친다.
   ② 충격을 받아 크레인에 무리가 간다.
   ③ 주행차륜에 별로 영향을 미치지 않는다.
   ④ 크래브가 충격을 받는다.

41. 운전자가 경보기를 울리거나 한쪽 손의 주먹을 다른 손의 손바닥으로 2~3회 두드릴 경우의 수신호 내용은?
   ① 신호불명   ② 이상발생
   ③ 기다려라   ④ 물건걸기

42. 그림에서 240톤의 부하물을 들어 올리려 할 때 당기는 힘은 몇 톤인가?(단, 마찰계수 및 각종효율은 무시한다.)

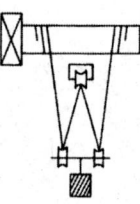

   ① 60   ② 80
   ③ 120   ④ 240

43. 와이어로프의 꼬임의 종류가 아닌 것은?
   ① 보통 Z꼬임   ② 보통 S꼬임
   ③ 보통 Y꼬임   ④ 랭Z 꼬임

44. 4.8톤의 부하물을 4줄 걸이로 하여 각도 60°로 매달았을 때 한쪽 줄에 걸리는 하중은 약 몇 톤인가?
   ① 0.69   ② 1.23
   ③ 1.39   ④ 1.46

45. 긴 환봉의 줄걸이 작업방법으로 가장 바람직한 것은?
   ① 1줄걸이   ② 2줄걸이
   ③ 3줄걸이   ④ 4줄걸이

46. 와이어로프의 규격이 규정된 한국산업표준은?
   ① KSD 3514   ② KSH 3514
   ③ KSW 3514   ④ KSK 3514

47. 와이어로프로 줄걸이 하는 방법에 관한 설명 중 옳지 않은 것은?
   ① 각진 예리한 물건을 이송할 때는 로프가 손상되지 않도록 다른 물질을 대어 로프를 보호한다.
   ② 둥근 물건은 2중 걸이를 하여 미끄러지지 않도록 한다.
   ③ 줄걸이 각도는 60° 이내로 하며 30~45° 이내로 하는 것이 좋다.
   ④ 주권과 보권을 동시에 사용하여야 한다.

48. 권상용 드럼에 와이어로프를 설치하는 방법 중 맞지 않는 것은?
   ① 안전계수가 5 이상인 와이어로프를 사용한다.
   ② 로프를 드럼에서 최대로 풀었을 때 최소 1가닥은 남아야 한다.
   ③ 와이어로프 끝은 시징(Seizing)하여 풀리지 않도록 한다.
   ④ 로프가 벗겨지지 않게 누르고 볼트로 조인 것이 로프 클램프(Rope Clamp)이다.

49. 매다는 체인에서 점검해야 할 사항이 아닌 것은?
   ① 마모
   ② 변형
   ③ 균열
   ④ 킹크

50. 와이어로프의 단말 체결방법 중 가장 효율적인 것은?
   ① 심블(Thimble)
   ② 소켓(Socket)
   ③ 웨지(Wedge)
   ④ 클립(Clip)

51. 낙하, 비래, 추락, 감전으로부터 근로자의 머리를 보호하기 위하여 착용하여야 할 안전모는?
   ① A형
   ② BC형
   ③ ABC형
   ④ ABE형

52. 안전을 위하여 눈으로 보고 손으로 가리키고, 입으로 복창하여 귀로 듣고, 머리로 종합적인 판단을 하는 지직확인의 특성은?
   ① 의식을 강화한다.
   ② 지식수준을 높인다.
   ③ 안전태도를 형성한다.
   ④ 육체적 기능수준을 높인다.

53. 소화 설비 선택 시 고려하여야 할 사항이 아닌 것은?
   ① 작업의 성질
   ② 작업자의 성격
   ③ 화재의 성질
   ④ 작업장의 환경

54. 안전관리 측면에서 수공구로 인한 재해의 원인이 아닌 것은?
   ① 잘못된 공구 선택
   ② 공구의 수량 파악
   ③ 공구의 점검 소홀
   ④ 사용법의 미 숙지

55. 연소 조건에 대한 설명으로 틀린 것은?
   ① 발열량이 적은 것일수록 타기 쉽다.
   ② 산화되기 쉬운 것일수록 타기 쉽다.
   ③ 산소와의 접촉면이 클수록 타기 쉽다.
   ④ 열전도율이 적은 것일수록 타기 쉽다.

56. 스패너를 사용하는 방법으로 옳은 것은?
   ① 스패너를 해머 대신 사용한다.
   ② 스패너의 규격이 너트 규격보다 큰 것을 사용한다.
   ③ 너트에 스패너를 올바르게 끼우고 앞으로 당기면서 사용한다.
   ④ 스패너의 자루에 파이프를 넣어 지렛대 역할을 하도록 하여 사용한다.

57. 산업안전·보건표지의 분류 명칭이 아닌 것은?
   ① 금지표지
   ② 경고표지
   ③ 통제표지
   ④ 안내표지

58. 산업안전의 의미를 설명한 것으로 틀린 것은?
   ① 외과적인 상처만을 말한다.
   ② 사고가 없는 상태를 뜻한다.
   ③ 위험이 없는 상태를 뜻한다.
   ④ 직업병이 발생되지 않는 것을 말한다.

59. 기계설비에서 위험적 방호방법의 종류가 아닌 것은?
   ① 격리형 방호장치
   ② 덮개형 방호장치
   ③ 기능적 방호장치
   ④ 접근 거부형 방호장치

60. 운반 시 안전 수칙으로 틀린 것은?
① 운반차는 규정속도를 지킬 것
② 운반시 시야를 가리지 않을 것
③ 승용석이 없는 운반차에는 승차하지 말 것
④ 긴 물건에는 중간에 표지를 단 후 운반할 것

정답 및 해설

1. ②
   천장크레인의 3운동은 주행, 권상, 횡행이다.
2. ④
   크레인 거더(girder)의 캠버에 관한 설명은 ①, ②, ③항 이외에 캠버는 하중을 안전하게 들기 위함이며 크레인 수명에는 큰 영향을 준다.
3. ③
   권상장치의 동력전달은 전동기→커플링→기어감속기→드럼→와이어로프→훅
4. ④
   전자 브레이크의 전자석 부분이 과열하는 원인은 철심이 완전히 흡착하지 않음, 전원 전압의 강하, 권선의 부분단락 등이다.
5. ④
   드럼에 감기는 로프와 드럼과의 각도에 대한 설명은 ①, ②, ③항 이외에 드럼에 와이어로프가 감길 때의 최대한 꺾이도록 높은 각도를 유지해서는 안 된다.
6. ④
   차륜에 대한 설명은 ①, ②, ③항 이외에 구동륜과 종동륜이 있다.
7. ④
8. ④
   리미트 스위치의 역할은 권상, 주행, 횡행 등 각 장치의 운동에 대한 과행을 방지한다.
9. ①
   천장크레인에 대한 설명은 ②, ③, ④항 이외에 휠베이스(wheel base)는 스팬(span) 길이의 8배 이하가 되어야 좋다.
10. ①
    정격하중이란 훅의 무게를 제외한 순수 취급 하중을 말한다.
11. ②
    크레인 제품심사 시 적용하는 과부하방지장치의 하중시험값 정격하중의 110%로 한다.
12. ②
    권상작업 중 훅이 계속 권상되지 않을 때 우선 점검하여야 할 곳은 권상 리미트 스위치이다.

13. ③
    완충장치의 종류에는 유압 BUFFER, 고무 BUFFER, 스프링 BUFFER 등이 있다.
14. ③
    권상장치의 브레이크는 와전류 브레이크를 사용한다.
15. ①
    리미트(Limit) 스위치는 천장크레인에서 주권, 보권 등에서 사용하는 권과방지 장치이다.
16. ①
    크레인에서 사용하는 훅의 일반적인 재질은 기계구조용 탄소강이다.
17. ②
    천장크레인에서 주행레일의 진직도는 전 주행길이에 걸쳐 최대 10mm 이내이어야 한다.
18. ④
    크레인의 와이어 드럼 홈 부위의 사용 마모한도는 주철제 드럼의 경우 로프 지름의 25% 이내이다.
19. ②
    크레인 레일에 있어서 30kgf 레일의 표준길이는 20m이다.
20. ③
    스러스트 브레이크의 오일 교환주기는 6개월이다.
21. ④
    하역 작업을 시작하기 전에 점검해야 할 사항은 주행로 상 및 크레인 주위에 장애물 유무 여부, 급유 상태, 볼트, 너트 및 엔드 플레이트의 이완 여부 등이다.
22. ②
    감전 또는 감전 예방에 대한 설명은 ①, ③, ④항 이외에 정전시나 점검수리시에는 반드시 전원스위치를 내린다.
23. ④
    삼각나사 일반기계의 체결용으로 주로 쓰인다.
24. ④
    회로의 전압을 측정하는데 멀티테스터 적합하다.
25. ③
    스플라인은 축의 원주를 4~20개로 등분하여 키를 깎아 붙인 것과 같이 만들어 단독 키보다 훨씬 큰 힘을 전달할 수 있으며 내구력이 크다.
26. ②
    오일 교환 시의 주의사항은 ①, ③, ④항 이외에 구름 베어링 하우징의 그리스 충진량은 1/2~3/4 정도가 좋다.
27. ①
    $N = 120\dfrac{f}{P}(1-s)$
    (단, N : 회전수, f : 주파수, P : 극수, s : slip)
28. ②
    타임 릴레이는 일정시간을 두고 다음 동작으로 이행할 때에 사용한다.
29. ③
    베어링의 온도가 상승하는 원인은 ①, ②, ④항 이외에 윤활제의 점성이 높은 경우

30. ④
  전동기의 소손 원인은 과부하가 걸렸을 때, 절연이 불량할 때, 베어링이 불량할 때 등이다.
31. ④
  집전장치에서 불꽃(Spark) 발생의 원인은 ①, ②, ③항 이외에 교류보다 직류에서 많다.
32. ②
  큰기어의 잇수 = $\dfrac{\text{작은기어의 회전수} \times \text{작은기어의 잇수}}{\text{큰 기어의 회전수}}$
  $= \dfrac{500 \times 20}{100} = 100$
33. ②
  브레이크 라이닝 두께가 20~30% 감소되면 스트로크를 조정해야 한다.
34. ④
  메가 테스터는 전기의 절연저항을 측정할 때 사용한다.
35. ③
  플랜지 커플링은 동력전달시 축의 편차가 있을 때 부적합하다.
36. ②   37. ③
38. ③
  역상 보호 계전기는 권선의 변환수리를 행하였을 때 잘못해서 계자의 회전방향을 반대로 결선하면 역전될 위험이 있을 경우 회로를 자동적으로 차단시킨다.
39. ①
  천장크레인으로 물건을 운반할 때 주의할 점은 ②, ③, ④항 이외에 정격하중 무게보다 초과하여 작업해서는 안 된다.
40. ③
  크래브를 급정지할 경우의 영향은 ①, ②, ④항 이외에 주행차륜에 크게 영향을 미친다.
41. ②
  운전자가 경보기를 울리거나 한쪽 손의 주먹을 다른 손의 손바닥으로 2~3회 두드릴 경우의 수신호는 "이상발생" 신호이다.
42. ①
  $P = \dfrac{W}{n+1} = \dfrac{240}{3+1} = 60$톤
  (여기서, P ; 당기는 힘, W : 하중, n 활차의 개수)
43. ③
  와이어로프의 꼬임의 종류에는 보통 Z꼬임, 보통 S꼬임, 랭Z 꼬임, 랭S 꼬임이 있다.
44. ③
  로프에 작용하는 하중 = $\dfrac{\text{부하물의 하중}}{\text{줄걸이 수} \times \text{각도}}$
  $\dfrac{4.8}{4 \times \sin 60°} = \dfrac{4.8}{4 \times 0.866} = 1.39$톤
45. ②
  2줄걸이는 긴 환봉의 줄걸이 작업방법으로 가장 바람직하다.
46. ①
  와이어로프의 규격이 규정된 한국산업표준은 KSD 3514이다.
47. ④
48. ②
  권상용 드럼에 와이어로프를 설치하는 방법은 ①, ③, ④항 이외에 로프를 드럼에서 최대로 풀었을 때 2~3가닥은 남아야 한다.
49. ④
  체인의 점검사항은 마모, 변형, 균열이다.
50. ②
  소켓(Socket)이 와이어로프의 단말 체결방법 중 가장 효율적이다.
51. ④
  낙하, 비래, 추락, 감전으로부터 근로자의 머리를 보호하기 위하여 착용하여야 할 안전모는 ABE형이다.
52. ①
  안전을 위하여 눈으로 보고 손으로 가리키고, 입으로 복창하여 귀로 듣고, 머리로 종합적인 판단을 하는 지적확인의 특성은 의식 강화이다.
53. ②
  소화 설비를 선택할 때 고려하여야 할 사항은 작업의 성질, 화재의 성질, 작업장의 환경 등이다.
54. ②   55. ①
56. ③
  스패너를 사용할 때에는 너트에 스패너를 올바르게 끼우고 앞으로 당기면서 사용한다.
57. ③
  산업안전·보건표지의 분류 명칭에는 금지표지, 경고표지, 지시표지, 안내표지가 있다.
58. ①   59. ③
60. ④
  운반 시 안전수칙은 ①, ②, ③항 이외에 긴 물건에는 뒤쪽에 표지를 단 후 운반할 것

국가기술자격검정 필기시험문제

2019년 복원문제(4)				수검번호	성 명
자격종목 및 등급(선택분야)	종목코드	시험시간	문제지형별		
천장크레인운전기능사	7864	1시간			

1. 크레인 권상장치용 제한 개폐기(limit switch)에 대한 설명으로 맞는 것은?
   ① 전기적으로 되어 있으므로 고장이 없다.
   ② 드럼에 로프가 과권이 될 경우 전류를 차단하여 회전을 정지시키는 장치이다.
   ③ 드럼의 회전수를 조정하는 장치이다.
   ④ 필히 주전원을 연결하고 조정 작업을 하여야 한다.

2. 브레이크 라이닝의 사용 한도는 원 두께의 약 몇 %일 때 새 라이닝으로 교체하여야 하는가?
   ① 5% ② 15% ③ 20% ④ 50%

3. 천장크레인에서 정격하중의 의미를 가장 잘 설명한 것은?
   ① 크레인이 들어 올릴 수 있는 최대 하중
   ② 크레인이 평상시 주로 많이 취급하는 하중
   ③ 달기기구의 무게를 제외한 안전 작업 하중
   ④ 달기기구의 무게를 포함한 안전 작업 하중

4. 훅에 걸리는 하중의 최대치는 제한치를 안전계수라 한다. 훅의 안전계수는 얼마인가?
   ① 2 이상 ② 3 이상 ③ 4 이상 ④ 5 이상

5. 전자식 마그넷 브레이크(magnet brake)의 라이닝 두께가 25% 감소한 경우 가장 적합한 조치 방법은?
   ① 라이닝을 교환한다.
   ② 브레이크 드럼 지름을 하게 한다.
   ③ 스트로크를 조정한다.
   ④ 특별한 조치를 하지 않아도 된다.

6. 크레인의 권상장치에서 드럼의 권과방지 장치를 설명한 것 중 틀린 것은?
   ① 권과방지 장치는 스크류식, 캠식, 중추식이 주로 사용된다.
   ② 중추식은 훅(hook)의 접촉에 의거 작동되어진다.
   ③ 캠식은 도르래의 회전에 의거 작동된다.
   ④ 스크류식은 드럼의 회전에 의거 작동된다.

7. 천장크레인의 주행레일 측면의 허용 마모한도는 원 치수의 얼마인가?
   ① 5% 이내 ② 7% 이내
   ③ 10% 이내 ④ 15% 이내

8. 폭풍시 옥외에 설치된 크레인의 이탈방지장치로서 사용되는 것은?
   ① 전자브레이크
   ② 유압식완충장치
   ③ 주행스토퍼(stopper)
   ④ 앵커(anchor)

9. 천장크레인에서 주행레일 연결부 틈새는 얼마인가?
   ① 3mm 이상 ② 3mm 이하
   ③ 5mm 이하 ④ 5mm 이상

10. 천장크레인의 주행차륜은 좌우차륜의 지름차가 생기면 교환하여야 한다. 좌우차륜의 지름차가 원 치수의 몇 % 이상이면 교환하는 것이 가장 적당한다?
    ① 구동차륜 0.2%, 종동차륜 0.5%
    ② 구동차륜 0.5%, 종동차륜 1%
    ③ 구동차륜 2%, 종동차륜 5%
    ④ 구동차륜 1%, 종동차륜 2%

11. 주행장치의 제동방식으로 가장 적합한 것은?
    ① 와류 브레이크 방식
    ② 다이나믹 브레이크 방식
    ③ 오일 디스크 브레이크 방식
    ④ 직류 전자 브레이크 방식

12. 스팬이 24m인 공장작업용 천장크레인 거더의 캠버는?
   ① 50mm   ② 30mm   ③ 10mm   ④ 5mm

13. 천장크레인에서 주행레일 또는 건물의 양 끝에 강판으로 접합하여 케이스를 만들고 충돌 부위에는 나무나 단단한 고무를 설치하여 버퍼 스토퍼와 충돌 시 충격을 완화시켜 주는 것은?
   ① 휠 스토퍼(wheel stopper)
   ② 새들 스토퍼(saddle stopper)
   ③ 앤드 스토퍼(End stopper)
   ④ 롤러 스토퍼(roller stopper)

14. 크레인의 과부하 방지장치용 시브 피치원 직경과 통과하는 와이어로프 지름의 비는 얼마 이상 이어야 하는가?
   ① 2 이상   ② 3 이상
   ③ 4 이상   ④ 5 이상

15. 드럼 홈의 지름은 와이어로프의 공칭지름보다 몇 % 크게 하는 것이 좋은가?
   ① 10   ② 20   ③ 30   ④ 40

16. 크레인에 사용하는 과부하 방지장치의 안전점검 사항 중 틀린 것은?
   ① 과부하 방지장치가 동작할 때는 경보음이 작동되어야 한다.
   ② 관계책임자 이외의 임의로 조정할 수 없도록 납봉인 등이 되어 있어야 한다.
   ③ 과부하 방지장치의 동작시 일정한 시간이 지나면 자동 복귀되어야 한다.
   ④ 과부하 방지장치는 성능검정을 필 한 것이어야 한다.

17. 리미트 스위치에 대한 설명 중 틀린 것은?
   ① 보통 권상장치에 사용하나, 필요에 따라 주·횡행에도 설치 사용할 수 있다.
   ② 권하시 리미트 스위치가 작동하는 지점은 드럼에 와이어로프가 약 3바퀴 정도 남아있는 지점이다.
   ③ 비상용 리미트 스위치는 상용 리미트 스위치가 고장이 났을 때 작동하는 것이다.
   ④ 상용 리미트 스위치는 주로 중추식이 이용된다.

18. 천장크레인 차륜 직경의 마모한도는 얼마인가?
   ① 원칫수의 10%   ② 원칫수의 5%
   ③ 원칫수의 3%   ④ 원칫수의 2%

19. 크레인 제작기준, 안전기준 및 검사기준에 의하면 훅의 국부마모는 원래 규격 치수의 몇 % 이내이어야 하는가?
   ① 5%   ② 7%   ③ 10%   ④ 20%

20. 천장크레인의 표시 중 40 / 20ton × 26m 용어의 해석이 맞는 것은?
   ① 주권 40톤, 보권 20톤, 스팬 26m
   ② 보권 40톤, 주권 20톤, 스팬 26m
   ③ 주권 20톤~40톤, 스팬 26m
   ④ 주권 0.5톤, 스팬 26m

21. 저항기가 부적당하게 선정되었을 경우 다음 중 어느 것이 전동기에 영향을 미치는가?
   ① 발열이 생긴다.
   ② 과부하 계전기가 끊긴다.
   ③ 진동이 생긴다.
   ④ 단선이 된다.

22. 양축이 동일평면 내에 있고, 그 축선이 30° 이하의 각도로 교차하는 경우에 사용되는 축 이음으로서 훅 조인트라고도 하며, 양축단에 각각 요크(yoke)를 부착하고, 이것을 십자형의 핀으로 자유로이 회전할 수 있도록 연결한 축 이음은?
   ① 플렉시블 커플링   ② 자재이음
   ③ 오울덤 커플링   ④ 고정축이음

23. 전달할 수 있는 토크의 크기가 큰 것부터 순서대로 된 것은?
   ① 성크키이-스플라인-새들키이-평키이
   ② 평키이-새들키이-성크키이-스플라인
   ③ 새들키이-성크키이-스플라인-평키이
   ④ 스플라인-성크키이-평키이-새들키이

24. M20 볼트의 설명으로 맞는 것은?
   ① 메트릭 나사이며 유효경이 20mm이다.
   ② 나사산 각도가 60°이며 볼트 외경이 20mm이다.
   ③ 나사산 각도가 60°이며 볼트 유효경이 20mm이다.

④ 메트릭 나사이며 나사산의 각도가 55°이다.

25. 교류 권선형 유도전동기의 슬립(Slip)은 보통 몇 %인가?
① 1~3 ② 3~5 ③ 5~8 ④ 8~10

26. 천장크레인에 대한 설명으로 틀린 것은?
① 천장크레인의 보수에 있어서 권상장치는 예방보전으로 관리한다.
② 주행장치의 주행차륜은 년간점검으로 관리한다.
③ 점검은 일상점검, 주간점검, 월간점검, 년간점검으로 구분한다.
④ 천장크레인은 예방보전 하는 것이 좋다.

27. 천장크레인의 전동기 보호를 위하여 주로 사용하고 있는 계전기는?
① 과부하 계전기 ② 한시 계전기
③ 전력 계전기   ④ 주파수 계전기

28. 천장크레인의 유지 관리시 도장에 관한 사항으로 가장 적합하지 않는 것은?
① 도장 면적의 약 10% 정도 녹 또는 부식이 되었을 때는 재 도장을 실시하여야 한다.
② 도장 도료의 색은 예전과 구분하기 위해 색깔을 바꾸어 도색하여야 한다.
③ 녹이 있는 부분은 녹을 없앤 후 도장을 하여야 한다.
④ 맑고 건조한 날씨를 택하여 하는 것이 좋다.

29. 제어기(controller)의 핸들이 무거운 경우의 고장원인과 대책 중 틀린 것은?
① 베어링에 기름이 없으면, 베어링에 급유한다.
② 이물이 혼입되어 있으면, 점검하여 청소한다.
③ 리턴 스프링이 열화되어 있으면 스프링을 교환한다.
④ 내부 기구가 부적당하면, 점검하여 조정한다.

30. 스프링 재료의 구비조건이 아닌 것은?
① 내식성이 클 것
② 크리프 한도가 높을 것
③ 탄성한계가 높을 것
④ 전연성이 풍부할 것

31. 도장 방법에 관한 주의사항 중 맞지 않는 것은?
① 피드장물이 충분히 건조되었을 경우 시행한다.
② 도장을 하기 전에 기름기를 충분히 제거한다.
③ 녹을 충분히 제거한다.
④ 부재의 끝부분 및 굴곡 부분은 1회 도장만 한다.

32. 천장크레인에서 가장 많이 사용하는 전압(V)은?
① 110 ② 120 ③ 220 ④ 440

33. 4심 코드의 색 중 접지선의 색으로 옳은 것은?
① 녹색 ② 흑색 ③ 적색 ④ 백색

34. 다음 중 기어의 소음 발생 원인이 아닌 것은?
① 백래시(backlash)가 너무 적을 경우
② 기어측의 평행도가 나쁠 경우
③ 치면에 흠이 있거나 다듬질의 정도가 나쁠 경우
④ 오일을 과다하게 급유했을 경우

35. 배전반 내에 설치된 직접적인 안전장치가 아닌 것은?
① 과전류 계전기 및 휴즈
② 제어회로용 나이프 스위치 및 휴즈
③ 단락 보호장치
④ 누름단추

36. 다음은 천장크레인에 사용되는 권선형 모터와 농형모터의 특성을 설명한 것이다. 바르게 설명한 것은?
① 농형 모터(motor)는 2차저항에 의하여 스피드(speed)를 조정할 수 없다.
② 농형 모터에는 슬로우 스타터(slow starter)가 필요 없다.
③ 권선형 모터는 슬로우 스타터가 필요하다.
④ 권선형 모터에는 2차 권선이 있다.

37. 마그넷 크레인(magnet crane)에 있어서 최소 정전보증시간은?
① 10분 이상 ② 20분 이상
③ 40분 이상 ④ 50분 이상

38. 천장크레인에 사용되는 구름 베어링의 설명 중 틀린 것은?
   ① 구름베어링은 2000rpm이상 고속회전에 많이 쓰인다.
   ② 베어링은 볼과 롤러의 배열에 따라 구분하면 단열과 복열이 있다.
   ③ 안지름이 20mm 이상 500mm 미만은 5로 나눈 수가 안지름 번호이다.
   ④ 구름베어링의 안전율은 회전수, 수명계수를 고려하여 2.5~3으로 한다.

39. 크레인을 주행레일(work way)에서 탑승하고자 한다. 가장 적절한 방법은?
   ① 같은 크레인 운전원이므로 승차용 사다리를 이용 필요시 임의 승차한다.
   ② 크레인의 주행방향으로 따라가다가 정지하면 곧 승차한다.
   ③ 운전 중인 운전원을 큰소리로 불러 크레인을 정지시킨 후 탑승한다.
   ④ 승차용 부저를 사용하여 크레인이 정지한 후 신호를 보내주면 탑승한다.

40. 천장크레인에서 운전작업의 유의사항으로 틀린 것은?
   ① 권상시 매다는 용구는 팽팽해지면 일단 정지 후 신호에 따라 올리며 짐이 지면에서 떨어졌을 때 다시 정지하여 확인한다.
   ② 운전 중 정전이 되었을 때 휴즈 교환을 하고, 제어기 전원을 작동하여 송전을 기다린다.
   ③ 신호가 불확실하다고 생각되면 운전작업을 하지 않도록 한다.
   ④ 줄걸이 상태가 불안하다고 판단되면 운전작업을 하지 않도록 한다.

41. 와이어로프의 관리방법에 대한 설명 중 틀린 것은?
   ① 와이어로프의 외부는 항상 기름을 칠하여 둔다.
   ② 지면에 직접 닿지 않게 보관한다.
   ③ 비에 젖었을 때는 수분을 마른 걸레로 닦은 후 기름을 칠하여 둔다.
   ④ 와이어로프의 보관장소는 직접 햇빛이 닿는 곳이 좋다.

42. 가로 10m, 세로 1m, 높이 0.2m인 금속화물이 있다. 이것을 4줄 걸이, 30도로 들어 올릴 때 한 개의 와이어에 걸리는 하중은 약 얼마인가? (단, 금속의 비중은 7.8이다.)
   ① 3.9톤
   ② 7.8톤
   ③ 4.5톤
   ④ 15.6톤

43. 타워크레인의 줄걸이 작업이 종료되었을 때의 올바른 방법이 아닌 것은?
   ① 운전자에게 반드시 종료신호를 한다.
   ② 줄걸이 용구는 다음에 즉시 사용할 수 있도록 훅에 걸어둔다.
   ③ 훅은 2m 이상의 높이로 권상하여 둔다.
   ④ 보호구, 보조구는 각각 정해진 장소에 보관한다.

44. [6×37]의 규격을 가진 와이어로프는 한 꼬임에서 최대 몇 가닥의 소선이 절단될 때까지 사용이 가능한가?
   ① 12가닥
   ② 22가닥
   ③ 32가닥
   ④ 42가닥

45. 권상용 와이어로프는 달기구가 가장 아래쪽에 위치할 때 드럼에 몇 회 이상 감기는 여유가 있어야 하는가?
   ① 1회
   ② 2회
   ③ 3회
   ④ 4회

46. 크레인에서 그림과 같이 200톤(T)짜리 화물을 들어 올리려 할 때 당기는 힘은? (단, 마찰저항이나 매다는 기구 자체의 무게는 없는 것으로 가정한다.)

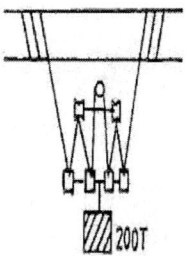

   ① 25톤
   ② 28.6톤
   ③ 40톤
   ④ 100톤

47. 크레인 작업시 정격하중 이상의 과부하가 걸려 위험한 상태일 때 와이어로프에 일어나는 현상으로 가장 적절한 것은?
   ① 부식된다.
   ② 기름이 베어 나온다.
   ③ 옆으로 꼬인다.
   ④ 킹크가 발생된다.

48. 줄걸이 작업자의 안전작업방법을 설명한 것으로 거리가 먼 것은?
   ① 화물의 하중을 어림짐작하여 작업한다.
   ② 정격하중을 넘는 무게의 화물을 매달지 않는다.
   ③ 상례적으로 정해진 화물은 전문적인 줄걸이 용구를 만들어 작업한다.
   ④ 화물의 하중 판단에 자신이 없을 때는 숙련자에게 문의하여 작업한다.

49. 줄걸이 작업에 사용하는 샤클(shackle)의 사용 전 확인사항과 가장 거리가 먼 것은?
   ① 허용 인양 하중을 확인하여야 한다.
   ② 샤클의 재질을 확인하여야 한다.
   ③ 나사부 및 핀(pin)의 상태를 확인하여야 한다.
   ④ 안전 작업 하중(SWL)을 확인하여야 한다.

50. 그림과 같이 주먹을 머리에 대고 떼었다 붙였다 하며 호각을 짧게, 길게 부는 신호 방법은?

   ① 보권사용
   ② 주권사용
   ③ 위로 올리기
   ④ 작업 완료

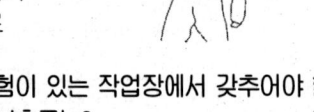

51. 추락물의 위험이 있는 작업장에서 갖추어야 할 가장 적절한 보호구는?
   ① 안전모   ② 귀마개
   ③ 보안경   ④ 안전장갑

52. 재해 발생 과정에서 하인리히 연쇄반응이론의 발생 순서를 옳게 나열한 것은?
   ① 사회적 환경과 선천적 결함→개인적 결함→불안전 행동→사고→재해
   ② 개인적 결함→사회적 환경과 선천적 결함→사고→불안전 행동→재해
   ③ 불안전 행동→사회적 환경과 선천적 결함→개인적 결함→사고→재해
   ④ 사회적 환경과 선천적 결함→개인적 결함→재해→불안전 행동→사고

53. 수공구 취급시 지켜야 될 안전수칙으로 옳은 것은?
   ① 해머작업시 손에 장갑을 끼고 한다.
   ② 줄질 후 쇳가루는 입으로 불어 낸다.
   ③ 사용 전에 충분한 사용법을 숙지하고 익히도록 한다.
   ④ 큰 회전력이 필요한 경우 스패너에 파이프를 끼워서 사용한다.

54. 작업장에서의 옷차림에 대한 설명으로 틀린 것은?
   ① 작업복은 단정하게 착용한다.
   ② 작업복은 몸에 맞는 것을 입는다.
   ③ 수건은 허리춤에 끼거나 목에 감는다.
   ④ 기름이 묻은 작업복은 될 수 있는 한 입지 않는다.

55. 운반작업시의 안전수칙 중 틀린 것은?
   ① 무리한 자세로 장시간 운반하지 않는다.
   ② 화물은 될 수 있는 대로 중심을 높게 한다.
   ③ 정격하중을 초과하여 권상하지 않도록 한다.
   ④ 무거운 물건을 이동할 때 호이스트 등을 활용한다.

56. 재해의 간접 원인이 아닌 것은?
   ① 기술적 원인   ② 교육적 원인
   ③ 신체적 원인   ④ 자본적 원인

57. 보안경의 유지 관리 방법으로 틀린 것은?
   ① 렌즈는 매일 깨끗이 닦아야 한다.
   ② 흠집이 생긴 보호구는 교환해 주어야 한다.
   ③ 성능이 떨어진 헤드밴드는 교환해 주어야 한다.
   ④ 교환렌즈는 안전상 뒷면으로 빠지도록 해야 한다.

58. 안전 관리의 목적이 아닌 것은?
    ① 인명의 존중
    ② 생산성의 향상
    ③ 경제성의 향상
    ④ 안전사고의 수습

59. 다음 중 안전표지 분류에 해당하지 않는 것은?
    ① 금지 표지   ② 녹십자 표지
    ③ 경고 표지   ④ 안내 표지

60. 화재의 분류에서 전기 화재에 해당되는 것은?
    ① A급 화재   ② B급 화재
    ③ C급 화재   ④ D급 화재

정답 및 해설

1. ②
   크레인 권상장치용 제한 개폐기(limit switch)는 드럼에 로프가 과권이 될 경우 전류를 차단하여 회전을 정지시키는 장치이다.
2. ④
   브레이크 라이닝의 사용 한도는 원 두께의 약 50%일 때 새 라이닝으로 교체하여야 한다.
3. ③
   천장크레인에서 정격하중이란 달기기구의 무게를 제외한 안전 작업 하중을 말한다.
4. ④
   훅의 안전계수는 5 이상이다.
5. ③
   전자식 마그넷 브레이크(magnet brake)의 라이닝 두께가 25% 감소한 경우에는 스트로크를 조정한다.
6. ③
   캠식은 드럼의 회전을 받아 원판 상의 캠판에 설치된 스위치 축에 설치되어 움직이면서 접점을 개폐하는 방식이다.
7. ③
   천장크레인의 주행레일 측면의 허용 마모한도는 원 치수의 10% 이내이다.
8. ④
   폭풍 시 옥외에 설치된 크레인의 이탈방지장치로 앵커(anchor)를 사용한다.
9. ②
   천장크레인에서 주행레일 연결부 틈새는 3mm 이하이다.
10. ①
    천장크레인의 주행차륜의 좌우차륜 지름 차이는 구동차륜 0.2%, 종동차륜 0.5%이다.
11. ③
    주행장치의 제동방식은 오일 디스크 브레이크 방식이 가장 적합하다.
12. ②
    캠버 값은 스팬의 1/800이므로 $\frac{24 \times 1000}{800} = 30mm$
13. ③
    앤드 스토퍼는 천장크레인의 주행레일 또는 건물의 양 끝에 강판으로 접합하여 케이스를 만들고 충돌 부위에는 나무나 단단한 고무를 설치하여 버퍼 스토퍼와 충돌 시 충격을 완화시켜 주는 것이다.
14. ④
    크레인의 과부하 방지장치용 시브 피치원 직경과 통과하는 와이어로프 지름의 비는 5이상 이어야 한다.
15. ①
    드럼 홈의 지름은 와이어로프의 공칭지름보다 10% 정도 크게 하는 것이 좋다.
16. ③   17. ④
18. ③
    천장크레인 차륜직경의 마모한도는 원칫수의 3%이다.
19. ①
    크레인 제작기준, 안전기준 및 검사기준에 의하면 훅의 국부마모는 원래 규격 치수의 5% 이내 이어야 한다.
20. ①
    천장크레인의 표시 중 40 / 20ton × 26m 용어의 해석은 주권 40톤, 보권 20톤, 스팬 26m이다.
21. ①
    저항기가 부적당하게 선정되었을 경우에는 발열현상이 전동기에 영향을 미친다.
22. ②
    자재이음은 유니버설 조인트라고도 부르며, 양축이 동일 평면 내에 있고, 그 축선이 30°이하의 각도로 교차하는 경우에 사용되는 축 이음으로서 훅 조인트라고도 H하며, 양축단에 각각 요크(yoke)를 부착하고, 이것을 십자형의 핀으로 자유로이 회전할 수 있도록 연결한 축 이음이다.
23. ④
    전달할 수 있는 토크의 크기가 큰 것부터의 순서는 스플라인 – 성크키이 – 펑키이 – 새들키이 이다.
24. ②
    M20 볼트란 나사산 각도가 60°이며 볼트 외경이 20mm이다.
25. ②
    교류 권선형 유도전동기의 슬립(Slip)은 보통 몇 3~5%이다.
26. ②
    주행 장치의 레일과 주행차륜은 1년에 2회 정밀점검을 하여야 한다.
27. ①
    천장크레인의 전동기 보호를 위하여 주로 사용하고 있는 계전기는 과부하 계전기(릴레이)이다.
28. ②   29. ③

30. ④
    스프링 재료의 구비조건은 내식성이 클 것, 크리프 한도가 높을 것, 탄성한계가 높을 것
31. ④
32. ④
    천장크레인에서 가장 많이 사용하는 전압은 440V이다.
33. ①
    4심 코드의 색 중 접지선의 색은 녹색이다.
34. ④
    기어의 소음 발생 원인은 ①, ②, ③항 이외에 오일이 부족할 때
35. ④
    배전반 내에 설치된 직접적인 안전장치는 과전류 계전기 및 퓨즈, 제어회로용 나이프 스위치 및 퓨즈, 단락 보호 장치 등이다.
36. ④
    ① 농형 모터(motor)는 기동성능이 좋지 못해 슬로 스타터를 사용한다.
    ② 권선형 모터에는 2차 권선이 있다.
37. ①
    마그넷 크레인(magnet crane)에 있어서 최소 정전보증시간은 10분 이상이다.
38. ①
39. ④
    크레인을 주행레일(work way)에서 탑승할 때에는 승차용 부저를 사용하여 크레인이 정지한 후 신호를 보내주면 탑승한다.
40. ②
41. ④
    와이어로프의 관리방법은 ①, ②, ③항 이외에 와이어로프의 보관 장소는 직사광선이 들지 않는 곳이 좋다.
42. ③
    와이어에 걸리는 하중 = $\dfrac{\text{화물의 중량}}{\text{줄걸이 수} \times \text{각도}}$

    ∴ $\dfrac{10 \times 1 \times 0.2 \times 7.8}{4 \times \cos 30°} = 4.5$
43. ②
    타워크레인의 줄걸이 작업이 종료되었을 때의 올바른 방법은 ①, ③, ④ 항 이외에 줄걸이 용구를 훅에 걸어 두어서는 안 된다.
44. ②
    소선수의 10% 이상 소선이 절단된 경우에는 와이어로프를 교환하여야 한다.
45. ②
    권상용 와이어로프는 달기구가 가장 아래쪽에 위치할 때 드럼에 2회 이상 감기는 여유가 있어야 한다.
46. ①
    $P = \dfrac{W}{(n+1)}$ ∴ $\dfrac{200톤}{(7+1)} = 25톤$
47. ②   48. ①
49. ②
    줄걸이 작업에 사용하는 샤클(shackle)의 사용 전 확인사항은 허용 인양 하중 확인, 나사부 및 핀(pin)의 상태 확인, 안전 작업 하중(SWL) 등을 확인하여야 한다.
50. ②   51. ①
52. ①
    재해 발생 과정에서 하인리히 연쇄반응이론의 발생 순서는 사회적 환경과 선천적 결함 → 개인적 결함 → 불안전 행동 → 사고 → 재해이다.
53. ③
    ① 해머작업시 손에 장갑을 껴서는 안 된다.
    ② 줄질 후 쇳가루는 솔로 쓸어 낸다.
    ③ 큰 회전력이 필요한 경우 스패너에 파이프를 끼워서 사용해서는 안 된다.
54. ③
    작업장에서의 옷차림에 대한 설명은 ①, ②, ④항 이외에 수건을 허리춤에 끼거나 목에 감아서는 안 된다.
55. ②
    운반작업시의 안전수칙은 ①, ③, ④항 이외에 화물은 될 수 있는 대로 중심을 낮게 한다.
56. ④
    재해의 간접 원인에는 기술적 원인, 교육적 원인, 신체적 원인 등이 있다.
57. ④
    보안경의 유지 관리 방법은 ①, ②, ③항 이외에 교환렌즈는 안전상 앞면으로 빠지도록 해야 한다.
58. ④
    안전 관리의 목적은 인명의 존중, 생산성 향상, 경제성 향상 등이다.
59. ②
    안전표지 분류에는 지시 표지, 금지 표지, 경고 표지, 안내 표지가 있다.
60. ③
    A급 화재 : 연소 후 재가 남는 일반 화재
    B급 화재 : 유류(기름)화재
    C급 화재 : 전기화재
    D급 화재 : 금속화재

 **저자약력**

박광암 (現)제일중장비학원
홍종칠 (現)영남중장비학원

新천장크레인

초판 발행 | 2017년 1월 22일
개정1판4쇄발행 | 2026년 1월 10일

지은이 | 박광암·홍종칠
발행인 | 김 길 현
발행처 | ㈜ 골든벨
등 록 | 제 1987-000018호
ISBN | 978-89-7971-705-1
가 격 | 20,000원

⍟04316 서울특별시 용산구 원효로 245(원효로1가 53-1) 골든벨빌딩 6F
● TEL : 도서 주문 및 발송 02-713-4135 / 회계 경리 02-713-4137
　　　기획디자인본부 02-713-7452 / 해외 오퍼 및 광고 02-713-7453
● FAX : 02-718-5510　　● http : // www.gbbook.co.kr　　● E-mail : 7134135@ naver.com

이 책에서 내용의 일부 또는 도해를 다음과 같은 행위자들이 사전 승인없이 이용할 경우에는
저작권법 제93조「손해배상청구권」에 적용 받습니다.
　① 단순히 공부할 목적으로 부분 또는 전체를 복제하여 사용하는 학생 또는 복사업자
　② 공공기관 및 사설교육기관(학원, 인정직업학교), 단체 등에서 영리를 목적으로 복제배포하는 대표,
　　 또는 당해 교육자
　③ 디스크 복사 및 기타 정보 재생 시스템을 이용하여 사용하는 자

※ 파본은 구입하신 서점에서 교환해 드립니다.